"十三五"江苏省高等学校重点教材
（编号：2018-2-051）

弹药试验技术

张先锋　黄正祥　熊玮　杜宁　郑应民　编著

国防工業出版社
·北京·

内容简介

本书在继承传统弹药试验原理、方法和测试手段的基础上,结合国军标,全面论述了常规弹药产品的相关试验技术,包括具体的试验原理、试验方法、测试手段和数据处理,阐述了相关试验原理及方法的理论依据,补充了一些新的试验测试技术与方法。全书共12章,主要包括弹药常用参数的测定,内弹道与外弹道性能试验,弹药发射安全性、对目标的作用正确性和爆炸完全性试验,杀伤和爆破弹威力试验,穿甲弹、破甲弹性能与威力试验,特种弹特种效应试验,药筒和基本药管性能试验,弹药试验测试技术概述,弹药试验结果误差分析与数据处理。

本书具有广泛的适用性,可以作为高等院校兵器类专业本科生、研究生的教材,也可以为其他相关专业的科技人员提供参考。

图书在版编目(CIP)数据

弹药试验技术 / 张先锋等编著 . —北京:国防工业出版社,2021. 11(2024. 2 重印)

ISBN 978-7-118-12229-9

Ⅰ. ①弹… Ⅱ. ①张… Ⅲ. ①试验弹药 Ⅳ. ①TJ410. 6

中国版本图书馆 CIP 数据核字(2020)第 215297 号

※

国防工業出版社出版发行

(北京市海淀区紫竹院南路 23 号 邮政编码 100048)

北京富博印刷有限公司印刷

新华书店经售

*

开本 787×1092 1/16 **印张** 24½ **字数** 567 千字

2024 年 2 月第 1 版第 2 次印刷 **印数** 1501—3000 册 **定价** 90. 00 元

国防书店:(010)88540777 书店传真:(010)88540776

发行业务:(010)88540717 发行传真:(010)88540762

前　言

本书是按照“十三五”江苏省高等学校重点教材建设编写大纲的要求进行编写的。弹药产品随国防科技和兵器技术的发展而发展,在弹药新产品研制、定型,老产品改进设计定型和生产交验的不同阶段,弹药试验始终作为考核产品战术技术性能的重要环节、手段和主要依据。实践统计证明,一个弹药新产品的研制成功,试验测试工作时间一般占总研制时间的60%以上。一个善于设计试验方案,灵活应用或制作试验设备和仪器,能敏锐地观察试验现象,深刻地分析试验结果,并能准确地处理试验数据的科技人员,会取得较高的工作效率,获得较大的科技成果。本书全面论述了常规弹药产品的相关试验技术,包括具体的试验原理、试验方法、测试手段和数据处理技术,阐述了相关试验原理及方法的理论依据,补充了一些新的试验测试技术与方法,可以使兵器类专业学生更清楚、规范地了解各种弹药结构、性能和威力的试验测试方法,也可以为弹药工程研究的科技人员提供参考。

本书共12章。第1章为绪论,简要介绍弹药试验的类型、弹药产品的战术性能要求及靶场试验项目、弹药试验的安全性及意义、弹药试验测试技术发展的特点。第2章弹药常用参数的测定,介绍了弹丸质心位置、质量偏心距、转动惯量、动不平衡参数、弹丸弹带最大初次反作用力的测定等。第3章内弹道性能试验,介绍了膛压的测定、发射装药选配、弹丸初速等内弹道试验技术与方法。第4章外弹道性能试验,介绍了弹丸空气阻力性能、飞行稳定性、射程与地面密集度、立靶密集度、火箭增程弹外弹道性能等外弹道性能试验技术与方法。第5章弹药发射安全性、对目标的作用正确性和爆炸完全性试验,介绍了弹丸试验用强装药的膛压选定、与弹丸结构有关的装配弹体发射强度试验及主用弹的弹体装药发射安定性试验和特种弹的弹体装填物发射安全性试验。根据弹丸对目标的作用正确性和可靠性要求,分别介绍了炸药装药弹丸对地面、装甲等目标的碰击强度、炸药装药碰击安定性与爆炸完全性试验,曳光及曳光自炸性能试验。第6章杀伤和爆破弹威力试验,着重介绍产品设计论证阶段有关性能与威力摸底试验的内容和方法,同时介绍了爆炸冲击波测试相关方法。第7章穿甲弹性能与威力试验,归类介绍穿甲威力各项试验的装甲目标——靶板与靶架、射击条件和穿甲现象。第8章破甲弹性能与威力试验,介绍了射流速度分布测定,射流破甲深度与时间曲线测定,旋转破甲试验,聚能射流、爆炸成型弹丸X射线摄影试验,爆炸成型弹丸飞行姿态试验,动破甲试验,破甲后效试验等。第9章特种弹特种效应试验,介绍了照明弹空抛照明效应、发烟弹烟幕效应、箔条干扰弹的干扰特性试验等。第10章药筒和基本药管性能试验,介绍了研制与生产中的金属药筒的特定试验、可燃药筒的特性试验原理和方法、迫击炮弹配用基本药管的性能试验。第11章弹药试验测试技术概述,介绍了弹药试验测试系统特性与组成、弹药测试传感器、弹药测试试验常用仪器、数据采集系统、弹体侵彻过载测试技术等。第

12 章弹药试验结果误差分析与数据处理,介绍了弹药试验测试测量误差及分类、弹药试验随机误差的分布规律、弹药试验常用误差表示方法、弹药试验间接测量误差的传递、弹药试验可疑数据的剔除等。

本书由张先锋教授完成第 1 章、3~5 章、7~10 章的编写工作;熊玮讲师完成第 12 章的编写工作;杜宁博士研究生完成第 11 章的编写工作;黄正祥教授完成第 6 章的编写工作;郑应民高级工程师完成第 2 章的编写工作。全书由张先锋教授统稿。

本书在结构体系和内容组织方面得到了陈惠武高级工程师、顾晓辉教授的指点和帮助,特此致谢。本书在定稿过程中进行了多次修改和完善,课题组研究生刘闯、谈梦婷、王季鹏、陈海华、包阔、魏海洋、黄炳瑜、陈贝贝、赵鹏飞、杜华池、刘均伟、林琨富等为书稿的打印、插图绘制和修改付出了辛勤的劳动,提出了很多有益的建议,在此表示感谢。

由于作者水平有限,本书难免存在不足之处,恳请读者指正,E - mail: lynx @ mail. njust. edu. cn。

作者

2020 年 8 月

目　录

第1章　绪论 …… 1

1.1　弹药试验的类型 …… 1

1.1.1　弹药产品研制的全过程 …… 1

1.1.2　弹药试验的类型 …… 2

1.2　弹药产品的战术技术性能要求及试验项目 …… 3

1.2.1　弹药的组成及分类 …… 3

1.2.2　弹药应满足的战术技术要求 …… 4

1.2.3　弹药试验的目的 …… 5

1.2.4　弹药试验用技术条件与技术标准 …… 6

1.3　弹药试验安全 …… 6

1.3.1　弹药试验安全性 …… 6

1.3.2　弹药试验技术安全的一般规定 …… 7

1.4　弹药试验测试技术新发展 …… 8

参考文献 …… 10

第2章　弹丸常用参数的测定 …… 11

2.1　弹丸外形尺寸测量 …… 11

2.2　弹丸质心位置的测定 …… 12

2.2.1　物理天平法 …… 12

2.2.2　弹丸质心平衡台法 …… 13

2.3　弹丸质量偏心距的测定 …… 16

2.3.1　概述 …… 16

2.3.2　强迫振动法测量弹丸质量偏心距 …… 16

2.3.3　秤量法测弹丸质量偏心距 …… 21

2.3.4　单线摆法测量弹丸质量偏心距 …… 23

2.4　弹丸转动惯量的测定 …… 25

2.4.1　单线扭摆法 …… 26

2.4.2　台式扭摆法 …… 27

2.4.3　三线扭摆法 …… 27

2.5　动不平衡参数的测定 …… 31

2.5.1　概述 …… 31

2.5.2　试验设备、测量原理和计算公式 …… 32

2.6　弹丸弹带最大初次反作用力的测定 …… 36

2.6.1 概述 …… 36
2.6.2 试验原理 …… 37
思考题 …… 38
参考文献 …… 38
第3章 内弹道性能试验 …… 39
3.1 弹丸发射时所受的载荷 …… 39
3.1.1 膛压曲线 …… 39
3.1.2 弹底压力 …… 40
3.1.3 火药气体压力的计算 …… 41
3.1.4 弹丸上的压力分布 …… 42
3.2 膛压信号的时域和频域特征 …… 42
3.2.1 典型膛压信号的时域特征 …… 42
3.2.2 典型膛压信号的频域特征 …… 43
3.3 膛压的测定 …… 44
3.3.1 铜柱测压法 …… 45
3.3.2 膛压曲线电测法 …… 51
3.4 发射装药量的选配 …… 55
3.4.1 选配发射装药量的目的 …… 55
3.4.2 强装药的选配方法 …… 55
3.4.3 专用减装药药量选配法 …… 57
3.5 初速的测定 …… 58
3.5.1 初速测定的原理和方法 …… 59
3.5.2 初速及其散布的计算 …… 62
3.5.3 电子测时仪测速方法 …… 65
3.5.4 多普勒雷达测速方法 …… 75
3.5.5 初速标准化 …… 78
思考题 …… 79
参考文献 …… 79
第4章 外弹道性能试验 …… 80
4.1 弹丸空气阻力性能的测定 …… 81
4.1.1 弹形系数和弹道系数的测定 …… 83
4.1.2 两点速度法 …… 83
4.1.3 距离射符合法 …… 86
4.1.4 阻力系数曲线的测定 …… 89
4.2 弹丸飞行稳定性试验 …… 90
4.2.1 攻角纸靶试验 …… 91
4.2.2 高速摄影方法 …… 95
4.3 射程与地面密集度试验 …… 98
4.3.1 射程试验 …… 98

4.3.2 地面密集度试验 …… 98
4.3.3 弹着点坐标的测量 …… 101
4.4 立靶密集度试验 …… 104
4.4.1 立靶密集度试验目的与意义 …… 104
4.4.2 试验的方法与要求 …… 104
4.4.3 立靶密集度试验自动检靶装置 …… 108
4.5 弹丸旋转速度的测定 …… 112
4.5.1 机械测量法测弹丸旋转速度 …… 112
4.5.2 摄影测量法测弹丸旋转速度 …… 114
4.5.3 电测法测弹丸的旋转速度 …… 117
4.6 火箭弹与火箭增程弹外弹道性能试验 …… 119
4.6.1 主动段弹道诸元测定及飞行稳定性试验 …… 121
4.6.2 航空火箭弹机载对地射击的外弹道试验 …… 125
4.6.3 火箭增程弹外弹道试验 …… 126
思考题 …… 128
参考文献 …… 128
第5章 弹药发射安全性、对目标的作用正确性和爆炸完全性试验 …… 129
5.1 强装药的膛压选定 …… 130
5.1.1 一般情况 …… 130
5.1.2 强装药膛压计算公式 …… 131
5.2 装配弹体发射强度与作用可靠性试验 …… 132
5.2.1 装配弹体发射强度与作用可靠性试验内容 …… 132
5.2.2 射后弹体、弹底和弹带的变形 …… 133
5.2.3 试验一般性要求 …… 134
5.2.4 试验弹回收方法 …… 135
5.2.5 试验要求与射后测量 …… 136
5.2.6 试验结果的评定 …… 137
5.3 炸药装药发射安定性试验 …… 138
5.3.1 试验方法与一般性规定 …… 139
5.3.2 试验弹药与试验炮 …… 139
5.3.3 试验过程观察及结果的判定 …… 140
5.4 特种弹装填物射击安全性试验 …… 140
5.4.1 试验方法与弹药 …… 140
5.4.2 试验合格的评定 …… 141
5.5 榴弹对目标碰击安全性与爆炸完全性试验 …… 141
5.5.1 榴弹对地面目标的碰击安定性 …… 141
5.5.2 弹丸爆炸完全性试验 …… 142
5.6 弹丸碰击装甲强度试验 …… 143
5.6.1 试验用弹药及一般性规定 …… 143

5.6.2 射距（靶距）、着速与发射装药 …… 144
5.6.3 试验结果评定与分析 …… 144
5.7 炸药装药穿甲安定性和爆炸完全性试验 …… 145
5.7.1 试验用弹药与一般性规定 …… 145
5.7.2 试验结果的判别与评定 …… 146
5.8 曳光及曳光自炸性能试验 …… 147
5.8.1 试验弹药及其一般性规定 …… 147
5.8.2 试验方法 …… 147
5.8.3 试验结果合格的评定 …… 147
思考题 …… 148
参考文献 …… 148
第6章 杀伤和爆破弹威力试验 …… 150
6.1 破碎性（破片质量分布）试验 …… 150
6.1.1 试验原理及方法 …… 150
6.1.2 影响试验精度的主要因素 …… 151
6.1.3 爆炸水井的特点 …… 152
6.2 破片速度分布试验 …… 155
6.2.1 破片速度测试原理 …… 155
6.2.2 破片初速的计算 …… 157
6.3 破片空间分布试验 …… 159
6.3.1 球形靶试验 …… 159
6.3.2 长方形靶试验 …… 161
6.4 扇形靶试验 …… 168
6.4.1 扇形靶试验的定义及试验方法 …… 168
6.4.2 密集杀伤半径及杀伤面积 …… 169
6.5 杀伤威力综合试验 …… 171
6.5.1 大型战斗部杀伤威力综合测试 …… 171
6.5.2 榴弹综合威力试验 …… 172
6.5.3 对模拟人形靶群的射击试验 …… 174
6.6 爆破威力试验 …… 174
6.7 弹药爆炸空气冲击波测试 …… 176
6.7.1 爆炸空气冲击波的基本特性 …… 176
6.7.2 空气冲击波参数的估算方法 …… 177
6.7.3 爆炸空气冲击波信号的分析 …… 180
6.7.4 爆炸空气冲击波测试用传感器特性 …… 183
6.7.5 爆炸空气冲击波测试数据处理 …… 186
思考题 …… 188
参考文献 …… 188

第 7 章　穿甲弹性能与威力试验 …… 189
7.1　靶板与靶架 …… 190
7.1.1　靶板 …… 190
7.1.2　靶架 …… 199
7.2　穿甲过渡带与临界速度试验设计 …… 200
7.2.1　装甲靶板的破坏指标 …… 200
7.2.2　穿甲临界速度 v_{50} 与穿甲过渡带 …… 201
7.2.3　临界速度试验设计 …… 204
7.3　极限穿透速度试验 …… 208
7.3.1　概述 …… 208
7.3.2　试验条件及布局 …… 209
7.3.3　试验方法 …… 214
7.3.4　试验结果评定 …… 214
7.3.5　穿甲模拟试验 …… 215
7.4　穿甲威力试验 …… 215
7.4.1　穿甲试验 …… 216
7.4.2　有效射程上的穿甲试验 …… 216
7.5　穿甲弹着靶章动角的测定 …… 217
7.5.1　概述 …… 217
7.5.2　试验原理和测试装置 …… 217
7.6　穿甲弹飞行状态和弹托分离对称性观测 …… 219
7.6.1　概述 …… 219
7.6.2　杆式穿甲弹弹托分离的测量原理和方法 …… 219
7.7　模拟穿甲弹靶后弹体剩余速度的测定 …… 221
7.7.1　概述 …… 221
7.7.2　试验原理、计算公式 …… 221
7.7.3　试验方法 …… 222
思考题 …… 223
参考文献 …… 223
第 8 章　破甲弹性能与威力试验 …… 224
8.1　射流速度分布测定 …… 225
8.1.1　拉断法测定射流速度分布 …… 225
8.1.2　截割法测定射流速度分布 …… 228
8.2　射流破甲深度与时间曲线测定 …… 232
8.3　旋转破甲试验 …… 234
8.4　聚能射流、爆炸成型弹丸 X 射线摄影试验 …… 235
8.4.1　脉冲 X 射线摄影技术 …… 236
8.4.2　聚能射流及爆炸成型弹丸 X 射线摄影 …… 237
8.5　爆炸成型弹丸飞行姿态试验 …… 242

8.5.1 高速摄影法 …… 242
8.5.2 网靶观察法 …… 244
8.6 破甲弹动破甲试验 …… 246
8.6.1 试验目的和要求 …… 246
8.6.2 试验方法和试验条件 …… 246
8.6.3 破甲战斗部模拟动破甲试验方法 …… 248
8.6.4 试验测试与观察 …… 249
8.6.5 试验结果统计与评定 …… 249
8.7 破甲弹破甲后效试验 …… 250
8.7.1 关于射流对装甲破坏机理的一些观点 …… 250
8.7.2 破甲后效检验方法 …… 250
8.7.3 测试数据及其处理 …… 253
8.7.4 对后效靶板法试验结果的分析图表 …… 253
8.7.5 模拟坦克目标法的毁伤结果评定 …… 255
思考题 …… 257
参考文献 …… 258
第9章 特种弹特种效应试验 …… 259
9.1 照明弹空抛照明效应试验 …… 259
9.1.1 试验目的和试验原理 …… 259
9.1.2 试验方法和试验条件 …… 261
9.1.3 试验结果的评定 …… 265
9.2 发烟弹烟幕效应试验 …… 265
9.2.1 试验目的和试验内容 …… 266
9.2.2 试验方法和试验条件 …… 267
9.2.3 试验结果及其评定 …… 269
9.3 燃烧弹的燃烧效应试验 …… 270
9.3.1 试验目的和试验内容 …… 270
9.3.2 试验方法和试验条件 …… 271
9.3.3 试验结果与评定 …… 273
9.4 箔条干扰弹干扰效应试验 …… 273
9.4.1 箔条干扰及其干扰原理 …… 273
9.4.2 箔条云雷达截面积的测定试验 …… 276
9.4.3 箔条云雷达截面积对雷达频率的响应特性测定试验 …… 279
9.4.4 箔条弹爆散点（或分离点）坐标测定 …… 279
9.4.5 箔条云干扰效果试验 …… 279
9.5 图像侦察弹 …… 280
思考题 …… 281
参考文献 …… 281

第 10 章　药筒和基本药管性能试验 …… 282
10.1　金属药筒性能试验概况 …… 282
10.1.1　射击过程中对金属药筒的性能要求 …… 282
10.1.2　金属药筒靶场试验项目 …… 283
10.1.3　药筒靶场试验中的弹药保温 …… 283
10.1.4　用水弹进行药筒射击试验 …… 283
10.2　金属药筒的强度及退壳性能试验 …… 285
10.2.1　试验方法和试验条件 …… 286
10.2.2　药筒的射击强度和闭气性能测定 …… 286
10.2.3　药筒的退壳性能测定 …… 287
10.3　钢质药筒的时效和低温强度试验 …… 288
10.3.1　钢质药筒的时效强度试验 …… 288
10.3.2　钢质药筒的低温强度试验 …… 288
10.4　金属药筒对火药气体的密闭性试验 …… 289
10.4.1　试验弹药与试验用火炮 …… 289
10.4.2　试验测定 …… 290
10.5　金属药筒的快速/连发性能试验 …… 290
10.6　可燃药筒特性试验 …… 291
10.6.1　一般概况与战术技术要求 …… 291
10.6.2　可燃药筒射击可靠性与安全性试验 …… 293
10.6.3　可燃药筒燃烧完全性试验 …… 295
10.6.4　其他试验 …… 296
10.7　基本药管管壳靶场试验 …… 297
10.7.1　基本药管管壳强度试验用药量的选定 …… 298
10.7.2　基本药管管壳的强度试验方法 …… 299
思考题 …… 300
参考文献 …… 300
第 11 章　弹药试验测试技术概述 …… 301
11.1　弹药试验测试技术特性 …… 301
11.1.1　弹药试验测试信号特性 …… 301
11.1.2　弹药试验测试系统的组成 …… 305
11.2　弹药试验中测试传感器 …… 307
11.2.1　传感器概述 …… 307
11.2.2　电阻应变式传感器 …… 309
11.2.3　固态压阻传感器 …… 310
11.2.4　压电式传感器 …… 310
11.2.5　其他典型传感器 …… 312
11.3　弹药测试试验常用仪器设备 …… 313
11.3.1　电子测时仪与区截装置 …… 313

11.3.2 电阻应变仪 …… 314
11.3.3 放大器 …… 314
11.3.4 数据采集系统 …… 315
11.3.5 高速摄影机 …… 315
11.3.6 脉冲 X 射线摄影仪 …… 317
11.4 侵彻弹侵彻过程过载测试技术 …… 331
11.4.1 侵彻过载记录仪工作原理 …… 331
11.4.2 侵彻过程过载试验测试结果及数据分析 …… 332
11.5 基于 VXI 总线的弹药测试系统 …… 333
11.5.1 系统组建硬件方案 …… 334
11.5.2 系统软件集成实现方法 …… 335
11.5.3 系统试验 …… 338
思考题 …… 339
参考文献 …… 340
第 12 章 弹药试验结果误差分析与数据处理 …… 341
12.1 弹药试验测试测量误差及分类 …… 341
12.1.1 误差的概念与产生误差的原因 …… 341
12.1.2 研究误差的意义 …… 342
12.1.3 误差的分类 …… 342
12.2 弹药试验随机误差的分布规律 …… 343
12.3 弹药试验常用误差表示方法 …… 345
12.3.1 范围误差 …… 345
12.3.2 算数平均值 …… 345
12.3.3 标准误差（均方根误差） …… 346
12.3.4 或然误差 …… 346
12.4 弹药试验间接测量误差的传递 …… 348
12.4.1 一次间接测量的误差 …… 348
12.4.2 多次间接测量 …… 350
12.5 弹药试验可疑数据的剔除 …… 350
12.5.1 现场判断 …… 351
12.5.2 理论判断 …… 351
12.5.3 统计判断 …… 351
12.6 弹药试验数据的表示方法 …… 355
12.6.1 试验数据的图示法 …… 355
12.6.2 由测试仪器直接得出的试验曲线的处理 …… 356
12.6.3 回归方程——经验公式 …… 356
思考题 …… 363
参考文献 …… 363
附录 1 声速 c 随高度 y 变化的数值表 …… 365

附录 2　1943 年阻力定律的 C_{xon}-Ma 表 …… 366
附录 3　西亚切阻力定律的数值表 C_{xon}-Ma …… 367
附录 4　饱和蒸汽压力 a_s 表 …… 368
附录 5　K_x 表 …… 369
附录 6　标准正态分布的分布函数数值表 …… 373
附录 7　A—1α、β、γ 系数表 …… 375
附录 8　t 分布的界限值表 …… 376

第1章　绪　　论

1.1　弹药试验的类型

常规弹药产品是指各种炮弹、火箭弹（无控）、导弹（近程）、航空炸弹和枪榴弹等战术性兵器用弹药产品。

由于装备弹药的研制任务和经费来源不同，因此弹药研制合同有使用部门或工业部门的计划项目合同、外贸合同以及研制单位之间的协作合同等。研制产品包括自制、仿制、改型和有重大改进设计的产品。

1.1.1　弹药产品研制的全过程

弹药产品研制是将预先研究成果武器化、产品化的研发活动。按常规武器装备研制程序，弹药研制可分为五个阶段：论证阶段、方案阶段、工程研制阶段、设计定型阶段和生产定型阶段。

(1) 论证阶段。论证阶段的主要工作是弹药的使用部门根据弹药研制计划和弹药的主要作战使用性能，组织有关部门进行弹药的战术技术指标、总体技术方案的论证及研制经费、保障条件、研制期的预测，完成《论证工作报告》，形成《弹药系统研制总要求》。

(2) 方案阶段。研制部门根据批准的《弹药系统研制总要求》以及签订的有关研制合同，进行弹药系统方案设计、关键技术攻关以及新部件、分系统的试制和试验，根据弹药的特点和需要进行模型样机或原理样机研制与试验。在关键技术已解决、研制方案切实可行、保障条件已基本落实的基础上，完成《研制方案论证报告》，编制《研制任务书》。

(3) 工程研制阶段。为了减小研制风险，根据研究目的和任务，工程研制阶段可分为初样机研制和正样机研制两个阶段。

工程研制阶段是研制单位按照批准的研制任务书要求，进行弹药系统的设计、试制和试验，完成初样机试制后，由研制部门和研制单位会同使用部门组织鉴定试验和评审，证明基本达到《研制任务书》规定的战术技术指标要求，在试制、试验中暴露的技术问题已经解决或有切实可行的解决措施，方可进行正样机的研制。正样机研制阶段是在初样机研制完成的基础上，严格按照《研制任务书》规定的战术技术指标进行产品研制，彻底解决初样机研制中出现的技术问题。正样机完成研制后，由研制主管部门会同使用部门组织鉴定，并提供与实物相符的完整正确的全套文件、图纸和资料，为接受鉴定、定型做好准备。

(4) 设计定型阶段。在军工产品定型委员会指导下，对研制的弹药性能进行全面考核，以确认其达到《研制任务书》和研制合同的要求。承担设计定型试验的单位应根据研制进度，做好设计定型试验准备工作，参加研制单位组织的有关试验。

研制单位应协助承担设计定型试验单位了解、掌握研制弹药产品的性能,须要部队适应性试验的弹药产品,应在研制产品基本性能得到验证后进行。其适应性试验结果应作为设计定型的依据。

(5) 生产定型阶段。弹药产品在设计定型后进行试生产,逐渐完善制造工艺和工装模具,以保证批量生产产品的稳定性。为保证弹药产品的可靠性达到规定指标,必须不断完善制造工艺。

上面每一个研制阶段的工作达到规定要求后,方可转入下一研制阶段的工作,一般不得超越研制阶段进行。

弹药产品一般是在完成设计定型后才有试制和订购任务,才能投入生产。在投产期是批量试制,待生产定型后才能接受大批量生产,确保稳定合格的弹药产品装备部队。但生产很小批量的弹药产品只进行设计定型。

弹药产品图纸随研制阶段的不同,有相应的图样标记:研制样品图样标记“S”;经设计定型的批量试制图样标记“A”;经生产定型的批量生产图样标记“B”。一般转厂生产的弹药产品也需经过生产定型后确定“B”图。

弹药产品研制的各阶段都要经过严格地申报和审批。弹药产品研制各阶段大量的靶场试验为弹药产品定型提供了重要依据,试验结论也对弹药产品的研制、生产和使用起重要作用。弹药产品设计定型的试验结果在某种意义上代表研制弹药产品的技术水平。

1.1.2 弹药试验的类型

1. 科研摸底试验和鉴定试验

科研摸底试验和鉴定试验一般是指弹药研制期的使用部门为战术指标论证分析进行的摸底试验,研制单位方案设计、工程研制阶段以及改进设计(改变产品基本战术技术性能和结构的设计)阶段进行的产品性能摸底试验和鉴定试验。在申报弹药产品设计定型试验前要进行工程鉴定试验,通过该方案的各项性能试验来判定弹药产品的关键技术问题是否被解决,是否达到批准的战术技术指标和使用要求或者是否达到预期战术技术指标的弹药产品改进设计目的,并由试验结果来确定能否继续研制,是否具备申请国家靶场设计定型试验的条件等。

科研摸底试验由研制工厂或研究所组织实施。工程鉴定试验和单项鉴定试验必须在试验条件合格的靶场进行,一般由国家靶场接受委托任务,但仍属于工厂鉴定试验,并有该弹药使用部门的代表参加。

2. 定型试验

弹药设计定型试验是指新研制弹药产品和经改进后基本战术技术性能有重大改变的已定型弹药产品,为考核其性能是否达到批准的战术技术指标所进行的国家级鉴定试验。弹药设计定型试验一般包括试验基地试验和部队试验。试验基地试验主要考核弹药产品的战术技术性能;部队试验主要考核弹药产品的战术使用性能,一般在试验基地试验后进行。

生产定型试验是为了考核按设计定型图纸试生产的弹药产品,以及按引进图纸和资料仿制的批量弹药产品的性能是否符合原设计定型要求所进行的国家级鉴定试验。该定型试验一般由军工产品定型委员会提出并在国家靶场进行试验。

3. 生产交验(验收)试验

生产交验(验收)试验是为检验批量生产的抽样弹药产品的性能质量是否符合验收技术条件而进行的靶场试验。该试验任务由生产部门提出,既是生产单位向订购、使用部门交付弹药产品的试验,也是订购、验收弹药产品的靶场试验。该试验结果应由工厂检验部门和订购方代表或委托代表共同签字认可。

生产交验(验收)试验是弹药批量生产到交付部队使用前的最后环节,是把握该批弹药产品质量以及反映批量生产弹药产品性能是否稳定、可靠的重要环节。该靶场试验的项目及试验要求、合格标准(初次试验合格或复试合格) 等按产品图中靶场试验部分的规定进行。

4. 定期试验和特种试验

有时要对弹药产品(已验收弹药产品)做定期试验,如储存一定时间或生产一定数量的弹药产品之后进行试验,检查其性能是否稳定;有时还要对弹药产品做特种试验,是在例行试验之外增加的某些特殊性能试验,如安全坠落试验等。

5. 编制射表试验

编制射表试验是指对已通过定型并准备装备部队或外贸出口的武器弹药,为了提供作战使用的射表而进行的靶场试验。

1.2 弹药产品的战术技术性能要求及试验项目

1.2.1 弹药的组成及分类

从结构上讲,弹药由许多零部件组成;从功能上讲,弹药通常由战斗部、引信、投射部、导引部、稳定部组成。这些功能部分有的是通过多个零部件共同组成,有的是由单个部件组成,有的还承担多种功能,如炮弹弹丸的壳体是战斗部的主要组成部分,也是导引部。

(1) 战斗部。战斗部是弹药毁伤目标或完成既定战斗部任务的核心部件。某些弹药(如普通地雷、水雷等) 仅由战斗部单独构成。战斗部通常由壳体和装填物组成。壳体用于容纳装填物连接引信,使战斗部组成一个整体结构;装填物是毁伤目标的能源物质或战剂(如特种弹)。

(2) 引信。引信是感受环境和目标信息,从安全状态转换到待发状态,适时控制弹药发挥最佳作用的装置。

(3) 投射部。投射部是弹药系统中提供投射动力的装置,使射弹具有射向预定目标的飞行速度。投射部的结构类型与武器的发射方式紧密相关。

两种最典型的弹药投射部:① 发射装药药筒。其适用于枪、炮射击式弹药;② 火箭发动机。其在自推式弹药中应用最广泛的投射部类型。火箭发动机与射击式投射部的区别:火箭发动机发射后伴随射弹一体飞行,工作停止前持续提供飞行动力。

某些弹药,如手榴弹、普通的航空炸弹、地雷、水雷等是通过人力投掷或工具运载、埋设的,无需投射动力,故无投射部。

(4) 导引部。导引部是弹药系统中导引和控制射弹正确飞行运动的部分。对于无控弹药,简称为导引部;对于控制弹药,简称为制导部。导引部可以是一套完整的制导系统,也可以与弹外制导设备联合组成制导系统。

导引部使射弹尽可能沿着事先确定好的理想弹道飞向目标,实现对射弹的正确导引。火炮弹丸的上下定心突起或定心舵形式的定心部为其导引部;火箭弹的导向块或定位器为其导引部。

制导部通常由测量装置、计算装置和执行装置 3 个部分组成。根据导弹类型的不同,相应的制导方式也不同,有 4 种制导方式:自主式制导、寻的制导、遥控制导、复合制导。

(5) 稳定部。稳定部是保持射弹在飞行中具有抗干扰特性,以稳定的飞行状态、尽可能小的攻角和正确的姿态接近目标的装置。其典型的稳定方式包括急螺稳定:按陀螺稳定原理,赋予弹丸高速旋转的装置,如一般炮弹上的弹带或某些射弹上的涡轮装置;尾翼稳定:按箭羽稳定原理的尾翼装置,在火箭弹、导弹及航空炸弹上被广泛采用。

1.2.2 弹药应满足的战术技术要求

(1) 有足够的射程、射高或直射距离。这是确保摧毁敌纵深目标、实行火力机动的首要条件。改进内弹道设计以提高弹丸初速、改善弹丸气动外形以减少空气阻力、采用火箭助推提高弹丸最大速度、以底部排气装置有效地减少弹底阻力等都是增大射程、射高或直射距离的有效措施。

(2) 有足够的毁伤敌方目标的威力。由于目标各异,对弹药战斗部作用的具体要求也各不相同。例如,杀伤弹应具有足够多且达到一定质量与速度的杀伤破片,以达到一定的杀伤面积;爆破弹应对规定的介质有一定的侵彻力和爆炸力。这就要求弹丸具有相应的口径、装填足够的炸药,有设计合理的形状及壁厚、材料,或者在弹体上预先刻槽形成预制破片等。同时,还要配有相应的引信传爆装药,组成可靠的起爆与传爆系统,保证弹丸在碰击或者接近目标的时候,在引信起爆之前完好无损,在引信起爆之后爆炸完全,以保证其毁伤作用。又如穿甲弹,必须保证其在规定的距离上能够可靠地穿透规定的装甲厚度,并有一定的靶后效应。这就要求弹丸不仅有很高的初速,还必须有良好的存速能力,保证着靶时有足够的动能,同时有足够的碰击强度和正确的着靶姿态,以保证其侵彻能力及靶后效应。

(3) 有良好的射击密集度。这是保证以较少的弹药消耗,达到较高的命中率的必要条件。密集度与火炮状态有关,但主要依赖弹丸的飞行稳定性,加工工艺的一致性以及内弹道性能的稳定一致。对于高射、反坦克及反导弹弹药,良好的射击密集度尤为重要。

(4) 保证使用时的安全性和可靠性。弹药是具有极大破坏力的危险品,首先应保证其在发射、储存及运输等环节绝对安全,不能发生损坏,更不能发生膛炸、早炸等现象。否则就无法实现保护自己、消灭敌人的目的,给自己造成伤害,造成巨大的损失,这是不能容许的。

此外,由于在战争条件下,情况千变万化,环境恶劣,如高温、低温、潮湿、刮风、下雨、下雪、日晒、雨淋、道路颠簸、炮口有遮掩等,因此在任何可能的情况下,都应保证弹药安全可靠、技术性能不变。

1.2.3 弹药试验的目的

弹药试验的根本目的是通过对弹药的射击试验或者模拟射击试验,检验弹药的有关性能参数,鉴定弹药是否达到设计与生产的规定技术要求。为此,必须对各种弹丸、发射装药、引信以及药筒、底火等进行各种项目的试验。

1. 发射装药

为保证内弹道的性能（主要是初速膛压）一致及良好的温度适应性和运输安全性,发射装药应进行装药选配以及高温、低温、常温内弹道性能试验和装药运输试验。

2. 弹丸及火箭弹

为考核弹丸的设计安全性和可靠性,弹丸及火箭弹应在装配弹体及其零部件设计的时候进行强度与作用的可靠性试验,如火箭弹发火系统发火可靠性试验及在飞行中零部件强度与作用的可靠性试验、弹丸炸药的射击安全性试验以及爆炸安全性试验等。

为考核榴弹及穿甲弹等对目标的作用正确性和可靠性,应进行装配弹体对目标的碰撞强度试验、炸药装药碰击目标的安定性以及爆炸完全性试验等。

为检验弹丸的杀伤威力,应进行弹体破碎性试验、破片减速试验、扇形靶、球形靶或者盒形靶试验。

为检验弹丸的爆破威力,爆破弹应进行爆坑对比试验、生物杀伤及冲击波试验。

为考核对空及对舰榴弹的杀伤威力,常采用对模拟目标的射击试验,直接命中目标,观察其损伤的效果。

穿甲弹应进行极限穿透速度测定试验、穿甲威力试验、有效射程上的穿甲效率及靶后效应试验;破甲弹应进行破甲威力试验及靶后效应试验;碎甲弹应进行碎甲威力试验及靶后效应试验等。

照明、燃烧、烟幕等特种弹,应对其进行特种效应试验。特种效应试验一般都是综合性的试验,如空抛照明效应包括空中抛撒作用的可靠性、吊伞系统开伞的正确性、照明炬的发光强度和燃烧时间的变化关系、吊伞和照明系统的下降速度等测定试验。

无论何种弹药产品,都需要进行外弹道性能试验,包括弹丸的空气阻力特性的测定、飞行稳定性试验、射程与地面密集度试验、立靶密集度试验、旋转速度测定等。火箭弹还要进行主动段弹丸参数测定试验。

3. 药筒

药筒应能保证勤务处理及发射时有足够的强度,能可靠密闭火药气体,发射后能顺利退壳。为此,应进行药筒强度及退壳性能试验、闭气性试验及快速/连发试验等。

4. 引信

引信是使弹丸或战斗部在相对目标最有利的位置和时机引爆,最大限度发挥其毁伤作用的装置,是弹药最敏感的部分,因而其安全性和可靠性最为重要。为此,引信应进行安全性试验、接触保险试验(如可靠性试验、保险距离和接触保险距离试验),触发引信的灵敏度试验、瞬发度与延期作用试验、对各种目标的发火性试验,时间引信的作用时间试验,近炸引信的对地近炸性能试验、对空目标近炸性能试验、抗干扰性能试验以及运输、跌落试验等。

1.2.4 弹药试验用技术条件与技术标准

各项弹药靶场试验除符合产品图有关规定之外,还必须执行有关的国家军用标准(GJB,下面简称:国军标)。若没有国军标,则执行国家标准(GB);若未制定国家标准,则执行部级标准(如WJ、YJ等)。

此外,国外弹药的靶场试验规程和技术标准也可作为参考依据,在实际应用时可相应地参考这些文件规范。

1.3 弹药试验安全

1.3.1 弹药试验安全性

弹药安全性是弹药产品设计的重要任务之一,并贯穿于弹药产品研制、生产的各个阶段。弹药及其零部件,尤其带火炸药的部件具有非常高的敏感性,但在一定条件下又具有相当可靠的安全性。弹药只有具备既工作可靠又工作安全的性能,并且经过长期贮存仍不失使用性能,才能在使用条件下完成杀伤敌人、毁伤目标的任务。

弹药安全性是指弹药对目标作用前在所有环节上(如加工、装配、运输、勤务维修、装填、发射和弹道飞行等)不发生事故的性质。对于靶场试验来说,既要通过试验(或模拟试验)考核弹药战技性能(包括弹药安全性),给出正确的结论,又要在试验中暴露出试验品及其系统在设计和制造上或配置关系上存在的缺陷。面对试验品可能存在的各种各样潜在的不安全因素和人为因素引发意外事故的可能性,试验时必须高度重视技术安全工作,并采用可靠、安全的试验方法,采取妥善周密的防护措施,制定详细的试验大纲,试验人员更须在试验中严格遵守技术安全规定,把安全工作放在首位。

安全为了试验,试验必须安全。弹药试验出现的安全事故,很多是由于兵器、弹药系统自身不安全且缺乏安全保障措施所致。例如,某引信碰炸雷管不安定出现膛内发火又无隔离装置而膛炸;弹丸及其零件强度不足,出现卡膛、胀膛或膛炸;炸药装药内部缺陷、结构不合理,或长期贮存炸药装药导致不安定等出现膛炸;装配人员着装(非棉织品)及工具产生静电聚集引起发射装药装配时药筒装药燃烧;因三基火药低温变脆、机械强度降低,当击发点火时装药破碎导致膛压陡升引发膛炸等。当出现这类事故时,都会造成试验中止,经保护现场,研究分析原因(包括验证试验)后,可能只需更换某些配套零部件或试验设施便可继续试验,也可能导致产品中止研制、停止生产或查封禁用。

靶场试验的较多安全事故,往往由于某些人为因素所致。例如,试验时忽视安全工作,试验人员疏忽大意,违反靶场试验操作规程和技术安全规定;未按产品图规定,作出了不正常装配;对底火、延期装置火工品等出现"迟发火"时误以为是"瞎火";射击前未清理和察看炮膛、测压器(放入式)未回收而留膛;减装药射击后有未燃尽的底火密封纸片,又经多发积累留膛;射击前炮口上插入的校靶镜未卸除;弹丸变形卡膛或膛压陡升造成局部胀膛或膛炸;在射击场区混乱情况下,非安全区域内人员未撤离或未隐蔽妥当,或测试人员在炮口前方工作未撤离时就装填。这些事故会造成恶劣后果和影响,因此弹药试验安全工作不容忽视。

1.3.2　弹药试验技术安全的一般规定

(1) 凡用于试验的试验品必须具有产品图、合格证或质量检验说明书。试验前由专人对照检查被试弹药的种类、批号、炸号、数量、引信及装定、外观与装配质量情况。若有差错,则应及时纠正并按规定打上弹药危险程度标记。

(2) 凡用于试验的火炮或发射器、弹药、测试仪器等的精度和质量等级应符合该项目试验要求。

(3) 射击试验的弹药装填、射击诸元装定和瞄准标定工作要指定专人负责,由试验指挥进行检查和复查,不能出差错。弹药装填完毕后,火炮前后不准有人走动。若装填后需到炮口前方检测线路,则必须将火炮打高射角或转向安全方向或退出弹药,以免出现意外。

(4) 试验阵地必须有掩体或带观察窗的掩蔽室,炮位上所有人员必须一律进入掩体或掩蔽室内掩蔽安全才能射击。

(5) 装填弹药之前,逐发检查炮膛,膛内不得有异物,不得在没有取出校靶镜或没有全部回收测压器时射击。

(6) 由专人将试验弹药押送到炮位,禁止在送弹路上打开保温车厢的车门。试验弹的引信保护帽或冲帽等未经炮位指挥允许,严禁提前取下改变引信基本装定。炮位只允许存放本项试验用弹药。

(7) 无后坐力炮射击时,应确保炮后危险区内没有人员及易燃物等危险品。

(8) 迫击炮平射试验时,击发机构应转换到拉发位置并用“T”形或“Γ”形送弹棒装弹,装弹手要站在炮口侧后方。

(9) 击发后若出现故障,底火未发火时,则禁止立即开闩。开闩的间隔时间:对于射击药筒装药炮弹应为3min后开闩检查,排除故障;对于射击药包装药炮弹应5min后才能开闩检查,排除故障。此时无关人员不得接近火炮。如该故障为底火瞎火,则应更换底火后重新射击;如由于射击加热使身管温升,其最高温度超过200℃时出现瞎火,则不应二次击发,要过3min后将弹丸退出。

(10) 在减装药量射击中出现弹丸留膛,应采用增加发射药重新射击,只有在特别情况才借助退弹器退出弹药。

(11) 试验观察人员应在破片飞散的最大距离以外的安全区进行观察,或者在便于观察距离设置掩体,进入掩体内观察,并备有与炮位相联系的通信设备。弹着区观察人员及时报告弹着点情况,指导员可以根据弹丸作用情况调正射向,保证射击安全。弹着区观察安全区距离落点:中口径的榴弹为500m,中口径的甲弹为300m;大口径的榴弹应大于800m,大口径的甲弹为600m。

(12) 起爆(或点火)人员返回控制间后进入5min准备阶段,检查试验分系统是否可靠;进入1min准备阶段,专职起爆(点火)人员接通电源安全开关,接通控制和测试系统电源;接通起爆(或点火)电源,待一切正常,进入5s倒计时,由现场指挥员下达指令,起爆战斗部或点燃发动机。战斗部爆炸或战斗部撞击靶板后应至少等待3min,人员才能离开掩蔽区进入现场。

(13) 当在起爆或点火前的例行检查中发现试验条件超出允许范围时,须重新调试

监测控制系统,按以下操作程序执行:

① 切断现场电源;

② 起爆人员进入现场卸下起爆或点火装置;

③ 排除故障重新调试。

(14) 当出现下列情况时,首先切断试验现场所有电源,并按相关安全故障处理程序执行:

① 起爆雷管或发动机点火装置未作用;

② 雷管已作用,但战斗部未爆炸;

③ 点火装置已作用,但发动机未被点燃;

④ 发动机意外熄火;

⑤ 其他意外情况。

(15) 当起爆雷管或发动机点火装置未作用时,检查点火回路是否正常,如正常作用,则可再进行一次起爆或点火;如不能正常作用,则应该更换雷管或点火装置。当必须进入现场处理时,应至少等待30min。进入现场前应通过监视器或望远镜观察现场情况确认安全后再进入。进入现场拆除起爆或点火装置的人员一般为两个人:一名专职起爆或点火人员,一名相关技术人员。

(16) 当战斗部装有装药子弹或带全备引信的子弹时,战斗部爆炸后应至少等待15min后,人员才能离开掩蔽区进入现场。

(17) 试验中出现异常情况需进入场区核实时,必须向指挥员报告,经允许后方可进入。

(18) 受弹工事应经常清理,防止出现意外伤人。

(19) 射击瞎火的实弹、真引信不得乱动或回收,应及时组织专门人员负责销毁。

1.4 弹药试验测试技术新发展

弹药试验测试技术涵盖的知识面较广,包括精密机械、电子技术、自动控制、统计数学和计算机应用等。这些知识全面精通是比较困难的,但掌握某行业弹药试验测试技术基本原理,了解其常用的弹药试验测试方法是可能做到的,也是必须做到的。

弹药试验和测试技术历来是各国武器装备研发高度重视的关键技术,从预研、科研、试制到批量生产,各阶段需要进行靶场试验和测试。靶场试验与测试不仅要考核弹药的系统性能,还要解决如何在研制过程中利用仿真技术逐步减少靶场实弹试验样本量、科学准确测试各项战技性能参数和优化试验测试的信息化管理,从而加快完善弹药设计方案,推进和促进弹药的研发。随着弹药越来越智能化,其结构越来越复杂、研制费用越来越高,在每次靶场飞行试验中需要获取的参数越来越多,测试的能力、精度及可靠性需求越来越高。为了满足靶场弹药试验测试需求,因此出现了一些新的测量技术。

1. 远程弹道参数测量技术

远程弹道参数测量技术是利用弹道雷达、经纬仪、地面遥测系统等测量设备,依靠完善的通信设施,应用网络通信技术、数据融合处理技术,完成多设备互联、互引组网测试,实现对被试弹药产品从发射至命中目标全程轨迹、速度、图像、遥测数据等参数的测量。远程弹道参数测试技术的关键技术有雷光远程组网协同测试技术和远程制导弹箭全弹道综合参数遥测技术。雷光远程组网协同测试技术通过采用通信网络平台、指控系统、多台雷达及光电经纬仪组成远程测试系统,研究网内系统优化布站方法、网内系统标定技术、多设备时空配准技术、实时与事后数据融合技术等实现远程制导弹药的全弹道测试。

2. 弹箭飞行姿态测量技术

弹箭飞行姿态测量技术是运用测量目标运动姿态的内测和外测两种方法,形成对各类弹药飞行关键区段的姿态参数测量能力,满足中远程制导火箭、巡飞弹、制导炸弹、反坦克导弹等弹药的级间分离、弹翼展开等特征点、关键区段图像及飞行姿态测试需求。

弹箭飞行试验姿态测量技术分为内测和外测两种方法。内测是以GPS姿态测量遥测系统作为测量手段,采用弹载GPS接收机天线所组成的基线进行载体姿态的测量,通过对测量数据的实时采编发射,遥测地面站实时接收数据,从而实现对载体的全弹道实时姿态测量。外测以跟踪式光电姿态测量系统为手段,光电姿态测量站通过合理布站,对飞行目标进行跟踪拍摄,获取飞行目标关键段高清图像,通过事后姿态分析处理系统得到目标的飞行姿态。

3. 外场半实物仿真试验与验证技术

外场半实物仿真试验与验证技术是以靶场现有的半实物仿真系统及外场的靶区道路、实装靶标、模拟靶标、真实的大气通道、干扰环境为基础,针对智能弹药导引头的最大捕获距离、稳定跟踪能力和抗干扰能力等战技指标构建的外场半实物仿真试验系统。该系统将导引头安装在三轴转台上模拟弹体飞行过程的姿态运动,实装靶标或模拟靶标处于外场的自然环境中,导引头与靶标之间的能量传输通道是真实的大气环境。大气传输通道具有大气抖动、遮蔽等实际影响因素,更接近导弹真实飞行环境,其所测得的指标也更接近导引头在自然环境飞行中的战技指标。此外,该系统还可以实现定量测试。

4. 高速数字摄影及光幕靶测试技术

高速数字摄影及光幕靶测试技术选用高分辨高速超短曝光相机作为接收设备,在保证系统分辨率的同时,可以在同一幅图像上面连续曝光两次以上,从而可以降低对高速相机台数的要求。通过多个该类型的相机接力工作,实现整个系统的多画幅数。采用多个激光器协同工作的方式与高速记录设备相匹配,可以解决单台相机曝光时间不足的问题。光幕靶、声幕靶测试能区分多个目标,并能准确地对每一个目标的空间位置进行测量。

5. 其他测试技术

为考核战斗部的各项性能指标是否达到设计指标,须采用其他测试技术。例如,新型弹药毁伤试验与测试需要高能毁伤炸药爆炸威力三维测试与评估技术,体爆轰弹药毁伤参量综合测试技术,温压弹药爆炸热毁伤效应试验测试技术,密闭、半密闭空间温压弹药爆炸毁伤效应试验测试与评估技术,超高速火箭橇试验测试技术。

参考文献

[1] 翁佩英,任国民,于骐. 弹药靶场试验[M]. 北京:兵器工业出版社,1995.
[2] 陈惠武,李良威. 弹丸试验[G]. 南京:南京理工大学,1997.
[3] 黄正祥,陈惠武. 弹丸试验技术[G]. 南京:南京理工大学,2004.
[4] 晁芳群,杜剑英,穆高超,等. 智能化弹药靶场试验测试现状及发展方向[J]. 火力与指挥控制,2014,39(08):181-184.
[5] 杨雪榕. 武器装备试验及靶场相关概念辨析.[C]//中国指挥与控制学会,第六届中国指挥控制大会论文集(上册)北京:[出版者不详],2018.
[6] 刘泽庆,张玉荣,赵建新,等. 靶场静爆试验测速高速相机标定方法[J]. 激光与光电子学进展,2016,53(11):227-235.
[7] 周旦辉,范恺程. 浅谈计算机网络技术在试验靶场信息化过程中的应用[J]. 通讯世界,2016(10):132-133.
[8] 李向东,王议论. 弹药概论[M].2 版. 北京:国防工业出版社,2017.
[9] 钱建平. 弹药系统工程[M]. 北京:电子工业出版社,2014.

第2章　弹丸常用参数的测定

弹丸一般是指弹药从炮管射出的飞行体部分——弹体、引信、稳定装置结合体。火箭弹、导弹飞行部分是火箭弹或导弹整体，包括火箭发动机、稳定装置、战斗部、制导引信等。

弹丸（战斗部）结构参数主要是指弹径、弹长、弹重等；其特性参数是指与内外弹道性能优劣有关参数，主要有质心位置、转动惯量、质量偏心距、动不平衡等。

弹丸结构参数常通过专用仪器设备进行实际测量才能获得。弹丸结构参数直接影响弹丸（战斗部）发射内弹道的性能和弹丸（战斗部）发射的安全性和可靠性，更影响外弹道的性能，如初速的稳定性、飞行的稳定性、引信作用的可靠性与安全性等。

学会弹丸（战斗部）结构参数的测试方法是进行设计弹药产品结构性能评价和分析的理论基础。

2.1　弹丸外形尺寸测量

弹丸外形尺寸包括弹径、弹长、卵形部半径、弹顶角、船尾角、尾翼翼型、翼展、弦长、后掠角等。外形尺寸测量较为简单，所采用的工具有游标卡尺、游标高度尺、千分尺、万能角度尺、刀口形直尺、厚薄规、摆差仪、钢卷尺、专用量规或专用样板等。在外弹道试验数据处理中，最常用的弹丸外形数据是弹丸直径和弹丸长度。下面介绍几种常见的弹丸外形尺寸测量的方法。

测量弹丸直径时，一般将弹丸置于平台或者支弹架，首先用千分尺或游标卡尺测出弹体直径，然后绕弹轴转90°测量同一部位的直径，取两次直径测量的平均值作为量值。测量卵形部位半径时，应先画出测量部位的等高线，然后按弹丸直径测量的方法测量。

测量弹体长度时，可将弹丸垂直竖立在平台，采用游标高度尺测量；若弹体较长（大于1m），则将弹丸水平置于平台的支弹架上，使弹尖和弹底先分别抵住前后定位板并且使弹轴垂直于定位板，然后用钢卷尺测量。

测量弹顶角、船尾角时，应将角度尺卡在包含弹丸轴线纵剖面的位置。

在测量摆差时，按规定的定位基准先将弹丸置于支弹架，弹底抵住定位板，调节支弹架高度，使弹体轴线水平；然后将百分表触头轻放到弹体测量部位，调整百分表支架，使表杆垂直于弹丸轴线，并使百分表初始量值为满量程的2/5~3/5，转动表盘将指针归0；最后轻轻转动弹丸一周，通过百分表测出最大值和最小值。

测量弹底平面度时，将刀口形直尺对准弹底边沿的定位点，并通过弹底圆心观察弹底平面与刀口形直尺之间的缝隙，用厚薄规试插测出其最大缝隙。

2.2 弹丸质心位置的测定

测定弹丸质心位置是测量弹丸赤道转动惯量及其稳定性计算的必要条件,并直接关系到弹丸赤道转动惯量的测量精度及静力矩系数的测量精度。在理论上,旋转稳定弹丸的质心应位于定心部和弹带中心的对称轴上,即在弹丸的中心线上;尾翼稳定弹丸的质心应位于上定心部下沿或者头弧下沿的对称轴的中心线上。通过计算机绘图技术可以直接求得弹丸构成每个零部件的质心位置和整体弹丸的质心位置,但这仅是理想状态下的设计质心位置。由于弹丸零部件加工误差,因此真正的弹丸质心位置与设计的弹丸质心位置不仅有轴线上的位移偏差,也有径向上的位移偏差。以旋转稳定的弹丸为例,若以弹丸中心线的轴 ox 与弹底切面上的平面 yoz 组成直角坐标系,则弹丸质心位置由 x_c、y_c、z_c决定,如图 2.1 所示。

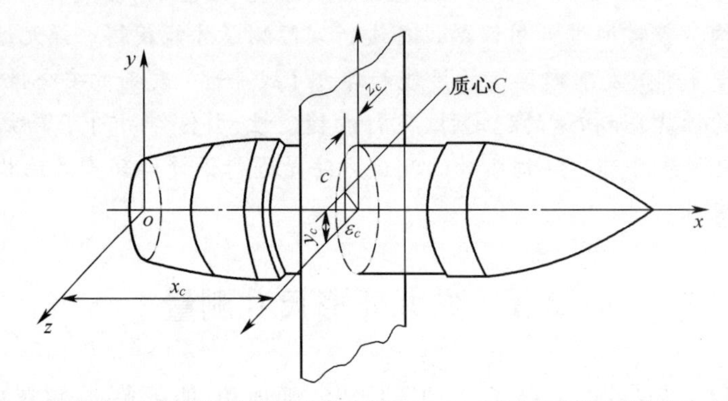

x_c—弹丸质心距弹底切面的距离(弹丸质心位置);y_c、z_c—弹丸偏心距的大小和方向的值。

图 2.1 弹丸质心示意图

本节仅论述测定弹丸质心至弹底切面距离的设备及方法,弹丸质量偏心距大小和方向的测定在本章第 3 节中论述。

测量弹丸质心位置的方法很多,可以根据弹丸类型、尺寸和质量大小进行选择。这些测量方法一般都是根据静力矩平衡原理实现的。不同测量方法对应不同的机械结构,例如,物理天平法对应质心框架结构、弹丸质心平衡台法对应横梁托盘结构。下面介绍这两种方法及测试原理。

2.2.1 物理天平法

在物理天平上安装一个固定弹丸的夹具,就构成了质心测定仪,它的工作原理如图 2.2所示。

在图 2.2 中 O 点为天平的支点,A 和 B 为受力点,力臂为 L。测量时,先在托架的 B 端安装一个固定弹丸的夹具,然后调整游标或在托盘 A 中加平衡砝码,使天平两端平衡,便可进行测量。将被测弹丸放在托盘 B 中,在托盘 A 中放入砝码,使天平重新平衡,则加入的砝码为弹丸的质量,如图 2.2(a)所示。取下弹丸,把它装卡在 B 端的夹具上,使弹轴与天平力臂 $\overline{OB}$ 平行,弹底抵住基准面 $\overline{BB}$,此时弹丸重力的作用点不再是 B 点,而是弹丸质心所在的位置 C 点。因此,力臂不再是 L,而是 $L+h_c$,从而破坏了原来的平衡。若

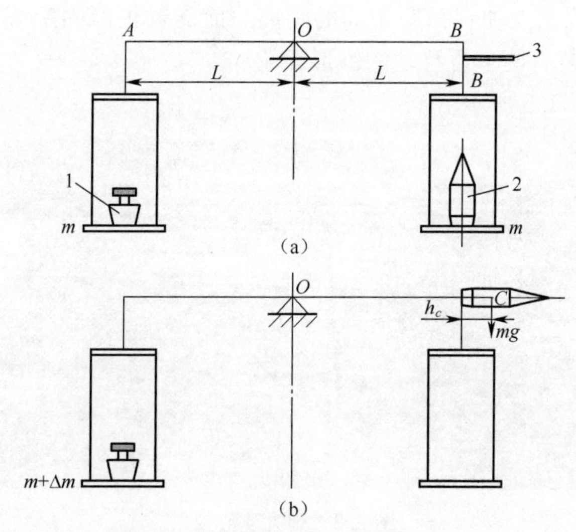

图 2.2　物理天平法工作原理

要使它重新平衡,则必须在托盘 A 中增加砝码 Δm,于是有静力平衡公式:

$$(m+\Delta m)gL = mg(L+h_c)$$

化简,得

$$h_c = L \cdot \frac{\Delta m}{m} \tag{2.1}$$

式中　h_c——弹丸质心到弹底切面的距离;

L——天平的力臂;

m——弹丸的质量;

Δm——平衡砝码的增量。

若结构上不能保证弹底位于基准线 $\overline{BB}$ 上,而是弹底与基准线 $\overline{BB}$ 的距离为 l,则式(2.1)变为

$$h_c = L \cdot \frac{\Delta m}{m} - l \tag{2.2}$$

式中:L 和 l 都是仪器的结构参量,事先可以精确测定,测量时只需测出弹丸质量 m 及增量 Δm,就可以算出质心到弹底的切面距离 h_c 了。显然,弹丸质心位置的测量精度取决于参量 L、l、m 和 Δm 的测量精度。根据对枪弹多次重复测量的结果进行分析,以及测量质心到弹底和弹顶的距离与弹丸全长进行比较,其测量精度一般不低于 1%。

物理天平法简单可靠、经济、方便,但它通常只适用于尺寸和质量较小的枪弹或模型弹。

2.2.2　弹丸质心平衡台法

弹丸质心仪由不动部分和摆动部分组成,具体如下:

(1) 弹丸质心仪的不动部分是一个机座,机座上有三个调节水平的螺丝,机座中央前后并列两个垂直支柱,其上固定有两块 V 形铁。

(2) 弹丸质心仪的摆动部分是一个带有前后两个支臂的工作台,支臂以及三角刀口放置在 V 形铁上,前后两个刀口的连线,即工作台的摆轴。在工作台上附有游标尺(精

确度 0.1mm),用以测出摆轴到弹底切面的距离。前支臂正面固定有平衡砝码架。为了放置弹丸,工作台上装有两个可移动的锥形滚轮。

弹丸质心仪如图 2.3 所示。

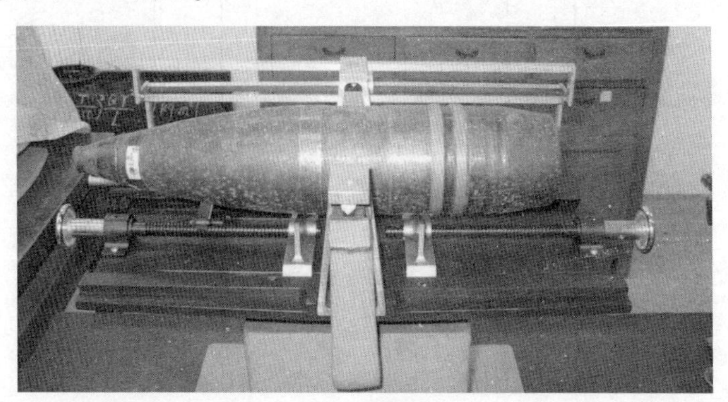

图 2.3 弹丸质心仪

工作台的升降是靠一个凸轮机构来实现的,当把凸轮的手把插在右边插孔时,工作台处于工作状态;反之,插在左边插孔时,工作台处于非工作状态(三角刀口上升离开 V 形铁)。工作台用水准气泡调平。

弹丸质心仪的测量原理是利用弹丸本身的重力和某一砝码的重力对工作台摆轴的静力矩相平衡的原理来测定弹丸的质心位置。测量时首先使仪器处于工作状态;然后移动主砝码 P_2 到 0 位,即摆轴位置;最后调节副砝码 P_1 使工作台平衡。将待测弹丸放在滚轮上,通常由于弹丸质心不会刚好落到摆轴所在垂直平面内,因此工作台会失去平衡,这时调节主砝码 P_2 使工作台平衡。如图 2.4 所示,因为平衡,所以静力矩相等,则

$$\begin{cases} P_2(\pm a) = m \cdot x \\ x = \dfrac{P_2(\pm a)}{m} \end{cases} \tag{2.3}$$

式中 m——被测弹丸质量(kg);

P_2——主砝码质量(kg);

a——主砝码 P_2 到摆轴 0-0 的距离(mm),当 P_2 在 0-0 左边时取“-”,反之取“+”;

x——弹丸质心 C 到摆轴 0-0 的距离(mm)。

移动游标尺活动臂与弹底切面取齐,测量出弹底切面到摆轴 0-0 的距离 b(mm)。

由图 2.4 可知,弹丸质心 C 到弹底切面距离:

$$x_c = b + \frac{P_2(\pm a)}{m}(\text{mm}) \tag{2.4}$$

如果要在弹体上标出质心横截面的位置,则可在钳工平台上用高度游标尺画出。

目前弹丸质心位置的测量值可以用测力传感器和微机快速计算获得。如图 2.5 和图 2.6 所示,在弹丸上下定心部的支承处下方各有一个测力传感器,当弹丸处于水平位置时,则两个测力传感器所测二力之和为弹丸质量,根据静力矩平衡条件,弹丸质心位置很快就能算出。这种方法快速简便,适用于批量弹丸测试。

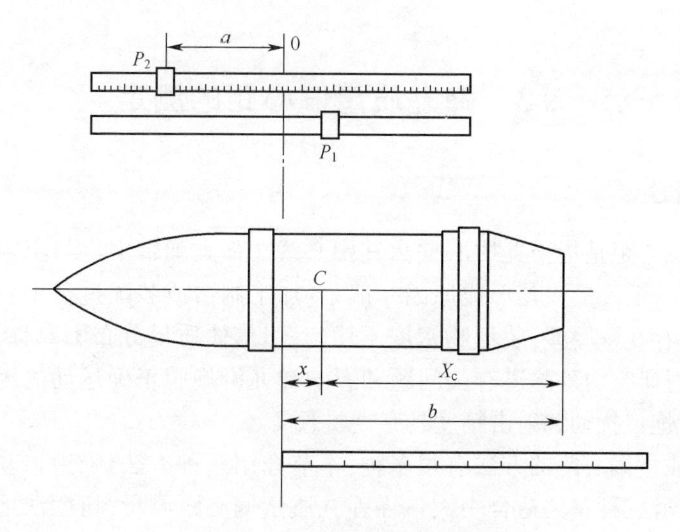

图 2.4　弹丸质心计算示意图

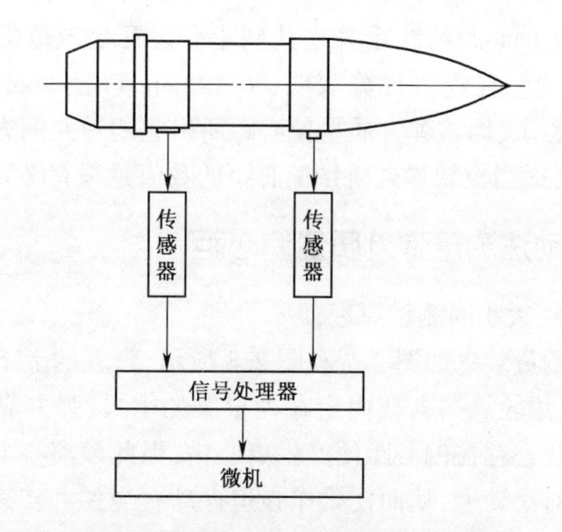

图 2.5　测力传感器测量弹丸质心原理图

图 2.6　测力传感器测量弹丸质心装置

2.3 弹丸质量偏心距的测定

2.3.1 概述

弹丸质量偏心距是指弹丸质心偏离其中心线（弹丸弹带中心与上定心部中心的连线）的距离，是一个矢量。其形成原因一般是：加工制造或装配过程中各组成部分的轴线不重合；弹体存在壁厚差，装填物密度不均匀；引信体质量分布不对称，等等。测定弹丸质量偏心距对研究内外弹道有关问题和影响弹丸沿炮膛正确运动的因素和膛壁的受力及磨损，分析炮口扰动和射击精度具有重要意义。

测量弹丸质量偏心距的方法有很多种，本节介绍三种方法：强迫振动法、秤量法、扭摆法。强迫振动法、秤量法适合中大口径弹丸质量偏心距测量，扭摆法适合小口径弹丸质量偏心距测量。使用者可根据测试要求及仪器设备情况选择合适的测量弹丸质量偏心距的方法。

一般常规弹丸质量偏心距约在千分之几到十分之几毫米范围内，虽然其数值不大，但带来的影响不可忽视。有资料计算表明，当 122mm 口径加农炮弹丸质量偏心距为 0.34mm 时，在最大射程上，因该弹丸质量偏心距所引起的弹丸侧方速度带来的方向偏差可达 38m 之远。可见，适当控制弹丸质量偏心距的数值是很有必要的。

2.3.2 强迫振动法测量弹丸质量偏心距

1. 弹丸质量偏心距大小的测量原理

弹丸质量偏心距测量装置如图 2.7 和图 2.8 所示，弹丸的上下定心部分别放置在两对平行安装的滚轮上，滚轮靠其支架固定在一根梁的中央，弹丸靠可升降皮带的摩擦力驱动旋转。由于弹丸质心存在偏心距便产生离心力，因此该离心力随弹丸的旋转周期性作用于支撑弹丸的两对滚轮上，从而使梁作强迫振动。当弹丸转速较高时（至少要超过振动系统的固有频率），脱开皮带，弹丸在滚轮摩擦力的作用下自行减速，当旋转频率接近系统的固有频率时，梁产生最大振幅（注意不是在共振频率点）；弹丸的质量偏心距越

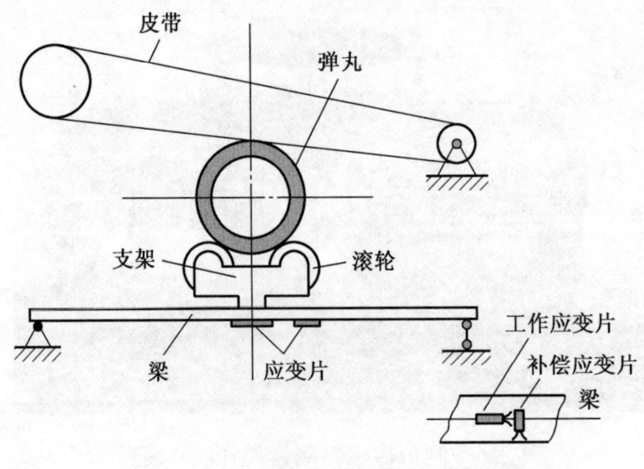

图 2.7　弹丸质量偏心距测量示意图

1—电机；2—皮带；3—左顶杆；4—试验弹丸；5—光源；6—铝片圆盘；
7—光电三极管；8—电机开关；9—右项杆；10—标准转子；11—底座；12—梁；
13—支架；14—光电放大器；15—电池；16—应变仪电桥盒。

图2.8　弹丸质量偏心距测量仪

大，梁的振幅也越大，二者呈线性关系；振幅的大小通过梁下面中央位置处的应变片连接动态应变仪来测量，由光线示波器或记忆示波器、微机等记录其振幅的变化。梁下表面的应变片黏贴方法如图2.7所示，工作应变片沿梁的长度方向，补偿应变片沿梁的宽度方向，二者互相垂直；先由记录的振幅曲线图上量取最大振幅值，然后在预先做好的偏心距校正曲线上读出对应的弹丸质量偏距大小。

弹丸质量偏心距校正曲线的作法是：加工一个本身偏心距极小的标准转子（最好在精密动平衡机上进行一次动平衡），其两端面上钻有对称圆孔用来安装配重质量，设安装的配重质量为 m_i，则标准转子产生一个人造的偏心距，其大小 $\boldsymbol{\varepsilon}_i = m_i r_0 / M$，其中：$M$ 为标准转子的质量，标准转子与被测弹丸的直径和质量近似相等；r_0 为标准转子中心到安装孔中心的距离，将标准转子放到偏心测定仪滚轮上做旋转试验。从小到大改变配重质量 m_i，每改变一次配重质量，做三次旋转试验，得到三个最大振幅值，求取平均值。这样就可得到对应的偏心距 $\boldsymbol{\varepsilon}_1$、$\boldsymbol{\varepsilon}_2$、$\boldsymbol{\varepsilon}_3$…与最大振幅值 h_1、h_2、h_3…，从而得到校正曲线 $\boldsymbol{\varepsilon}_i$-$h_i$，如图2.9所示。

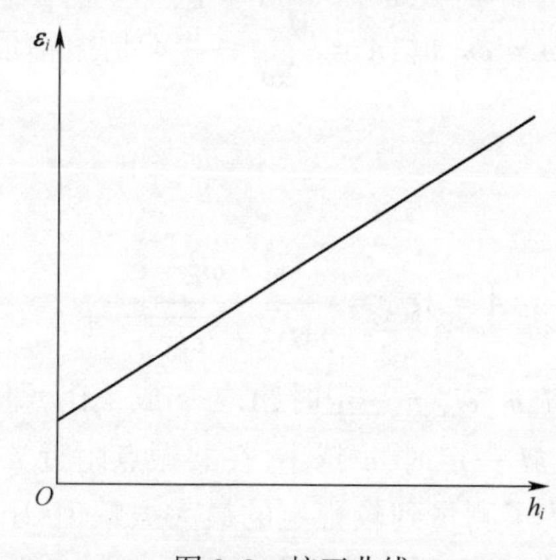

图2.9　校正曲线

如标准转子制作精良,偏心距极小,则校正曲线就基本上通过 O 点。校正曲线也可以应用最小二乘法求出校正曲线的斜率和截距,通过计算求出偏心距大小。为了弄清楚测量原理,下面根据振动理论做简略说明。

设振动系统的固有频率为 ω_0(主要由梁的材料、结构尺寸及其上面的质量决定),弹旋转频率为 ω,弹丸旋转时作用于滚轮支撑上的离心力为

$$F = F_{\max} \cdot \sin(\omega t + \varphi_0) \tag{2.5}$$

式中 $F_{\max} = m \cdot \omega^2 \cdot \boldsymbol{\varepsilon}$ 为离心力振幅;

$\boldsymbol{\varepsilon}$——弹丸质量偏心距;

m——弹丸质量;

φ_0——初相角。

由振动理论得梁的强迫振动微分方程:

$$\ddot{y} + 2n\dot{y} + \omega_0^2 y = \frac{F_{\max}}{M}\sin(\omega t + \varphi_0)$$

全解为

$$y = a \cdot \mathrm{e}^{-nt}\sin(\sqrt{(\omega^2 - n^2)} \cdot t + \phi) + A\sin(\omega t + \varphi_0 - \beta) \tag{2.6}$$

式中 A ——强迫振动的振幅;

β ——梁强迫振动时,振幅滞后于强迫力的相位差。

式(2.6)表明,第一项为衰减的自由振动,在振动开始很短时间内趋于消失,故可忽略不计;第二项为与弹丸离心力同频率的简谐振动,即强迫振动。

由振动理论,得

$$A = \frac{\frac{m}{M}\omega^2 \cdot \boldsymbol{\varepsilon}}{\sqrt{(\omega_0^2 - \omega^2)^2 + 4\omega^2 n^2}} \tag{2.7}$$

$$\beta = \tan^{-1}\frac{2\omega \cdot n}{\omega_0^2 \cdot \omega^2} \tag{2.8}$$

由式(2.3)可知,当 $\omega = \omega_0$ 时,$A = \dfrac{\frac{m}{M}\omega^2 \cdot \boldsymbol{\varepsilon}}{2\omega \cdot n}$ 不是振幅最大值;当 $\dfrac{\mathrm{d}A}{\mathrm{d}\omega} = 0$ 时,$\omega = \dfrac{\omega_0^2}{\sqrt{\omega_0^2 - 2n^2}}$,$n < \dfrac{\omega_0}{\sqrt{2}}$,有

$$A = A_{\max} = \frac{m \cdot \omega_0^2 \cdot \boldsymbol{\varepsilon}}{2M \cdot n\sqrt{\omega_0^2 - n^2}} \tag{2.9}$$

由式(2.9)可知,当 M、m、ω_0、n 一定时,A 与 $\boldsymbol{\varepsilon}$ 成正比,即测量弹丸质量偏心距大小的理论根据。当 ω_0、ω、m、M 一定时,n 越小,在共振点附近 A 值变化越显著;当 n 稍大时,变化就趋于平缓,因此为了测量到较稳定的最大振幅值,阻尼 n 要选择得比较合适,这样就要求在制作振动系统时,必须从结构上保证 n 控制在要求的范围内。为了得到平缓的振幅变化曲线,要求弹丸在滚轮上自行减速旋转的速度降低的值要小一些。

由公式(2.6)可知，$\beta=\tan^{-1}\dfrac{2\omega\cdot n}{\omega_0^2-\omega^2}$，其中：$\beta$ 是振动振幅滞后于离心力的相位差，因此只要知道了 β 的大小值，就可以由弹丸上产生最大振幅的位置找到离心力的位置，即偏心距的方向。当 $\omega\to\omega_0$ 时，即共振点附近，β 角度的大小，须要由试验来确定。这些就是测量弹丸质量偏心距方向的依据。

振幅—频率关系曲线随阻尼变化的情况和相位差—频率关系曲线随阻尼变化的情况，$A_0=\dfrac{m}{M}\boldsymbol{\varepsilon}$ 如图2.10所示。

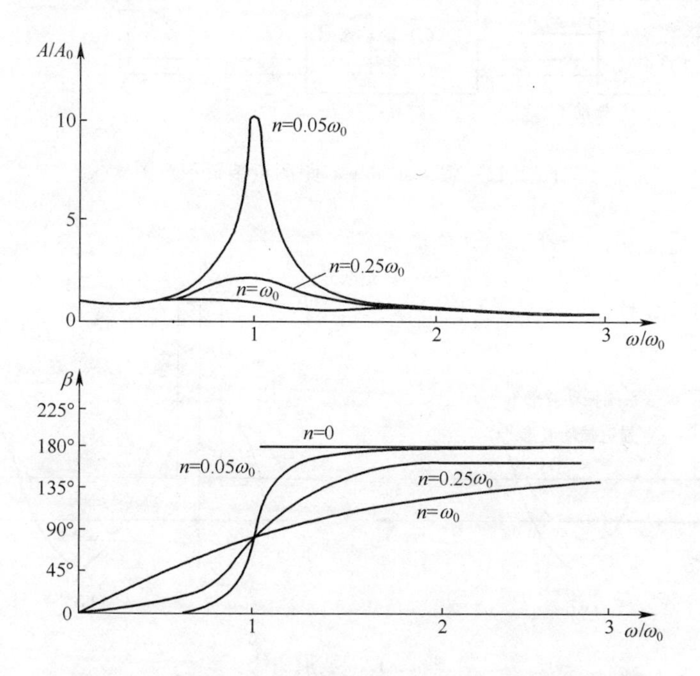

图2.10　振幅—频率关系曲线和相位差—频率关系曲线

2. 弹丸质量偏心距方向的测量原理

弹丸质量偏心距方向测量装置如图2.11所示，在弹丸引信头螺连接处加装一个小圆盘，在其上开一个小孔，在另一个支架上固定一个小光源对准该小孔。这样弹丸每旋转一周，光线通过小孔一次，产生一个光电脉冲，并由光电三极管接收，经光电变换，输入光线示波器振子，另一路振子记录系统振动的振幅，得到波形曲线如图2.12所示的实线。图2.12(a)为光电脉冲出现在系统最大振幅之前，图2.12(b)为光电脉冲出现在系统最大振幅之后。在图2.12中：β 是系统最大振幅与强迫力之间的相位差，由试验测出；θ 为光电脉冲与系统最大振幅之间的相位差；φ_0 为光源与垂线之间的夹角。φ_0 夹角在垂直弹丸轴线平面上的角度关系，如图2.13所示。图2.13(a)对应图2.12(a)曲线，图2.13(b)对应图2.12(b)曲线。图2.13所示位置是当振动梁处于正半周最大振幅的时刻，弹丸质量偏心距的方向由 α 角确定。当 $\alpha=\varphi_0-\beta\pm|\theta|$ 时，光电脉冲在系统振动波形正半周(振动梁处于最下方位置时)最大振幅之前出现 $|\theta|$，取正号；在最大振幅之后出现 $|\theta|$，取负号。这里应注意，必须保证电桥连接方法，使梁处于下方位置时，振动波

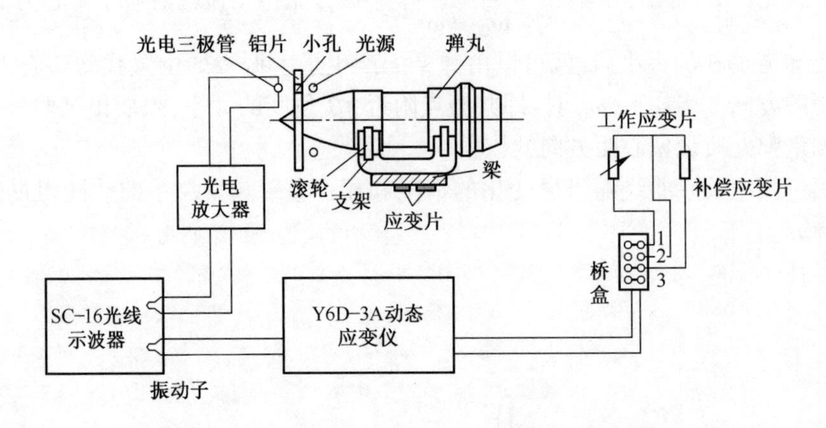

图 2.11　弹丸质量偏心距测量装置示意图

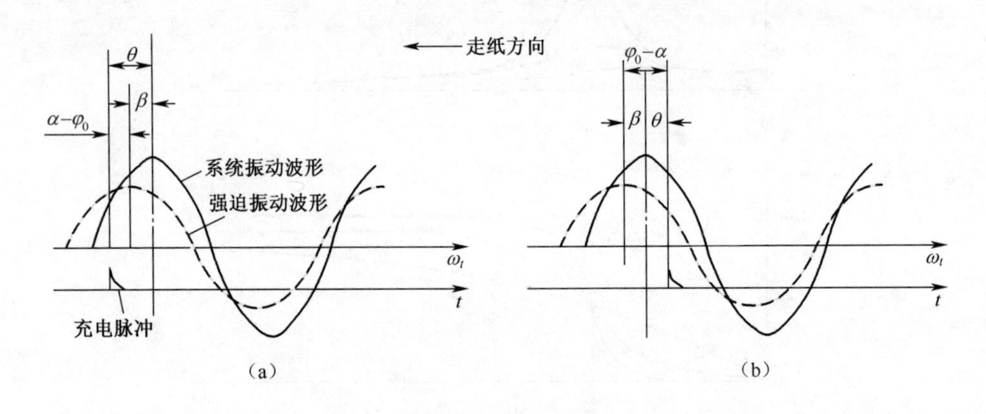

图 2.12　波形曲线

(a) 光电脉冲在系统最大振幅之前;(b) 光电脉冲在系统最大振幅之后。

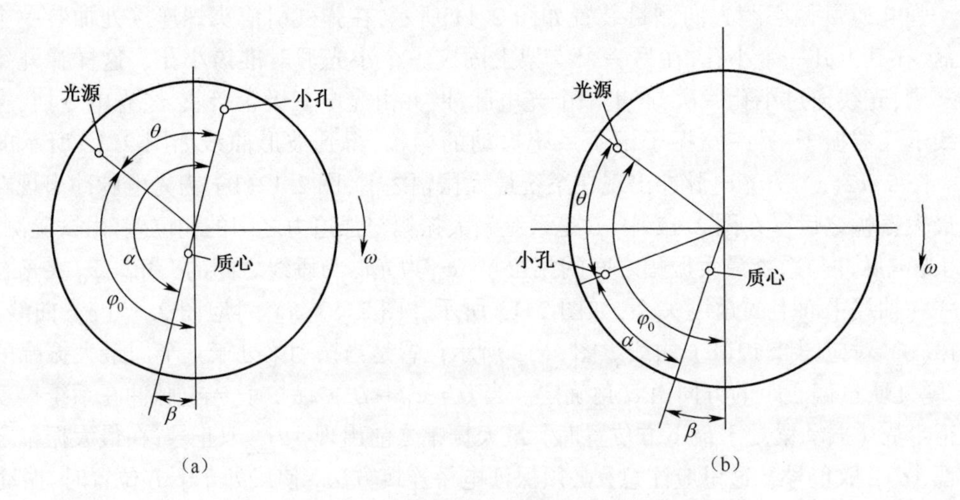

图 2.13　质心、小孔和光源相对位置

形为正半周（用手向下按梁时，振动光点向上），否则确定的弹丸质量偏心距方向就会相差 180°。在说明了弹丸质量偏心距方向求法以后，β 的试验求法就很简单了，即由公式 $\alpha = \varphi_0 - \beta \pm |\theta|$ 可知，当用标准转子在已知方向（α 已知）上加上配重，重复上述试验，即可反求出 β。

3. 求相对于弹丸中心线的弹丸质量偏心距大小和方向

弹丸质量偏心距大小和方向以弹丸上下定心部中心连线作为旋转轴测得。弹丸中心线与弹丸上下定心部中线连线存在一定夹角，因此相对于弹丸中心线的弹丸质量偏心距大小和方向需要通过换算获得。设弹带中心相对于定心部中心连线的弹丸质量偏心距为 $\boldsymbol{\xi}$，$\boldsymbol{\xi}$ 的值可在支架滚轮上用百分表测量弹带圆周面的摆动量（百分表摆差的一半值）得到。同时测量出摆差最大点与圆盘小孔间的夹角 α'，如图 2.14 和图 2.15 所示。

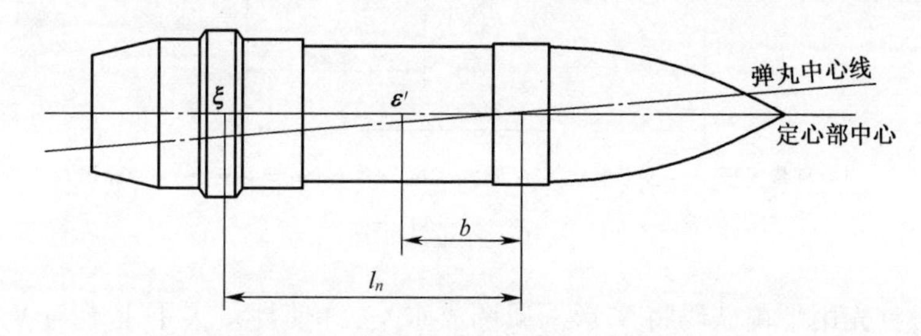

图 2.14　弹丸质量偏心距大小测量图

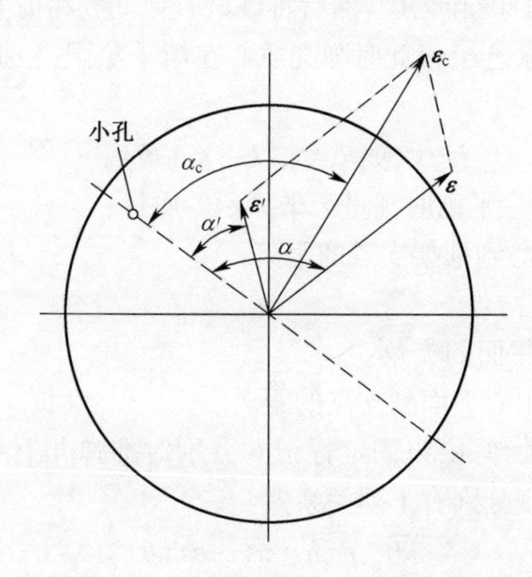

图 2.15　弹丸质量偏心距方向测量图

$\boldsymbol{\varepsilon}$、α 为前面所测得的相对定心部中心连线的弹丸质量偏心距大小和方向，$\boldsymbol{\varepsilon}'$、$\alpha'$ 是由于弹带中心偏心引起的弹丸质量偏心距大小和方向，因此通过作图可得合成的 $\boldsymbol{\varepsilon}_c$、$\alpha_c$，具体有下列关系式：

$$\boldsymbol{\varepsilon}' = \frac{b}{\ln}\boldsymbol{\xi} \tag{2.10}$$

2.3.3　秤量法测弹丸质量偏心距

如图 2.16 所示，弹丸由 V 形框架支撑，5 为框架支点，1 为框架一端的秤量天平，6 为

V 形框架与弹丸相切的一个固定标记点,4 为平衡砝码,弹丸的几何轴心为 O',质心为 O,偏心距为 $\boldsymbol{\varepsilon}$,偏心距与水平面的夹角为 θ,偏心距 $\boldsymbol{\varepsilon}$ 的方向由弹丸基准面（0°~180°面,由 0°起算）到矢量 $\boldsymbol{\varepsilon}$ 的夹角 α 表示。β 为 V 形框架支撑面的平角。

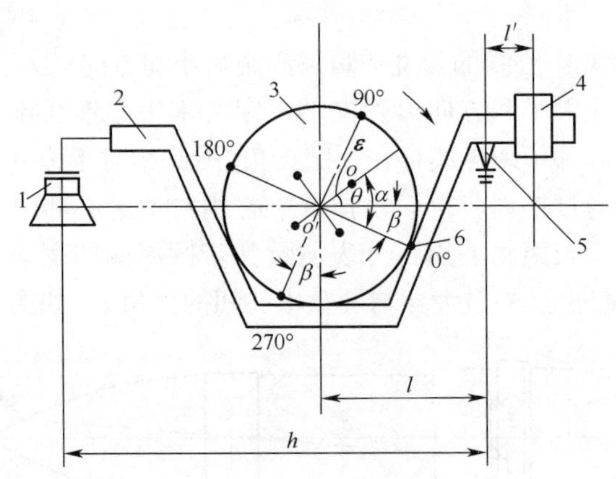

1—秤量天平；2—V形框架；3—弹丸；4—平衡砝码；5—支点；6—标记。

图 2.16　秤量法示意图

操作时,首先用平衡砝码将 V 形框架调成水平,并使秤量天平上端与 V 形框架外端受压面接触但不受力（秤量天平指示为 0）,在弹体上每隔 90°刻画一个标记,面向弹尾沿逆时针方向标出 0°、90°、180°和 270°;然后将该试验弹丸放在框架的 V 形槽内,并使 0°标记对准 V 形槽上的固定标记 6,设此时弹丸质心在第 I 象限,根据静力矩平衡原理,应有下列关系:

$$0°, m_i h = m(l - \boldsymbol{\varepsilon}\cos\theta) \tag{2.11}$$

式中　$m_i(i=1,2,3,4)$——平衡时秤量天平显示的质量;

h——秤量天平中心到框架支点的距离;

m——弹丸的质量;

θ——矢量 $\boldsymbol{\varepsilon}$ 与水平面的夹角;

l——V 形槽对称中心平面到支点的距离。

依次顺时针方向转动弹丸,以固定标记 6 分别对准弹丸上 90°、180°、270°的标记点并秤出质量 m_2、m_3、m_4,则分别有下列关系式:

$$90°, m_2 h = m(l - \boldsymbol{\varepsilon}\sin\theta) \tag{2.12}$$

$$180°, m_3 h = m(l + \boldsymbol{\varepsilon}\cos\theta) \tag{2.13}$$

$$270°, m_4 h = m(l + \boldsymbol{\varepsilon}\sin\theta) \tag{2.14}$$

由式（2.12）~式(2.14）,得

$$(m_4 - m_2)h = 2m\boldsymbol{\varepsilon}\sin\theta \tag{2.15}$$

由式（2.12）~式(2.14）,得

$$(m_3 - m_1)h = 2m\boldsymbol{\varepsilon}\cos\theta \tag{2.16}$$

式(2.15)及式(2.16)中:h、m 已知,m_i是秤量出的质量,只有 $\boldsymbol{\varepsilon}$ 和 θ 是未知数,可得

$$\boldsymbol{\varepsilon} = \frac{h}{2m}\sqrt{(m_3 - m_1)^2 + (m_4 - m_2)^2} \tag{2.17}$$

$$\theta = \tan^{-1} \frac{m_4 - m_2}{m_3 - m_1} \tag{2.18}$$

$$\alpha = \beta + \theta \tag{2.19}$$

设由弹丸上 0°~180°基准面(由 0°算起)沿逆时针转至 $\boldsymbol{\varepsilon}$ 为正方向。

θ 值有正负之分,它由 m_4-m_2 和 m_3-m_1 的正负决定,如图 2.17 所示和表 2.1 所列。

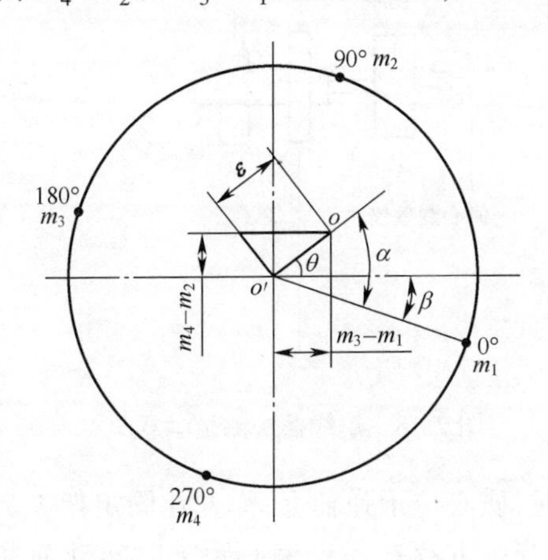

图 2.17　m_4-m_2 和 m_3-m_1 的正负关系

表 2.1　θ 正负值

象限	m_3-m_1	m_4-m_2	θ
Ⅰ	+	+	+
Ⅱ	-	+	-
Ⅲ	-	-	+
Ⅳ	+	-	-

秤量法适合测量较大口径弹丸质量偏心距,要求平衡框架刀口的灵敏度很高、制作精细,平衡配重质量一般为被测弹丸质量的 5%左右。由测量原理知,每次秤量时,平衡框架必须保持严格水平,这样秤量天平显示的数值才可靠。另外,摆体和重心必须通过刀口宽度的中心,这些都对仪器的制作提出了较高的要求。

2.3.4　单线摆法测量弹丸质量偏心距

图 2.18 所示为一架单线扭转摆(也称为双丝张紧摆)。弹丸放在固定架上,弹轴与扭摆轴平行,固定架与扭摆轴固定连接在一起,并随扭摆轴扭转。单摆悬挂系统的转动惯量 $I=KT^2$,其中:K 是与扭转弹性模量有关的一个常量,它取决于金属扭摆丝的材料、尺寸和拉紧程度;T 为扭摆周期,当弹轴与扭摆轴重合时,扭摆系统的转动惯量为

$$I = I_p + I_0 \tag{2.20}$$

式中　I_p——弹丸的转动惯量;

I_0——弹丸固定架的转动惯量。

当弹轴与扭摆轴平行且相距为 a 时,扭摆系统的转动惯量为

$$I = I_p + I_0' + ma^2 = K'T^2 \tag{2.21}$$

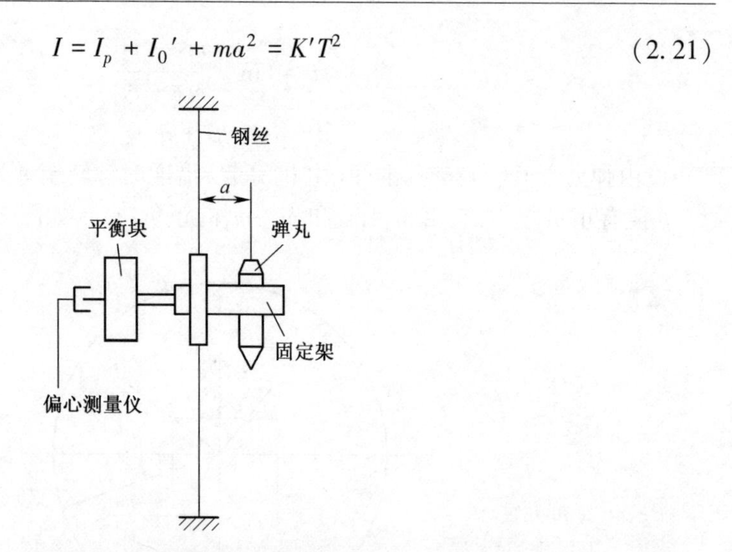

图 2.18　单线摆法测量示意图

弹丸没有质量偏心距时,质心位于弹轴上,弹丸在固定架夹具中无论怎样转动,弹轴到扭摆线的距离都是 a ,但当弹丸存在质量偏心距 $\boldsymbol{\varepsilon}$ 时转动弹丸,则弹丸质心到扭摆线的距离将有变化,因而该扭摆系统的转动惯量及摆动周期也跟着变化。若从弹丸上 0°标记开始,顺时针方向每转 90°测量一次扭摆周期(图 2.19),则可建立下列关系式:

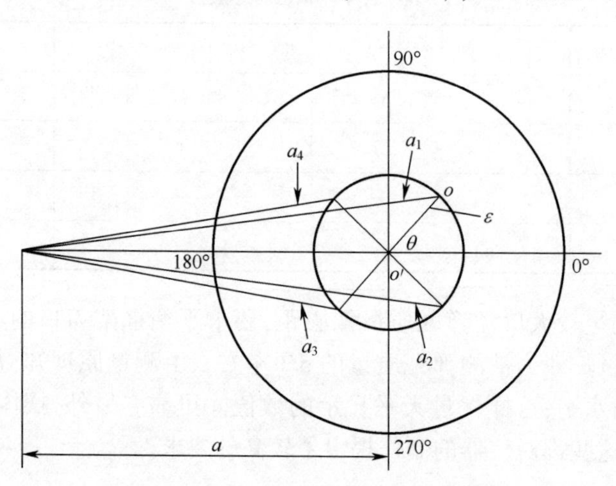

图 2.19　弹丸质量偏心距测量示意图

$$\begin{cases} I_1 = I_p + I_0' + ma_1^2 = K'T_1^2 \\ I_2 = I_p + I_0' + ma_2^2 = K'T_2^2 \\ I_3 = I_p + I_0' + ma_3^2 = K'T_3^2 \\ I_4 = I_p + I_0' + ma_4^2 = K'T_4^2 \end{cases} \tag{2.22}$$

式中:$I_1 \sim I_4$,$a_1 \sim a_4$分别代表 0°、190°、180°、270°四种情况下的系统转动惯量及弹丸质心 O 到扭摆中心的距离,m 为弹丸质量,弹心质量偏心距 $\boldsymbol{\varepsilon}$ 与水平标记线之间的夹角为 θ,由式 (2.22) ,可得

$$
\begin{cases}
a_1^2 = a^2 + \boldsymbol{\varepsilon}^2 + 2a\boldsymbol{\varepsilon}\cos\theta \\
a_2^2 = a^2 + \boldsymbol{\varepsilon}^2 + 2a\boldsymbol{\varepsilon}\cos\theta \\
a_3^2 = a^2 + \boldsymbol{\varepsilon}^2 - 2a\boldsymbol{\varepsilon}\cos\theta \\
a_4^2 = a^2 + \boldsymbol{\varepsilon}^2 - 2a\boldsymbol{\varepsilon}\cos\theta
\end{cases}
\tag{2.23}
$$

将式（2.22）分别代入式（2.23），由 I_1-I_3，I_2-I_4，可得

$$
\begin{cases}
4ma\boldsymbol{\varepsilon}\cos\theta = K'(T_1^2 - T_3^2) \\
4ma\boldsymbol{\varepsilon}\cos\theta = K'(T_2^2 - T_4^2)
\end{cases}
\tag{2.24}
$$

将式（2.24）两边分别平方相加，则有

$$
\boldsymbol{\varepsilon} = \frac{K'}{4ma}\sqrt{(T_1^2 - T_3^2)^2 + (T_2^2 - T_4^2)^2}
\tag{2.25}
$$

式中：K'、m、a 都是常量。

所以，只要测出四次不同角度的周期值，就可由式（2.25）求出弹丸质量偏心距 $\boldsymbol{\varepsilon}$，该弹丸质量偏心距 $\boldsymbol{\varepsilon}$ 的方向也就求出来了，但要注意 θ 有正负之分，见表 2.2 所列。

$$
\theta = \tan^{-1}\frac{T_2^2 - T_4^2}{T_1^2 - T_3^2}
\tag{2.26}
$$

表 2.2　θ 在各象限的正负值

象限	$T_2^2 - T_4^2$	$T_1^2 - T_3^2$	θ
Ⅰ	+	+	+
Ⅱ	+	−	−
Ⅲ	−	−	+
Ⅳ	−	+	−

单线扭摆法通常更适合测量小口径弹丸质量偏心距，应用专用软件计算，测量起来比较方便。它的测量精度取决于周期测量的可靠性和准确度，以及弹丸夹具等精密程度。

除上述三种测量弹丸质量偏心距的方法外，如果有测量弹丸动不平衡的精密动平衡机，可将测量的左右两个测量平面上的弹丸不平衡度（m_1r_1 和 m_2r_2 及 $\theta(m_1r_1, m_2r_2)$）进行力的合成，则弹丸质量偏心矩 $\boldsymbol{\varepsilon} = \dfrac{m_1r_1 + m_1r_1}{m}$，式中：$m$ 为弹丸质量。

2.4　弹丸转动惯量的测定

在研究弹丸的绕心运动、测定弹丸的气动力系数和计算弹丸飞行稳定性中，都离不开弹丸的转动惯量这个参数，而且转动惯量的测量精度与气动力系数的测量精度关系颇大。在弹丸设计中必须确定弹丸的转动惯量，在飞行试验之前，一般也要精确测量弹丸的转动惯量。

测量弹丸转动惯量的方法有若干种，一般采取单线扭摆法、台式扭摆法和三线扭摆法。

2.4.1 单线扭摆法

用一根细长的金属丝和夹具把被测弹丸悬挂起来,使金属丝连线通过弹丸轴线(测极转动惯量)或与弹轴垂直(测赤道转动惯量),也可以使弹轴与金属丝平行相隔一段距离 a,如图 2.20 所示。先赋予弹丸一个起始转角 φ_0,然后释放,弹丸将会在金属丝的扭矩作用下往复扭摆运动。设弹丸的扭摆运动只与金属丝的扭矩 M_Z 有关,转角 φ 的范围内,M_Z 的大小与转角 φ 成正比并且方向相反,即 $M_Z=-f\varphi$(f 为金属丝悬挂系统的扭转弹性系数),忽略空气阻尼力矩和弹丸质心的微小摆动,则弹丸绕轴的扭摆运动方程为

$$I\ddot{\varphi}+f\varphi=0 \tag{2.27}$$

式中 I——总转动惯量,$I=I_{弹}+I_{夹}$;

$I_{弹}$——弹丸转动惯量;

$I_{夹}$——夹具等的转动惯量。

令 $K^2=\dfrac{f}{I}$,则 $\ddot{\varphi}+K^2\varphi=0$

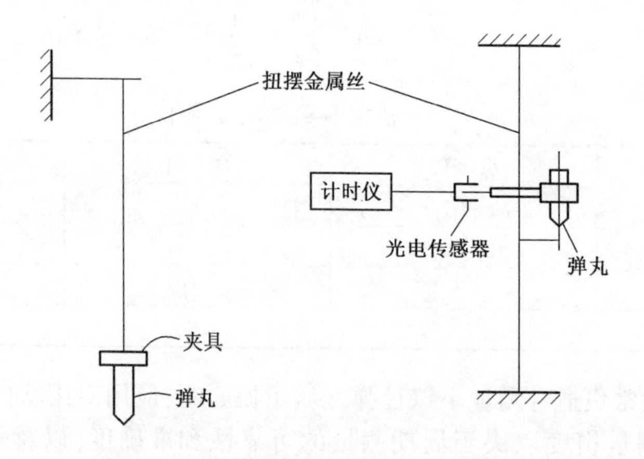

图 2.20 单线扭摆法测量示意图

对于一般悬挂系统,f 可认为是一个常数,因此只要测得扭摆周期 T 便可求得 I 和 $I_{弹}$,即

$$I_{弹}=I-I_{夹}=T^2\frac{f}{4\pi^2}-I_{夹}$$

式中:$T=\dfrac{2\pi}{K}$,即摆动运动的周期。

为了求出 $I_{弹}$,就必须先求出常数 $\dfrac{f}{4\pi^2}$ 和 $I_{夹}$。因此,精确加工两个容易安装和计算转动惯量的标准体,并放在夹具上测出它们的转动惯量 I_1 和 I_2 以及对应的周期 T_1 和 T_2,则

$$\begin{cases} I_1=\dfrac{f}{4\pi^2}T_1^2-I_{夹} \\ I_2=\dfrac{f}{4\pi^2}T_2^2-I_{夹} \end{cases} \tag{2.28}$$

解方程得

$$\begin{cases}\dfrac{f}{4\pi^2}=\dfrac{I_1-I_2}{T_1^2-T_2^2}\\[2ex] I_{夹}=\dfrac{I_1T_2^2-I_2T_1^2}{T_1^2-T_2^2}\end{cases} \tag{2.29}$$

把解出的常数和对应的周期输入计算机进行计算,可得到弹丸转动惯量。

在图 2.20 中弹轴与金属丝平行的单线扭摆法也可通过下式求得弹丸转动惯量:

$$I=I_{弹}+I_{夹}+ma^2=KT^2 \tag{2.30}$$

式中　m——弹丸质量。

这种方法更适合测量较小质量的弹丸。

2.4.2　台式扭摆法

图 2.21 所示为台式扭摆转动惯量测量装置在该图中,回转托盘(托盘上面放待测弹丸)与转轴固定在一起,放在底座的轴承内;螺旋弹簧一端固定在转轴上,另一端固定在底座上,在螺旋弹簧扭转力矩作用下,回转托盘随转轴在轴承内做往复扭转。

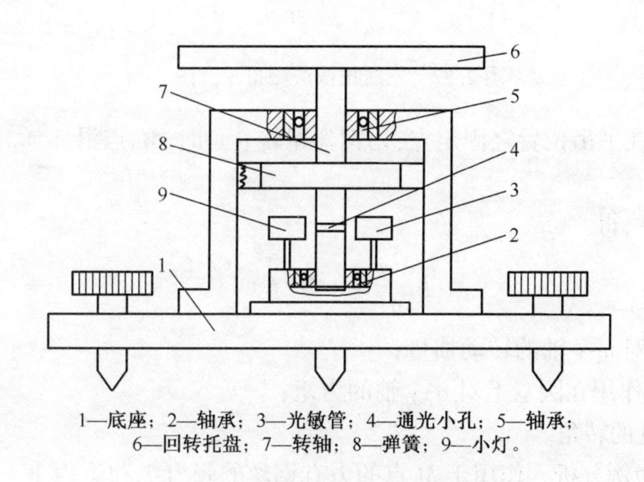

1—底座;2—轴承;3—光敏管;4—通光小孔;5—轴承;
6—回转托盘;7—转轴;8—弹簧;9—小灯。

图 2.21　台式扭摆转动惯量测量装置

回转系统的运动方程(忽略阻尼影响):

$$I\ddot{\varphi}+f\varphi=0 \tag{2.31}$$

该方程的形式与计算方法和单线扭摆法相同。

台式扭摆转动惯量测量仪的主要优点是适合测量不对称物体的转动惯量,同时可用来测弹丸质心位置(利用平行轴定理)。该测量方法虽然可测多种口径的弹丸,但不易测量细长弹丸极转动惯量。

2.4.3　三线扭摆法

1. 测量原理及装置

设一个圆盘由三根钢丝悬挂,每根钢丝距圆心为 r,且相隔 120°。若给圆盘一初始转动,则圆盘周期地绕平衡位置转动,如图 2.22 所示。

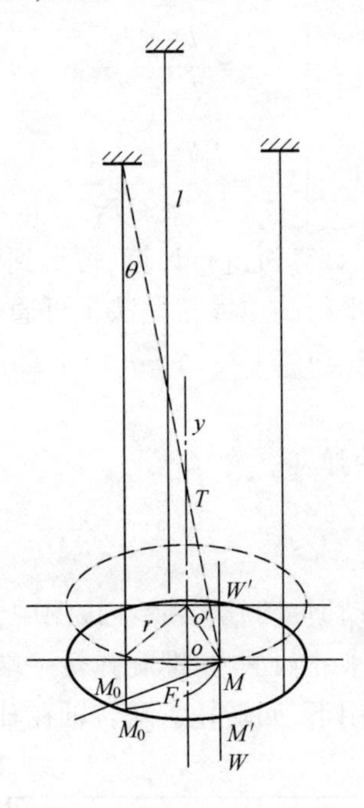

图 2.22 三线扭摆法测量示意图

设 M_0 为钢丝在平衡位置之固定点,当钢丝扭转 θ 角时,M_0 点沿弧 M_0M 上升至 M,圆盘中心上升到 o' 点。

由动量矩定律,得

$$J\frac{\mathrm{d}^2\varphi}{\mathrm{d}t^2}=-M(F) \tag{2.32}$$

式中 J——圆盘对 $o\text{-}y$ 轴的转动惯量;

$M(F)$——作用在圆盘上对 $o\text{-}y$ 轴的力矩;

φ ——圆盘的转角。

以一根钢丝为例分析。作用于 M 点的力有钢丝的张力 T 和重力 $W=Q/3$、$Q=Mg$,其中:M 为全部悬挂物的质量,g 为重力加速度。把 T 分解为 W' 与切向力 F_t,因此只有力 F_t 使圆盘转动;因 $\angle M_0'MN=\frac{\varphi}{2}$,$T$ 在 $M_0'M$ 上的投影为 $T\sin\theta$,所以 $F_t=\sin\theta\cos\frac{\varphi}{2}$,又 $T=\frac{Q}{3}\cdot\frac{1}{\cos\theta}$,因此作用于圆盘上的总力矩为

$$M(F)=3F_tr=Q\cdot r\cdot\frac{\sin\theta}{\cos\theta}\cdot\cos\frac{\varphi}{2} \tag{2.33}$$

又

$$\sin\theta=\frac{2r}{L}\sin\frac{\varphi}{2},\cos\theta=\sqrt{1-\left(\frac{2r}{L}\right)^2\sin^2\left(\frac{\varphi}{2}\right)}$$

当 $L\gg r$ 时 $\cos\theta\approx1$,所以 $M(F)=\frac{Qr^2}{L}\cdot\sin\varphi$ 。

得微分方程：

$$\begin{cases} J = \dfrac{\mathrm{d}^2\varphi}{\mathrm{d}t^2} + \dfrac{Qr^2}{L}\sin\varphi = 0 \\ \dfrac{\mathrm{d}^2\varphi}{\mathrm{d}t^2} + \dfrac{Qr^2}{JL}\sin\varphi = 0 \end{cases}$$

解此微分方程得周期 T,即

$$T = 4\sqrt{\frac{JL}{Qr^2}}\int_0^{\frac{\pi}{2}}\frac{\mathrm{d}u}{\sqrt{1-\sin^2\dfrac{\varphi_0}{2}\sin^2 u}} \tag{2.34}$$

由于右边积分是一个椭圆积分,式中: φ_0 为圆盘离开平衡位置扭转的最大幅角,u 为推导过程中的置换变量,因此该积分可查积分表,得

$$\int_0^{\frac{\pi}{2}}\frac{\mathrm{d}u}{\sqrt{1-\sin^2\dfrac{\varphi_0}{2}\sin^2 u}} = \frac{\pi}{2}\left(1+\frac{1}{4}\sin^2\frac{\varphi_0}{2}+\frac{9}{69}\sin^4\frac{\varphi_0}{2}+\cdots\right)$$

所以

$$T = 2\pi\sqrt{\frac{JL}{Qr^2}}\left(1+\frac{1}{4}\sin^2\frac{\varphi_0}{2}+\frac{9}{69}\sin^4\frac{\varphi_0}{2}+\cdots\right) \tag{2.35}$$

从式 (2.35) 可知,当 φ_0 很小时,得近似公式:

$$T = 2\pi\sqrt{\frac{JL}{Qr^2}},\quad J = \left(\frac{T}{2\pi}\right)^2\frac{Qr^2}{L} \tag{2.36}$$

用式 (2.36) 可以测定转动惯量。若 φ_0 较大,则要进行修正。

设 T 的增值为 $\zeta\%$,仪器实测周期 T_M,则

$$T = \frac{T_M}{1+\xi\%} = 2\pi\sqrt{\frac{JL}{Qr^2}} \tag{2.37}$$

图 2.23 所示仪器由三线悬架和光纤转换器、测时卡三部分组成。三根长为 L 的钢丝下端固定钢制圆环,用来放置被测弹丸。钢丝的固定点离环中心为 r,圆环侧面贴有小镜,用来反射光线,使反射光射入光纤接收端;圆环角扭转一个周期,反射光射入光纤接收端两次,测时卡记录两个脉冲数。用手轮赋予圆环一个启动角,由传动齿轮传递。

当测量弹丸赤道转动惯量时,用一个水平套固定弹丸,再放置在圆环上。

转动惯量公式为

$$J = \left(\frac{T}{2\pi}\right)^2\frac{Qr^2}{L} \tag{2.38}$$

式中　J——包括弹丸在内的悬架扭摆体的转动惯量,当测量弹丸极转动惯量时,J 用 J_A (kgm^2)表示;当测量弹丸赤道转动惯量时,J 用 J_B(kgm^2)表示。

$$Q = Mg$$

式中　M——包括弹丸在内的悬架扭摆体的质量,由于在测定 J_A 和 J_B 时,悬架扭摆体的

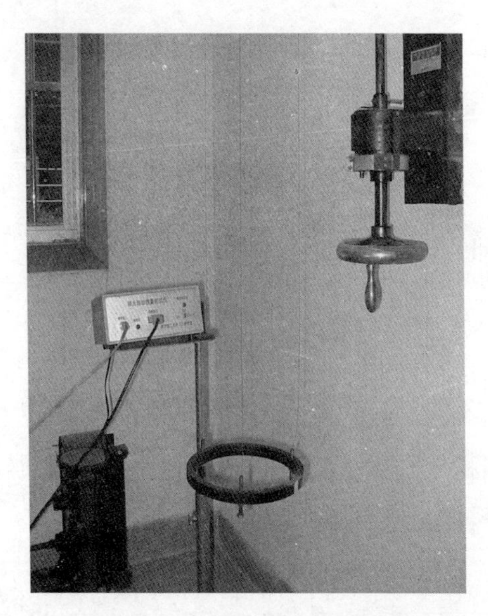

图 2.23　三线扭摆法测量装置

质量不同，所以当测定 J_A 时 M 用 M_A(kg)表示，在测定 J_B 时 M 用 M_B(kg)表示；

L——加上弹丸后钢丝的长度(m)；

r——悬架圆环钢丝固定点至环中心的距离(m)；

T——悬架扭转周期。

2. 测量方法

当测时卡开始工作时，在接收第一个光电脉冲时立即起动记数，如图 2.24 所示。测时卡当记满 10 个周期时计量器自动停止。设 10 个周期的总时间为 t，则周期的平均值为

$$T = \frac{t}{10} \tag{2.39}$$

测定了周期，就不难求得转动惯量 J。

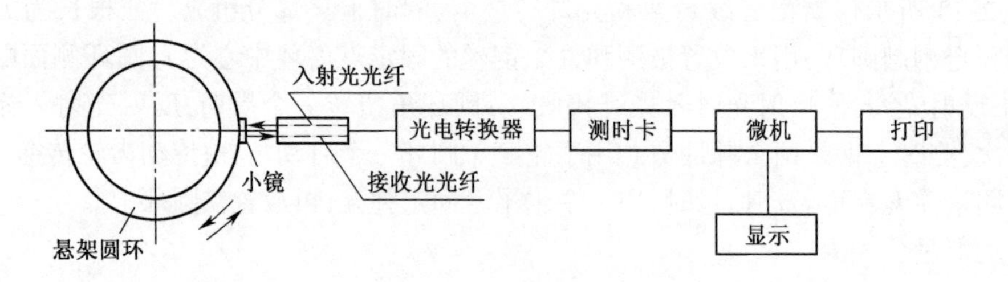

图 2.24　三线扭摆法工作原理

设 J_A 为被测弹丸与悬架的总的极转动惯量，ΔJ_{AR} 为悬架的极转动惯量，故弹丸的极转动惯量为

$$A = J_A - \Delta J_{AR} \tag{2.40}$$

设 J_B 为被测弹丸与悬架的总的赤道转动惯量，ΔJ_{BR} 为悬架的赤道转动惯量，故弹丸

的赤道转动惯量为

$$B = J_B - \Delta J_{BR} \tag{2.41}$$

ΔJ_{AR} 、ΔJ_{BR} 由标准圆柱体间接测出,其方法是测定标准圆柱体与悬架的总的极转动惯量 J_{SAR} 与赤道转动惯量 J_{SBR},即

$$\Delta J_{AR} = J_{SAR} - J_{SA} \tag{2.42}$$

$$\Delta J_{BR} = J_{SBR} - J_{SB} \tag{2.43}$$

式中　J_{SA}——标准圆柱体极转动惯量;

J_{SB}——标准圆柱体赤道转动惯量。

J_{SA}、J_{SB} 可由下式计算,得

$$J_{SA} = \frac{1}{2}\pi R^4 H \rho_1 \quad (\mathrm{kg \cdot m^2}) \tag{2.44}$$

$$J_{SB} = \frac{1}{12}\pi R^2 H(3R^2 + H^2)\rho_1 \quad (\mathrm{kg \cdot m^2}) \tag{2.45}$$

式中　ρ_1——标准圆柱体材料密度,钢 $\rho_1 = 7.8\times10^3(\mathrm{kg/m^3})$;

R——标准圆柱体半径;

H——标准圆柱体高度。

三线扭摆法多用于测量口径较大的弹丸。

2.5　动不平衡参数的测定

2.5.1　概述

弹丸由于在设计上的结构不对称性和生产制造中各组成部分的不同轴性,因此存在壁厚差、材料密度不均匀、装配精度达不到要求等问题,造成弹丸质量分布的不均衡性。这种质量分布的不均衡性,根据力学原理,可用位于弹丸质心两侧的两个垂直于弹轴的横截面上各存在一个等效的不平衡质量 m_1 和 m_2 来表示。上述两个横截面一般为通用弹丸上定心部和弹带中心的两个横截面,设 m_1 位于上定心部中心截面的半径 r_1 处,m_2 位于弹带中心截面的半径 r_2 处,m_1 和 m_2 的圆心夹角为 α。当弹丸在炮膛内旋转前进时,其自转角速度为 ω,m_1 和 m_2 产生的离心惯性力 $m_1\omega^2 r_1$ 和 $m_2\omega^2 r_2$ 作用于炮膛壁,由于两个力的 ω 相同,故两个不平衡质量可用 $\boldsymbol{m_1 r_1}$ 和 $\boldsymbol{m_2 r_2}$ 来表征其力学特性,如图 2.25 所示。

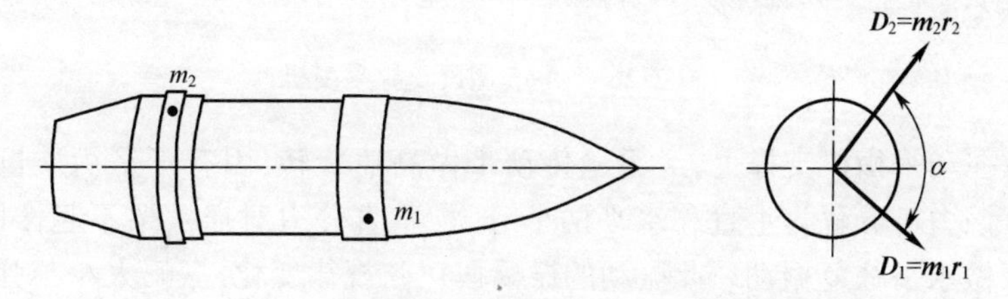

图 2.25　弹丸动不平衡参数

令当 $\boldsymbol{m}_1\boldsymbol{r}_1=\boldsymbol{D}_1$ 时为弹丸上定心部中心平面上的不平衡度;当 $\boldsymbol{m}_2\boldsymbol{r}_2=\boldsymbol{D}_2$ 时为弹丸弹带中心平面上的不平衡度;α 为 $\boldsymbol{D}_1$ 和 $\boldsymbol{D}_2$ 投影于弹丸横截面上的夹角。

$\boldsymbol{D}_1$、$\boldsymbol{D}_2$ 及 α 可以完整地表示一发弹丸质量分布的不均衡性,称为弹丸的动不平衡参数。

弹丸动不平衡参数也可以用弹丸在旋转飞行过程中的动力平衡轴与弹丸几何对称轴之间的夹角 r 来表示(如在外弹道学中)。

力的分解原理证明,弹丸动不平衡参数的三个量最终可以简化为一个离心惯性力(它对应着弹丸的质量偏心状态,即静不平衡状态)和一对力偶(动不平衡状态)。所以一般来说,弹丸自身的质量分布不均衡是弹丸静不平衡和动不平衡的综合结果,必须使用专用弹丸动平衡机才能测量。

弹丸动不平衡参数的存在,直接影响弹丸在膛内的正确运动和对炮膛的磨损、弹丸的飞行稳定性和射击命中精度,是形成弹丸炮口扰动的重要因素。

2.5.2 试验设备、测量原理和计算公式

1. 试验设备与测量原理

试验中常采用闪光式动平衡机和双臂平衡的滚轮支撑结构,SA-5 型硬支撑平衡机如图 2.26 所示,图 2.27 为其工作原理示意图。

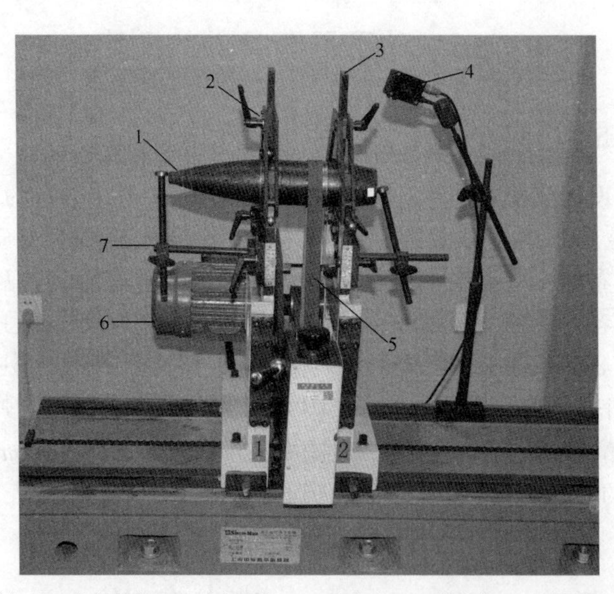

1—试验弹丸;2—左摇摆架;3—右摇摆架;4—光电头;5—传动带;6—电动机;7—支架。

图 2.26 SA-5 型硬支撑平衡机

弹丸放在动平衡机支撑上,经无缝传动带做高速旋转,因有不平衡质量的存在而产生离心力。该力可分解为垂直和水平两个分力,垂直分力对摇摆架不起作用,而水平分力使摇摆架做水平往复振动。此振动的振幅按正弦规律变化,振幅大小与弹丸的不平衡质量成正比,振动振幅由传感器转换为信号后输入测量电路。振动的频率等于弹丸的旋转频率,当调节频率旋钮时,可以从电路中选出与弹丸旋转同频率的信号。在此信号的

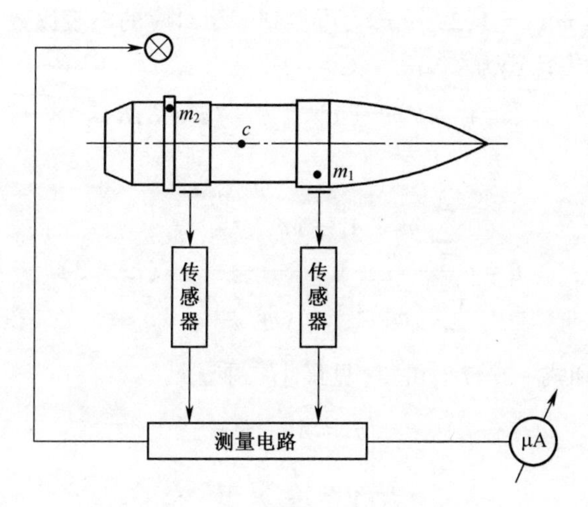

图 2.27　工作原理示意图

作用下,测量电路的电表显示出最大读数值,这个最大读数值对应弹丸测量平面上的不平衡量大小。与此同时,将闪光灯移至弹丸测量平面的水平方向,闪光灯显示的停像数字是弹丸不平衡质量所在的方位。

2. 标准弹丸与标定曲线

为了获得弹丸不平衡质量 m_1、m_2 的数值,必须制定两条标定曲线,以便将电表指示的最大读数值在标定曲线上读出或计算出弹丸不平衡质量的数值。为此,须要制作一个标准弹丸,其做法是先选取与试验弹丸同口径、同类型的弹丸,其弹重等级、外形尺寸与质心位置和试验弹丸基本一致,然后放在平衡机上加以平衡,使该标准弹丸达到尽可能精确的平衡精度,即标准弹丸的质量分布基本均匀对称。由于动平衡机工作的本质是平衡旋转体上由质量分布不均衡产生的一对力偶,因此平衡工作必须在旋转体的两个平面上分别加以平衡。根据试验情况,将标准弹丸的左右标定面 T^L 和 T^R 分别选在弹带中心平面(Ⅱ)和靠近上定心部中心平面(Ⅰ)右边一点的位置(上定心部中心平面用于支撑弹丸做旋转运动,不能作为标定平面),如图 2.28 所示。在左右两个标定面上沿圆周分 12 等份,即每隔 30°对标准弹丸表面上钻螺孔,依次标上号码 1~12,用以装定标定质量,识别闪光停像点及进行误差分析。

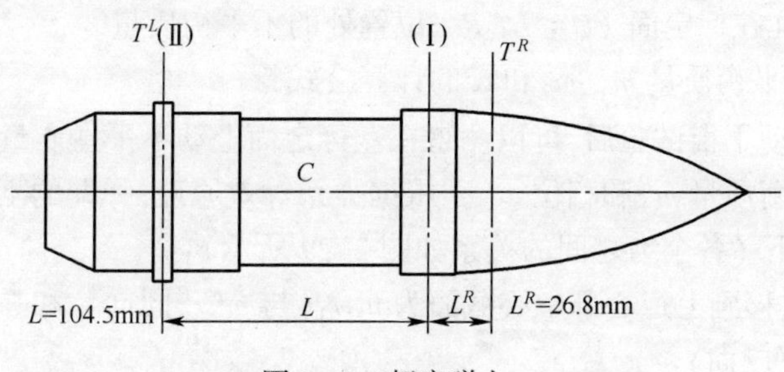

图 2.28　标定弹丸

由于弹丸的不平衡质量与电表读数成线性关系,因此在标准弹丸的标定面 $T^i(i=L,R)$ 上依次加质量 $m_j^i(j=1,2,\cdots,n)$,可得到一组对应的电表读数 A_j^i ,由此可得标定曲线 $S_K^i(A^i-m^i)$,其表达式为

$$A_j^i = b^i m^i + a^i \qquad (i=L,R) \tag{2.46}$$

式中

$$b = \frac{\sum_{j=1}^{n} m_j^i \cdot A_j^i - n\overline{m}^i \overline{A^i}}{\sum_{j=1}^{n} (m_j^i)^2 - n(\overline{m}^i)^2} \qquad (n \geqslant 3) \tag{2.47}$$

由式 (2.46) 和式 (2.47),可得(见最小二乘法)

$$\begin{cases} a^i = \overline{A^i} - b^i \overline{m}^i \\ \overline{A^i} = \dfrac{1}{n}\sum_{j=1}^{n} A_j^i \\ \overline{m}^i = \dfrac{1}{n}\sum_{j=1}^{n} m_j^i \end{cases} \tag{2.48}$$

式中 m_j^i ——标准弹丸的标定面 (T^L、T^R) 上所加质量($j=1,2,\cdots,n \cdot n\geqslant 3$);

A_j^i ——加质量 m_j^i 后所对应的电表读数。

因弹丸结构的原因,在制定标定曲线时配重质量的质心 ($d^i+2\Delta r^i$) 已超过了标定面直径 d^i,而弹丸不平衡质量是规定在弹丸直径为 d^i 的表面处,所以对式 (2.48) 中的 A_j^i 值必须事先加以修正,才能进行计算,即

$$A_j^i = \frac{d^i}{d^i + 2\Delta r_i}\widetilde{A}_j^i \quad (i=L,\ R)(\ j=1,2,\cdots,n) \tag{2.49}$$

式中 $\widetilde{A}_j^i$ ——标定曲线时的电表读数;

A_j^i ——修正后的电表读数;

d^i——标定面 T^i 时的弹丸直径;

Δr_i ——超直径配重质量的质心距离弹丸表面的距离。

将修正过的 A_j^i 代入式 (2.46) 中,可制定 $S_K^i(A^i-m^i)$ 标定曲线,因有 T^L、T^R 两个标定面,所以标定曲线有相应的两条。

按上述试验方法将试验弹丸放平衡机上试验,可得 A^i;由标定曲线上得到与 A^i 对应的 m^i,即试验弹丸在标定面 ($i=L,\ R$) 位置处的不平衡质量。

3. 弹丸的不平衡质量 m_1、m_2 和 α 的计算公式

弹丸进行了动平衡试验后,可以测得在左标定面上动不平衡质量 m^L 和相位 φ^L ,右标定面上的动不平衡质量 m^R 和相位 φ^R 。根据力系等效原理,弹丸的不平衡质量 m_1、m_2 和 α 的计算公式如下 (各个力之间的关系如图 2.29 所示):

将 $m^R r^R$ 等效移到上定心部中心截面为 $m_1 r_1$(与 $m^R r^R$ 同向) 和弹带中心截面为 $m_1^L r_2$ 即 $m_1^L r^L$ (与 $m^R r^R$ 反向):

$$m_1 r_1 L = m^R r^R (L + L^R) \qquad (\text{对弹带中心平面取矩})$$

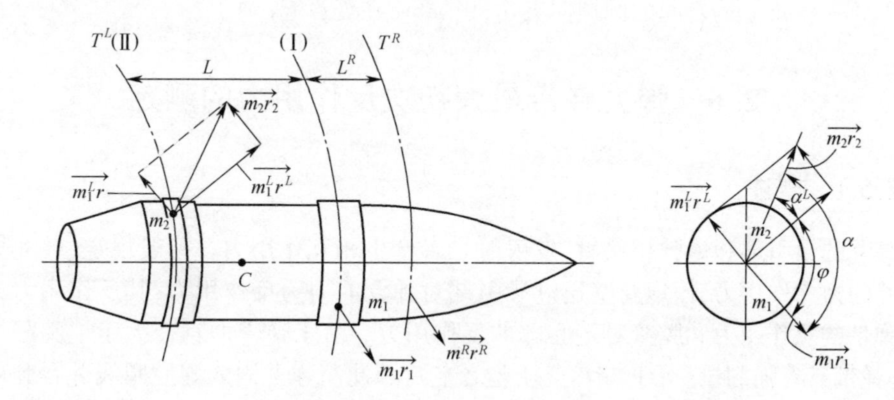

图 2.29　力系等效原理图

化简得

$$m_1=\frac{r^R}{r_1}m^R\left(1+\frac{L^R}{L}\right) \tag{2.50}$$

$$m_1^Lr^L(L+L^R)=m_1r_1L^R \qquad (\text{对 } T^R\text{平面取矩})$$

化简得

$$m_1^L=\frac{r^RL^R}{r^LL}m^R=\frac{r^R\cdot L^R}{r_2\cdot L}m^R \quad (r_2=r^L,m^Rr^R=m_1r_1-m_1^L\cdot r^L) \tag{2.51}$$

在弹带中心截面上,将 $m_1^Lr^L$ 和 m^Lr^L 合成可得 m_2:

$$m_2=[(m_1^L)^2+(m^L)^2-2m_1^L\cdot m^L\cos\varphi]\frac{1}{2} \tag{2.52}$$

φ 、α^L 如图 2.29 所示,得

$$\alpha^L=\arcsin\left(\frac{m_1^L}{m_2}\sin\varphi\right)\left(\text{因}\frac{\sin\alpha^L}{\sin\varphi}=\frac{m_1^L}{m_2}\right) \tag{2.53}$$

所以

$$\alpha=\varphi+\alpha^L$$

式中　m_1——上定心部中心截面半径处的不平衡质量(g);

m_2——弹带中心截面半径处的不平衡质量(g);

α ——m_1、m_2之间的圆周夹角,从 m_1所在处算起(°);

m^R、m^L——T^R、T^L截面半径处的不平衡质量(g);

φ ——m^R、m^L之间的圆周面夹角(°);

φ^R、φ^L ——m^R、m^L所在处的相位;

r_1、r_2——上定心部及弹带中心截面的半径(mm),以 85mm 口径榴弹为例:

$$r_1=\frac{1}{2}\cdot 85(\text{mm}),r_2=\frac{1}{2}\cdot 83.85(\text{mm})$$

r^R、r^L——T^R、T^L截面处的弹丸半径(mm):

$$r^R=\frac{1}{2}82.1(\text{mm}),r^L=r_2=\frac{1}{2}83.85(\text{mm})$$

L、L^R——上定心部中心到弹带中心,上定心部中心截面到 T_R 截面的轴向距离

(mm);

α^L ——m^L、m_2之间的圆周向夹角,由 m^L所在处算起(°)。

2.6 弹丸弹带最大初次反作用力的测定

2.6.1 概述

弹丸的导引部和炮膛相接触,发射时二者产生相互作用力。一般规定,弹丸导引部对炮膛的力为作用力,而炮膛壁通过导引部对弹丸的力为反作用力,其反作用力又分膛壁对弹带的反作用力和膛壁对定心部的反作用力。由于弹带的直径大于炮膛阴线的直径,即弹带具有强制量(等于二者直径差之半),因此当弹丸嵌入炮膛膛线并在膛内运动时,炮膛壁将压缩这个强制量产生相互作用力,炮膛壁对弹带的作用力称为弹带初次反作用力。当弹带完全嵌入膛线时,弹带的初次反作用力达到最大,这时炮膛对弹带的反作用力称为弹带最大初次反作用力,用 $q_{\max}$ 表示;如果弹带嵌入膛线均匀而且对称,则初次反作用力也是均匀对称的,如图 2.30 所示。弹带初次反作用力与随炮膛运动的弹丸行程的变化曲线,如图 2.31 所示。

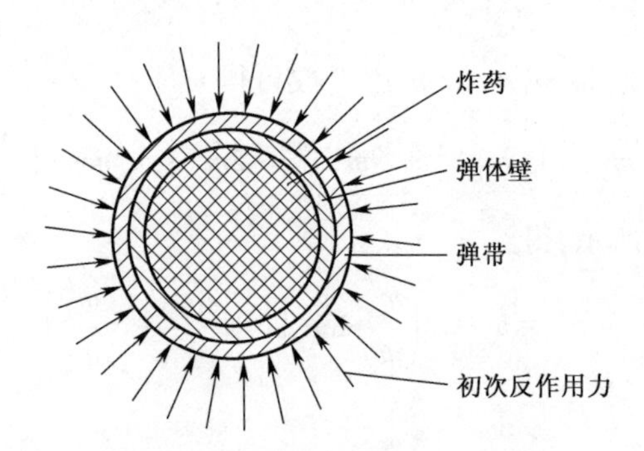

图 2.30 弹带在膛内的初次反作用力

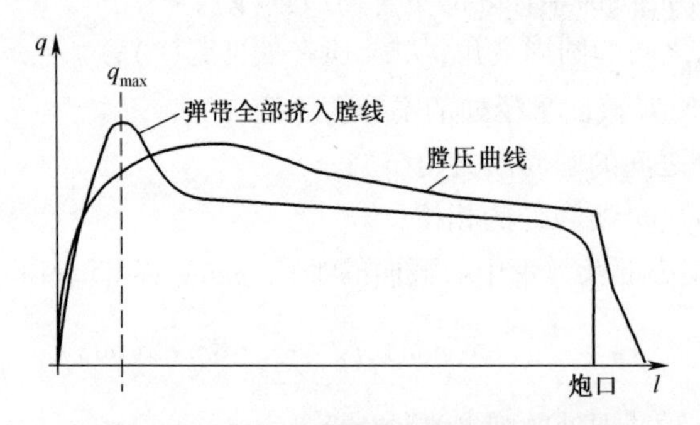

图 2.31 弹带初次反作用力随炮膛运动的弹丸行程的变化曲线

测定弹丸弹带最大初次反作用力,对于校核弹丸弹带区的强度,研究弹带对火药气体的密闭作用以及弹丸在膛内的受力和正确运动都是十分必要的。

2.6.2　试验原理

当弹丸弹带均匀地压入炮膛膛线时,弹带受到径向的反作用力、轴向摩擦力,还有炮膛线导转侧对弹带的导转侧压力。导转侧压力可分为切向力和轴向力,由于切向力与初次反作用力相比较,切向力很小,因此切向力可以忽略。当轴向分力与轴向摩擦力合在一起考虑时,膛壁同样也受到等值的作用力。当弹丸弹带嵌入膛线时,炮管外表面的应变由以下两部分组成:

(1) 弹带初次反作用力产生的切向应变 $\boldsymbol{\varepsilon}_{tq}$;

(2) 轴向力产生的轴向应变 $\boldsymbol{\varepsilon}_{tF}$ 。

而轴向力为

$$F = \tau \cdot \pi d_0 \cdot b \tag{2.54}$$

式中　τ ——弹丸弹带嵌入表面上的剪应力 (MPa);

F——轴向压力 (N);

d_0——炮管平均内径;

b——弹丸弹带宽度。

由于炮管处于线弹性状态,故 $\boldsymbol{\varepsilon}_{tq}$ 和 $\boldsymbol{\varepsilon}_{tF}$ 分别与 q 和 τ 成线性关系,即

$$\boldsymbol{\varepsilon}_{tq} = \frac{q}{K_q} \tag{2.55}$$

$$\boldsymbol{\varepsilon}_{tF} = \frac{\tau}{K_\tau} \tag{2.56}$$

式中　K_q——比例常数 (MPa)(由有限元计算而得);

q——初次反作用力 (MPa)。

因为变形是线性的,所以炮管外表面总变形 $\boldsymbol{\varepsilon}_t$ 是上述应变之和,即

$$\boldsymbol{\varepsilon}_t = \boldsymbol{\varepsilon}_{tq} + \boldsymbol{\varepsilon}_{tF} \tag{2.57}$$

由此可得

$$q = K_q\left(\boldsymbol{\varepsilon}_t - \frac{\tau}{K_\tau}\right) \tag{2.58}$$

式中:τ 可由试验过程中记录的压力—位移曲线及通过式 (2.54) 计算得到。当弹带全部压入膛线时 $q = q_{\max}$,$\boldsymbol{\varepsilon}_t = \boldsymbol{\varepsilon}_{t\max}$,而 $\boldsymbol{\varepsilon}_{t\max}$ 可由试验测出,K_q、K_τ 是有限元计算的值。以 57mm 高榴弹炮发射过程为例,当弹带分别挤入炮膛内各断面时,其值见表 2.3 所列。

表 2.3　不同 L_x 对应的 K_q、K_t 值

L_x	K_q/MPa	K_τ /MPa
109.0	2.37	5.57
91.8	2.55	5.51
78.0	2.58	5.40
65.0	2.58	5.20

注:L_x 是距炮管底部的距离(mm)。

综上所述,弹丸弹带最大初次反作用力,可由式 (2.58)求得。

思 考 题

1. 简述质心平衡台法测定弹丸质心的原理。

2. 简要分析单线扭摆法与三线扭摆法测量弹丸转动惯量的异同。

3. 什么是弹带的初次反作用力?

4. 简要分析弹丸弹带嵌入膛线时,炮管外表面的受力情况。

5. 列举战斗部的结构参数与特性参数。

6. 为什么在现代计算机绘图中所求得的弹丸及其每个零部件的质心位置与实际测得的质心位置存在偏差?

7. 简述弹丸质量偏心距校正曲线的作法。

8. 简述强迫振动法测量弹丸质量偏心距的原理。

9. 弹丸动不平衡参数的测定有何现实意义?

10. 如何获得弹丸动不平衡参数测量时的标定曲线?

参 考 文 献

[1] 翁佩英,任国民,于骐. 弹药靶场试验[M]. 北京:兵器工业出版社,1995.
[2] 陈惠武,李良威. 弹丸试验[G]. 南京:南京理工大学,1997.
[3] 黄正祥,陈惠武. 弹丸试验技术[G]. 南京:南京理工大学,2004.
[4] 魏惠之,朱鹤松,汪东晖,等. 弹丸设计理论[M]. 北京:国防工业出版社,1985.
[5] 沈仲书,刘亚飞. 弹丸空气动力学[M]. 北京:国防工业出版社,1984.

第 3 章　内弹道性能试验

内弹道学是专门研究筒式发射的弹丸在膛内运动规律的科学。内弹道学研究的对象是膛内的射击现象,包括火药在膛内燃烧规律、弹丸运动规律以及膛内压力变化规律等。从射击现象的本质来讲,无论是火药燃烧规律,还是弹丸运动规律均属于一般的物理和化学现象。但是,由于这些现象是同时发生,又相互作用、制约和影响,因此构成高温、高压、高速、瞬时等错综复杂的射击过程。弹丸射击的多样性和复杂性直接影响弹丸、引信在膛内运动规律的正确性,弹丸强度的可靠性、装药品号、质量、结构与内弹道设计参数的统一性等是否达标,都需进行相关的内弹道试验验证。内弹道性能试验是产品设计研究、设计定型、生产交验过程不可缺少的依据与步骤。由于篇幅所限,本章只介绍弹丸初速、膛压、发射装药选配等内弹道试验技术与方法。

3.1　弹丸发射时所受的载荷

弹丸及其零件发射时在膛内所受到的载荷主要有以下几方面:

(1) 火药气体压力;

(2) 惯性力;

(3) 装填物压力;

(4) 弹带压力(弹带挤入膛线引起的力);

(5) 不均衡力(弹丸运动中由不均衡因素引起的力);

(6) 导转侧力;

(7) 摩擦力。

这些载荷以火药气体压力为基本载荷,有的对发射强度直接影响,有的主要影响膛内运动的正确性。火药气体压力是指炮弹发射中,发射药被点燃后,形成大量高压气体。在炮膛内形成的气体压力,称为“膛压”。在火药气体压力作用下,弹丸在膛内产生运动,获得一定的加速度,并产生其他载荷。这些载荷在作用过程中,其值都是变化的。这些变化过程有些是同步的,有些不同步。所以,应找到其最大临界状态时的值,并使设计的弹丸在各相应临界状态下都能满足安全性要求。在这些载荷中,摩擦力相对而言较小,一般可忽略不计。

3.1.1　膛压曲线

火药气体压力一方面随着发射药的燃烧而变化,另一方面又随着弹丸在膛内的运动而变化,图 3.1 所示是膛压随弹丸行程的变化规律。膛压曲线上的最大值 P_m 表示火药气体压力的最大值,设计弹丸的强度计算必须考虑这个临界状态。

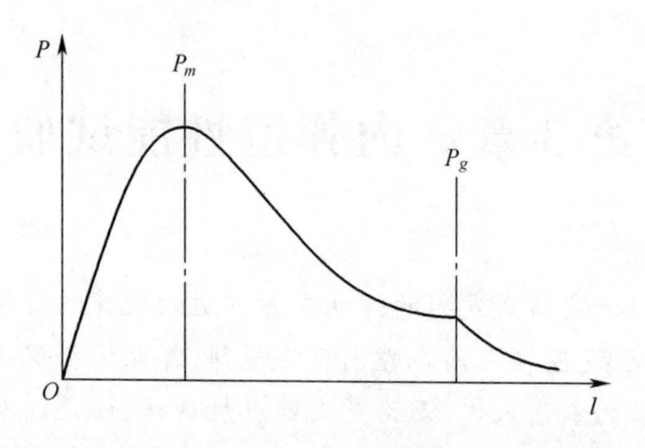

图 3.1　P—l 曲线

制定膛压曲线的一种方法是按照装药条件用内弹道基本方程解得;另一种方法是用试验测定。对于制定新火炮系统的膛压曲线,两者均可求得。

3.1.2　弹底压力

用上述方法获得膛压曲线上的膛压值,实际上是弹后容积的平均压力。弹丸在膛内运动过程中,任一瞬间弹后容积内火药气体压力的分布是不均匀的,其分布情况大致如图 3.2 所示。以炮膛底部压力 P_t 为最大,沿弹丸运动方向近似按直线关系递减,在弹底处压力 P_d 最小。弹后空间的平均压力 P,即膛压曲线上的名义压力值。

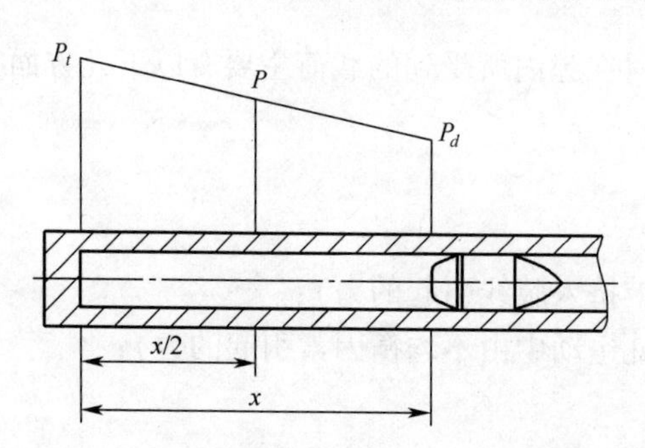

图 3.2　弹后容积内火药气体压力的分布

根据内弹道学,可知

$$P_t = P_d(1 + m_\omega / 2m) \tag{3.1}$$

式中　m_ω——发射药质量 (kg);

m——弹丸质量 (kg)。

由于假设按直线关系递减,所以

$$P = (P_t + P_d)/2 \tag{3.2}$$

由式 (3.1) 和式 (3.2) ,可得

$$P_d = P/(1 + m_\omega / 4m) \tag{3.3-1}$$

在临界状态 $P=P_m$,相应的最大弹底压力为

$$P_{d\max} = P_m/(1 + m_\omega / 4m) \tag{3.3-2}$$

对于一般火炮，比值 $m_\omega/m\approx0.2$，故 $P_{d\max}\approx0.952P_m$；对高初速火炮，比值 m_ω/m 可达到 1，故 $P_{d\max}\approx0.8P_m$，即弹丸实际上承受的火药气体压力 P_d 比膛压曲线的压力名义值 P 要小 5%～20%。

弹底压力可以通过试验方法测定。例如，在弹底装一个压力传感器（如压电式传感器或应变式传感器）。在发射过程中，传感器将弹底上所受的压力信号传出炮口。信号传输可以用导线法、光学法、遥测法等，其中导线法最为简单。图 3.3 为弹底压力测量的示意图，可测得 $P_t/P_d=1.1\sim1.2$。

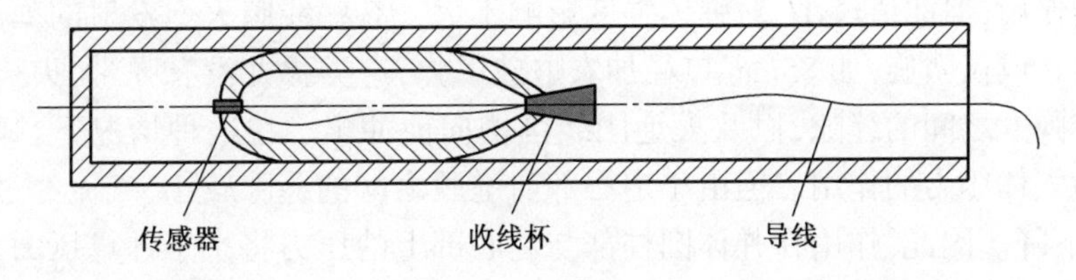

图 3.3　弹底压力测定

3.1.3　火药气体压力的计算

计算弹体及零部件强度所采用的压力，称为火药气体的计算压力，用 P_j 表示。

计算和确定火药气体的压力值，实际上是考虑在各种情况下，弹底所承受火药气体压力的最大可能值。从实际情况考虑，发射火药温度对膛压的影响十分显著。因此，在计算火药气体的压力时主要考虑温度的影响。

一般最大膛压 P_m 是在相应的标准条件（$t=15℃$）下的数值。如果发射时火药温度由于某种原因比标准值上升了 Δt，则相应的最大膛压也将改变，其变化量 ΔP_m，可由经验公式，得

$$\Delta P_m=\alpha P_m\Delta t \tag{3.4}$$

式中：α 为温度修正系数，它取决于发射药性质和最大膛压的范围，其值约为 0.0036。

因此，在非标准条件下，最大弹底压力可用式（3.3）修正如下：

$$P_{\mathrm{d}t}=\frac{(1+\alpha\Delta t)}{1+\dfrac{1}{4}\dfrac{m_\omega}{m}}P_m \tag{3.5}$$

在计算确定压力 P_j 时，必须考虑最不利情况下的 $P_{\mathrm{d}t}$ 值，并使 $P_j\geqslant P_{\mathrm{d}t}$。目前我国尚未对计算火药气体压力统一规定。根据我国各地区气温的变化情况，考虑在高温条件下，发射药的实际温度会超过气温的最不利条件，所以暂定发射药的温度变化条件为 $-40℃\sim+50℃$。在极值情况下，$t=50℃$，$\Delta t=35℃$。对火炮弹丸，设 $m_\omega/m=0.2$，则 $P_{\mathrm{d}t(t=50℃)\max}\approx1.07P_m$。迫击炮弹一般 m_ω/m 的值较小，弹底上火药气体最大压力不会超过 $1.07P_m$。在 $P_j\geqslant P_{\mathrm{d}t}$ 的条件下，目前采用下式计算各类火炮的火药气体压力值：

$$P_j=1.1P_m \tag{3.6}$$

其他国家所采用计算火药气体压力值的公式与我国相近，如美国采用 $P_j=1.2P_m$，法国采用 $P_j=1.2P_m$，苏联采用 $P_j=1.1P_m$。

在弹丸靶场验收试验中，对弹体强度试验规定采用强装药射击。强装药，即用增加

装药量或保持高温的方法,使膛内达到最大膛压的 1.1 倍。因此,在弹丸的设计计算中必须用 P_j 来进行校核,以保证弹丸发射安全性。

3.1.4 弹丸上的压力分布

对于线膛火炮所配用的旋转稳定弹丸,由于有弹带的密闭作用,因此火药气体几乎完全作用在弹带后部的弹尾区,如图 3.4 所示。在有些情况下,如火炮膛线磨损过大,弹带直径偏小,会有部分火药气体通过弹带缝隙泄出,则弹带前部的弹体也受到部分火药气体压力的作用,但此值较小,对弹体强度影响不大。有些线膛火炮发射的弹丸,要求弹丸不发生旋转或仅微旋,如 85mm 口径加农炮破甲弹,这类弹丸没有弹带,火药气体可以通过炮膛与弹丸之间的缝隙,以及火炮阴线沟槽向前冲出。在这种情况下,弹体圆柱部均受到火药气体压力的作用。但由于定心部与炮膛之间的缝隙较小,气流经过缝隙速度加快,压力下降。因此,作用在弹体圆柱部与定心部上的压力将小于计算压力,其减小程度将取决于弹炮间隙及火炮磨损情况,一般由试验确定。

滑膛炮弹如迫击炮弹、无后坐力炮弹、高膛压滑膛炮弹均没有弹带,火药气体在推动炮弹向前运动的同时,通过弹炮间隙向外泄出,因此作用在弹体上的火药气体压力可以认为:弹尾部为均布载荷,其数值为计算压力,圆柱部为线性分布,如图 3.5 所示。

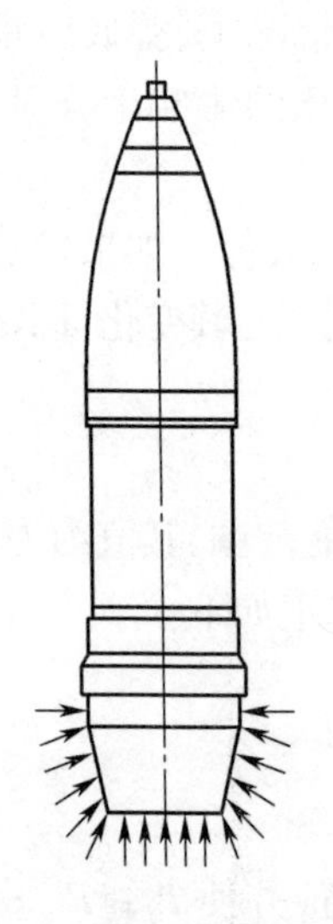

图 3.4 弹丸上的压力分布

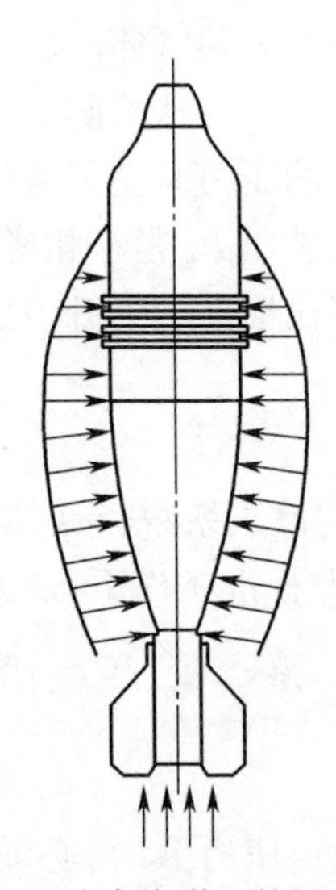

图 3.5 迫击炮弹上的压力分布

因为闭气环前部不受火药气体压力作用,而闭气环后部全部作为计算压力考虑,所以有些弹丸为了提高射出精度,在弹体上装有闭气环。

3.2 膛压信号的时域和频域特征

3.2.1 典型膛压信号的时域特征

在火炮发射时,炮膛内不同现象的相互制约和相互作用,形成了膛内燃气压力变化的特性。由于炮、弹种类繁多,点火过程不同,因此膛压曲线有较大的差异,但其特征基本相同。膛压信号的特征参数如图3.6所示。从该图可看出,膛压信号是有限的非平稳信号、持续时间较短、信号变化比较剧烈,有一个明显的上升和下降过程。膛压信号的主要特征参数包括最大膛压值 P_m;弹丸开始启动瞬间的膛压值 P_0(启动压力—弹带嵌入膛线);弹丸运动到炮口时的膛压值 P_g;膛压上升到 P_0 的时间 t_2,从弹丸击发到膛压上升到 P_m 的时间 t_4,从弹丸击发到弹丸运动到炮口的时间 t_6,弹丸在膛内运动时间 t_7。

根据膛压信号的变化规律,可将火药燃气作用的全过程分为静力燃烧时期(从击发底火到弹丸挤进膛线)、内弹道时期(从弹丸开始运动到弹丸出炮口)和后效时期(弹丸飞出炮口以后)。

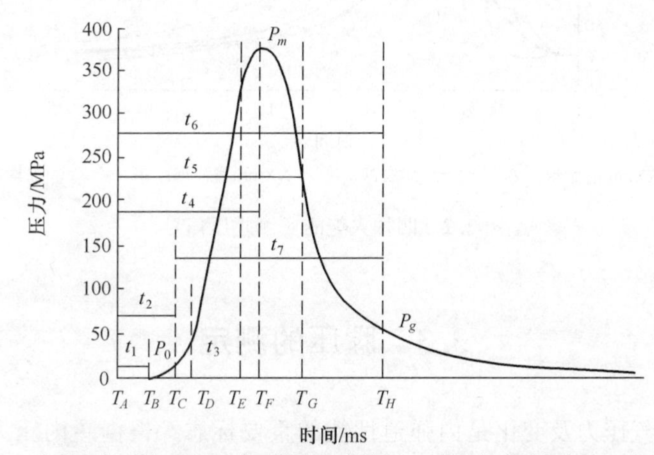

T_A—击发底火时刻;T_B—压力开始形成时刻;T_C—膛压上升到启动压力(嵌入弹带)P_0的时刻;T_D—10%最大膛压时刻;T_E—10%最大膛压;T_F—最大膛压时刻;T_G—火药燃烧结束时刻;T_H—弹丸离开炮口时刻;t_1—底火点火时间;t_2—膛压上升到启动压力P_0时间;t_3—压力上升时间;t_4—点火到最大压力时间;t_5—点火到火药燃烧结束时间;t_6—点火到弹丸离开炮口时间;t_7—弹丸在膛内运动时间。

图3.6 膛压信号的主要特征参数示意图

火炮膛压信号的时域特点:膛压信号的上升持续时间是毫秒量级,全过程持续时间(到 T_H)5~30ms,口径小、初速大的身管武器的全过程持续时间短,大口径火炮的全过程持续时间长。装药结构设计合理的火炮膛压信号一般呈光滑的单峰值燃烧状态,装药结构设计不合理时火炮膛压信号常呈多峰值不规则燃烧状态。

3.2.2 典型膛压信号的频域特征

图3.7是火炮实测膛压信号及其归一化幅频特性曲线。由该图可知,膛压信号是时限信号,膛内压力值从零到数百兆帕,信号持续时间小于30ms,信号上升时间为1~6ms。其频谱宽度是无限的,信号的大部分能量都集中在有限的频谱宽度内。这个信号能量集中的频率范围是信号的带宽。工程上采用信号带宽中的能量占总能量的百分比(如90%、95%、99%)来定义信号带宽的。

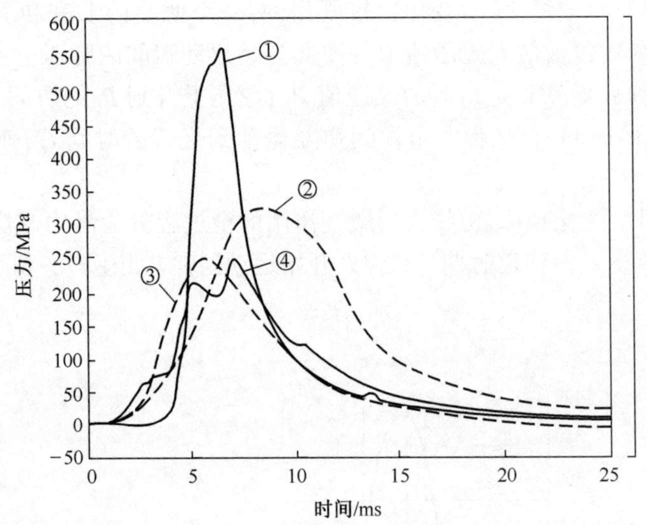

①—XXmm滑膛炮；②—XXmm加农炮；③—XXmm榴弹炮；④—XXmm加榴炮。

图 3.7　四种火炮的实测膛压信号

3.3　膛压的测定

炮膛内的燃气压力及变化是内弹道性能的重要标志。根据膛内压力随时间的变化（$P—t$ 曲线），可以进行各种弹道理论的研究，并验证其与实际结果的符合程度；可以根据实测的 $P—t$ 曲线确定弹道计算中所必需的某些符合系数的数值；膛内的最大压力（P_m）不仅直接关系到火炮、弹药的结构强度，还关系到引信动作的正确性、炮口速度及炮口压力、火炮寿命。在武器弹药的研制过程中，必须测量膛压的 $P—t$ 曲线，以便对内弹道设计的各种方案进行分析和比较确定各个计算参数。在火炮和弹药的靶场检验和验收试验中，主要用膛内的最大压力 P_m 作为评定火炮、弹药内弹道性能的主要指标。

炮膛内的燃气压力极高，一般在 0～400MPa 变化，最高可达 700MPa。2008 年，铜柱（柱形、锥形等）或铜球（球形）测压、引线式测压及放入式电测压 3 种方法作为膛压测试的并行标准写入原中国人民解放军总装备部制定的《火炮内弹道试验方法》。

目前膛压的测量都是以力学定律为基础的。以静力学定律为基础的测压方法称为静力法，以动力学定律为基础的测压法称为动力法。现在实际采用的测压方法都是静力学方法。静力学法分为塑性变形法（如铜柱或铜球测压法）及弹性变形法（如压电或应变等电测法）。塑性变形法只能测量最大压力，弹性变形法可以测量压力变化过程。动力学法是使受力作用的物体产生运动，测出运动物体的位移、速度和加速度随时间的变化，然后由运动方程反求作用力的大小。铜柱测压法是我国常规兵器膛压测试的主要方法，因为铜柱测压经济、简单易行，在试验条件严格的情况下精度较好，本节主要介绍铜柱测压法。

3.3.1　铜柱测压法

1. 基本原理

铜柱测压法的基本原理是使所测的火药气体压力 P,作用在直径为 d 的活塞上,使 $F=\frac{\pi d^2}{4}\cdot P$,活塞以压力 P 直接加在铜柱上,使铜柱产生残余变形 Δh。因铜柱的变形量与所受作用力在一定条件下是对应的,只要能事先测出变形与作用力的关系,就可以根据压后的铜柱变形量求得活塞上的作用力,从而求得压力值,如图 3. 8 所示。

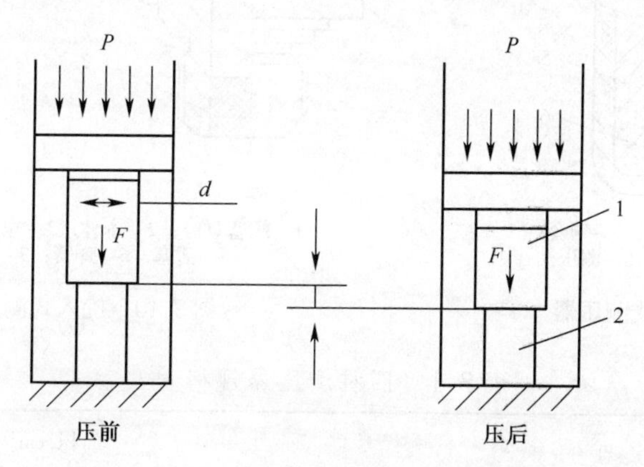

1—活塞；2—铜柱。

图 3. 8　铜柱测压原理

作用力的大小只是引起铜柱变形的主要因素,变形量还与其他因素有关,如作用在测压铜柱上的力随时间的变化规律、最大压力的持续作用时间、测压铜柱的阻力随压力的变化规律、温度对测压铜柱的影响、活塞的惯性等。铜柱测压时如需要得到真实的火药气体压力,则需在标定压力与变形的关系曲线时,使用与火药气体压力变化特征相同的压力,对铜柱进行压缩。但这是很困难的,通常仍是采用缓慢加压的方式进行标定,所以必然会产生与静压之间的差异。若把铜柱压力作为相对标准,在有统一标准的条件下,用于火炮、弹药的检验与验收则是完全可以的。

2. 测压器及测压铜柱

测压器是保证所测膛压正确作用于测压铜柱的装置,分为放入式测压器及旋入式测压器两种。放入式测压器的结构如图 3. 9 所示。螺塞支撑铜柱并防止火药气体进入本体腔内,活塞用来把火药气体的压力传导给铜柱。活塞上套有弹簧,使活塞压紧铜柱,使用时应在活塞及螺塞的端面涂上测压油,防止燃气的烧蚀,本体和外部都包有紫铜外套,避免本体撞伤膛线。

旋入式测压器结构如图 3. 10 所示。本体上有螺纹及锥面部分,用以旋入测压炮侧面上的测压孔内,并保证密封良好。

放入式测压器按体积及活塞面积的不同,分为四种规格,适用于不同药室容积的较大口径火炮及迫击炮,见表 3. 1 所列。

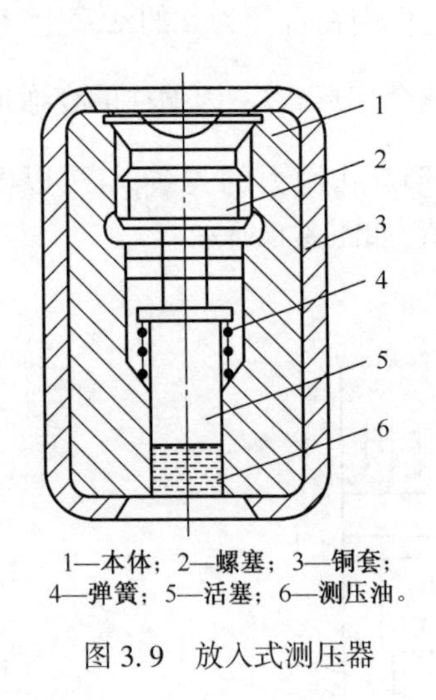

1—本体；2—螺塞；3—铜套；
4—弹簧；5—活塞；6—测压油。

图 3.9　放入式测压器

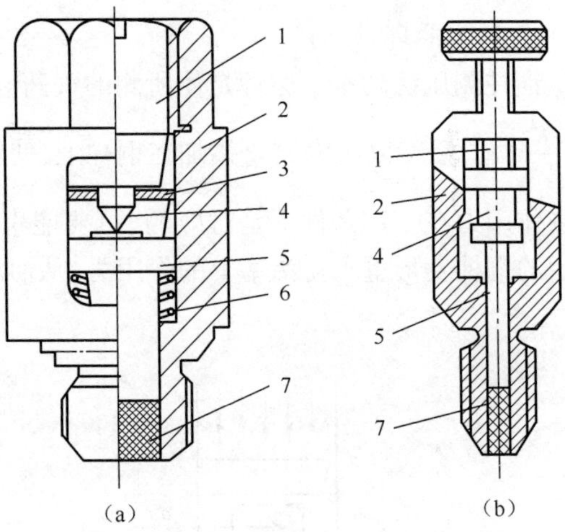

(a)　(b)

1—螺塞(杆)；2—本体；3—橡皮圈；4—铜柱；
5—活塞；6—弹簧；7—测压油。

图 3.10　旋入式测压器

表 3.1　四种测压器规格

体积/cm^3	面积/cm^2
4.08	0.2
35.0	1.0
38.0	1.0
38.0	0.125

旋入式测压器分为枪（炮）中高压测压器（$S=0.2cm^2$）及迫击炮、无后坐炮用的低压测压器（$S=1.0cm^2$）两种。旋入式测压器适用于测量各种轻武器、小口径火炮、迫击炮及无后坐炮的最大膛压。

为适应不同压力范围的测压要求，提高测压的精度，测压铜柱分为圆柱形铜柱与圆锥形铜柱两种，并有各种尺寸规格，见表 3.2 所列。

表 3.2　尺寸规格

圆柱形铜柱/mm	圆锥形铜柱/mm
$\phi3\times4.9$ $\phi6\times9.8$	$\phi5\times8.1$
$\phi4\times6.5$ $\phi8\times13$	$\phi6\times9.8$
$\phi4\times8.0$ $\phi10\times15$	$\phi8\times13$
$\phi5\times8.1$	

测压铜柱由纯净的电解铜加工而成，含铜量不少于99.97%。铜柱的加工工艺有严格要求，最大直径偏差为±0.02mm，最大高度偏差为±0.01mm（圆柱形）或±0.02mm（圆锥形）。铜柱加工成型后应进行热处理及表面处理，保证其塑性良好，软、硬相同且变形一致。

为统一测压标准，使用铜柱测压时，应按测压范围选择测压器及铜柱。其选择的主要依据是火炮类型、药室容积及膛压值，见表3.3及表3.4所列。

表3.3　测压器选取参考表

武器类型	药室容积/cm^3	放入式测压器		
		体积/cm^3	活塞面积/cm^2	用量/个
加农炮 加榴炮 榴弹炮 无后坐炮 火箭炮	<1400	4	0.2	1~2
	1401~3500	35	1.0	1
	>3500	35或38	1.0	2
高膛压炮	>3500	38	0.125	2
迫击炮	≤1400	4.08	0.2	1
	>1400①	35	1.0	1~2

武器类型	旋入式测压器	
	活塞面积/cm^2	用量/个
弹道炮（带测压孔）	1.0	1~2
小于37mm口径弹道炮	0.2	1~2

① 测压器外径尺寸大小以不扳开尾翼为原则，允许将外套用车床车小。

表3.4　铜柱适用压力范围

测压器型号	活塞面积/cm^2	应用范围		建议使用范围	
		p/MPa	p/(kg·cm^{-2})	p/MPa	p/(kg·cm^{-2})
T_{18}放入式 T_{13}旋入式	0.645	13.0~130.7	133~1333	32.6~98	333~1000
T_{17}放入式	0.430	19.6~196.1	200~2000	49~147	500~1500
T_{19}放入式 T_{14}旋入式	0.215	39.2~392.2	400~4000	98~294.1	1000~3000
T_{20}(M_{11})放入式 T_{15}旋入式	0.108	78.4~784.5	800~8000	196.1~588.3	2000~6000

3. 测压铜柱压力表

以已知的标准压力对铜柱加压，测出铜柱的压后高或压缩量与已知压力之间的关系，并编制成表，即铜柱压力表。每批生产的铜柱都要编制出压力表，在测压时使用。对铜柱加压必须在专门的压力标定装置——铜柱压力机上进行，因为它具有较高的精度及灵敏度，能在一定范围内以较高的精度测出一系列荷重，便于对铜柱加载。

编制压力表可采用两种方法：一种是平行压缩法，对每一级负荷要重新更换一组铜柱；另一种是连续加压法，对各级负荷都用同一组铜柱逐级压缩。无论哪种方法，都首先在所需范围以间隔20MPa的压力值加载,得到铜柱在一系列压力值P_i作用下形成的变形量ε_i或压后高h_i,然后求出各相邻压力的压力系数α_i,最后用直线内插法求出相邻压力间的压力值。其计算公式为

$$\alpha_i = \frac{p_i - p_{i-1}}{h_{i-1} - h_i} \times \frac{1}{100} \tag{3.7}$$

$$P_x = P_i - \alpha_i(h_x - h_i) \times 100 \tag{3.8}$$

或

$$P_x = P_{i-1} + \alpha_i(h_{i-1} - h_x) \times 100 \tag{3.9}$$

式中 P_i、P_{i-1}——相邻的标定压力值(MPa);

h_i、h_{i-1}——相邻的铜柱压后高(mm);

P_x、h_x——用内插法求取的压力(MPa)及相应的压后高(mm);

α_i——压力系数,即两标定压力间每变形0.01mm所对应的压力改变量。

编制压力表时要用上述方法给出铜柱压后高差0.01mm所对应的全部压力值。

4. 压力换算方法

根据测压铜柱压后高或变形量换算膛内燃气压力的方法有以下三种。

1)直接查表法

首先用估计的待测膛压值选择适当的测压器和测压铜柱,并测出铜柱的起始高度h;然后射击后取出铜柱,测出其压后高h_x;最后根据h_x(或变形量$\varepsilon=h_0-h_x$)直接从压力表上查出所求膛压P_x。

直接查表法有两个缺点:一是未经过预压,不能消除或减小测压铜柱软硬性的偏差;二是标定过程中由于压缩量大,所经的变形时间长,而膛内燃气压力对铜柱的实际作用时间却很短,因此有可能来不及达到应有的变形量,从而加大了静标的误差。目前这种方法一般已不采用。

2)一次预压法

使用测压铜柱前把其放在压力机上进行预压,预压的压力值比预测压力值要小些。当预测膛压低于100MPa时,预压力应降低10~20MPa;当预测膛压高于100MPa时,预压力应降低20~30MPa。设预压力为P_1,根据铜柱的压后高由压力表上查得压力的P'_1。由于每个铜柱的力学性能存在差异,故有修正量$\Delta P = P_1 - P'_1$,通常不允许ΔP超过±4MPa。将预压后的铜柱装入测压器测量炮膛压力,并在射击后再次测量铜柱压后高h_x,由压力表中查得相应的压力值P'_x,则实测得膛压P_x可由下式换算,即

$$P_x = P'_x + \Delta P \tag{3.10}$$

实际试验表明,一次预压法能够避免或减小直接查表法带来的误差。因为经过预压,可使各铜柱的塑性得到调整,变形规律趋于一致;试验时的变形量已减小了,从而减小了静标与动压的误差,所以一次预压法的测压精度较高。

3)二次预压法

使用测压铜柱前将其在压力机上用两种不同的压力值P_1及P_2进行预压。第一次预压力P_1应比第二次的预压力P_2低20MPa。第二次的预压力P_2又应比预测膛压P_x低20~30MPa(当P_x>100MPa时)。设每次预压后铜柱高分别为h_1和h_2,根据铜柱的变形规律,在P_1和P_2区间内,压缩量与压力差为线性关系,即

$$(P_2 - P_1) = \alpha(h_1 - h_2) \tag{3.11}$$

式中　α——铜柱的压力系数（或硬质系数）。

把经过两次预压的铜柱装入测压器测量膛压，然后取出测出铜柱的压后高 h_x，即可按照直线外推的插值法求出膛压：

$$P_x = P_2 + \alpha(h_2 - h_x) \tag{3.12}$$

与直接查表法、一次预压法相比较，二次预压法是根据实际标定得到系数 α 和实测的变形量计算压力值，不需查铜柱压力表，且经过对铜柱的两次预压，使铜柱变形的一致性进一步得到了提高。由于铜柱的塑性变形只在一定的区间内呈线性关系，因此如果使用的压力范围不当，则将会造成较大误差。

目前，$\phi 5$ 以上的圆柱形铜柱都采用二次预压法；$\phi 4$ 以下的圆柱形铜柱及圆锥形铜柱都采用一次预压法。铜柱预压值的选取对测压精度关系很大，表 3.5 列出了铜柱预压值的参考值。

表 3.5　铜柱预压值的选择　　单位：MPa

预测压力范围	预压值	组平均压力允许增量上下限	单发压力允许最小增量
≤5	0	0.5~5	0.5
5.1~15	3	2~12	1
15.1~20	8	5~15	2
20.1~100	比预测压力低 10~20	7~23	5
100~380	比预测压力低 20~30	17~33	10
>380	比预测压力低 30~40	27~43	15
380~600①	比预测压力低 35~55	32~57	20

① 高膛压炮专用。

5. 铜柱测压法的误差源

1）动压与静标的误差

用上述方法测量火药气体压力时，采用静态标定的压力表根据铜柱变形量换算获得相应的压力值，但实际上铜柱承受的是动压。根据铜柱测压器活塞的受力及运动，可以推导出活塞在火药气体压力及铜柱变形阻力作用下的运动方程及瞬态压力作用下的表达式：

$$m\frac{\mathrm{d}^2(\Delta H)}{\mathrm{d}t^2} = SP - R \tag{3.13}$$

$$\Delta H = \frac{SP - \alpha_0}{\alpha}\left[1 - \cos\sqrt{\frac{\alpha}{m}}t\right] \tag{3.14}$$

式中　m——活塞质量；

ΔH——铜柱变形量；

S——活塞横断面面积；

P——火药气体压力；

α_0——铜柱的变形灵敏度；

α——铜柱的硬度系数；

R——铜柱的变形阻力（$R=\alpha_0+\alpha\Delta H$）；

t——活塞运动时间。

由式（3.14）可知，当 $\cos\sqrt{\frac{\alpha}{m}}t=-1$，即 $\sqrt{\frac{\alpha}{m}}t=\pi$ 时，有

$$\Delta H=2\left(\frac{SP-\alpha_0}{\alpha}\right) \tag{3.15}$$

$$P=\frac{\alpha_0+\alpha\left(\frac{\Delta H}{2}\right)}{S}=R'/S$$

$$R'=\alpha_0+\alpha\left(\frac{\Delta H}{2}\right) \tag{3.16}$$

此时，动压作用的全压缩时间为

$$t=\tau_0=\pi\sqrt{m/\alpha} \tag{3.17}$$

若设火药气体压力是缓慢作用在活塞上，可以认为活塞的加速度为0，则有

$$P=\frac{\alpha_0+\alpha\Delta H}{S}=\frac{R}{S} \tag{3.18}$$

由式(3.17)可知，瞬时动压压缩铜柱的全压缩时间为 τ_0。假设在试验时铜柱全压缩时间为 τ，瞬时动压作用时铜柱全压缩时间为 τ_0，根据试验时铜柱全压缩时间 τ 与 τ_0 的比值关系，可得出以下结论。

当 $\tau/\tau_0>3$ 时，相当于静压作用情况，可以直接使用静压铜柱压力表。

当 $\tau/\tau_0<1.3$ 时，相当于动压作用情况，不能直接使用静压铜柱压力表，必须取铜柱压缩量的一半，查静压铜柱压力表求压力值。

当 $3>\tau/\tau_0>1.3$ 时，应改变活塞质量或采用不同尺寸的铜柱，使 τ/τ_0 符合上面任一情况。

τ 依赖被测压力的特性，τ_0 则决定于活塞的质量 m 及铜柱的硬度系数 α。若 m 越小，则 α 越大，τ_0 也越小，越能保证 $\tau/\tau_0>3$，从而减小使用静标压力表测量动压造成的误差。现在使用的测压器和测压铜柱，在绝大多数试验中都能满足 $\tau/\tau_0>3$ 的静压标定条件。

2）铜柱塑性变形规律误差

实践证明，铜柱变形不完全是线性关系。圆柱形铜柱的塑性变形规律是一条"S"形曲线，即当压力 P 由小到大等间隔增加时，圆柱形铜柱压缩量 ΔH 开始由小到大，而后由大到小，仅在中间一段出现线性；圆锥形铜柱的塑性变形规律是一条"抛物线"曲线，即当压力由小到大等间隔增加时，圆锥形铜柱压缩量 ΔH 只由大变小。因此，使用圆柱形铜柱应选取变形曲线中段接近线性变化的区间，而使用圆锥形铜柱应选取曲线的起始段，这样可以提高测量精度。

为了减小静态标定造成的误差，需要进一步研究对铜柱实行动态标定的方法。

6. 温度影响的修正

因测压铜柱的标定及预压都是在18℃～22℃条件下进行的，而现场试验常受条件限制，不能保证铜柱与上面条件相同情况下使用，所以温度的变化对测压铜柱的塑性变形有一定影响，从而影响测压的结果。因此，必须对铜柱温度的影响进行修正。目前常用下式计算铜柱的温度修正量 ΔP_T，即

$$\Delta P_T = K(t' - t)P \tag{3.19}$$

式中　P——试验时实测的膛压值；

t'——铜柱编表时温度；

t——铜柱使用时温度；

K——温度修正系数。

温度在-40~+15℃及+15~+50℃，当温度变化1℃时，各种测压铜柱0.1MPa压力的修正系数K可从表3.6选取。

表3.6　铜柱预压值的选择

外形尺寸(d×h)/mm	类型	温度	
		+15℃~+50℃	-40℃~+15℃
3×4.9	圆柱形	0.0016	0.0014
4×6.5	圆柱形	0.0016	0.0014
5×8.1	圆柱形	0.0016	0.0014
6×9.8	圆柱形	0.0016	0.0015
8×13	圆柱形	0.0015	0.0012
4×8	圆柱形	0.0016	0.0014
5×8.1	圆锥形	0.0017	0.0016
6×9.8	圆锥形	0.0017	0.0016
8×13	圆锥形	0.0012	0.0011

3.3.2　膛压曲线电测法

长期以来我国膛压测试一直以铜柱测压为主，将铜柱压力作为膛压的主要依据，而电测技术主要作为一种辅助手段。早在20世纪40年代英国的内弹道学权威J. Corner就提出，铜柱测得的压力比真正最大压力低20%。20世纪50年代，苏联专家H·什克瓦尔尼克夫等进一步指出，根据火药的种类和装填密度的不同，铜柱测得的压力值比真正的压力值低12%~15%。苏联在20世纪50年代的炮身设计规范中明确表明，由铜柱测得的压力应增大12%作为真实的最大膛压。近年来的研究表明铜柱测压的动态误差与膛压曲线的形状、最大膛压时间和压力增量（测压值与预压值之差）等有关。因此，在产品定型的验收试验中，由于膛压波形和参数变化不大，且预压值范围也有一定限制，动态误差值是相对稳定的值，这对弹药产品验收来讲是可以容许的。但是对于高膛压火炮研制来讲，用铜柱测压值作为各重要部件强度设计的依据是很不恰当的。因为研制试验过程中各种与内弹道有关的因素不断地变化，膛压曲线也发生变化并且压力值不能准确估计，所以铜柱预压值难以恰当地确定，这就使铜柱测压的动态值难以估计准确，所得的膛压数据可信度较差。因此，需要用电测技术作为主要测压手段。

膛压曲线电测法属于弹性变形法。它通过各种传感元件的不同物理原理，将弹性变形量转变为电量，建立电量与产生变形量之间的确定关系，从而能够通过直接测量这些电量来确定膛内燃气压力。

电测系统的基本组成及作用如下：

1. 传感器

传感器包括弹性元件及变换器两部分,弹性元件直接感受压力并产生弹性变形,变换器将变形量或压力转换成电量（如应变传感器的电阻、电容传感器的电容）或直接把压力转换成电量（如压电传感器）。常用的传感器包括应变式压力传感器、压电式压力传感器。

应变式压力传感器是基于弹性变形的原理,被测压力作用在传感器的弹性元件上,使弹性元件产生弹性变形,并用弹性变形的大小来度量压力的大小。由于卸载时弹性变形可恢复,因此应变式测压传感器不仅能测量压力的上升段,也能测量压力的下降段,能反映压力变化的全过程。常用的应变测压传感器包括应变筒式压力传感器、平膜片式压力传感器、活塞式应变测压传感器。

压电式压力传感器大多是利用正压电效应制成的。正压电效应是指当晶体受到某固定方向外力的作用时,内部产生电极化现象,同时在某两个表面产生符号相反的电荷;当外力撤去后,晶体又恢复到不带电的状态;当外力作用方向改变时,电荷的极性也随之改变;晶体受力所产生的电荷量与外力的大小成正比。逆压电效应又称为电致伸缩效应,是指对晶体施加交变电场引起晶体机械变形的现象。基于压电效应的压力传感器的种类和型号繁多,按弹性敏感元件和受力机构的形式可分为活塞式压电测压传感器和膜片式压电测压传感器两类。

（1）活塞式压电测压传感器主要由传感器本体、活塞、砧盘、压电晶体、导电片引出导线等组成。传感器在装配时用螺母给晶片组件一定的预紧力,以保证活塞、砧盘、晶片、导电片之间压紧,避免受冲击时因有间隙而使晶片损坏,并提高传感器的固有频率。测量时传感器通过螺纹安装到测压孔上,锥面起密封作用,被测压力作用在活塞的端面,并通过活塞把压力传送到压电晶体。

（2）膜片式压电测压传感器主要由传感器本体、膜片和压电元件组成,其特点是体积小、动态特性好、耐高温等。该传感器的压电元件支撑于本体上,由膜片将被测压力传递给压电元件,再由压电元件输出与被测压力成一定关系的电信号;膜片起传递压力、实现预压和密封的作用,其用微束等离子焊和本体焊接使整个结构密封。因此,该传感器在性能稳定性和勤务处理上都大大优于活塞式压电测压传感器。该传感器的膜片质量小,其与压电元件相比较,膜片刚度也很小。如果提供合适的预紧力,则该传感器的固有频率可达100kHz 以上。膜片式压电测压传感器常用于动态压力的测量,采用的压电晶体大多是石英晶体。为提高传感器灵敏度,该传感器内采用了压电晶体堆技术,可以测量几百兆帕的压力,并且外形尺寸可以做得很小。由于压电晶体有一定的质量,因此该传感器工作在有振动的环境下,会产生与加速度相对应的输出,造成测量误差。这类传感器常用于兵器膛压的测量,由于火药燃气的温度变化,因此会使膛压测量值产生相应的漂移。

2. 测量电路及放大器

放大器将传感器送来的电信号放大变成适合装置记录的电信号,如将电阻、电感、电容或电荷的变化,变成电流或电压的变化,并加以放大。电荷放大器的线性度应优于±0.1%F·S,频率范围为0.03~80kHz,输入阻抗不小于$10^{14}\Omega$。

3. 记录装置

记录装置是把输入的电量以一定形式转换成能够显示与记录的装置,如电子示波器、瞬态记录仪等。瞬态记录仪的分辨率应不小于10bit,采样频率应不小于200kHz。

4. 同步装置

同步装置是指以一定的时间间隔控制火炮击发并使记录装置处于工作状态,保证能及时完整地记录膛压曲线。

5. 稳压电源

稳压电源是指为测量线路及记录装置提供所需的电源。

6. 压力标定装置

压力标定装置是给出较精确的各种压力值和标定膛压电测系统的灵敏度的装置。图3.11是膛压电测系统示意图。

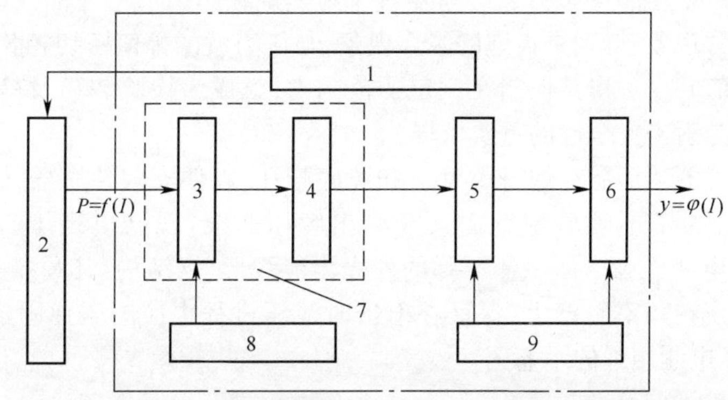

1—同步装置；2—火炮或密闭爆发器药室；3—敏感元件；4—变换器；
5—测量电路及放大器；6—记录装置；7—传感器；8—压力标定装置；9—稳压电源。

图3.11　膛压电测系统

电测法在弹药研制阶段得到了广泛的应用,已成为不可缺少的测试方法。这是由于电测法具有许多优点,具体如下：

(1) 可以连续测量与记录膛压的变化过程；

(2) 测量系统具有良好的动态特性,能够记录压力的高频信号；

(3) 可以实现远距离测量及操作；

(4) 灵敏度高、测量精度高；

(5) 能够与计算机连接,实时处理与显示测量结果。

目前,测量膛内燃气压力广泛采用压电测量系统。在测压系统中的压电传感器多采用石英晶体作为压电元件,而石英晶体具有较好频响特性、较低的热灵敏度及较小的滞后。该传感器在量程范围内,总线性度为0.2%~1%,线性特性好。所以,压电传感器已成为膛压测量的专用传感器。由于石英晶体的诸多优点,因此电测法在膛内燃气压力的测量中广泛应用。

被测压力P通过活塞使石英晶体受到压缩,从而在晶体的两个端面产生电荷。对一片晶体来说,产生的电荷量与所受到的压力成正比,可由下式计算,即

$$Q = KAP \tag{3.20}$$

式中 Q——产生的电荷量;

P——被测燃气压力;

A——活塞面积;

K——石英晶体的压电系数 ($K=2.14\times10^{-12}$C/N)。

由于通常采用两片晶体组成压电传感器,因此输出的电荷量为单片晶体的两倍。由于石英晶体的机械强度有限(最大允许应力 $\sigma_m=68.6\sim78.5$MPa),因此使用时应根据所测压力范围选择具有相应活塞面积的传感器。

测量火炮膛压时,通常使用多个压电传感器,可以获得药室不同部位的压力随时间变化的曲线,以便发现异常的压力。发射药正常燃烧时,药室内的瞬时压力梯度总是正的,即膛底的压力总是大于药室前端的压力,特别是大于弹丸底部的压力。如果发射药燃烧期间产生压力波,则会出现反向压力梯度,即弹丸底部的压力大于膛底的压力。这些反向压差是由于局部点火不合适和发射火药燃烧在膛内产生波面或振荡造成的。一般认为膛内反常现象,特别是火炮的膛炸现象,与压力波的幅值密切相关。因此,测量膛内的压力波幅值并设法将其控制在一定的范围内,就成为检验装药及其结构、点火系统等设计正确性与射击安全性的重要依据。

用压电传感器测压需在炮身膛壁上和膛底打孔,以便安装传感器,这对许多待测火炮是不允许的,为了不破坏炮管而又能测出膛压曲线,现已出现了一种新的测压装置——膛内压电测压弹。压电测压弹的外壳为流线形、钢结构,其圆弧形底部利用内部的永久磁铁固定在药室膛壁上,保证在射击时泄压过程中使测压弹固定不动。图 3.12 为 B155PPG 压电测压弹的示意图。

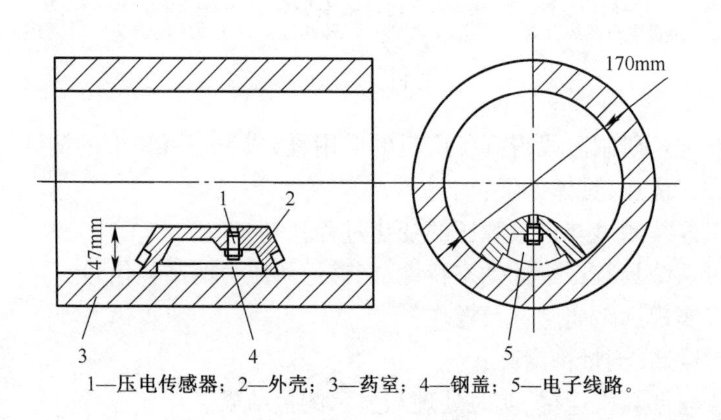

1—压电传感器;2—外壳;3—药室;4—钢盖;5—电子线路。

图 3.12 B155PPG 压电测压弹

压电测压弹内装有传感器、模数转换、存储器、电池等压力测量环节的全部元件。射击前先充电并输入测量参量(如触发电平等)射击后,将测压弹取出,通过接口与数据处理单元连接,将储存的信息输入计算机做进一步处理。

压电测压弹的优点是不需在炮管上开孔即可测出膛压曲线,给靶场试验提供了极大的方便;缺点是测压弹体积比较大,只适用于大口径火炮,并需对药室容积进行修正计算。

3.4　发射装药量的选配

3.4.1　选配发射装药量的目的

选配发射装药量是指以一定的装药结构,在一定的试验条件下（如火炮、弹丸、温度等）通过调整发射装药量获得所需的弹道示性数（如膛压、初速等),确定应有的发射装药量。

选配发射装药量有以下两个目的。

1. 保证部队使用弹药的弹道一致性

因为发射药是化工产品,所以无论在生产过程中对原材料和工艺条件如何严格控制,还是各个批量生产出来的发射药的理化性能及弹道性,都无法保证完全相同。为了使各批发射药达到同一弹道性能,只有经过选药试验调整发射装药量。

2. 在特殊弹道条件下考核武器弹药

例如,为了考核炮用弹药的射击安全性,必须进行弹体及零部件强度和弹体爆炸装药（或抛射药）的射击安全性试验;对有底螺及弹底引信的弹药,还要进行螺纹闭气性试验。为了检验药筒在实践中遇到的极限温度、最高膛压等不利条件时,是否开裂、变形,能否顺利退壳,须要进行药筒的强度及退壳性试验。为了检验引信在发射过程受到极大的冲击载荷时,引信的火工品是否爆炸,保险机构、隔离机构是否可靠,弹丸出炮口后会不会产生炮口炸或弹道早炸,须要进行引信安全性试验。上述试验的弹药都应采用强装药,以经受苛刻条件的考验。有些试验则采用减装药,如穿甲弹体对装甲目标的碰击强度试验、弹体装药碰击装甲目标的安定性试验等。无论哪种试验,都要选配装药,保证得到所需的弹道条件（如膛压、初速、落速等)。

确定给定弹道条件下的装药量,可以利用内弹道有关装药设计的理论直接算出。由于膛内射击过程的复杂性,因此目前还不能利用理论计算准确得到所求的装药量,理论计算出的装药量只能作为射击试验时的参考,最终确定装药量仍须进行选配装药量试验。

3.4.2　强装药的选配方法

强装药是指在标准条件下,使达到全装药炮弹在极端条件（如极端高温条件）可能达到的最大膛压和最大初速的一种专用装药。

选配强装药的方法有以下几种:

1. 增加装药量法（加药法）

保持发射药药号与全装药的发射药品号相同,装药结构也基本一样,用增加发射药量的方法增大装填密度,使初速、膛压达到强装药的要求。加药法是制式弹选配强装药的主要方法。在进行强装药选配试验时,可先根据装填条件的变化对膛压、初速的影响,利用单项经验公式估算所需增加的装药量 $\Delta\omega$,即

$$\Delta\omega = \frac{\omega}{M_\omega} \cdot \frac{\Delta P_M}{\overline{P}_M} \tag{3.21}$$

或

$$\Delta\omega = \frac{\omega}{l_\omega} \cdot \frac{\Delta v_0}{\bar{v}_0} \tag{3.22}$$

式中　ω ——全装药的装药量（kg）；

$\bar{P}_M$ ——实测的全装药平均最大膛压（MPa）；

$\bar{v}_0$——实测的全装药平均初速（m/s）；

ΔP_M、Δv_0——强装药时膛压（MPa）及初速相对全装药的增量（m/s）；

M_ω、l_ω ——装药量对膛压和初速的修正系数（可查有关内弹道资料）。

强装药膛压、初速的增量，根据不同的火炮、弹丸及试验目的的不同，有不同的要求。通常不仅应保证强装药膛压增量的要求，还应保证强装药初速增量的要求。

由于估算的结果是有误差的，因此通常先以估算药量 $\Delta\omega$ 的 3/4～4/5 作为选药试验的起始值，即 $\omega+(3/4\sim4/5)\Delta\omega$；然后根据试验实测的膛压、初速对装药增量进行逐次调整，直到满足强装药的弹道条件为止。试验应采用产品性能试验的同一炮管，并保持药温与产品性能试验时相同。

加药法除受初速增量限制之外，还主要受极限装填条件的限制。有些弹药产品允许改变装药结构，如全装药原为多个药包的装药结构，强装药可以改为一个药包或改发射药为散装，以达到允许增加装药量的需要。但当装填密度超过极限装填密度或装药过紧时，可能会发生膛压突然升高的现象，此时就不能采用加药法。

2. 换药法

在不宜采用加药法时可采用换药法，即将原有的全装药换用燃烧层较薄的火药品号，或者将具有两种品号的全装药改为单一品号的装药，从而获得强装药的方法。采用此方法时，应保证装药高度大于原全装药高度的2/3。对于某些弹丸，只要求强装药能达到最大膛压的增量，而不规定相应的初速增量，可以采用换药法。但所选的火药的燃烧层厚度不宜减小太多，一般以减小一个规格等级为宜。例如，若原火药用 8/14 火药，则强装药改用7/14 火药；若原火药用 27/1 火药，则强装药改用 25/1 火药；最后通过实际的射击试验确定所需的装药量。

选用同规格尺寸的高压火药获得强装药的方法，称为高压药法。该方法常用于小口径弹药的强装药选配。

3. 混合装药法

在原全装药中适当增加或更换一种燃速较迅速的发射药，从而提高最大膛压获得强装药的方法称为混合装药法。例如，六六式 152mm 杀爆弹的强装药，将原全装药双芳-3～16/1 火药中的一部分改为 9/7 火药，以增加膛压。利用混合装药法，易于使最大膛压及初速同时满足预期要求。

混合装药的药量及混合比可采用下式来估算：

$$\frac{x_1}{x_2} \cdot \frac{e_2}{e_1}\omega_1 + \omega_2 = C\sqrt{\frac{P_{m1}}{P_{m0}}} \cdot \omega_0 \tag{3.23}$$

$$\frac{\omega_1}{\omega_1 + \omega_2} = 10\% \sim 13\% \tag{3.24}$$

式中　x_1、x_2——新加入火药和保留火药形状特征量的数值，其中管状药取值 1.00、七孔药取值0.75、14孔和19孔药取值0.70、带状药取值1.06、片状药取值1.50；

e_1、e_2——新加入火药和保留火药弧厚的数值(mm)；

ω_1、ω_2——新加入火药和保留火药药量的数值(kg)；

C——经验系数,取值:0.9~1.15；

P_{m1}、P_{m0}——强装药和全装药膛压的数值(MPa)；

ω_0——全装药药量的数值(kg)。

4. 加温法

在不改变火药品号、装填密度及装药结构的条件下,将初速及平均最大膛压等符合图定条件的全装药加温到产品图或专用技术规范规定的温度和时间,从而获得强装药。弹药产品图或技术规范未规定强装药的加温温度时,加温达到50℃~52℃。根据装药量的数量和火药燃烧层的厚度,保温15~72h。随后进行射击试验,以达到强装药同样的弹道条件。目前新设计的弹药,常采用此种方法。

装药保温时应遵守的要求:药筒装药保温必须换配假底火,定装式炮弹保温必须换配假引信;分装式炮弹的弹丸保持常温,不需随发射药保高温;装配好的测压器要与发射药一起保温;试验弹配用的底火和点火具,应与发射装药分开保温。这些要求具体见GJB 207A—2008《强装药选配与使用守则》。

5. 综合法

当单独采用前面几种方法不能达到强装药要求时,可采用加药法、混合装药法、换药法与加温法相结合的方法获得强装药,即综合法。在采用综合法选配强装药时,应进行射击验证试验,使弹道性能达到产品图或技术规范要求。

须要提高装药温度按下式估算:

$$\Delta T = \frac{\Delta P_m}{P_m \cdot m_t} \tag{3.25}$$

式中　ΔT——应提高装药温度的数值(℃)；

ΔP_m——强装药图定膛压值与修正后最大膛压值之差的数值(MPa)；

P_m——最大膛压的数值(MPa)；

m_t——装药温度对膛压的修正系数。

3.4.3　专用减装药药量选配法

在弹药试验中,有些试验是在模拟弹道终点运动条件下进行近距离射击目标,考核其终点效应或结构强度,须按试验规定的弹丸初速选定装药量。因为这些试验的弹丸初速都低于全装药初速,各项试验的初速也不相同,需确定专用试验的装药量,所以专用减装药往往需要从已知的装药量与初速的关系曲线中,临场选定试验用装药药量,并组装成专用减装药。因此,下面介绍通过预先射击试验确定某弹、炮、药系统的装药量与初速的关系曲线的试验方法。

专用减装药试验时,发射药需在标准温度下保温,每射击几发改变一次发射药量,并实测弹丸初速。各段发射药量的间隔量及每个间隔段上的射击发数应符合规定,以保证试验精度。

在专用减装药试验中,对小口径火炮,在每一药量间隔（5~8g）上射击3~4发,对中、大口径火炮,在每一药量间隔（60~140g）上射击2~3发,每次射击测量初速。

试验数据处理时,应列出每一试验间隔段的药量与各发初速,以初速为因变量,经过最小二乘法拟合试验数据,得到标准温度下的初速 v_0 与发射药量 ω 的函数关系。

一般情况下,v_0— ω 之间呈直线关系,即

$$v_0 = a + b\omega \text{ 或 } \omega = (v_0 - a)/b \tag{3.26}$$

式中 a——专用减装药试验系数（m/s）;

b——专用减装药试验系数（m/(s · kg)）;

ω——专用减装药量（kg）;

v_0——弹丸初速（m/s）。

有了 v_0—ω 关系曲线,就可按初速求得减装药在标准温度下的药量。在非标准温度下进行专项试验时,其专用装药药量可通过该发射药的温度系数加以修正,得到临场试验用装药药量。这种方法操作方便、快捷,有较好实用性。

3.5 初速的测定

所谓初速（用 v_0 表示）,并不是弹丸脱离炮口瞬间的实际飞行速度（用 v_g 表示）,而是在假设弹丸脱离炮口后仅受空气阻力和重力作用的条件下,由后效区外某弹道段上的实际飞行速度外推到炮口,弹丸应具有的理想速度。这是一个并不存在的虚拟速度。由于炮口燃气流在后效期内对弹丸仍有一定的加速作用,因此所推出的初速将比炮口的实际速度要大些。对于一般火炮,v_0 比 v_g 要大（0.5%~2.0%）,如图3.13所示。

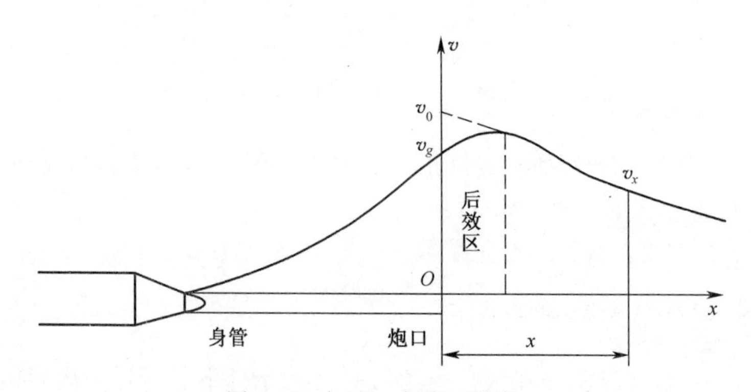

图3.13 初速 v_0 与炮口速度 v_g

测量弹丸初速是弹药与火炮最基本的靶场试验项目之一。因为初速与膛压是衡量内弹道性能的两个最重要的弹道参量,在很大程度上反映了火药燃烧规律、装药设计的优劣以及能量利用率的高低,是检验内弹道性能的重要标志量;初速 v_0 又是决定外弹道参数的三个基本要素（弹道系数 C_b、初速 v_0、射角 θ_0）之一,是进行弹道计算的初始参量。在进行弹道计算、密集度分析和编制射表时,都必须精确测定初速 v_0 及散布 E_{v_0},而在测定跳角、弹道系数、直射距离以及其他许多弹道试验中,也往往要求同时提供初速 v_0,以便进行计算与分析。

初速的测定,实际上可归结为如何测量弹道上某点的弹丸飞行速度以及如何由其推算出初速的两个问题。测量弹丸飞行速度的方法很多,从物理原理分类有平均速度法及瞬时速度法;从测量仪器及技术类型分类有电测法与光测法。目前,最常用的测速方法是电子测量仪测速法和多普勒雷达测速法。

3.5.1　初速测定的原理和方法

测量弹丸在发射中的飞行速度,特别是在离开炮口瞬间的速度,对内弹道学来说,具有重要的工程价值和理论意义。根据测定的膛压曲线和弹丸速度的大小,可以分析研究膛内火药燃烧规律以及各种功的影响。测量速度的初值是衡量内弹道理论的正确性和计算方法准确性的重要标准之一。而对外弹道学来说,弹丸初速的值是研究弹丸在空气中的飞行规律和计算火炮射表的原始数据之一。同时,弹丸初速的大小也是衡量火炮、弹丸和火药装药的综合性能和火炮威力的主要参量之一。

综上所述,在火炮、火药和弹药等制造工厂、兵器研究单位以及国家靶场等,测量弹丸初速的工作都是必不可少的。同时,在弹丸初速测量中,所得结果的准确性和统一性对火炮兵器的生产、研究、发展和应用会产生直接的影响。因此,弹丸初速测量方法的研究、提高速度测量的精度、统一规范和统一标准等,都是弹丸初速测量所涉及的内容。

本小节主要介绍测量弹丸运动速度（包括膛内）的基本原理,几种应用较为广泛的测量方法、测量设备,使用误差分析以及一些正在发展的测量技术等。

弹丸初速和速度是指弹丸在出炮口的一瞬间和弹丸飞行过程中,在某一弹道点所具有的瞬时速度。对于弹丸的瞬时速度,无法用仪器直接进行测量,一般都是采用间接的测量方法,即首先测量与速度有关的其他物理量,然后用计算方法换算为弹丸在某一点的速度和初速。

从原理上,弹体速度的测定方法可分为测瞬时速度法和测平均速度法两类。为了说明这两种方法的原理,下面举例进行简要介绍。

1. 确定弹丸在弹道段上某一点瞬时速度的方法

例如,采用照相法拍出超声速弹丸在空中飞行时的弹头激波,并测量出弹头波的角度 α,这样就可按照弹头波的分布规律,确定弹丸在弹道段上某一点的速度值,如图 3.14 所示。

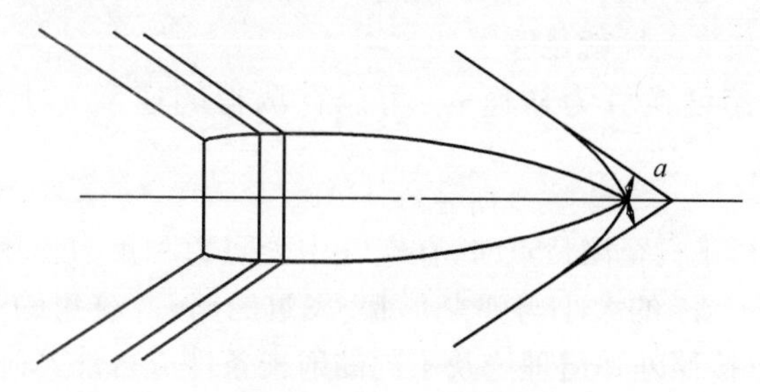

图 3.14　弹头波示意图

弹丸速度与弹头波各参量之间的关系为

$$v = c/\sin\alpha \tag{3.27}$$

式中　v——弹丸飞行速度;

c——空气中的声速；

α——弹头波的半顶角。

由式（3.27）可知，测量出 α 的数值，就可以得到弹丸在该瞬间的飞行速度。但 α 角的测量首先要作出弹头波的切线，然后才能测量出 α 的数值。如何准确地作出切线是一个关键问题，实际上很难把切线作准确，因为一是弹头波有一定的厚度，二是曝光有一定的时间，所以弹头波照片存在一定的模糊度。这样不但误差大、不容易控制，而且这种弹头波照相装置比较复杂，使用不方便，故目前很少使用该方法。

2. 确定弹丸在弹道上某一段上平均速度的方法

在内弹道试验中，常利用某种测时装置来测定弹丸的初速。该方法首先测定弹道上某一段的长度 x_{12}；然后测出弹丸通过该弹道段所需的时间 t_{12}，如图 3.15 所示；最后利用平均速度公式，即式（3.28）计算出弹丸在弹道段 x_{12} 的平均速度：

$$v_c = x_{12}/t_{12} \tag{3.28}$$

式中 v_c——弹丸在弹道段 x_{12} 的平均速度；

x_{12}——弹道段 1 到 2 之间的长度；

t_{12}——弹丸通过弹道段 x_{12} 所需要的时间。

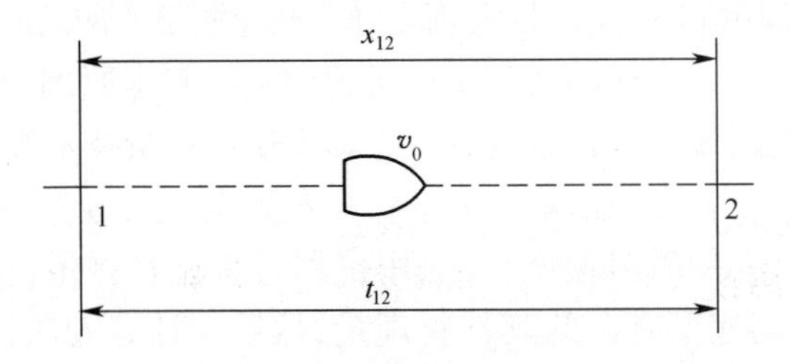

图 3.15 弹道段示意图

通常把求得的这个平均速度 v_c，看作为弹道段 x_{12} 中点的瞬时速度。从理论上讲，只有当弹丸是匀速运动的情况下才是正确的，实际上弹丸在弹道上运动的速度，都不是这样的速度，因此这个假设与实际情况存在一定的误差。从上面可以看出，用来确定平均速度的行程段 x_{12} 越短，这个误差越小，但是 x_{12} 的大小受到测量设备的制约。实践证明，只要测量设备的精确度足够高，并根据测量平均速度所需要的精度，确定 x_{12} 的相应值，则这个假设的可靠性和准确性就足够了。

为了把这个平均速度换算为初速 v_0，可以在测得的速度 v_c 上加一个初速修正量 Δv_c，即

$$v_0 = v_c + \Delta v_c \tag{3.29}$$

式中：Δv_c 为弹丸从炮口飞行至测量点时，在空气中受阻力和重力作用下被衰减掉的速度（也称为初速修正量）。Δv_c 的大小与弹丸形状、飞过的路程、攻角的变化、空气的密度及射角的大小有关，可以按照外弹道理论及不同的射击条件进行计算。

平均速度法测量弹丸初速或其他飞行物体的速度，具有较高的精度。

例如，利用高速摄影机拍摄弹丸在弹道段上瞬时位置的方法，如图 3.16 所示，已知拍摄速度 n（张/s），相邻两张照片上弹丸的位置 x_1 和 x_2，可得

$$v_c = \frac{x_2 - x_1}{1/n} \tag{3.30}$$

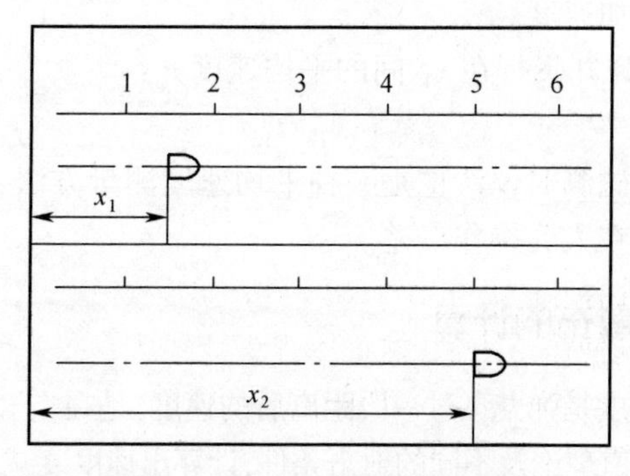

图 3.16　利用高速摄影机测速原理

电磁测时仪法在火炮初速测定的历史上发挥过重要作用,是基于自由落体的运动公式,即

$$t = \sqrt{\frac{2h}{g}} \tag{3.31}$$

如图 3.17 所示,P_1、P_2为两铜丝靶,放置距离为 x_{12},分别与电磁铁 M_1、M_2和电源 E_1、E_2组成两个回路。回路电流分别为 I_1、I_2。这时,电磁铁 M_1吸住测时杆 1,M_2吸住记录器 2,调整 $I_1 = I_2$,且使测杆与记录器等质量。工作前先用刻刀 3 在测时杆 1 上刻出起点 0,然后用联动开关 K_1、K_2把两回路同时断开,使测时杆 1、记录器 2 同时下落,由 2 解脱刻刀 3,在测时杆 1 上刻出记号Ⅰ。工作时将装置复原,在射击时弹丸打断 P_1,测时杆 1 下落,当弹丸飞行 x_{12}距离打断 P_2时记录器 2 下落并解脱刻刀 3,在测时杆 1 上刻出记号Ⅱ。

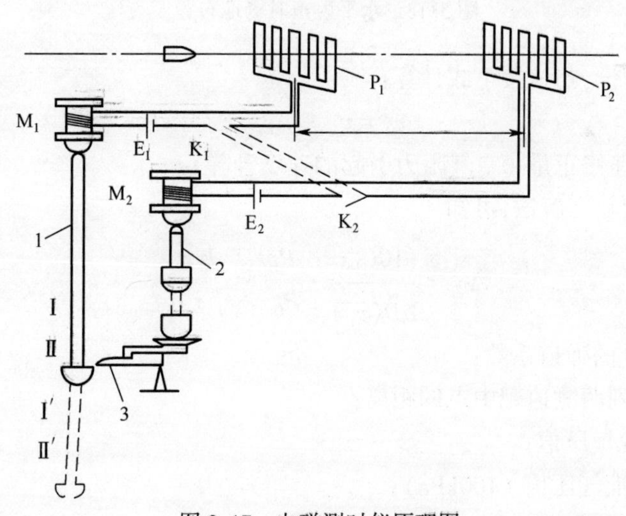

图 3.17　电磁测时仪原理图

测量测时杆上记号Ⅰ和Ⅱ相对于 0 点的高度 h_{I} 和 h_{II}。h_{I} 为记录器下落并解脱刻刀时间 t_1所对应的自由落体下落高度。h_{II} 为弹丸飞行于 x_{12}之间时间 t_{12}与 t_1之和对应的高度。故由式(3.31),可得

$$t_{12} = \sqrt{\frac{2h_{\mathrm{II}}}{g}} - \sqrt{\frac{2h_{\mathrm{I}}}{g}} = \sqrt{\frac{2}{g}}\left(\sqrt{h_{\mathrm{II}}} - \sqrt{h_{\mathrm{I}}}\right) \tag{3.32}$$

式中　g——当地的重力加速度。

由式（3.33）可得，弹丸飞行在 x_{12} 间的平均速度 v_c：

$$v_c = x_{12}/t_{12} \tag{3.33}$$

从上面可以看出，电磁测时仪法也是一种平均速度测量方法，测量精度较高，但其使用和操作很不方便，且存在人为操作误差。

3.5.2　初速及其散布的计算

由测速系统得到的速度是弹丸飞过一段距离后的速度，是在空气阻力和重力作用下已经衰减了的速度。根据外弹道理论及不同的射击条件，计算出速度衰减量，即可得到初速 v_0。

1. 水平射击

初速较高的火炮通常采取水平射击的方法测量初速，这样可忽略重力对速度的影响，场地布置如图 3.18 所示。

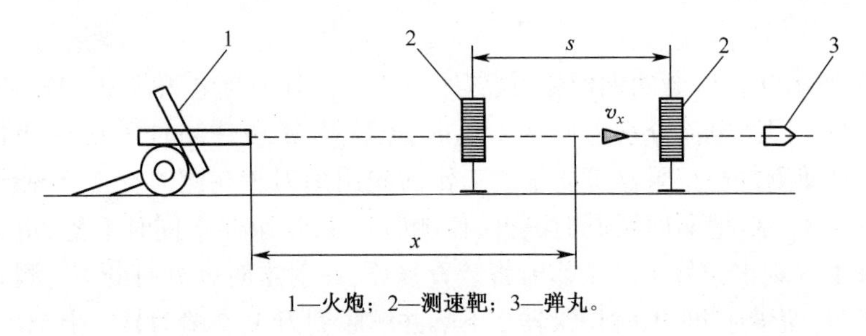

1—火炮；2—测速靶；3—弹丸。

图 3.18　水平射击时场地布置

根据外弹道理论，初速按下式计算：

$$v_0 = v_x + \Delta v_x \tag{3.34}$$

式中　Δv_x——初速修正量（空气阻力引起的速度升降）。

根据外弹道西亚切解法，可知

$$\Delta v_x = \frac{10C_b x}{\delta D(\bar{v}_\tau)} \cdot \frac{P_0}{P_{0n}} \cdot \sqrt{\frac{\tau_{0n}}{\tau_0}} \tag{3.35}$$

式中　C_b——弹丸的弹道系数；

x——炮口到两测速靶中点的距离；

P_0——当地气压值；

P_{0n}——标准气压值（100kPa）；

τ_0——当地的气温；

τ_{0n}——标准气象条件下的气温（288.9K）；

$\delta D(\bar{v}_\tau)$——西亚切 $D(\bar{v}_\tau)$ 函数在 $\Delta v = 10\text{m/s}$ 时的变化量，它随 $\bar{v}$ 的变化关系可查表 3.7；

$\bar{v}_\tau$——虚拟速度。

且有

$$\bar{v}_\tau = \bar{v}_x \sqrt{\frac{\tau_{0n}}{\tau_0}} \tag{3.36}$$

$$\bar{v}_x = \frac{1}{2}(v_0 + v_x) \tag{3.37}$$

计算时,先用 v_x 代替 $\bar{v}_x$ 代入式(3.36),求出 $\bar{v}_\tau$;然后查表 3.7 求出 $\delta D(\bar{v}_\tau)$,代入式(3.35)求出 v_0的近似值;最后按式(3.34)~式(3.37)重新算一次,求出准确的 v_0。

当弹道系数 C_b未知时,可先采用几套测速装置测出弹道上多个位置上的速度值:$v_{x1},v_{x2},\cdots,v_{xn}$,然后用曲线拟合的方法外推求得初速 v_0。

表 3.7　$\delta D(v)-v$ 表

(a)按 43 年阻力定律

v	$\delta D(v)$	Δ	v	$\delta D(v)$	Δ	v	$\delta D(v)$	Δ
150	895	56	300	402	42	550	110	5
160	839	49	310	360	77	600	105	4.7
170	790	44	320	283	57	650	100.3	3.7
180	746	39	330	226	34	700	96.6	3.6
190	707	36	340	192	18	750	93	3.4
200	671	32	350	174	12	800	89.6	3.2
210	639	28	360	162	9	850	86.4	3.0
220	611	26	370	153	7	900	83.4	2.9
230	585	25	380	146	5	950	80.5	2.8
240	560	24	390	141	3	1000	77.7	2.8
250	536	24	400	138	7	1050	74.9	2.7
260	513	22	425	131	6	1100	72.7	2.7
270	491	24	450	125	5	1150	69.5	2.6
280	467	29	477	120	4	1200	66.9	2.4
290	438	36	500	116	6	1250	64.5	2.2
300	402	42	550	110	3	1300	62.3	2.2

v	$\delta D(v)$	Δ
1300	62.3	2.2
1350	60.1	2.1
1400	58.0	1.9
1450	56.1	1.8
1500	54.3	3.4
1600	50.9	3.0
1700	47.9	2.7
1800	45.2	2.6
1900	42.3	2.4
2000	40.2	

(b)按西亚切阻力定律

v	$\delta D(v)$	Δ	v	$\delta D(v)$	Δ	v	$\delta D(v)$	Δ
150	550	37	300	193	28	500	58.0	4.8
160	513	33	310	165	21	550	53.2	4.3
170	480	28	320	114	16	600	48.9	3.2
180	452	24	330	128	13	650	45.7	1.9
190	428	22	340	144.4	8.8	700	43.8	1.6
200	406	20	350	105.6	8.3	750	42.2	1.3
210	386	20	360	97.3	6.8	800	40.9	1.0
220	366	17	370	90.5	4.7	850	39.9	1.0
230	349	17	380	85.8	4.2	900	38.9	0.8
240	332	17	390	81.6	4.0	950	38.1	0.7
250	315	18	400	77.6	6.2	1000	37.4	1.2
260	297	19	420	71.4	4.4	1100	36.2	1.0
270	278	23	440	67.0	3.5	1200	35.2	0.9
280	255	30	460	63.5	3.3	1300	34.3	0.6
290	225	32	480	60.2	3.2	1400	33.7	0.5
300	193	28	500	58.0	4.8	1500	33.2	0.4

v	$\delta D(v)$	Δ
1500	33.2	0.4
1600	32.8	0.4
1700	32.4	0.3
1800	32.1	0.3
1900	31.8	0.3
2000	31.5	0.3

2. 有仰角射击

在有仰角射击时（图 3.19），除计算阻力修正项 Δv_x 之外，还要对重力的影响进行修正，即

$$v_0 = v_x + \Delta v_x + \Delta v_g \tag{3.38}$$

$$\Delta v_g = \frac{g\sin\bar{\theta}}{\bar{v}} \cdot s \tag{3.39}$$

式中 g——重力加速度；

$\bar{\theta}$——平均仰角（$\bar{\theta} = \frac{1}{2}(\theta_0 + \theta_x) \approx \theta_0$）；

$\bar{v}$——平均速度（$\bar{v} = \frac{1}{2}(v_0 + v_x)$）；

s——炮口到测速点的行程。

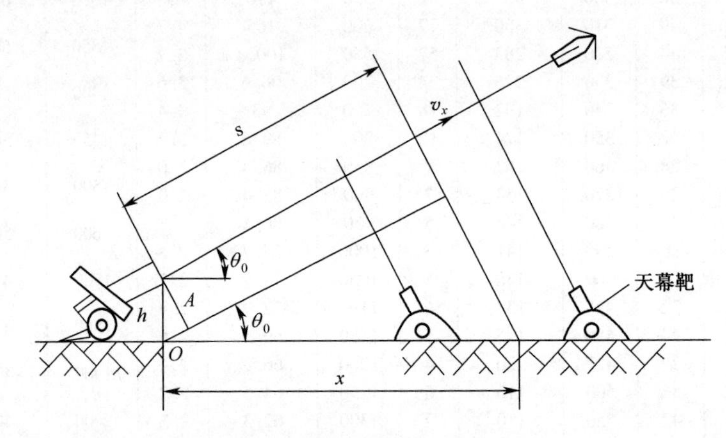

图 3.19 有仰角射击时的场地布置

3. 平均速度及其散布特征量的计算

由于弹药的制造都存在公差，每发弹的尺寸、质量、装药等都会存在差异，射击的条件也不会完全一样，因此测得的初速是有散布的。在初速测定时，通常都要射击三组，每组射击 5~10 发弹丸，求出其平均值，并计算出速度散布的中间偏差 E_{v_0}。

计算组平均值及散布特征量按下列公式进行：

一组射击的平均初速 $\bar{v}_0$ 为

$$\bar{v}_0 = \sum_{i=1}^{n} v_{0i}/n \tag{3.40}$$

式中 v_{0i}——各发射击的初速值；

n——该组射击的发数。

单发初速的中间偏差 E_{v_0} 为

$$E_{v_0} = 0.6745\sqrt{\frac{\sum_{i=1}^{n}(v_{0i} - \bar{v}_0)^2}{n - 1}} \tag{3.41}$$

三组射击的平均初速 $\bar{v}_0$ 为

$$\bar{v}_0 = \frac{1}{3}(\bar{v}_{01} + \bar{v}_{02} + \bar{v}_{03}) \tag{3.42}$$

式中　$\bar{v}_{01}$、$\bar{v}_{02}$、$\bar{v}_{03}$——各组射击的平均初速。

三组平均初速的中间偏差 $E_{\bar{v}_0}$ 为

$$E_{\bar{v}_0} = \sqrt{\frac{\left(\frac{E_{v_{01}} + E_{v_{02}} + E_{v_{03}}}{3}\right)^2}{n_1 + n_2 + n_3}} \tag{3.43}$$

3.5.3　电子测时仪测速方法

假定弹道的某一有限区间内,弹丸的飞行速度是线性变化的,则该段弹道中点的瞬时速度 v 等于该区间的平均速度,即

$$v = \bar{v} = s/t \tag{3.44}$$

式中　$\bar{v}$——弹丸在该区间的平均速度;

s——该段弹道的长度;

t——弹丸飞行 s 段花费的时间。

实际弹丸的速度变化虽不是线性的,但只要截取的弹道区间不太长,弹丸的速度都近似为线性变化,其中点瞬时速度都可以用该段的平均速度代替。实践证明,它具有足够的准确性。电子测时仪测速就是基于这种原理,利用区截装置来确定弹道段起止位置,利用电子计时仪器记录该段飞行时间的一种测量弹丸速度的方法。

1. 区截装置

区截装置,即测速靶,是一种成对使用的探测器。将其设置在弹道段的起点和终点上,准确确定弹道区间的起止位置。当弹丸通过区截装置时,可以及时可靠地感受弹丸到达和离开该区间的时刻,并及时、准确地产生感应信号,触发测时仪器以便启动和停止计时装置。如果两个靶信号不一致(包括形状、大小、延迟时间等),将使测量的靶距 x_{12} 与弹丸实际飞行的弹道段不相符合,从而使计时装置记录的时间 t_{12} 与靶距 x_{12} 不相对应,这样就造成了初速测量的误差。因此,区截装置性能的好坏,在初速测量中应引起重视。

按照探测器的物理作用原理,区截装置分为接触型区截装置及非接触型区截装置。接触型区截装置主要有网靶、箔靶;非接触型区截装置主要有线圈靶、天幕靶和光电靶等。

下面对常用各类区截装置的原理、结构、误差等简要介绍。

1)通断靶

通断靶是接触型区截装置,是利用弹丸飞过时的机械作用,闭合或断开装置中电路的方法来产生电脉冲信号,作为启动或停止测时仪计时的靶信号。通断靶分为通靶和断靶两种,网靶是一种典型的和常用的断靶,箔靶是典型和常用的通靶。

(1)网靶。网靶又称为断靶,用直径为 0.2~0.5mm 细铜线来回绕在木制靶框两边的接线柱上构成网状。铜线间隔不大于 1/4 弹径,其两端与测时仪连接。当弹丸通过时,铜线被切断,电路内产生电位突变,形成靶信号。

网靶是应用最早的一种接触型区截装置,其构造如图 3.20 所示。它是由绝缘材料制成框架 1;在框架左右两边按一定的间距,设有两排绕线柱 2;射击前将金属丝(镀银铜

丝）3 按图 3.20 所示绕在框架的绕线柱上。网靶两端点可与仪器的输入回路相接。

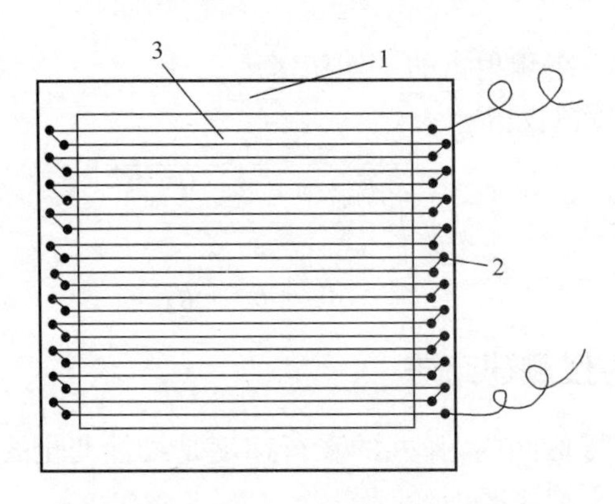

图 3.20　网靶结构及工作原理图

应用网靶时，将其挂在弹道段的两端，靶面垂直于射线；当网靶两端与仪器接通后，金属丝内将有电流 I 由 a 流向 b。因为金属丝电阻很小，所以 c 点电位与 b 点基本一致。当弹丸飞过时金属丝被切断，c 点电位将产生上升跳变，这个电位的突变就是网靶产生的靶信号。

为了保证产生靶信号的准确性，对网靶制作有以下要求：

① 框架要求绝缘性好；

② 绕制用的金属丝要导电良好（一般采用 0.2～0.25mm 的镀银铜丝），绕制时要绷紧，且一致性要好；

③ 导线间距应小于所使用弹丸直径的 1/4，以保证弹丸头部能可靠地切断导线。对于小口径弹丸（枪弹）可将金属网黏贴在两张薄纸中间，做成带铜丝网的纸靶，使用比较方便。

尽管如此，一对网靶在制作时仍不可能完全一致，并且弹丸飞越靶面时，碰击靶面的相对位置也不同。此外，由于两个靶的输入电路的电参数不可能完全对称，使输入的触发脉冲所对应的靶距，与实际放置两个靶的距离不一致，会产生靶距误差（后面测量误差的分析将进行详细介绍）。

网靶的优点是结构简单、工作可靠。但是一个网靶只能使用一次，再用时需要重新接靶线或修补靶纸。使用网靶测试弹体速度、弹体与网靶撞击，对弹丸运动有一定影响。测速弹丸不能装配真引信。

（2）箔靶。箔靶又称为通靶，由两张金属箔中间衬以绝缘薄膜构成。金属箔用导线与测时仪连接。当弹丸穿过箔靶时，弹体将两张金属箔接通，使电路导通，产生电位突变，形成靶信号。

箔靶的结构如图 3.21 所示，由中间一层绝缘纸板 1，两面各黏贴一张铝箔 2 及铝箔引出线 3 组成。射击前将两引出线与仪器电路连接。因为箔靶是利用弹丸穿透靶时，由弹丸接通前后两箔靶所产生的信号来启动或停止测时仪，所以它是一种通靶。

箔靶要求靶面平整、中间绝缘良好，一般用于小口径弹丸速度的测量。安装箔靶时，靶面要垂直于射线；测速时，只要上下或左右移动靶框，若不产生重孔，则不须补靶，一个靶可以多次重复使用，工作可靠、一致性较好。箔靶是接触型区截装置，虽然其结构是极薄的金

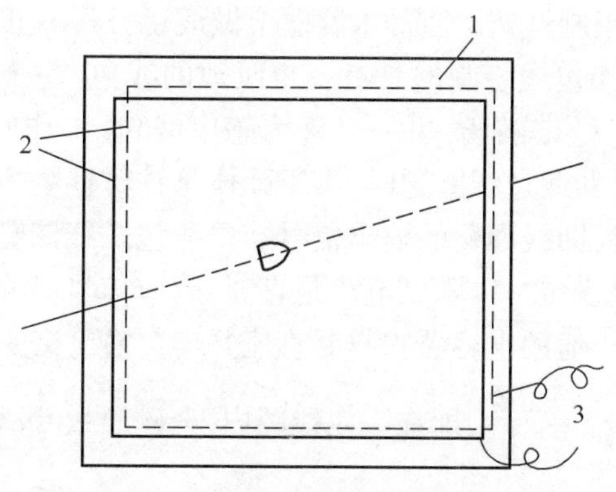

图 3.21　箔靶示意图

属箔和绝缘层,但对弹丸的运动仍会产生影响,不能应用于真引信弹丸测速。此外,当弹丸通过时,箔靶有使金属箔和绝缘层受力、拉伸和破裂过程,也有一定的靶距误差。

箔靶也存在输入电路不对称的问题,由于它是一个小电阻放电过程,因此其影响可以忽略。

需要注意:在使用长靶线测量时,一对靶不能网靶与箔靶混用,因两种靶的触发延迟时间相差很大,会造成较大的测量误差。若必须混用,则一定要进行延迟修正、减小测量误差。

2) 线圈靶

线圈靶是一种利用电磁感应产生电信号的非接触型区截装置,通常由在木制或铝制的框架中装入两个漆包线绕制的具有一定匝数的线圈构成。这两个线圈:一个称为励磁线圈,通交流电,产生稳定的磁场;另一个称为感应线圈,与测时仪电路相连,当钢质弹丸通过靶圈时,弹体引起感应线圈中磁通量产生瞬时变化,从而在回路中产生感应电动势,形成靶的触发电信号。

如果励磁线圈中不输入励磁电流,则对弹丸进行磁化处理(使弹丸上形成磁场)。当弹丸穿过线圈时,由于弹体磁场的磁力线被切割,因此感应线圈同样会产生感应电流,形成靶的触发信号。

线圈靶结构如图 3.22 所示。为了防止电气短路,骨架不能闭合,因此要留有间隙,中间填入绝缘材料。

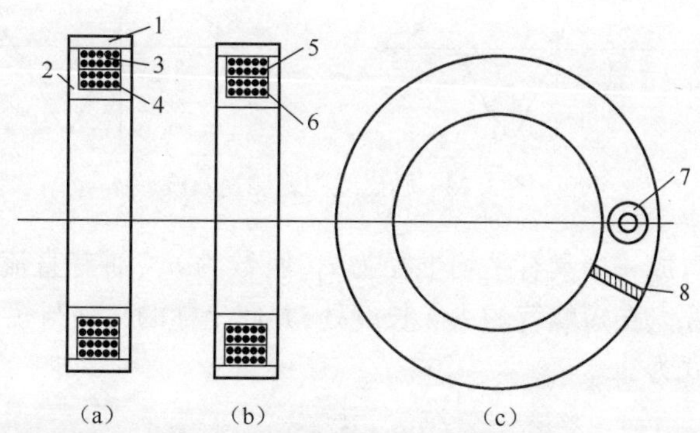

1—屏蔽盖; 2—线圈框; 3—感应线包; 4—励磁线包; 5—线包; 6—框架; 7—接线端; 8—间隙。

图 3.22　线圈靶结构示意图
(a) 双线包式; (b) 单线包式; (c) 铝制框架。

双线包式是木制或铝制框架(通常木制框架做成正方形或正多边形,铝制框架做成圆形),其中装入两个用漆包线绕制的具有一定匝数的线包:一个称为励磁线包,工作时通以直流励磁电流,产生稳定磁场;另一个称为感应线包,工作时与测时仪输入回路连接,输出感应信号。当弹丸通过线圈靶时,由于弹体是铁磁性物质,便引起线圈中全磁通的变化,产生感应电动势,即线圈靶的输出信号。单线包式线圈靶只有一个线包,既是感应线包,又可同时做励磁线包。因励磁电流是直流,感应信号是交变的,所以单线包式线圈靶可以用一个适当大小值的电容器来隔断直流并耦合输出交变的感应信号。

根据电磁感应定律 $e=-\dfrac{\mathrm{d}\Phi}{\mathrm{d}t}$,即在一匝线圈内,全磁通量 Φ 发生变化时,线圈两端将产生感应电动势 e,e 的大小等于磁通量的变化率 $\dfrac{\mathrm{d}\Phi}{\mathrm{d}t}$,方向与磁通量的变化相反。使用时,当线圈内通以直流电流来产生磁场时,称为励磁线圈靶;当线圈内不通以直流电流,而以弹丸磁化来产生磁场时,称为感应线圈靶。下面对这两种工作方式的原理进行分析。

(1) 励磁线圈靶。对线圈靶的励磁线包通恒定的励磁电流,使在线圈靶中及其周围产生一个适当强度的恒定磁场,感应线包在此恒定磁场中便有恒定的磁通量通过。当弹丸(铁磁性物质)通过线圈靶时,将使线圈部分空间的导磁率发生变化,从而使感应线包的磁通量也相应的变化,并产生类似正弦波的感应信号,如图 3.23 所示。

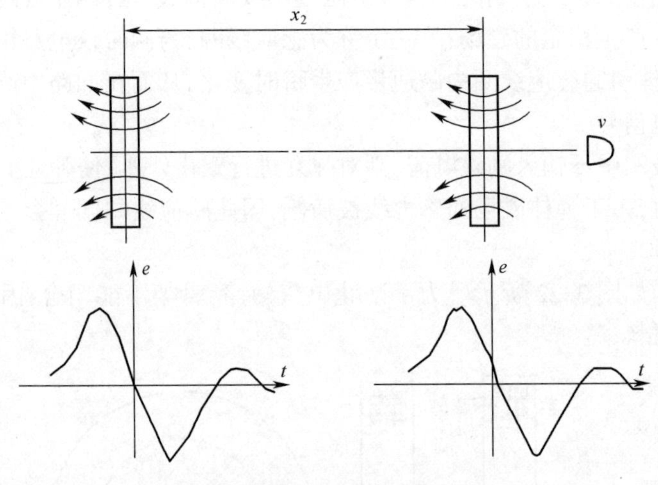

图 3.23 励磁线圈靶测速及波形图

把励磁线包看成一个具有平均半径为 r_1、匝数为 n_1,通有直流电流为 I 的短螺线管线圈。选其坐标原点在短螺管的 1/2 长度处,并使坐标的 x 轴与短螺管的轴线重合,沿 x 轴向的磁场表达式为

$$H=\frac{1}{2}In_1r_1^2\left(r_1^2+r^2\right)^{-3/2} \tag{3.45}$$

当弹丸垂直靶面从励磁线圈靶的中心通过时,若仅认为被弹丸截面所包含的部分空间的磁通量发生变化,则这个磁通量的变化值为

$$\Phi = \mu \pi R^2 H \tag{3.46}$$

式中　μ——弹丸的磁导率；

R——弹丸的半径；

H——磁场强度。

根据电磁感应定律

$$e = -n\frac{\mathrm{d}\Phi}{\mathrm{d}t} \tag{3.47}$$

式 (3.45) 代入式 (3.46) 、式(3.47),得

$$\begin{aligned} e &= -n\frac{\mathrm{d}x}{\mathrm{d}t}\frac{\mathrm{d}\Phi}{\mathrm{d}x} \\ &= -n\mu\pi R^2\frac{\mathrm{d}x}{\mathrm{d}t}\frac{\mathrm{d}H}{\mathrm{d}x} \\ &= -n\mu\pi R^2 v\frac{\mathrm{d}H}{\mathrm{d}x} \end{aligned} \tag{3.48}$$

式 (3.45) 代入式 (3.48),得

$$e = \frac{3}{2}\pi\mu n_1 nIR^2 r_1^2 x\ (x^2 + r^2)^{-5/2} \tag{3.49}$$

式中　v——弹丸运动的速度。

由此可见,信号的大小取决于励磁电流、弹丸通过靶时的速度、线圈靶的参数和弹丸的半径。当这些参数一定时,信号的幅值随着弹丸相对线圈靶中心的位置而变化;当相对位置为$\pm r_1/2$时,信号有峰值。信号的单次有用频率$f=1/T=v/2r_1$,对于不同的弹速和靶的半径,其值约有数百赫到数千赫。

如果弹丸不是沿着线圈的轴线通过(因励磁磁场的强度除了随弹丸与靶面相对位置变化外,还沿靶的径向变化),则将使励磁线圈靶产生的感应信号幅值增大。

由于励磁线包所产生的恒定磁场较强,弹丸通过线圈靶时产生的是瞬态激励信号,励磁线包与感应线包之间存在互感,两个线包各自存在自感,因此在激励信号过去之后,应力求避免和减小剩余能量的振荡信号。

(2) 感应线圈靶。线圈靶用于对预先磁化过的弹丸测速时,不用励磁线包。当弹丸垂直于靶面并沿着线圈靶的轴线通过靶时,弹丸磁场将使线圈靶的磁通量产生变化,从而在感应线圈中感应到一个类似正弦波的信号,如图 3.24 所示。应该注意的是弹丸磁场的范围,必须大于靶圈的直径;否则,若弹丸磁力线不被靶圈切割,则线圈靶将没有磁通量的变化。

因为弹丸直径比线圈靶直径小得多,故可以把被磁化了的弹丸,看作磁偶极子。应用电磁场理论中磁偶极子的磁场公式,当具有磁矩为 m 的磁偶极子垂直靶面,并沿着靶的轴线通过线圈靶时,其感应电动势的表达式为

$$e = \frac{3}{2}\mu_0 mnvr^2 \times (x^2 + r^2)^{-5/2} \tag{3.50}$$

式中　μ_0——空气的磁导率;

m——磁化弹丸的磁矩;

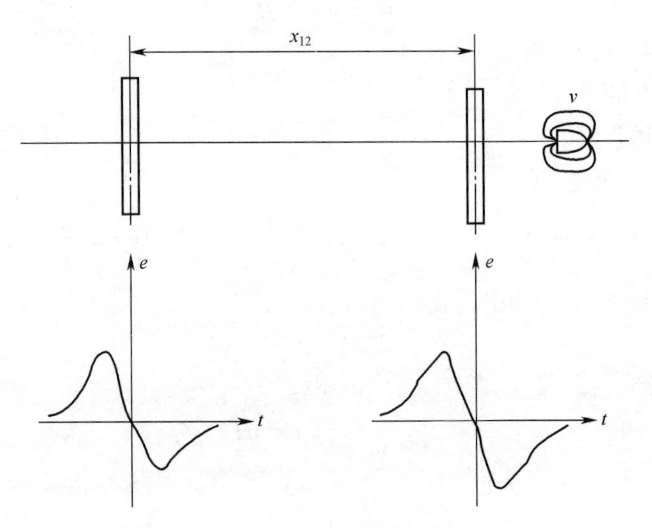

图 3.24　磁化弹丸测速波形图

n——感应线包的匝数；

r——感应线包的平均半径；

v——弹丸通过线圈靶时的速度。

由式（3.49）与式（3.50）相比较可知，它们具有相同的形式，令 $de/dx=0$ 可得当 $x=\pm r/2$ 时信号有峰值。

综上所述，可以得到以下结论：

① 线圈靶的感应信号峰值与励磁电流（或弹丸磁化的强度）、线圈匝数、弹丸运动的速度和弹丸的直径成正比，与线圈靶的直径成反比。

② 在保证安全的前提下，选用直径比较小的线圈靶，有利于提高测速精度。

③ 测速时，当弹丸穿过一对线圈靶时，若偏离中心轴线不相同，将使信号大小不一致，则会带来测速误差。

④ 励磁线圈靶易受外界干扰，信号波形易产生副波，故使用磁化弹的感应线圈靶较优越。

线圈靶的主要优点是可以连续重复使用、方便迅速；靶与弹丸不接触，对弹丸的飞行运动无干扰。它的缺点是线圈靶易受外界电磁场的干扰，没有网靶和箔靶那样稳定可靠；靶厚的电气尺寸与几何中线很难一致，会产生一定的靶距误差；生产成本高，每副靶必须选配，线圈靶只适用于铁磁物质的弹丸。由于线圈靶具有前面的两条比较突出的优点，因此在国内外的靶场试验中普遍采用。

为了提高线圈靶的测速精度和工作可靠性，有关部门已对其尺寸规格、适用范围、磁场方向等统一规定。例如，规定弹丸磁化后，弹头为“南极”；用励磁线包时，规定励磁场的南极指向为射击方向，统称为“南极启动”。

用于弹丸测速的印制电路板的线圈靶内径规格有 150mm 及 300mm 两种。该印制电路板是用 0.6mm 厚的双面敷铜板，每面印刷 20 圈，然后用 8 片或 10 片叠成一个靶圈，最外面用两个 2mm 厚开口铝环夹住，既起加强作用，又有屏蔽性能。这种线圈靶很薄，只有 10mm 左右，线圈排列整齐，集总参数和分布参数都比较一致；靶厚的电气中线和几何中线的一致性也好，做成后不经选配便能得到较好的信号波形。但是，印制电路的线较细，线圈直流电阻较大，如内径为300mm的印制线圈靶，其直流电阻约180Ω，比线绕线圈直流电阻大一倍，这就须要解决与测时仪的输入回路的阻抗匹配问题。

3）天幕靶

天幕靶是一种利用自然光源的光电探测器，通常由摄影镜头、狭缝光栏、聚光镜或光导纤维以及光电管、放大整形电路和带水平与回转调整装置的机箱构成。摄影镜头及狭缝光栏组成楔形幕状视场，聚光器件将自幕状视场来的自然光聚焦在光电管上。当弹丸横越天幕时，视场内一部分自然光被突然遮断，使光电管上的受光量产生突然变化，从而在电路内产生触发电信号。天幕靶的光源是用自然光、太阳光在大气中的散射光做光源的光电靶，它的靶面像一个倒挂在空中的尖劈形幕帘。天幕靶有水平幕靶和仰角天幕靶两种。水平天幕靶，如GD-79型水平天幕靶，只能用于测量以水平方式或射角小于5°时发射的弹丸的速度；仰角幕靶，如758型弹丸速度测量系统，除了可以测量小射角的弹速外，还可以用于测量射角大于5°的弹丸的速度。仰角天幕靶的使用适应性比水平天幕靶要好得多。

（1）GD-79型水平天幕靶。GD-79型水平天幕靶是由机体和光电探测器组成。机体包括底座、托架、箱体、瞄准装置和水准气泡等。光电探测器包括物镜、狭缝、聚光器、光电管以及一组放大整形电子线路。光电探测器如图3.25所示。

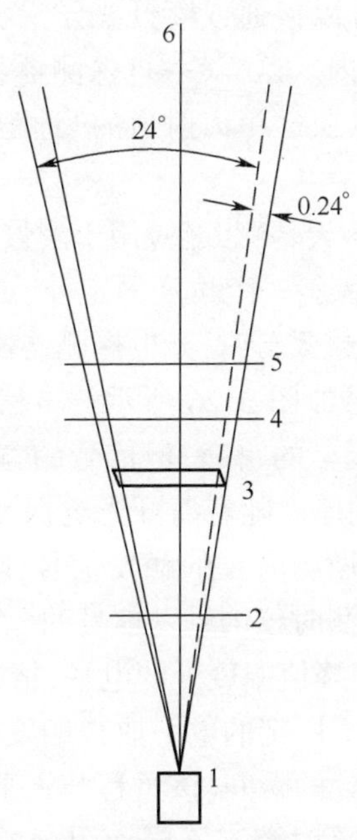

1—光电管；2—聚光器；3—狭缝；4—物镜；5—保护玻璃；6—天幕。

图3.25　光电探测器示意图

工作时，光电探测器指向天空、物镜和狭缝光栏在聚光器前形成一个尖劈形的视场天幕。这个视场在射线方向的夹角为0.24°，与射线垂直方向的夹角为24°。自然光通过物镜、狭缝光栏、聚光器照射在光电管上。当弹丸飞过天幕时，遮去一部分光线，光电管上的受光量突然减小，从而产生一个电信号，经电子线路放大整形成脉冲输出。GD-79型水平天幕靶采用GD-51型真空光电管作为光电转换器件，光电管的积分灵敏度高于

100μA/lm,采用弹头信号（前沿）触发方式。它的输出可以在正脉冲或负脉冲中任选一种,输正脉冲的前沿小于3μs、幅度为6~8V,输负脉冲的前沿小于1.5μs、幅度为8~10V。

GD-79型水平天幕靶适用于3mm口径以上且速度为50~2000m/s的枪弹、炮弹和火箭增程弹的测速。其可以连发工作,最高射速频率为6×10^3发/s,在-20~+50℃的环境温度范围内能正常工作。

（2）758型弹丸速度测量系统（仰角天幕靶）。它是由一对758型光学探测器、一个811型远距离控制装置和一个808型速度计算机组成。

光学探测器是由光学探测器本体和底座两部分组成。光学探测器本体能配用三种标准镜头:焦距为50mm的镜头、焦距为135mm的镜头和焦距为200mm的镜头。当用标准镜头时,天幕在射线方向的夹角为0.17°,与射线垂直方向的夹角为30°。光电转换器件采用具有与狭缝光栏相适应的带状光敏面的长条形硅光电二极管,可以在亮度为170~17×10^3cd/m^2的范围内工作,且能射出的光强变化比0.7%还小。光学探测器本体在底座上除垂直（0°）固定外,还可以精确地倾斜15°、30°和45°。当它与底座垂直固定时,幕面与底座的不垂直度偏差最大只有1′。

758型弹丸速度测量系统,把光学探测器中所有电器操作开关和组件集中在一起,组成一个811型远距离控制装置。在该装置上,可以选用弹头或弹尾信号触发,可以调节光学探测器中放大器的放大量,可以接通或断开光学探测器的电源,还能指示光学探测器周围的亮度是否在工作范围之内。这样,一旦探测器架设好,一切工作如停电、供电、信号选择和放大量调节等,都可以在远距离射道的“远距离控制装置”上进行,距光学探测器最远可达1000m。

758型弹丸速度测量系统中的天幕靶,能应用于测量大仰角状态下发射的弹丸速度。除了它的光电探测器可以精确地倾斜一个角度固定外,更关键的是触发信号的取值还采用“半幕厚触发”技术。当弹丸飞越天幕时,光电探测器输出的信号是随着弹丸遮挡光线多少而变化的一个渐变模拟信号,如图3.26所示。虽然这个信号的起点对应弹丸进入天幕的瞬间,终点对应弹丸离开天幕的瞬间,但信号的宽度和峰值幅度随着弹丸飞越天幕的姿态不同而不同,并且天幕的厚度随着离开光电探测器的距离增大而增厚。如果用这个信号上的任何一个固定电平做测时仪的触发信号,则将会引起较大的误差(特别是在仰角射击的情况下)。所以,做测时仪的触发信号的电平是不固定的,是信号峰值幅度的函数,并且这个信号的尾部1/2峰值幅度处的电平,精确地对应弹丸飞越天幕1/2幕厚的瞬间。仰角天幕靶是利用这个不固定的电平取得触发测时仪的触发脉冲,脉冲前沿精确地对应弹尾通过1/2天幕厚度处的瞬间,该过程与天幕的厚度无关。这样就消除了由于天幕厚度不相等及弹丸飞越天幕时姿态不同而引起的靶距误差。这种取得触发信号的技术,在天幕靶中称为“半幕厚触发”技术。

758型弹丸速度测量系统的计算机是一台多功能的智能测时仪,能完成靶距换算、速度计算、存储参量、速度或时间显示、打印输出等功能。该测时仪测完打印输出时,还可以给出该弹的平均速度值及速度差的标准偏差。

天幕靶的优点:靶面大;工作时靶面与弹丸不接触;能连接重复使用;不需要人工光源,适合野外作业仰角天幕靶在仰角射击时使用。

天幕靶的缺点:架设比较麻烦;易受天气条件限制（夜晚和雨雪天不能用）;在强阳

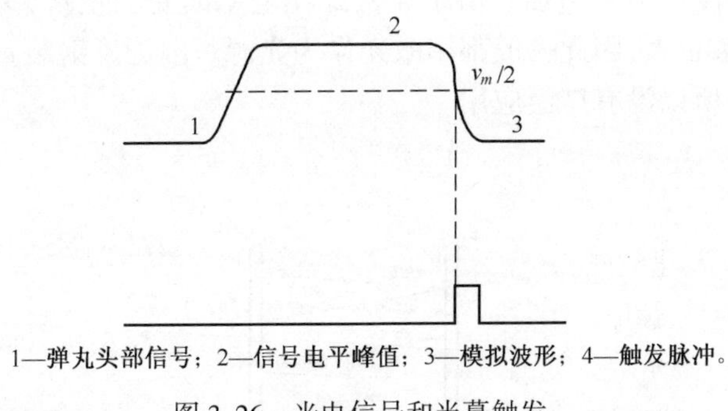

1—弹丸头部信号；2—信号电平峰值；3—模拟波形；4—触发脉冲。

图3.26　光电信号和半幕触发

光照射下易被弹头的影子和反光造成误触发。

天幕靶的靶面是一个光学视野，如GD-79型水平天幕靶的视野距镜头保护玻璃外表面1m处的宽度为360mm、厚度为3.6mm；视野距镜头保护玻璃外表面2m处的宽度为770mm、厚度为7.7mm，即光学视野距镜头越远，宽度越宽、厚度越厚。天幕靶的靶面不像通断靶、线圈靶那样直观，架设时稍不注意就会引起靶距误差。当两个天幕靶的天幕在铅锤方向不平行度为±1°时，在距镜头保护玻璃外表面1m处的靶距就产生±17.5m的偏差；若靶距为10m，则其相对误差为±0.17%。当两个天幕在水平方向上的不平行度为1°时，在2m处离幕宽中心线±300mm处的靶距就会有±5.2mm的偏差。如果两个天幕靶架设的水平高度不一样，每相差0.5m就会造成1mm的靶距误差。上面所述是在两个天幕靶的灵敏度相同，自然光照度相同，弹丸飞越天幕时姿态基本相同的前提下。若这些条件相差太大，则也会产生误差，特别是光照条件影响光电管的噪声电平，若两个天幕靶的灵敏度不相同，则会造成较大误差。

天幕靶通常是在室外使用，若要在室内靶道使用，则可配用适合的人工光源，这个光源需要直流供电。目前采用的一种人工光源是直流供电的长条形钨丝白炽灯，另一种人工光源是直流供电的汽车车头灯，经反光板成散射光。利用人工光源，都或多或少限制了靶面的大小。

4）光电靶

光电靶是专指利用人工光源，应用光电转换原理的一种区截装置。它的基本工作原理与天幕靶一样，都是利用弹丸飞过靶面时，改变光电管上的受光量而产生电信号。但天幕靶幕面是光电管视野，而光电靶的幕面是照射光电管的人工光线所组成的光幕。

根据光电靶的结构的不同，光电靶分为光栅式光电靶和光幕式光电靶两种。图3.27所示为光栅式光电靶的原理图，用一根光束通过反射装置的来回反射形成光栅，构成像网靶一样的靶面，当弹丸飞过靶面时阻断光栅，使光电管产生电信号。光栅式光电靶在弹丸飞过靶面时，光电管受光量的改变非常大，工作可靠。其若以弹尾信号取得触发信号，则可得到较高的触发精度。光幕式光电靶作为一种使用主动光源的光电探测设备，测试结果不受人为因素干扰，测试精度高、测试方法简单，因此其被广泛应用于轻武器小口径弹丸室内射击的测试。根据光幕靶测试设备中探测光幕数目的不同，可以将光幕靶分为两幕、四幕等光幕靶测试系统。随着探测光幕数目的增加，光幕靶测试系统可以测得的目标飞行参数随之增多，如飞行弹丸的速度、坐标、俯仰角、密集度等，但会导致的设计成本和工程复杂度也随之增加。由于光幕式光电靶的光程很长，又经过多次反射，光能损耗大、光斑发散也大，因此一般都用激光作为光源。因为反射装置的结构复杂、安装调试麻烦、成本高，所以没有广泛应用。

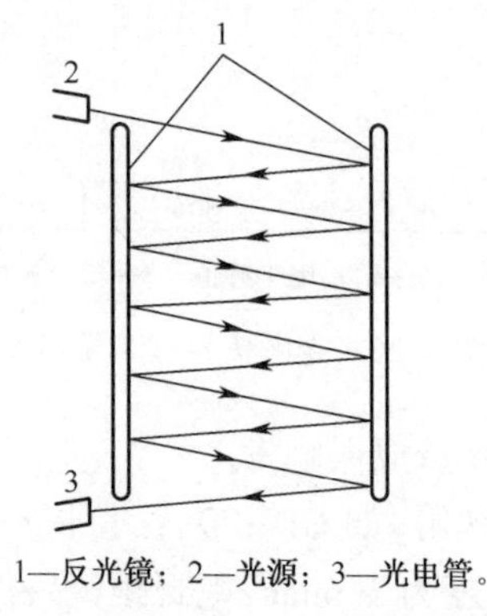

1—反光镜；2—光源；3—光电管。

图 3.27　光栅式光电靶原理图

2. 电子测时仪

测时仪有许多种，但在测速试验中普遍采用电子测时仪，即一种以稳定固定频率电振荡脉冲数为时间单元的计时装置。它采用十进制数电路及数字显示电路，记录并显示测定时间间隔 t 内的振荡脉冲数 n。若固定振荡频率为 f，振荡脉冲的周期为 T，则有

$$t = nT = n/f \tag{3.51}$$

式中：频率 f 是已知的，只要测出 n，即可得到时间 t。现有测时仪器的振荡频率多采用 1MHz，即每秒振荡 100 万次，周期 T 为 1μs，故记时仪记录的脉冲数 n 等于以微秒为单位的时间 t。电子测时仪的原理如图 3.28 所示。

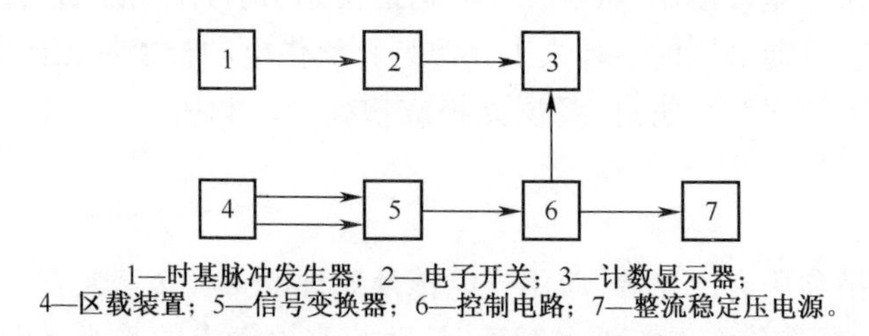

1—时基脉冲发生器；2—电子开关；3—计数显示器；
4—区载装置；5—信号变换器；6—控制电路；7—整流稳定压电源。

图 3.28　电子测试仪原理框图

信号变换器将来自区截装置的靶信号放大，整形为触发脉冲，通过控制电路控制电子开关的启闭，及时把时基发生器产生的精确时标脉冲送入计数器记录并由数码管显示出来。

国产测时仪有许多种，有单通道测时仪、双通道测时仪和六通道测时仪等。最新的智能化测时仪器有DS-8型测时仪、HG202C-Ⅱ型测时仪、DCS-651 型测时仪及 1610（16通道）测时仪等。这些智能化测时仪器都配有小型微处理机、打印机等，不仅能采集飞行时间，还能装定靶距、仰角等参数，并且可以直接处理出飞行速度、平均值、初速 v_0 及初速的公算偏差等。

3. 靶距的选择

由于电子测时仪测速法所依据的公式是 $v = s/t$，因此可得速度 v 的数值。其相对误

差可由下式估算,即

$$t = nT = n/f \tag{3.52}$$

$$|\Delta v|/V \leqslant |\Delta s|/s + |\Delta t|/t \tag{3.53}$$

或

$$|\Delta v|/v \leqslant |\Delta s|/s + v|\Delta t|/s \tag{3.54}$$

由此可见,测速误差不仅与靶距的测量误差 Δs 及测时误差 Δt 有关,还与弹丸的速度 v 及靶距 s 有关。靶距 s 过大,将会增大原理误差,即增大用平均速度代替两靶中点瞬时速度产生的误差和用两靶之间直线距离代替弹丸实际行程产生的误差。所以对于不同的飞行速度及不同弹道系数的弹丸,存在不同的较合理的靶距,使测速精度最好。

为了使测速达到应有精度并规范化,各国靶场的试验规程都对靶距的选择做了明确规定,见表 3.8 所列。为了避免炮口波和炮口焰对各种测速靶的干扰,同时规定了第一靶与炮口的最小距离,见表 3.9 所列。

表 3.8　两测速靶间的距离

<table>
<tr><th colspan="2">中国</th><th colspan="2">美国</th></tr>
<tr><th>武器类型</th><th>靶距/m</th><th>武器类型</th><th>靶距/m</th></tr>
<tr><td>7.62mm 手枪</td><td>4</td><td rowspan="3">v_0<183m/s 火炮</td><td rowspan="3">>v_0/60 或 3</td></tr>
<tr><td>7.62mm 步枪</td><td>6</td></tr>
<tr><td>12.7~14.5mm 机枪</td><td>10</td></tr>
<tr><td>v_0≤300/s 火炮</td><td>6</td><td rowspan="3">v_0>183m/s 火炮</td><td rowspan="3">>v_0/60 或 9</td></tr>
<tr><td>300m/s<v_0<1000m/s 火炮</td><td>10</td></tr>
<tr><td>v_0>1000m/s 火炮</td><td>20</td></tr>
</table>

表 3.9　第一靶到炮口的最小距离

武器类型	到炮口的最小距离/m
7.62mm 手枪	3
7.62mm 步枪	2
12.7~14.5mm 机枪	5
20~30mm 火炮	10
37~57mm 火炮	15
85mm 以上火炮	30
100mm 以上加农炮	35
100mm 以下迫击炮	5
100~120mm 迫击炮	8
无后坐炮、120mm 以上迫击炮	10

3.5.4　多普勒雷达测速方法

多普勒测速基于多普勒效应,其测速原理如图 3.29 和图 3.30 所示。其中:A 为电磁波辐射源,振动频率为 f_0、周期为 T_0;传播速度为光速 c、波长为 λ,即

$$
\begin{cases}
f_0 = \dfrac{1}{T_0} \\
c = f_0 \lambda \\
\lambda = c T_0
\end{cases}
\tag{3.55}
$$

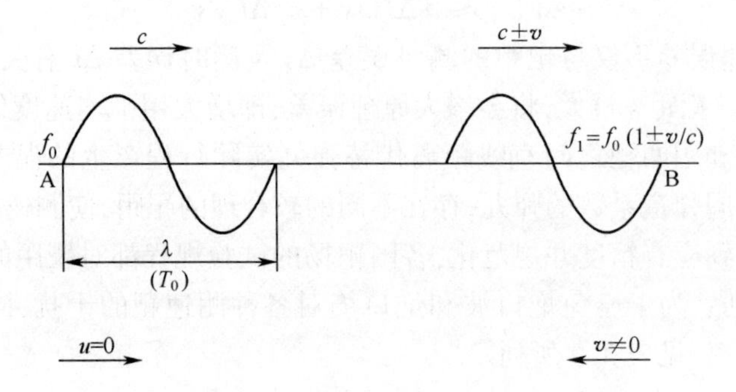

图 3.29　多普勒测速原理示意图(Ⅰ)

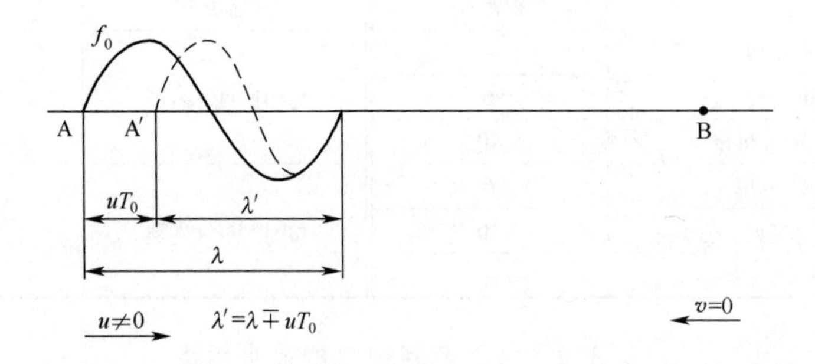

图 3.30　多普勒测速原理示意图(Ⅱ)

在图 3.29 和图 3.30 中 B 为接收装置,单位时间内收到的电磁波频率为 f_1。当辐射源及接收装置都固定不动时,频率 $f_1=c/\lambda=f_0$,即接收到的电磁波振荡频率不变。

如果辐射源 A 不动,接收装置 B 相对于 A 以速度 v 运动,则相对速度发生了变化。由于相向运动时相对速度为 $c+v$,相背运动时速度为 $c-v$,因此接收装置收到的电磁波频率 $f_1=\dfrac{c\pm v}{\lambda}$,不再是 f_0。其差值 $f_0-f_1=f_d$ 称为多普勒频移,即

$$
f_d = \frac{c}{\lambda} - \frac{c\pm v}{\lambda} = \pm\left(\frac{v}{\lambda}\right) = \pm f_0\left(\frac{v}{c}\right)
\tag{3.56}
$$

如果接收装置 B 不动,辐射源 A 相对于 B 以速度 u 运动,则相当于波长发生了变化。由于相向运动时 $\lambda'=\lambda-uT_0$,相背运动时 $\lambda'=\lambda+uT_0$,因此接收装置收到的电磁波频率也发生了变化,即

$$
f_1 = \frac{c}{\lambda\pm uT_0} = \left(\frac{c}{c\pm u}\right)f_0
$$

$$
f_d = \pm\left(\frac{u}{c\pm u}\right)f_0
\tag{3.57}
$$

测出 f_d,可得相对速度 u。

通常雷达的发射天线和接收天线是共同的,或者是紧靠在一起的。如图3.31所示,发射天线沿弹丸飞行方向定向发射具有高稳定频率的电磁波（设频率为f_0）;当运动的弹丸收到电波信号时,频率已发生变化(设频率为f_1);电磁波自弹体反射回来再由接收天线接收,频率再次发生变化(设频率为f_2),则有

$$f_1 = \left(1 - \frac{v_r}{c}\right) f_0 \tag{3.58}$$

$$f_2 = \left(\frac{c}{c + v_r}\right) f_1 = \left(\frac{c - v_r}{c + v_r}\right) f_0 \tag{3.59}$$

式中　v_r——弹丸相对于天线的运动速度,即径向速度。

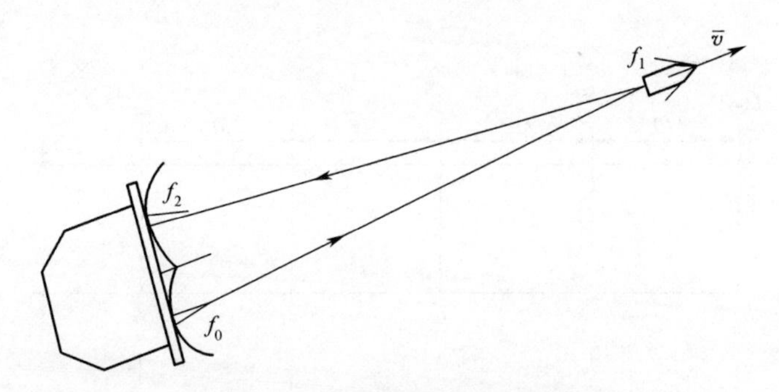

图3.31　多普勒雷达测速示意图

令f_0-f_2=f_D为多普勒频率,则

$$\begin{cases} f_D = \left(\dfrac{2v_r}{c + v_r}\right) f_0 \approx \dfrac{2f_0}{c} \cdot v_r \\ v_r = (\dfrac{c}{2f_0}) f_D \quad 或 \quad v_r = \dfrac{\lambda}{2} \cdot f_D \end{cases} \tag{3.60}$$

(1) 定时测周法,有

$$\begin{cases} \tau = \dfrac{c}{2f_0} \\ f_d = \dfrac{n}{c/2f_0} \\ v_r = n \end{cases} \tag{3.61}$$

(2) 定距测时法,有

$$v_r = \frac{\lambda}{2} \cdot f_d = \frac{\lambda}{2} \cdot \frac{n}{\tau}$$

若n=1,则$\tau = T_d$(多普勒周期),有

$$v_r = \left(\frac{\lambda}{2}\right) \frac{1}{T_d}, T_d \cdot v_r = \frac{\lambda}{2}, NT_d \cdot v_r = N \cdot \frac{\lambda}{2} = MB \tag{3.62}$$

式中:MB为基长线,相当于靶距。

“定距测时”测速原理如图3.32所示。测量时,计时器连续记录来自时钟的脉冲数(时间分辨率为0.1μs),即以0.1μs为单位的时间t。同时,基数计数器计量多普勒信号

的周期数 n，每当 $n=N$ 时，计时器的累加时间 $t_1,t_2,\cdots,t_m$ 就被存入存储器。根据下式，可以算出一系列速度 v_i 及其对应的时间 T_i 和距离 d_i，得到 $v-t$ 关系曲线。

$$\begin{cases} v_i = \dfrac{MB}{t_i - t_{i-1}} \\ T_i = \dfrac{1}{2}(t_i + t_{i-1}) \\ d_i = \dfrac{2i-1}{2}MB \end{cases} \tag{3.63}$$

式中：$i=1,2,\cdots,m$。

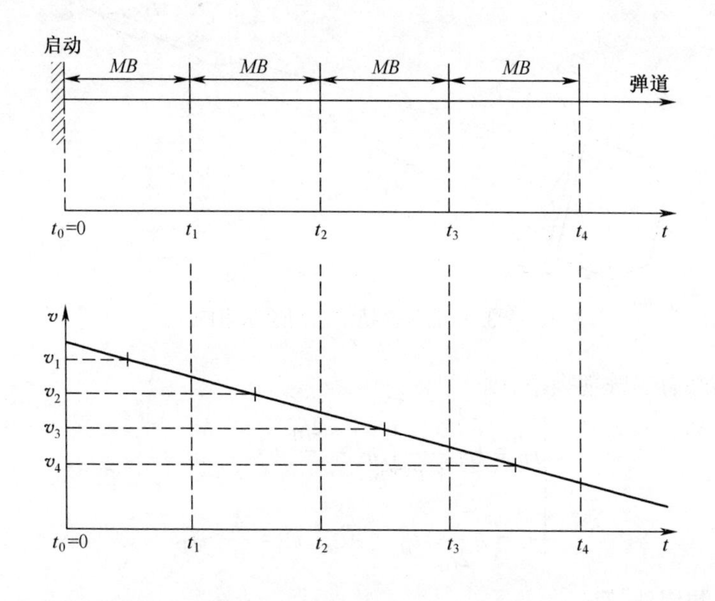

图 3.32 “定距测时”测速原理

3.5.5 初速标准化

初速的大小受发射药性能、装药量、试验时药温、弹丸质量以及火炮药室容积等变化而不同。发射药性能地变化，通常在选配装药量试验中，用调整装药量的办法来保证弹道性能的一致。弹丸质量、药温及药室容积地变化，可以根据下式进行修正。设标准条件下初速为 v_{on}，试验条件下初速为 v_{os}，有

$$\begin{cases} v_{on} = v_{os} \pm \Delta v_t \pm \Delta v_m - \Delta v_{w_0} \\ \Delta v_t = l_i v_{os}(t_{on} - t_s) \\ \Delta v_m = - l_m v_{os}\left(\dfrac{m_s - m_{on}}{m_{on}}\right) \\ \Delta v_{w_0} = - l_{w_0} v_{os} \dfrac{\Delta W_0}{W_0} \end{cases} \tag{3.64}$$

式中　Δv_t、Δv_m、Δv_{w0}——药温、弹丸质量及药室容积的初速修正量；

t_{on}、m_{on}——标准药温及标定弹丸质量；

t_s、m_s——试验条件下的药温及弹丸质量；

ΔW——投入式测压弹体积；

W_0——药室容积的初速修整系数；

l_t、l_m、l_{w_0}——药温、弹质及药室容积的初速修正系数。其随火炮的具体装填条件(如膛压、弹丸行程、装填密度等)而变化，数值可查内弹道学斯洛霍斯基表。

思考题

1. 为何要进行内弹道性能试验？
2. 为何弹丸推出的初速普遍大于炮口的实际速度？
3. 列举影响测速误差的因素。
4. 简要分析可疑数据的剔除过程。
5. 简述多普勒雷达测速法的原理。
6. 铜柱测膛压时测压油与紫铜外套有何作用？
7. 简述铜柱测膛压时压力换算的方法。
8. 简述强装药的选配方法。
9. 简述专用减装药药量的选配方法。

参考文献

[1] 翁佩英，任国民，于骐．弹药靶场试验[M]．北京：兵器工业出版社，1995.

[2] 翁春生，王浩．计算内弹道学[M]．北京：国防工业出版社，2006.

[3] 官汉章，邹瑞荣．实验内弹道学[M]．北京：兵器工业出版社，1997.

[4] 一〇五试验室．自动武器测试技术[G]．南京：华东工程学院，1981.

[5] 鲍廷钰，邱文坚．内弹道学[M]．北京：北京理工大学出版社，1995.

[6] 内弹道试验原理编写组．内弹道试验原理[M]．北京：国防工业出版社，1984.

第 4 章　外弹道性能试验

试验外弹道学是服务外弹道理论和工程设计需要的专门学科,包括外弹道试验与测试原理和方法,利用试验方法再现弹丸的空中运动和研究与此运动有关的问题。其主要研究对象是与弹丸在空中运动相关的试验理论、与外弹道试验相关的测试方法,以及外弹道试验与数据处理方法。

外弹道试验与测试技术包括外弹道试验的各诸元参数的测量原理、方法和外弹道的试验原理、方法。前者主要包括弹丸在空中的运动速度、飞行姿态、空间坐标和弹着点等弹丸运动状态参数的研究,外弹道试验中弹丸静态物理参数(如弹丸尺寸、质量、质心位置、质量偏心、转动惯量、动不平衡角等)的数据处理方法和试验现场条件参数(如气象条件、射击条件、场地条件等)的测量原理和方法;后者主要包括武器系统的研制、鉴定、产品定型、生产及使用过程所需外弹道特征量的获取和弹丸的技术战术指标验证以及射表编制等试验原理和方法。

外弹道试验数据处理和试验分析主要以外弹道学理论为基础,采用数学的方法分析和处理外弹道试验测试数据,进行试验数据的误差分析和试验结果分析,并换算外弹道特征参数和气动参数,以满足在外弹道理论研究、弹道工程设计计算以及武器系统研制中弹丸飞行特性的诊断分析等需要。

外弹道学是专门研究弹丸在空气中运动规律以及与此运动有关问题的科学。它所研究的对象:武器平台不同、射击现象不同,枪、炮、火箭等不同武器的外弹道运动规律也有差异。其研究主要内容如下:

(1) 弹丸质心运动的规律。例如,弹丸在发射后不同时刻质心的空间坐标以及速度大小和方向倾角等量值都与射击条件(初速、弹重、射击诸元、气象等)有关。研究这些规律有助于设计弹丸外弹道和判断弹道性能优劣。

(2) 弹丸在飞行中围绕质心运动的规律。例如,旋转弹丸围绕质心做旋转运动规律,尾翼弹丸围绕质心做摆动运动规律。这些规律直接与弹丸结构参数、气动力特性有关,影响弹丸的飞行稳定性,对弹丸战术性能指标优劣影响巨大。

(3) 弹丸在空气中飞行围绕质心运动所受到的力(特别是空气阻力)等问题。这些是弹道设计和编制弹道射表的理论依据。

外弹道学的研究方法严格遵守实践—理论—实践这条规律。外弹道学的试验技术和近代射击理论在弹丸产品研发、设计定型、生产交验等都是不可缺少的步骤,也是检测弹丸产品性能的主要依据。本章主要介绍弹丸空气阻力性能、飞行稳定性、射程、地面密集度、立靶密集度、火箭增程弹外弹道性能等的外弹道性能试验技术与方法。

4.1　弹丸空气阻力性能的测定

弹丸的空气阻力特性是弹丸最重要的外弹道性能，直接关系到弹丸最主要的战术技术指标——射程。空气阻力特性好的弹丸，能够在同样的初速及威力等条件下获得更远的飞行距离。所以，从弹丸设计开始就不断地进行选择、计算与试验，以便能设计出空气阻力特性良好的弹形，满足规定的战术技术指标。

弹丸的空气阻力特性集中表现为弹丸在弹道上飞行时所受到的阻力加速度的大小。阻力加速度 a_x 为

$$a_x = \frac{1}{m} \cdot \frac{\rho v^2}{2} \cdot \frac{\pi d^2}{4} c_x \tag{4.1}$$

式中　m ——弹丸质量（kg）；

ρ ——空气密度（kg/m^3）；

v ——弹丸的飞行速度（m/s）；

d ——弹丸直径；

c_x ——弹丸的阻力系数，查附录 2 可得。

空气密度 ρ 取决于气象条件，弹丸的质量 m 及直径 d 主要取决于威力指标，速度 v 是由射程所决定。这些因素都是无法任意改变的，所以减小阻力加速度 a_x，即改善弹丸阻力特性的主要途径，是减小弹丸的阻力系数 c_x。目前减小阻力系数的主要途径：一是改进弹丸头部形状，减小头部阻力；二是改进弹尾形状或采用底排装置，减小底部阻力。有了弹丸的阻力系数，就可以求出弹丸的阻力加速度，并由弹丸质心运动方程计算出全部弹道参量。

由于弹丸的阻力系数是随着马赫数及攻角变化的，因此在发明和应用现代多普勒测速雷达及电影经纬仪等仪器之前，主要依靠风洞吹风的方法测量。利用这种方法精确测得一种弹形的阻力系数曲线是非常不容易的，不仅耗费大，而且时间长，即使测得阻力系数，在计算机技术尚未发展并广泛应用的情况下，进行弹道计算也是很复杂的。为了在这种情况下，能以近似的、简单的方法完成计算设计，制定标准阻力定律、弹形系数、弹道系数及弹道表，即用实测典型弹丸的阻力曲线代表类似形状的其他弹丸的阻力特性，用测出的弹道系数查弹道表进行弹道计算。因此，在靶场试验中便有了测量弹形系数及弹道系数的试验项目。由于现代弹丸类型繁多，形状千差万别，根本无法用某些标准阻力定律描述其阻力特性，弹形系数已不能近似为常数，因此用传统的弹道计算方法将会造成大的误差。现代测量技术及计算机技术的出现，使直接测量任一弹丸的阻力曲线并由阻力系数迅速计算出弹道参数成为现实，从而使测量弹丸阻力曲线试验逐渐成为靶场弹药试验的重要项目，替代了弹形系数及弹道系数试验。

以国家军用标准中关于枪榴弹的阻力系数的测定程序为例，下面简要介绍阻力系数的既定流程。

测试靶布置如图 4.1 所示。有关参数的确定如下：

（1）测速靶Ⅰ至枪口的距离，一般取 $X_0 = 3 \sim 4$m。

（2）测速靶Ⅰ至测速靶Ⅱ和测速靶Ⅲ至测速靶Ⅳ的靶距 L_1 和 L_2，一般取 $L_1 = L_2$。

（3）靶距中点的距离 L 确定的原则：弹丸飞过 L 距离后能有较明显的动能变化，对于枪榴弹一般取 30m。

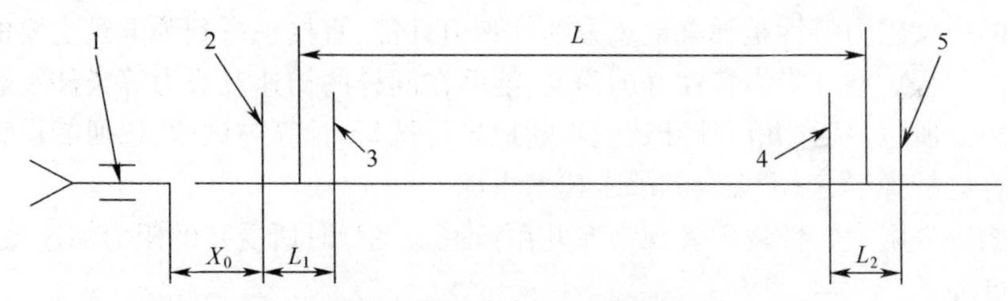

1—枪械；2,3,4,5—Ⅰ、Ⅱ、Ⅲ测速靶；
X_0—枪口至测速靶Ⅰ的距离；L—靶距中点的距离；
L_1—测速靶Ⅰ至测速靶Ⅱ的距离；L_2—测速靶Ⅲ至测速靶Ⅳ的距离。

图 4.1 测速靶布置示意图

试验数据的处理：

（1）一组弹测速点上的平均速度按式（4.2）~式（4.5）计算，即

$$V_{1i} = \frac{L_1}{t_{1i}} \tag{4.2}$$

式中 V_{1i}——第 i 发弹飞过中点时的速度值（m/s）；

L_1——测速靶Ⅰ至测速靶Ⅱ的距离值（m）；

t_{1i}——测时仪测得的第 i 发弹飞过所需的时间值（s）。

$$V_{2i} = \frac{L_2}{t_{2i}} \tag{4.3}$$

式中 V_{2i}——第 i 发弹飞过中点时的速度值（m/s）；

L_2——测速靶Ⅲ至测速靶Ⅳ的距离值（m）；

t_{2i}——测时仪测得的第 i 发弹飞过所需的时间值（s）。

$$\overline{V}_1 = \frac{1}{n}\sum_{i=1}^{n} V_{1i} \tag{4.4}$$

式中 $\overline{V}_1$——飞过 L_1 中点时，一组弹的平均速度值（m/s）；

n——一组枪榴弹射击（计算）发数。

$$\overline{V}_2 = \frac{1}{n}\sum_{i=1}^{n} V_{2i} \tag{4.5}$$

式中 $\overline{V}_2$——飞过 L_2 中点时，一组弹的平均速度值（m/s）。

（2）一组弹平均阻力系数按式（4.6）进行计算，即

$$\overline{V} = \frac{1}{2}(\overline{V}_1 + \overline{V}_2)$$

$$C_{x0}\left(\frac{V}{C_0}\right) = \frac{4m}{S\rho_0 L} \cdot \left(\frac{\overline{V}_1 - \overline{V}_2}{\overline{V}_1 + \overline{V}_2}\right) \tag{4.6}$$

式中 $\overline{V}$——飞过 L 中点时，一组弹的平均速度（m/s）；

$C_{x0}\left(\frac{V}{C_0}\right)$ ——一组弹对应马赫数 $\frac{V}{C_0}$ 的平均阻力系数；

C_0——试验时地面声速的数值（m/s），可查附录 1；

S——弹丸横截面积的数值（m^2）；

ρ_0——试验时地面空气密度值（kg/m^3）；

L——两靶距中点的距离值（m）。

4.1.1　弹形系数和弹道系数的测定

弹形系数 i 是在相同马赫数下弹丸的阻力系数与标准弹丸的阻力系数的比值，反映弹丸气动外形的优劣。当两种弹丸的外形相似时，弹形系数 i 近似为常数。弹道系数 C_b 是一个反映弹丸保存速度能力综合参数，不仅与弹形系数有关，而且与弹丸的断面比重及飞行状态有关。弹形系数小，会使弹道系数减小、阻力加速度减小、存速能力提高、射程增大。当射角不同时，弹丸在全弹道上的飞行状态（如速度、攻角及动力平衡角的变化规律等）不同，弹道系数 C_b 也不同。其变化规律如图 4.2 所示。

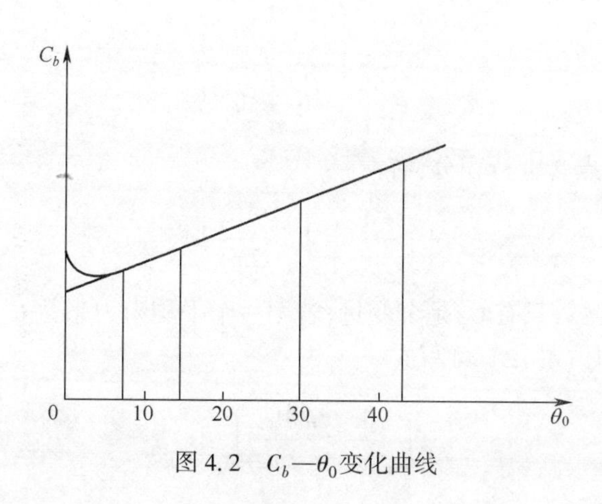

图 4.2　C_b—θ_0 变化曲线

测量弹形系数的传统靶场试验方法是两点速度法，即测出弹丸在某段弹道上的速度降，计算出在该速度区间的平均阻力系数，在马赫数相同条件下与标准弹丸的阻力系数进行比较，得到弹形系数。测量弹道系数需要选择几个射角进行射击，首先测出初速、射程等弹道参量及气象条件，然后进行符合计算，由实测弹道反求弹道系数。因为弹道计算最重要因素是射程，所以多数采用射程进行符合计算。

4.1.2　两点速度法

两点速度法主要用于测量两点的平均阻力系数 $\overline{C_x}$。

弹丸在空中飞行时，只受空气阻力及重力的作用。当采用水平射击时，由于初始段弹道近似为直线，重力作用方向与速度矢量垂直，对速度值的影响可以忽略不计，所以弹丸质心运动方程为

$$m\frac{\mathrm{d}v}{\mathrm{d}t} = -R \tag{4.7}$$

式中　m——弹丸质量；

v——弹丸运动速度；

T——弹丸运动时间；

R——空气阻力。

因为

$$R = \frac{1}{2}\rho v^2 AC_x \tag{4.8}$$

故有

$$m\frac{\mathrm{d}v}{\mathrm{d}t} = -\frac{1}{2}\rho v^2 AC_x \tag{4.9}$$

式中　A——弹丸的最大横截面积。

对式（4.9）进行变换,并令

$$\frac{\mathrm{d}s}{\mathrm{d}t} = v, \mathrm{d}s = v\mathrm{d}t \tag{4.10}$$

式中　s——弹丸行程。

可得

$$-\frac{\mathrm{d}v}{v} = \frac{\rho AC_x}{2m}\mathrm{d}s \tag{4.11}$$

取弹道段点 1 到点 2 进行积分,有

$$-\int_{v_1}^{v_2}\frac{\mathrm{d}v}{v} = \int_{s_1}^{s_2}\frac{\rho AC_x}{2m}\mathrm{d}s \tag{4.12}$$

系数ρ、A、m 为常数,只有 C_x 是个变量,若用一个平均阻力系数 $\overline{C}_x$ 代替它,则 $\overline{C}_x$ 在该段弹道内也是常数,式（4.12）可写成

$$-\int_{v_1}^{v_2}\frac{\mathrm{d}v}{v} = \frac{\rho A\overline{C}_x}{2m}\int_{s_1}^{s_2}\mathrm{d}s \tag{4.13}$$

积分结果为

$$\ln\left(\frac{v_1}{v_2}\right) = \frac{\rho A\overline{C}_x}{2m}(s_2 - s_1) \tag{4.14}$$

或

$$\ln\left(\frac{v_1}{v_2}\right) = \frac{\rho A\overline{C}_x}{2m}(x_2 - x_1) \tag{4.15}$$

阻力系数为

$$\overline{C}_x = \frac{2m}{\rho A(x_2 - x_1)}\ln\left(\frac{v_1}{v_2}\right) \tag{4.16}$$

因 $\overline{C}_x$ 是平均阻力系数,在有攻角条件下测出,所以它是对应 $Ma = v_{cp}/a_{on}$ 条件下的 $C_{x\delta}$,而不是零攻角阻力系数 C_{x0} 。式中：a_{on} 是当地声速, $v_{cp} = \frac{1}{2}(v_1 + v_2)$ 。但是,当弹丸在该弹道段内的攻角较小时（ $\delta \leqslant 3°$),则可以认为 $C_{x\delta} \approx C_{x0}$ 。

通过改变发射装药,从而改变初速进行多次射击试验,可以得到一系列 $\overline{C}_{x\delta}(Ma)$ 值,获得阻力系数曲线。获得较完整的阻力曲线,至少应取 7 个不同的速度范围进行试验,即亚声速 2 个、跨声速 2 个、超声速 3 个。在弹形与标准弹丸相差较大,又无其他手段精确测出阻力曲线时,可以采用此法。

由式 (4.16) 可知,测出水平射击试验时弹丸在弹道上 x_1 与 x_2 两点的弹丸速度 v_1 和 v_2,同时测出当地气象条件,求出空气密度 ρ,即可得到 $\overline{C}_x$ 值。为了保证测试的精度,应首先设计测速点的位置。确定测速点位置的原则如下:

(1) 避开炮口附近的大章动角区域,选择章动角较小的区域。由于炮口扰动的影响,炮口附近弹丸的章动角通常较大,因此会严重影响弹丸的阻力。但飞行稳定性良好的弹丸章动角会迅速衰减。测速点的具体位置依具体弹丸的情况而定。

(2) 两测速点的间隔要适当。一方面应使两点的速度差(v_1-v_2)足够大,减小测速误差造成的影响;另一方面要保持弹道接近直线,不要有大的弯曲,以减小测量的原理误差。具体的间隔值以弹丸的速度及速度衰减的快慢而定。通常对速度低或速度衰减快的弹丸,两点间隔取值:50~100m;对速度高或衰减慢的弹丸,两点间隔取值:200~300m。试验现场布置如图 4.3 所示。

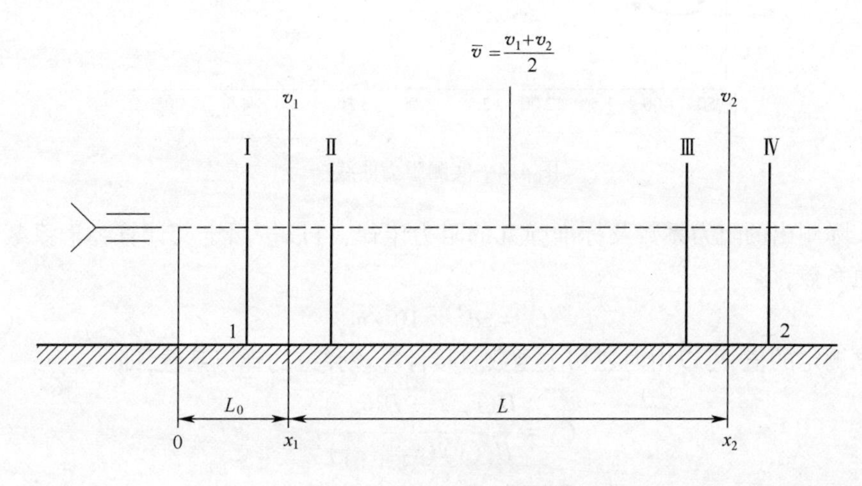

图 4.3　两点法测速现场

采用的速度测量方法是测时仪测速法。区截装置可采用光电靶(室内)或天幕靶(室外),测时仪可采用双通道测时仪或多通道测时仪。两测速点之间的距离可采用测距仪或钢卷尺测量,精度不应低于 1%~2%。

在试验时,还应同时测量当地的气象参数,即温度、气压、相对湿度等,并依下式计算空气密度 ρ,即

$$\rho = p/R_1\tau \tag{4.17}$$

且有

$$\tau = \frac{T}{1-\frac{3}{8}\cdot\frac{a}{p}} \tag{4.18}$$

式中 ρ——空气密度（kg/m^3）；

R_1——空气常数，$R_1=286.846(N\cdot m/(kg\cdot K))$；

τ——虚温（K）；

p——气压（Pa）；

T——热力学温度（K），且 $T=273+t$，t 为摄氏温度（℃）；

a——绝对湿度（Pa），可查附录4。

图4.4为两点速度法测出的56式7.62mm枪弹的阻力系数曲线与雷达测定法和风洞吹风法所测阻力系数曲线的比较。

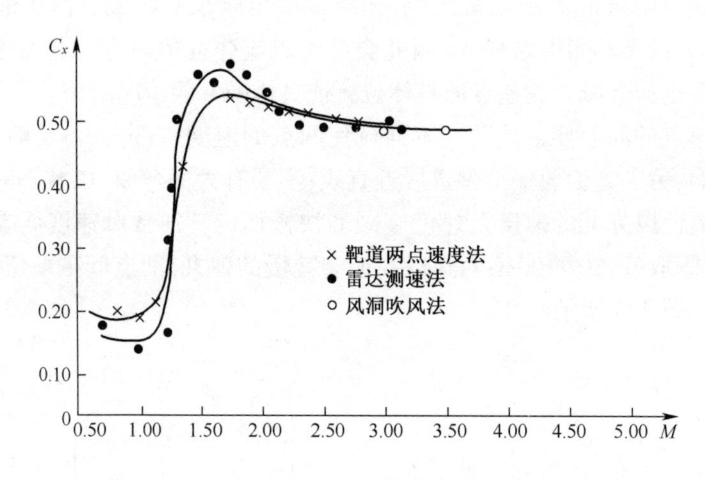

图4.4　实测阻力曲线

用实际测出的阻力系数及标准弹丸的阻力定律，可以按照定义计算弹形系数，从而计算弹道系数，得

$$C_b = id^2 \times 10^3/m \tag{4.19}$$

根据测定的值，可以由西亚切主函数直接计算该弹道的弹道系数，即

$$C_b = \frac{D(v_{\tau_2}) - D(v_{\tau_1})}{H_\tau(y)(x_2 - x_1)} \tag{4.20}$$

式中 $v_{\tau i}$——虚速度（$v_{\tau i}=v_i\sqrt{\tau_{0n}/\tau_0}$）；

$H_\tau(y)$——空气密度函数（$H_\tau(y)=H(y)\sqrt{\tau_0/\tau_{0n}}$）；

τ_{0n}——标准条件虚温（$\tau_{0n}=288.9K$）；

τ_0——当地虚温。

4.1.3　距离射符合法

距离射符合法主要用于测量全弹道系数 C_b。

地面火炮利用射程符合弹道系数的试验称为距离射。该试验方法与射程和地面密集度试验相同，二者常结合进行。

从试验中可以获得以下数据：

(1) 火炮的初速 $\bar{v}_0$（组平均值）；

(2) 实测的射程 x_S 及平均弹着点相对于炮口的高差 Δy；

(3) 射击时的射角和射向；

(4) 弹丸的质量 $\overline{m}$（组平均值）；

(5) 试验时的气象参数。

在进行符合计算之前，应先对测得的数据进行非正常结果分析，然后按照剔除法则删除异常结果。

按下面步骤及方法进行符合计算。

(1) 先根据图纸给出的弹形系数或用其他方法测出的阻力系数，换算弹形系数和弹道系数，作为计算弹道的初始值。

(2) 结合所求弹道系数初始值，根据实际试验条件，利用弹丸的质心运动方程组积分求解弹道参数，计算当 $y=\Delta y$ 时的距离 x_k 值。如果 x_k 值满足不等式：

$$\left|\frac{x_K - x_S}{x_S}\right| \leqslant \varepsilon \tag{4.21}$$

则选取的弹道系数初始值，即所求的弹道系数 C_b；否则，修改 C_b 值重新进行弹道计算，直到所采用的 C_b 值满足式(4.21)为止。式中：ε 为符合精度，通常取 $\varepsilon=0.0001$。

由于 Δy 一般都不大，因此满足式（4.21）条件下弹道系数 C_b 值即可视为全弹道的弹道系数。用满足式（4.21）的弹道系数换算表定弹丸质量条件下的弹道系数 C_T，即

$$C_T = C_b \cdot \frac{m_S}{m_T} \tag{4.22}$$

式中　m_S——试验弹丸质量；

m_T——表定弹丸质量。

用已标准化的弹道系数 C_T 计算标准条件的射程，即可作为评定射程是否满足战术技术指标的依据。图4.5为距离射弹道示意图。

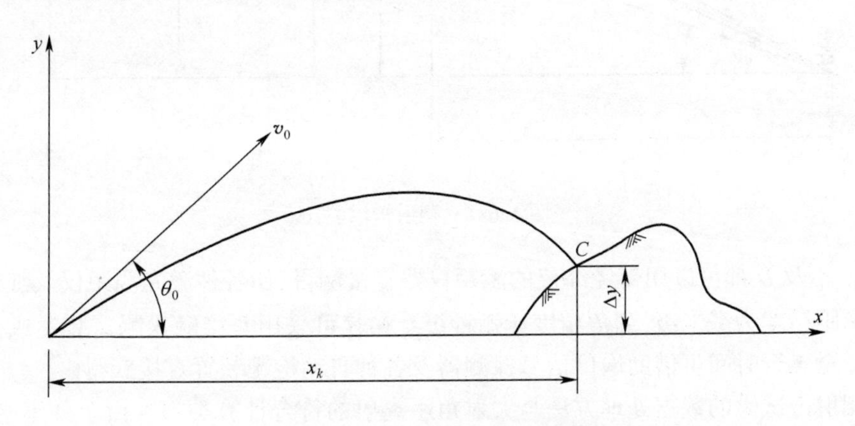

图4.5　距离射弹道示意图

当射角 θ_0 在5°以下射击时，由于射角的微小变化会引起射程的很大变化，弹着点高差的变化也会造成射程误差，因此各种甲弹一般都采用立靶射击试验测定其弹道系数。因为，根据弹道的刚化原理，在炮目高低角及瞄准角很小时，弹道可以在膛口水平线上下不大的角度内摆动，而不会改变形状。换句话说，当斜距与水平距离相等时，其瞄准角不

变。所以,利用立靶上的弹着点能够准确确定其水平射程。

立靶射击试验的实施与立靶密集度试验相同,可以结合进行。试验中需要测定以下参量:

(1) 炮口至立靶的水平距离及至平均弹着点的斜距 D;

(2) 平均弹着点相对于炮口的高度 y_S;

(3) 初速 v_0;

(4) 射角 θ_0;

(5) 弹丸的质量 m;

(6) 弹丸自出炮口到碰击立靶的全飞行时间 T;

(7) 地面的气象条件。

由上面内容,可得

$$\theta_0 = \varepsilon + \alpha + \gamma \tag{4.23}$$

式中 ε——炮目高低角;

α——瞄准角;

γ——铅直跳角。

当 γ 未知时, θ_0 可由下式计算,图 4.6 为立靶射击试验,即

$$\theta_0 \approx \tan\theta_0 = \frac{y_S}{x_S} + \frac{x_S g}{2{v_0}^2} \tag{4.24}$$

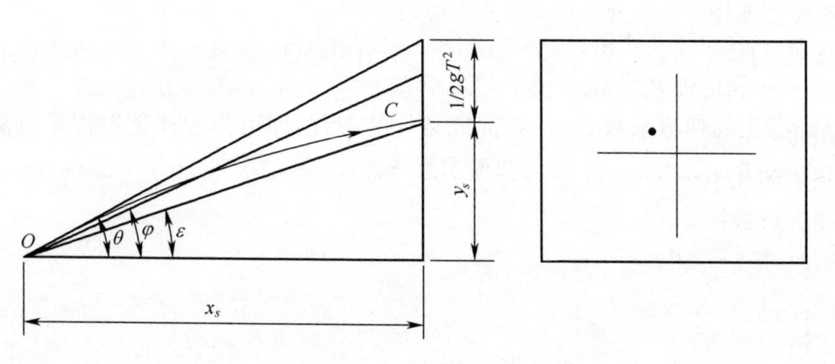

图 4.6 立靶射击试验

x_S、y_S 及 D 都可以用带经纬仪的测距仪器直接测得,如各种激光测距仪及红外测距仪。其测距精度为毫米级,测角精度达弧秒级。初速可采用非接触式测速装置或初速雷达测得。全飞行时间可借助炮口信号探测器及各种自动检靶装置直接获得。

立靶射击试验的数据处理方法与大射角距离射的符合计算类似。由于弹道刚化,因此可将图 4.6 中 OC 弹道视为水平射击时的弹道,即 D 为水平距离, θ_S 为实际射角,有

$$\theta_S = \theta_S - \arctan\left(\frac{y_S}{x_S}\right) \tag{4.25}$$

选取初始值 C_b 代入弹丸质心运动方程,在试验条件下对弹道到飞行时间 T 积分,得到相应的水平距离 x_k。如果 x_k 满足下列不等式:

$$\left|\frac{x_K - D}{D}\right| \leqslant \varepsilon \tag{4.26}$$

则 C_b 为所求弹道系数;否则,修改 C_b 重新进行计算,直到满足式(4.26)为止。符合精度通常取值:0.0001。

4.1.4　阻力系数曲线的测定

测定阻力系数随马赫数的变化曲线 $C_x - Ma$ 主要有四种方法,即风洞吹风法、弹道靶场测量法、雷达测速法及靶场多普勒雷达测速法。风洞吹风法采用弹丸模型,通过各种马赫数的喷管,由动力天平直接测出模型的阻力,进而求出阻力系数。因为风洞吹风法便于设计制造出多种不同形状的模型进行比较,所以都在弹丸设计的初始阶段采用。弹道靶测量法借助靶道内的火花闪光阴影照相设备,精确测出弹丸模型自由飞行时间的运动参数,然后通过数学拟合的方法反求阻力系数。由于弹道靶测量法是实测弹丸的运动,而且测量精度很高(位移达毫米级,时间达微秒级),因此阻力系数的测量精度很高(最大误差为±5%,风洞吹风法为±2%)。但因靶道长度有限,一次射击只能包含很短的速度范围,所以必须采取改变发射装药的方法来改变初速,进行多次射击才能获得完整的阻力曲线。雷达测速法是结合靶场射击,直接测出实弹的速度曲线,然后采用多种数学处理方法,求得阻力系数曲线。由于现代雷达作用距离很远,一次射击可以测得很宽范围的速度变化,因此只须对发射装药做很少次数的变化,即可获得完整的阻力系数曲线。弹道靶道测量法可用于弹丸设计的初期阶段,也可用于弹丸制造出来之后,进行精确测量。雷达测速法主要用于弹丸靶场试验阶段,直接测量实弹在接近实战条件下的速度变化,获取阻力系数,以便完成弹道计算。两种方法比较起来,雷达测速法用弹少、试验简单,更符合使用情况,而且能实时得到测量结果,因而成为最适合靶场采用的基本方法。

采用多普勒测速雷达测量弹丸出炮口后的速度曲线,一般须将雷达天线安置在火炮的后方几米到几十米的位置,因而雷达直接获取的速度值都是弹丸相对于天线的径向速度 v_r。在进行数据处理求取阻力系数之前,应该先进行速度换算(也称为几何修正),将径向速度 v_r 换算成弹道上的切向速度 v_τ,然后根据不同的条件,采用不同的方法计算阻力系数。

1. 斜率法计算阻力系数

由阻力加速度公式,可以推导出阻力系数的计算公式,即

$$C_x = \frac{2m}{\rho A} \cdot \frac{1}{{v_i}^2}(|\dot{v}_i| - g\sin\theta_i) \tag{4.27}$$

式中:质量 m 和弹丸横截面积 A 都是结构参量,是已知的;ρ 是空气密度,可以由现场实际气象条件得到;v_i 是各测点的切向速度,需要由径向速度 v_r 进行换算。对于 640 雷达来讲,由于作用距离短、测点少,测得的速度数据主要位于弹道的直线段,因此速度换算可采用较少的公式。$|\dot{v}_i|$ 是弹丸飞行的阻力加速度,当测量阻力加速度的间隔较小时,速度曲线上三个等间隔点的曲线可用二次曲线表示。曲线中点的斜率可用首尾两点连线的斜率代替,即

$$|\dot{v}_i| = \frac{v_{i-1} - v_{i+1}}{t_{i+1} - t_{i-1}} \tag{4.28}$$

θ_i 是各测点的弹道倾角,对于直线段来讲,$\theta_i \approx \theta_0$。这样可以逐点求出与马赫数($Ma=v_i/a$)相对应的一系列阻力系数值。

如果采用近似水平射击,则 $\theta_i \approx \theta_0=0$,重力的作用可以忽略,阻力系数的计算公式可以简化为

$$C_x = \frac{2m}{\rho A} \cdot \frac{1}{v_i^2} |v_i| \tag{4.29}$$

2. 迭代法计算阻力系数

DR-582 雷达作用距离远、测点多,通常可以直接测到弹道顶点附近,所以不能采用直线段内的数据处理方法,而要采用迭代法。迭代法是先给出一个阻力系数估值,然后根据测得的初速,一起代入弹丸质点运动方程计算弹道诸元,利用求得的弹道诸元,将雷达直接测出的径向速度随时间的变化曲线,换算成弹丸的切向速度随时间的变化曲线,最后用数值微分计算出阻力系数。把算出的阻力系数和阻力系数估值相比较,若两者相差在允许的范围,则算出的阻力系数是所求弹丸的阻力系数;否则,将算出的阻力系数作为新的估值,重新进行上面的计算,直到符合要求为止。为了方便数据处理,可先将弹道分成多个弹道段,分别用三次曲线拟合弹道诸元,求出各测点的切向速度;然后以七个点为一组,采用线性函数拟合,求出阻力加速度,得到阻力系数。如果能根据被测弹丸的弹道形状,选择正确时间分段、测量基线长度和阻力曲线的间断点,则上面的方法可以获得可信的结果。因此,在数据处理过程中,常需要反复调整时间分段及阻力曲线间断点,这就要求数据处理人员不仅具有对微机及软件的熟练操作能力,还必须具有一定的外弹道知识。

在上面的方法中,径向速度是由雷达直接测出的,是精确的,而弹道诸元 x_i、y_i、θ_i 都是推算出来的。如果在用雷达测速的同时,能够用弹道照相机直接测量弹丸的弹道坐标,则可以更精确地计算出切向速度随时间的变化曲线,得到准确的阻力系数。此外,为了进行弹道计算和求取阻力系数,还必须对试验现场的气象参数(气温、气压、风速等)及其随高度地变化,进行认真和连续地测量,并分段计算。

4.2 弹丸飞行稳定性试验

弹丸飞行姿态一般是指弹丸在自由飞行时弹轴的空间方位,在外弹道学中,一般用章动角(也称为攻角)、进动角或者俯仰角和偏航角来描述,并统称为弹丸飞行姿态角。一般来说,弹丸飞行姿态测量主要是指测量弹丸在全弹道上飞行姿态角随时间或距离的变化过程。通过测量弹丸飞行姿态的变化规律,结合弹丸质心的空间坐标测量,可以分析弹丸质心运动规律和绕心运动规律,进而研究弹丸的飞行稳定性和散布;可以分析提高弹丸的射程、减小速度损失和缩短飞行时间;可以分析弹丸的着靶点姿态,提高威力;可以分析判断武器的寿命;可以通过测试姿态研究火炮振动、弹丸的质量不平衡、弹炮间隙、后效期状态等因素对射弹散布的影响;可以利用弹丸的飞行姿态变化规律研究弹丸的飞行气动力特性,并进行弹道分析计算和射表编制等。因此,测量弹丸的飞行姿态具有十分重要的意义。

弹丸飞行稳定是保证弹丸射击密集度良好和战斗部正确作用的基本条件。在弹丸研制过程中，通常首先制出气动模型进行风洞吹风试验，测出各个气动力系数，并计算出稳定性因子；然后对弹丸的飞行稳定性进行初步校核，制出全尺寸弹或模型弹，在火花闪光阴影照相靶道或攻角纸靶射击靶道进行自由飞行试验，测出弹丸质心运动及绕质心运动的六个参量随时间的变化；最后计算出气动力系数，进行稳定性校核。根据弹丸摆动角的变化情况（衰减或发散），也能定性判断弹丸是否飞行稳定。

弹丸进入靶场射击试验以后，通常不专门进行飞行稳定性试验，而是结合射程和密集度试验，通过定性观察弹丸的飞行是否正常（例如，通过高速摄影一起记录弹丸运动姿态或直接听弹丸飞行的声音是否异常等）、有无掉弹和弹尾先触地的情况等判断飞行是否稳定。必要时，可以进行攻角纸靶试验，测量弹丸的攻角曲线。当攻角幅值逐渐减小且最大值不超过某一限度时，则可认定其是飞行稳定的。攻角纸靶试验有时也用来检验火炮身管的寿命。

4.2.1　攻角纸靶试验

弹丸飞行姿态的纸靶测试方法简称为攻角纸靶法，是一种在弹道靶道内和野外靶场均适用的弹丸飞行姿态角测量方法。采用攻角纸靶法进行的试验通常称为弹丸飞行运动的攻角纸靶试验，简称为纸靶试验。

1. 工作原理

试验设计前，沿弹丸飞行方向布置一连串纸靶，每张纸靶与弹丸飞行方向保持垂直。由于弹丸外形不变，当弹丸以一定的姿态穿过纸靶时，必定会在纸靶上留下形状唯一的弹孔和擦痕。由于弹丸材料的硬度、强度和刚度均比靶纸材料大得多，弹丸穿靶时的外形保持不变，因此弹丸穿靶留下的纸靶弹孔或擦痕的形状与弹丸的飞行姿态角之间存在着一一对应的关系。利用这一关系，通过测量靶纸上弹孔痕迹特征点的位置和弹丸的外部形状参数可以换算出弹丸穿靶时刻的飞行姿态角。

纸靶试验都采用水平射击。在离炮口适当距离的一定区间内，布置一系列纸靶，并使靶面与射线垂直。当发射弹丸穿过纸靶时，就会在纸靶上留下弹孔，弹孔的形状及尺寸直接反映了弹丸穿靶时的姿态。所以，根据弹丸的几何形状及弹孔尺寸，便可以推导出弹丸穿靶的章动角及进动角，如图4.7所示。

在图4.7中，章动角 δ 的大小与靶纸上弹孔的长轴 l_c 或与弹孔长轴 l_c 短轴 d 的比值 l_c/d 有对应关系。δ 越大，长轴 l_c 或比值 l_c/d 也越大，因此只要事先根据弹丸的形状做出 δ 与 l_c/d 的关系曲线（又称为换算曲线），即可由弹孔尺寸得到相应的章动角。换算曲线可由作图法得到，即先按照所测弹丸的外形做一放大或缩小的弹形板，然后把它置于坐标纸上的绕轴定点转动，每转一个角度 δ_i（如2°、4°、30°），可以测出一个投影长度 l_{ci}，从而得到 δ_i —l_{ci}/d 关系曲线，也可利用专用的光学投影仪直接对弹丸或模型投影，或者根据弹丸外形轮廓线方程用计算机进行计算，求得 δ_i —l_{ci} 曲线。弹丸形状不同换算曲线也不同，如图4.8所示。

对具有锥形头部的弹丸，可以根据不同情况，用相应公式直接通过弹孔尺寸计算章动角的大小，如图4.9所示。

弹丸头部锥角为 2β，当 $\delta > \beta$ 时，计算公式为

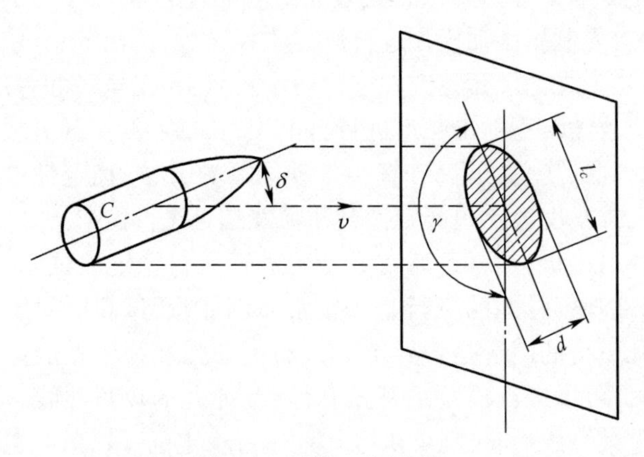

图 4.7　纸靶工作原理

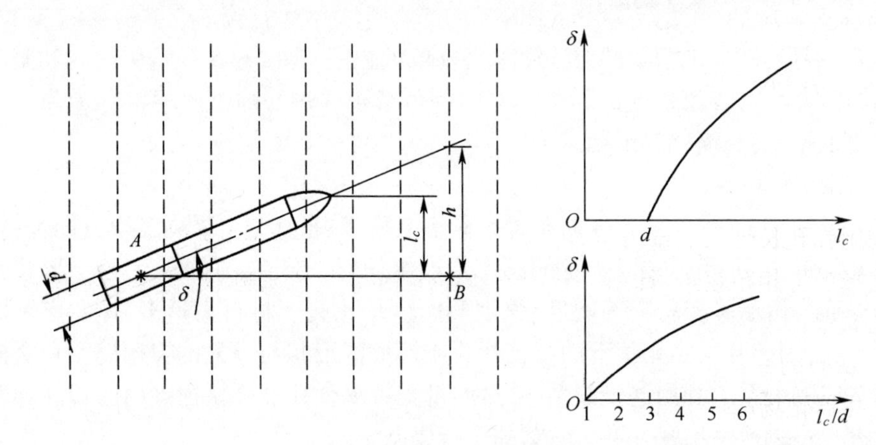

图 4.8　典型换算曲线

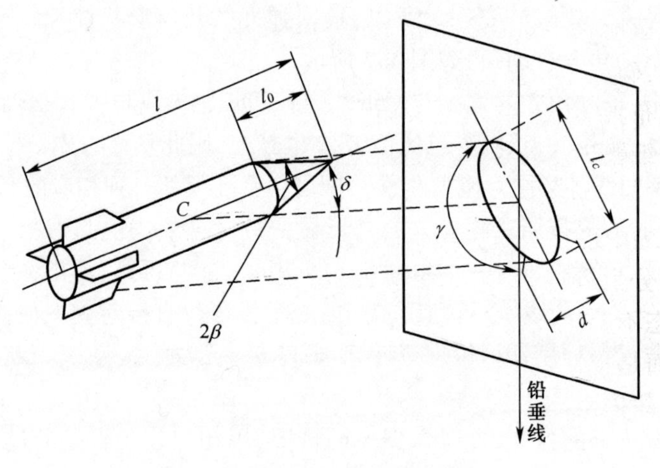

图 4.9　锥形弹丸姿态角与弹孔

$$\delta = \arcsin\left[\frac{l_c - \dfrac{d}{2}}{l}\right] \tag{4.30}$$

而当$\delta < \beta$时,计算公式为

$$\delta = \arcsin\left(\frac{l_c - d}{l - l_n}\right) \tag{4.31}$$

式中 l——弹丸全长;

l_n——弹丸锥形部长;

l_c——弹孔长轴长;

d——弹径。

为判断δ是否大于β,可事先求出当$\delta = \beta$时的长轴长度l_c^*:$l_c^* = \left(\dfrac{l + l_n}{2l_n}\right)d$,即它的临界值。当$l_c > l_c^*$时,$\delta > \beta$,反之$\delta < \beta$。

弹轴的方位可用进动角υ表示。只要事先在纸靶上标上铅垂线,便可直接在靶纸上测量。通常规定由铅垂线顺时针旋转到弹孔长轴的弹尖方向为进动角。有了章动角及进动角,可进一步算出章动角δ在铅垂面和水平面内的分量α与β,即

$$\begin{cases}\alpha \approx \delta\cos\upsilon \\ \beta \approx \delta\sin\upsilon\end{cases} \tag{4.32}$$

利用弹孔长轴求取章动角并不是唯一的方法,应根据弹丸的几何形状及穿靶特征,尽量选择弹上相距较远,具有明显特征,能在靶纸上留下清晰、准确标志的位置,作为判读与推算章动角的特征点。

2. 试验的准备与实施

在兵器靶场的试验测试技术、弹丸设计的初步气动力研究阶段、弹药定型和射表编制试验中,为了以较少的费用达到可以接受的测试进度和试验目的,攻角纸靶测试是一种以简单经济的手段提供有用数据的最有效方法。

实施攻角纸靶试验,通常采用射击方法让飞行弹丸穿过一连串纸靶,并通过弹孔痕迹再现弹丸运动。在实际测量中,一般通过在一张靶纸上对弹孔形状(或痕迹)和位置进行判读,确定弹丸穿靶时刻的姿态角和质心的空间位置坐标。因此,本质上纸靶试验的场地布置实际是在预计弹道上的测量点布置。纸靶试验场地布置设计的基本思路是根据纸靶试验的目的和测试原理,科学合理地设置测量点,以获得最佳的测试结果。

在纸靶试验中可以根据实际需要,按照试验目的设计纸靶试验测试场地布置。弹丸的飞行运动分为质心运动和绕心运动两部分,其中绕心运动使弹丸在不同的飞行距离上,穿靶姿态不同。弹丸飞行姿态测试试验,一般并不是指测量弹道上某一点的弹丸飞行姿态,而是指通过试验获得弹丸的飞行姿态数据演示其变化规律,并通过反映其变化规律的数据换算出所需的弹道特征参数。因此,在一般意义上,纸靶试验需要在预计的弹道线上布置一连串纸靶进行射击试验,要求弹丸能够穿透每一张靶纸并留下穿靶痕迹。

为了便于靶架的安装,纸靶试验一般采用接近水平射击的方式来保证每张靶纸上能留下完整的弹孔或穿靶痕迹。纸靶试验最重要的准备工作是选择及处理靶纸,确定靶数及靶位。设计纸靶试验时,攻角纸靶间隔距离一般由弹丸章动波长确定。从测量理论上,一般其测量点越多,测量结果越可靠。由于纸靶试验需要弹丸穿过纸靶才能获得测量结果,而在弹丸穿靶过程中,靶纸对弹丸的飞行运动也存在干扰,因此为了尽量减少这种干扰,纸靶试验测量点的布置原则应该是在保证能够科学地再现弹丸运动规律的条件下,尽可能减少纸靶数量。显然,只有科学合理地布置测量点,才能保证再现弹丸的运动规律。由于根据弹丸绕心运动理论,弹丸的章动角规律可近似用正弦曲线描述,因此纸靶试验的场地布置问题,就转为在近似的正弦曲线上怎样布设测量数据点才能使曲线不失真的问题。通常需要 8 个以上数据点,才能保证经平滑描述的近似正弦曲线基本不失真。

由于试验前并不能准确知道弹丸章动角的波长(弹丸在一个章动周期内的飞行距离),布点位置无法做到准确无误,因此在经验上一般有以下要求:

(1) 布靶密度:10~12 张靶/波长;

(2) 总的布靶数:布靶数=需测波长数×(10~12)。

在充分掌握了弹丸章动波长后,可以减少到 8~9 张靶/波长的布靶密度进行试验。在纸靶试验中,测量飞行姿态的同时,还可以测出弹丸质心的空间坐标、转速。若该试验采用测时仪或测速雷达配套,则可同时测出弹丸的飞行速度。因此,纸靶试验可以同时实现对一发弹丸的飞行姿态、质心的空间坐标、转速和速度等飞行状态数据的测量。

靶纸的质量关系到弹孔的清晰度,关系到对弹丸运动干扰的大小,进而关系到弹丸运动测量结果的精确度。对靶纸的基本要求:纤维短、脆、容易切断;保证弹孔边缘整齐、对弹丸的阻力小;靶纸面平展、不易弯曲变形,保持一定的抗拉强度,便于勤务处理。为此,常需对靶纸进行脆化处理,如炮弹选用马粪纸,涂上虫胶漆;枪弹用坐标纸,在恒温箱加温到 200℃、保温 4h,都能达到较好效果。

靶纸的尺寸依弹丸的口径、靶位及散布而定,靶的数目及位置则依试验的目的而异。若要准确测出攻角曲线及其衰减过程,则应测出 3~5 个波长,每个波长内设 10~12 个靶;若只测摆动波长,则只需设 15~18 个靶,保证能测到两个峰值即可。为减少靶纸对弹丸飞行的干扰,测攻角衰减时常采用间隔布靶的方法,即在距炮口第 2 个、第 4 个、第 6 个波长布设靶,第 3 个、第 5 个波长空缺。第 1 个波长因炮口波的影响,也不宜布设靶。

攻角纸靶试验的试验步骤如下:

(1) 沿射线在预定位置上布靶,靶距可用钢卷尺测量。靶面应与射向垂直,不垂直度不超过 5°为宜。

(2) 借助冷塞管瞄准镜或其他准直仪器在靶纸上标上基准点,并标上铅垂线及靶序、弹序等。

(3) 在纸靶区两端或其他适当位置上设置测速靶,以便同时测出纸靶区内的弹丸速度。

(4) 试射后,观察攻角变化规律,并在必要时调整靶位,然后进入正式试验。

(5) 射击完毕后(一般取 3~5 发),进入判读及数据处理阶段。

测量弹丸尺寸可以直接用直尺、量角器在靶纸上进行,也可以用光学投影仪将弹孔放大到屏上进行,还可以用专用半自动光学判读仪判读。半自动光学判读仪不仅精度高,而且可以直接输入计算机进行数据处理并绘制曲线,速度快、效率高。

3. 攻角纸靶的测量精度

攻角纸靶法的原理误差包括靶纸对弹丸运动的干扰、弹丸穿靶的实际过程与理想过程的差异、速度适量与靶面不完全垂直等。其误差只能在选择靶纸及设置纸靶时尽量减小,而无法消除,也难以估计。测量误差包括换算曲线的制作精度、弹孔尺寸的测量误差、靶距测量误差等。其误差不仅与所使用的仪器及方法相关,而且在很大程度上与处理人员的经验和细心程度有关,所以实际上也难以估计。据国外有关靶场将纸靶与火花闪光照相靶道的测量结果进行比较后认为:攻角纸靶在理想情况下,攻角的测量精度可达0.1°;一般条件下,单次测量精度大约为1°,由攻角曲线推断俯仰力矩系数的测量精度约为3%~10%。此外,测量精度还与弹丸的几何形状、长细比密切相关,即细长的弹丸,测量精度高;短粗的弹丸,测量精度低。所以,对于细长的弹丸,攻角纸靶法是一种简单、经济、直观且有效的方法。

4.2.2　高速摄影方法

高速摄影法是在射击时,利用高速摄影仪器记录弹丸的飞行姿态,定量或定性观测弹丸的摆动运动。其中:弹道同步摄影及高速分幅摄影是最常用的手段。本小节简单介绍高速分幅摄影方法,详细介绍弹道同步摄影方法。

1. 高速分幅摄影方法

因高速分幅摄影机可以连续记录各种瞬态现象,所以在常规试验靶场中常用来作为监视仪器,记录发射过程的各种现象,如火箭和导弹脱离定向器时的摆动、发射过程中炮管身的振动、弹丸尾翼展开或卡瓣分离过程、助推火箭的点火时间及位置等。用专用分析仪以慢速再现或定格观察所得瞬变现象,对研究分析发射过程和弹丸运动是十分有用。由这些记录能定性观察弹丸的摆动运动,发现不稳定的异常弹丸。

2. 弹道同步摄影方法

摄影胶片固定在转鼓一周,位于摄影物镜的像平面上。在紧贴平面处装有狭缝光栏,狭缝与胶片运动方向垂直,缝宽 $b=0.6\sim1.2\text{mm}$,长度约等于胶片宽度。转鼓由马达带动,转速可调。当高速运动的弹丸沿着垂直摄影机狭缝和摄影物镜光轴的方向运动时,其影像将在像平面上反向运动,运动速度 v_i 与弹丸运动速度 v_p、物距 a 及镜头的焦距 f 有关,即

$$v_i = \left(\frac{f}{a-f}\right)v_p \tag{4.33}$$

如果控制胶片的运动速度 v_f 与影像的运动速度 v_i 大小相等、方向一致,那么影像与胶片之间就没有相对运动,动态摄影变为静态摄影,从而获得清晰的照片,这就是同步摄影的原理,如图4.10所示。

由于被测弹丸的飞行速度事先无法准确知道,飞行方向也会有所变化,弹体还有绕质心的摆动运动,完全做到同步是不可能的,所以胶片上记录的影像总存在模糊度。模糊量的大小 e 等于速度的不同步量 Δv 与曝光时间 t 的乘积,即

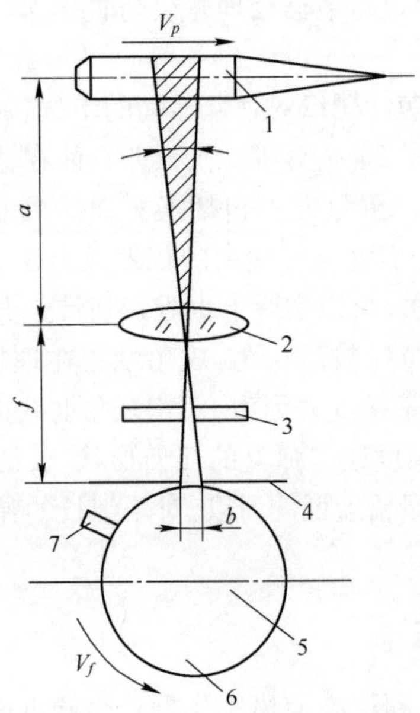

1—弹丸；2—物镜；3—保护快门；4—狭缝；5—转鼓；6—摄影胶片；7—时标发生器。

图 4.10　弹道同步摄影原理

$$\begin{cases} e = \Delta v \cdot t \\ \Delta v = \left| v_i - v_f \right| \end{cases} \tag{4.34}$$

因此,为了减小 e,只有缩短曝光时间 t。狭缝的第一个作用是使 t 缩短,第二个作用是限制底片的曝光位置,从而限制了摄影机的视场。

快门的作用:一是利用各种触发靶产生的同步信号,在弹丸到达视场前一定距离打开快门,使底片开始曝光,并等待弹丸影像的到来;二是在底片转动并曝光达到一周时关闭快门,避免底片二次曝光,破坏已摄影像。

利用弹道同步摄影的特点,可以根据所摄的弹丸影像,求得弹丸的攻角。在记录弹丸运动影像时,可能有下面三种情况。

(1) 弹丸速度方向与狭缝完全垂直:$\theta=0$、攻角 $\delta=0$,如图 4.11 所示。

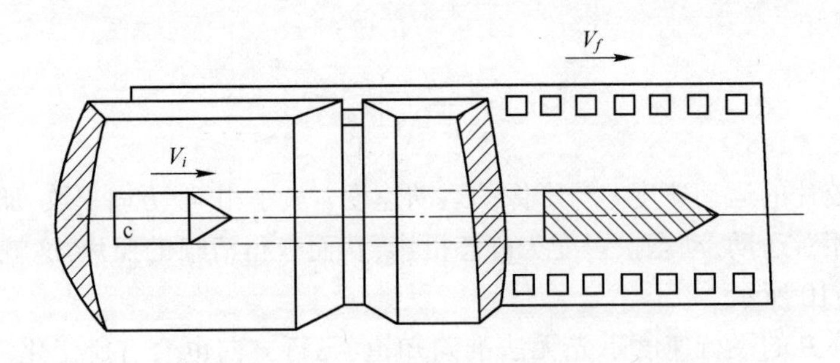

图 4.11　弹丸速度方向与狭缝完全垂直($\theta=0$、攻角 $\delta=0$)

（2）弹丸速度方向与狭缝不垂直，与其法线的夹角 $\theta \neq 0$、攻角 $\delta = 0$，如图 4.12 所示。

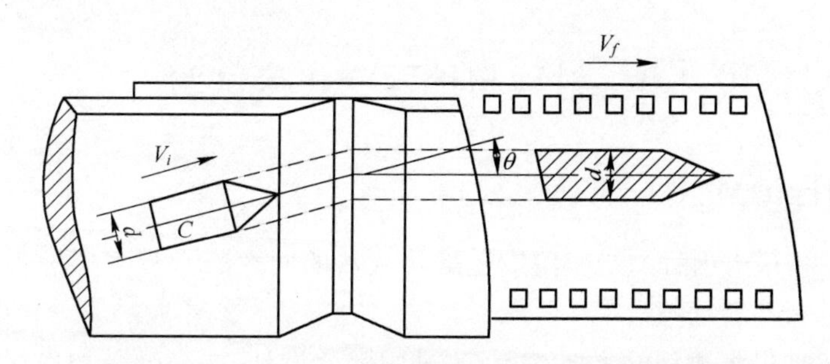

图 4.12　弹丸速度方向与狭缝不垂直（$\theta \neq 0$、攻角 $\delta = 0$）

（3）θ 角、δ 角都不为 0，如图 4.13 所示。

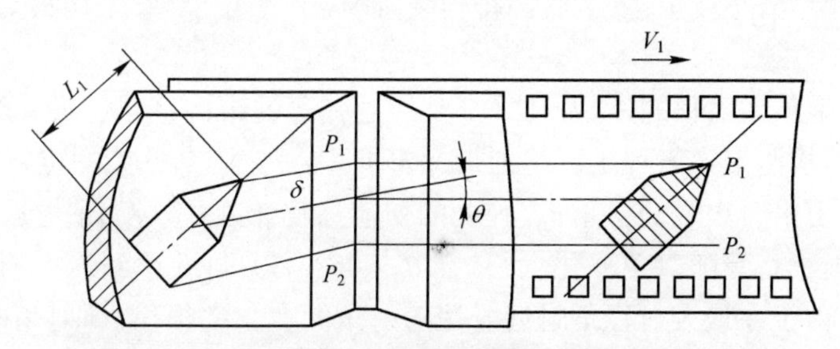

图 4.13　弹丸速度方向与狭缝不垂直（θ 角、δ 角都不为 0）

$$\delta = \frac{D}{L} \cdot \frac{\overline{P_1' P_2'}}{d'} \tag{4.35}$$

式中　δ——攻角（rad）；

D——弹丸的直径（mm）；

L——弹丸的长度（mm）；

d'——底片上弹丸像的直径（mm）；

$\overline{P_1' P_2'}$——底片上弹尖到弹尾中心的铅垂距离（mm）。

用一台狭缝相机得到的只是攻角在一个方向上的分量，必须用两台相机正交拍摄同一位置的弹丸像，得到两个不同方向上的攻角分量 δ_1、δ_2，才能由下式合成攻角 δ，即

$$\delta = \arctan\sqrt{(\tan\delta_1)^2 + (\tan\delta_2)^2} \approx \sqrt{\delta_1^2 + \delta_2^2} \tag{4.36}$$

如要获得攻角曲线，则必须设 20~30 个正交照相站。这不仅需要有几十台弹道同步相机及相应的测控装置，构成一个庞大的测量系统，还要有专门的射击场地。

与攻角纸靶相比较，狭缝照相对弹丸运动无任何干扰，能测量各种实弹的攻角，同时得到弹丸的速度、结构强度、转速及卡瓣分离、尾翼展开等信息，但设备成本高、相机调校复杂、事后处理麻烦。

为了获得理想的照相记录，试验前应根据弹丸的尺寸、速度、场地、试件等条件，正确

选择焦距、物距、片速、时标频率、触发靶及位置、延迟时间等参量,必要时要加人工光源。

4.3 射程与地面密集度试验

4.3.1 射程试验

射程(通常指最大射程)与密集度是炮兵武器的两大战术技术指标,是决定火炮对目标射击效果的重要特征数。

(1) 增加火炮最大射程的主要途径:改进内弹道设计、提高弹丸初速。例如,采用高密度装药提高装药的总能量、采用随行装药提高弹底压力、采用控制燃面技术等。

(2) 采用流线形弹丸、合理布局弹丸质量,增加火炮最大射程的主要途径:① 优化弹丸设计、减小空气阻力、提高存速能力。例如,采用流线形弹丸、合理布局弹丸质量、提高弹丸的飞行稳定性、减小攻角、安装底部排气装置、减小底阻等;② 采用火箭助推,增加弹丸初速。

上面增加火炮最大射程的途径,几乎都是通过弹药的结构、形状、尺寸等合理设计实现的。所以,试验检测最大射程是否达到指标要求,是评定弹药性能的重要内容。

射程主要由射击时火炮的射角 θ_0、弹丸的初速 v_0 及弹道系数 C_b 所决定。在发射装药一定的情况下,射程将只随射角变化,通常在 $\theta_0 = 45° \sim 50°$ 附近达到最大值,对应的角度为最大射程角。由于在最大射程角附近射程随射角的变化率很小,即射角的散布对落点的散布影响很小,而弹道系数、初速的散布对落点的散布影响最大,因此在最大射程角条件下射击获得的密集度更客观地反映发射药及弹丸的特性。所以,通常是将最大射程角及地面密集度的测量合并进行,也是弹药靶场试验的最基本项目。对于迫击炮弹及有减装药的加农炮、榴弹炮、加榴炮所配用的弹种,还应进行最小射程及地面密集度试验。在本项试验中,除考验其射程及密集度是否符合战术技术要求之外,还常同时观察弹丸的飞行稳定性。

4.3.2 地面密集度试验

密集度是炮兵武器的重要战术技术指标之一,是决定火力对目标射击效果的重要特征数。它是一组射弹弹着点彼此密集(或散布)的程度,通常是用中间误差或其与射程的比值表示。密集度与准确度不同,准确度(或称为精度)是指一组射弹弹着点的平均位置靠近瞄准点的程度。密集度和准确度对射击效果都有极其重要的影响,只有这两个指标都好时,射击的命中率才高。迫击炮及加农炮、榴弹炮、加榴炮所配用的榴弹都要进行地面密集度试验;无后坐炮、反坦克炮、坦克炮等地面直射武器以及高射武器,都要进行立靶密集度试验,以检验武器系统性能的优劣。

为了统一评定标准,规范试验结果,并便于现场实施,必须对试验的条件加以限制和规定,试验条件包括火炮、弹药、场地、气象、仪器设备等。

1. 火炮

火炮的发射状态与初速及射角的散布有关,为了尽量减小或消除与弹丸自身特性无关因素的影响,并接近实际使用条件,通常对试验用炮的初速减退量或剩余寿命做出规定。例如,美国军队规定身管的剩余寿命应不低于75%,苏联军队试验法规定初速的减退量不能低于标定初速的2%。由于火炮的高低机、方向机的空回量,炮耳轴的水平度及瞄准系统的精度,都关系到射击诸元的装定误差,即跳角的散布,因此射击前应对其逐项进行检查与记录。

2. 弹药及其试验用量

弹药是试验检测的主体。弹药(包括弹丸、发射药及药筒)的状态与射击结果密切相关,所以试验前必须对弹药进行擦拭、检查、称重、分组与保温。弹丸、引信、发射药、药筒及底火等必须各为同一批次,弹丸质量应采用标准级,条件不允许时,可以采用"+"级或"-"级,但必须使同组的弹丸质量符号相同。弹丸的外观及一些物理特征量应仔细检查及测量,如弹丸的定心部直径、弹带及弹带槽、表面粗糙度、活动尾翼以及质心位置、偏心矩、转动惯量等,不符合产品图要求的弹药不能用于试验,因为它们会直接影响弹着点的散布。

用弹的数量是从试验结果的可靠性及试验的经济性两个方面考虑的。由概率与统计理论可以知道,参数估计的相对精度与用弹量的大小 n 的关系曲线。该曲线表明,随着 n(用弹量)的增加,估计的相对精度提高,但当 n 大于20~30以后,估计的相对精度会提高得很慢,再增加 n 意义就不大了。所以从试验的成本考虑,通常规定:弹径不大于57mm的弹药为10~20发;弹径大于57mm的弹药为5~10发。换言之,大口径弹药价格高,用弹应少些;小口径弹药较便宜,用弹可以多些。

对于分组射击试验问题,国内外都有两种不同的意见。苏联规定射表射击及弹药定型试验采用分组射击(在3天内进行),产品验收不分组射击。美国规定射程及地面密集度试验不分组射击,1组10发弹;若1组射击发数超过20发时,则要求分组射击。我国基本沿用苏联的规定,主张分组射击试验的理由:由于外界条件对密集度影响大,而且外界条件是随机的,因此分组射击可以消除或减小外界条件的影响,使密集度更接近反映事物的本质。美国主张不分组射击试验的理由:在规定的条件下,外界的影响不大,采用不分组射击经济性好,周期短。

3. 场地条件

对于地面密集度试验来说,为了便于实施及保证测量精度,不仅要求有足够大的、平坦的试验场地,还必须在场地上设置必要的固定设施,如作为测量基准线的主靶弹道线的瞄准点、观测基线、观测点、观测塔、固定的射击炮位及各种掩体等。瞄准点及观测点的测量精度通常要求不低于1/5000。

4. 气象条件

气象条件(主要是指空气的温度、湿度、气压及风速、风向)对弹丸的飞行有重要影响,特别是风的随机变化,直接关系到弹着点的散布。所有弹药试验规程都对允许试验的有关风速条件作出详细规定,当出现雷雨、能见度低、平均风速太大且变化(阵风)过大时不宜试验。只能选择能见度好、风速小且变化不大的条件下进行弹药试验,并自始至终对试验场地的地面及高空(地面密集度试验)气象参数进行测量,以便对弹道进行修正和标准化处理。各国的靶场试验规程,都对不适宜射击的条件做了具体规定,主要是规定雷雨、能见度低、锋面过境、平均风速太大且变化(阵风)过大时不宜射击。

5. 仪器设备

密集度试验所用的仪器设备主要包括瞄准具、象限仪、天幕靶、记时仪或多普勒雷达、磁感应光电经纬仪和红外测距仪等,还包括弹丸物理结构参量及装药温度测试设备。这些仪器都必须认真检查、调试以保证现场使用时的可靠性及精度。

试验时,要先进行试射,以便稳炮(温炮)、检查及修正射击诸元、检查与调整测量仪器等,再转入正式射击。为了保证外界条件变化不大,一组射击的时间要求不超过30min,弹着点坐标应逐发观察及标记,以便知道弹序。一组射击完毕,依次精确测量其坐标值。

下面以国家军用标准中的枪榴弹地面密集度试验程序为例,简介地面密集度试验程序。

地面密集度试验程序如下:

(1)气象测量。用温度计测量环境温度,气压计测量大气压力,湿度计测量空气的相对湿度,风速仪测量试验时风速,并做好记录。

(2)火炮的固定及瞄准。

(3)试射。试射一发至两发,对瞄准点进行射击,确定射角和射向。

(4)正式射击。可采用象限仪相结合赋予射角,统一装定诸元射击。逐发进行射击后,逐发记录弹着点坐标,一组射击时间要求不大于30min。

试验数据的处理:

(1)意外弹的判别。离群弹对任一散布周的距离大于5倍公算偏差的弹丸,即意外弹,应剔除并重新进行补试。

(2)弹着点的测量与计算。以规定距离的瞄准点为原点,沿射向的方向为 X 轴正向,经原点垂直为 Z 轴正向,测量各弹着点的坐标(x,z),测量精度为0.01m。

平均弹着点坐标按下式计算:

$$\begin{cases}\overline{X}=\dfrac{1}{n}\sum\limits_{i=1}^{n}x_i\\ \overline{Z}=\dfrac{1}{n}\sum\limits_{i=1}^{n}z_i\end{cases}\tag{4.37}$$

式中 $\overline{X}$——一组试验弹着点距离纵坐标的平均值(m);

x_i——第 i 弹弹着点距离纵坐标的数值(m);

n——一组试验的有效发数;

Z——一组试验弹着点横坐标的平均值(m);

z_i——第 i 弹弹着点横坐标的数值(m)。

6. 射弹散布

射弹散布的中间误差按下式计算:

$$\begin{cases}E_x=0.6745\sqrt{\dfrac{1}{n-1}\sum\limits_{i}^{n}(x_i-\overline{X})^2}\\ E_z=0.6745\sqrt{\dfrac{1}{n-1}\sum\limits_{i}^{n}(z_i-\overline{Z})^2}\end{cases}\tag{4.38}$$

式中　E_x——一组弹弹着点距离坐标中间误差的数值（m）；

E_z——一组弹弹着点方向中间误差的数值（m）。

4.3.3　弹着点坐标的测量

测量弹着点坐标是进行密集度计算的前提，测量精度直接关系到密集度的精度。对于地面密集度试验，规定坐标测量精度误差不要超过±1m。对立靶密集度试验，若用钢卷尺测量，则精度可达±0.5cm；若采用自动检靶系统测量，则精度约为 0.5 倍弹径。测量弹着点坐标包括光学交汇法、摄影测量法等。

1. 光学交汇法

光学交汇法是靶场最常采用的测量弹着点坐标的方法。由于它简单、经济、实用，并具有良好的精度，所以得到了广泛的应用。光学交汇法的原理如图 4.14 所示。在弹着区附近的三个（或两个）观测基点 a、b、c 上，分别架设一台方向盘，并根据磁北方向统一装定基准方向（如以观测基线为基准）。当弹丸爆炸时，观测人员迅速转动方向盘，首先使光轴对准炸点的土柱或爆烟（最好是火光处），将其设为 P 点，然后读出光轴与基准方向的夹角 α_1、α_2、α_3。由于观测点间的距离是已知的（设为 A），因此根据图 4.14 所示，可推导出以下计算炸点坐标的公式。

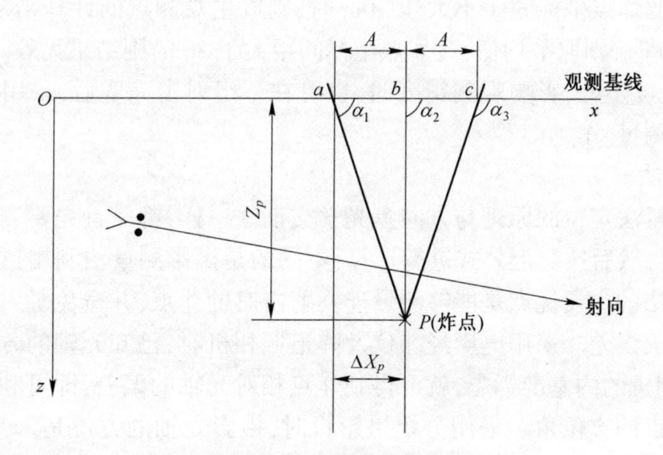

图 4.14　光学交汇法原理

由 a、b 两观测点求坐标，则

$$\begin{cases}\Delta x_{p_1} = \dfrac{\cos\alpha_1 \cdot \sin\alpha_2}{\sin(\alpha_2 - \alpha_1)} \cdot A \\ z_{p_1} = \dfrac{\sin\alpha_1 \cdot \sin\alpha_2}{\sin(\alpha_2 - \alpha_1)} \cdot A\end{cases} \tag{4.39}$$

由 a、c 两观测点求坐标，则

$$\begin{cases}\Delta x_{p_2} = \dfrac{\cos\alpha_1 \cdot \sin\alpha_3}{\sin(\alpha_3 - \alpha_1)} \cdot 2A \\ z_{p_2} = \dfrac{\sin\alpha_1 \cdot \sin\alpha_3}{\sin(\alpha_3 - \alpha_1)} \cdot 2A\end{cases} \tag{4.40}$$

由 b、c 两观测点坐标，则

$$\begin{cases} \Delta x_{p_3} = A + \dfrac{\cos\alpha_2 \cdot \sin\alpha_3}{\sin(\alpha_3 - \alpha_2)} \cdot A \\ z_{p_3} = \dfrac{\sin\alpha_2 \cdot \sin\alpha_3}{\sin(\alpha_3 - \alpha_2)} \cdot A \end{cases} \tag{4.41}$$

$$\begin{cases} x_i = x_a + \dfrac{1}{3}(\Delta x_{p_1} + \Delta x_{p_2} + \Delta x_{p_3}) \\ z_i = \dfrac{1}{3}(\Delta z_{p_1} + \Delta z_{p_2} + \Delta z_{p_3}) \end{cases} \tag{4.42}$$

式中　Δx_{p_i} ——以 a 为原点的炸点 P 的 x 坐标值；

z_{p_i} ——相对于靶道坐标系的炸点 P 的 z 坐标值；

x_a ——a 到坐标原点 O 的距离。

由于弹丸落地爆炸时，火光及土柱存留时间很短，爆烟有可能随风飘动，而转动方向盘将光轴对向炸点需一定时间，因此不可避免会出现瞄准误差，上面三组计算结果不会一样。苏联试验法规定，在三个观测点中，以两个距弹着点最近的为主，第三个为辅作为检查。当计算出的炸点坐标间距不大于 10m 时，则以主观测点的计算结果为准；炸点坐标间距在10~30m 时，则取平均值；若炸点坐标间距大于 30m，则结果无效。

另外，在能见度不好，影响观测精度时，也可在一组射击完毕后，采用在弹坑中心立标杆的方法交汇测量。

2. 摄影测量法

采用摄影测量法定位的原理与方向盘光学交汇法一样，都是首先要测出炸点相对各测点的方位角 α_i ，然后按交汇公式进行计算；不同的是摄影测量法利用摄影记录求取方位角。摄影测量法的主要优点是能够测量连发射击时的炸点，并避免了人工瞄准确定炸点可能产生的过失误差。采用电影经纬仪及弹道照相机时，已知光轴的方位可由经纬仪确定，只要通过相机的内基准标志，就可得到炸点相对光轴的偏差，即可利用摄影测量仪器的参数求出炸点的方位角。采用分幅摄影机时，摄影光轴的方位是未知的，因此必须在视界内（炸点附近）先设置外基准标志，并测出标志间的间距与方位角，当炸点与标志被同时记录在底片上后，方可利用已知比例关系求出炸点的方位角。

图 4.15 为摄影测量法（设外标志）的原理图。设 B_1、B_2为外设基准标志，P 为炸点，由摄影底片上测得 B_1、B_2影像之间的距离为 B，炸点影像 P' 到 b_1的距离为 b。B_1相对基线的方位角 α_{B_1} 及 B_1 与 P 之间的夹角 $\Delta\alpha_p$ 是已知的，摄影都采用较长焦距的镜头，B 及 b 都比焦距 f 小得多，故有

$$\begin{cases} \alpha_p = \alpha_{B_1} + \Delta\alpha_p \\ \Delta\alpha p = xrctan(b/f) \end{cases} \tag{4.43}$$

焦距 f 可取理论值（设一个外基准标志时），也可以由两个外基准标志及照相记录反求，即 $f = B/\tan(\Delta\alpha_p)$ 。

摄影测量法的测量精度约±5m。

此外，测量弹着点坐标还有 CCD 炸点坐标经纬仪 GD-341 等光电自动测量系统。

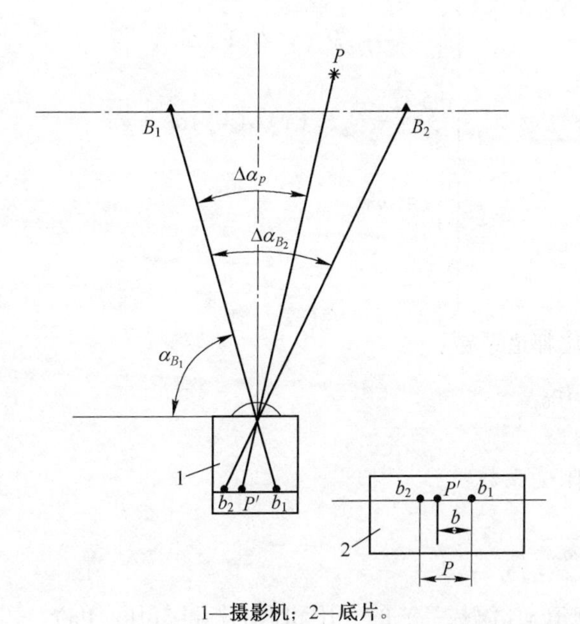

1—摄影机；2—底片。

图4.15　摄影测量法原理图

3. 数据的处理

1）地面密集度计算

设一组射击 n 发弹丸的炸点坐标为 x_i、z_i，其平均炸点坐标为 $\bar{x}$、$\bar{z}$，则射程及地面密集度可按下式计算：

$$\begin{cases} \bar{x} = \dfrac{1}{n}\sum\limits_{i=1}^{n} x_i \\ \bar{z} = \dfrac{1}{n}\sum\limits_{i=1}^{n} z_i \end{cases} \tag{4.44}$$

该组炸点的中间误差为 E_x（距离）及 E_z（方向），即

$$\begin{cases} E_x = 0.6745\sqrt{\dfrac{\sum\limits_{i=1}^{n}(x_i - \bar{x})^2}{n-1}} \\ E_z = 0.6745\sqrt{\dfrac{\sum\limits_{i=1}^{n}(z_i - \bar{z})^2}{n-1}} \end{cases} \tag{4.45}$$

2）射程的标准化计算

符合弹道系数的计算方法见4.1.3小节。射程的标准化可以是单发射程标准化，也可以是组平均射程标准化。利用4.1.3小节计算得到的弹道系数在标准情况下代入下式，可得

$$
\begin{cases}
\dfrac{\mathrm{d}u}{\mathrm{d}t} = - C_b H_\tau(y) G(V_\tau) u \\
\dfrac{\mathrm{d}\omega}{\mathrm{d}t} = - C_b H_\tau(y) G(V_\tau) \omega - g \\
\dfrac{\mathrm{d}y}{\mathrm{d}t} = \omega \\
\dfrac{\mathrm{d}x}{\mathrm{d}t} = u
\end{cases}
\tag{4.46}
$$

式中　C_b——标准化弹道系数；

$H_\tau = \dfrac{P}{P_{0n}} \cdot \sqrt{\dfrac{\tau_{0n}}{\tau}}$；

$G(V_\tau)$——阻力系数；

$V_\tau = \sqrt{u_2 + \omega_2} \cdot \sqrt{\dfrac{\tau_{0n}}{\tau}}$；

P、P_{0n}——弹道 y（海拔高）的气压和地面标准气压（Pa）；

τ、τ_{0n}——弹道 y（海拔高）的虚温和地面标准虚温（K）。

积分的初始条件：当 $t=0$ 时，$x=0$、$y=0$、$u=V_0\cos\theta_0$、$\omega = V_0\cos\theta_0$、$P = P_{0n}$、$\tau = \tau_{0n}$（V_0 为实测速度）。

4.4　立靶密集度试验

4.4.1　立靶密集度试验目的与意义

凡是无后坐炮、反坦克炮、坦克炮等地面直射武器以及管射武器，都要进行立靶密集度试验。因为，这类武器装备是以毁伤坦克、飞机等活动目标为主要任务，初速、速度降、飞行时间和立靶密集度，都是重要的战术技术性能。初速及速度降影响落点动能的大小、飞行时间的长短和有效射程的远近；而密集度的好坏和准确度的优劣，则直接影响命中率的高低。所以，立靶密集度试验是靶场中检测直射武器弹药性能的基本项目之一，并能在测定立靶密集度的同时，测定弹丸的初速、速度降以及飞行时间，观察弹丸的结构强度（如断裂、损伤、变形）等。这些参数与状态不仅关系到弹丸的许多重要技术性能，还直接影响弹丸的立靶密集度和确定弹丸的直射距离。

4.4.2　试验的方法与要求

立靶密集度试验要保证一定的武器、弹药、场地、气象等试验条件。

1. 场地与立靶

设置立靶的位置要按被测武器弹药战术技术要求所规定的距离而定。在立靶与炮位之间应是平坦的开阔地，没有任何遮蔽物，射手能够直接瞄准。立靶通常采用胶合板或薄木板制造。立靶的尺寸应以弹丸不脱靶为原则，一般取靶的高度和宽度等于弹丸相应中间偏差的 6~8 倍。为了保证立靶上的弹着点坐标能够真实反映弹着散布，设靶时应使靶面与水平面和射击面保持垂直,误差不超过±3°,立靶中心设"十"字形瞄准线,瞄准线应有足够的宽度及长度,以便射手能正确瞄准。

2. 火炮及弹药

为保证立靶试验射击条件的一致及射击结果的可靠,火炮与弹药应满足与地面密集度试验同样的技术要求。其不同的是弹药必须要采用摘火引信,以免弹丸碰靶时产生爆炸。

3. 仪器设备

立靶密集度试验的基本仪器设备包括赋予火炮仰角的象限仪、赋予射向的瞄准镜、测量初速及飞行时间的天幕靶、记时仪或者多普勒雷达、测量气象条件的磁感风速仪、通风干湿表以及空盒气压表、立靶定位和测距用的方向盘及红外测距仪等。同时,立靶密集度试验可以采用自动测量与显示弹着点坐标的各种自动检靶系统,或者采用自动检靶系统代替木板立靶,以减轻制作和设置立靶的繁重劳动,并实时获取测量结果,但仍应设置固定瞄准标志,便于射手瞄准。当需要同时观察弹丸强度及其摆动角的大小是否正常时,应采用高速录像或弹道同步摄影。

试验前,应对上面仪器认真检查、调试,以保证现场使用的可靠性及准确度。

4. 气象条件

气象条件,特别是风速、风向的随机变化,对立靶密集度有很大影响,对于具有尾翼及由火箭增程的弹丸影响尤为显著。所以,有关试验规程都对试验有关风速的条件作出详细规定,当风速过大或变化很大时,不适宜进行试验。

在火炮、立靶以及测量仪器架设完成之后,首先应将火炮身管瞄向立靶中心,记下炮目高低角,标定出射击方向;然后根据立靶到炮位的距离及弹丸的弹道特性,换算出瞄准角。换算弹道瞄准角常采用西亚切辅助函数公式,即

$$\begin{cases} f_0 = C_b \sin 2\alpha \\ a = \dfrac{1}{2}\arcsin\dfrac{f_0}{C_b} \end{cases} \tag{4.47}$$

式中　f_0——西亚切辅助函数,可根据 v_0、C_b 及射距 x 查附录3求得;

C_b——弹丸的弹道系数。

要求用于瞄准的象限仪精度为±1′,冷塞管精度为±0.5mil。在正式射击之前,应先进行试射稳炮,并指示弹道并修正射击诸元。当弹着点位于立靶中心附近时,方可转入正式射击。射角与方位角的修正可按下式估计,即

$$\Delta\theta = 1000\frac{\Delta D}{x} \tag{4.48}$$

式中　$\Delta\theta$——射角或方位角修正量(mil);

ΔD——弹着点到立靶中心的坐标偏差量(m);

x——炮口到立靶的距离(m)。

为了保持每组弹丸的射击条件及气象条件尽可能一致,通常要求火炮在30min内射击完毕,并尽量保持间隔时间相等,使身管温度维持不变。弹孔坐标应逐发观察及标记,以便知道弹序。当一组射击完毕时,则依次精确测量其坐标值。采用钢卷尺在木板靶上测量时,精度可达±0.5cm;采用自动检靶系统测量时,精度约为0.5倍弹径。

依据国家军用标准中关于立靶密集度试验的试验程序方法,下面简介弹药的立靶密集度试验程序。

(1) 立靶原则。以不脱靶为原则确定立靶靶面大小;立靶靶面应与水平面内及射面垂直,误差不超过±1°;靶面材料一般为纤维板、胶合板等,纤维板、胶合板拼接处缝隙不得大于5mm,且应牢固地固定在靶架上;靶面中心应设一个便于瞄准的十字线,十字线横竖长大于1m,线宽至少为从炮位能看到的最小宽度(一般为0.1m);允许用自动检靶器检测。

(2) 射击方法。立靶密集度试验一般采用单独射击法,也可采用交叉对比射击法。

(3) 火炮。检查火炮的型号、编号、身管的编号,并作记录;检测身管的内径尺寸;检查火炮架设是否平稳、可靠。

(4) 被试弹。检测弹丸的相关信息,如批次、年号、厂号、标记、合格证和有关试验的证明书及弹的弹重、合膛等;被试弹应逐发编号,并记录弹丸、发射药的批次、年号、质量及弹药试验温度;被试弹的装配、保温及送试。

(5) 立靶靶面已有的穿孔做出明显标记或进行补孔。

(6) 试验仪器及设备应进行调试和检查。

(7) 瞄准。首先将火炮轴线通过靶面十字线中心(用校靶镜或通过击针孔瞄准)减小炮目高低角、标定射向;然后加上弹道下降量所对应的角度(换算成密位)值。

弹道下降量所对应的角度利用下式计算:

$$\theta_0 = \frac{1}{2}\arcsin\frac{f_0}{C} \tag{4.49}$$

式中 f_0——西亚切辅助函数;

C——弹道系数(m^2/kg)。

本试验步骤如下:

(1) 试射。首先进行稳炮(或温炮)射击,发射药药量为全装药药量或全装药药量的2/3~3/4;然后进行目标弹射击,用于进行射击诸元修正,发射药药量为全装药药量。当弹着点位于靶板十字线中心附近时,应立即转入正式射击。允许不进行稳炮(或温炮)射击而进行目标弹射击。当目标弹为本批被试弹试验样本时,可将目标弹记为有效发数。

(2) 正式射击。射击前,弹药在炮中暴露时间和膛内停留时间总计不得超过3min。射击时,每组各发射击诸元必须一致,逐发用象限仪确定火炮射角,用瞄准镜确定火炮射向,应用校靶镜对射角、射向进行校对;要正确操作火炮,排除高低、方向空回,一组被试弹装填、拉火用力尽量一致;若地面风速大于10m/s,尾翼稳定脱壳穿甲弹横风大于5m/s或有其他影响试验结果准确性的气候(暴风雨、能见度差等),或出现重大质量事故,则应停止射击试验;应逐发测量弹丸初速。射击后,要检查火炮是否正常;尽可能以2min每发的发射速度匀速发射,一组射击时间一般应不超过30min。

5. 试验数据的处理

弹着点坐标测量如下:

(1) 在靶上任意选一参考点(可选立靶的中心、靶的一角点、瞄准点火靶上的任意固定点),以参考点为原点建立直角坐标,按通用的直角坐标象限规定取正、负值。

（2）一组射击完后，测量各弹着点坐标。一组内的所有弹着点应以同一参考点进行测量。将测量结果按横向、纵向计入原始记录。

（3）单组试验密集度计算。

一组高低、方向中间误差按有关规定分别用下列公式之一计算。

① 标准差法：

$$
\begin{aligned}
S_y &= \sqrt{\frac{\sum_{i=1}^{n}(Y_i - \overline{Y})^2}{n-1}} \\
S_z &= \sqrt{\frac{\sum_{i=1}^{n}(Z_i - \overline{Z})^2}{n-1}} \\
\overline{Y} &= \frac{\sum_{i=1}^{n} Y_i}{n} \\
\overline{Z} &= \frac{\sum_{i=1}^{n} Z_i}{n}
\end{aligned}
\tag{4.50}
$$

式中　S_y、S_z ——高低、方向标准差（m）；

Y_i、Z_i ——第 i 发弹着点高低、方向坐标值（m）；

$\overline{Y}$、$\overline{Z}$ ——一组平均弹着点坐标值（m）；

n ——一组弹有效试验发数。

② 中间误差法：

$$
\begin{cases}
E_y = 0.6745\sqrt{\dfrac{\sum_{i=1}^{n}(Y_i - \overline{Y})^2}{n-1}} \\
E_z = 0.6745\sqrt{\dfrac{\sum_{i=1}^{n}(Z_i - \overline{Z})^2}{n-1}}
\end{cases}
\tag{4.51}
$$

式中　E_y、E_z ——高低、方向中点误差（m）；

Y_i、Z_i ——第 i 发弹着点高低、方向坐标值（m）；

$\overline{Y}$、$\overline{Z}$ ——一组平均弹着点坐标值（m）。

③ 连续差法：当试验条件存在倾向性影响时，可按射击顺序用下式计算，即

$$
\begin{cases}
E_y = 0.4769\sqrt{\dfrac{\sum_{i=1}^{n+1}(Y_{i+1} - Y_i)^2}{n-1}} \\
E_z = 0.4769\sqrt{\dfrac{\sum_{i=1}^{n+1}(Z_{i+1} - Z_i)^2}{n-1}}
\end{cases}
\tag{4.52}
$$

式中　Y_i、Z_i ——第 i 发弹着点高低、方向坐标值（m）；

Y_{i+1}、Z_{i+1} ——第 $i+1$ 发弹着点高低、方向坐标值（m）。

④ 倾向性检查。当怀疑密集度试验中存在系统因素（如弹道风逐渐增大或减小，身管越来越热等）影响弹着点散布时，在已知弹着点射击顺序的条件下，应进行倾向性检查，以判定使用哪种方法计算。

同组试验结果作统计计算：

$$q = \frac{E_1^2}{E_2^2} \tag{4.53}$$

式中　E_1——用连续误差法计算的误差；

E_2——用中间误差法计算的误差。

根据该组试验发数 n 及显著水平 α（α 一般取值:0.05）查《倾向性检验限值表》可得一个 q_α 值，若 $q \geqslant q_\alpha$，则判定没有显著倾向性影响，应按中间误差法计算误差，并作为正式试验结果；若 $q \leqslant q_\alpha$，则判定由倾向性影响，应按连续差法计算误差，并作为正式试验结果。

⑤ 多组试验密集度计算。多组试验高低、方向平均中间误差值，分别按下式计算：

$$\begin{cases} E_{yp} = \sqrt{\dfrac{\sum\limits_{i=1}^{m}(n_i - 1)E_{yi}^2}{\sum\limits_{i=1}^{m}(n_i - 1)}} \\ E_{zp} = \sqrt{\dfrac{\sum\limits_{i=1}^{m}(n_i - 1)E_{zi}^2}{\sum\limits_{i=1}^{m}(n_i - 1)}} \end{cases} \tag{4.54}$$

式中　n_i ——第 i 组弹射击（计算）发数；

m——射击（计算）组数；

E_{yi}、E_{zi} ——第 i 组弹高低、方向中间误差值（m）；

E_{yp}、E_{zp} ——m 组弹高低、方向平均中间误差值（m）。

4.4.3　立靶密集度试验自动检靶装置

靶场长期采用木质立靶进行密集度试验。木质立靶虽然直观、精度高，但设靶十分费事耗时，要消耗大量木材，而且不能实时得到结果，所以木质立靶逐渐被自动检靶装置替代。

自动检靶装置的试验条件与 4.4.2 小节要求相似，根据相关国军标要求执行。

1. 声坐标靶

图 4.16 为典型的杆式声学自动检靶系统。该系统包括声测靶杆、前置放大器、信号传输电缆及坐标运算、显示和打印等。声测靶杆是由两个垂直安装的不锈钢棒或铝棒构成，每根金属棒的端部装有两个压电传感器，两杆构成一个正方形的靶面。其水平杆代

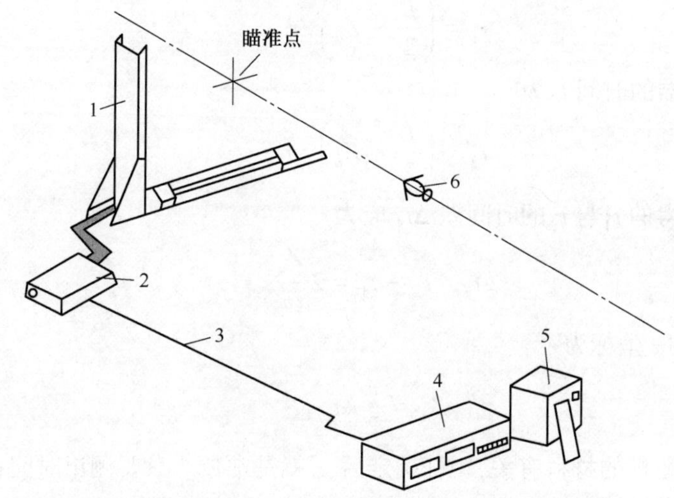

1—声测靶杆；2—前置放大器；3—信号传输电缆；4—处理装置；5—打印机；6—被试弹丸。

图 4.16　杆式声学自动检靶系统

表 z 坐标、铅垂杆代表 y 坐标。当弹丸垂直穿过靶面时，弹头的锥形激波将与靶杆相撞击，第一撞击点与弹头穿过靶面的坐标相一致。在激波接触靶杆时，激波的超压阵面将在金属杆中产生纵向和横向波振动。试验及理论分析表明：纵向波比横向波以更高的速度向杆的两端传播，并先到达杆端。纵向波传播速度仅与杆的材料有关，而与振动的频率无关。杆端的传感器把纵波到达的声脉冲转换成电脉冲信号，经前置放大器及传输电缆放大整形后，输入坐标计算机计算和显示装置显示并打印出弹着点的坐标数据。有的杆式声学自动检靶系统还配有微处理机，可显示坐标图形、计算平均弹着点及立靶密集度等。

声靶测量弹着点坐标的原理，如图 4.17 所示。

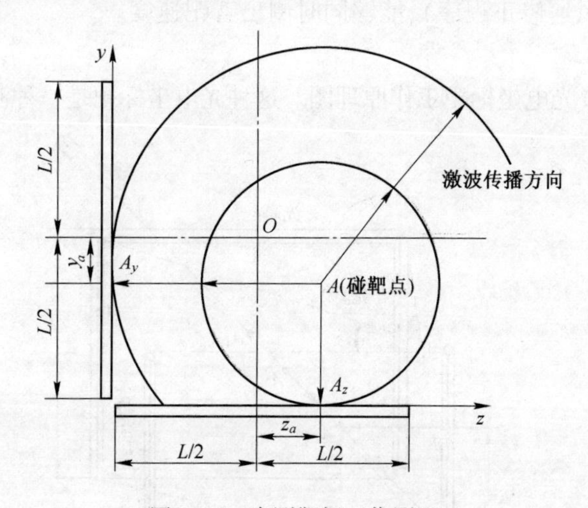

图 4.17　声测靶杆工作原理

金属杆长 L，激波与横杆在 A_z点撞击，A_z点坐标为 Z_a。若纵波在杆中的传播速度为 v（在铅杆中 $v \approx 5000\text{m/s}$），则撞击产生的纵波到达右端传感器的时间 t_1应为

$$t_1 = \left(\frac{L}{2} - Z_a\right)/v \tag{4.55}$$

到达左端传感器的时间 t_2 为

$$t_2 = \left(\frac{L}{2} + Z_a\right)/v \tag{4.56}$$

由计算装置测得的 t_1 与 t_2 的时间差 Δt_z 应为

$$\Delta t_z = t_2 - t_1 = 2\frac{Z_a}{v} \tag{4.57}$$

所以,弹着点的 z 坐标为

$$Z_a = \frac{v}{2}\Delta t_z \tag{4.58}$$

速度仅与金属靶杆的材料有关,靶杆确定后,v 就是常数。只要测出时间再乘以 $v/2$,可得横坐标值。同理,纵坐标值 y_a 为

$$y_a = \frac{v}{2}\Delta ty \tag{4.59}$$

实际上,由于弹丸飞行是有攻角的,激波锥对称轴与弹轴角不一致,弹丸碰靶时也不会完全与靶面垂直,因此这将带来误差。同时这类声学自动检靶装置只适用于超声速弹丸立靶密集度试验。

除杆式声靶外,还有阵列式声靶。阵列式声坐标靶系统包括传声器阵列前置电路、数据处理器及微机系统。传声器阵列由多个微传声器组成,其中 5~6 个微传声器列成一列构成坐标前方,形成丁字形。其确定弹着点坐标的原理仍然是利用激波对各个传声器作用先后次序的不同,采用多点定位方法实现的。该系统的特点是靶面尺寸可以不受限制,适用于各种口径的超声速弹丸,能够记录高速连射弹丸的弹序及坐标,能够在较差气象条件下使用(由风速修正程序),能够同时测出着靶速度。

2. 光电坐标靶

图 4.18 是 B570 光电坐标靶工作原理图。这种光电坐标靶是一种测时式光幕坐标靶。

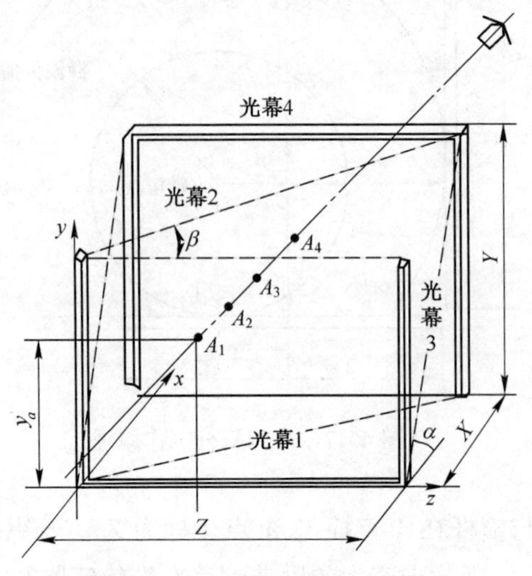

图 4.18　B570 光电坐标靶工作原理

该光电坐标靶测速用的光电靶(4 个)安装在固定架上,构成 4 个光幕,光幕 1、光幕 4 铅直安装,互相平行并垂直射向;光幕 2 对角安装平行 y 轴,光幕 3 对角安装平行 z 轴。当弹丸垂直靶面 1 射击时,弹丸相继穿过各个光幕靶,用测时仪分别记下弹丸自光幕 1 到光幕 2、光幕 3、光幕 4 的飞行时间 t_z、t_y 及 T。由图 4.18 可以看出,光幕 2 与铅垂面成 β 角,时间 t_z 与弹着点的横向位置 (z 坐标) 有关;同时 t_y 与弹着点的纵向位置有关 (与 y 有关),T 只和弹丸速度有关。所以,根据 t_z、t_y 与 T 的比值,可以确定弹着点坐标,即

$$\begin{cases} z_a = \dfrac{t_z}{T}Z \\ y_a = \dfrac{t_y}{T}Y \end{cases} \tag{4.60}$$

由于弹丸速度是变化的,因此若将飞越靶区的速度视为常量处理,则将带来坐标误差。光电靶一般尺寸较小,适用于各种枪弹。

此外,还有定位式光幕坐标靶及 CCD 光电靶等。例如,401 型定位式光幕坐标靶,坐标靶精度为 10mm,靶面为 2m×2m,在 y 轴、z 轴各装 200 个光电管,对面靶框相应安装 200 根光纤,与光电管一一对应。光纤的另一端捆成一束,用高能光源经光学系统聚焦在机头上,这样每根光纤就是一根光源。由于光电管及光纤端部都在一个平面内,每个光电管的受光角及光纤的辐射角都受光栏限制,因此构成一个间隔 10mm 的经纬网络。当弹径为 20mm 的弹丸越过靶面时,至少可以切断一束 z 方向和 y 方向的光束,相应位置上的光电管就会产生一个脉冲信号,经放大整形后送入数据处理装置,存储、运算并显示弹着点的 y 坐标、z 坐标。当弹径大于 20mm 时,电子设备能自动测定遮断光束的中心位置,并只显示中心位置的坐标。

3. 数据处理

1) 密集度计算

密集度的计算公式与地面密集度的计算公式一样。立靶密集度可用高低中间偏差和方向中间偏差表示,分别为

$$\begin{cases} E_y = 0.6745\sqrt{\dfrac{\sum\limits_{i=1}^{n}(y_i - \bar{y})^2}{n-1}} \\ E_z = 0.6745\sqrt{\dfrac{\sum\limits_{i=1}^{n}(z_i - \bar{z})^2}{n-1}} \end{cases} \tag{4.61}$$

式中　y_i、z_i——弹着点高低及方向坐标;

$\bar{y}$、$\bar{z}$——平均弹着点的高低及方向坐标;

n——有效发数。

2) 直射距离的计算

直射距离,即弹道顶点高 Y 等于目标高度的全水平射程。反坦克导弹的弹道高约为 2m,即大致为坦克的高度;射击地面目标的枪械,弹道高约为 0.65m 以下。直射距离的大小,反映了弹道低伸的程度。在不改变瞄准角的条件下,若弹道越低伸,则射击能够命中

目标的距离越远,允许射击的次数越多、时间越长(对敌活动目标),敌方被击中的危险区越大。利用立靶密集度获得的数据,可先根据西亚切函数得到符合弹道系数 C_b,再用直射距离计算公式求出直射距离 X。

(1) 求符合弹道系数 C_b。由试验同时测得的初速 v_0、飞行时间 T 及落点(着靶时)的速度 v_c,查西亚切 T 函数表,得到 $T(v_0)$ 和 $T(v_c)$,代入下式,得

$$\begin{cases} T = \dfrac{1}{C_b \cos\theta}[T(v_c) - T(v_0)] \\ C_b = \dfrac{T(v_c) - T(v_0)}{T} \end{cases} \tag{4.62}$$

(2) 求直射距离 X。由西亚切辅助函数 f_1 及 f_b,可推导出直射距离公式,即

$$X = K_x v_0 \sqrt{Y} \tag{4.63}$$

式中:$K_x = \sqrt{2/f_1 \cdot f_b}$。

当目标高 Y(m)、初速 v_0(m/s)及弹道系数 C_b 已知时,可迅速由附录 5 求出 K_x 值,由式(4.63)求出直射距离 X(m)。

4.5 弹丸旋转速度的测定

弹丸的旋转速度与弹丸的飞行稳定性和射击密集度密切相关。对于旋转稳定弹丸,弹丸的转速必须能满足陀螺稳定及动态稳定的要求;对于尾翼稳定弹丸,也要求赋予一定的转速以克服不平衡力矩的影响,提高射击密集度。这些都是依靠设计合理的火炮膛线缠度,或者设计合理的涡轮火箭发动机的喷管倾角,或者设计合理的发射架导轨螺旋角、斜置尾翼等实现的。但是由于火炮膛线磨损过大,或者弹带嵌膛不确实,或者底托及卡瓣的结构、强度不好,导致力矩未能有效传递给弹芯;由于设计及工艺的原因等,使得弹丸在飞行时未能达到预定的转速,从而造成飞行不稳定、密集度变差,甚至出现掉弹现象。

弹丸的转速还关系到破甲弹的破甲威力,关系到引信的可靠作用。一般来讲,弹丸的旋转对破甲有不利影响。当弹丸转速 $n>3000$r/min 时,破甲深度即可下降 10%以上,不能忽略;弹丸转速过低可能会引起引信接触保险失灵;弹丸转速过高可能引起引信或其他构件失效。所以,测量弹丸的转速是靶场试验的重要内容之一。

转速的单位常用 r/s 表示。测量弹丸转速有机械测量法、摄影测量法和电测法等,可根据被测弹丸的口径、转速的高低、靶场的测试条件以及测量目的选择使用。考虑到试验过程中的每一影响因素(如炮口速度、弹带结构、炮管磨损状态、弹丸类型等),所以至少应获得三发弹丸测量数据。

4.5.1 机械测量法测弹丸旋转速度

1. 尾翼式弹丸

对于超口径或折叠式尾翼弹丸,通常在弹道上设置纸靶或布靶,利用弹丸穿过纸靶时位移留下的痕迹来记录弹丸的转角,同时通过各种触发及计时仪器记录弹丸的飞行时

间,求得弹丸的平均转速,如图4.19所示。

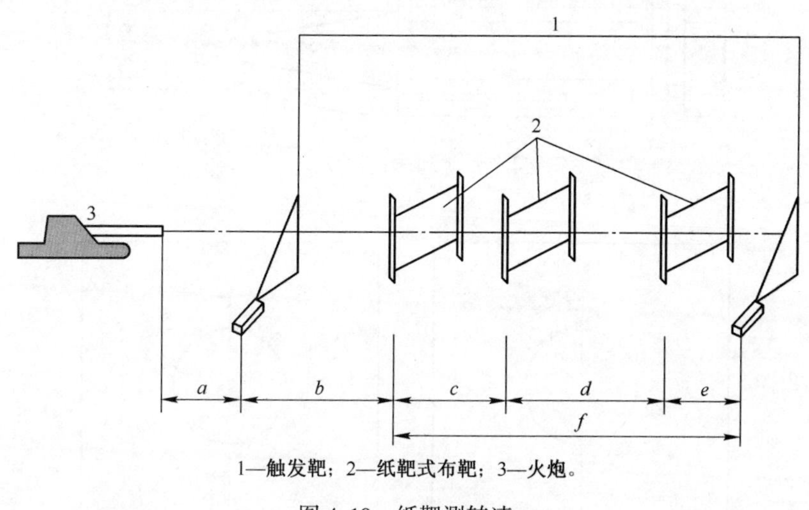

1—触发靶；2—纸靶式布靶；3—火炮。

图4.19　纸靶测转速

火炮到第1个触发靶的距离随火炮口径而异。第1个纸靶与第2个纸靶之间的距离c,应能保证弹丸不转过一周。为了防止判断失误,常在一个尾翼上嵌上一个短销子,作为测量转角的判别依据。这样,根据纸靶上的铅垂参考线及带销子尾翼孔的方位,根据测速系统测出的平均速度$\bar{v}$,即可求得弹丸飞经触发靶、纸靶式布靶靶间的平均转速n为

$$n=\frac{\varphi_2-\varphi_1}{c/v}\times\frac{1}{360°}=\frac{\varphi_2-\varphi_1}{360°}\times\frac{\bar{v}}{c} \tag{4.64}$$

式中:φ_2、φ_1为带销子尾翼孔线对铅垂线的转角(度);n为转速(r/s)。

为了提高测量精度,在纸靶式布靶中设立第3个纸靶,使第2纸靶和第3个纸靶之间的距离d略大于弹丸转过1~2周的距离。这样,既可以根据由第1个纸靶和第3个纸靶之间的转速n,估计出弹丸穿越第1个纸靶和第3个纸靶时转过的整周数N,又可以由第1个纸靶、第3个纸靶上测出的尾翼转角$(\varphi_2-\varphi_1)$,按下式求出弹丸穿过第1个纸靶和第3个纸靶的平均转速n'为

$$n'=\frac{N+(\varphi_2-\varphi_1)/360^{\circ}}{(c+d)/v}=\left[N+\frac{(\varphi_2-\varphi_1)}{360°}\right]\times\frac{\bar{v}}{c+d} \tag{4.65}$$

式中:$(c+d)$是第1个纸靶、第3个纸靶之间的距离;N值可由n与$(c+d)/\bar{v}$的乘积取整数得到。

触发靶与纸靶的间隔大小应在互不影响的情况下尽量取近些。

2. 旋转稳定弹丸和同口径尾翼弹丸

对于旋转稳定弹丸和同口径尾翼弹丸,由于弹丸上没有判别转角的标志,因此常采用油漆擦印法,即在弹丸的风帽或弧形部涂上慢干性油漆标志,油漆用红色、蓝色或绿色,标志形状如图4.20所示。当旋转稳定弹丸穿过布靶时,将在布靶上留下擦印,如图4.21所示。根据擦印的位置就能测出弹丸的转角,然后采用与尾翼弹丸同样的方法求出转速。

采用攻角纸靶法测出旋转弹丸进动角的方法也能得到弹丸的转速。由外弹道学可

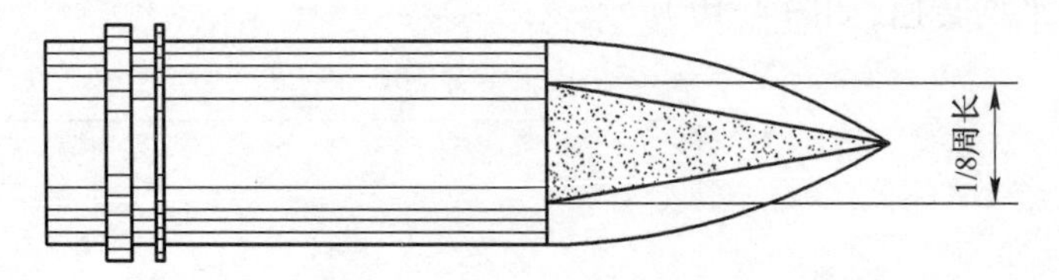

图 4.20　弧形部的油漆标志

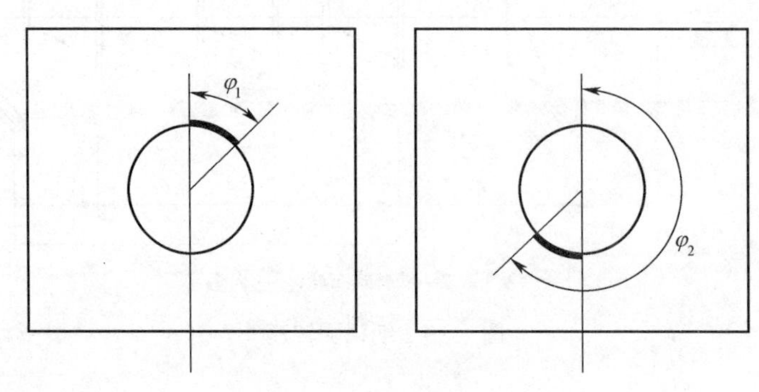

图 4.21　擦上油漆的布靶

知,旋转稳定弹丸的关系式为

$$\alpha = \frac{C\gamma}{2A} \tag{4.66}$$

式中　α——进动角速度（rad/s）;

γ——转动角速度（rad/s）;

C——弹丸的极转动惯量（$kg \cdot m^2$）;

A——弹丸的赤道转动惯量（$kg \cdot m^2$）。

变换式(4.66)可得转速公式为

$$\gamma = \frac{2A\alpha}{C} \tag{4.67}$$

或

$$n = \frac{A\alpha}{C\pi} \tag{4.68}$$

式中:A、C 是弹丸的结构参量,可以事先测得;进动角速度 α,可以通过测量弹孔长轴的方位角变化及弹丸飞行速度求得。

机械测量法测转速比较简单、经济,但只能测弹道上某几个固定点的平均转速,且精度不高。

4.5.2　摄影测量法测弹丸旋转速度

采用各种摄影测量法代替纸靶法,能够有效记录各种 30mm 以上口径弹丸的自转速度,这是美国靶场试验规程主要的测转速方法。

其具体方法及原理如下:

沿弹道侧方设置 3 台摄影机,第 1 台和第 2 台的间隔应小于弹丸旋转一周经过的路程,对于旋转稳定弹丸可根据炮膛膛线缠度来估计。第 1 台和第 3 台的间隔约为弹丸转过 5 周的飞行距离。摄影机之间的距离测量精度应不低于 1.5cm。摄影机可以采用高速分幅摄影机及弹道同步摄影机,但最常用的是弹道同步摄影机,因为它成像大、图像清晰、操作方便、经济性好。为了能通过照相测出弹丸的转角,弹丸上应先涂上螺旋标志。螺旋图形应绘制在弹丸的圆柱部,并正好涂成完整的一匝。螺旋标志也可以用纸或其他软材料剪成直角三角形:一个直角边等于弹丸圆柱部的周长,另一个直角边则稍短于圆柱部的长度,使后一个直角边平行纵轴,将三角形卷贴在圆柱部上。摄影机光轴垂直弹道,并对弹道调焦。估算并设置好摄影机的同步装置,必要时设置摄影光源、增加弹丸的照度,这样摄影准备完成。发射弹丸后,冲洗照相底片,可以得到如图 4.22 所示的 3 张螺旋图形。

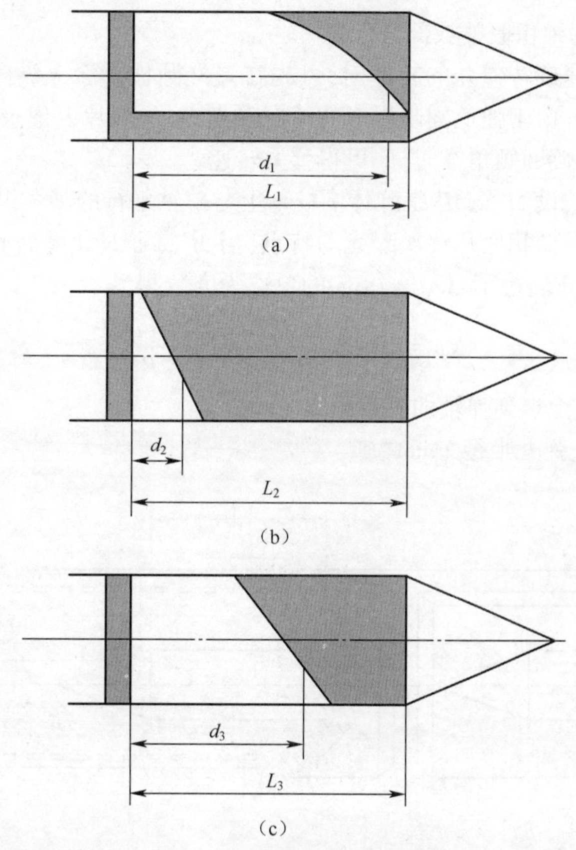

图 4.22　3 台摄影机的弹丸影像

(a) 第 1 台摄影机螺旋图形;(b) 第 2 台摄影机螺旋图形;(c) 第 3 台摄影机螺旋图形。

设 L_1、L_2和 L_3分别代表第 1 台、第 2 台、第 3 台摄影机所摄弹丸螺旋图形的螺距,d_1、d_2和 d_3分别为螺旋轴线上的特征长度,特征长度内变化一个螺距的长度,弹丸转动一周,二者成正比关系。所以,由式(4.69)可得到第 1 台和第 2 台摄影点之间弹丸转过的周数(用分数表示),即

$$\Delta\varphi = \frac{d_1}{L_1} - \frac{d_2}{L_2} \tag{4.69}$$

若出现负值时,则可以加上1。利用摄影机内的时间标记及时统信号,或者利用测时仪得到相应的飞行时间 Δt ,可求出第1台和第2台摄影机之间的平均转速 n,即

$$n = \Delta\varphi/\Delta t \tag{4.70}$$

摄影测量法与机械测量法一样,为了求得更精确的转速,可以再利用第1台和第3台之间的摄影结果进行计算,即

$$n' = (N + \Delta\varphi')/\Delta t' \tag{4.71}$$

式中:n'、N、$\Delta\varphi'$ 及 $\Delta t'$ 分别为第1台、第3台摄影机之间的平均转速、转过的整周数和分数部分以及相应的飞行时间。$\Delta\varphi'$可由下式求出,即

$$\Delta\varphi' = \frac{d_1}{L_1} - \frac{d_3}{L_3} \tag{4.72}$$

N 可以由 n 与 $\Delta t'$ 的乘积取整数部分得到。

测量大口径低速旋转弹丸的转速时,可先在弹丸圆柱部涂上纵向条状标志,再用单台同步摄影机拍摄。由于弹道同步摄影的特有曝光方式,底片上记录的条状标志将变为螺旋状,因此根据螺旋的倾角及时标,可得弹丸转速。

如图4.23所示,设M及 M' 是弹体圆柱部上与单轴平行的某一纵向标志线的两个端点。由于弹体旋转及照相底片逐次曝光的特点,当 M'点通过狭缝时长在底片上曝光时,已从 M 点曝光时为止转过了 $\Delta\varphi$ 角($\Delta\varphi$ 的单位为度),得

$$\Delta\varphi = \arcsin\left(\frac{a}{R}\right) + \arcsin\left(\frac{b}{R}\right) \tag{4.73}$$

式中　a、b——底片上点到弹轴的垂直距离(mm);

R——底片上弹丸半径(mm)。

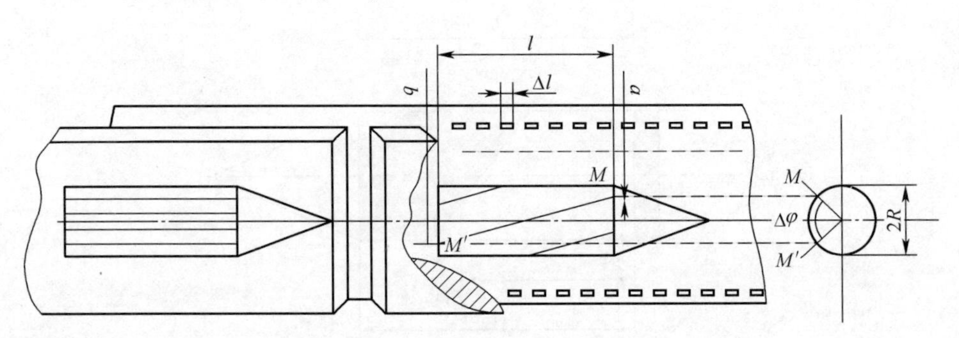

图4.23　单台摄影转速

根据底片上的时间标志,可以求出弹丸上 M 及 M' 点飞经狭缝视场的时间 Δt ,即

$$\Delta t = l/(\Delta l \cdot f_t) \tag{4.74}$$

式中　l——标志线的影响长度(mm);

Δl ——时间标点间隔(mm);

f_t ——时标频率(Hz/s)。

弹丸飞过摄影机视场时的平均转速为

$$n = \Delta\varphi/\Delta t \tag{4.75}$$

或

$$n = \frac{\Delta\varphi}{\Delta t \cdot 360} \tag{4.76}$$

4.5.3　电测法测弹丸的旋转速度

电测法包括遥测法、雷达法等,属于长距离测量弹丸转速的方法。其优点是能够在弹道的很长范围内连续测量弹丸转速,获得转速及变化,从而得到弹丸的极阻尼力矩系数,同时便于实现转速的实时测量。但遥测法需要在弹上安装传感器及发射机,要求弹丸有较大口径;雷达法需要在弹底刻一定尺寸的沟槽。这两种方法都要求对弹丸的结构参数及形状做某些改变,从而影响某些弹道性能,所以难以采用实弹进行测量,需专门制造测量弹。

遥测法的具体方法有很多,最简单、常用的方法是极化发射天线法和光电管法。极化发射天线法是弹丸头部安装微型极化发射天线及供电电池,极化方向与弹轴垂直,这样天线滚动平面方向会有两个波瓣及两个零点,如图 4.24 所示。当弹丸旋转时,地面遥测接收机收到的信号就会相应产生周期变化。弹丸每转一周,将会出现两个幅度降值,对每秒内的峰值除以 2,就得到了精确的转速。

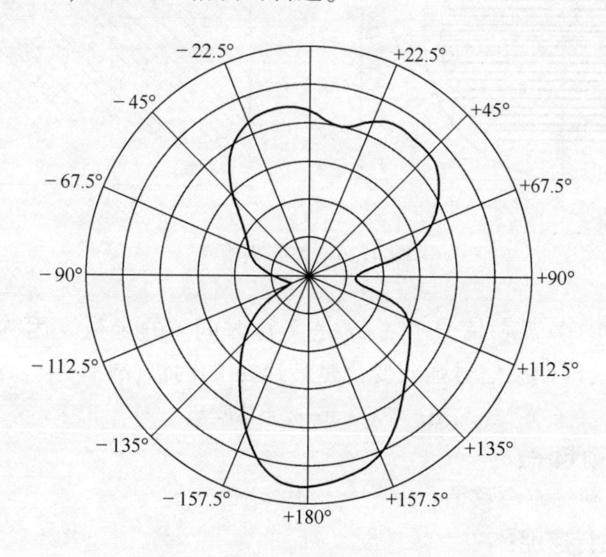

图 4.24　极化天线滚动平面方向图

光电管法是在环绕弹丸一周的两个相反位置上,安装两个光电管。光电管产生的信号正比来自天空及地面的光强,并在一个差动放大器中混合。当两个光电管随弹丸转动同时通过水平面时,它输出的信号变化达到最大值。这个信号的变化频率是转速的两倍,不受弹丸攻角运动的影响。图 4.25 所示为光电管法得到的转速记录。

在近雷达及信号处理方法出现以后,采用多普勒雷达测量弹丸飞行速度的同时,测量弹丸转速已成为现实。采用此种方法时,弹底需加工沟槽,沟槽深度和宽度都需是雷达波长的 1/4。为了不影响弹丸的气动特性,可以在刻槽内充填适当的非铁磁性介质,或者在弹底边缘留下足够宽的圆环不刻槽。连续波雷达线极化的电磁波辐射到旋转弹丸

图 4.25 光电管法转速记录

的底部,当弹丸底部是平底或轴对称时,接收到的多普勒信号对旋转时的弹丸不敏感。如果底部刻上了如图 4.26 所示的凹槽,破坏了弹底的轴对称性,则多普勒信号的复制及频率都将受到限制。当电场方向与刻槽方向一致时,回波信号最强;当电场方向与刻槽方向垂直时,回波信号最弱。

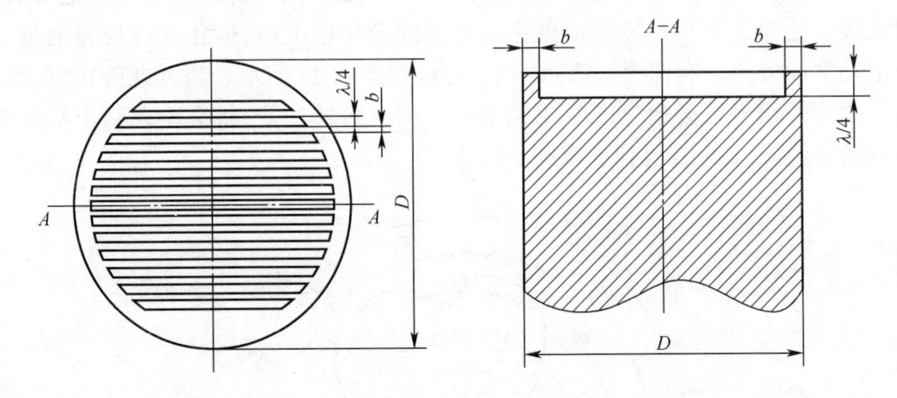

图 4.26 弹底刻槽

由调制器输出的多普勒信号 $f_D \pm \Delta f$ 是飞行时间 t 的函数。因为 $f_D = 2v/\lambda$,$\Delta f = 2\Delta v/\lambda$,而 $\Delta f = 2\omega$,即回波信号强弱变化是转速 ω 的两倍,故有

$$\Delta v = \lambda\omega \text{ 或 } \omega = \Delta v/\lambda \tag{4.77}$$

式中 f_D ——多普勒频率;

Δf ——多普勒频率漂移值;

v——弹丸飞行速度;

Δv ——相对应的速度漂移;

λ ——雷达电磁波波长。

通过包括快速傅里叶变换在内的数据分析系统的处理,可以得到如图 4.27 所示的 3 条速度随时间 t 的变化曲线。中间一条曲线是弹丸的径向速度,两侧的曲线对称于中间曲线。由两侧两条的曲线可以直接得到每个瞬时的速度差,即

$$\Delta v = \frac{1}{2}(v_{\max} - v_{\min}) \tag{4.78}$$

雷达法测弹丸转速的优点是很明显的,弹上的改动很小,设计适当可忽略尾流的影响,经济性好。在 1km 范围内雷达法与纸靶测量法等相比较,雷达法测量精度达千分之四。毫米波雷达,能用来测量小口径弹丸的转速。

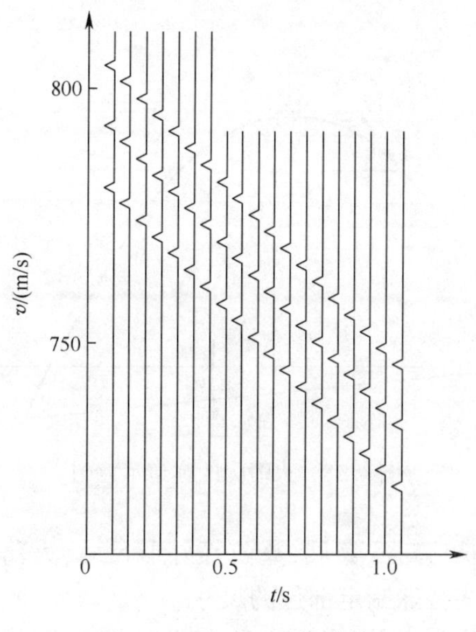

图4.27　速度—时间曲线

4.6　火箭弹与火箭增程弹外弹道性能试验

野战火箭是炮兵武器的重要组成部分。因为它具有射程远、威力大、机动性好等特殊的优点，并且随着科学技术的发展，射击密度也越来越好，所以世界各个国家的炮兵均装备野战火箭，其地位和作用也日益重要。火箭弹靶场试验与火炮弹丸有类似的项目，但由于火箭弹的结构及性能与火炮弹丸不同，所以火箭弹靶场试验的要求与方法也有所不同。

火箭弹与火炮弹丸的最大区别是火箭弹带有火箭发动机，所以其飞行弹道分为主动段和被动段。主动段内，火箭弹受推力作用逐渐加速，同时受推力偏心的影响形成侧向推力，使速度偏离原定方向；火箭弹脱离定向器（轨道、发射筒等）时，速度一般比较低，易受阵风影响，尤其是尾翼式火箭弹更易受横风的影响，增大弹道散布。被动段内，火箭弹的受力及运动规律均与炮弹相同，主动段末端弹丸运动参量，如坐标 X_K、Y_K、Z_K，速度 V_K，俯仰角 θ_K，偏航角 ψ_K 等都极大地影响弹丸在被动段内的整个弹道运动状况。火箭弹的弹道如图4.28所示。

火箭发动机的装药形状、尺寸和质量，装药的温度、点火及燃烧，发动机喷管的尺寸及正确安装等都影响发动机推力及转矩的大小和作用时间，从而对火箭弹的加速度、炮口速度和主动段终点的运动参数产生重要影响。尾翼式火箭弹的各种尾翼的形状、尺寸及正确安装，关系到稳定力矩的大小，气动力外形是否对称，以致关系到飞行的稳定性并影响火箭弹的射击密度。因此，在弹药准备时，必须对火箭弹进行全面地静态检查与测量，具体内容如下。

（1）外观检查，如弹体表面有无脱漆和生锈，外形是否一致，有无碰伤和撞凹，特别是尾翼有无变形等。

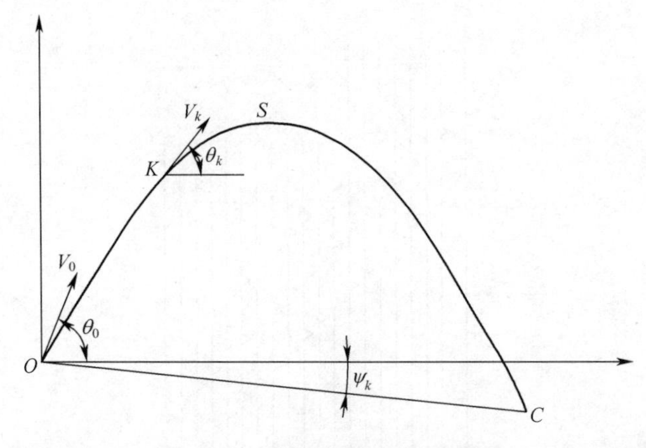

图 4.28　火箭弹的弹道示意图

(2) 尺寸测量,如弹长、弹径、翼展、翼弦等外形尺寸,火药装药、喷管直径等零部件尺寸,以及装配尺寸和某些特殊制定部位的尺寸。

(3) 质量检测,如全弹起飞前质量、不带火药和点火药时的空弹质量、发射药质量、战斗部质量及引信质量等。

(4) 结构参数的测量,包括发射装药燃烧前和燃烧后的质心位置、轴向和横向转动惯量,以及质量偏心、动不平衡度和尾翼安装角等。

(5) 装配质量的检查,如装配间隙、圆跳动量、尾翼灵活性和对称性等。

火箭弹定向器有多管式定向器或笼式定向器、滑轨式定向器。定向器的技术状态对弹道性能有重要影响。所以,除了对火箭炮进行与火炮同样的零线及高低回转部分空回量的检查外,还要检查定向器的内径及圆柱度、导轨的直线度、各定向器的平行度、发火系统的导电性、射击间隔的准确性,以及闭锁力和闭锁机构的可靠性等。这些技术性能直接影响火箭弹的炮口速度、起始扰动以及运动方向。

火箭弹的射程和散布通常都比火炮弹丸大得多,必须有足够远的射击靶道及足够大的弹着区。弹着区应考虑火箭弹的偏流、风偏、散布及战斗部爆炸时弹片飞散的最大距离。

火箭弹对风有更大的敏感性,射击时应特别注意对风的测量,对于地面 100m 以内的风向、风速,要逐发分层进行测量。

由于火箭弹带有火箭发动机,为了提高射击精度而安装某些特殊机构,火箭弹的成本比普通炮弹高得多,所以火箭弹试验数量受到经济性的限制。这个经济性限制问题,可以通过增加测量仪器获取足够多的试验数据进行解决。

火箭弹靶场外弹道试验的主要内容包括主动段弹道诸元的测定、飞行稳定性试验和地面射程及密集度试验,还包括航空火箭弹机载空对地射击的外弹道试验及航空火箭弹与反坦克火箭弹的立靶密集度试验。

火箭增程弹是火炮弹丸的重要弹种。由于它既是由火炮发射,又带有助推火箭发动机,所以兼有火炮弹丸及火箭弹丸两者的特点。助推火箭发动机一方面提高了弹丸的速度、增加了射程,另一方面增加了扰动因素,影响了密集度。但是由于它采取火炮发射,弹丸出炮口时已具有很高初速,因此减小了扰动因素对弹丸的干扰,使得密集度比火箭弹有很大提高。所以,火箭增程技术在远程火炮弹丸及反坦克弹中都得到了应用。

火箭增程弹除了进行与普通弹丸相同的外弹道试验项目外,还要对助推发动机的点火位置、点火时的飞行姿态、助推发动机的工作状态（燃烧是否正常）及熄火时弹丸的弹道参数进行测量,因为这些因素都对增程弹的射程及密集度产生重要影响。

4.6.1　主动段弹道诸元测定及飞行稳定性试验

1. 试验目的及方法

测定主动段终点的弹道参数是用来计算火箭弹的标准射程,测定主动段内各种弹道参数及其随时间的变化规律,观察火箭弹在主动段内的运动状态。必要时还要监测火箭发动机的工作状态,用来分析火箭弹的飞行稳定性,并为分析火箭弹的射程及密集度提供依据。

测定弹道参数主要使用三种测量仪器:弹道摄影经纬仪（弹道照相机)、电影摄影经纬仪及多普勒测速雷达。弹道照相机采用多台交汇摄影的方法,记录弹道轨迹,处理弹道参数;电影摄影经纬仪不仅能记录轨迹,还能记录姿态,但测量精度不如弹道照相机。测量火箭弹在定向器上、脱离定向器及脱离定向器后不太远距离内的运动参量,通常使用高速分幅摄影机、弹道同步摄影机以及光学杠杆等测量,也可以与电影摄影经纬仪等同时测量。

火箭弹的速度及变化主要依靠多普勒测速雷达,可以获得速度曲线,也可以获得平面弹道参数。测量火箭弹主动段的运动速度,必须采用配备 S 波段（发射机频率为 2. 6GHz）发射天线的多普勒雷达,以克服发动机燃气流场对雷达电磁波的干扰。火箭发动机的工作状态通常能够通过摄影记录判断。发动机尾流曝光形成的影响有短缺现象时,说明发动机火焰不连续、工作不稳定。在必要时,可以采用在弹上安装各种传感器及发射天线的方法,通过遥测系统监测发动机的压力、温度以及弹体转速等参量。

由于同时参加测试的仪器设备较多,因此为了处理数据协调、控制各仪器的工作,还必须设立时间统一系统,提供统一的试件标准信号、发火信号及各仪器的开关信号等。

2. 弹道摄影经纬仪及其测量原理

弹道摄影经纬仪是一种固定式、单片、大画幅、等待式和多次重复曝光的精密摄影测量仪器,主要由照相机、经纬仪、底座和电控装置组成。照相机多采用固定式玻璃干板作底片,因为玻璃干板尺寸稳定、测量精度高。照相机采用高成像质量的长焦距镜头,以满足远距离测量的要求。照相机快门周期性工作,每秒打开 10~40 次。根据弹丸飞越视界的时间和照明条件,一块玻璃干板可以曝光 50 多次,直到总曝光量达到乳剂的极限为止。电控装置一方面控制照相机与被摄现象的同步,另一方面控制照相机与多台照相机的同步。经纬仪保证照相机光轴的精确定向。由于是单片多次曝光,故最适宜夜间拍摄火箭弹主动段及装有曳光或频闪光源的炮弹,得到弹丸运动的点像。

我国靶场 20 世纪 50 年代已用摄影经纬仪测量炮弹、火箭弹的弹道及高射武器的空中炸点。20 世纪 60 年代之前我国主要使用苏式 ΦTC 摄影经纬仪。该仪器物镜焦距 380mm、相对孔径 1 : 5. 6、视场角 18°×25°、底片尺寸 130mm×180mm、中心鉴别率不低于 24 线对/mm、快门最大开关次数为 24 次/s,采用度盘测角,两站互相为定向基准,测量精度较低。20 世纪 60 年代之后,我国自行研制了多种摄影经纬仪代替 ΦTC 相机,成为靶场主要弹道摄影经纬仪,如 DX 系列的 DX210、DX450、DX1000 和 741 型相机等。

DX210 型照相机的主要特点是视场大、体积小、质量轻、机动性好,可用度盘定向,也可用恒星定向。当布站在发射点 1000m 内时,大多数武器的全部弹道均可在视场之内。

DX450 型照相机的主要特点是精度高、通用性强。它具有精度较高的光学度盘(刻盘误差 0.9°)和较大的通光口径,拍摄能力较强,可用恒星定向,不仅能做精密测量仪器使用,还可做中等精度测量设备的鉴定仪器。

DX1000 型照相机口径大、光学畸变小、快门与照相机互不干扰,避免了快门振荡带来的定向误差,且照相机带有温度补偿装置,消除了温度变化带来的误差,所以测量精度更高。该照相机在靶场主要做精度基准校准和鉴定其他高精度的外弹道测量仪器。

弹丸空间坐标的测量基于的原理:空间任何点的位置都可以由两条以上曲线或直线的交点来确定,也可以由空间任何点对地面某测量点的方位和距离来确定。因此,测量弹丸空间坐标有两种方法,即方位测量法和方位距离测量法。方位测量法采用两台或两台以上摄影光学仪器(弹道照相机或电影经纬仪),使它们的视轴交汇于目标上,结合各台仪器的视轴方位角、高低角和站间距离等参量求出弹丸的空间坐标。方位距离测量法采用无线电脉冲定位雷达或激光雷达,在测定目标方位角和高低角的同时,能够得出目标到仪器的距离,由方位角、高低角及距离数据,能够可得到弹丸的空间坐标。根据布站方式的不同,方位测量法又分为正直摄影法和交汇摄影法。

1)正直摄影法

正直摄影法如图 4.29 所示。在火箭炮后方距离 a 处设一条基线,基线与射向相垂直,长度为 b。在基线两端各设置一台弹道照相机,照相机的光轴都要垂直基线,并赋予同样的仰角 ε。实验时,a、b 以及仰角 ε 的选择,应保证火箭弹主动段的弹道落在两台照相机共同的视场内。

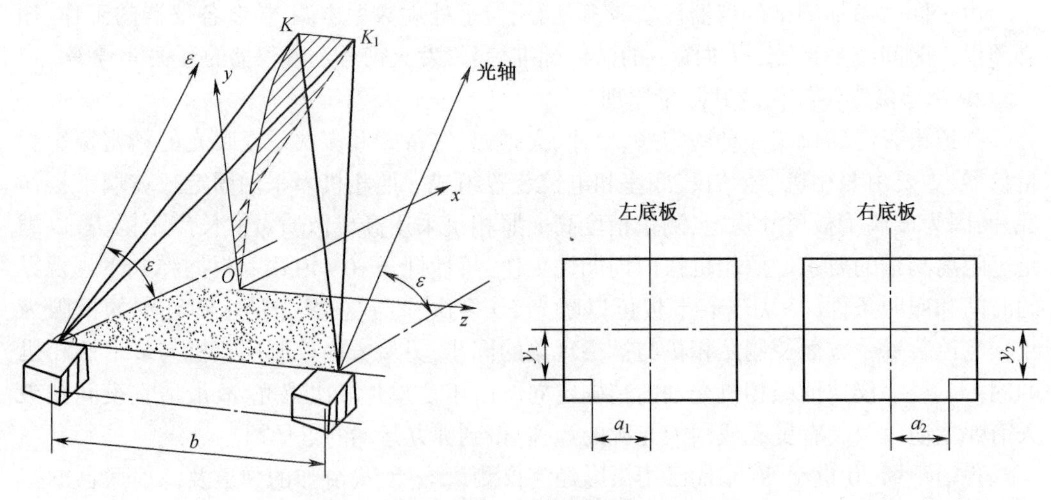

图 4.29　正直摄影法

设靶场地面坐标系的地面原点在炮口中心,z 轴与基线平行向右为正,y 轴铅垂向上,x 轴与 yoz 面垂直并指向射击方向。射击后,获得左右两张照片,由于目标并不正好在光

轴上,因此点像将偏离画幅中心。根据几何关系,可以推导出目标相对靶场地面坐标系的计算公式为

$$
\begin{cases}
x = x_0 + \dfrac{bf}{a_1 + a_2}\cos\varepsilon - \dfrac{by_1}{a_1 + a_2}\sin\varepsilon \\
y = y_0 + \dfrac{bf}{a_1 + a_2}\sin\varepsilon + \dfrac{by_1}{a_1 + a_2}\cos\varepsilon \\
z = z_0 + \dfrac{ba_1}{a_1 + a_2}
\end{cases}
\tag{4.79}
$$

式中　x、y、z——弹丸坐标;

x_0、y_0、z_0——左方照相机物镜中心的坐标,x_0、z_0为负值;

f——照相机物镜的焦距;

a_1、y_1、a_2——左右照相机底片上点像偏离画幅中心的坐标参数。

式 (4.79) 是在两台照相机的物镜中心的水平高度相同的条件下推导出的,如果右侧照相机比左侧照相机高 Δh,则式 (4.79) 应修改为

$$
\begin{cases}
x = x_0 + \dfrac{bf + \Delta h a_2 \sin\varepsilon}{(a_1 + a_2)f}(f\cos\varepsilon - y_1\sin\varepsilon) \\
y = y_0 + \dfrac{bf + \Delta h a_2 \sin\varepsilon}{(a_1 + a_2)f}(f\sin\varepsilon + y_1\cos\varepsilon) \\
z = z_0 + \dfrac{bf + \Delta h a_2 \sin\varepsilon}{(a_1 + a_2)f}a_1
\end{cases}
\tag{4.80}
$$

由于照相机焦距 f 是已知的,基线长 b 及照相机相对于火箭炮的坐标 x_0、y_0、z_0 可以事先测定,因此射击后在照相机已有记录上判读相应点像的坐标参数 (a_1, y_1) 与 (a_2, y_2),就可以代入式 (4.80) 求出目标相对于炮口的坐标 x、y、z。依次逐点判读照相底片各个对应点像的坐标参数,并根据快门的拍摄频率和时统信号,即可获得目标的弹道坐标随时间 t 的一系列值:$x(t)$、$y(t)$、$z(t)$,绘出它们的变化曲线,进而通过数学方法求出火箭弹的弹道弧长、速度、弹道倾角及偏角随时间的变化:$S(t)$、$v(t)$、$\theta(t)$、$\psi(t)$。根据发动机熄火点对应的时间确定主动段终点时刻 t_k,便可由上面一系列曲线确定主动段终点的弹道诸元 X_k、Y_k、Z_k、S_k、v_k、Θ_k 及 ψ_k 等。

2) 交汇摄影法

交汇摄影法不要求两台照相机的视轴平行,也不要求仰角相等,一般要求交汇角在 60°~120°,如图 4.30 所示。

在图 4.30 中,设 O_1、O_2 分别为左右照相机的物镜中心、$\overline{O_1O_2}$ 为基线、长度为 b。坐标的选取方法与正直摄影法相同。若目标 M 正好在两台照相机光轴的交点上,M' 点为 M 点在 $x'o_1z'$ 平面上的投影,α_1、α_2 分别为 $\overline{O_1M'}$ 和 O_2M' 与基线的夹角,ε_1、ε_2 分别为两台照相机视轴的仰角,则可以推导出 M 点在 $O_1\text{-}x'y'z'$ 坐标系中的计算公式(这是交汇摄影的特例)为

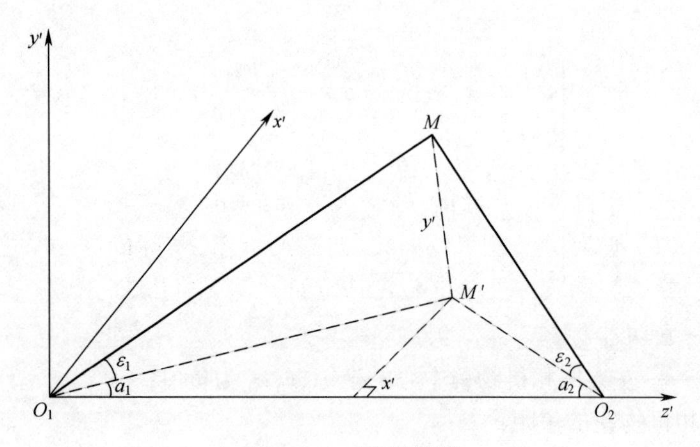

图 4.30　交汇摄影法

$$\begin{cases} x' = \overline{O_1M'}\sin\alpha_1 \\ y' = \overline{O_1M'}\tan\varepsilon_1 = \overline{O_2M'}\tan\varepsilon_2 \\ z' = \overline{O_1M'}\cos\alpha_1 \end{cases} \tag{4.81}$$

因有

$$\overline{O_1M'} = b\sin\alpha_1/\sin(\alpha_1 + \alpha_2) \tag{4.82}$$

代入式 (4.82),得

$$\begin{cases} x' = b\sin\alpha_2 \cdot \sin\alpha_1/\sin(\alpha_1 + \alpha_2) \\ y' = b\sin\alpha_2 \cdot \tan\varepsilon_1/\sin(\alpha_1 + \alpha_2) \\ z' = b\sin\alpha_2 \cdot \cos\alpha_1/\sin(\alpha_1 + \alpha_2) \end{cases} \tag{4.83}$$

若射线垂直基线,x_0、y_0、z_0为 O_1点在靶场地面坐标系中的坐标值,则目标 M 在靶场地面坐标系中的坐标应为

$$\begin{cases} x = x_0 + x' \\ y = y_0 + y' \\ z = z_0 + z' \end{cases} \tag{4.84}$$

由此可见,只要事先确定 x_0、y_0、z_0,测出 ε_1、ε_2和 α_1、α_2,即可求出 x、y、z。但是目标通常都不在两台照相机的光轴上,公式 (4.84) 中的仰角及方位角不能采用照相机光轴的视值,而应采用下式值,即

$$\begin{cases} \varepsilon_1' = \varepsilon_1 + \Delta\varepsilon_1 \\ \varepsilon_2' = \varepsilon_2 + \Delta\varepsilon_2 \\ \alpha_1' = \alpha_1 + \Delta\alpha_1 \\ \alpha_2' = \alpha_2 + \Delta\alpha_2 \end{cases} \tag{4.85}$$

式中:$\Delta\varepsilon_1$、$\Delta\varepsilon_2$、$\Delta\alpha_1$、$\Delta\alpha_2$是修正量。由照片上点像相对画幅中心的坐标值 a_1、y_1和 a_2、y_2 (脱靶量) ,可得

$$
\begin{cases}
\tan(\Delta\varepsilon_1) = y_1/f_1 \\
\tan(\Delta\varepsilon_2) = y_2/f_2 \\
\tan(\Delta\alpha_1) = a_1/f_1 \\
\tan(\Delta\alpha_2) = a_2/f_2
\end{cases}
\tag{4.86}
$$

式中:f_1、f_2为左右照相机物镜的焦距。

摄影经纬仪具有很高的测量精度,这是因为它采取固定式摄影、基础稳固,经纬仪定向、恒星校准、使用玻璃干板变形小等。但摄影经纬仪实际的测量精度还与摄影站数目、布站方式、基线的测量精度和底片的判读精度等密切相关。误差分析表明:摄影站最好采用3个,能比2个站大幅度降低测量误差;站间距离不宜太近,应保证交汇角不小于60°;基线的测量要足够精确,应保证基线长度的相对测量误差不大于1/5000~1/20000。

火箭弹飞行稳定性的判断主要依靠观察和对摄影记录进行分析。严重不稳定的现象如突然拐弯、翻跟头、掉弹等,通常借助简单的观察工具就能发现,从摄影经纬仪底片上也能进行判断。当曝光的短线(发动机尾焰)歪歪扭扭不平滑时,则说明弹轴摆动过大。飞行性能良好的火箭弹,弹道轨迹及飞行速度部位都应是平滑的曲线。若有不规则的突变现象出现,则火箭弹飞行可能是不稳定的。

4.6.2　航空火箭弹机载对地射击的外弹道试验

航空火箭弹试验分为地面射击试验及空中射击试验两部分,只有通过地面射击试验确保空中射击安全后,才能进行空中射击试验。航空火箭弹地面射击考核的项目与野战火箭弹几乎相同。密集度试验采取与反坦克火箭弹相同的立靶射击试验。立靶距离应取稍大于主动段弧长,立靶尺寸依靶距及火箭弹散布特性来确定,其宽、高应大于散布概率的8倍。

空对地射击的外弹道试验主要目的是测定在某一特定条件下(飞机高度、速度和抛射角)的射程、密集度及弹道诸元,并为火控瞄准系统的计算提供弹道特征数。弹道特征数(主要是阻力系数和弹道系数)可通过风洞试验及弹道靶道试验获得,但用得最多的还是通过靶场飞行试验获得,因为获得的弹道信息最完整、测量条件及范围不受限制。

空对地射击的外弹道试验的基本方法是采用两台以上的电影经纬仪进行交汇测量,测出火箭弹从发射点到命中靶标全弹道的空间坐标随时间变化的基本诸元。飞机的坐标是为了确定火箭弹发射时的初始条件。通过飞机上的发射信号及向地面的发送设备,地面的红外断路器及计时仪器,可以测得火箭弹从发射到落点的飞行时间。

电影经纬仪与摄影经纬仪(弹道照相机)有类似的功能及测量原理,都是采取方位测量的方法,用摄影光轴的方向角、高低角及底片上记录的脱靶量计算目标的空间坐标。所不同的是,电影经纬仪是电影摄影机与经纬仪的组合,采用动片摄影,有输片机构,能连续拍摄多幅画幅,不存在重复曝光的问题,因而无须在夜间拍摄;由于是在白天拍摄,因此得到的不只是点像,而是整个飞行目标,不仅可以得到作为质点的空间坐标,还可以得到飞行姿态;电影经纬仪具有跟踪装置,能实现对目标的跟踪拍摄,测量范围大。在拍摄过程中,主镜跟踪对准目标,主镜的方位角和高低角由轴角编码器测出,通过电信号传输给氖灯点阵显示,经光路系统投射到摄影底片上记录下来。这样,由记录的每一画幅,可得一组方位角、高低角及目标的脱靶量数值。根据两台摄影机对应画幅的测量结果,即可计算出所摄目标的一系列空间坐标 (x_i, y_i, z_i)。电影经纬仪带有试件标记,所以可得到坐标随时间的变化曲线。根据飞机和火箭弹的坐标随时间的变化曲线,以及发射时的试件信号,即可确定火箭弹发射时的初始参量,求出火箭弹的射程 L_0,即

$$L_0 = \sqrt{(\bar{x} - x_1)^2 + (\bar{y} - y_1)^2 + (\bar{z} - z_1)^2} \tag{4.87}$$

式中 x_1、y_1、z_1——发射点坐标值;

x、y、z——平均弹着点坐标值。

由于电影经纬仪是动片摄影并具有跟踪装置,因此其坐标测量精度低于弹道照相机。典型电影经纬仪(如 ASKNIA)的测角精度为 20″、最高摄影频率 19 幅、作用距离 32km,有雷达导引。

机载对地射击试验的准备、组织与实施比较复杂。在试验准备阶段,除了进行火箭弹和定向器的静态检查与测量和仪器的测试准备外,还要对定向器与飞机的连接、弹装入定向器后的发火电路进行检查;选择射击场地及铺设靶标,选择航路及进入点;建立空中与地面、各仪器点、各清场警戒点与指挥点以及相互间可靠的通信联系;制定各仪器的同步协同及组织指挥方案等。摄影机的布阵及摄影频率的选择,要根据拍摄的目的、射击时的飞机高度,以及火箭弹的弹道性能等确定。为了观察火箭弹的飞行姿态,常同时使用长焦距镜头摄影机进行拍摄,在飞机起飞前半小时,射击场地必须清场完毕,仪器处于良好待命状态。飞机起飞后应立即发出信号,到达航线规定的上空时,应及时向地面指挥员报告,由地面指挥通报各点。通常在正式试验射击前,要进行几次试航或空进,还应试射几发火箭弹,让经纬仪操纵手进行演练。试验过程要实时发出气球,但在飞机到达时,气球应超过飞机高度以保证飞机安全。

在火箭弹连发密集度试验中,一组火箭弹的发数应等于飞机携带全部发射器的总管数。在飞机的每一个进入高度(H)、飞行速度(v)及俯冲角(λ)条件下,都必须射击 3 组火箭弹。实验中飞机的进入高度应不少于两个不同的值。地面弹着点坐标可以在射击后直接用机械的后光学方法测量,也可以用电影经纬仪或其他摄影仪器的记录进行计算。

4.6.3 火箭增程弹外弹道试验

火箭增程弹外弹道试验最重要的项目是测量弹丸的速度变化曲线,检验助推火箭的增程效果。这项试验通常是与射程和密集度试验一起进行。测量速度变化曲线最为方便有效的办法是使用多普勒雷达测速仪测量。由多普勒雷达测速仪记录的弹丸速度随时间变化的曲线,得到炮口初速、点火时间、起始段和增速段的速度变化以及增速终点的最大速度等,并据此可以推算出点火位置及增速段终点的 X、Y 坐标。助推火箭发动机工作状态(燃烧稳定性、点火一致性等),可以根据速度曲线进行分析,也可以用高速摄影机或电影经纬仪进行拍摄。反坦克无后座炮使用的火箭增程弹,常采用高速摄影机进行拍摄。可在预计的点火位置侧方设立几个标志杆,标志杆到炮口断面的距离及相互的间隔要准确测量。在弹道的另一侧距弹道适当的距离上,设置高速摄影机,使摄影光轴垂直弹道,物镜视场包括标志杆。根据摄影机到弹道和到标志杆的距离,标志杆到炮口断面的距离及相互间隔,即可由摄影记录判断点火和熄火位置,并推算出弹丸到炮口的距

离。图4.31所示为水平射击的无后坐力炮发射火箭增程弹时,用多台摄影机（或录像机）连续拍摄弹丸飞行姿态布局。

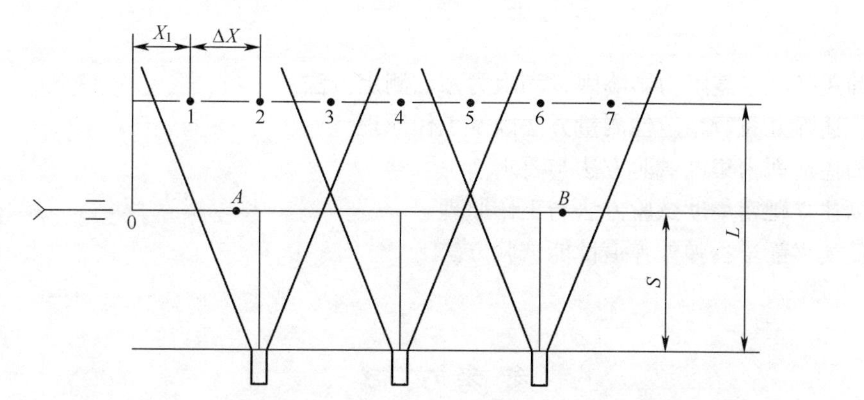

图4.31　水平射击的无后坐力炮发射火箭增程弹拍摄示意图

拍摄时可以在火线两侧平行设置背景布、标杆和照相机,标杆距炮口断面距离及标杆相互的间隔距离都要准确测出。背景布与标杆距火线距离适度,另一侧的照相机距火线距离适当,以安全为主,必要时可进行防护。照相机布局时要求摄像光轴垂直弹道火线,物镜视场包括标志杆。若一台照相机视场不够,则可多台接力拍摄,直至能记录所需测量的全部弹道段。根据摄影机到弹道火线和到标志杆的距离,标志杆到炮口断面及相互间的距离,即可以拍摄弹丸飞到图像上判定发动机点火和熄火位置,并推算出离炮口距离。

助推火箭点火及熄火位置的判断主要依据摄影画面上弹丸尾部有无火焰,刚开始出现火焰的画面,即点火位置;火焰突然消失的一幅画面,即熄火位置。在图4.31中,若第一台照相机记录的点火时弹丸质心距第1标杆距离为 a,第三台照相机记录的熄火时弹丸质心距第5标杆距离为 b,则点火与熄火位置 X_A、X_B 可由下式,得

$$\begin{cases} X_A = X_1 + \dfrac{a \cdot k}{M} \\ X_B = X_5 + \dfrac{b \cdot k}{M} \end{cases} \tag{4.88}$$

式中:M 是摄影的放大系数,可以由摄影机物镜焦距除以摄影机到标志杆的距离 L 得到,即 $M=f/L$,也可以用画面上两标志杆的实际间隔得到;k 是因标志杆和弹道火线相对摄影机具有不同的物距而形成的修正系数,即 $k=S/L$。

实际试验时,各摄影机的放大系数应分别测量和记录。如果各照相机摄取画面统一打上零点（弹出炮口）信号,则可根据时标及画面上标志杆位标,通过式（4.88）求出弹丸位移随时间的变化以及画面弹丸的飞行姿态等弹道特性进行分析判断,求得点火时间、位置是否一致,是否合理正确,发动机工作是否稳定,工作时间是否一致,推力加速度是否恒定,点火有无干扰,弹丸飞行姿态是否正确等。

远程火炮的火箭增程弹,可以用电影经纬仪或弹道照相机交汇摄影,测得弹丸空间坐标随时间变化,判定助推火箭点火、熄火位置与工作状态。

思 考 题

1. 简述弹丸空气阻力影响因素和阻力系数测定方法。
2. 简述弹丸飞行稳定性测量方法以及工作原理。
3. 简述地面密集度试验方法与要求。
4. 简述立靶密集度试验方法与工作原理。
5. 简述火箭增程弹外弹道性能试验方法。

参 考 文 献

[1] 第一机械系．外弹道学[G].北京:北京工业学院,1956.
[2] Gilbert A B. 外弹道学[M]. 北京:国防工业出版社,1964.
[3] 徐明友．火箭外弹道学[M]. 北京:国防工业出版社,1980.
[4] 浦发．外弹道学[M].北京:国防工业出版社,1980.
[5] 郭锡福．外弹道学简史[M]. 北京:兵器工业出版社,1998.
[6] 刘怡昕．外弹道学[M]. 北京:海潮出版社,1998.
[7] 二〇三教研室外专业教材编写组．枪炮外弹道学[G].南京:华东工学院,1973.
[8] 侯保林,高旭东．弹道学[M].北京:国防工业出版社,2016.
[9] 王昌明．实用弹道学[M].北京:兵器工业大学出版社,1994.
[10] 钱林方．火炮弹道学[M].北京:北京理工大学出版社,2009.
[11] 韩子鹏．弹箭外弹道学[M]. 北京:北京理工大学出版社,2008.
[12] 王中原,周卫平．外弹道设计理论与方法[M].北京:科学出版社,2004.

第5章 弹药发射安全性、对目标的作用正确性和爆炸完全性试验

弹药产品设计论证阶段,根据战术技术指标要求、发射平台条件,依据理论分析、数值仿真来确定产品结构与参数。按照初定的产品结构与参数生产的样件进行有关发射强度和相关正确性试验来考核和验证初定产品结构与参数是否符合战术技术指标要求,进而修正和完善设计方案。

为满足弹丸、火箭弹不同的战术技术要求,各种弹的装配弹体及其炸药装药等装填物的结构、材料、制造工艺和技术性能参数都有所不同。主用弹的弹体内炸药装药等装填物就有多种类型,常见的有螺旋压装及其改进后采用分部压装的TNT装药、硝铵炸药装药、铸装TNT装药、TNT-黑索金混合炸药装药(如铸装B炸药),以及压制TNT药柱、黑铝药柱装药等。特种弹的弹体内主要装填能完成特殊战斗任务的烟幕(罐)剂、照明(炬)剂及其吊伞系统等,还有必须在传爆管内装填炸药或在弹体内装填抛射火药等才能完成特定战斗任务。因此,在弹丸发射安全性方面,首先进行装配弹体零部件发射强度与作用可靠性试验,然后进行炸药装药或其他装填物发射安全性试验。综合这两类试验考核弹丸能否经受最不利的发射条件,确保设计与生产(批量生产)弹丸能在其全部战技性能要求的使用条件下发射正常、安全可靠。发射可靠安全的弹丸才能继续完成预定弹道的飞行并在弹道终点有效攻击目标。

以最不利的发射条件考核弹丸性能的目的是严格控制弹丸射击和生产质量,最大限度地减少或避免可能发生的弹丸零部件破碎、脱落以及近炸、炮口炸和膛炸等发射不正常情况。膛炸的发生必将造成火炮身管炸裂、破片飞散、炮手伤亡、人员的无谓牺牲、试验设施的损毁。若在战场上发生膛炸,则情况更为严重,不仅会使我军兵器和人员损伤、贻误战机,而且严重干扰我军的战斗士气,使战局失利。弹药设计和制造者应谨防膛炸等危险事件的发生,并贯穿产品设计、制造和试验的始终,应以严肃、客观的态度评定与分析试验结果,针对试验中出现的问题采取恰当的措施,改进和提高弹药设计与制造质量。

弹丸、引信产品发射强度,对目标作用正确性的验证试验是弹药产品设计论证阶段不可缺少的考核项目。弹丸、引信发射强度的考核不仅是指在标准条件下(常温环境)发射安全,还包括在极端条件(高、低温环境)下发射安全考核。在设计论证阶段,多依靠强装药发射条件考核弹丸、引信发射强度,控制产品设计、生产运输、储存各个环节产品质量,确保弹丸、引信发射时零部件不破坏、不脱落,不发生炸膛、炮口炸、近炸等。

弹丸、引信对目标作用正确性试验主要是考核弹丸着靶姿态正确性,弹丸装药爆

炸的适时性、完全性、可靠性,弹丸着靶的强度适用性,引信作用的可靠性、正确性等都要符合弹药产品终点效应战术要求。由于不同弹药品种对目标作用正确性的要求不同,因此在产品设计论证阶段都要进行相应的对目标作用正确性试验,其他阶段也要进行相应正确性考核验收试验。

炸药装药的弹丸主要通过弹道终点的爆炸效应完成对目标的毁伤。弹丸爆炸完全性是有效发挥和保证弹丸威力的重要条件,取决于引信作用的可靠性、引信-炸药传爆系列设计的合理性、炸药性能、装药与弹体的结构合理性以及各零部件的加工、装配质量等。因此,爆炸完全性试验是一项综合性试验,凡有炸药装药的弹丸都必须进行本项试验。各类弹丸的目标有所不同,试验方法也不同,但必须在各项试验之前进行弹丸对目标的碰击强度试验和安定性试验,以检查弹丸爆炸前的各零部件是否正常可靠。

本章首先介绍弹丸试验用强装药的膛压和初速的选定;其次在这个基础上介绍与弹丸结构有关的装配弹体发射强度试验及主用弹的弹体装药发射安定性试验和特种弹的弹体装填物发射安全性试验;再次根据弹丸对目标的作用正确性和可靠性要求,分别介绍炸药装药弹丸对地面、装甲等目标的碰击强度、炸药装药碰击安定性与爆炸完全性试验;最后介绍曳光及曳光自炸性能试验。

5.1 强装药的膛压选定

就弹丸发射条件而言,弹丸不仅要在标准环境条件下发射成功,还要在极端条件以及火炮、药筒装药、弹丸自身零部件的结构、材料强度和尺寸公差下限等综合因素产生的最不利条件下发射成功。因此,在装配弹体发射强度和装药发射安定性试验中,试验条件是综合各种可预计的不利因素,以专用发射装药(强装药)进行模拟。

5.1.1 一般情况

弹丸发射安全性各项试验中采用的专用强装药,其膛压和初速允许范围一般在靶场实验项目的产品图和实验项目的条件栏内直接标出,或只标出全装药的保温(极端环境高温)值,这就是产品试验时选配强装药的依据。该选配方法参见 3.4 节。

强装药涉及的几个术语定义如下:

强装药:用提高制式发射药药温、增加药量、改变装药结构或发射药品号等方法,获得应用条件下最大膛压或初速的发射装药。

全装药:标准条件下,使弹丸获得产品图样规定的最大初速的发射装药。

混合装药:以不同组分或不同药形尺寸的发射药组成的发射装药。

弹丸试验用强装药的膛压和初速均高于标准条件下全装药的膛压和初速。我国各制式弹丸试验用强装药膛压(由铜柱测压器测定的最大膛压的一组平均值)增量和初速增量参见 GJB 207A—2008《强装药选配与使用守则》(替代 GJB 207—1986《强装药选配与使用守则》)。然而,在设计产品或进行产品设计定型试验时如何选定强装药膛压呢?下面结合美国及我国部分国军标的有关规定进行介绍。

5.1.2　强装药膛压计算公式

1. 由火炮系统发射药允许的单发最大膛压 P_{IMP} 来确定强装药膛压

在火炮射击安全试验时，将全装药以加药法配制强装药的膛压值为

$$P_{\mathrm{JG}} = P_{\mathrm{IMP}} \tag{5.1}$$

式中　P_{JG}——火炮射击安全试验用强装药膛压；

P_{IMP}——火炮系统制式发射药试验中测得允许的单发最大膛压。

在允许的单发最大膛压条件下进行身管设计时，应考虑极端服役条件下身管应力的极限条件，因此式(5.1)适用于确定火炮身管的强装药。

当设计弹丸的质量与原火炮制式系统不同时，应允许修改单发最大膛压，包括考虑因弹丸质量、药室容积、弹带和闭气结构等差异引起的膛压修正量。

2. 由制式发射药的额定最大膛压 P_{UP} 来确定强装药膛压

如果尚未取得新弹发射药的允许的单发最大膛压时，则采用以下计算公式，即

$$\begin{aligned} p_{\mathrm{J1}} &= p_{\mathrm{UP}} + \Delta p_q + \Delta p\Delta q + \Delta p_T + 3\sigma_T \\ \Delta P_T &= \Delta T \cdot K \\ \sigma_T &= \sqrt{\sigma_1^2 + \sigma_2^2 + \sigma_3^2} \end{aligned} \tag{5.2}$$

式中　p_{J1}——弹丸发射安全性试验膛压值（MPa）；

p_{UP}——制式发射药的额定最大膛压(MPa)（指标温度下最大平均膛压的上限值）；

Δp_q——按试验弹与制式弹弹丸（指制式发射药试验 P_{UP} 用的弹丸）之间的表定弹重差值来修正的膛压值(MPa)(或为正增量或为负增量)；

$\Delta p\Delta q$——按试验弹的最大弹丸质量的上偏差量修正的膛压值（MPa）；

Δp_T——全装药由标准温度升高到极限温度所产生的膛压增量（MPa）；

ΔT——极端高温与标准温度的温差（K）；

K——发射药的膛压温升系数（MPa/K）；

σ_1——同批装药单发之间膛压散布的标准偏差，由新弹发射药全装药试验中得到（MPa）；

σ_2——发射药各批(统计批数不少于5批)之间的全装药膛压散布的标准偏差（MPa）；

σ_3——因炮管之间差别和试验场合的差别引起的膛压散布的标准偏差（MPa）；

$3\sigma_T$——对新弹发射装药膛压的单向增量的估值(出现的概率小于1.3%)，其中：σ_1、σ_2、σ_3 值可参考表5.1所列，该计算公式考虑了弹、炮、药的最不利条件下可能的最高膛压，包括发射装药受极端高温、弹丸极限最大质量偏差等因素影响。

3. 由设计炮弹的全装药最大膛压 $\bar{p}_{\mathrm{m}}$ 来确定

1）炸药装药发射安定性试验用强装药膛压的确定

其计算公式为

$$p_{\mathrm{J2}} = \bar{p}_{\mathrm{m}} + \Delta p_{\mathrm{m}} = \bar{p}_{\mathrm{m}} + \Delta p_T + \Delta p_{\Delta q} + 3\sigma_T \tag{5.3}$$

式中：$\bar{p}_{\mathrm{m}}$ 为本设计系统全装药最大膛压(MPa)，其余符号意义与式(5.2)相同。

表 5.1　现有火炮系统的膛压散布标准偏差

火炮	σ_1 /MPa	σ_2 /MPa	σ_3 /MPa	总计/MPa
高性能坦克炮	4.447	3.116	3.247	6.439
中、远程野战炮	4.143	3.116	3.068	5.764
迫击炮	1.875	1.875	1.006	2.854
无后坐炮	1.268	0.896	0.331	1.579

2）发射强度试验用强装药膛压的确定

其计算公式为

$$(\bar{p}_m + 3\sigma_1) \times 1.05 \leqslant p_{J3} \leqslant (\bar{p}_m + 3\sigma_1) \times 1.10 \tag{5.4}$$

式中：各符号意义与式（5.2）相同。式(5.4)显示出强装药膛压 p_{J3} 是以（$\bar{p}_m + 3\sigma_1$）作为全装药单发最大膛压为基础增高 5%~10%。该增量按经验选取，包括各种可能遇见的极端情况，如装药的极端温度等。

4. 强装药膛压试验值及其限制条件

由于火炮系统的安全使用膛压必须低于发射药的额定膛压，所留出的压强余量约为 10.342~13.790MPa，因此若所计算的强装药值落入此余量范围内，则装药量应下降，即设计者确定新弹设计系统中弹丸计算强度用膛压与上述强装药计算值相一致，并出现火炮使用膛压接近于发射药的额定膛压，就意味着发射系统安全余量的减少。为提高其安全余量，强装药膛压应为

$$p_{J4} = p_{up} - 10 \tag{5.5}$$

式中　p_{J4}——强装药膛压（MPa）；

p_{up}——发射药的额定膛压（MPa）。

选择强装药装药时，其初速不得低于全装药的表定初速，一般增量为 2%~5%。

5.2　装配弹体发射强度与作用可靠性试验

装配弹体是指未装引信、装填物和火工品，而其他零部件齐全的弹丸部分。

综合各种弹丸结构，组成装配弹体的主要零部件包括弹体、弹带（或闭气铜带）、底螺和底凹或底部排气装置壳体、曳光管体、风帽、传爆管壳、尾翼、尾管、弹托及配重装填物、假引信（摘火引信）等。

5.2.1　装配弹体发射强度与作用可靠性试验内容

装配弹体及其零件发射强度试验的目的是以该装配弹体及零件最高膛压（或最大速度）极限条件来考核各个结构件的发射强度、刚度和作用可靠性。

无论装配弹体及零件试制，还是生产验收试验，装配弹体发射强度与作用可靠性试验既是弹丸性能试验的首项、基础试验，也是各种主用弹和特种弹等各类产品所共有的、必不可少的性能试验项目之一。各弹种试验内容因结构不同而有一定的差异。

就该试验内容来说，主要包括以下几项试验：

（1）装配弹体发射强度试验，检查发射时弹体、弹尾、尾管、底螺或弹底等重要零件

的残余变形是否超过产品图规定量，以及各零件是否有脱落、破断或破裂等。

（2）弹带作用正确性试验。

（3）尾翼张开和弹托分离作用可靠性试验。

（4）底螺（或弹底引信）结构闭气可靠性试验。

（5）连接件之间连接牢固性试验，如风帽、被帽与弹体的连接，底螺或弹底凹、弹尾与弹体和引信的连接，以及传爆管、曳光管壳体与弹体的连接牢固性等。

5.2.2　射后弹体、弹底和弹带的变形

在发射过程中，弹体承受火药气体压力、惯性力、装填物（如炸药等）的压力、炮膛壁的反作用力和摩擦力等载荷的综合作用。在各个不同的运动阶段，如从弹丸启动到弹带完全嵌入膛线，膛压增高达到最大值，到达炮口截面且外载由炮口压突然卸载为环境压力的三个不同阶段，弹体材料内部产生相应的应力和变形。该应力和变形可以归纳为以下三个临界（危险）状态。

图5.1所示为在第一临界状态下，弹带嵌入膛线完毕，膛壁对弹带产生初次反力，同时弹体上弹带区域也受膛壁很大挤压作用，使该区域直径缩小，并产生弹体变形。如果弹带弯曲而下陷量过大，则可能导致弹带失去闭气作用；如果弹体强度不够，则弹带区域的弹体可能发生失稳与破裂。

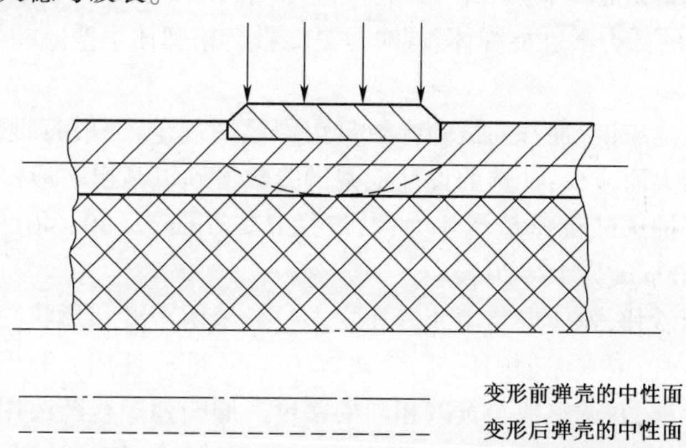

图5.1　发射过程中第一临界状态时弹带区域上弹体的变形情况

图5.2所示为第二临界状态下，即膛压达到最大时，弹体各断面（中性面）的变形情况，以及弹底的下凹、尾锥部产生的径向压缩。弹体的最大变形区一般在弹带附近区域，直径增大时记录残余变量为“+”，直径缩小时记录残余变量为“-”。若弹体因受轴向压缩而膨胀变形过大，则有可能影响弹丸在膛内的正常运动，甚至出现弹丸卡在炮膛内（俗称“卡膛”），也可能发生膛炸。若弹体断面的径向压缩量过大，则将危及炸药装药的安定性，也可能发生膛炸。

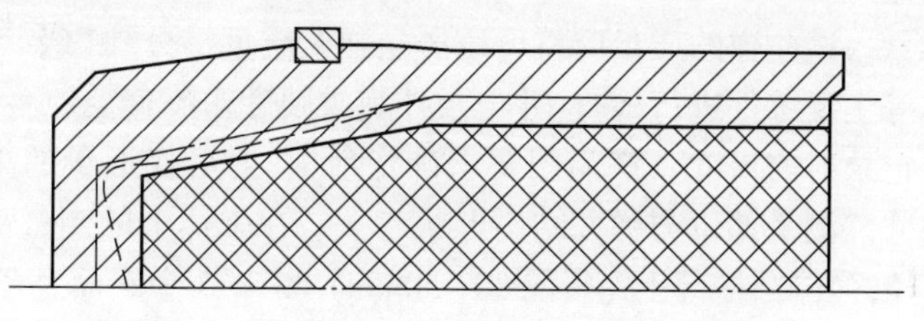

图5.2　第二临界状态时弹体的变形行为情况

在弹丸出炮口阶段的第三临界状态下,弹体虽然因惯性加速度大幅下降,其变形量相应减少,但由于大部分外载荷突然在炮口区卸载,此时可能因产生材料的弹性恢复而发生振动,不断出现相应的反向应力和变形,对于抗拉强度低于抗压强度的脆性材料,有可能产生弹体破碎。对于弹底或底排装置壳体,最可能由于炮口压突然下降而裙凹内压远大于外压,使裙边或底排装置壳体产生较大变形,甚至出现断裂、连接螺纹剪断以及掉底等现象。这类弹丸,还应根据内弹道特性,如在可以产生最大炮口压的装药条件下考核弹丸发射强度。

对于弹带来说,发射炮口区也是危险区。弹带在火药气体推动下,在膛内所受膛线导转侧的压缩、磨损以及离心力的作用将逐步增大。若弹带的结构或压(收)带装配工艺质量较差,则弹带可能丧失正常的作用,且在炮口处弹丸转速达到最大(强装药下的炮口转速最大),强大的离心力可能将弹带撕裂飞散,或使弹带(条状毛坯压合弹带)接缝张开、撬起,甚至脱离弹带槽,飞离弹体。这些情况都必将增大弹丸飞行阻力,产生近弹。这些不合格情况都是不允许发生的。

5.2.3 试验一般性要求

(1)发射强度试验使用的弹体及其零件是按装配弹体制造与验收技术条件的规定,在生产验收(或试制)批次中选取合格品,但应尽量选取该批次中弹体硬度印痕直径最大(硬度值最低)的低力学性能弹体,同时也是该批合格弹体中壁厚差偏大的、质量偏轻的弹体。

对生产验收批次来说,抽选的试验弹数量由产品图规定,一般每批5~10发,抽选数量随试验弹口径增大而减少;抽选的设计定型试验数量须以高出一般试验数量的几倍进行严格的考核。以抽选试验弹是榴弹为例,口径 $d \leqslant 57$mm 为30~40发、$d = 57 \sim 160$mm 为20~30发、$d \geqslant 160$mm 为15~20发。

(2)试验用填砂弹,弹体内装填非爆炸物。一般采用密度和形状同于炸药装药的沥青、砂、硫磺蜡和石膏,或水泥加固化剂、珍珠岩(调重、配密度用)等固体物质。发烟弹则装填三氯化锌溶液,并调整成与黄磷相同的密度。照明弹抛射药改用的假抛射药为细沙,其质量同于抛射药量;照明剂改用惰性物(如石棉、松香、锭子油混合物)压制;吊伞可以利用试验过的旧伞或以破布代替。

填砂弹配用的假引信或摘火引信,可按各弹靶场试验方法的需要配用Ⅰ型假引信(形状、质量和质心同于真引信),常用Ⅱ型假引信(引信体强度不低于真引信),或用在面积有限的场地上回收试验弹而专门设计能增加飞行阻力并加大弹丸钻入土层阻力的阻力引信等专用假引信。火箭填砂弹配用发动机进行飞行试验。

(3)用钢印将各弹编号分别打在弹体和弹底的某些部位上,以便回收弹体残体时,按钢印编号区分弹丸。

(4)弹丸称量。试验弹的质量应符合该产品弹丸质量符号“±”级。

(5)对弹体等主要零件进行检查,并记录外观与硬度印痕直径。

(6)测量并记录射前尺寸。产品图要求确定射前、射后变形量的重要零件,必须测定有关部位的尺寸。测量部位与弹丸结构形状有关。在弹体上的测量部位包括上、下定心部(中部)直径,弹体圆柱部上(每隔30~50mm)测2~3个断面直径,与弹带上、下端面相邻的断面(计算危险断面的直径处),弹尾圆柱部中部直径等。若两条弹带之间较窄,射后无法测出直径者,则射前也可不作测量。为在相互垂直的两个方向上测量直径以及射击前、后的测量部位相同,常以专用测量(铁皮)套筒套在被测弹体外,通过专用测量套筒的测量孔以千分尺对弹体上固定部位测量直径。弹体底部为了确定射后的底面中心下凹量,射前须用平尺和塞尺测量弹底中心有无下凹。须确定射后变形量的其他零件,射前也须按要求测出直径,如风帽、尾管等。对于不回收弹丸的产品,其试验弹不必做射前尺寸测量。

(7) 在弹带上检查外观及(铜质条状毛坯压装)弹带的接缝,在弹带与弹体结合处和底螺与弹体的结合处的周向,冲打 3~4 处铆点,以射后检查在射击过程中是否产生旋转移动。

(8) 底螺闭气性的检查。由于有底螺结构的弹丸必须通过射击试验检查底螺闭气性,因此射前在弹体药室底部,靠近底螺的整个端面上,首先铺上一层洁白的脱脂棉或硝化棉,并垫上带均匀小孔的马口铁垫片,然后按弹体装配要求装紧底螺或弹底引信,待射后回收弹体,卸开底螺检查该连接处闭气作用是否可靠。

(9) 试验用炮。试验产品应在状态良好的火炮上试验,身管的初速损失应不大于 2%~5%,因为炮膛磨损过多,或药室增长较大,都会因火炮基本状态较差,使弹丸的膛内定位变差、弹带或定心部受力条件变差,使膛线刻痕加深、导弹上磨损情况异常、弹体变形量增大,而不能达到按实际情况考核弹丸强度的目的。射击试验采用 25°~30°射角的迫击炮弹,须用带拉火装置的测压迫击炮。

(10) 采用已选配的强装药进行试验,并须在试验过程中增加测试 3~5 发的膛压和初速。根据火炮类型和药室大小,分别采用投入式或旋入式测压器。

(11) 对火箭弹和火箭增程弹采用高温、低温射击试验。

(12) 对火箭增程炮弹则做不点火射击试验。

5.2.4　试验弹回收方法

根据装配弹体各零部件的材料、结构、弹种和口径,发射强度试验采用不同的弹丸回收法和相应的试验场地。

(1) 中、大口径弹回收方法。此类弹在便于回收弹丸的射距上,对较平坦的、无碎石的土质底面射击,采用跳弹回收法。其射角因弹、因地而异,一般原则:杀爆弹、穿甲弹等厚壁弹体,取 9°~12°的小射角射击,使弹丸落地产生跳弹,但跳飞距离控制在 100~500m;弹头部长而尖锐、阻力系数较小的弹丸,常需配用带阻力环的引信,减少射距,并大大降低侵入土壤的深度,便于回收弹丸;薄壁的旋转稳定弹丸或尾翼式火箭弹,采用尽可能大的射角射击,以使弹底先着地而回收完好的弹体或火箭弹的尾翼、发动机及其有关零件,达到无损回收,此时应该有专门的回收场地(这个方法称为高射回收法);迫击炮弹及固定尾翼弹等采用 25°~30°射角,既可使弹丸不跳飞,又使弹丸落速小,钻入地下不深,易于回收;后膛炮特种弹的弹体一般较薄不宜采用跳弹射击回收弹丸,而是以 20°~30°射角射入中等硬度土壤区;张开式尾翼弹以小射角近距离射击,以便在炮口正前方设置拦截纸靶或胶合板靶,观察尾翼的同步张开或变形情况。

（2）37mm 以下口径的弹丸和迫击炮弹回收弹箱法。此类弹采用直接对准炮口前方100~150m 处设置的回收弹箱进行射击，从回收弹箱回收弹体。回收弹箱内装填锯末、砂、稻壳或麻屑等比较松软的阻尼介质，经压实后具有足够的阻力，能有效降低弹速，而不使回收弹箱箱体过长，也不损伤弹丸；也有采用纤维板作阻尼介质，在黏合的各分段留出 0.6m 的间隙，以便区分射入弹的所落位置。回收弹箱的前段面留有 0.5m×0.5m 的孔作为射弹孔，并用纸板订好，以便记录各发弹痕。表 5.2 列出几种迫击炮弹回收弹箱的射击试验值，可作为设计回收弹箱的参考。

表 5.2　典型迫击炮弹侵彻锯末、砂、纤维板介质的减加速度和侵彻深度估值

口径/mm	弹丸型号	弹丸质量/kg	着速/($m \cdot s^{-1}$)	减加速度/g			侵彻深度/m		
				锯末	砂	纤维板	锯末	砂	纤维板
60	M49A4	1.406	158.5	388	8239	550	3.35	0.15	2.44
81	M374	4.137	259.1	512	13628	665	6.71	0.24	5.18
106	M329	11.900	298.7	404	92460	512	11.28	0.43	8.84

这种简单的回收方法，一般适用于初速小于 800m/s 火炮弹丸和迫击炮弹的回收。对于有高初速和有底螺结构的穿甲弹，侵入回收弹箱内其风帽、弹带等零部件都会损伤脱落，因此只用来检查该弹的底螺闭气性。

（3）高速脱壳穿甲弹回收方法。无论采用跳弹法，还是回收弹箱均难以回收此类弹的完整弹体和弹托。发射强度试验主要是检查各零部件的结合牢固性，所以只需在炮口正前方的炮口后效区之后的近炮口区内，设置 2~3 个拦截靶，观察弹丸飞行痕迹，以便判定其零部件的结合牢固性和破断情况。初速高于 1200m/s 的脱壳穿甲弹，在炮口前 500~1000m 处立靶检查，立靶的面积视弹丸在该距离上立靶散布情况和预计的弹托偏离弹道的距离而定。

（4）布靶回收法。对拉发火迫击炮可以在炮口前 45m 处设置 $2.4\times2.4m^2$ 的布靶拦截速度小于 116m/s 的迫击炮弹，使其碰靶后落地。布靶是由 6~20 层尼龙轻帆布叠层组成的布毡。

（5）其他回收方法。国外也研究了不少回收弹丸的方法，其回收效果和难易程度不同，有的可供参考。如远程射入水中回收法，是利用远射程条件下弹丸落速小、水介质阻力小，使弹丸射入水中损坏小或无损坏的特性来回收较完整的弹丸，但该方法受弹水面要足够大、需有 4.5m 深水、水底最好铺沙层、弹丸上带浮标，便于潜水员在其附近打捞回收弹丸。

由于目前回收技术尚不能完全无损回收射后弹丸及其零件，因此均需结合试验立纸靶或胶合靶，并在弹道上通过观察、听弹道声音等方法判断各零部件的强度。

5.2.5 试验要求与射后测量

1. 试验要求

（1）各发弹丸试验膛压（初速）应符合规定。

（2）弹丸发射后，炮位上检查有无炮口制退器损伤以及身管胀膛等现象；弹道上有专人负责听有无弹体等零件撕开、破片飞行的异常啸声和不正常的烟光；弹着区有无近

弹等不正常现象；火箭发动机工作是否正常；飞行过程中的声音是否正常；飞行中的火箭弹是否稳定。

(3) 在拦截纸靶或胶合靶上测量活动尾翼张开情况或弹丸攻角、卡瓣分离情况，在靶和靶架上查找有无零件脱落、破断碎片留下的穿孔痕迹。

(4) 射后回收弹体不应少于80%。

2. 射后测量与检查

对回收弹丸经清洗擦净后做以下测量与检查。

(1) 在弹体等重要零件上重复射前测量部位，测量其断面直径并计算残余变形量，记录时对胀大量加符号“+”，收缩量加符号“-”。

(2) 在定心部、圆柱部上检查炮膛阳线印痕（或光痕）的数量、周向分布，测量印痕的深度，弹体上有阳线刻痕，说明弹体已有“镦粗”变形。

(3) 用塞尺测弹带接缝（开裂）最大宽度、弹带下陷深度和周向长度，并测量弹带上炮膛阳线刻痕（凹下部分）宽度。检查射前的冲铆点有无相对（弹体与弹带）错位移动。

(4) 旋下底螺或弹底引信等底部装配零件，检查脱脂棉或硝化棉是否有被火药气体点燃烧焦或熏黑现象，弹底螺纹上有无火药气体留下的熏黑痕迹等。

(5) 火箭增程弹回收后，观察火箭发射药的镦粗、裂纹和黏结情况，以及挡药板等零件的变形和连接情况。

5.2.6　试验结果的评定

装配弹体发射强度与作用可靠性试验合格评定主要有下面条件。

(1) 弹体在膛内和炮口未被破坏，无裂缝和裂纹。

(2) 弹体等重要零件的变形量未超过产品图规定值。如66式152mm杀爆弹弹体的允许变形量为外径增大量不超过0.25mm，缩小量不超过0.30mm，记为$\leqslant^{+0.25}_{-0.30}$；弹体底部中心区凹下量或尾管外径变形量，一般允许不大于0.3mm，记为$\leqslant\pm0.30$mm，否则，认为弹体、尾管在承受轴向压缩时变形过量。

(3) 在弹体和弹尾的圆柱部上无炮膛阳线刻痕，或有不超过产品图规定的情况。如57mm穿甲曳光弹允许弹体定心部、圆柱部上有膛线印痕；54式122mm榴弹允许定心部上阳线刻痕不超过0.03mm，分布范围不超过周长的1/3，弹体圆柱部上不准有阳线刻痕。一般情况下，认为弹体整个圆周出现阳线刻痕，表明弹体已镦粗，圆柱部已不能承受轴向压缩引起径向膨胀而失效（失稳）。

(4) 弹带未脱落，也没有出现旋转位移；弹带接缝和下陷值未超过产品图规定值（一般允许弹带接缝局部不超过0.5mm宽）；若弹带上的阳线刻痕宽度未超过阳线宽度的1.5倍，则弹带发射强度合格、作用正常，反之，如弹带表面各条凸起很窄，则说明磨蚀过量、弹带强度不合格。

(5) 试验前装入弹体药室底部的脱脂棉（或硝化棉）以及底部连接处螺纹，若未被火药气体熏黑，则闭气性合格。

(6) 尾翼按设计要求全部均匀张开到位，若尾翼片无断脱，没有出现近弹，则认为弹尾等零件发射强度合格、连接牢固。

(7) 弹托或卡瓣按设计要求脱壳正常。

(8) 风帽、曳光管体、头螺、底螺凹、引信等零部件无脱落,或未有改变弹丸飞行特性的变形;螺纹结合处旋出的螺纹扣数少于产品图规定数(如海 130mm/58 倍身管半穿甲弹允许底螺纹旋出不超过一扣);传爆管壳应无裂缝、脱开、折断以及显著的弯曲,弯曲度不超过产品图的规定值等。

5.3 炸药装药发射安定性试验

炸药装药发射安定性试验又称为弹体装药射击安定性试验,主要用于考核弹体内的炸药装药在射击时的安定性。此试验是检查弹丸或火箭弹战斗部的弹体炸药装药在最高膛压条件下是否具有装填、膛内、炮口和弹道(包括落点)的安全性能,即在极限条件下射击时,弹丸从装填到飞达目标期间,炸药装药具有不发生爆燃或爆炸的性能。

各种不同炸药的起爆感度不同。它们的起爆冲能,可以是热能、机械能、冲击波能和电能,或是综合能。因此弹体炸药装药的设计安定性受到其内因和外因两方面的影响。从产品结构设计与制造方面考虑,主要影响因素有弹体的结构尺寸、炸药性能、装药方法、装配工艺及质量和弹丸的惯性加速度等。

在发射过程中,炸药装药受惯性力作用,产生相应的应力和一定程度的变形。在极限发射条件下,膛压和初速的增大使炸药装药的机械应力增大。过大的应力、应变,可能诱发装药爆炸,或者由于炸药颗粒之间发生相对移动和摩擦,有过大的冲击或导致局部骤然加热,均可能发生爆炸。炸药装药在机械作用下起爆的主要原因是由于形成热点——热集中于局部小点,如小气泡(空气隙)受压或炸药中掺有高熔点的杂质时,在杂质棱角处温度很高形成热点,当温度高于炸药爆炸点时,可能由该点(反应中心)开始爆炸。因此,铸装药等所形成的缩孔及装药的底隙——炸药装药与弹体内膛底面之间的空隙,或其他装药缺陷,以及漏装弹底引信、炸药装药密度过低等不正常情况,都是产生膛炸的潜在重要因素。装药疵病必须通过适当的检验方法和相应的技术要求进行严格的工艺检查,剔除不合格品。尽管目前对装药质量的检查,已由传统在生产过程中夹入定量开合弹做抽验检查改为 100% 的 X 射线透视检查,要求炸药装药的内疵病或缺陷的大小、数量不得超规定量。但为了确保产品的安全可靠,还必须对合格规范内的装药挑出疵病或缺陷较大、可疑的装药进行靶场射击试验,考核强装药发射下炸药装药是否安定,这是一项重要的试验。所有装填炸药的榴弹、甲弹、迫击炮弹、火箭弹或枪榴弹等,都必须经过本项试验合格后,才能进行全备弹的其他项目靶场试验,如爆炸完全性试验等。

为了排除来自弹体强度方面的影响,也为了试验的安全,如弹体内壁变形量过大,或某些弹体零件破裂致使火药气体钻入药室内而影响弹体装药射击安定性,每种产品、每批弹药的靶场试验,都必须在弹体及其零件发射强度试验合格后,方可进行弹体装药设计安定性试验。这样的顺序试验,有利于分别检验弹体和装药的设计安全质量,也适合弹体制造厂与炸药装药厂分别进行试验,各自承担分析技术责任和生产质量。使用、验收单位也能更好地全面把握产品的发射安全质量。

5.3.1　试验方法与一般性规定

炸药装药射击安定性试验方法、试验条件和试验结果的评定准则，都应有良好的合理性。最重要的原则是能最大限度地减少验收炸药装药可能在战斗射击中出现爆燃、爆炸现象的几率。

炸药装药射击安定性试验是用强装药射击，其试验方法除了基本与装配弹体发射强度试验相同之外，还有下面内容。

（1）中大口径榴弹，采用螺（压）装 TNT 炸药弹丸，通常是在便于弹道观察的距离上（不产生跳弹的距离上）射击，射后不回收弹丸；采用铸装炸药或塑装炸药弹丸，通常射后要回收弹丸，检测炸药药面下陷量——炸药上端面到弹体口部或到弹底之间距离的射前与射后变化量。情况必要时对回收弹进行 X 射线检查。对于要检测的炸药装药在射后产生破、裂、碎和松动情况导致回收的弹丸，是在便于回收的距离上，对无碎石、较平坦的地面射击，回收率不少于 80%。

（2）小口径榴弹和薄壁弹，采用对准炮口前方 1000~2000m 距离上设置的胶合板靶进行的射击试验。

（3）小口径高射炮弹或直射武器配有曳光管类弹，一般是在晚上采用对空射击试验。

（4）100mm 以下口径的迫击炮弹，常以 45°射角进行射击，并检查有无近弹。

（5）产品定型试验中炸药装药的安定性试验，包括弹药运输（振动）试验前、运输试验后以及运输试验后模拟存储弹丸这三种情况的射击试验，或其中一种试验。模拟存储是对弹丸进行三种温度的保温存储，即高温-干燥储存、低温储存和高温-高湿储存。

（6）试验现场的射击安定措施，第一发温炮弹的发射装药量取 3/4 全装药药量；第二发炮弹取全装药药量，以指示弹着点位置，便于正式试验（强装药药量试验）时修正射击诸元，使试验弹丸进入指定弹道和落点区内。

（7）观察点的设置。在射距的中途设 1~2 个观察点，观察弹道上（弹丸解除保险后到飞行结束前）有无早炸、半爆或近炸等不正常现象。

5.3.2　试验弹药与试验炮

（1）试验炮。炸药装药射击安定性试验与装配弹体发射强度试验用同一等级炮；定型试验用同一门炮。

（2）炸药装药射击安定性试验用强装药。验收试验用强装药与装配弹体发射强度试验用强装药相同；定型试验用强装药按有关弹种的国军标规定（参见 3.4 节）执行。

（3）引信。为与引信发射安定性试验区别，炸药装药安定性试验采用实弹配假引信或配摘火引信，对曳光弹配真曳光剂（曳光自炸弹丸应装假曳光剂）。

（4）试验弹丸。试验弹丸应在试制或生产批合格产品中选择装药疵病最多、装药密度最低者。

（5）新型炸药装药。对于某些新型炸药装药，在定型试验中考核炸药装药对温度的适应性时，需对半备弹丸分别采用的循环保温：常温—低温—高温、常温—高温—低温、常温—高温—低温—常温。在循环保温结束时，应检查药面情况及炸药的颜色变化情况。弹丸经循环保温后再做炸药装药发射安定性试验。

（6）试验弹数量。试验弹数量应根据试验类型及弹种、弹径确定。生产验收试验弹的试验数量按批抽取，一般小口径弹每批 10 发，中、大口径弹约 5 发。迫击炮弹：口径 $d \leqslant 82$mm为 10 发；口径 $d \geqslant 100$mm 为 5 发。

产品定型试验弹的试验数量（以榴弹为例），具体如下：

运输试验前的射击安全性试验用弹量：口径 $d \leqslant 57$mm 为 50～60 发；口径 $d = 57$～160mm 为 30～40 发；口径 $d \geqslant 160$mm 为 15～20 发。

运输试验后的射击安全性试验用弹数量：口径 $d \leqslant 57$mm 为 15～20 发；口径 $d = 57$～160mm 为 10 发；口径 $d \geqslant 160$mm 为 5～7 发。

运输、储存试验后的射击安全性试验用弹数量：弹丸高温储存、全装药保高温试验量 20 发；弹丸低温储存、全装药保低温试验量 5 发；弹丸高温高湿储存、全装药常温试验量 5 发。

5.3.3 试验过程观察及结果的判定

射击时炮位观察人员应逐发观察弹丸在弹道上有无胀膛、膛炸、弹道早炸等现象，子母弹是否有空抛或子弹早炸现象，检查炮膛、炮口制退器有无异常现象，火炮身管后座长度是否正常。观察点观察人员应注意观察弹丸在弹道上有无提前作用，有无近弹等。弹着区观察人员应注意听弹丸的飞行的声音，观察着靶及落点有无异常现象，如半爆、近炸或早炸等。发生近弹时必须收回弹药，并查明原因。

发射过程中无膛炸、弹道上无早炸现象为射击安定性合格。

对于回收弹丸要检查炸药面是否损坏、松动，要称量粉碎的炸药，测量药面的下陷（沉）量。若下陷量不超过 2～3mm，则认为试验合格；若下陷量过大，则证明装药密度过低，意味着全备弹可能发生瞎火或爆炸不完全，甚至产生早炸或膛炸。

5.4 特种弹装填物射击安全性试验

特种弹装填物射击安全性试验是特种弹产品定型的靶场性能试验项目之一。成批量产品验收时不必做本项试验。

本项试验目的是考核特种弹的火炸药、烟火剂类弹体装填物在最高膛压条件下射击时是否具有装填、膛内、炮口和弹道的安全性能。这些装填物有照明弹的抛射药包、照明剂及其有关的火工品，发烟弹的传（扩）爆药柱和发烟剂，燃烧弹的扩爆药柱或抛射药包以及宣传弹的抛射药包等。只有经过弹体装填物射击安定性试验合格后才能进行特种弹的全备弹的单项试验。

5.4.1 试验方法与弹药

本试验用强装药射击，试验方法除与炸药装药射击安定性基本相同之外，还有下面一些内容。

（1）试验弹丸配用摘火引信或假引信的实弹——照明实弹、发烟实弹、燃烧实弹和宣传品实弹。

（2）射后弹丸一般不回收，烟幕剂也不做检查以避免发生自燃。

（3）试验前准备。照明弹：在试验前应对被试弹抽验（1/3数量）抛射药（包）盒有无漏药现象等；发烟弹：对被试弹保高温+50℃（该温度高于黄磷发烟剂的熔点温度+44.1℃）。为防止黄磷液体渗漏后在空气中自燃，应将保高温弹倒置24h，在传爆管与弹体连接部位上检查有无黄磷渗漏，确定射前该连接部位密封可靠等；燃烧弹：对扩爆药柱进行外观检查，不允许有轴向串动现象，并抽验（1/3数量）抛射药包有无漏药现象等；宣传弹：对抛射药包检查有无漏药现象。

（4）产品定型试验应包括对未经运输试验的弹药进行的弹体装填物安定性试验和经运输试验后弹药进行的弹体装药安定性试验。

（5）射击距离。对后膛炮特种弹以最大射程对地射击，对迫击炮特种弹以70°~80°射角对地射击，对烟幕装置以最大抛射角射击，以便弹道观察。

5.4.2　试验合格的评定

符合下面评定的特种弹的弹体装填物射击安全、可靠。

（1）弹体内装扩爆药柱的弹丸，在发射过程中无膛炸和早炸。

（2）弹体内装抛射药及火工品的弹丸，在发射过程中无早燃、早抛现象。

（3）弹体内装照明剂的照明弹，在发射过程中，膛内和弹道上无燃烧现象。

5.5　榴弹对目标碰击安全性与爆炸完全性试验

5.5.1　榴弹对地面目标的碰击安定性

杀伤爆破弹、爆破弹（统称榴弹）的地面目标主要是地面或半地下的野战工事、战壕、掩蔽部、火力点、武器装备和地面有生力量。

弹丸对地面目标的碰击安定性包括对构筑工事目标和土壤地面的碰击安定性。它是实现弹丸爆炸完全、毁伤目标的前提条件之一，即要求在弹丸被引爆之前，炸药装药必须安定，不能出现早炸。

主要试验方法和一般性规定如下：

1. 对实战工事目标的射击试验

对于爆破弹、杀伤爆破弹的设计定型试验，要按弹种的战术技术指标所规定的目标构筑相应的与实战目标相同或相近的射击目标。所用的建筑材料与结构尺寸应由使用部门提供。

根据弹丸战术使用的射程范围，分别以全装药最大射程和最小号装药最小射程对目标进行攻击。试验实施时，为缩小试验场地、方便瞄准射击、减少弹药消耗而采用专用减装药，以模拟常温全装药最大射程的落速或最小射程的落速进行目标直接瞄准射击试验。

这种模拟试验虽然与实际使用时具有相同的着速，但并不能模拟相同的着角，且着靶姿态也有所不同，故为近似模拟试验。

试验弹丸采用假引信或摘火引信、实弹。采用假引信的目的主要是从考核炸药装药安定性出发，装上假引信就可排除由于引信可能产生提前作用而引起的不安定。该试验弹必须装上假引信，除了飞行弹道需要之外，还可在本项试验中考核引信的碰击目标强度、有无脱落、有无影响传爆系列正常传爆的变形破坏现象，进一步为弹丸爆炸完全性试验提供合格引信，完善试验条件。

2. 对土壤地面的射击试验

杀伤弹的目标是地面有生力量，并不需要考核对工事目标的碰击安定性。对于杀伤爆破弹或爆破弹的正常验收试验也并不需要进行对工事目标的安定性试验。它们对目标的碰击安定性试验只限对土壤地面的碰击安定性试验。

由于弹丸炸药装药的射击安定性试验是在一定射程上（便于收集弹丸的射程上）进行试验，而且是强装药试验，着速大于全装药最大射程上的着速，着点条件比全装药最大射程的着点条件更严格，因此地面榴弹（或碎甲弹）等一般不专门做本项试验，而是与炸药装药安定性相结合进行试验。但有的产品在产品图上规定必须做专项试验，如海军130mm 口径（50 倍身管长）岸舰炮半穿甲弹的地面射击作用试验。

5.5.2 弹丸爆炸完全性试验

杀伤弹、爆破弹和杀伤爆破弹等主要依靠炸药爆炸能量实现对目标的有效毁伤。炸药装药爆炸完全性将直接影响这类弹药的毁伤效果，因此需要进行爆炸完全性试验。

其试验方法和一般性规定如下：

1. 试验用弹药

试验弹药采用实弹、真引信和全装药（药温一般为常温）。

2. 试验射程

地面榴弹采用全装药最大射程或 70%最大射程。引信为瞬发装定，实施最大射程瞬发爆炸。此项试验一般与最大射程试验和密集度试验相结合。

美国相关标准规定，如果弹丸配有着发、时间、近炸引信时，则应对各类引信至少做10 发试验，较全面确定弹丸的威力特性和作用可靠性。

高射榴弹根据不同口径、不同类型引信进行试验。例如，口径大于 57mm 的高射榴弹，要实施时间引信空炸试验，爆炸完全性试验为单项试验，试验时以全装药对空射击，射击诸元和时间引信的装定，应保证弹丸在弹道降弧段上爆炸，便于观察和判断试验结果。

3. 小口径榴弹试验

小口径榴弹试验是对准距炮口 100m 左右的靶板（薄钢板、铝板或木板）射击。

小口径榴弹在生产验收试验时是结合炸药装药发射安定性试验，以实弹、真引信、强装药试验；在设计定型试验时可单独进行炸药装药发射安定性试验，也可结合引信的有关试验项目进行试验。

4. 试验观察与测量

试验时，炸点区要设置观察人员。观察地点应选择在对观察人员有保护，又便于看清实际爆炸烟云、听到爆炸声音之处。观察员应对每发弹作观察记录。对于口径弹的观察较为困难，其弹速高、弹丸小、作用时间短，宜用高速摄影机拍摄爆炸照片。

试验后要在现场收集爆炸残体、破片，并测量弹坑的最大、最小直径和深度，或观察靶板上爆孔,记录爆孔的尺寸。

5. 爆炸完全性的判定准则

一般情况下,空中爆炸完全的表现形式是有爆炸烟和闪光,并伴有强烈的爆炸声和破片的飞行声。炸药爆燃或燃烧产生的声音较低沉,类似隆隆声。弹丸拒爆（瞎火）则听不到爆炸声。若爆炸点靠近地面的某一高度,则会在地面上留下明显的爆炸迹象,可按地面爆炸情况加以判定。若因爆炸点较高,地面未留明显迹象,则应参考所观察的爆炸烟云情况加以判定。例如,某些炸药,特别是 TNT 和 B 炸药,爆炸产生的烟颜色和量与爆燃产生的烟颜色和量有明显的区别。因大部分高能炸药为负氧平衡,没有充足的氧供其本身燃烧,当爆轰时就会有大量游离碳和未燃完的碳释放出来,产生黑烟。只有阿马托炸药装药的弹丸,爆炸后产生浅色烟雾。因此,一般认为大量的黑烟是爆炸完全的表现,然而这并非是唯一判据。因为人为观察受背景条件影响,且各种炸药的性质有所不同。潮湿的大气环境也会影响观察,如 TNT 和 B 炸药在半爆时产生黄烟,在爆燃时产生白烟。

地面爆炸时情况较为复杂。从声音上区分,弹丸着地冲击声沉闷而爆炸声强烈。如果炸点正好落在原有的弹坑下面,或炸点远离观察者时,声音会减弱,从而会误以为是爆燃。若爆炸是在水塘或接近水塘的地方发生,则会产生雾气,遮蔽爆炸烟云或爆炸尘土,或者改变烟云的颜色而使观察者产生错判。因此,还要细致观察弹坑、破片情况,为爆炸完全性的判定提供实际凭证。

单一装药会出现爆炸和爆燃两种情况,破片特征也不相同。一般来说,弹丸爆炸完全产生的破片通常数量很多,是小而尖锐的棱边、有金属剪切面的（平行于弹轴方向）长条形,而爆燃产生的破片是几个大破片。若在弹坑中能找出未烧毁的炸药小块,则是发生半爆的迹象。若在弹坑内或附近有 TNT 或 B 炸药爆炸的黑色斑渍,则表明爆炸完全。

5.6　弹丸碰击装甲强度试验

弹丸碰击装甲强度试验又称为穿甲强度试验,是以近距离模拟有效距离上穿甲弹（半穿甲弹）碰击并贯穿指定靶板系统的弹体抗破裂强度和底部螺纹连接强度试验,是在鉴选临界速度或极限穿透速度试验后,按规定着速进行的穿甲强度试验。

对于产品研制或定型,本试验既考核穿甲弹结构、材料性能对完成贯穿指定的靶板系统的合理性,也考核弹体热处理硬度与热处理规范的合理性与正确性;对于生产验收,本试验是弹体强度合格与否的抽样试验,以考核批量生产工艺(主要是弹体热处理规范及产品质量的稳定性);检查弹丸对靶板系统的贯穿情况。该试验的场地和设施与极限穿透速度试验的场地和设施相同。

5.6.1　试验用弹药及一般性规定

穿甲强度试验弹是配用摘火（假）引信的填砂弹,弹体是按生产（弹体）热处理炉抽样,即从每一个热处理炉中选取硬度最大和硬度最小的弹体,或选取热处理炉内的不同部位的弹体。试验数量:口径>57mm 的弹丸每炉 2~4 发,或按产品图规定数量抽样,定型试验则需射击 5~7 发（按着速边界点计）。

试验前应查看、测量并记录弹体外观、炉号、批号、硬度印痕直径,以及弹体主要部位的直径和弹丸质量。半穿甲弹弹丸的底面上,应在弹体与底螺的螺纹相接处点铆固定。

弹丸应编号,并将弹号分别打在弹体圆柱部、弹尾部和弹底面上,以便每发弹射后回收残体,对号检查弹体破裂情况。

5.6.2 射距(靶距)、着速与发射装药

弹丸碰撞装甲强度试验的射距范围一般是 50~100m。生产验收产品的射距可按产品图规定,定型试验则按有关的国军标规定进行。靶板后面约 1m 或 0.15m 处设立一胶合板或纤维板,以作为弹体穿透靶板情况的验证靶或检验靶用。

对鉴选出极限穿透速度 v_J 者,本试验所采用的规定着速为

$$v_C = v_J + \Delta v_C \tag{5.6}$$

对鉴选出临界速度 $\hat{v}_{50}$ 者(参见本书 7.3 节),本试验所采用的规定着速为

$$v_C = \hat{v}_{50} + 1.28\hat{\sigma} + \Delta v_C \tag{5.7}$$

一般取着速增量 $\Delta v_C = 25 \sim 40\text{m/s}$,或按产品图规定的增量进行试验。

增量的下限是考虑弹丸在合理因素,如在弹—靶板系统的机械强度、厚度、法向角等允许变化范围内的不利因素影响下,仍能穿透靶板;增量的上限是限制试验着速过大。一方面,从弹体强度来看,着速越大碰击条件越恶劣;另一方面,限制极限穿透速度的上限,防止弹丸的穿甲能力低而不符合战技指标要求。

在产品定型试验中,若鉴选临界速度 $\hat{v}_{50}$,且没有确定的试验结果能说明弹体材料在(大于 v_{50})大着速下具有贯穿能力时,则应提高规定的着速上限。射击目标为高速运动装甲车辆的穿甲弹,其试验着速上限尽可能高,以考核弹体高速碰击强度。

试验弹发射装药的细则与鉴定极限穿透速度试验相同。其装药量按规定着速范围选定减装药药量。当采用原产品发射药及其附件,出现因发射药量减量过大而导致点火、火药燃烧不一致,初速中间偏差增大时,应采用专用减装药选定装药量。其速度与减装药量的关系(参见 3.4 节专用减装药选配)可供本试验按速度确定试验用药量。

对选定的装药量应进行 1~2 发试射,试射的目标并非为规定的装甲靶板系统,而是在靶板一侧相同射距上的木板,经复验着速和修正药量符合要求后再进行穿甲强度试验。

5.6.3 试验结果评定与分析

1. 试验结果记录

试验结果记录应记下试验条件和试验中出现的情况。试验中,逐发回收弹丸,记录弹体破碎情况,测量靶板的破坏情况。对靶板穿孔的正面和背面测量纵、横向(最大)尺寸,或测量最小孔径;对靶板未穿透孔测正面的纵、横向尺寸,穿孔深度和背面的破坏情况,如果背面上有背凸、环形裂口和裂纹,则应测其高度、直径、周向和纵向裂纹长度。

2. 试验合格的评定

有效射击结果的判定方法与鉴定极限穿透速度试验相同。剔除试验条件和着速不符合本试验要求者,对有效射击试验发评定被试产品是否合格。

(1)穿透靶板。靶板穿孔等于或大于弹丸直径,有弹丸或靶板的碎片穿过或嵌入胶

合板。

（2）穿透的着速不大于着速规定值。若在规定着速内弹丸未穿透靶板，即实测极限穿透速度高于规定值，则意味着弹丸的有效距离不能满足战技指标，产品性能不合格。

（3）回收穿透靶板的弹丸残体。若弹体完整（如被帽穿甲弹的尖头弹体）或弹丸头部损坏、圆柱部和弹尾部局部损坏，但未暴露药室、裂纹未贯通到药室、底螺和引信未脱落、弹底铆点处无相对转动，则弹体碰击强度合格。

为检查残体是否有贯通药室的裂纹，应将弹底引信和底螺旋出并去除药室内惰性装填物，药室内灌满煤油后，弹体外表面无渗出煤油，即试验合格弹。

允许弹体穿靶后，在内应力作用下产生裂纹或开裂，开裂部分应与弹体相连或在收弹器中与弹体在同一处找到。

弹丸未穿透靶板为不合格，包括靶板已形成透缝，但没有产生穿透规定的（靶板后面的）验证（胶合）板的碎片。

试验结果被评为不合格者，应分析原因：属非弹丸因素所致，可作为无效试验，进行重试或复试。生产验收产品若初试不合格，则按产品图或技术条件规定进行复试。例如，100mm 被帽穿甲弹产品图规定初试时每炉抽样 2 发，若 2 发穿过靶板且不露药室，（无贯通药室的裂纹）则为合格。如果其中 1 发弹体药室暴露，则允许以同一炉的 2 个弹体在原靶板（或抗弹质量不低于原靶板的靶板）上进行复试，复试结果应合格；如果初试中有 1 发未穿过靶板或 2 发均暴露药室，则允许用同一炉的 4 个弹体进行复试，复试 4 发均应合格。不符合上面要求者，此炉弹体报废。

5.7　炸药装药穿甲安定性和爆炸完全性试验

各种火炮配用的有炸药装药的穿甲弹，炸药装药一般为黑铝或钝化黑索金炸药压制药柱，装药密度大、威力大、冲击波激发引爆的感度也大。在有炸药装药的穿甲弹中，主要是对装药量较多的中、大口径穿甲弹和半穿甲弹必须进行穿甲（碰击）安定性试验。

炸药装药穿甲安定性试验目的是检查炸药装药在碰击和贯穿规定靶板过程是否安定，以确保弹丸穿过靶板后再爆炸。全弹传爆系列则需进行爆炸完全性试验，以检查弹丸穿靶后，引信的发火性能及炸药装药系列是否爆炸完全。因炸药装药穿甲安定性和爆炸完全性试验取决于弹丸底部螺纹的闭气可靠性、引信的发火可靠性和炸药装药性能与质量，所以本试验采用尽可能高的试验速度，以强装药（初速比全装药高 2%~5%）进行试验。

由于炸药装药系列的性能检查试验必须建立在弹体强度合格的基础上，因此上面两项试验是在穿甲强度试验合格后才进行。

本节试验内容针对破甲弹聚能装药或碎甲弹塑性装药，因弹体较薄不宜单独进行碰击安定性试验，所以只能在动破甲试验和动碎甲试验中与弹丸爆炸完全性结合一起试验。

5.7.1　试验用弹药与一般性规定

试验弹是装填炸药的穿甲弹。为达到试验目的，对半穿甲弹安定性试验弹装配假引信,对爆炸完全试验弹装配真引信。试验弹是从生产交验的含炸药装药的装配批（即弹丸生产批）中,按产品图规定,抽取一定数量的试验弹进行试验。一般情况下,穿甲安定性抽验数量:口径小于 57mm 的穿甲弹每批抽 10 发;口径大于等于 57mm 的穿甲弹每批抽 3~5 发。爆炸完全性抽验数量:每批 5 发。

穿甲安定性试验场地基本与穿甲强度试验相同,在 50~100m 靶距上设置相同的靶板系统,但靶架后面地面干净,不设收弹器,而是在适当位置上立一张胶合板或纤维板,以辅助判定试验结果。靶前仍设测速靶测定每发着速,着速 $v_C = v_J + (20 \sim 40)\mathrm{m/s}$,并相应确定减装药或专用减装药的药量。

爆炸完全性试验采用全装药或强装药试验,要更换上面厚靶板为薄靶板,一般为10~20mm 厚度的均质钢板（厚度尺寸随穿甲弹产品选用）,0°法向角。

试验安全对这两项试验来说,都是十分重要的问题。试验不仅发射实弹和用真引信,还在近距内碰击靶板,很可能发生膛炸、碰靶早炸（靶前炸）等非正常的危险情况;试验过程中,须有专人观察并记录弹道上和着靶时的情况以及靶后的爆炸特征,使整个试验过程的危险性增大。因此,试验场地应具有完备的安全设施,有严格的试验程序和规章制度,全体参试人员应认真执行,并在各自安全岗位上工作。指挥员要仔细全面检查、认真负责、遇事沉着,一旦发生膛炸、早炸和炮口制退器损坏等严重情况,应保护现场并等待处理。

5.7.2 试验结果的判别与评定

1. 试验结果的判别

(1) 穿甲安定性试验。若弹道上、着靶和穿靶过程中炸药装药均未爆炸,则产品为合格。当确认炸药装药不安定时,被试产品不合格。若确认由于非炸药装药原因（如弹体穿甲强度不合格等）引起不完全爆炸或完全爆炸时,则允许重试或补试。

(2) 爆炸完全性试验。弹丸穿透靶板爆炸为合格;确认由于引信瞎火而不爆炸者允许补试。若初试 5 发中,有 1 发爆炸不完全,则一般规定需复试 10 发,不再允许有爆炸不完全或引信瞎火。

2. 试验结果判别

未爆炸的弹丸穿过靶后可在靶背后找到完整的残体,穿靶过程无爆炸烟云,靶后胶合板上没有被熏黑现象,板上有弹孔及碎片孔。

判别穿靶后爆炸不完全与爆炸完全的方法与地面爆炸情况相类似,往往伴有爆炸声、火焰和烟云,还可通过检查回收残体,飞散的破片、药块和靶后胶合板被破坏情况来判别。

若回收残体完整,头部变形小而底螺被推出,弹尾部变形严重或有大裂缝,则该情况是爆燃;若听见爆炸声,但声音小、烟云不明显,胶合板上虽有破片穿孔,但破片大而不锋利,则为不完全爆炸;若爆炸声大,有明显的火焰和与炸药爆炸相应颜色的烟云（如黑铝炸药爆炸产生深灰色烟）,地面上有爆心痕迹,回收的弹体破片小而锋利,胶合板被爆炸生成物熏黑且受破坏严重,则可以确认是爆炸完全。因此,试验现场留下的各种迹象是判别试验结果的实际证据,有助于减少错判。

5.8　曳光及曳光自炸性能试验

各种口径的反坦克甲弹、高射榴弹、航炮和舰炮榴弹都普遍采用曳光结构。其结构,一般以通用的标准曳光管装配于弹尾曳光管壳内,或以曳光剂直接压入弹尾曳光室内,如高炮榴弹中的71式20mm曳光爆破弹和25mm曳光爆破弹等。某些火炮系统配有曳光弹,如海舰炮配有69式30mm曳光弹。有的小口径弹采用曳光自炸结构,如航炮30-1式杀爆燃曳光自炸弹,能在弹丸未能命中目标的情况下实现由曳光剂引爆弹丸炸药装药,以确保地面人员的安全。上述各类弹丸的性能试验要对曳光弹结构进行考核,考核曳光时间是否满足性能要求,弹道上曳光亮度是否清晰可见,而且曳光自炸弹还应考核发射安全性和曳光自炸可靠性。试验时严格按国军标相应弹种规定执行。

5.8.1　试验弹药及其一般性规定

试验弹药及其一般性规定如下:

(1) 试验采用实弹、真曳光剂。

(2) 有曳光自炸机构的曳光弹配以假引信;无曳光自炸机构的曳光弹配以真引信。

(3) 试验弹数量:口径在57mm以下者抽试60~90发;口径大于57mm者抽试30~60发;另抽取7~10个真曳光管作静止测光试验。

(4)射前对(定装式)全装药炮弹全数分成3份,分别按该产品的高温、常温和低温情况保温。

5.8.2　试验方法

试验方法如下:

(1) 试验用火炮与弹体及其零件和发射强度试验用炮相同。

(2) 分别对上面3种保温条件炮弹进行试验。

(3) 通常在白天以单发对空射击,并用3块(1/100分划)秒表记录曳光和曳光自炸时间。记录时间是从炮口见到火光起,到曳光熄灭或曳光自炸发生时为止(目测)。

(4) 以3块秒表计时结果的算术平均值作为单发试验结果,并按高温、常温、低温情况分别计算曳光时间。

(5) 观察并记录曳光剂有无短火、瞎火、掉药块或脱落等情况,有无膛炸、自炸和不自炸等情况。

5.8.3　试验结果合格的评定

试验结果合格的评定如下:

(1) 试验弹发射安全、可靠。

(2) 曳光弹道清晰可见,晴天指示明显。

(3) 曳光时间满足产品设计要求,参见表5.3所列。

(4) 曳光剂短火、瞎火数及掉药块等满足产品图规定。

表 5.3　弹丸曳光时间表

曳光管型号	射击时曳光时间/s	配用炮弹
1#	1.5~3	75mm 无后坐炮破甲弹
2#	≥2	57mm 高射穿甲弹
4#	≥1.4~3	85mm 加农炮超速穿甲弹
5#	≥4	航炮 30-1 式杀燃曳弹、穿燃曳弹
	2.5	37mm 高射炮穿甲爆破弹
5#甲	6	37mm 高射炮杀伤曳光弹、穿甲弹
7#	≥3	100mm 滑膛炮脱壳穿甲弹、122mm 碎甲弹
8#	≥10	57mm 高射炮曳光杀伤弹
9#	4~7	海舰炮 25mm 杀燃曳光弹
10#	≥8	海舰炮 30mm 曳光弹
11#	≥1.5	舰炮 23-1 式杀燃曳光弹、30-1 式杀爆燃曳自炸弹
海双 37 曳光管	≥8	海舰炮双 37mm 杀爆曳光弹
海 57 曳光管	≥11	海舰炮 57mm 杀爆曳光弹
海 76.2 曳光管	12	海舰炮 76.2mm 杀爆曳光弹

思 考 题

1. 弹丸、引信对目标作用正确性试验主要考核哪些方面？
2. 如何计算强装药膛压？
3. 简述弹体装药射击安定性试验目的和意义。
4. 简述炸药装药发射安定性试验的合格评定标准。
5. 简述特种装填物射击安全性试验目的及试验方法。
6. 试验弹丸为何采用假引信或摘火引信？
7. 怎么从声音上区分地面爆炸时的情况？
8. 怎么判断弹丸弹体碰击强度合格？
9. 简述穿甲安定性试验结果判定方法。
10. 简述爆炸完全性试验结果判定方法。

参 考 文 献

[1] 郭锡福．弹丸发射动力学[G]．南京：华东工学院，1988.
[2] 芮筱亭，杨启仁．弹丸发射过程理论[M]．南京：东南大学出版社，1992.
[3] 徐锡昌，毛季达．弹丸试验指导书[G]．南京：华东工学院，1987.
[4] 刘世平．实验外弹道学[M]．北京：北京理工大学出版社，2016.

[5] 李鸿志,姜孝海,王杨,等．中间弹道学[M]. 北京:北京理工大学出版社,2015.
[6] 斯言石,秦保实．与炸药安定性有关的化学问题[M].北京:国防工业出版社,1975.
[7] 楚士晋．炸药热分析[M].北京:科学出版社,1994.
[8] 李剑．爆炸与防护[M]. 北京:中国水利水电出版社,2014.
[9] 李翼祺,马素贞．爆炸力学[M].北京:科学出版社,1992.
[10] W·E·贝克.爆炸危险性及其评估:上册、下册[M].张国顺,文以民,刘定吉,译.北京:群众出版社,1988.
[11] 中国兵工学会爆炸与安全技术专业委员会主办,南京理工大学华工学院承办．第八届全国爆炸与安全技术学术交流会论文集[C]. 南京:[出版者不详],2004.
[12] 鲍克洛夫斯基.爆炸及其作用[M].李麟,译. 北京:国防工业出版社,1955.

第6章　杀伤和爆破弹威力试验

杀伤、爆破弹是主攻弹药的一种，依赖爆炸冲击波超压增强和破片冲击动能对有生力量、碉堡等防御工事进行杀伤与爆破摧毁。杀伤、爆破弹威力试验有两部分内容：一是产品设计论证阶段的有关性能及威力摸底试验；二是产品设计定型、生产交验阶段的威力试验，该阶段威力试验要严格按照国军标方式方法及战术技术指标来考核。其中，产品设计论证阶段的有关性能及威力摸底试验主要包括破片破碎性试验、破片速度和速度分布试验、破片空间分布试验、爆破威力与杀伤威力扇形靶试验等。产品设计定型、生产交验阶段主要进行扇形靶试验与杀伤爆破威力综合试验等。杀伤爆破威力综合试验一般仅在大口径弹丸上进行。本章着重介绍产品设计论证阶段有关性能与威力摸底试验有关内容和方法，同时介绍爆炸冲击波测试相关方法。

6.1　破碎性（破片质量分布）试验

破碎性试验又称为破片质量分布试验，主要用来评定和研究榴弹破片的数量以及按其质量分布的规律，在此基础上可以分析、改善弹丸结构，改变弹体或预制破片的材料、尺寸与炸药种类、质量等参量的匹配关系。通过破碎性试验可进一步分析和研究弹丸爆炸后破片的形状、预制破片的变形情况，测量破片在空气中飞行时的迎风面积以及在不同速度时的空气阻力系数。破碎性试验是评定杀伤威力、计算杀伤面积所不可缺少的重要试验内容之一。

6.1.1　试验原理及方法

破碎性试验的目的是回收弹丸爆炸后的破片并按质量分组获取破片质量分布。目前破碎性试验主要有爆破沙坑和爆炸水井两种方法。必要时可进一步利用该试验结果测定各质量组破片的平均迎风面积以及空气阻力系数。为了能使回收的破片尽量真实地反映弹丸在空气中爆炸后破片的质量和形状，通常是把被试验弹丸放置在一个具有一定尺寸的容器中，周围放置使破片减速的介质，如图6.1和图6.2所示分别为破碎性试验水槽和用木屑或沙做减速介质的破碎性试验坑。当弹丸爆炸后，破片穿过减速介质，速度逐渐衰减至零。所回收的破片形状、尺寸、质量是否与空气中爆炸时的相同，主要取决于容器的尺寸、减速介质的种类、厚度等参数。

试验前，应先对被试弹丸进行外观、性能尺寸检查并详细记录批号、炉号、弹体材料和质量，以及装药种类、配比、质量、装填密度等参量。起爆时，采用静爆试验引信，该引信是将原配用引信摘除击发机构、隔离机构以及发火系统，保留其传爆系统。试验时，首先由导爆管引至安全位置，按照技术安全要求起爆，然后从减速介质中取出破片，经清洗后称重分级。

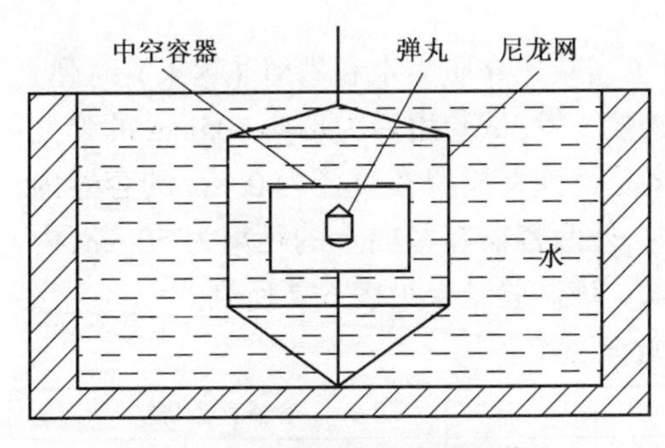

图6.1　破碎性试验水槽（井）

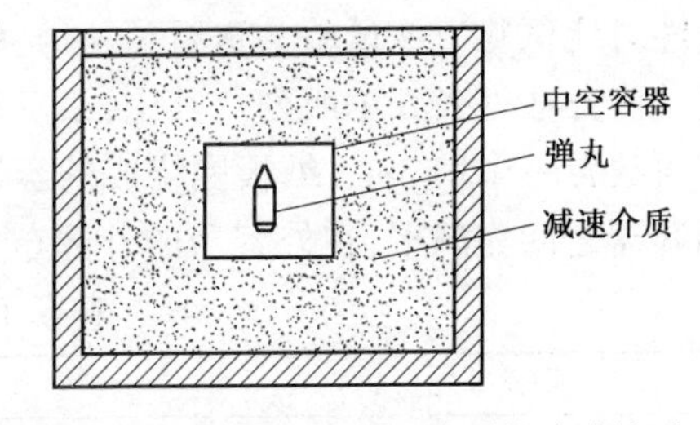

图6.2　用木屑或沙作减速介质的破碎性试验坑

6.1.2　影响试验精度的主要因素

破碎性试验后所获得的破片能否较真实地反映弹丸在空气中爆炸时破片的质量和形状，主要取决于容器的尺寸、减速介质的种类以及减速介质的厚度，而这些参量的选择与破碎性试验的设备、试验规模、环境条件、劳动强度以及试验成本有关。

1. 容器尺寸

容器尺寸影响弹丸爆炸形成的破片飞至减速介质的时间。当容器尺寸太小时可能影响破片在到达减速介质之前的“自发”分离，而不能真实的反映弹丸在空气中破碎的情况。容器尺寸越大，回收的破片就越接近真实情况。瑞典国防研究所与荷兰技术实验室进行的试验表明：当容器直径（内圆筒）从小逐渐增加到6倍弹丸直径时，试验所得结果的精度逐渐提高；而当容器直径由6倍弹径再逐渐增加时，试验结果没有明显变化；当容器直径达到8倍弹径时其影响可以忽略不计，所以容器的直径可选为6倍弹径。弹丸顶端至容器上盖的距离以及弹底至容器底的距离也可以参照容器直径为6倍弹径时，弹体壁至容器壁的距离来确定。根据减速介质的不同，容器可用纸板、纤维板、胶合板或塑料板制成。

2. 减速介质

减速介质的种类以及减速介质的厚度影响破片在该介质中所受的阻力和速度衰减过程。当介质的密度较大时，破片在介质中所受阻力大，速度衰减快。虽然介质的厚度可以减薄，试验工作量可以降低，但由于阻力大，破片在减速介质中可能产生二次破碎，会影响试验精度。当介质的密度较小时，破片所受阻力减小，可避免破片的二次破碎，但减速介质的厚度必须增加，而使试验规模和工作量加大。

目前世界各国所用的减速介质有三种：木屑（锯末）、砂子和水。木屑的密度为200～300kg/m^3，水的密度为1000kg/m^3，砂子的密度为1500～2400kg/m^3。按照这三种介质的密度来分析，采用木屑做减速介质并适当增加减速介质层的厚度，试验时导致二次破碎的可能性最小；用砂子做减速介质可能产生二次破碎。通常用木屑做减速介质时可借用鼓风和磁力（钢破片）来分离木屑和破片；用砂子做减速介质时采用过筛（2mm×2mm）的方法分离出破片；水做减速介质时，可用尼龙网收集破片。从试验时的劳动强度来看，用水做减速介质时劳动强度小、劳动条件好，试验后的水可直接排放而对周围环境影响不大；用砂做减速介质时劳动强度大、条件差；用木屑做减速介质时劳动环境不好。

因此,当经常进行试验时,可建设用水做减速介质的破片回收装置和爆炸水井;当不经常进行试验时,可建设用砂做减速介质的装置。

荷兰技术实验室与瑞典国防研究所曾进行了当减速介质为水和木屑（锯末）时弹丸破碎性对比试验。该试验共进行了4组,每组试验3发;试验用弹为瑞典105mm的弹丸,每组试验方法见表6.1所列。其中,第三种方案是将弹丸放置在直径为0.8m的容器内,外部再放置一个用3mm纸板围绕成的容器。内、外两容器在径向上的距离为50mm,内、外两容器之间充满水,在外容器的外部布置锯末。该试验结果见表6.2所列。

表6.1 试验参量

研究单位	减速介质	容器直径/m
FOA-1	锯末	0.60
FOA-2	锯末	0.80
FOA-3	0.05m水+锯末	0.80
TL	水	0.80

从表6.2可知,对于低于0.9g的破片来说,荷兰技术试验室（TL）系统的积累回收数量严重的偏离了瑞典国防研究所1系统（FOA-1）的试验值,而瑞典国防研究所的3种方法（FOA-1、FOA-2和FOA-3）的试验结果相近。荷兰技术试验室系统与瑞典国防研究所1系统（FOA-l）有差异的主要原因如下：

（1）荷兰技术试验室给出的回收百分比较大,其差异主要是小破片造成的。

（2）荷兰技术试验室利用一个大的空气圆柱体,可以引起破片在冲击减速介质之前另外的"自发"分解。

（3）用水做减速介质比用锯末做减速介质时更容易引起二次破碎。

破碎性试验后将所得破片进行清理,称重分级;测量每组的破片数和破片质量,表6.3所列为30mm高炮弹丸静爆破片的质量分布数据。我国在破碎性试验中所统计的最小破片质量为1g,国外统计的最小破片质量为0.1g,高射弹药为0.3g。国外的杀伤标准主要考虑破片动能,所以小破片也进行统计。

6.1.3 爆炸水井的特点

由于爆炸水井要存放大量的水作为破片的减速介质,当被试弹丸爆炸时,在水中传播的压力波直接作用在井壁上,所以爆炸水井筒壁的强度以及防震很重要。

1. 爆炸水井尺寸的确定

爆炸水井直径和高度主要取决于试验时的炸药量或试弹的尺寸,可参照用砂做减速介质时砂子的厚度来确定。因水的密度比砂子小,所以应按两种减速介质密度的比值相应地增加介质的厚度。为了防止破片在此介质厚度中速度没有完全衰减,撞击筒壁,水井内径应适当增大,使其具有一定的安全余量。

2. 高压气幕的设计

由于水是不可压缩的介质,因此在弹丸爆炸时形成很强的冲击波作用在水井内壁上。试验时,在靠水井内壁处充有圆柱形气幕,用于保护井壁。这是由于空气是压缩性极大的介质,当受到强烈的压缩后可暂时吸收并储存很大一部分能量,在冲击波传播时有利于增长正压作用时间,平缓压力峰值。通过下面粗略地估算可以看出,在水及空气中冲击波传播特性的不同。

表6.2　破片的累积数、差别和估算的期望值（t）

级的下限/g	平均的累积数				差别						期望值（t）		
	FOA-1	FOA-2	FOA-3	TL	(FOA-2)-(FOA-1)		(FOA-3)-(FOA-1)		TL-(FOA-1)		(FOA-2)-(FOA-1)	(FOA-3)-(FOA-1)	TL-(FOA-1)
					数量	比率×100	数量	比率×100	数量	比率×100			
63.5	1.0	1.0	2.3	1.0	0.0	0.0	1.3	130.0	0.0	0.0	0.00	-1.00	0.00
32.5	20.7	20.0	22.0	17.0	-0.7	-3.4	1.3	7.3	-3.7	-17.9	0.20	-0.39	1.48
15.5	96.7	91.0	87.3	85.0	-5.7	-5.9	-9.4	-9.7	-11.7	-12.1	0.87	1.43	1.73
8.5	237.0	227.0	224.0	228.7	-10.0	-4.2	-13.0	-5.5	-8.3	-3.5	0.90	0.83	0.77
3.8	680.7	702.3	672.0	784.3	21.7	3.2	-8.4	-1.2	3.7	0.5	-0.80	0.28	-0.13
2.5	1083.0	1074.3	1065.0	1071.3	-8.7	-0.8	-28.0	-2.7	-11.7	-1.1	0.22	0.74	0.29
1.5	1322.0	1613.0	1610.3	1787.0	-7.0	-0.4	-11.7	-0.7	74.0	3.9	0.11	0.20	-1.27
1.0	2079.3	2027.7	2118.7	2253.7	-51.7	-2.5	39.4	1.9	174.4	8.3	0.57	-0.52	-2.45
0.9	2202.7	2111.0	2264.0	2405.0	-71.7	-2.8	71.3	2.8	202.3	9.2	0.70	-0.70	2.55
0.8	2344.0	2271.7	2414.3	2581.0	-72.3	-3.1	70.3	3.0	237.7	10.1	0.77	-0.73	-2.87
0.7	2490.7	2437.7	2593.0	2775.3	-53.0	-2.1	102.3	4.1	284.7	11.4	0.44	-0.97	-3.21
0.6	2654.3	2628.0	2790.0	2990.0	-27.3	-1.0	135.7	5.1	335.7	12.7	0.70	-1.12	-3.42
0.5	2871.3	2304.0	3015.7	3258.0	-37.3	-1.3	144.4	5.0	387.7	13.5	0.24	-1.09	-3.80
0.4	3112.0	3111.0	3300.3	3712.7	-1.0	-0.0	188.3	7.1	500.7	17.1	0.01	-1.33	-4.37
0.3	3451.7	3485.0	3700.0	4080.3	33.3	1.0	248.3	7.2	728.7	18.2	-0.17	-1.57	-4.53
0.2	3946.3	4127.0	4237.7	4830.7	80.7	2.0	287.4	7.3	893.4	22.7	-0.28	-1.47	-4.92
0.1	4855.7	4892.0	4907.7	7011.7	37.3	0.7	52.0	1.1	1157.0	23.8	-0.09	-0.18	-3.94
m<0.1g的破片的质量	141.1	142.2	450.2	339.9									
回收比率×100	93.7	93.9	94.7	98.2									
损失比率×100	7.3	7.1	7.3	1.8									

表 6.3　30mm 高炮弹丸静爆破片分组数据

破片分组/g	破片数	数目比例/%	每组破片质量/g	质量比例/%
6~12	5	0.71	43.3	15.00
5~6	4	0.57	21.3	7.38
4~5	5	0.71	21.3	7.38
3~4	9	1.28	30.7	10.63
2.5~3	6	0.85	16.3	5.65
2.0~2.5	5	0.71	10.8	3.74
1.5~2.0	13	1.85	22.4	7.76
1.0~1.5	12	1.71	38.0	13.16
0.5~1.0	55	7.82	39.2	13.58
0~0.5	589	83.78	45.4	15.73

根据 TNT 球形装药在水或空气中爆炸的经验公式，可以得出一定距离 R 处冲击波阵面压力峰值 p_m、正压作用时间 t_+，以及冲击波的正压比冲量 i_+。如果取炸药量 $\omega=0.5\text{kg}$（当装填密度 $\rho_m=1.52\text{g/cm}^3$），则球形装药半径 $r_0=4.28\text{cm}$。

水中冲击波参量公式为

$$p_m = 52.3\left(\frac{\sqrt[3]{\omega}}{R}\right)^{1.13} \tag{6.1}$$

$$t_+ = 10^{-5}\omega^{1/6}R^{1/2} \tag{6.2}$$

$$i_+ = 58\omega^{1/3}\left(\frac{\sqrt[3]{\omega}}{R}\right)^{0.89} \tag{6.3}$$

计算结果，见表 6.4 所列。

表 6.4　水中冲击波参量公式计算结果

R/m	p_m/MPa	t_+/ μs	i_+/(MPa·s)
1	40.2	8.9	37.3
1.1	36.1	9.34	34.2
1.2	32.8	9.76	31.7
1.3	29.9	10.2	29.5
1.4	27.6	10.5	27.7
1.5	25.5	10.9	26.0

空气中冲击波参量公式为

$$p_m = 0.098\left(1 + \frac{0.84}{R}\omega^{1/3} + \frac{2.7}{R^2}\omega^{2/3} + 7\frac{\omega}{R^3}\right) \tag{6.4}$$

$$t_+ = 0.00135\omega^{1/6}R^{1/2} \tag{6.5}$$

$$i_+ = 2.21\omega^{1/3}/R \tag{6.6}$$

计算结果，见表 6.5 所列。水和空气中冲击波参量公式计算结果的比值，见表 6.6 所列。

表6.5 空气中冲击波参量公式计算结果

R/m	p_m/MPa	t_+/μs	i_+/(MPa·s)
1	0.674	1203	1.75
1.1	0.553	1.261	1.59
1.2	0.467	1318	1.46
1.3	0.403	1371	1.35
1.4	0.355	1423	1.25
1.5	0.318	1473	1.17

表6.6 水和空气中冲击波参量公式计算结果

R/m	$p_{m(水)}/p_{m(空气)}$	$t_{+(水)}/t_{+(空气)}$	$i_{+(水)}/i_{+(空气)}$
1	59.6	7.41×10^{-3}	21.3
1.1	65.3	7.41×10^{-3}	21.5
1.2	70.2	7.41×10^{-3}	21.7
1.3	74.2	7.41×10^{-3}	21.9
1.4	77.7	7.41×10^{-3}	22.2
1.5	80.2	7.41×10^{-3}	22.2

从上面计算结果可知,水中冲击波在传播过程中,波阵面的压力峰值高、衰减缓慢,在给定的距离 $R=1\sim1.5$m 范围内,p_m值为空气冲击波的60~80倍。而正压时间 t_+很短,仅为空气中冲击波的0.7%左右,但压力冲量为空气中冲击波的22倍左右。因此在相同弹药条件下,爆炸时水中冲击波作用在结构上将显示出更强烈的冲击加载特性。从井筒的强度设计考虑,在水中充加大量的空气气泡,可明显改善井壁及建筑基础加载条件。产生气幕的系统是由空气压缩机、储气罐以及输气管道组成。空气压缩机将压缩空气输入储气罐,充气压力达到0.7MPa。输气管道由储气罐接至水井底部的排气管上。排气管在井底环绕井壁放置,在排气管上每隔一定距离钻一个直径为2mm左右的排气孔。爆炸前打开储气罐的排气阀,高压空气从排气孔中排出,沿井壁形成圆柱形气幕。爆炸后关闭气罐上的排气阀。当气罐中的压力低于一定压力(0.3MPa左右)时,空气压缩机自动工作;当储气罐中的压力达到0.7MPa时,空气压缩机停止工作。

6.2 破片速度分布试验

弹丸爆炸后,弹体逐渐膨胀。当膨胀到一定程度时,产生裂缝,部分爆轰产物开始逸出,膨胀速度减慢并逐渐碎裂成具有一定初速的破片。破片的初速直接影响破片的作用距离和碰击目标的速度,影响对目标的毁伤效果,所以破片初速是杀伤威力的重要参数之一,是计算杀伤面积、评定杀伤威力所不可缺少的因素。由于起爆位置的影响以及不同横截面上炸药和金属质量的不同,弹丸破片的初速大小沿轴向不同位置不同,并且具有一定的分布规律,因此测量破片的初速,不仅是测量弹丸某一位置处的破片初速,还应测量破片沿轴线的速度分布。战斗部越大,破片初速沿轴线方向的变化越大。

6.2.1 破片速度测试原理

目前测量破片速度的方法分为两种。一种方法是用闪光X射线摄像机,拍摄两个不同时刻破片飞行的位置从X射线照片上测量飞行距离,计算破片的初速。这种方法因受闪光X射线摄像机的限制,所以通常只能用来测量小口径弹丸或模型弹的初速或进行性能研究。另一种方法是测量破片飞行不同距离所用的时间,得到破片在不同距离的平均飞行速度并进一步计算破片的初速。

测量破片飞行时间的方法可分为两种:一种方法是利用测时仪和测速靶记录破片在一定距离处的飞行时间;另一种方法是利用高速摄影机拍摄爆炸火光和破片碰击测速板时的亮光,从摄影胶片上测得两个时间信号,计算炸点到测速板的平均速度并进一步计算破片的初速。目前我国采用测时仪测量法,而国外采用高速摄影机测量法。测时仪测量法的测试设备费用和测试费用较低。

1. 测时仪测量法

测时仪测量法是用测速靶和测时仪测量破片从炸点飞行到一定距离的时间,计算出破片在该距离上的平均速度。为了测出沿轴向不同方位破片的初速分布,在以爆点为圆心的三个半径的圆周上分别确定2~5个测速靶点,各圆周上靶点安置前后互不遮挡,试验现场的布置如图6.3所示。各测速靶所在圆周爆点的距离根据被试弹丸(或战斗部)的口径确定,表6.7所列为各测速靶距弹丸的位置。首先根据沿各方位测出x_1、x_2、x_3三个不同距离的平均速度,然后计算出各方位的破片初速。

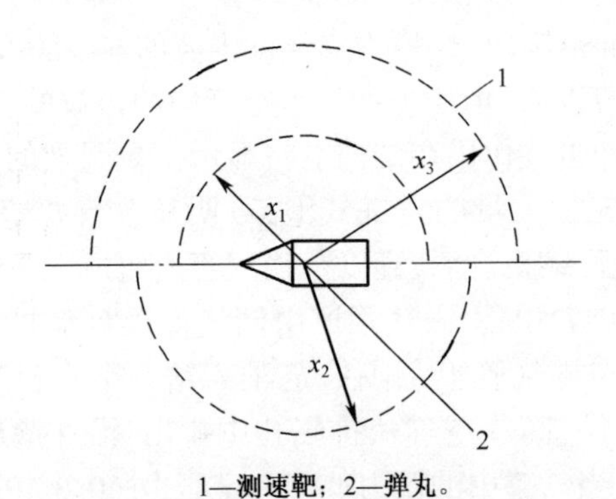

1—测速靶;2—弹丸。

图6.3 测时测量法的现场布置图

表6.7 各测速靶距弹丸的位置

弹径/mm	第1个测速靶距离/m	第2个测速靶距离/m	第3个测速靶距离/m
<76	4	6	8
76~100	6	8	10
>100	8	10	12

2. 高速摄影测量法

在美国和其他一些国家测量破片初速主要采用高速摄影机测量的方法,如图6.4所示。测速板的前面为厚0.05mm铝箔,中间有闪光灯,背后为厚0.2mm乙烯树脂纤维织品里衬。高速摄影机放置在测速板后的可移动防弹掩体内,通过测速板上预先加工出的小孔对准弹丸,以便记录弹丸起爆的时间(也可用反射镜记录起爆时间)。在拍摄时,应向高速摄影机输入时标,首先根据胶片上破片从炸点到x距离处的时间计算出$x/2$处的破片速度，然后求得初速 v_0。

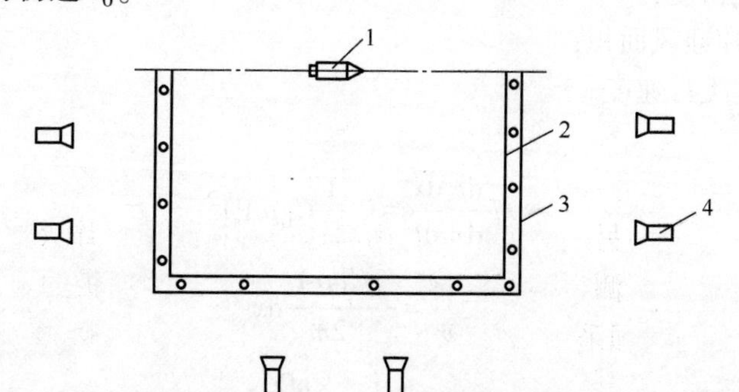

1—弹丸；2—厚0.05mm铝箔；3—厚0.2mm乙烯树脂纤维织品里衬；4—高速摄影机。

图6.4 高速摄影机测量法的平面布置图

为了更好地拍摄测速板背面的区域标志，可放置几台防护好的外部闪光灯，并用反射镜照射在测速板背后。为了可靠地记录起爆和破片碰击测速板的时间，应控制摄影机外部闪光灯、内部闪光灯以及起爆的时间，使破片碰击测速板时高速摄影机恰好处于稳定的最大转速，并且闪光灯也达到峰值亮度。典型试验场的时间控制，见表6.8所列。

表6.8 典型试验场的时间控制

试验场尺寸/m	摄影机启动	外部闪光灯/s	内部闪光灯/s	起爆/s
3.7	0	1.090	1.107	1.111
6.1	0	1.090	1.107	1.113
7.3	0	1.090	1.107	1.113

当测速板用钢板时可不使用内部闪光灯，并可用一定厚度的钢板筛选出无效破片，使测得的破片速度更准确。测速靶距弹丸的距离可按表6.9所列尺寸确定。

表6.9 测速靶距弹丸的位置

炸药量/kg	0°、90°、180°方位上的距离/m
<0.2	2.4
0.2~0.7	3.7
1.8~3.6	6.1
6.4~9.9	7.3
9.9~14.9	8.5

6.2.2 破片初速的计算

根据上面两种方法测得的沿轴线不同方位、不同距离的速度值计算破片初速 v_0，从而得到沿弹丸轴线的破片初速分布。

假设破片阻力系数为常数，则

$$m\frac{\mathrm{d}v}{\mathrm{d}t}=-\frac{1}{2}C_{\mathrm{D}}\rho A_{\mathrm{s}}v^2 \tag{6.7}$$

式中 m——破片质量；

C_{D}——破片阻力系数；

ρ——空气密度；

A_s——破片迎风面积；

v——破片飞行速度。

可得

$$m\frac{\mathrm{d}v}{\mathrm{d}x}\frac{\mathrm{d}x}{\mathrm{d}t}=-\frac{1}{2}C_D\rho A_s v^2$$

$$\frac{\mathrm{d}v}{v}=-\frac{C_D\rho A_s}{2m}\mathrm{d}x \tag{6.8}$$

$$v=v_0\exp\left(-\frac{C_D\rho A_s}{2m}x\right)$$

式中：x 为所求位置至炸点的距离；空气密度 $\rho=\rho_0\cdot H(y)$，ρ_0 为地面空气密度；$H(y)$ 为高度函数，当在地面（海平面）时 $H(y)=1$。

令
$$K=\frac{C_D\rho A_s}{2m} \tag{6.9}$$

则
$$v=v_0\exp(-Kx) \tag{6.10}$$

式中：K 值可根据破片的形状、质量及阻力系数求出；x 值已知，速度 v 为对应 x 的测得值，由式（6.10）可计算出初速 v_0。当测得对应值的两组数值 v_1、x_1 和 v_2、x_2 时，得

$$v_1=v_0\exp(-Kx_1) \tag{6.11}$$

$$v_2=v_0\exp(-Kx_2) \tag{6.12}$$

由式（6.11）和式（6.12），得

$$\begin{cases} x_1=\dfrac{1}{K}\ln\dfrac{v_0}{v_1} \\ x_2=\dfrac{1}{K}\ln\dfrac{v_0}{v_2} \\ \dfrac{x_1}{x_2}=\dfrac{\ln v_0-\ln v_1}{\ln v_0-\ln v_2} \\ x_1(\ln v_0-\ln v_2)=x_2(\ln v_0-\ln v_1) \\ \ln v_0=\dfrac{x_1\ln v_2-x_2\ln v_1}{x_1-x_2} \end{cases} \tag{6.13}$$

由式（6.13）可用 v_1、x_1 和 v_2、x_2 求出破片初速 v_0，也可由式（6.10）求出 K 值。当 v_0 和 K 值求得后，则可得任意距离上的速度值。但破片阻力系数 C_D 随速度变化而变化，所以将 K 值取为常数会带来一定误差。因此当计算破片在不同距离上的速度时，应分为若干段计算，在每段内 C_D 作为常数，即 K 值作为常数。分段越多，计算越准确。

阻力系数 C_D 与破片的形状与速度有关。不同形状的破片，在同一马赫数 M 的条件下，C_D 值是不同的。对于形状已选定的破片，C_D 是马赫数 M 的函数。由风洞试验结果可知，当 $M>1.5$ 时，C_D 随 M 的增加而缓慢下降。

各种形状破片的 C_D 计算公式如下：

球形破片：$C_D(M)=0.97$

方形破片：$C_D=1.72+\dfrac{0.3}{M^2}$ 或 $C_D=1.2852+\dfrac{1.0536}{M}-\dfrac{0.9258}{M^2}$

圆柱形破片：$C_D = 0.8058 + \frac{1.3226}{M} - \frac{1.1202}{M^2}$

菱形破片：$C_D = 1.45 - 0.0389M$

当 $M>3$ 时，C_D 一般取常数，见表 6.10 所列。

表 6.10　当 $M>3$ 时各种类型破片的速度衰减系数

破片形状	球形	立方形	柱形	菱形	长条形	不规则形
C_D	0.97	1.56	1.16	1.29	1.3	1.5

6.3　破片空间分布试验

由于弹丸的几何形状不是球对称体，并且弹丸结构的固有特点如炸药形状、装填和起爆方式等不同，弹壳厚薄不均匀等影响，因此使弹丸破片在空间的分布不均匀。为了评估弹丸破片的杀伤作用，必须要知道弹丸破片的飞散分布规律，以便为研究和改进弹丸结构和提高杀伤威力提供试验数据。

弹丸爆炸后，初始位置的破片各自按照一定的方向飞散，向前、后飞散的破片较稀疏（约占 10%），如图 6.5 所示。破片的空间分布是指空间各个位置上破片的分布密度。弹丸为轴对称体，通常将空间分为若干个环绕弹轴的球带，同一球带上的破片密度相等。如果能够测出距炸点一定距离球面上各球带的破片密度，则可以得到破片的空间分布。根据破片的初速和速度衰减，计算出不同破片的飞行距离后，则可以计算出离爆炸点任意距离、任意位置上的破片密度。

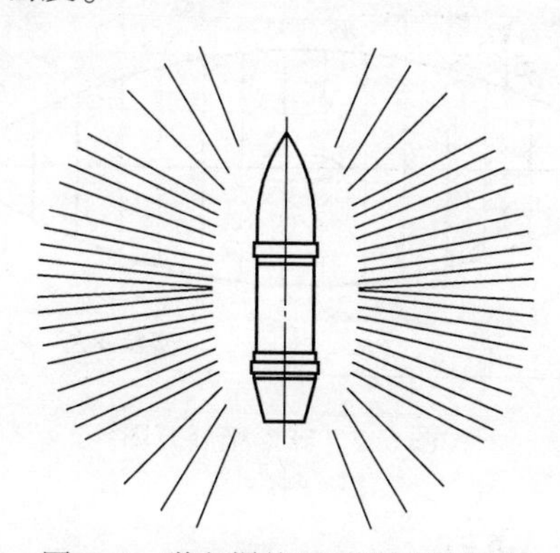

图 6.5　弹丸爆炸后破片飞散状态

为了得到破片空间分布规律，目前国内外普遍采用球形靶或长方形靶试验方法来测量榴弹破片的空间分布。

6.3.1　球形靶试验

假定球面中心安置一个弹丸，弹丸爆炸后破片向四周飞散并穿过球面，根据球面上破片的穿孔数可求得破片在各个方位上的分布密度（单位球面角内的分布密度），如图 6.6 所示。该分布密度与破片初速、破片数量、质量分布等共同决定了弹丸的杀伤威力。为了确定球面上各处的位置，用经纬线在球面上划成许多区域，两条经线夹成的区域称为球瓣，两条纬线夹成区域称为球带,球瓣和球带分别用经角 ψ 和纬角 Φ 表示。由于弹丸是轴对称体,所以破片的飞散具有轴对称性,因此只要研究了破片在球瓣上的分布情况,就知道了破片在整个球面上的分布。由于球瓣很难制作,所以在实际使用中先将靶做成半圆柱形,然后把球瓣投影其上,并在靶上画出对应各球带的投影区域,如图 6.7 所示。弹丸爆炸后,统计各区域(球带和球瓣边所围成)的面积(ΔS)和破片数,就可求出该区域所对应的球面角内的破片密度。通常把这种半圆柱形靶称为球形靶。该球形靶分为 19 个区,1 区和 19 区分别对应着弹头和弹尾,对应的 $\Delta\Phi$ 各为 5°,其余的 17 个区对应的 $\Delta\Phi$ 都是 10°,$\Delta\psi$ 角一般为 30°,球形靶的半径 R_0 根据弹丸口径决定。球形靶展开为平面,如图 6.7 所示。

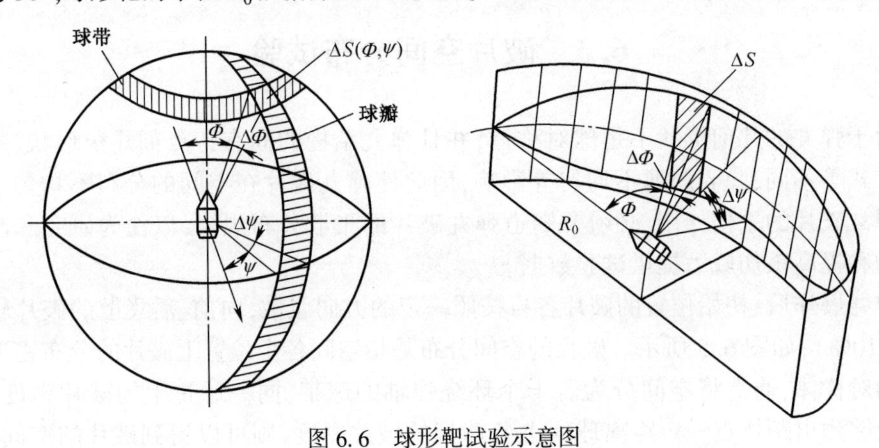

图 6.6 球形靶试验示意图

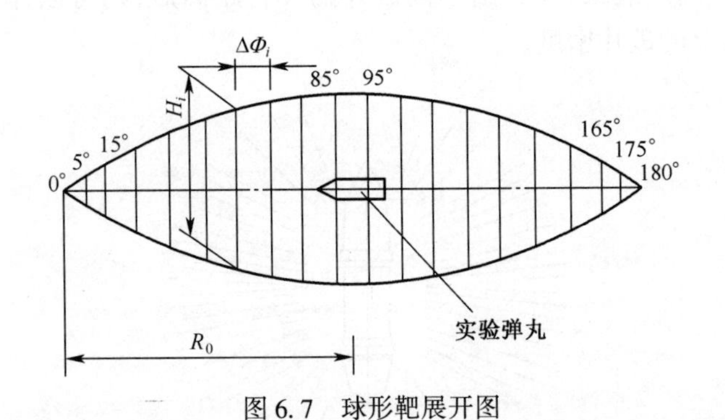

图 6.7 球形靶展开图

第 1 区　$\Phi_1 = 0°$　$\Delta\Phi = 0°$

第 2 区　$\Phi_2 = 5°$　$\Delta\Phi = 10°$

第 3 区　$\Phi_3 = 15°$　$\Delta\Phi = 10°$

⋮　⋮　⋮

第 10 区　$\Phi_{10} = 85°$　$\Delta\Phi = 10°$

⋮　⋮　⋮

第 17 区　$\Phi_{17} = 165°$　$\Delta\Phi = 10°$

第 18 区　$\Phi_{18} = 175°$　$\Delta\Phi = 10°$

第 19 区　$\Phi_{19} = 180°$　$\Delta\Phi = 5°$

$\Delta\Phi_i=10°$对应的球带宽度为$\dfrac{\pi R_0}{18}=0.1745R_0$，球形靶第$i$区域的靶高为

$$H_i = 2R_0\arctan\left(\sin\Phi_i \cdot \sin\frac{\Delta\psi}{2}\right) \tag{6.14}$$

式中：$\Delta\psi = 30°$。

球形靶上每个球带对应的面积为ΔS_i，即

$$\Delta S_i = \frac{1}{2}(H_i + H_{i+1}) \cdot 0.1745R_0 \tag{6.15}$$

统计出ΔS_i内的破片数，就可求出该区域所对应的球面角内的破片密度或对应每个区域的每单位Φ角的破片相对百分数$\delta(\Delta\phi_i)-\Phi$曲线。

6.3.2　长方形靶试验

1. 长方形靶的场地布置

长方形靶试验可与破片质量分布和速度的测量同时进行，回收板用1.2m×2.4m×12.7mm木板组成。靶的布置如图6.8所示。空间分布试验靶的高度和宽度都取决于战斗部的尺寸和类型，通常靶高为2.4m。被试弹丸与靶的距离可根据炸药量来确定，见表6.11所列。其距离近似与炸药量的1/3次方成正比。

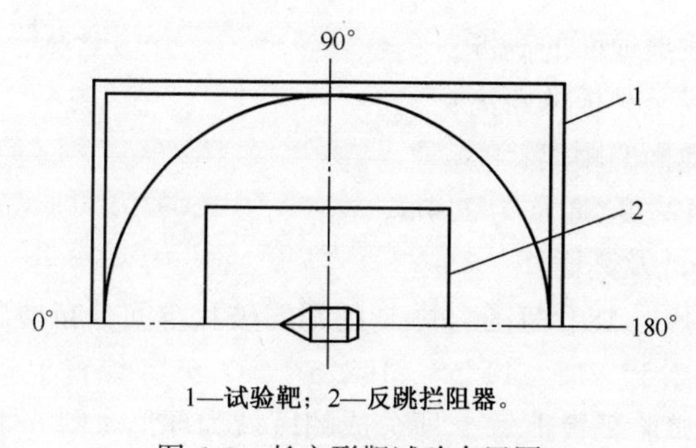

1—试验靶；2—反跳拦阻器。

图6.8　长方形靶试验布置图

表6.11　战斗部中心至试验靶的距离

炸药质量/kg	在0°、90°、180°方位上的距离/m
<0.2	2.4
0.2~0.7	3.7
1.8~3.6	6.1
6.4~9.9	8.5
9.9~14.9	9.8

图6.9所示反跳拦阻器是为了防止破片因击中地面而反跳到试验靶板上的装置，可按下面两个方法建造。

(1) 土堤顶部有一个宽0.6m的坪。此坪的倾斜角与通过试验弹丸轴线和试验靶底

线的假想平面相重合。

(2) 在土堤或木制骨架上放置钢板,使其朝着试验弹丸倾斜一个角度,使碰击地面反跳起的破片,再次转向地面而不向空中跳起。反跳拦阻器的高度和位置可按下列方程确定。

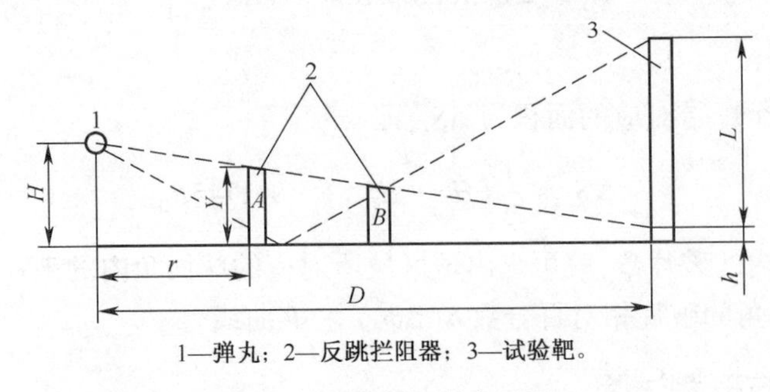

1—弹丸;2—反跳拦阻器;3—试验靶。

图 6.9 反跳拦阻器布置图

设 r 为爆心至拦阻器的距离,Y 为拦阻器高度,则

$$r = 2KCHD/(C + K) \tag{6.16}$$

$$Y = H(K - C)/(C + K) \tag{6.17}$$

且有

$$C = 1/(H + h + L) \tag{6.18}$$

$$K = 1/(H - h) \tag{6.19}$$

式中 H——弹丸轴线离地面的高度;

D——弹丸轴线至靶板的距离;

H——靶底至地面的距离;

L——靶的垂直高度,通常为 2.4m。

2. 长方形靶的分区及其面积

为测量从弹头至弹尾 180°范围内每 5°区间的破片空间分布情况,将试验靶相应划分成 37 个区域,在靶上 2.5°、7.5°、12.5°…182.5°、187.5°各位置上标记。其中,对应战斗部头部和底部的两块试验靶板上每 5°所分成的区域为环形(图 6.10 左边),而战斗部正面对应的试验靶板上为矩形(图 6.10 右边)。战斗部头部和底部对应的靶板上环形区域的圆心正是战斗部轴线与靶的交点,侧面靶板平行于弹轴,靶板在与弹轴成 90°处与球面相切(图 6.11)。计算矩形区的投影面积,需要从这个基准点测量角度。

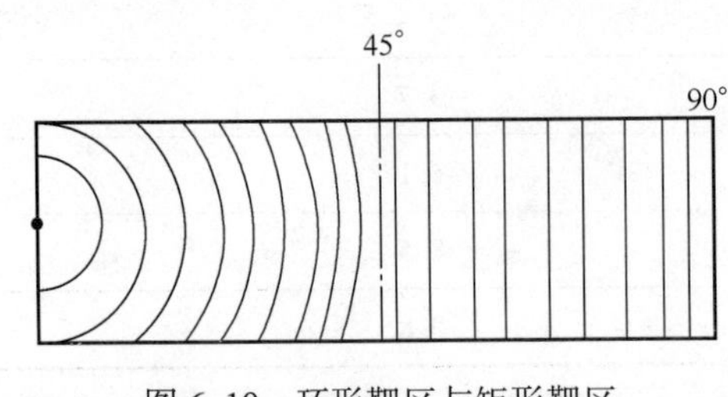

图 6.10 环形靶区与矩形靶区

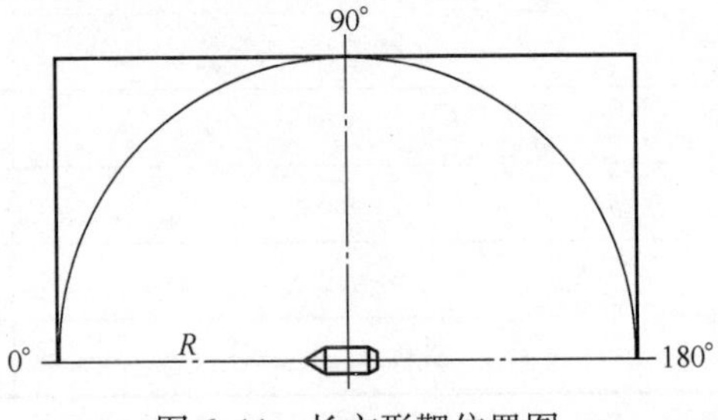

图 6.11 长方形靶位置图

计算区域投影面积的方法:因为试验靶的对称性,所以仅需要计算从 1(0°)至 19(90°)区域所对应的球面上的面积 $A_{t_1} \sim A_{t_{18}}$,而 20 区~37 区计算方法与 1 区~18 区相

同。换言之,当知道了靶上各区域的划分办法、各区对应的球面面积以及试验时靶上的破片数量(或质量)后,就可以计算出破片在空间的分布(数量密度或质量密度)。

1)环形区域及在球面上所对应的投影面积 A_{t_1}

球面与靶板相切于环形区域的圆心(0°和 180°),靶上的区域如图 6.12 所示,记为 1 区~10 区。2.5°区域为 1 区,2.5°~7.5°为 2 区,而 10 区是由 42.5°~45°环形区域和 45°~47.5°的矩形区(在矩形区计算中讲述)组成。180°整个区域共分 37 个区。1 区和 37 区的范围各为 2.5°,2 区~36 区的范围各为 5°。

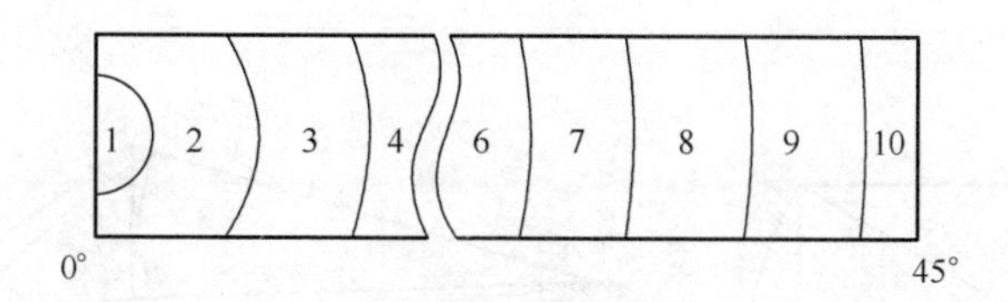

图 6.12　环形靶区

下面给出计算 1 区、2 区、10 区(环形区部分)球面上投影面积 A_{t_1}、A_{t_2}、$A_{t_{10}}$ 的方法。A_{t_3} ~ A_{t_9} 的计算方法与 A_{t_2} 的计算方法相同。

(1) 1 区对应的球面面积 A_{t_1}。

1 区在球面上的投影面积是半个球冠的面积,如图 6.13 所示。A_{t_1} 可由下式得

$$\begin{cases} A_{t_1} = \pi R h_1 \\ h_1 = R(1 - \cos 2.5°) \\ A_{t_1} = \pi R^2 (1 - \cos 2.5°) \end{cases} \tag{6.20}$$

式中:R 为球的半径,即弹丸质心(试验场中心)至靶的垂直距离。

环形靶区的半径:

$$r_1 = R \cdot \tan(2.5°) \tag{6.21}$$

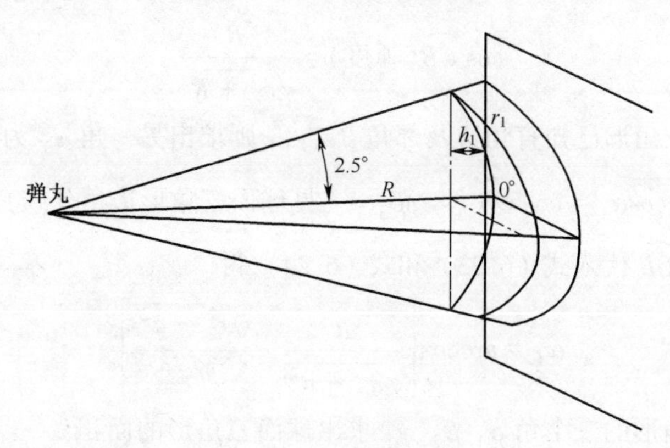

图 6.13　第 1 区投影图

(2) 2 区对应的球面面积 A_{t_2}。

靶板上 2 区的面积(图 6.14(a)),可看成一个扇形面积与两个三角形面积的总和减去靶板上 1 区的面积;在求 A_{t_2} 时也采用求球面上对应投影面积总和的办法。

求对应靶上三角形 $A'C'B$（或三角形 $Bd'e'$）的球面投影面积(图 6.14(b))：

因球面与靶面在 B 点相切,所以球面上三角形在 B 点的角度,即靶上的 β_1 角。如果用 a 表示靶的半高（$C'B = a$）,用 r_2 表示靶上 2 区的半径,$r_2 = R \cdot \tan 7.5°$,则

$$\beta_1 = \arcsin\left[\frac{\sqrt{r_2^2 - a^2}}{r_2}\right] \tag{6.22}$$

对应靶上 C' 点的球面上 C 点的角度 γ_1 是两个互相垂直的大圆弧线的交角,即

$$\gamma_1 = \frac{\pi}{2}$$

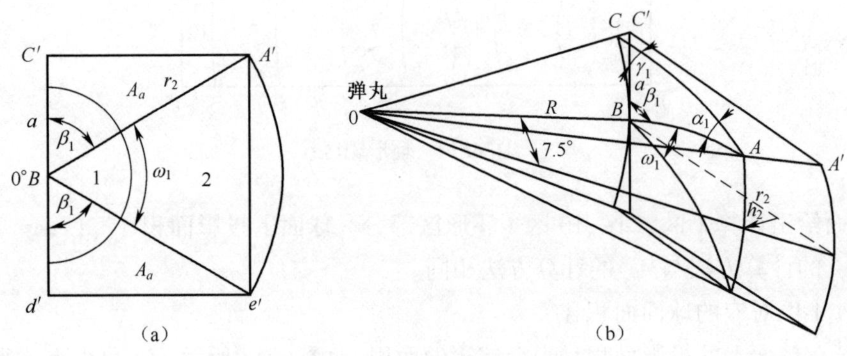

图 6.14　第 2 区投影图

(a) 靶板上的面积；(b) 球面上的面积。

此外,由 $OB=R$（球面半径）、$C'B = a$、$OC' = \sqrt{a^2 + R^2}$、$\cos\angle C'OB = \dfrac{R}{\sqrt{a^2 + R^2}}$ 可得,

$\angle C'OB$（弧度）为 CB 所对应的圆心角,所以弧长 $\overset{\frown}{CB}$ 用半径为单位表示时,即对应的圆心弧度角 $\angle C'OB$,得

$$\cos\overset{\frown}{CB}(\text{弧度}) = \frac{R}{\sqrt{a^2 + R^2}} \tag{6.23}$$

若球面直角三角形已知直角边及邻角 β_1、γ_1,则求出另一角 α_1 为

$$\cos\alpha_1 = \cos\overset{\frown}{CB} \times \sin\beta_1 \quad (\text{见球面三角形边角公式}) \tag{6.24}$$

将 $\sin\beta_1$、$\cos\overset{\frown}{CB}$ 代入式（6.23）和式（6.24）,得

$$\alpha_1 = \arccos\left[\frac{R}{\sqrt{a^2 + R^2}} \cdot \frac{\sqrt{r_2^2 - a^2}}{r_2}\right] \tag{6.25}$$

根据球面三角形的三个角 α_1、β_2、γ_1 求出球面三角形的面积：

$$A_a = R^2(\alpha_1 + \beta_1 + \gamma_1 - \pi)$$

式中：R 为球半径,$\alpha_1 + \beta_1 + \gamma_1 - \pi$ 为球面角超。

下面求对应靶上扇形 $A'Be'$ 的球面扇形面积 A_b。因对应的球冠面积为 $2\pi Rh_2$,h_2 为球冠高 $h_2 = R(1 - \cos 7.5°)$,但靶上扇形所对应的球面面积只为球冠的 $\dfrac{\omega_1}{2\pi}$,有

$$
\begin{cases}
A_b = \dfrac{\omega_1}{2\pi} \cdot 2\pi R h_2 = \omega_1 R h_2 \\
\omega_1 = \pi - 2\beta_1
\end{cases}
$$

三角形与扇形所对应的球面总面积为

$$A_b + 2A_a = \omega_1 R h_2 + 2R^2(\alpha_1 + \beta_1 + \gamma_1 - \pi) \tag{6.26}$$

则2区所对应的球面面积为

$$A_{t_2} = A_b + 2A_a - A_{t_1} \tag{6.27}$$

(3) 3区~9区对应的球面面积$A_{t_3} \sim A_{t_9}$。球面上对应3区~9区的面积$A_{t_3} \sim A_{t_9}$计算方法与A_{t_2}计算方法相同。

(4) 10区对应的球面面积$A_{t_{10}}$。10区是由两部分组成,42.5°~45°对应的部分是在垂直于弹轴的靶面上（环形靶区）,45°~47.5°对应的部分是在平行于弹轴的靶面上。各自对应球面上的投影分别用$A_{t_{10-1}}$和$A_{t_{10-2}}$（在矩形区域中讲述）表示。$A_{t_{10-1}}$是先通过计算垂直弹轴的全矩形靶对应的球面面积A,然后从中减去$A_{t_1} \sim A_{t_9}$的面积,得

$$A_{t_{10-1}} = A - (A_{t_1} + A_{t_2} + \cdots + A_{t_8} + A_{t_9}) \tag{6.28}$$

A的计算参见下面矩形区在球面上的投影面积的计算方法。

2）矩形区及球面上所对应的投影面积

下面计算矩形靶区（平行弹轴的靶板）在球面上的投影面积（此方法也用来计算垂直弹轴的头部和底部整靶在球面上的投影面积）。球面在与弹轴成90°的位置与靶板相切。靶上的矩形区如图6.15所示,共包括11区~27区的17个整区和10区、28区的两个半区（10区、28区另外两个半区在垂直弹轴的头部和尾部靶上）。第19区的范围为87.5°~92.5°,其中心为90°。

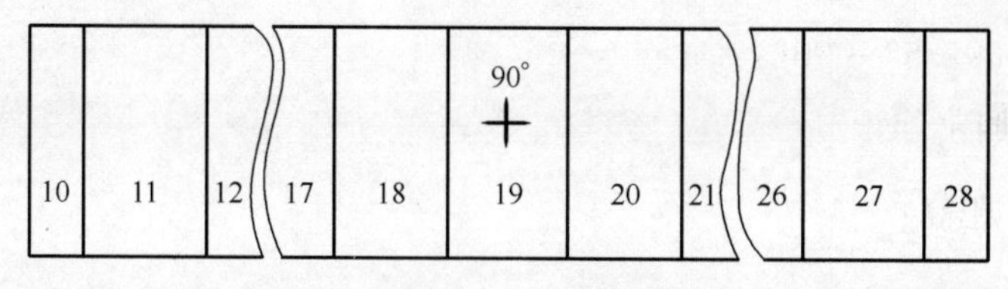

图6.15　矩形靶区

(1) 求$A_{t_{19}}$。将靶上的19区分成四等分,先求出19区的$\dfrac{1}{4}$所对应的球面投影面积,然后乘4,即$A_{t_{19}}$。在计算时将每一个$\dfrac{1}{4}$区分成两个相等的三角形区域（图6.16),并画出它们所对应的球面三角形面积。

球面三角形面积为

$$A_{\triangle A'BC'} = R^2(\alpha_1 + \beta_1 + \gamma_1 - \pi)$$

$$A_{\triangle A'BD'} = R^2(\alpha_2 + \beta_2 + \gamma_2 - \pi)$$

$$\begin{aligned} A_{t_{19}} &= 4 \times [R^2(\alpha_1 + \beta_1 + \gamma_1 - \pi) + R^2(\alpha_2 + \beta_2 + \gamma_2 - \pi)] \\ &= 4R^2(\alpha_1 + \alpha_2 + \beta_1 + \beta_2 + \gamma_1 + \gamma_2 - 2\pi) \end{aligned}$$

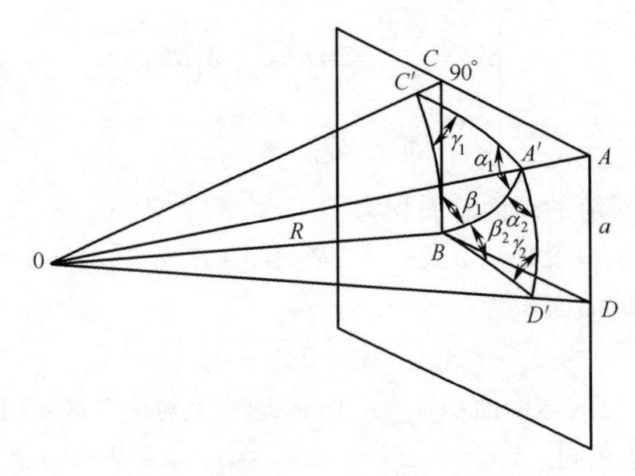

图 6.16　第 19 区投影面积计算图

因为　$$\beta_1+\beta_2=\frac{\pi}{2}\text{且}\gamma_1=\gamma_2=\frac{\pi}{2}$$

所以　$$\beta_1+\beta_2+\gamma_1+\gamma_2=\frac{3\pi}{2}$$

$$A_{t_{19}}=4R^2\left(\alpha_1+\alpha_2-\frac{\pi}{2}\right) \tag{6.29}$$

$$\alpha_1=\arccos\left(\frac{R}{\sqrt{R^2+a^2}}\cdot\frac{b}{\sqrt{a^2+b^2}}\right) \tag{6.30}$$

$$\alpha_2=\arccos\left(\frac{R}{\sqrt{R^2+b^2}}\cdot\frac{a}{\sqrt{a^2+b^2}}\right) \tag{6.31}$$

式中　$b=R\tan(92.5°-90°)$；

R——球面半径；

a——$\frac{1}{2}$靶高；

b——19 区的半宽。

（2）20 区投影面积 $A_{t_{20}}$。$A_{t_{20}}$ 是通过先计算 20 区的半个 19 区的投影面积之和，然后减去半个 19 区的投影面积的方法计算的。由图 6.17，可知

$$A_{t_{20}}=2A_{EFBC}-\frac{1}{2}A_{t_{19}} \tag{6.32}$$

式中：A_{EFBC} 的求法与 19 区中 A_{ADBC} 相同，$b=R\tan(97.5°-90°)$。当求其余各区在球面上的投影面积时，$b=R\tan(\beta_0-90°)$，式中：β_0 为该区 β 角的上限。

应该着重指出，在上面各区的计算中都分别以 0°、90°和 180°的切点作为三个系统的原点。

3. 破片空间分布数据的整理

试验后，根据靶上各区的破片数 N_i 以及对应的球面上的投影面积 A_{t_i}，可求出该区球面上破片的球面密度 ρ_i（单位为球面度内的破片数），得

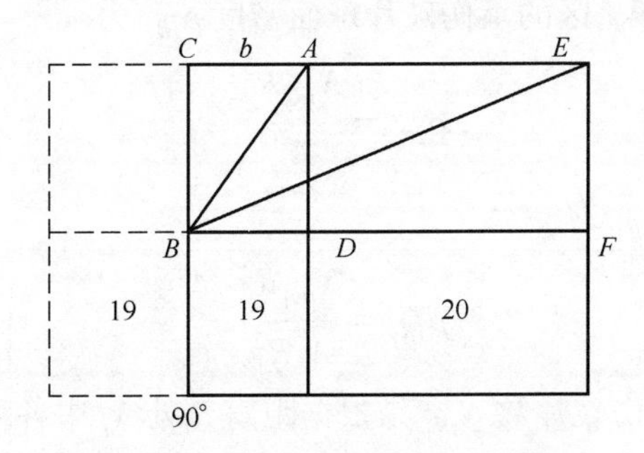

图6.17 第20区投影面积计算图

$$\rho_i = \frac{N_i}{\frac{A_{t_i}}{R^2}} \tag{6.33}$$

式中：N_i为靶上第i区的破片数。

根据对应的ρ_i、φ_i值可得ρ—φ关系曲线，如图6.18所示。由此可以查出弹丸在静止状态爆炸时对应任意φ角的破片球面密度。

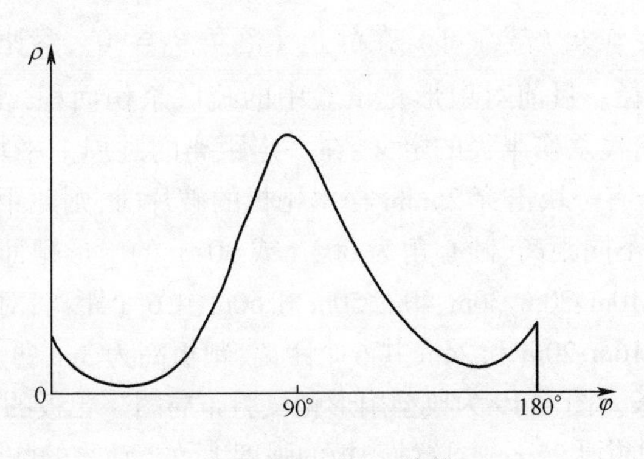

图6.18 ρ—φ曲线

应注意：设i区的破片密度ρ_i，即对应的该球带的破片密度，如N_{19}为$\beta = 87.5° \sim 92.5°$范围的19区的破片数，ρ_{19}是对应的$A_{t_{19}}$的破片密度，ρ_{19}也是对应β角由$87.5° \sim 92.5°$的球带上的破片密度。

1）破片数N_i的意义

如果N_i是由穿透一定厚度的靶板"筛选"出的，则具有杀伤破片的含意。如以穿透25mm松木靶板为对人员的杀伤标准，那么将各区穿透25mm松木靶的破片数N_i称为杀伤破片数，则有

$$\rho_i = \frac{N_i R^2}{A_{t_i}} \tag{6.34}$$

式中：ρ_i称为该球带的杀伤破片球面密度。

2）不同距离处的破片密度

破片随距离的增加，速度逐渐衰减，杀伤破片数量逐渐减少，如距离为R_1处的杀伤破

片为 N_{iR_1}，则半径为 R_1、第 i 区的杀伤破片球面密度 ρ_{iR_1} 为

$$\rho_{iR_1} = \frac{N_{iR_1}R^2}{A_{t_i}} \tag{6.35}$$

对应的杀伤破片面密度 $\bar{\rho}_{iR_1}$ 为

$$\bar{\rho}_{iR_1} = \frac{N_{iR_1}R^2}{A_{t_i}R_1^2} \tag{6.36}$$

式中：不同距离 R_1 处的杀伤破片数 N_{iR_1} 是根据距离 R 处 N_i 中各种破片的质量、形状计算出飞行到 R_1 处各种破片的存速并按杀伤破片的标准确定得到的。

3）破片飞散角和方向角

从中心角 0°和 180°两端各去掉总破片数的 5%后，对应 90%破片的中心角的范围，即破片的飞散角。对应 50%破片处的中心角与 90°之差，即破片的方向角。

6.4 扇形靶试验

6.4.1 扇形靶试验的定义及试验方法

扇形靶试验是测定弹丸（战斗部）在静止（落角 $\theta_0 = 90°$，落速 $v_c = 0$）情况下爆炸时，破片的密集杀伤半径。目前对扇形靶试验中的疏散杀伤面积、密集杀伤面积以及总杀伤面积应用较少。密集杀伤半径的定义：在一定距离的圆周上平均一个人形靶上（立姿、高 1.5m、宽 0.5m）有一块击穿 25mm 松木靶板的破片时，则此距离为密集杀伤半径。试验时，通常设置 6 个不同距离、圆心角为 60°（或 30°）的扇形靶面：对于口径大于等于 76mm 的弹丸分别设置 10m、20m、30m、40m、50m 和 60m 共 6 个距离；对于 76mm 以下的弹丸分别设置 4m、8m、12m、16m、20m 和 24m 共 6 个距离，靶板高为 3m，每一距离的靶板靶长为 30°圆心角所对应的弧长。图 6.19 为典型扇形靶试验布局图。靶板的材料为松木（国外使用的材料为针叶松），靶板厚 25mm。这种靶板的强度大致与动物的胸腹腔强度相同。

假设一个人体（立姿）的暴露面积为 A_e（立姿为 $1.45\times0.351\text{m}^2$），在垂直平面内目标的密度为 σ（$1/\text{m}^2$），击穿 25mm 原松木靶板的破片密度为 ρ，则一个目标所占面积为 $1/\sigma$。在 $1/\sigma$ 面积内，一个杀伤破片（能击穿 25mm 松木）命中目标的概率为

$$P_1 = \frac{A_e}{1/\sigma} = \sigma A_e$$

不被一个杀伤破片命中的概率为

$$P_0 = 1 - P_1 = 1 - \sigma A_e$$

不被 ρ/σ 个杀伤破片命中的概率为

$$P_\rho = (1 - \sigma A_e)^{\rho/\sigma}$$

至少被一个杀伤破片命中的概率为

$$P_k = 1 - P_\rho = 1 - (1 - \sigma A_e)^{\rho/\sigma} \tag{6.37}$$

当 $\sigma A_e \ll 1$ 时，式(6.37)可变为

$$P_k = 1 - (1 - \sigma A_e)^{\rho/\sigma} = 1 - e^{-\sigma A_e \rho/\sigma} = 1 - e^{-\rho A_e} \tag{6.38}$$

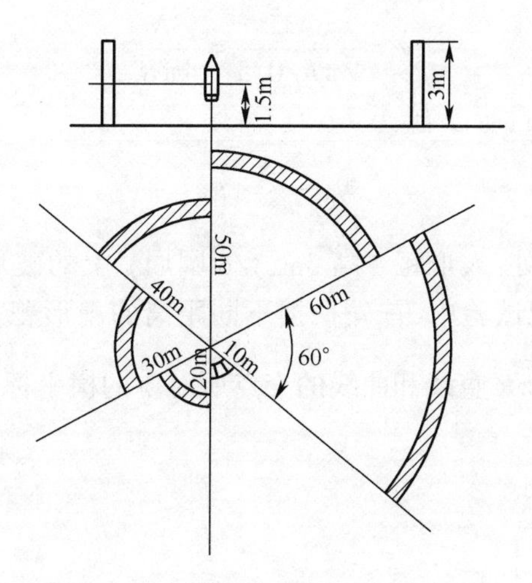

图6.19　扇形靶试验靶板布置示意图

从密集杀伤半径的定义可知,击穿25mm松木靶板的破片密度为$\rho=\dfrac{1}{1.5\times0.5}$(1/m²),代入式(6.38),得

$$P_k=1-e^{-\rho A_e}=1-e^{-\frac{1}{1.5\times0.5}\times1.45\times0.35}=0.492$$

因此,在密集杀伤半径上对目标的杀伤概率(至少命中一块能击穿厚度为25mm的松木靶板时的杀伤概率)为0.492。但是应该指出,上面的计算中假设立姿人员的暴露面积为$1.45\times0.351m^2$,即立姿人员都面向炸点。这一假设是与实际情况不相符合的,应先根据人员模型尺寸计算出立姿情况下的平均暴露面积,然后计算杀伤概率。如果人员模型尺寸为高1.45m、宽0.351m、厚0.18m时,在立姿情况下,如果它相对炸点出现的各种状态(暴露面积)的概率相等时,则其平均暴露面积A_e为侧面积$2\times(1.45\times0.351+1.45\times0.18)$除以π,即

$$A_e=\frac{2\times(1.45\times0.351+1.45\times0.18)}{\pi}=0.49$$

其密集杀伤半径处对目标的杀伤概率为

$$P_k=1-e^{-\rho A_e}=1-e^{-\frac{1}{1.5\times0.5}\times0.49}=0.48$$

从上面分析和计算可以看出,扇形靶试验可以直观地得到杀伤概率$P_k=0.48$的半径。此半径称为扇形靶试验的密集杀伤半径。其杀伤人员的标准是至少有一个杀伤破片命中目标。

6.4.2　密集杀伤半径及杀伤面积

当弹丸爆炸后,破片将命中不同距离的扇形靶,分别统计不同距离的各扇形靶上的杀伤破片数(卡入靶板的破片数两枚折合为一枚)。N_i表示任一扇形靶上统计的破片数,R_i表示任一扇形靶与战斗部的距离。根据不同距离处R_i和相对应的N_i,可得$N=N(R)$曲线。

对于圆心角为60°的扇形靶,半径R处周向可排列的人形靶数近似为$2\pi R/0.5$,其中:0.5是靶板的宽度,扇形靶上的破片数为N,则一块人形靶上平均命中的破片数为

$$\gamma = \frac{6N/2}{2\pi R/0.5} = \frac{3N}{4\pi R} \tag{6.39}$$

根据定义,半径 R_0处,$\gamma = 1$,所以有

$$N_0 = \frac{4}{3}\pi R_0 \tag{6.40}$$

式中:N_0为密集杀伤半径处,人形靶（高 3m,1/6 圆周）上的破片数,与密集杀伤半径呈线性关系。所以在扇形靶试验中,首先根据不同距离的扇形靶上破片数,得到 N—R 曲线,然后过原点做 $N = \frac{4}{3}\pi R$ 直线和曲线的交点所对应的横坐标,即密集杀伤半径 R_0,如图 6.20所示。

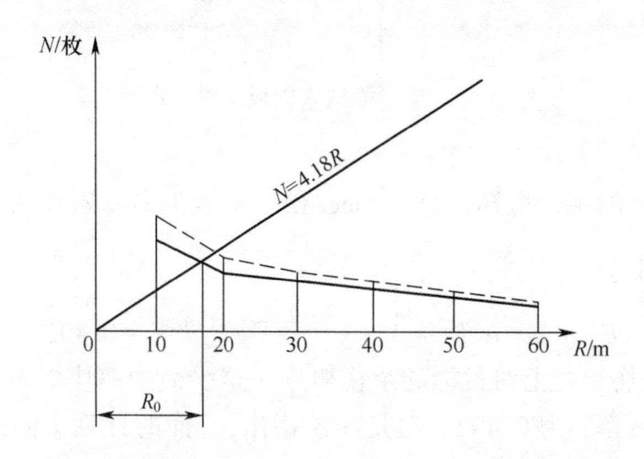

图 6.20　扇形靶试验的 N—R 曲线

如果圆心角为 30°的扇形靶,则直线方程为

$$N = \frac{2}{3}\pi R \tag{6.41}$$

扇形靶方法用下式定义杀伤面积,即

$$S = S_0 + S_1 \tag{6.42}$$

式中:S_0为密集杀伤面积;S_1为疏散杀伤面积。

对应密集杀伤面积的圆半径 R_0,称为密集杀伤半径。相应的杀伤准则:能击穿 25mm 厚松木靶板的破片为杀伤破片,两块嵌入板内的未穿破片折算为一块杀伤破片;一片以上杀伤破片击中目标,即杀伤。

密集杀伤面积为

$$S_0 = \pi R_0^2 \tag{6.43}$$

疏散杀伤区域的面积是指在 R_0以外的区域,此区域内平均命中每块人形靶的破片数都小于 1,所以疏散杀伤面积要进行相应的折算为

$$S_1 = \int_{R_0}^{R_m} \gamma 2\pi R \mathrm{d}R \tag{6.44}$$

式中:R 为半径变量;γ 为半径为 R 处圆周上一个人形靶上所命中的平均破片数;R_m为扇形靶试验布置的最大半径。

将式（6.39）代入式（6.44）可得疏散杀伤面积为

$$S_1 = \int_{R_0}^{60} \frac{3N}{4\pi R} 2\pi R \mathrm{d}R = 1.5 \int_{R_0}^{60} N \mathrm{d}R \tag{6.45}$$

如果圆心角为30°的扇形靶,则疏散面积为

$$S_1 = 3 \int_{R_0}^{60} N \mathrm{d}R \tag{6.46}$$

有了密集杀伤半径和N-R曲线,根据上面的方程,就可以求得杀伤面积。由此可见,通过处理扇形靶试验数据可以获得扇形靶的杀伤面积,可以避免许多中间环节（如破片的形成、飞散、飞行中的衰减等）的计算与测试,同时可以避免这些中间环节存在的误差。从理论上看,其存在以下缺点:

（1）对射击条件(或弹目遭遇条件)作了硬性规定,但又与实战条件相差较远。

（2）杀伤准则比较粗糙,嵌入破片的嵌入深度没有统一的标准。

（3）密集杀伤面积或半径有比较直观的含义,但疏散杀伤面积的含义不明显;两种杀伤面积在规定射击条件下不能直观预测被杀伤的目标平均数,不便于军队直接使用。

此外,通过长期实践,发现扇形靶杀伤面积在某些情况下常不能对弹丸的威力作出全面的评价,甚至出现明显有偏差的检验结果。

6.5　杀伤威力综合试验

为了测试杀伤弹药的威力,计算杀伤面积,需用弹药15发左右进行破碎性试验、破片速度分布试验以及破片空间分布试验。但是某些大型导弹战斗部杀伤威力综合试验按照上面的标准试验是十分困难的。

随着国际形势的发展,核武器的使用和研究受到了极大的限制,所以大型导弹非核杀伤战斗部及大口径榴弹的研制工作逐渐增多。同时,迫切需要进行各种杀伤威力性能参数的测试与鉴定。这些导弹战斗部的质量在百公斤以上,价值很高,不可能用十几发战斗部来进行威力试验。所以,必需寻求杀伤威力综合测试的方法,将破片速度分布、空间分布、质量分布、沿战斗部轴线不同方向和不同距离处杀伤概率的测试以及生物试验等数据同时进行测量。采用下面杀伤威力综合测试方法,通常用2发战斗部或者1发战斗部就可以得到可靠的数据。

6.5.1　大型战斗部杀伤威力综合测试

大型战斗部杀伤威力综合测试的平面布置,如图6.21所示。为了防止爆炸时地面反射冲击波对破片的影响,将战斗部轴线平行地面放置在木制托架上,战斗部轴线距地平面1.5m。根据炸药量的多少,将战斗部正下方的地面挖下一定深度（图6.22）,并放置较松软的细砂或土。当战斗部爆炸后用这些砂或土采集破片,分析处理破片质量分布数据,对某些预制破片弹药统计破片的破碎率。

在战斗部的一侧或两侧布放长方形靶,测量破片空间分布数据。长方形靶的大小可按炸药量的多少进行计算（参见破片空间分布试验）。当炸药量较多时,为防止冲击波破坏靶,所以长方形靶用铁丝网制成。该铁丝网孔的大小可根据破片的大小来确定。由

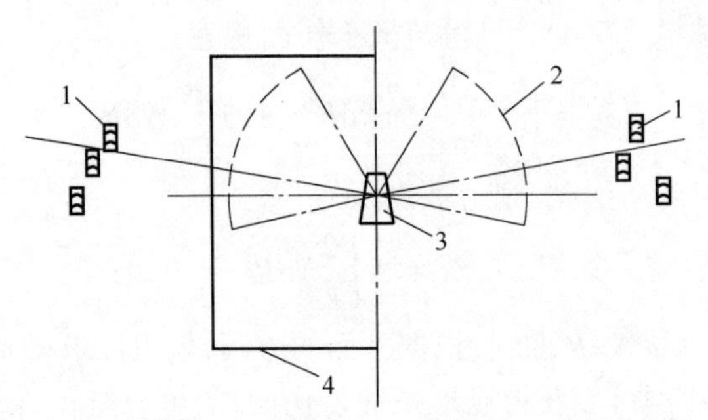

1—25mm松木板；2—测速靶；3—战斗部；4—空间分布靶。

图 6.21　杀伤威力综合试验平面布置

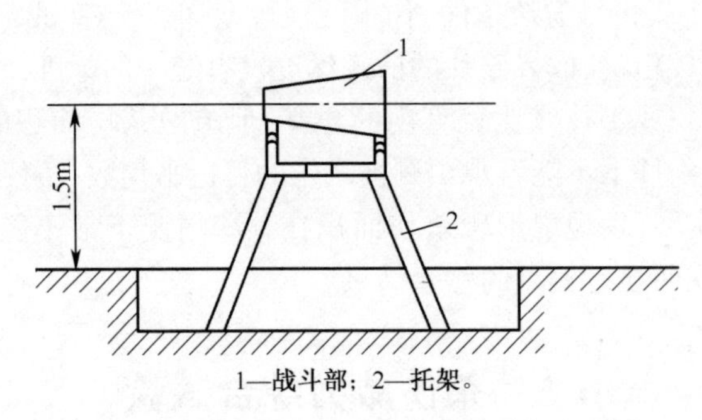

1—战斗部；2—托架。

图 6.22　杀伤威力综合测试时战斗部布局图

于破片空间分布试验的精确度主要取决于数据的统计,所以只要长方形靶的大小选择得适当,试验时只在战斗部的一侧放置长方形靶,就能得到准确的数据。

战斗部的两侧布放测速靶。两侧的靶数以及每个靶与弹轴所对应的夹角都相同。每侧的靶距战斗部的中心位置相同（在同一圆弧上）,但两侧的距离可以相同,也可以不相同。如果相同,则爆炸后在不同方向（与弹轴不同的夹角）、相同距离上得到两个相同的数据;如果两侧的距离不同,则可得到同一方向上一组不同距离处的速度值。当试验 2 发战斗部时,在不同的方向上可以得到 4 个数据。用这些数据计算破片初速的分布,通常能够得到满意的结果。

在战斗部两侧需要测量方向的不同距离布放厚度为 25mm 的松木靶板,测量不同方向、不同距离对人员杀伤的概率或者测量不同方向给定杀伤概率（如 $P=0.9$、$P=0.1$）的距离。测量的方法是在给定的方向附近两侧放置靶板,如图 6.23 所示。

由于战斗部的形状是对称的,爆炸后与轴线成同一夹角的破片速度相同并成一圆锥面向外飞散,因此破片在该方向飞散范围内的任何一个距离,都会有破片。根据穿透 25mm 靶的破片数就可计算出杀伤人员的概率值。

为了较直观地观察战斗部爆炸后对生物的杀伤作用,在试验现场的不同位置,可放置羊、狗等,观察冲击波及破片对动物的杀伤作用。

6.5.2　榴弹综合威力试验

榴弹综合威力试验是将破片的质量分布、空间分布和速度分布三个试验,综合在同

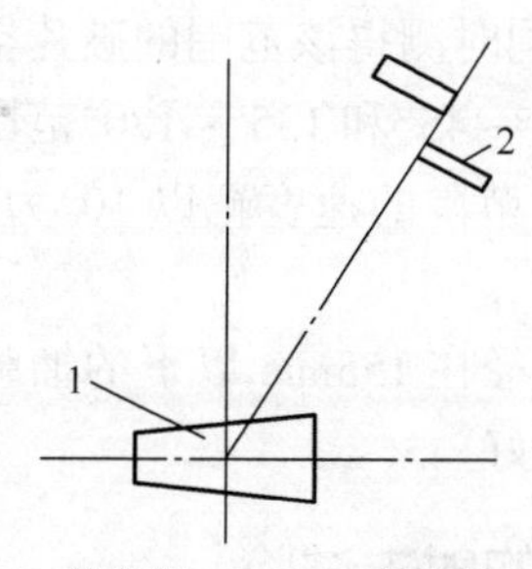

1—战斗部；2—25mm松木板。

图6.23　测量不同方向上的杀伤概率时靶板的布置

一个试验中完成。其现场布置如图6.24所示。弹丸吊置在空间、轴线平行地面，由两个垂直地面的靶和一个平行地面的靶构成长方形靶测量破片的空间分布。两个垂直地面的靶分别测定0°~45°以及135°~180°范围的破片分布。靶的表面为20~30mm厚松木板，内部放置10~60层纤维板，从而在测量上述角度范围内的破片空间分布的同时，还可回收对应范围内的破片，并统计破片的质量和数量，测得破片质量分布。平行地面的靶为一长方形水池，长20.4m、宽4.2m、深1.9m，用钢筋混凝土做成，内壁加衬5mm厚钢板。池内水深1.8m，以水作为破片的减速介质，放置破片回收网，回收网是用钢管做骨架并附以尼龙网（孔径为1mm×1mm）组成。按球心角对应制成9个球带区，即在45°~

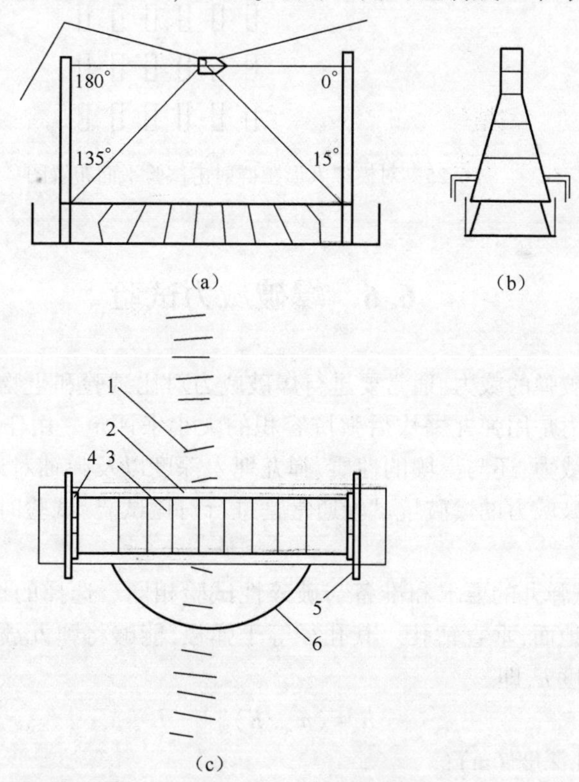

1—弹片初速测试靶；2—地面水池；3—地面球带靶网；4—立式球带靶；
5—立式球带靶转轴；6—弹片初速分布测试靶。

图6.24　榴弹综合测试现场布置图

135°范围,每10°为一个球带区,同时测得该范围的破片空间分布和质量分布。

为了测定破片的速度分布,0°~45°和135°~180°范围的测速靶放置在测量空间分布的两个垂直地面靶上。45°~135°范围的速度靶以10°为间隔放置在地面上,从而测得破片的速度分布。

上面综合测试设施可满足口径在155mm以下的榴弹杀伤威力试验要求,操作简单、使用方便、劳动强度低、作业环境好。

6.5.3 对模拟人形靶群的射击试验

为了直接观察榴弹的杀伤威力,用25mm松木板做成1.45m×0.351m×0.18m长方盒形模拟人形靶,并以一定密度按立姿或卧姿放置在地面,用测试弹丸对该靶群进行实弹射击。该试验的平面布置如图6.25所示。射击一定发数后,观察统计被破片击穿25mm厚度盒形靶的数量,评定杀伤威力。

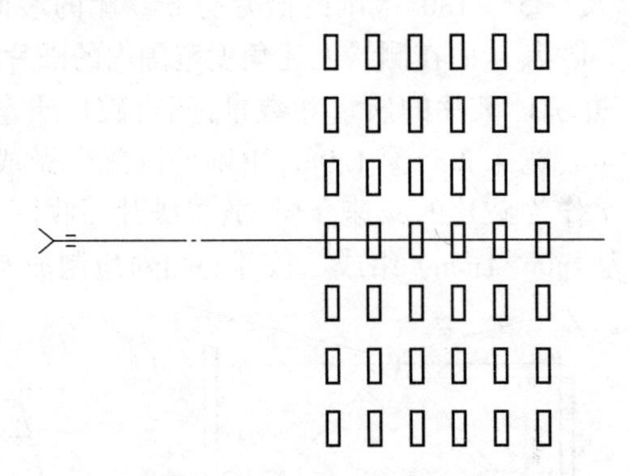

图6.25 对模拟人形靶群射击试验平面布置图

6.6 爆破威力试验

为了测定爆破弹的威力,通常要进行爆破威力对比试验和生物杀伤及测定冲击波超压试验。爆破威力是用弹丸爆炸后弹坑容积的大小来评定。由于爆破坑容积的大小不仅取决于弹丸的威力,还与土壤的性质、弹丸埋入深度以及弹轴对地面的相对位置有关,因此测定弹丸爆破威力的爆破坑试验通常是进行对比试验,试验时应保证弹丸爆炸条件的一致性。

试验时,测试弹丸的要求和准备与破碎性试验相同。选择的地面应为天然沉积、均匀、平坦、开阔的地面,垂直钻孔。其孔径等于弹径,能够将弹丸放入。孔的深度为弹丸的最有利侵彻深度 h,即

$$h = (m_{\omega}/K)^{1/3} + L \tag{6.47}$$

式中 h——弹孔深度(m);

K——取决于土壤性质的抛掷系数(kg/m^3),见表6.12所列;

L——弹丸质心到弹孔底部的高度(m);

m_{ω}——换算成TNT后的炸药质量(kg)。

表6.12　各类土石介质的抛掷系数

土石介质	$K/(\mathrm{kg/m^3})$	土石介质	$K/(\mathrm{kg/m^3})$
黏土	1.0~1.1	石灰岩、流纹岩	1.4~1.5
黄土	1.1~1.2	石英砂岩	1.5~1.7
坚实黏土	1.1~1.2	辉长岩	1.6~1.7
泥岩	1.2~1.3	交质砾岩	1.6~1.8
风化石灰岩	1.2~1.3	花岗岩	1.6~1.8
坚硬砂岩	1.3~1.4	辉岗岩	1.8~1.9
石英斑岩	1.3~1.4		

m_ω 可按下式换算，即

$$m_\omega = m_s \frac{Q_s}{Q_T} \tag{6.48}$$

式中　m_ω——被试弹丸所装填的炸药质量（kg）；

Q_s——被试弹丸所装填的炸药的爆热（kJ/kg，各种炸药的爆热参见表6.13所列）；

Q_T——TNT炸药的爆热，$Q_T = 4187\mathrm{kJ/kg}$。

表6.13　常用炸药的爆热

炸药	装药密度/$(\mathrm{kg \cdot m^{-3}})$	爆热/$(\mathrm{kJ \cdot kg^{-1}})$
TNT（梯恩梯）	1.53×10^3（有外壳）	4576
RDX（黑索金）	1.69×10^3（无外壳）	5594
TNT/RDX（50/50）（梯-黑50/50）	1.68×10^3（注装）	4773
B炸药（梯-黑60/40）	1.73×10^3	5045
梯-黑-铝-5（60/24/16）	1.76×10^3	4886
特屈儿	1.60×10^3（有外壳）	4857
PETN	1.65×10^3	5694
阿马托（80/20）	1.30×10^3	4145
阿马托（40/60）	1.55×10^3	4187

试验时将用于静爆试验装有引信的弹丸及弹体托架，用绳吊起，弹头朝下放入钻好的孔底，d为弹丸口径，如图6.26所示。弹丸起爆后，清除弹坑中松土，直到暴露压碎区为止。测量弹坑不同深度处的直径$D_i(i=1,2,\cdots,n)$，如图6.27所示，可按下式计算弹坑容积，即

$$V_i = \frac{\pi}{3}(h_i - h_{i-1})(R_i^2 + R_{i-1}^2 + R_i R_{i-1})$$
$$V = \sum_{i=1}^{n} V_i \tag{6.49}$$

式中　V_i——弹坑微元体积（$\mathrm{m^3}$）；

h_i——弹坑深度(m);

R_i——弹坑深为 h_i 时对应的坑水平面平均半径(m);

n——弹坑深度的测量次数;

V——弹坑的总容积(m^3)。

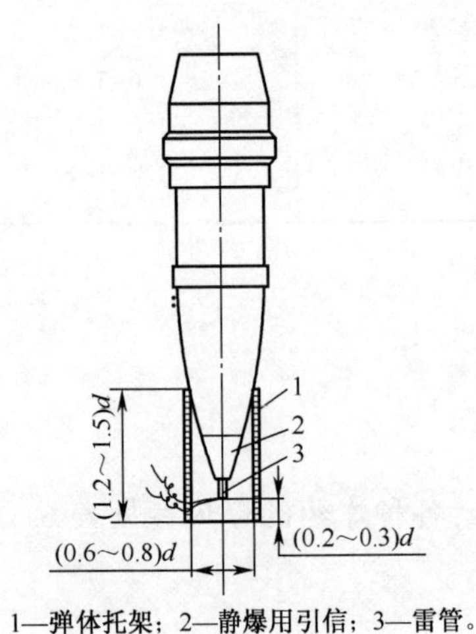

1—弹体托架;2—静爆用引信;3—雷管。

图 6.26 被试弹丸及弹体托架

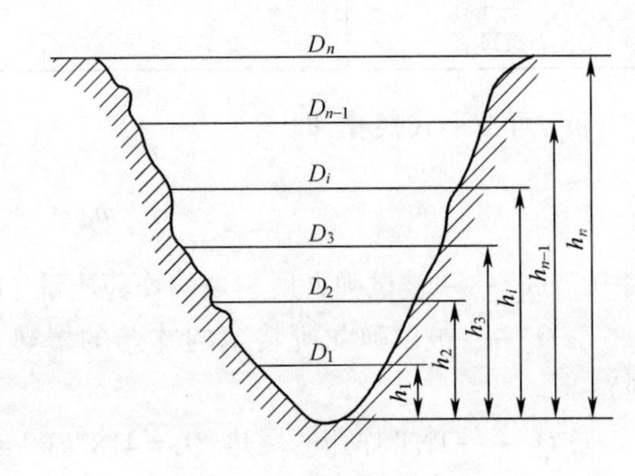

图 6.27 弹坑测量示意图

6.7 弹药爆炸空气冲击波测试

6.7.1 爆炸空气冲击波的基本特性

当炸药在空气或水中爆炸时,其周围介质直接受到具有高温、高速、高压的爆炸产物作用。在装药和介质的界面处,爆炸产物以极高的速度向周围扩散,强烈地压缩相邻的介质(空气或水),使其压力、密度、湿度突跃式地升高,形成初始冲击波。与此同时,由于相邻介质的初始压力很低,因而同时有一个稀疏波从界面向爆炸产物内传播。爆炸产物最初以极高的速度运动,由于能量的传递和损耗,因此它的速度很快衰减,一直到零为止。当爆炸产物膨胀到某一特定体积(第一次膨胀,有人称为“极限体积”)时,它的压力降至周围介质未扰动时的初始压力 P_0,但爆炸产物并没有停止运动,由于惯性作用而过度膨胀(第二次膨胀),一直到某一最大容积。此时爆炸产物的平均压力低于介质未经扰动时的初始压力,出现了“负压区”。出现负压后,周围介质反过来对爆炸产物进行第一次压缩,使其压力不断增加。同样,由于惯性作用产生过度压缩,爆炸产物的压力又稍大于 P_0,并开始第三次膨胀——压缩脉动过程。经过若干次脉动后,最终停止并达到了平衡状态。对于空气而言,有实际意义的只是第三次膨胀——压缩脉动过程。冲击波是波阵面以突跃面的形式在弹性介质中传播的压缩波,波阵面上介质状态参数的变化是突跃式的。典型的空气冲击波传播过程,如图 6.28 所示。

在图 6.28 中 t_1、t_2、t_3…分别表示爆炸后的不同时间。空气冲击波波阵面以超声速 D 的速度向前运动,而尾部以声速 C_0 运动。由于 $D>C_0$,所以随着空气冲击波的传播,正压

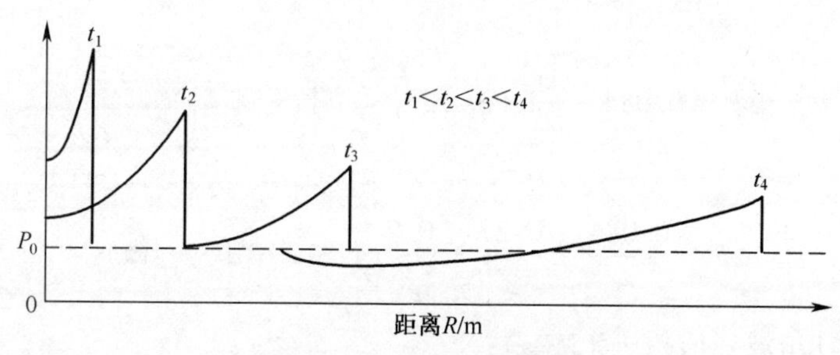

图6.28　空气冲击波传播过程

区不断拉宽。由图6.28可知,当空气冲击波在空气中传播时,波阵面上的压力、速度等参数下降。

其主要原因具体如下:

(1) 设空气冲击波以球面波的形式向外传播,随着半径的增大,波阵面的表面积不断增大,即使没有其他的能量的损耗,通过波阵面单位面积的能量(能量密度)也不断减小(对于柱面波或其他形式的波阵面也是如此)。

(2) 由于单位面积能量的减小,冲击波速度降低,空气冲击波压缩相(正压区)在传播过程中不断拉宽,压缩区内的空气量不断增加,因此单位质量空气的平均能量下降。

(3) 在强度较大的空气冲击波作用下,空气受到冲击绝热压缩、温度升高,消耗了部分冲击波的能量。

6.7.2　空气冲击波参数的估算方法

空气冲击波的能量主要集中在正压区。就破坏作用来说,正压区的影响比负压区大得多,一般可以不考虑负压区的作用。因此,冲击波对目标的破坏作用可以用下面三个参数来度量。

(1) 波阵面压力,即冲击波的峰值压力(或超压)ΔP(ΔP也可通过冲击波波阵面速度换算获得)。

(2) 正压区作用时间(或冲击波正压持续时间),用t^+表示。

(3) 比冲量(或冲量密度),即正压区压力函数对时间的积分值,用i表示,$i=\int_0^{t^+} p(t)\,\mathrm{d}t$。

上面三个参数反映了冲击波的破坏作用的大小,是冲击波的主要特征量。应该指出,空中爆炸过程都遵循几何相似的规律,即

$$\frac{r_1}{r_2}=\sqrt[3]{\frac{m_1}{m_2}} \tag{6.50}$$

式中　r——距药包中心的距离(m);

m——装药重量(kg)。

因此,空中爆炸过程可采用几何相似律进行分析。

1. 冲击波峰值超压的计算

根据大量试验结果,当TNT的球状装药(或形状相近的装药)在无限空气中爆炸

时，计算空气冲击波峰超压公式为

$$\Delta P = 0.084\frac{\sqrt[3]{m_T}}{r} + 0.27\left(\frac{\sqrt[3]{m_T}}{r}\right)^2 + 0.7\left(\frac{\sqrt[3]{m_T}}{r}\right)^3 \tag{6.51}$$

或

$$\Delta P = \frac{0.084}{\bar{r}} + \frac{0.27}{\bar{r}^2} + \frac{0.7}{\bar{r}^3}(1 \leqslant \bar{r} \leqslant 10 \sim 15) \tag{6.52}$$

式中　ΔP——冲击波峰值超压（MPa）；

m_T——TNT 炸药的质量（kg）；

R——距爆心的距离（m）；

$\bar{r}$——对比距离（$m \cdot kg^{-1/3}$），定义 $\bar{r} = \frac{r}{\sqrt[3]{m_T}}$。

无限空中爆炸表示爆炸不受周围界面的影响，一般认为，无限空中爆炸时，装药爆点距地面高度为 h 时，应满足：

$$\frac{h}{\sqrt[3]{m_T}} \geqslant 0.35 \tag{6.53}$$

TNT 以外的炸药，须按爆热换算成 TNT 当量，取 TNT 炸药的爆热为 4.184×10^6J/kg，则

$$m_T = m \cdot \frac{Q_v}{4.184 \times 10^6} \tag{6.54}$$

式中　m——使用炸药的质量（kg）；

Q_v——使用炸药的爆热（J/kg）。

如果炸药在地面爆炸，由于地面的阻挡，空气冲击波不是向整个空间传播，而是向半个无限空间传播，因此爆炸释放的能量随距离的衰减要慢许多。

若装药安放在钢板、混凝土、岩石类刚性地面上，则可以看成是两倍的药在无限空间爆炸，这时将 $m_T = 2m$ 带入式（6.52）计算。刚性地面上爆炸冲击波超压公式为

$$\Delta P = \frac{0.106}{\bar{r}} + \frac{0.43}{\bar{r}^2} + \frac{1.4}{\bar{r}^3} \tag{6.55}$$

若是沙、黏土类普通地面，在爆炸作用下则会发生明显的变形、破坏，甚至抛掷形成炸坑。对此情况不能按刚性地面全反射考虑，即反射系数小于 2，一般可取 $m_T = 1.7 \sim 1.8m$。对普通地面可取 $m_T = 1.8m$，得

$$P = \frac{0.102}{\bar{r}} + \frac{0.339}{\bar{r}^2} + \frac{1.26}{\bar{r}^3}\quad(1 \leqslant \bar{r} \leqslant 10 \sim 15) \tag{6.56}$$

2. 正压区作用时间计算

冲击波正压区作用时间 t^+ 也可以运用相似理论进行处理，得

$$\frac{t^+}{\sqrt[3]{m_T}} = f\left(\frac{t}{\sqrt[3]{m_T}}\right) \tag{6.57}$$

根据试验数据处理，TNT 炸药在无限空中爆炸时，有

$$\frac{t^+}{\sqrt[3]{m_T}} = 1.35 \times \left(\frac{t}{\sqrt[3]{m_T}}\right)^{1/2} \times 10^{-3}$$

即

$$t^{+} = 1.35 \times 10^{-3}\sqrt{r}\sqrt[6]{m_{\mathrm{T}}} \tag{6.58}$$

如果炸药在刚性地面或普通地面上爆炸,则冲击波正压区作用时间分别为

$$t^{+} = 1.52 \times 10^{-3}\sqrt{r}\sqrt[6]{m_{\mathrm{T}}} \tag{6.59}$$

$$t^{+} = 1.49 \times 10^{-3}\sqrt{r}\sqrt[6]{m_{\mathrm{T}}} \tag{6.60}$$

式(6.58)~式(6.60)中:t^{+}为正压作用时间(s),r 为距离(m),m_{T} 为 TNT 炸药质量(kg)。

3. 比冲量计算

比冲量 i 应由冲击波波阵面超压 $\Delta P(t)$ 与正压作用时间确定,但计算比较复杂,一般由相似理论通过试验求得;其经验公式为

$$i = A\frac{m_{\mathrm{T}}^{2/3}}{r} \quad (r > 12r_0) \tag{6.61}$$

式中　i——比冲量 (Pa · s);

r——距爆心的距离 (m);

A——系数,TNT 炸药在无限空中爆炸时,$A=200\sim250$;

m_{T}——TNT 炸药的质量 (kg)。

在无限空间、刚性地面和普通土壤地面条件下,炸药爆炸的比冲量公式可以分别用下面三式表示,即

$$i = 220\frac{m_{\mathrm{T}}^{2/3}}{T} \tag{6.62}$$

$$i_r = 350\frac{m_{\mathrm{T}}^{2/3}}{T} \tag{6.63}$$

$$i_c = 326\frac{m_{\mathrm{T}}^{2/3}}{r} \tag{6.64}$$

4. 空气冲击波的正反射

冲击波在传播中遇到障碍物会发生反射。当冲击波传播方向垂直于障碍物表面时发生的反射称为正反射。平面稳定冲击波从不变形平面障碍物上的反射,还有空中爆炸时在爆心的地面投影处发生的反射都属于这种情况。入射波接近障碍物时的情况如图 6.29 所示,入射波冲击波速度为 D_1,波前未扰动空气状态为 P_0、ρ_0、u_0,其中 $u_0=0$;波前空气状态为 P_1、ρ_1、u_1;入射波抵达障碍物后,反射波传播速度为 D_2,波后参数为 P_2、ρ_2、u_2,反射瞬间由于气流受阻止,因此 u_2为 0。

由冲击波的关系,可得

$$u_1 - u_0 = \sqrt{(P_1 - P_0)\left(\frac{1}{\rho_1} - \frac{1}{\rho_0}\right)} \tag{6.65}$$

$$u_2 + u_1 = \sqrt{(P_2 - P_1)\left(\frac{1}{\rho_1} - \frac{1}{\rho_2}\right)} \tag{6.66}$$

因为 $u_0=u_2=0$,所以由式 (6.65) 和式 (6.66),可得

$$(P_1 - P_0)\left(\frac{1}{\rho_1} - \frac{1}{\rho_0}\right) = (P_2 - P_1)\left(\frac{1}{\rho_1} - \frac{1}{\rho_2}\right) \tag{6.67}$$

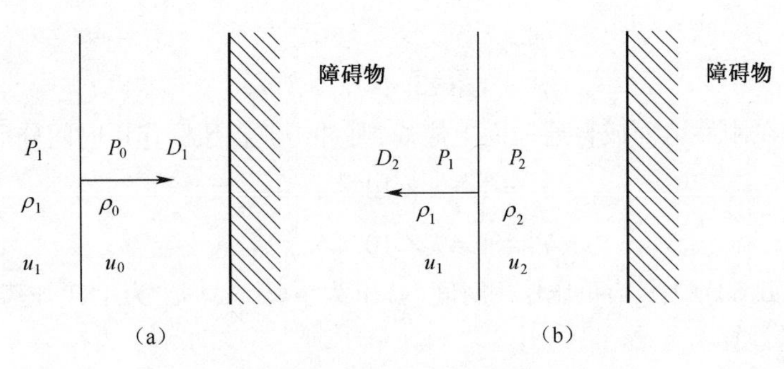

图 6.29　冲击波在刚体上的正反射

(a) 入射波的阵面;(b) 反射波的阵面。

将 $\Delta P_1 = (P_1 - P_0), \Delta P_2 = (P_2 - P_1)$ 代入式(6.67),得

$$\frac{\Delta P_1}{\rho_1}\left(\frac{\rho_1}{\rho_0} - 1\right) = \frac{\Delta P_2 - \Delta P_1}{\rho_1}\left(1 - \frac{\rho_1}{\rho_2}\right) \tag{6.68}$$

将式(6.68)代入下式冲击波前、后压力和密度关系:

$$\begin{cases}\dfrac{\rho_1}{\rho_0} = \dfrac{(k+1)P_1 + (k-1)P_0}{(k-1)P_1 + (k+1)P_0} \\[2ex] \dfrac{\rho_2}{\rho_1} = \dfrac{(k+1)P_2 + (k-1)P_1}{(k-1)P_2 + (k+1)P_1}\end{cases}$$

可得

$$P_1 \frac{2(P_1 - P_0)}{(k-1)P_1 + (k+1)P_0} = P_2 \frac{(P_1 - P_0)}{(k+1)P_2 + (k-1)P_1} \tag{6.69}$$

则反射冲击波的超压为

$$\Delta P_2 = 2\Delta P_1 + \frac{(k+1)\Delta P_1^2}{(k-1)\Delta P_1 + 2kP_0} \tag{6.70}$$

当 $k = 1.25$ 时,可得

$$\Delta P_2 = 2\Delta P + \frac{9\Delta P_1^2}{\Delta P_1 + 10\Delta P_0} \tag{6.71}$$

当 $k = 1.40$ 时,可得

$$\Delta P_2 = 2\Delta P + \frac{6\Delta P_1^2}{\Delta P_1 + 7\Delta P_0} \tag{6.72}$$

上面计算公式表明,当得到入射冲击波的超压后,可得正反射冲击波的峰值超压。对于强冲击波,即当 $P_1 \gg P_0$ 时,$\Delta P_2 \approx (8 \sim 11)\Delta P_1$;对于弱冲击波,即当 $P_1 \ll P_0$ 时,$\Delta P_2 \approx 2\Delta P_1$。

6.7.3　爆炸空气冲击波信号的分析

冲击波信号是一种在连续介质中传播的力学参量发生阶跃的扰动。冲击波波阵面前后的压力粒子速度、密度、内能、熵和焓等力学和热力学参量发生突变,在连续介质气动力学中用冲击波关系式来确定波前参量和波后参量的关系。冲击波波阵面的空间厚

度很薄，当波速的马赫数为 3 时，只有 4 个分子自由程，时域宽度也只有 1.6ns。由于空气程的密度小、压强低、冲击阻抗小，因此稀疏波反向传播，冲击波波后流动区域压力迅速下降。理想的冲击波超压曲线如图 6.30 所示。

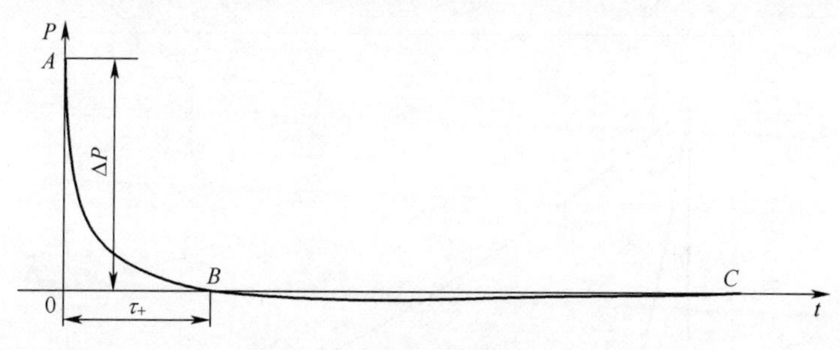

图 6.30　理想冲击波超压曲线

从图 6.30 可知冲击波信号具有以下特点。

(1) 上升沿陡峭。理论值为 1ns~2ns，受传感器上升响应时间限制，实测的上升沿要远大于此值。以传感器 PCB113 为例，传感器的响应时间为 1μs，两者相差 1000 倍，所以理论上升时间可以忽略，传感器输出的上升时间为微秒量级。

(2) 超压峰值高。

(3) 正压作用时间 τ_+ 短。其值随药量和距爆心距离的增加而增大，一般在毫秒量级。

(4) 负压低，但作用时间长。最大值为真空状态，负压的积分面积应该略小于正压的积分面积。

(5) 压力衰减过程呈指数衰减。

冲击波超压随时间变化的规律 $\Delta P(t)$ 简单地可用下列指数函数描述：

$$\Delta P(t) = \Delta P e^{-at} \tag{6.73}$$

$\Delta P(t)$ 较为复杂的数学表达式为 Friedlander 表达式：

$$\Delta P(t) = \Delta P(1 - t/\tau_+) e^{-bt/\tau_+} \tag{6.74}$$

式 (6.73) 和式 (6.74) 中：ΔP 为峰值压力；τ_+ 为正压作用时间；a、b 为衰减系数，是各种爆炸条件下的试验测定值。

当 $1<\Delta P<3$ 大气压时，则

$$b = 1/2 + \Delta P[1.1 - (0.13 + 0.20\Delta P)t/\tau_+] \tag{6.75}$$

当 $\Delta P \leqslant 1$ 大气压时，则

$$b = 1/2 + \Delta P \tag{6.76}$$

也可以近似地用下式估算：

$$\Delta P(t) = \Delta P(1 - t/\tau_+) \tag{6.77}$$

当 $\Delta P>3$ 大气压时，则

$$b=0.5$$

为了构建冲击波信号，将冲击波曲线分为三部分：① 爆炸前直线部分，幅值为 0；② 上升沿部分，取上升时间为 1μs，计算比例距离、峰值、正压区时间；③ 压力衰减部分，按式 (6.74) 计算。b 按式 (6.75)、式 (6.76) 取值，观察此两式会发现，b 随着 ΔP 的增

大而增大,当$\Delta P>3$ 个大气压时 b 取极限值 0.5。例如,1kg TNT 距爆心 0.5m,10kg、100kg、1000kg TNT 距爆心 5m 处的空中冲击波信号,正压区曲线如图 6.31 所示,各冲击波的峰值和正压作用时间差别很大。

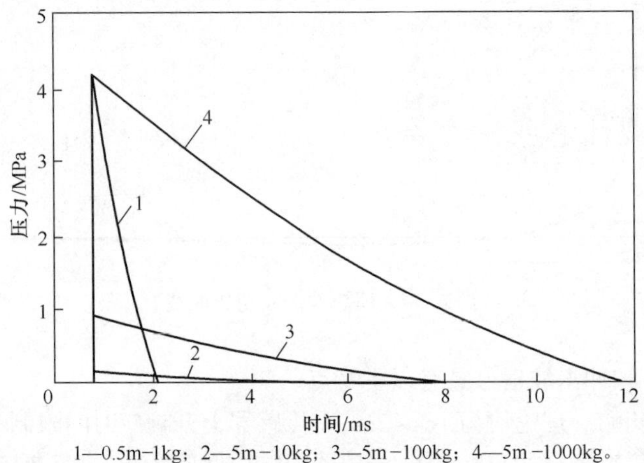

1—0.5m-1kg; 2—5m-10kg; 3—5m-100kg; 4—5m-1000kg。

图 6.31 计算的不同当量不同距离冲击波正压区超压曲线

为了研究冲击波信号对采集记录系统工作带宽的要求,对构建的冲击波信号进行了频谱分析,4 条压力曲线的频谱如图 6.32 所示。在信号能量损失相同的情况下,冲击脉宽越窄,对测试系统带宽的要求就越高。例如,-72dB 为信号最高频率分量判断,1000kg-5m 的超压曲线频带为 100kHz 左右,100kg-5m 的超压曲线频带约为 200kHz,10kg-5m 的超压曲线频带约为 300kHz,1kg-0.5m 的超压曲线频带在 1MHz 以上。从理论上讲,为构建适合各种 TNT 当量炸药及各种距离测试的智能传感单元,该系统有效带宽应在 1MHz 以上,采样频率应不低于 2MHz。

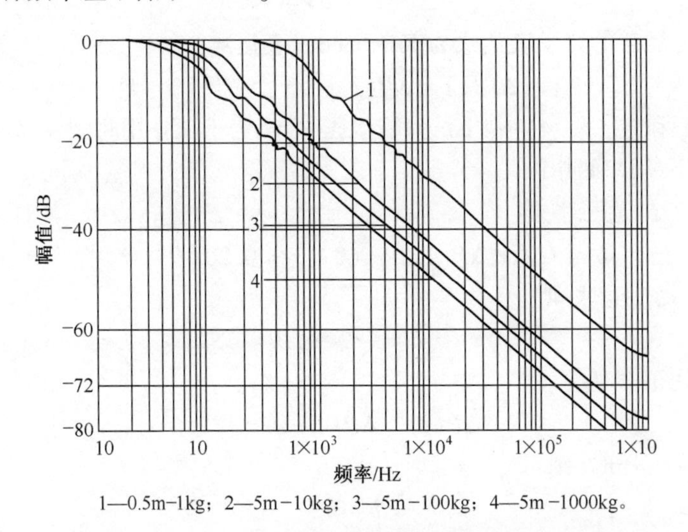

1—0.5m-1kg; 2—5m-10kg; 3—5m-100kg; 4—5m-1000kg。

图 6.32 计算的冲击波超压信号的归一化幅频谱图

在构建理想系统时,应当是一个 0~1MHz 幅频特性平直的系统,但是由于目前商用传感器的一阶自振频率高于 1MHz 的产品很难得到。为滤除传感器自振对测试结果的影响,一般在传感器调理电路中加上高阶低通滤波器,能得到 R 高达 300kHz 的理想系统。

必须强调指出,由于空气激波的波振面非常薄,从理论上讲波振面的持续时间为几个纳秒,即使采用 100MHz 的采样频率,也无法保证采样点正好是波振面的峰值,也不可能直接从采样数据上准确判断爆炸冲击波的峰值压力,因此必须采用适当的能得到公认的算法。

实测冲击波信号与理想冲击波信号有所不同。图 6.33 为 20kg 实弹质心高 1.5m,地面测试点距爆心水平距离 18m 单峰及 22m 双峰的冲击波信号图。

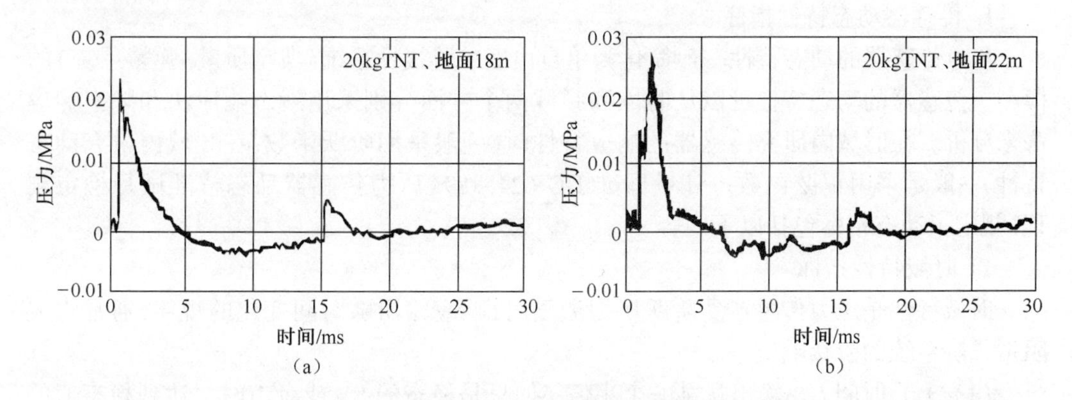

图 6.33　20kgTNT 地面不同距离实测冲击波曲线
(a) 地面 18m;(b) 地面 22m。

6.7.4　爆炸空气冲击波测试用传感器特性

信号与数据在测试系统中的流向,如图 6.34 所示。在该图中,A/D 模块左边的三个模块 (传感器、适配器、抗混叠低通滤波器) 决定了智能传感单元的动态特性。本小节只介绍用于爆炸冲击波测试的智能传感单元的传感器、适配器、抗混叠低通滤波器三个模块的选用原则和设计原理。

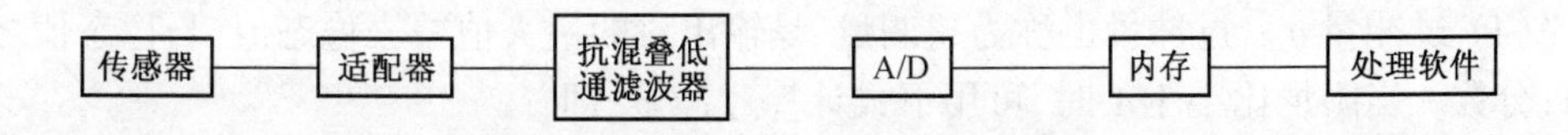

图 6.34　冲击波测试系统中测信号和数据流

传感器是冲击波测量系统的最重要部件。理想的冲击波压力传感器应具备的特点:①频率响应足够大,能可靠地反映压力的所有细微变化;②尺寸无限小,对爆炸冲击波的瞬变流场不产生扰动;③只对所要测的压力特性敏感,对无关的信号如加速度、电磁、光等不敏感;④对被测量有大的灵敏度系数;⑤对极小或极大的输入信号都有线性响应;⑥极好的稳定性,最好只需校准一次。实际使用的传感器远远达不到上面的性能,所以必须根据实际情况选择合适的传感器。

传感器制造厂家对出产的某型号传感器都会给出一系列技术指标。以 Endevco8530B-

1000 为例,有灵敏度、非线性、非重复性、压力回滞、零信号输出、3 倍量程后的零信号输出、温度零点漂移、温度灵敏度漂移、谐振频率、热冲击响应、闪光响应、预热时间、加速度灵敏度、爆裂压力壳体能承受压力等 15 项指标。这些技术指标大部分是用于静态特性设计时需要考虑的指标,包括线性度、灵敏度、迟滞、重复性等。

对于爆炸冲击波测试系统的动态特性研究和设计来说,传感器最关键的是谐振频率及闪光响应两项指标。爆炸时发生的非常强烈的闪光现象,对于离爆点近的反射压测试的压阻式传感器影响很大,可以采取一些必要的减小其影响的措施,如在智能传感单元前按照国军标要求放置屏蔽弹片的保护杆,就可以挡住爆炸光。

1. 传感器动态特性指标

压力传感器的动态特性一般简化为单自由度二阶线性系统(典型质量-弹簧系统)的模型。传感器的动态特性可以从时域和频域两个方面分别采用瞬态响应法和频率响应法来分析。在时域内研究传感器的响应特性时,一般采用阶跃函数;在频域内研究动态特性,一般是采用正弦函数。计量标准 JJG 624—89《压力传感器动态校准试行检定规程》规定了动态指标包括以下内容。

1) 时域特性指标

时域特性是压力传感器受阶跃压力激励时,响应输出随时间变化的规律,通常为欠阻尼二阶系统的阶跃响应。

(1) 上升时间 t_r。输出从某一个小值(如只是稳态的 5%或者 10%)达到稳态值的 90%或 100%所需时间。

(2) 阻尼比 ζ。能量耗损特性,阻尼比是实际阻尼与临界阻尼之比。

(3) 自振频率 ω_d。自振频率又称为有阻尼的固有频率,是反映压力传感器被阶跃压力激励时,在输出响应中所产生的自由振荡频率。自由振荡频率用单位时间内的振荡波数来表示,可按下式计算,即

$$\omega_d = 2\pi N/t \tag{6.78}$$

式中:t 为 N 个振荡波所需的时间。

对于二阶线性系统的压力传感器,自振频率 ω_d 和谐振频率 ω_n 的关系为

$$\omega_d = [(1 - \zeta^2)^{1/2}]\omega_n \tag{6.79}$$

(4) 过冲量 σ。过冲量也称为超调量,是输出量的最大值减去稳态值,与稳态值之比的百分数。当阻尼比小于 1 时,可用下式计算过冲量,即

$$\sigma = 100\mathrm{e}\left(\frac{\pi\zeta}{\sqrt{1-\zeta^2}}\right) \tag{6.80}$$

$$\sigma = [(P_{max} - \overline{P})/\overline{P}] \times 100\% \tag{6.81}$$

过冲量 σ 与输出信号的上升时间 t_r 有关,输入信号上升时间越短,过冲量越大。压力传感器并不是一定要在输入信号激起传感器自振时才会产生过冲,只要阻尼比小于 0.1,在输入阶跃信号作用下,传感器输出都会有过冲。当输入信号上升时间小于 $0.02\pi/\omega_d$ 时,传感器输出响应过冲量就只受传感器自身特性影响而与输入信号无关。实际上,此时输入信号足以完全激励起压力传感器的自振,压力传感器产生的过冲不会因为输入信号的变化而发生变化。所以,当输入信号上升时间小于 $0.02\pi/\omega_d$ 时,用激波管动态压力标准装置测得的过冲量可以在实际压力测量中使用。

(5) 建立时间 t_s。在阶跃响应中输出值与稳定值的差不大于±5%时所需时间。其时间可以按下式计算,即

$$t_s = 3[(1-\zeta^2)^{1/2}]/(\zeta\omega_d) \tag{6.82}$$

(6) 灵敏度 K''。它是压力传感器的输出量与输入量的比值。在下式中:常数 K''是表征零频时的灵敏度,也称静态灵敏度;被阶跃压力激励时压力传感器的灵敏度 K''通常称为动态灵敏度,即

$$K'' = \bar{V}/\Delta P \tag{6.83}$$

2) 频率特性指标

传感器的谐振频率在测试系统动态设计中是最主要的考虑因素。目前用于测量爆炸冲击波用的传感器的阻尼系数 ζ 一般都很小,生产厂家一般都没有给出,根据经验,一般动态测试用的传感器阻尼系数 $\zeta \leqslant 0.01$。如果在图 6.34 中前三个模块的输出中包含较大的传感器谐振频率信号(内部噪声信号),将对测量结果带来很大的误差,而在数据处理时深度滤波去除这个噪声信号,将对冲击波信号造成很大的畸变。为便于在信号调理电路(包括图 6.34 中的适配电路模块和反混叠低通滤波器模块)尽可能减小传感器谐振频率的影响,对于爆炸冲击波测试应当选用谐振频率尽可能高的传感器。

许多著作中采用通频带 ω_b(在对数幅频特性曲线上衰减 3dB 时对应的频率——半功率点)作为传感器的频率特性指标。此外,还有采用较实用的工作频带 ω_g,采用幅值误差为±5%或±10%的工作频带 ω_{g1} 和 ω_{g2} 作为传感器的频率特性指标。但是上面这些概括性的频率特性指标不能给出完整的频率特性曲线。

2. 现有传感器的特性

目前可应用于冲击波超压测试的传感器种类繁多,国外主要有 PCB、ENDEVCO、Kistler 等 3 家公司生产的传感器,国内也有多家公司生产此类传感器。

为了研究常用传感器的动态特性,选取了国内外 6 种常用冲击波壁面传感器做激波管校准试验。这些传感器为江苏联能电子有限公司的压电式 CY-CD—205(谐振频率≥100kHz),PCB 公司的压电式 113A(谐振频率≥500kHz)、ICP 型 113A22(谐振频率≥500kHz),ENDEVCO 公司的压阻式 8530B-1000(谐振频率≥1MHz),Kistler 6215(谐振频率≥240kHz)。4 种压电式传感器的二次仪表为 Kistler 5011 电荷放大器,3dB 带宽为 200kHz。

1) 激波管校准结果

传感器安装在激波管端面,测反射压。压阻式传感器的二次仪表为 ENDEVCO136 电压放大器,3dB 带宽为 100kHz。记录仪为 Agilent 54832 高速数字存储示波器。ICP 传感器适配电路为自制,供电电压 22V,恒流电流为 5.6mA。记录仪为小型专用存储式记录仪。试验中每个传感器进行了平台值 0.2MPa~3MPa 多个不同压力值的多次激励,其动态重复性都很好。

表 6.14 所列为各传感器激波管动态校准所测上升时间和超调量测试结果。

传感器的上升时间基本在微秒量级。超调量大小不均,最大为 108%,8052C 和 CY-CD-205 两只传感器有明显非规则衰减振荡,振荡频率分别为 125.52kHz 和 105.45kHz。Kistler 6215 也有振荡,但不太规则。Kistler 6215 传感器是用于 600MPa 测试的高量程传感器,不宜用于爆炸冲击波测试。

表 6.14　上升时间和超调量测试结果

传感器型号	指　　标	
	t_r	σ
绵阳奇石缘 8052C	4.5μs	108%
江苏联能 CY-CD-205	4.7μs	89%
PCB 113A	2.3μs	14%
PCB 113A22	4μs	27%
ENEDVCO 8530B	1.5μs	4%
Kistler 6215	15μs	43%

2）系统频率特性的求解

研究冲击波测试系统的动态特性的另一种方法是建模法，对测试系统进行动态校准，根据动态校准试验结果进行数据处理，建立全面描述测试系统动态特性的动态数学模型。

现在比较常用的时域广义最小二乘法建模、流行的神经网络建模和参数化建模三种建模方法都可得到系统幅频特性。可利用 Matlab 软件建立 ARMAX 模型，按照残差平方和最小确定模型阶次。Matlab 有现成相关的函数，操作更为方便，更易求出较高置信度的模型。

采用参数化的建模方法：由测试系统时域动态校准序列 $\{x(k),y(k)\}(k=1,2,\cdots,N)$，建立下式 n 阶线性差分方程：

$$y(k)+\sum_{i=1}^{n}a_i y(k-i)=\sum b_i x(k-i)+e(k) \tag{6.84}$$

式中：$x(k)$ 为激波管产生的理想阶跃信号；$y(k)$ 为传感器的阶跃回应；$e(k)$ 表示噪声序列。因此，动态数学模型可以化成参数估计形式：

$$y(k)=\boldsymbol{\varphi}_k^{\mathrm{T}}\boldsymbol{\theta}+\varepsilon(k) \tag{6.85}$$

式中：$y(k)$ 为 k 时刻的系统输出值；$\boldsymbol{\varphi}_k^{\mathrm{T}}$ 为表示输入序列、输出序列等的 $\boldsymbol{M}$ 维向量；$\boldsymbol{\theta}$ 为表示待估计的 $\boldsymbol{M}$ 维参数向量；$\varepsilon(k)$ 为白噪声序列。

应当指出，应用建模方法建立的传感器（智能传感单元）的幅频特性光滑清楚，是建立在激波管励磁信号为理想阶跃信号及传感器特性符合某个数学模型的前提下，不易给出不确定度值。

6.7.5　爆炸空气冲击波测试数据处理

常规弹药爆炸冲击波测试的主要目的是研究和验证爆炸物的威力、构建冲击波场和验证其破坏力，最主要的参数是冲击波波振面的峰值压强、正压区作用时间和压力曲线的形状（冲量计算）。由于波振面的厚度只有几个气体分子自由行程，持续时间只有几纳秒，因此按现在的测试技术是不可能直接准确测到波振面的峰值，只能根据测试曲线处理得到峰值。此外，实测的冲击波信号包含了许多除冲击波压力信号以外的其他噪声信号，在数据处理时采取适当的方法滤除。本小节介绍目前行之有效的处理方法。

1. 冲击波测试数据的滤波处理

爆炸冲击波测试系统组建时应符合本书各项原则,即实测数据中尽可能避免测试系统自身的寄生噪声信号,传感器的谐振频率应超过500kHz,测试系统中应包含高阶贝塞尔滤波器,以抑制传感器的谐振频率的响应。这样,在实测信号中的噪声信号主要是被测信号及环境因素造成的。对测试数据的滤波处理主要采用低通滤波法和小波分析法。

1）低通滤波

低通滤波法主要滤除高频噪声。冲击波超压曲线的下降沿的主要频率分量是低频,因此对测试数据的滤波结果影响不大;上升沿主要是高频分量,影响很大,滤波后的曲线上升时间明显变长,波振面尖锐变化部分变得圆滑,滤波截止频率越低变化越大。

低通滤波截止频率不宜选取过低,为确定超压峰值建议采用最小二乘指数拟合法。由于系统设计不当或测试系统安装结构叠加的振荡噪声,因此应采用处理软件中的高阶带阻滤波器有选择地剔除;对于粗大误差毛刺,应人工剔除。

2）小波分析法

爆炸冲击波信号具有很宽的频谱范围,所含的频率成分很多,除去占主要能量的低频范围信号,高频部分有规律性,且不同频率范围的信号随时间和距离的衰减规律各不相同。小波变换是一种变分辨率的时频联合分析方法,对信号有自适应性,并可以在频域和时域两个方向对信号进行分析。由于多分辨率分析将冲击波信号分解到不同的频率带上,在每个频率带上的信号仍是关于时间变化的信号,因此通过离散小波变换的分层分解可以对不同频率范围内压力分量的时间变化规律加以分析,从而给出冲击波信号的时频特征。

小波变换中可以选择的基函数有多种类型,通过用 Biorthgonal 小波、Daubechies 小波、Symlets 小波对冲击波信号进行分析研究。其中,Symlets 系列小波在对冲击波信号超压—时间曲线的处理上效果较好。实际应用中选取的小波尺度一般大于3,但是在实际分解信号中尺度的选取还受到采样点数的限制。因此根据实际信号包含的频率成分、信号的采样频率和采样信号的持续时间并结合所采用的小波分解函数,可以确定小波分解的层数。

本小节采用 Symlets12 小波,选取的小波分解尺度为10。在 $a_1 \sim a_4$ 高频段,冲击波压力的峰值相当大,持续时间短暂,随时间的衰减速度非常快;而在 $a_7 \sim a_{10}$ 低频带,冲击波压力明显降低,正压时间明显变长。

2. 最小二乘指数拟合

为求得爆炸冲击波的超压峰值及正压部分作用时间及规律,对滤波后的衰减曲线做最优化最小二乘曲线指数拟合。拟合曲线与冲击波到达时间直线的交点作为峰值点,拟合曲线与零线交点和冲击波到达时间点差为冲击波正压作用时间,拟合曲线作为冲击波超压正压区的压力分布规律。

具体的拟合方法如下:

(1) 以滤波前冲击波上升沿的中点作为超压峰值的到达时间 t_a。因为到达时间测量误差（0.1%）远比峰值超压测量误差（对裸露装药为5%,对带壳战斗部为10%~15%）准确。

(2) 在到达时间 t_a 画垂直于时间轴的直线。

（3）在超压时程曲线上选取变化趋势最为明显的一段。

（4）将截取的超压时程曲线段进行指数衰减拟合，得到拟合曲线。

（5）取到达时间 t。

采用智能传感单元技术，把传感器、调理电路、瞬态记录仪集成封装在一个高强度、高电磁屏蔽的保护壳体内，设计力求完善，尽可能滤除系统内部引起的噪声，削减外界噪声，如实地测取被测对象的动态信号，输出的测试数据是比较光滑的，数据处理相对容易。

思考题

1. 简述破片质量分布试验原理、方法及其精度主要影响因素。
2. 简述破片速度分布试验测试原理及测试方法。
3. 简述球形靶试验和长方形靶试验的试验原理。
4. 简述密集杀伤半径的定义和计算方法。
5. 简述大型战斗部杀伤威力综合测试方法。
6. 简述冲击波的形成以及传播特点。
7. 20kg 的 RDX 的球形装药安置在地面起爆，分别计算距爆心 2.5m 和 12m 处空气冲击波的峰值超压。已知该炸药的爆热为 1300kcal/kg（若是在距离地面 2m 高度起爆，则重新计算其峰值超压）。
8. 20kg 的 PETN 在无限空气中爆炸，计算距爆心 3m 处空气冲击波的正压作用时间以及比冲量，PETN 的爆热为 1400kcal/kg。
9. 62-02 式触发锚雷重 419kg，内装 TNT 236kg，在空气中爆炸，试计算离爆心 20m、25m、30m 处的冲击波峰值超压。
10. 设 10kgTNT 炸药在 3m 处高空爆炸，求入射角 30°处反射冲击波的压力和冲量。

参考文献

[1] 黄正祥，祖旭东．终点效应[M]．北京：科学出版社，2014.

[2] 陈惠武，李良威．弹丸试验[G]．南京：南京理工大学，1997.

[3] 黄正祥，陈惠武．弹丸试验技术[G]．南京：南京理工大学，2004.

[4] 翁佩英，任国民，于骐．弹药靶场试验．北京：兵器工业出版社，1995.

[5] 张先锋，李向东，沈培辉，等．终点效应学[M]．北京：北京理工大学出版社，2017.

[6] 李向东，杜忠华．目标易损性．北京：北京理工大学出版社，2013.

[7] Zvi Rosenberg，Erez Dekel．终点弹道学[M]．钟方平，译．北京：国防工业出版社，2014.

[8] 柴慈钧，罗学勋，徐锡昌．测试技术[G]．南京：华东工学院，1985.

[9] 祖静，马铁华，裴东兴，等．新概念动态测试技术[M]．北京：国防工业出版社，2016.

第7章　穿甲弹性能与威力试验

穿甲弹是主要使用的反装甲弹药之一,被称为第一甲弹。穿甲弹丸、战斗部直接命中目标并主要以自身的碰击动能毁伤装甲目标,攻击目标主要包括坦克、步兵战车、自行火炮、装甲运兵车、舰船、飞机、钢筋混凝土工事、碉堡等。

穿甲弹种类繁多、结构差异比较大,大体分为普通穿甲弹、次口径超速穿甲弹、超速脱壳穿甲弹等。目前对付坦克、步兵战车、自行火炮等装甲目标的穿甲弹,主要是超速脱壳穿甲弹;对付舰船、钢筋混凝土、碉堡硬目标的穿甲弹,主要是旋转和尾翼稳定超速穿甲弹、半穿甲弹和混凝土攻坚弹等。

穿甲弹的威力常指穿甲弹能在某一距离穿透某种规定结构、材料、厚度和倾角的装甲目标,并具有对设施内成员和设施起毁伤、纵火等后效作用的能力。其穿透能力的表征量:有效穿透距离 (m) ——靶板类型、厚度 (mm)/法向角。

对于某穿甲弹来说,材料、结构、尺寸已经确定,那么它的穿透能力主要取决于命中目标具有的比动能、着靶姿态和目标特性。一般以极限穿透速度的大小来表示穿甲弹对目标的穿透能力。因此,对同一目标比较不同穿甲弹的威力时,极限穿透速度小的穿甲弹穿甲威力大。然而,最终要确定弹丸摧毁装甲目标的能力,还要看靶后的破坏能力。因为装甲靶板只是装甲目标的防御物,要利用穿甲弹穿入装甲目标内部爆炸,或以强烈的二次破片、爆炸波、冲击波等有效手段毁伤成员、发动机、燃料,或使装甲车辆携带的弹药受到引爆等。所以,穿甲威力试验包括对装甲靶的穿甲试验、穿甲效率试验和专门的后效作用试验。这样的毁伤概念适合所有的反坦克弹药。关于如何进行专门的装甲后效试验,后面章节将专门介绍。

由于穿甲弹种类较多,结构、着速范围和穿甲目标不同,穿甲威力各项试验的装甲目标,即靶板与靶架、射击条件和穿甲现象各不相同,因此本章加以归类介绍。

穿甲威力试验原理涉及的知识面较广,又有特点,为便于理解有关试验方法,下面先说明两个问题。

1. 穿甲威力试验的着速

在穿甲弹各项威力试验中都须测定弹丸着速,而着速的选择与试验目的有关。对于一定的弹靶系统,着速大小不同的穿透概率不同。常对穿透概率为50%和90%的弹道 (特征) 着速记为 v_{50} 和 v_{90},以速度快慢比较不同穿甲弹的穿甲能力。我国 V_{50} 称为临界速度,对 V_{90} 则采用近义的术语——极限穿透速度。从弹丸研制 (穿甲) 技术来看,希望设计的穿甲弹具有“最低”的极限穿透速度,在穿透靶板过程中能量消耗“最少”。提高了穿甲能力意味着增大极限穿透距离,即提高作战的有效距离。从装甲板研制 (抗弹) 技术来看,希望靶板防护性能优而极限穿透速度高。因此无论穿甲弹还是装甲板,在研制和定型时都要测定指定弹-靶系统的临界速度或极限穿透速度。对于弹丸来说生产定型试验或正常生产交验试验，一般只需测定极限穿透速度，以便确定穿甲试验的着速。对于装甲板来说，须通过鉴定靶板的极限穿透速度确定靶板是否合格。因此，本章分别介绍有关的临界速度试验和极限穿透试验。

2. 影响穿甲威力的主要因素

影响穿甲威力的因素很多，试验中可能出现的情况也比较复杂，都可能影响对产品合格性的判定。就穿甲弹自身而言，穿甲弹体是穿甲弹的关键部件，材料和热处理工艺条件直接决定其力学性能和金相组织，从而影响弹丸的穿甲性能。因此在抽样方法和数量上不仅按生产（或试制）批定量抽样，而且要按热处理炉抽样，必须经每炉（样品）弹体做碰击强度试验合格后再投入后续加工工序。弹体初试、复试条件和处理都有严格的规定，如试验不合格要整炉弹体报废。

此外，装甲目标，即试验靶板及靶架的试验条件也是影响穿甲威力的重要因素。一般来说，穿甲弹的装甲目标总体结构要比破甲弹的牢固得多。为能在标准目标下试验穿甲弹性能，对靶板和靶架的生产制造和鉴定试验都有相应的技术标准和统一规格。下面先介绍靶板和靶架，再分述各项穿甲威力试验。

7.1 靶板与靶架

在反坦克弹种的靶场试验中，靶板是甲弹（穿甲弹、破甲弹和碎甲弹）射击考核威力性能的目标。靶板和靶架的质量与安装结构的合理性是影响穿甲弹性能的重要因素之一，在穿甲威力试验中更是如此。在考核与确定甲弹威力性能时，应尽量排除一些非标准的客观条件的影响，使试验得到贴近真实的结论。因此对于靶板的规格、质量和射击试验的条件和要求，均制定了相应的技术标准。这些技术标准也是弹药制造单位靶场试验主要用材的验收标准，更是弹药产品设计者必须了解和掌握的技术资料之一。由于靶板的价格昂贵，因此弹药生产和试验单位对于靶板的性能、质量极为关注。下面结合靶板的制造和验收技术标准，以及穿甲弹试验要求，介绍一些有关试验用靶板和靶架的基本知识。

7.1.1 靶板

穿甲弹威力试验所用的靶板是模拟装甲目标，如主战坦克（正面）前上装甲和飞机的防护装甲等有抗弹性能要求、供弹药考核威力性能用的目标靶。现代穿甲弹的穿甲能力往往需随新的坦克装甲板的出现而确定相应的穿甲试验所用的靶板结构，或直接采用该装甲板结构，甚至以坦克等实物作为靶试目标。靶板（或装甲板）的材料、厚度和组合结构不同，抗弹性能就不同。对于穿甲弹，则对某一确定的结构规格靶板进行穿甲性能试验。

下面主要介绍装甲靶板的分类。

1. 按材料分类

（1）金属靶板：合金钢靶板、铝合金靶板和钛合金靶板；

（2）非金属靶板：玻璃钢靶板、尼龙靶板和陶瓷靶板。

2. 按装甲结构分类

装甲靶板按装甲结构可以分为单层靶板、间隔靶板、复合靶板、间隔复合靶板、反应装甲靶板及主动防护系统等，其中：间隔靶板、复合靶板、间隔复合靶板、反应装甲靶板及主动防护系统称为特种装甲系统。

1）单层靶板

单层靶板是最常见和基本的靶板系统，按厚度方向机械性能或化学成分是否一致，分为非均质和均质靶板两类。

对于钢靶板来说，非均质靶板类有渗碳钢板等。钢板表面硬度很高，会使穿甲弹着靶侵彻阻力增大或易于跳飞；钢板中间部分韧性相对较高，会使钢靶的整体抗弹性能提高。这种钢板的制造工艺复杂，目前在装甲上很少应用，很少作为靶板使用。常用的单层靶板主要是均质钢板，有轧制和铸造两种。轧制均质钢板的规格、尺寸，见表7.1、表7.2所列。

表7.1　轧制均质钢板规格、尺寸

规格	厚度/mm	面积/mm^2
2П	7~20	1000×1000
43ПСМ	25~30	1200×1500
42СМ,603	40~120	1200×1500
52С	150~180	1200×1500
53С	200~220	1200×1500

表7.2　轧制均质钢板厚度公差

厚度/mm	公差/mm	厚度/mm	公差/mm
7	+1.00	30~40	+2.00
	+0.40		-1.00
10.5	+0.70	60	+2.00
	+0.00		-1.50
15	+1.05	80	+1.00
	+0.30		-2.00
20	+1.30	100、200	+1.50
	+0.30		-2.50
25	+1.75	150~200	±5
	-0.50		

各国装甲板的化学成分和机械性能各不相同。在美国钢甲板中，高强度均质钢甲用Ni-Mn-Mo钢，轧制复合钢甲用Ni-Cr-Mo钢，超高强度钢甲（HY-180/210）用Ni-Co-Cr-Mo钢，铸造钢甲用Mn-Ni-Mo钢；苏联钢甲板主要是Cr-Ni-Mn-Mo钢或Cr2-Mn-Mo钢；我国除仿苏联产品之外，国产钢甲板主要为无Ni合金钢，如603板为Cr-Mn-Mo

钢,或 Cr-Mn-Mo 稀土钢（30CrMnMoRe）。

轧制均质钢甲板按硬度有高、中、低硬度三类。苏联 2П 钢甲板是高硬度薄板,机械强度高而脆性大,冲击韧性低（$a_k=34\sim69\mathrm{J/cm^2}$）;苏联 43ПСМ、43CM 和国产 603 钢甲板为中等硬度板,具有较高的机械强度和足够的韧性;美国 SAE、AISI-4130 钢甲板也是中等硬度钢板,其断面收缩率可达 60%;苏联 52C 和 53C 钢甲板属低硬度厚板,具有较高的冲击韧性（$a_k=117\sim147\mathrm{J/cm^2}$）。钢甲板的硬度,见表 7.3 所列。在实际生产制造中,机械性能不作验收依据,而是采用射击鉴定试验。

表 7.3　钢甲板的厚度和硬度

厚度/mm	布氏印痕直径/mm
7	2.70~3.00
10.5	2.75~3.05
15~20	2.8~3.1
15~100	3.4~3.7
120	3.5~3.8

每一块被试靶板,应附有制造厂的说明书,标明靶板的化学成分、硬度、机械性能、尺寸及横断面的金相照片等,在靶板上应有炉号、钢锭号、轧制号和靶板的编号。

从不同的轧制钢板上切下来的靶板,均须单独做过靶板鉴定试验,合格后方可用于穿甲弹威力试验。而从同一轧制钢板上切下并经过同一热处理处理的钢板,则可任选其中一块代表性钢板进行鉴定试验。该试验又称为鉴选靶板极限穿透速度试验。试验时采用靶板制造与验收技术标准中指定的鉴定用穿甲弹,且必须是标准弹,即以 3 倍于该穿甲弹产品图规定的数量在已验收合格的靶板（取 K 值:中、上限）上做弹体碰击强度试验,取得 100%合格的同批同炉号穿甲弹。由鉴定试验测出的极限穿透速度用德马尔穿甲公式推算得到穿甲系数 K,并记录于合格证作为鉴定结果。K 值大小反映该靶板的抗弹性能水平,可供穿甲弹产品进行威力试验时选择着速作参考。表 7.4 所列为鉴定钢靶板的试验条件。

表 7.4　鉴定钢靶板的试验条件

板厚/mm	鉴定靶板用穿甲弹			法向角
	弹径/mm	产品简称（国号）	弹丸质量/kg	
25	23	航 23-1 穿甲燃烧弹（WB 603）	0.2	0°±1°
30	37	航 37-1 穿甲燃烧曳光弹（WB 601）	0.75	30°±30′
40	37	高炮曳光穿甲弹（WB 105）	0.76	30°±30′
50	57	高炮曳光穿甲弹（WB 107）	2.8	30°±30′

（续）

板厚/mm	鉴定靶板用穿甲弹			法向角
	弹径/mm	产品简称（国号）	弹丸质量/kg	
60	76	高炮曳光穿甲弹（2-013137）	6.505	30°±30′
80	57	高炮曳光穿甲弹（WB 107）	15.9	30°±30′
100	85	加农炮曳光穿甲弹（WB 114）	9.2	30°±30′
120	100	加农炮曳光穿甲弹（WB 114）	15.9	30°±30′
150	100	加农炮曳光穿甲弹（WB 114）	15.9	0°±1°
170	100	加农炮曳光穿甲弹（WB 114）	15.9	0°±1°
180	100	加农炮曳光穿甲弹（WB 114）	15.9	0°±1°
200	100	加农炮曳光穿甲弹（WB 114）	15.9	0°±1°
220	100	加农炮曳光穿甲弹（WB 114）	15.9	0°±1°

图 7.1 所示为单层靶板做穿甲试验的倾斜安装与后效靶的布置。靶板厚度 b 和法向角 α 由战技指标规定。北大西洋公约组织成员国家对现代穿甲弹威力试验的单层靶板，采用法向角 65°，1970 年以前采用板厚 120mm 做试验，后改为板厚 150mm 做试验，现已根据钨合金尾翼脱壳穿甲弹威力的大幅度提高而采用几百毫米厚的叠加靶板做试验。

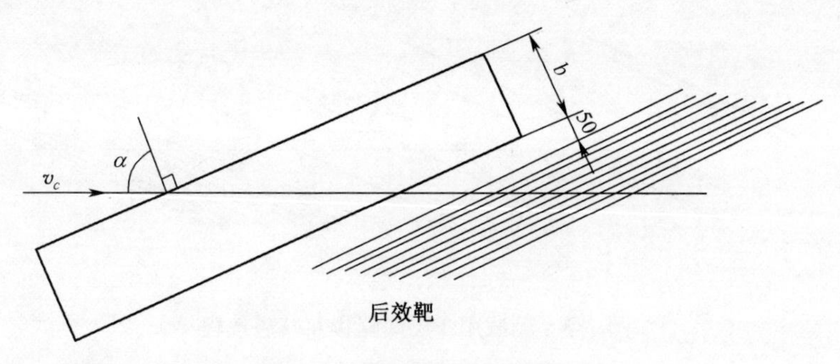

图 7.1　单层靶板及其后效靶

均质钢甲是主战坦克的重要装甲板。作为单层金属板材，铝合金装甲板还在坦克上采用。铝板的机械性能低于钢板，抗弹性能不如钢板，几乎不能用于主战坦克，但在轻型、两栖车辆和步兵装甲车上有采用 20~60mm 厚的铝板，且不需加强筋。这是由于铝板的密度仅为 2.79g/cm^3、材质轻，在相同的装甲车质量下，其厚度可大于钢板，而弯曲强度又与板厚立方成正比，因此与钢板相同质量的铝板的弯曲强度大大提高。

美国 2024-T3 铝装甲板、德国 MILA-46027（US）军用规格的 AA5033 铝装甲板和 MIL-46063（US）军用规格的 AA7039 T64 铝装甲板等，其机械性能列于表 7.5。

表 7.5 铝装甲板机械性能

制造厂牌号	工业标准牌号	断裂强度 σ_b/MPa	屈服强度 $\sigma_{0.2}$/MPa	延伸率 $\delta\times100$
AA5083，H115	AlMg4.5Mn	316	260	9
AA7039T64	AlZnMg3（热时效硬化）	422	359	9

2）间隔靶板

在几层（平行）单层板之间具有间隔结构的靶板称为间隔靶板。例如，图 7.2 所示模拟重型主战坦克防护装甲的双层间隔靶板（北大西洋公约组织成员国家 1970 年前制定，1970 年后仍然沿用），法线角为 60°；图 7.3 所示模拟中型主战坦克防护装甲的 3 层间隔靶板，法线角为 65°；图 7.4 所示模拟重型主战坦克防护装甲的 3 层间隔靶板系统，面板为薄钢甲板 $b_1=9.525$mm、中间钢甲板 $b_2=38.1$mm、背面钢甲板 $b_3=76.2$mm，组成 $b_1:b_2:b_3=1:4:8$。该靶板系统是穿甲弹使用北约标准 3 层板结构，要求靶板系统距炮口 2000m 以上。

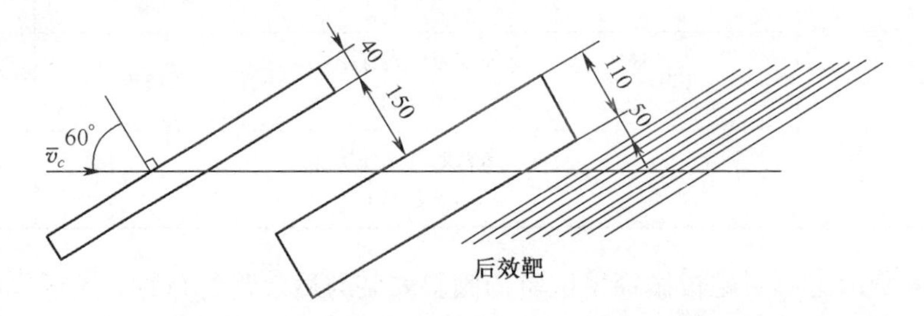

图 7.2 穿甲弹靶试用双层间隔靶板及其后效靶

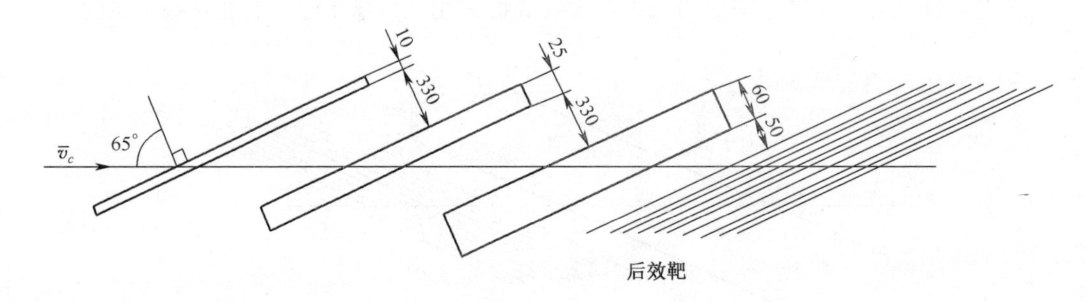

图 7.3 靶试用 3 层间隔板及其后效靶

另外，在某些穿甲弹（如集束式铀箭穿甲弹）的靶试中，靶板系统是采用 4 层间隔薄铝板的法线角 30°，其余 3 块立置，间隔分别为 40mm 和 25mm。4 层板厚度分别为 6mm、3mm、3mm、12mm。

3）复合靶板

复合靶板系统是因现代坦克前装甲采用至少包括两种不同性能材料（板）组成的多

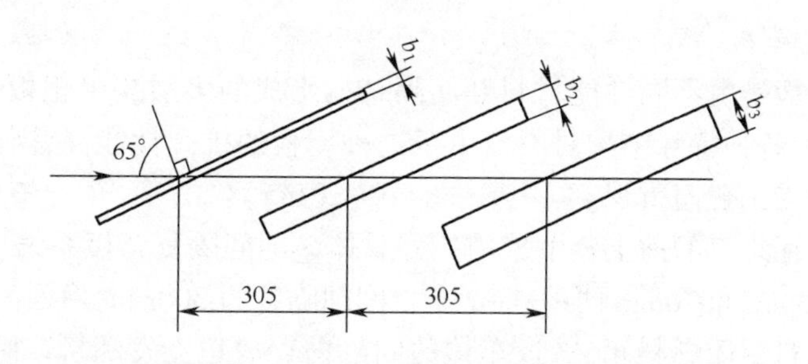

图 7.4　钨合金尾翼稳定脱壳穿甲弹适用3层间隔靶板

层装甲而产生的。例如,仿苏联T-72坦克前上装甲,用作穿甲弹靶试的国产681板,就是一种复合板结构,如图7.5所示。其面板为20mm厚的2Π钢板;背板为80m厚603钢板;中间夹层:前面2层为玻璃钢板(厚度约34mm),后面2层为陶瓷(Al_2O_3铬刚玉枣板)板。整板系统的厚度为204mm,法向角为68°。

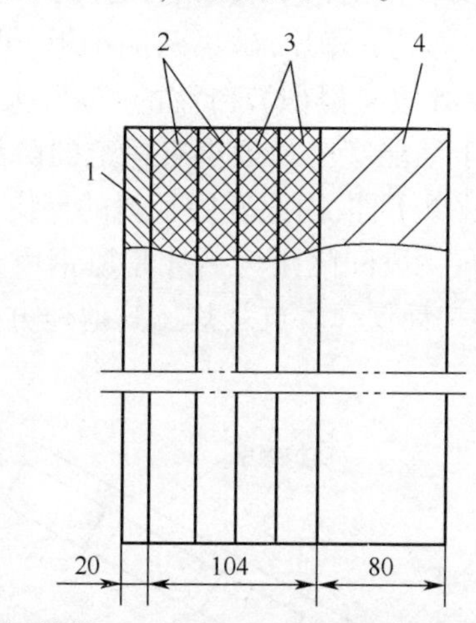

1—前面钢板;2—玻璃钢板;3—铬钢玉枣板;4—背部钢板。

图 7.5　681复合靶板结构示意图

各类复合靶板分别配置不同材料的金属板,如各种不同硬度的钢板、铝合金板、钛合金板和铀合金板等;配置多种强度高、质量轻的非金属夹层,如成型的或者(穿甲后)能破碎成一定形状与大小且具有高压缩强度和硬度的各类陶瓷、高强度纤维、微孔尼龙以及橡胶等。一般认为,复合靶板抗弹性能优于间隔靶板。表7.6所列为复合靶板用部分非金属夹层材料的性能参数。

表 7.6　复合靶板用部分非金属夹层材料的性能参数

名称	平均密度/$(g \cdot cm^{-3})$	抗拉强度/MPa	抗弯强度/MPa	冲击韧性/$(J \cdot cm^{-2})$
聚胺酯玻璃钢	1.575	120.6	265	23.5
酚醛玻璃钢	1.76	192.7	134	23.7
80%环氧聚胺酯玻璃钢	1.89~1.96	510.0	461.0~578.6	26.4~33.9
陶瓷(Al_2O_3)	3.6~3.8	(抗压)≥1471	19613	HRA=75~81

4）间隔复合靶板

间隔复合靶板是由不同性能材料和间隔结构组成的多层装甲靶板。中间间隔或为空气或为水、油和各种特殊结构材料。由于这种靶板的抗弹性能高，因此它在现代主战坦克装甲研究中受到普遍重视。

以色列梅卡瓦坦克的前上装甲采用一种总体型的间隔复合板系统：5层斜置平行钢甲板的板厚有30mm和76mm两种，前2个空间间隔各为300mm，后面间隔为304mm，间隔内存放不可燃自封闭燃料箱，靠近车体的间隔内存放坦克发动机。因此，大大加长了前上装甲的厚度，提高了乘员的安全性。

5）反应装甲

反应装甲是由钢板和覆在钢板表面上的炸药层及防护钢板所构成。这类装甲板是20世纪90年代主战坦克防护装甲的主要结构，如图7.6所示。炸药层可按设计要求选用不同种类的炸药，一般为塑性炸药类，厚度约10~20mm或更厚。炸药装在用特殊材料制成的药盒——“爆炸块”内，并安装在主钢甲表面上，起防护钢甲作用。当甲弹碰撞并引爆炸药时，只产生局部（药盒内炸药）爆炸，破坏两侧小板，可以有效地干扰和破坏破甲弹头部射流的侵彻能力并减少有效（侵彻）射流的长度，大幅度降低破甲侵彻深度（约降70%）。由于反应装甲对于动能穿甲弹虽也有一定的防弹效果，但对于大长细比的高速尾翼稳定穿甲弹来说，其效果不佳，因此发展了新的反应装甲结构，如装甲前面是由2层薄钢板之间夹装炸药层，在一段间隔距离后才是厚钢甲，这样就成为附有间隔复合结构的反应装甲。法国研制了一种仅弹着点爆炸（其他地方不炸），能保护住其他钢甲面积完好的反应装甲。

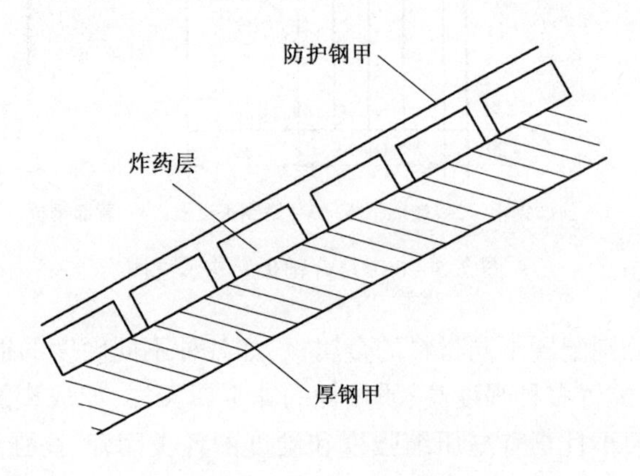

图7.6　反应装甲示意图

爆炸反应装甲是在装甲车体外挂装的扁盒式结构中装有少量炸药，能被来袭实施攻击的破甲弹或穿甲弹引爆，所产生的爆轰产物或高速破片（或射流）可干扰来袭破甲弹射流以及使来袭穿甲弹弹体改变侵彻方向，减弱或消除来袭弹药对坦克及装甲车辆主装甲的毁伤。自20世纪60年代发明以来，爆炸反应装甲以优异的性能成为了装甲防护的主要手段，它具有重量轻、体积小、成本低、抗弹能力强等特点。根据报道，用于对付破甲弹的第一代反应装甲可使其穿深损失达到30%~60%，第二代反应装甲可使杆式穿甲弹穿深损失达到16%~68%。反应装甲作用原理如图7.7所示，反应装甲对射流干扰如

图 7.8 所示，反应装甲对射流干扰试验研究如图 7.9 所示，俄罗斯反应装甲结构如图 7.10 所示。

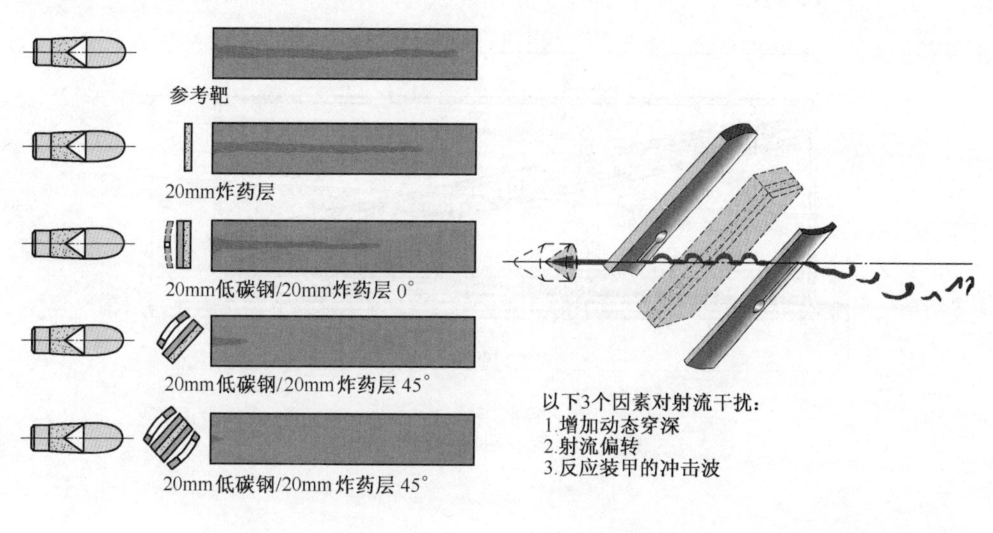

图 7.7　反应装甲作用原理　　　　图 7.8　反应装甲对射流干扰

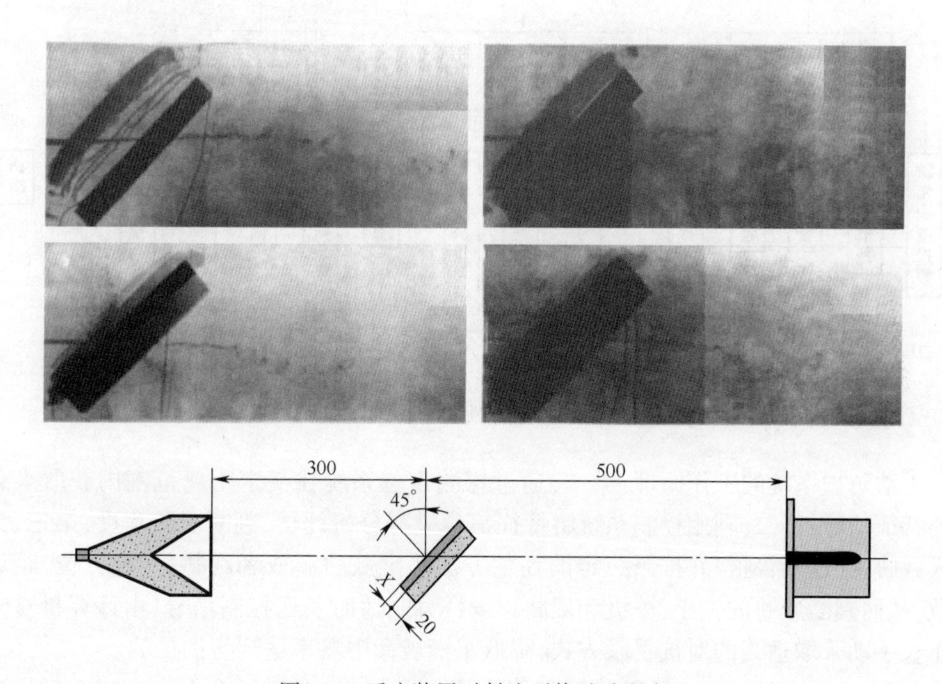

图 7.9　反应装甲对射流干扰试验研究

6）主动防护系统

主动防护系统是安装在坦克装甲车辆上的一种防护装置，能够提前发现来袭的敌对目标，并进行迷惑、拦截或摧毁，避免自身被命中。其主要由探测定位系统、信号处理及控制系统、对抗系统组成，如图 7.11 所示。

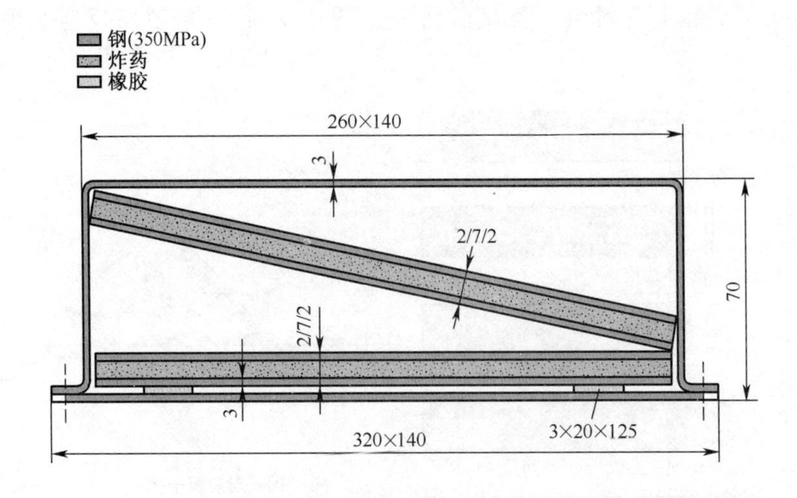

图 7.10　俄罗斯反应装甲结构

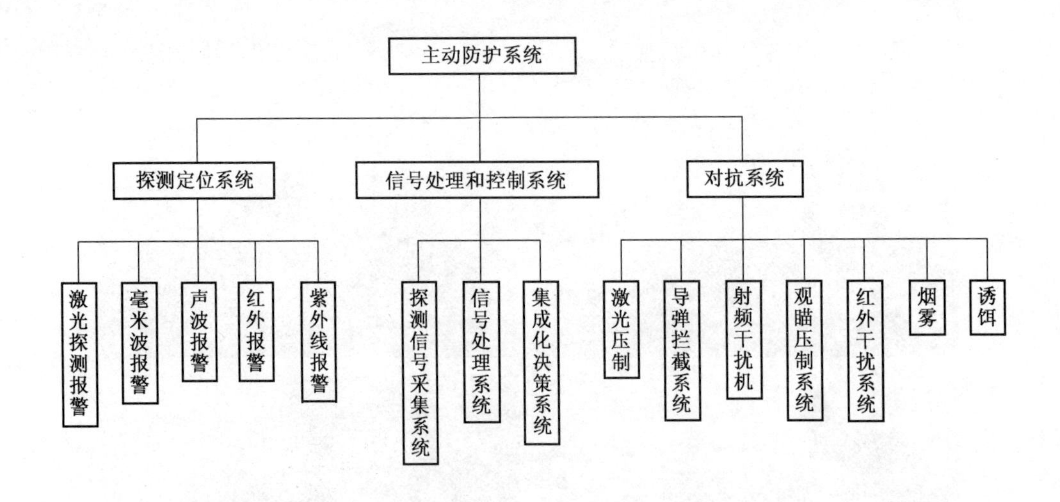

图 7.11　坦克装甲车辆主动防护系统组成框图

主动防护系统的工作原理:第一,通过探测定位系统在一定距离范围内获取来袭目标的特征信号;第二,利用控制系统将特征信号进行分析评估,判断威胁程度;第三,如果构成威胁,则进行警报,并按照一定的评估方法确定威胁源或者威胁种类、方位、距离等参数,从而判断威胁的大小、等级和威胁程度;第四,适时发送控制信号,由计算机自动或由车长手动采取适当的对抗手段方式,降低车辆被命中概率达到防护目的。

首先,主动防护系统必须既能探测主动寻的导弹(这类导弹会发出光或电磁探测信号),又能探测被动寻的导弹(这类导弹不发出任何探测信号);其次,威胁警报系统必须具备识别真假目标的能力,必须能够判断来袭威胁(导弹或其他类型的炮弹)是否飞向自己所保护的平台;再次,由于主动防护系统所携带的弹药数量有限,因此主动防护系统应当能够辨别哪些威胁是平台自身的装甲能够对付的,应当有选择地对那些装甲板对付不了的来袭威胁作出反应。“速杀”主动防护系统如图 7.12 所示。国外软杀伤自动防护系统分析对比,见表7.7所列。

图7.12 “速杀”主动防护系统

表7.7 国外软杀伤自动防护系统分析对比

<table>
<tr><td colspan="2">研制国家</td><td>俄罗斯</td><td colspan="2">德国</td><td>美国</td></tr>
<tr><td colspan="2">系统名称</td><td>窗帘1</td><td>MUSS</td><td>MASS</td><td>TRAPS</td></tr>
<tr><td colspan="2">研制时间</td><td>1993年</td><td>1997年</td><td>2003年</td><td>2006年</td></tr>
<tr><td rowspan="2">技术特点</td><td>探测手段</td><td>激光告警</td><td>激光告警</td><td>昼用光学传感器、夜用热成像传感器</td><td>雷达</td></tr>
<tr><td>对抗手段</td><td>红外干扰、烟雾弹</td><td>榴弹、主动式红外干扰</td><td>40mm烟幕弹</td><td>安全气囊</td></tr>
<tr><td rowspan="2">主要技术指标</td><td>反应时间</td><td>2000ms</td><td>1500ms</td><td>530ms</td><td>30ms</td></tr>
<tr><td>系统重量</td><td>400kg</td><td>160kg</td><td>—</td><td>60kg</td></tr>
<tr><td colspan="2">性能特征</td><td>世界上第一种光电干扰综合系统</td><td>最多可同时应对4个目标,4个探测头可提供360°保护</td><td>多组对抗模块,各模块由3个传感器组成,均与烟幕弹集成在一起;2组5联装烟幕弹发射器可瞬间生成90m^{2}烟幕</td><td>能有效对抗RPG-7弹药,对抗过程约50m</td></tr>
<tr><td colspan="2">现状</td><td>装车使用</td><td>试验论证</td><td>样机阶段</td><td>研究测试</td></tr>
</table>

7.1.2 靶架

靶架是用于固定靶板。常用的靶架有两种形式:立式(或称垂直式)靶架和仰式(或称为倾斜式）靶架。在这两种靶架上对应安置的靶板，分别称为立靶（靶面与水平基准面垂直）和仰靶（靶面沿射向倾斜，靶面与水平基准面成钝角）。另外，还有一种俯靶（靶面朝下倾向射向），靶试时可使靶板与弹丸的破片朝下跳飞，减少飞行破片和跳弹造成的破坏及对测试人员的伤害。仰靶有利于着靶区的高速摄影等测试工作。

靶架常由20~40mm钢板焊接成的金属靶框螺接或铆接在金属靶架上。金属靶架的基座一般需用数层大方枕木构成或用钢筋混凝土加枕木构成，以保证撞靶板时，靶架不变形、不移动。靶架必须固定牢固，保证穿甲弹丸碰撞靶板时，靶架不变形、不移动。因此靶架与基座的总质量很大，约有30000~100000kg。对于一般中小口径穿甲弹，因着靶动能有限，所以靶板与靶架的连接牢固性对穿甲试验结果影响不大。但对于着靶动能大的穿甲弹试验，靶架的牢固性影响较大，所以在靶试过程中，应注意加强检查靶架并及时予以加固。

7.2 穿甲过渡带与临界速度试验设计

7.2.1 装甲靶板的破坏指标

由于弹靶系统的不同或者着速大小的影响，穿甲弹侵彻装甲时可能贯穿靶板，也可能只是侵入靶板。“贯穿”是指侵彻体完全穿透装甲靶板的现象。在弹道临界速度试验中，穿甲弹贯穿靶板时出现了靶板的临界破坏状态：穿甲弹穿透靶板或不穿透靶板。穿透一般定义为弹丸着靶后，在靶背面有孔。与此同时，当弹丸侵彻一定深度又未达到穿透程度为未穿透。对于一定穿甲着速下穿甲弹对靶板的破坏只有两个试验结果：穿透为“成功”和未穿透为“失败”或“失效”。

在临界情况下，上面两个试验结果没有明显的分界。在各具体试验中，弹靶破坏情况较为复杂，难以由定义来下结论，这就涉及装甲靶板的破坏指标问题。下面结合美国陆军的试验操作规程介绍陆军型、海军型和防护型三种失效指标。

美国陆军的试验操作规程给出的两个试验结果：完全侵彻和部分侵彻。完全侵彻是指弹丸以其规定的破坏程度“摧毁”了装甲；部分侵彻是指弹丸着靶产生的破坏低于完全侵彻。完全侵彻和部分侵彻有以下三种指标。

1. 陆军指标

弹丸充分侵彻装甲产生透光的孔或扩展的裂纹，或弹丸嵌入装甲并能从靶板背面看见弹丸为完全侵彻，记为CP（A）；靶板背面无凸起，或有凸起但无裂纹，或凸起有裂纹但光线不能透过靶板，为部分侵彻，记为PP（A），如图7.13（a）所示。

2. 海军指标

弹丸整体或弹丸的主要部分完全穿过装甲者为完全侵彻，记为CP（N），否则为部分侵彻，记为PP（N），如图7.13（b）所示。

3. 防护型指标

弹丸能够产生足够的弹丸碎片或装甲碎片来穿透装甲板后面152mm处平行并牢固安装的验证板者为完全侵彻，记为CP（P）。若仅弹丸头部穿过装甲，验证板上虽有碎片碰撞的凹陷，但没有穿透验证板，则仍为部分侵彻，记为PP（P），如图7.13（c）所示。通常验证板的材料规定:钢、钛和铝装甲,用5052H36铝合金材料验证板（厚3.56mm）,或用2024T3铝合金材料验证板（厚5mm）。

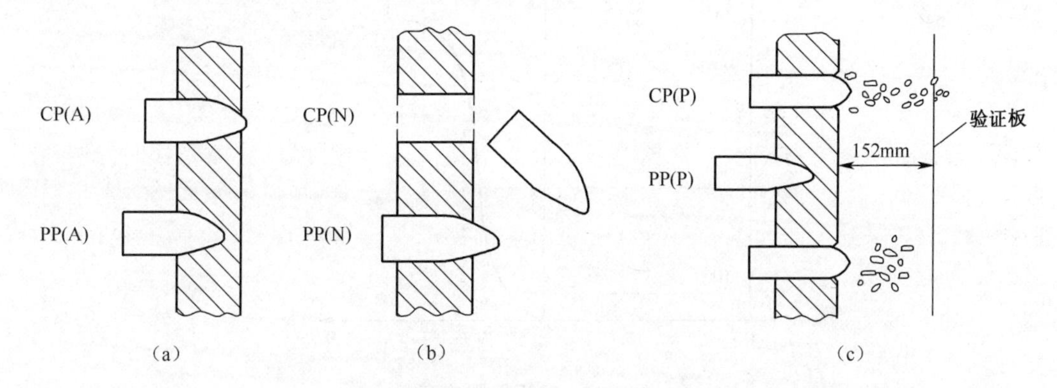

图7.13　对各种装甲的完全侵彻和部分侵彻鉴定指标示意图
（a）陆军指标CP（A）完全侵彻、PP（A）部分侵彻;（b）海军指标CP（A）完全侵彻、PP（A）部分侵彻;（c）防护指标CP（A）完全侵彻、PP（A）部分侵彻。

上面三种完全侵彻（CP）指标分别代表了不同程度的临界破坏。陆军指标反映装甲受损最小,无需要求装甲板后有什么碎片;防护型指标要求装甲被破坏（包括夹弹情况在内）后,还有碎片能穿透验证（薄）板;海军指标最严格,要求弹丸必须穿出装甲才是完全侵彻。海军指标的确定与海军弹药的目标性质有关。海军用（半）穿甲弹必须穿过装甲后在舱内爆炸,才能完全发挥威力,达到破坏装甲、杀伤目标的作用。但在大倾角试验时穿甲弹弹体破碎,这种情况下很难区分海军型的部分侵彻和完全侵彻。随着靶板法向角的增大,陆军指标与防护型指标逐渐接近,最后趋于相同。美国陆军军械部常用防护型临界弹道极限指标。

我国对穿甲试验的评定标准,“贯穿”的评定接近于上面海军指标的完全侵彻,“穿透”的评定接近于防护型指标的完全侵彻。为下面讨论问题方便起见,本书采用术语“穿透”与“未穿透”。

7.2.2　穿甲临界速度v_{50}与穿甲过渡带

1. 穿甲极限速度

侵彻体穿透靶后剩余速度为0的着靶速度,记为v_L。理论上,给定的弹靶系统,着靶速度v_s大于或等于v_L时,则能穿透;v_s小于v_L时,则不能穿透。实际上,由于各发弹丸之间存在一定的差异,因此同一靶板上不同区域的性能不可能完全相同,而且靶板的法向角可能有微小的误差等。各发弹丸飞到靶板的弹道不同,并使着靶姿态有一定的差异。从统计的观点看,靶速度v_s接近这个范围的上限时,几乎100%穿透;v_s接近这个范围的下限时,穿透概率接近于0,如图7.14所示。在该图中曲线表示穿透率与着靶速度的对应关系。v_{50}表示有50%的穿透率的极限速度,又称为穿甲临界速度（穿透临界速度）。以大于v_{50}的速度碰击靶板的穿甲弹,并不一定穿透靶板,弹丸穿透靶板的概率随速度增大而增大。从图7.14可以看出,根据不同的穿透率可定义出相应的极限速度;穿透极限v_c的定义为穿透率为90%的极限速度。

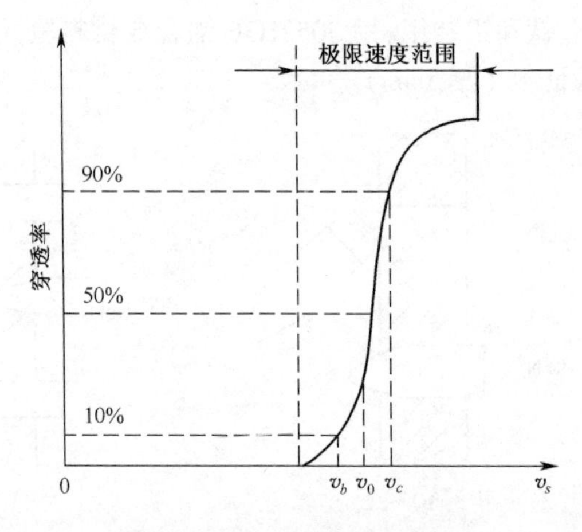

图 7. 14　穿甲极限速度

2. 穿甲过渡带

随着穿甲弹着速增大,穿透率也增加,所以产生一个从“未穿透”向“穿透”过渡的速度区间,称为穿甲过渡带（穿甲极限速度范围）。在此速度区间,可能发生未穿透现象,也可能发生穿透现象。随着速度的变化,相应可得到穿透率的累积概率分布函数。如果有足够的射击量,就可得到图 7. 15 所示的 S 曲线。该图表示一种理想状态,即正态分布函数。可从这条试验曲线上得到两个基本参数,即随机变量（着速）的期望（均值）μ 和标准差 σ。v_{50}表示对应概率分布的 0. 5 分位数,穿透率为 50%的着速。该曲线上 μ 值为 v_{50}弹道极限速度,即临界速度值。图 7. 16 所示由 M2 式 12. 7mm 穿甲弹对 0°法向角、厚度 19. 1mm 均质钢甲试验的数据绘制的 S 曲线,具有对称性。由该图可见,虽过渡带中的试验数据并非是光滑对称曲线,但从数据处理的试验曲线上可确定临界速度 v_{50},以及由其他穿透率所对应的特定速度。

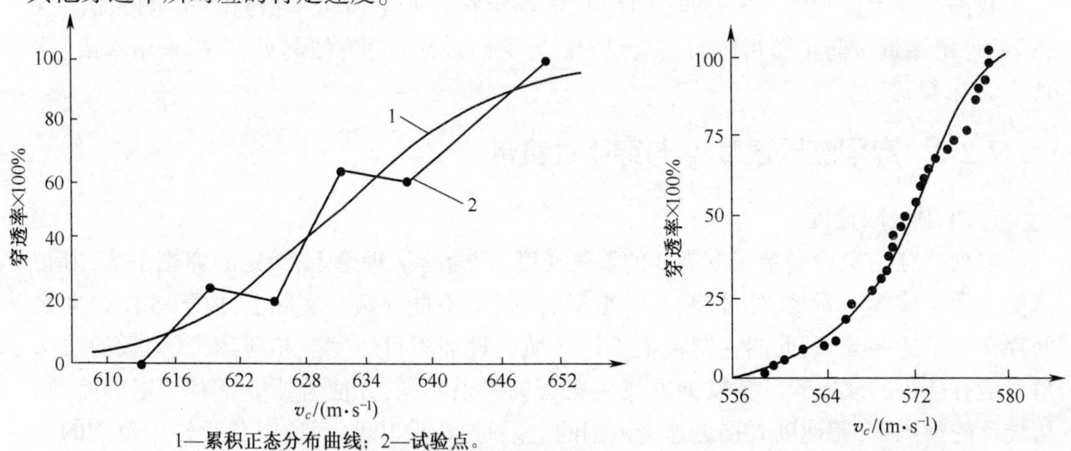

图 7. 15　穿甲概率的理想分布 S 曲线

图 7. 16　穿透概率的实际分布曲线

3. 由 v_{50} 换算 v_{90}

由概率与统计学可知,连续的随机变量 v 的概率分布服从正态分布。其概率密度函数为

$$f(v)=\frac{1}{\sigma\sqrt{2\pi}}\exp\left[-\frac{1}{2}\left(\frac{v-\mu}{\sigma}\right)^2\right]\quad(-\infty < v < \infty,\sigma > 0) \tag{7.1}$$

式中:μ、σ 分别为正态分布的期望(均值)与标准差。

则概率分布函数为

$$F(v)=P(V < v)=\int_{-\infty}^{v}f(v)\mathrm{d}v \tag{7.2}$$

对 V 服从正态分布 $N(\mu,\sigma^2)$,记 $V—N(\mu,\sigma^2)$ 或 $N(V;\mu,\sigma^2)$。

取标准化随机变量为

$$U=\frac{v-\mu}{\sigma} \tag{7.3}$$

对 U 服从标准正态分布,记 $U-N(0,1)$ 或 $N(u;0,1)$。

则概率密度函数为

$$f(u)=\frac{1}{\sqrt{2\pi}}\exp\left(-\frac{u^2}{2}\right) \tag{7.4}$$

分布函数为

$$F(u_i)=\int_{-\infty}^{u}f(u)\mathrm{d}u=\int_{-\infty}^{u}\frac{1}{\sqrt{2\pi}}\exp\left(-\frac{u^2}{2}\right)\mathrm{d}u \tag{7.5}$$

表示区间 $[-\infty,u_i]$ 的概率,记为 $P(U < u_i)=p_i$。

对于式(7.5)积分函数已编制成表,可查附录 6 的分布函数值表得到。图 7.17 所示为标准正态分布的概率密度函数 $y=f(u)$ 和概率分布函数 $y=F(u)=P(U < u)$。两条曲线对称于坐标轴 u_0。

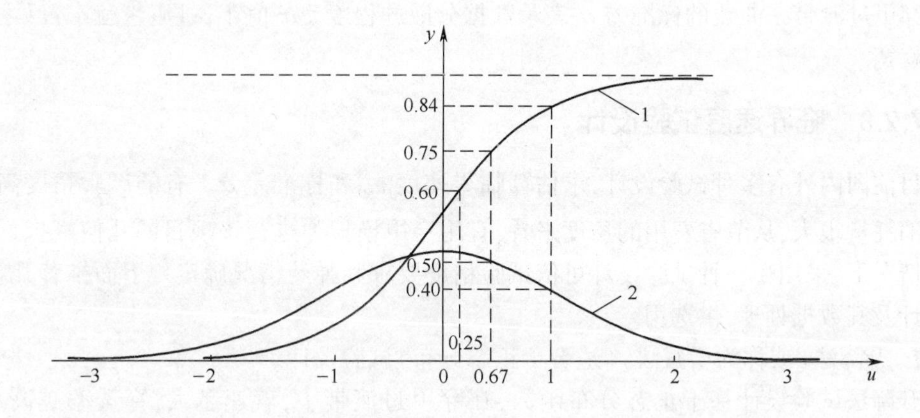

图 7.17　标准正态分布的概率密度函数与概率分布函数曲线

如果需要确定式(7.1)和式(7.2)的图示曲线,只需变化图 7.17 的横坐标 u 为对应的 v,曲线分布中心在期望值 μ 处,即 $\mu_0=\mu$,则图 7.17 中两条曲线分别为 $F(v)$ 和 $f(v)$。v_i 对应概率为 $F_{(v_i)}$,即

$$F_{(v_i)}=P(v < v_i)=p_i \tag{7.6}$$

当 $v=\mu$ 时,对应概率 $F(v)=P(v<\mu)=p_i=0.5$,利用式(7.3)和式(7.6),得

$$u_{p_i} = \frac{v_{p_i} - v_{50}}{\sigma} \tag{7.7}$$

当 $p_i=0.9$,查表对应 $u=1.2818$,得

$$v_{90} = v_{50} + 1.2818\sigma \tag{7.8}$$

这就是穿甲过渡带穿透概率正态分布的 v_{50} 与 v_{90} 的关系式,也是临界速度与极限穿透速度的关系式。

由式 (7.7) 可以得到正态分布的标准差为

$$\sigma = (v_{p_i} - v_{50}) / u_{p_i} \tag{7.9}$$

4. 穿甲过渡带的着速范围

由式 (7.7) ,对应概率 $p_i=75\%$,$u_{P_i}=0.6745$,得

$$v_{75} = v_{50} + 0.6745\sigma = v_{50} + E$$

或

$$v_{25} = v_{50} - E \tag{7.10}$$

式中:概率偏差 $E=0.6745\sigma$。

同理,对应概率 $p_i=100\%$,$u_{P_i}\approx 4$,得

$$v_{100} = v_{50} + 4\sigma \tag{7.11}$$

由式 (7.7)~式(7.11) 可见,穿甲弹的着速增大,穿透率就提高。穿甲过渡带 S 曲线的着速分布范围,理论上是由正态分布概率接近零点处到概率接近 100%处,即由式 (7.11) 表示的着速分布在 $(v_{50}-4\sigma)\sim(v_{50}+4\sigma)$ 范围内。其物理含义是着速 $v_c=v_{P_i}$ 落在此范围内,其穿甲结果可能是穿透,也可能是未穿透,穿透的概率为 p_i。实际上产生这一过渡带的唯一条件是出现了未穿透的着速高于发生穿透的最低着速。因此,穿甲过渡带是实际获得的最低穿透着速与最高不穿透着速之差。

穿甲过渡带 S 曲线的标准差 σ 表示数据分散的程度。σ 值小,过渡带就窄;反之,过渡带就宽。

7.2.3 临界速度试验设计

目前国内外有多种试验设计,求估算临界速度 v_{50} 和标准差 σ。有的试验精度高,但弹药消耗量很大,从节省费用的角度来看,宜用穿甲模拟弹进行该项目的几何模拟试验。一般情况下,采用哪一种试验设计可依试验精度要求和弹药情况确定。下面推荐几种试验设计及其数据处理,供选用。

1. 升降法(或称为增减法)(适合于正态分布)试验设计

升降法试验设计基于正态分布函数,在穿甲过渡带中,着速越大,穿透率越高。因此,在升降法试验中,每当得到未穿透的情况时,下一发应将着速升高一个步长 d,即以专用减装药曲线的药量增量来提高下一发的着速。若还不出现穿透时,则仍需对再下一发升高一个着速步长 d。然而,当出现穿透时,下一发应降低一个着速步长 d,即减少一个药量增量进行试验。按此原则,每次升或降一个着速步长进行试验,直到有效发数达到预定数,才停止试验。

升降法试验中,要求步长值尽量接近穿甲过渡带的 σ 值,且首发试验的着速接近于估值 $\hat{v}_{50}$ 。试验时,首发着速记为 v_0,选自历次 (模底) 试验结果得到的估计临界速度

v_{50}。升降着速步长 d,也按历次试验结果估计标准差 σ_0来定,即 $0.5\sigma_0<d<1.5\sigma_0$。记各次着速试验值为

$$v_i = v_0 + id \tag{7.12}$$

式中:权系数 $i=0,\pm1,\pm2\cdots$。

每发弹丸试验结果“成功”记为“1”,试验结果“失效”记为“0”,并列入着速 v_i试验数据表。在每个 v_i水平上统计“成功”发的数目 n_i,“失效”发的数目 m_i,总有效试验发数 $N=\sum n_i+\sum m_i=n+m$。当 $n\leqslant1/2N$ 时,n_i不变;当 $n>1/2N$ 时,令 $n_i=m_{i-1}$,$n=\sum n_i$,数据表化为

$$(y_i, n_i), i = 0、\pm 1、\pm 2\cdots$$

计算统计量:

$$\begin{cases} A = \sum in_i, B = \sum i^2 n_i \\ M = \dfrac{nB - A^2}{n^2} \end{cases} \tag{7.13}$$

一般 M 值范围在 $0.3\leqslant M<1.5$(或 2.0)时,可对试验结果处理并得到最大似然估计。

当 $\sigma/d>0.5$,有

$$\hat{u} = \hat{v}_{50} = v_0 + d\left(\frac{A}{n} - \frac{1}{2}\right) \tag{7.14}$$

$$\hat{\sigma} = \rho d \tag{7.15}$$

对于 ρ 有 2 个公式计算,即

$$\rho = \rho(M, n) \approx 10^{\alpha M+\beta} - \gamma \tag{7.16}$$

$$\rho = 1.620(M + 0.029) \tag{7.17}$$

式中:α、β、γ 为系数,可查附录 7。当 $n=15$、$M=0.36\sim1.64$ 时,$\alpha=0.338$、$\beta=0.2129$、$\gamma=1.45$;当 $n=20$、$M=0.37\sim191$ 时,$\alpha=0.177$、$\beta=0.5569$、$\gamma=3.50$。

由于实际试验时,很难做到各发之间的升降着速步长完全一致,且在 $M<0.3$ 或 $M>2$ 时计算较麻烦,对于穿甲弹来说试验弹药的消耗量不可能大,所以还可选用其他试验方法。

2. 加拿大法(适合于正态分布)试验设计

加拿大法试验设计是由升降法演变而来,适合穿甲过渡带服从正态分布函数。

该试验规程仅要求标准差 σ 在已知的适当范围内。穿甲弹试验建议估计值选为 $\hat{\sigma}=15\text{m/s}$。当试验有效发数 $N=15$ 时,产生 90%置信度。$\hat{v}_{50}$ 在 v_{25} 和 $\hat{v}_{75}$ 之中。该试验的首发与升降法相同要求,着速尽量接近估计的 v_{50}值。如果前一发试验结果未出现“成功”,则着速需增加;反之,如果前一发试验结果出现“成功”,则着速需减少 $\hat{\sigma}$。允许每次试验经仔细调整发射药量改变的着速在 σ 值附近变化,直到有效试验发数达到所选的名义样本量 N 为止。

如果在起初的(N_0+1)发出现相同的试验结果,那么总的试验量将是(N_0+N)发。其中:N_0为无效试验结果数。对 N 发有效试验结果,临界速度 v_{50}的估计值为

$$\hat{v}_{50} = \frac{1}{N + 1}\left[\sum_{i=N_0+1}^{N_0+N} v_i + v_{N_0+N} \pm \hat{\sigma}\right] \tag{7.18}$$

式中:$\pm\hat{\sigma}$ 的符号由结束试验发(第 N_0+N 发)的试验结果情况来定,即“失效”者取“+”号,“成功”者取“-”号。表 7.8 所列是加拿大临界速度法算例记录表。

本项试验取 $\hat{\sigma}=15\text{m/s}$。由试验结果数据表得到有效试验数（样本量）$N=6$，无效试验数 $N_0=2$。

由式（7.18）求出 $\hat{v}_{50}$ 为

$$\hat{v}_{50}=\frac{1}{6+1}[(608+632.5+619.7+635.5+618.7+637)+637-15]=624.7\text{m/s}$$

表 7.8 加拿大临界速度法算例记录表

射序	着速/($\text{m}\cdot\text{s}^{-1}$)	侵彻结果记录	射弹标号
1	552.3	0	1
2	579.1	0	N_0
3	608	0	N_0+1
4	632.5	1	N_0+2
5	619.7	0	N_0+3
6	635.5	1	N_0+4
7	618.7	0	N_0+5
8	637	1	N_0+N

3. 高低法（适合于正态分布）试验设计

高低法试验设计是一种常用的方法，当穿甲过渡区相当小或能准确估计时采用，否则应采用前面的方法。

一般情况是由试验得到一组试验结果"成功"（穿透）和数量相同的另一组试验结果"失效"（未穿透），按给定的着速差范围确定前者 n_1 发最低穿透的着速和后者 $n_2=n_1=n$ 发最高不穿透的着速，由此求出它们的平均速度，即临界速分度 $\hat{v}_{50}$，为

$$\hat{v}_{50}=(v_1+v_2+\cdots+v_n+v_{n+1}+\cdots+v_{2n})/2n \tag{7.19}$$

其计算精度基本取决所选取的计算发数 $2n$ 和所给定的着速范围。该范围以增（减）量步长 d 的倍数计算。一般情况下，粗略地取 $d=15\text{m/s}$ 由式（7.19）计算的下面几种试验的估算精度由低向高排列。

1）2 发射弹临界速度

在给定着速差为 d 的范围内有 1 发穿透和 1 发不穿透的数据，计算 $2n=2$ 发的平均值，即临界速度。但从理论上分析，试验中的穿透发的着速可能处在穿甲过渡区外的上方，或不穿透发的着速可能处在穿甲过渡区外的下方。显然此种试验不甚精确，所计算的平均值不宜为临界速度 $\hat{v}_{50}$，而应为 2 发射弹临界速度。所以，该试验方法只在目标面积小、射弹数量很有限时采用。

2）4 发射弹临界速度

在给定着速差为 $1.2d$ 范围内，得到至少 2 发穿透和 2 发不穿透数据，就停止试验。取其中 2 发最低穿透着速和 2 发最高未穿透着速，以 $2n=4$ 发的平均着速作为临界速度估计值。

3）6 发射弹临界速度

在给定着速差为 $(1.8\sim3)d$ 范围内，得到至少 3 发穿透和 3 发未穿透数据，射击即可

停止。取其中 3 发最低穿透着速和 3 发最高不穿透着速，以 $2n=6$ 发的平均着速作为临界速度估计值。这种试验方法相对比较精确，一般可用于金属靶板和非金属靶板的临界速度试验，且弹丸的口径大小不限。

4) 10 发射弹临界速度

在给定着速差为 $(2.5\sim3)d$ 范围内，得到至少 5 发穿透和 5 发未穿透数据，射击即可停止。若试验量已为 10 发，着速差仍大于 $3d$ 时，则应再射击两发：第一发着速等于已射发中最低一发穿透着速减去一个步长，第二发着速等于已射发中最高一发未穿透着速加上一个步长。选取 12 发中 5 发最低的穿透着速和 5 发最高的未穿透着速，代入式(7.19) 计算 $\hat{v}_{50}$。实际上是一旦累积到所需的 10 发弹（着速）数据，射击就停止。

上面四种试验结果的临界速度估计值 $\hat{v}_{50}$ 的计算精度与标准差 σ 有关。

采用极差法求标准差（无偏估计）的方法，具体如下：

由样本量(各试验的计算发) $N=2n$ 中最低穿透速度与最高未穿透速度之差，作为极差值 R，则标准差的估计为

$$\hat{\sigma} = R/d_N \tag{7.20}$$

估算精度为

$$\sigma_{\hat{\sigma}} = C_N\sigma \tag{7.21}$$

式中：C_N和 d_N是与样本大小 N 有关的系数，见表 7.9 所列；σ 是概率分布的标准差真值。

表 7.9　标准差极差估计的系数

N	C_N	d_N
2	0.7555	1.1284
4	0.4273	2.0588
6	0.3346	2.5344
10	0.2590	3.0775
15	0.2178	3.4719
20	0.1951	3.7350

$\hat{v}_{50}$ 的估算精度为

$$\sigma_{\hat{v}50} = \hat{\sigma}/\sqrt{N} \tag{7.22}$$

$\hat{v}_{50}$ 的置信区间由 σ 和显著性水平 α 或置信水平 $\varepsilon=1-\alpha$ 来确定。设随机变量 T 为

$$T = (\hat{v}_{50} - v_{50}) / \sqrt{\hat{\sigma}^2/N} \tag{7.23}$$

T 服从$(N-1)=\nu$ 个自由度的 t 分布，则 v_{50} 落在置信区间 $\left[\hat{v}_{50} - \lambda\sqrt{\dfrac{\hat{\sigma}^2}{N}}, \hat{v}_{50} + \lambda\sqrt{\dfrac{\hat{\sigma}^2}{N}}\right]$ 的概率为

$$P_t = \left\{\left|\frac{\hat{v}_{50} - v_{50}}{\sqrt{\hat{\sigma}_{50}/N}}\right| \leqslant \lambda\right\} = \int_{-\lambda}^{\lambda} \frac{\Gamma\left(\dfrac{v-1}{2}\right)}{\sqrt{v\pi}\,\Gamma\left(\dfrac{v}{2}\right)} \cdot \frac{\mathrm{d}t}{\left[1+\dfrac{t^2}{v}\right]^{\frac{v+1}{2}}} \tag{7.24}$$

式中:$\lambda - t$ 分布的界限值,$\lambda\ (v,\varepsilon)$ 查附录8。

4. 分级采样法(非正态分布)试验设计

当穿透概率分布为非正态分布时,不能用升降法、加拿大法和高低法试验设计,可采用分级采样法试验设计,又称为二项式法试验设计,因为每发试验仅存在两种可能结果:穿透与未穿透。

试验中,对靶板系统采用固定的着速射击一组弹丸。对估计的穿甲过渡区内的着速分为若干个速度级,在每一个速度级都发射一组弹,分别记录穿透与未穿透各发着速,并视为独立事件。该离散型随机变量的概率函数服从二项式分布。它的期望值就是该速度级穿透率的点估值。经若干个速度级试验就可拟合曲线,得到穿透率与速度的关系。各级速度的试验量,取决于弹-靶系统和对统计估算结果的置信水平。

5. 概率单位法(适于正态分布)试验设计

概率单位法试验设计是对预定的 N 个($N\geqslant 5$)速度级的每一速度级进行一组 n($n\geqslant 10$)发的穿甲穿透试验,统计试验点穿透率。这一点与分级采样法相同,但其数据处理仅适合于穿透概率正态分布情况,在S曲线上求 $\hat{v}_{50}$。

由式(7.25)可得到标准正态分布的随机变量 μ 与正态分布随机变量 v 成线性关系,即

$$u = \frac{1}{\sigma}v - \frac{\mu}{\sigma} \tag{7.25}$$

在 u—v 坐标上它是一条(理论)直线,斜率为 $1/\sigma$,截距为 $-\mu/\sigma$。

以横坐标 v 表示穿透概率正态分布的分位数。

设分级速度试验得到 N 个试验点 v_i 对应的穿透率 $p_i(i=1,2,\cdots,N)$,经查正态分布数值表得到相应的 u_i 值。为作图方便,也可取纵坐标 $y=u+5$、横坐标 $x=v$,在 x,y 坐标上标出各试验点(x_i,y_i)。通过一元(加权)回归法(编制微机计算程序)得到一元回归方程为

$$\hat{y} = A\hat{x} + B \tag{7.26}$$

该直线表示正态分布 $V\text{-}N(\mu,\sigma^2)$,即 $V\text{-}N(-B/A,(1/B)^2)$。

在回归线上,有

$$\begin{cases} y = 5(u = 0), x = \hat{v}_{50} \\ y = 6.2818(u = 1.2818), x = \hat{x}_{90} \end{cases}$$

以此类推,得到概率分布的分位数。

图7.17所示为根据概率单位法试验,由式(7.26)、式(7.25)或式(7.3)转换为式(7.2),得到的S形曲线。上面分级采样法和概率单位法消耗弹药较多,但可用来提供可靠的标准差。

7.3 极限穿透速度试验

7.3.1 概述

穿甲弹的极限穿透速度是指穿甲弹穿透某一厚度的装甲靶所必须的最小着速。这

是衡量穿甲弹穿甲威力的一个重要指标,通常对同一装甲靶比较不同穿甲弹的威力时,极限穿透速度小者,穿甲威力大。最终评定穿甲弹摧毁装甲目标的威力还要看其靶后的破坏能力。

国家靶场对穿甲弹极限穿透速度的测定有严格的规范,将穿甲弹穿透装甲目标的穿透概率为90%时的着速（v_{90}）定为穿甲弹的极限穿透速度（v_J）。“穿透”二字的评定标准与美国TOP规程中关于评定装甲失效指标中的防护型指标相近,即穿甲弹穿过装甲后能产生足够动能的弹丸碎片来穿透装甲后面152mm处平行于靶板和牢固安装的验证板者为完全侵彻,但这种定义很难在实际打靶试验中应用。在我国“穿透”一般是指弹丸着靶在靶背面有孔,该定义简单明确、易于操作,在试验中判断弹丸是否穿透靶板,暂以此为标准。另外,靶场试验对所使用的火炮、弹丸、药筒、靶试法向角（着靶角）和着靶章动角等都有明确规定。在弹丸着速的测定中对测时仪和测试靶也有专门要求,考虑到测速点与装甲靶面之间穿甲弹的速度降,还要用西亚切解法将它求出来。对什么是有效射击发数也有规定,需要时可查阅有关资料。

7.3.2　试验条件及布局

1. 试验场地与设施

穿甲弹的弹道临界速度或极限穿透速度测定试验,须有专门的试验场地与设施。图7.18所示为一般穿甲威力试验靶场的场地布置,包括火炮及其炮位、靶架、靶板、收弹设施、观察所、测速靶与测速仪、高速摄影设备、场地安全警报器、掩体和防护墙等。对于脱壳穿甲弹试验,在炮口前方加弹托（卡瓣）捕获器,另外试验还配有一些设施,如用于装卸靶板的吊装设施、为调整试验弹着速而设在安全地点的测速室和弹药装配室等。该试验场同样适用于其他穿甲性能试验项目。

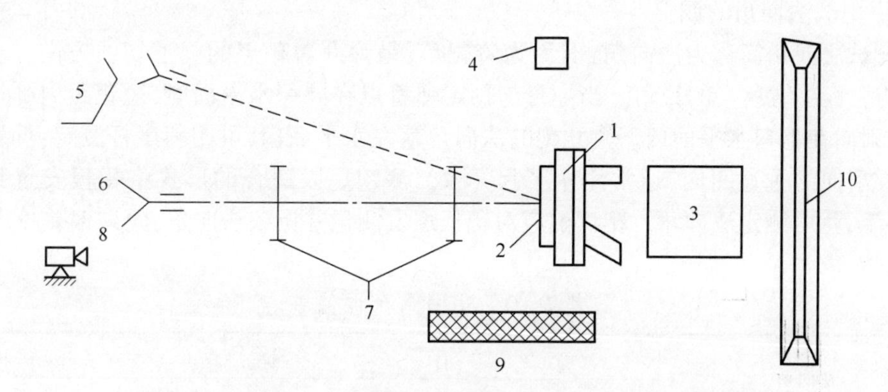

1—钢靶架；2—靶板；3—收弹器；4—观察室；5—炮位掩体；6—炮位与火炮；7—测速靶；8—安全警报器；9—防护墙；10—土围墙。

图7.18　穿甲威力试验靶场的场地布置示意图

试验用火炮应为堪用级以上的火炮,炮身的试验状态应在1/2寿命以内。当靶架位置固定时,炮位设置应符合射击距离,即靶距的要求（由产品图确定,一般选在弹丸章动角最小或章动角周期的1.5~3倍的距离）。掩体（常为钢甲或水泥结构）是供射手及参试人员掩蔽（射击）的安全设施,一般设在炮位的侧后方。

观察所应设在靶架的侧方,便于观察弹丸着靶情况的安全位置上。观察所自身也是个掩体,但在观察方向上开有安装防弹玻璃等安全措施的观察窗口,供工作人员观察记录用。

收弹设施用于收集穿过靶板的弹丸残体。小口径穿甲弹常用砂箱等收弹箱,口径≥130mm 穿甲弹须构筑固定的土围墙,土墙的高度（约 6~8m）以及宽度应能有效防止试验弹残体和破片飞出试验场地。

2. 试验用弹药

1）弹丸

被试弹丸（或战斗部）内膛应装填惰性物质,如沥青加砂、硫黄等非爆炸物,符合填砂弹技术标准。弹体上应有弹体炉号、弹号、硬度印记和硬度值。试验弹应附有质量证明书和试验委托书。

本项试验,弹丸上配用Ⅰ型或Ⅱ型假引信。

试验弹弹体应是满足标准弹试验条件的合格品。

2）药筒装药

试验用药筒装药,除发射药的装药量需按试验着速变化要求临时确定外,药筒、底火及装药各附件还应符合该炮弹的装药装配图和技术条件。发射药应具有合格证,其保温要求和条件同于装药弹道试验的规定:保温室温度控制在+12~+25℃,保温期间室温变化不得超过 4℃;成箱发射药原在 0℃以上存放者,保温时间不少于 48h,原在 0℃以下存放者,保温时间不少于 72h;若用密封小金属箱保温时,则保温时间不小于 24h。

3）试验用弹药的编号、检查和记录

试验前对被试弹丸应逐发编弹号、检查外观、记录弹号、弹体硬度值、飞行弹质量以及发射药品号、批号、药温和装药量等。

3. 靶试法向角的调整

靶试法向角简称为法向角,旧称为着靶角,是弹丸着靶点的弹道切线方向（着速方向）与靶板法线所夹的锐角。当炮身与预定弹着点在同一水平面时,短靶距内弹道基本平直,射向在炮口水平面内。侧立靶的法向角就在水平面内,可用斜度杆测定;仰靶的法向角在射向的垂直面内,通常用水平尺（仪）测定。以适合的形式将靶板安置到靶架（槽）上,就可测定法向角。靶试前应对靶板逐发测量并调整法向角,允许偏差见表 7.10 所列。

表 7.10　法向角允许偏差

法向角	允许偏差	
	GJB 341—87	TOP2-2-710
0°	±0.67°	±0.5°（±8.8mil）
30°	±0.5°	±0.17°（±3mil）
45°~55°	±0.33°	±0.17°（±3mil）
≥60°	±0.17°①	±0.17°（±3mil）

① 侧立靶允许±0.25°。

在国军标中,要求对 100mm、120mm 和 150mm 厚的靶板,分区域（每个区域面积≤

0.3m²）测厚,靶厚增加或减小时,法向角的减小或增加的修正系数,见表 7.11 所列。

4. 着靶章动角的测定

当弹丸无章动运动时,弹着点上弹轴与靶板法线的夹角,即法向角。但是一般情况下,弹轴往往偏离弹道切线,有章动运动。若弹轴着靶夹角大于靶试法向角,则将不利于穿甲,尤其射击尾翼稳定脱壳穿甲弹时,弹体长细比大,不可避免有一定的章动运动。因此有条件时,应对弹丸着靶姿态进行高速摄影处理分析,或在距靶中心 1.5m 左右处立一个纸靶,检查着靶章动角的大小。若用铝箔靶测着速,则可在测速靶之间的衬纸上估测着靶章动角,一般要求不超过 3°。

表 7.11　厚靶法向角修正系数

靶板厚度/mm	法向角修正系数/((°)·mm^{-1})		
	法向角 60°	法向角 65°	法向角 70°
100	0.33	0.27	0.07
120	0.27	0.22	0.06
150	0.22	0.18	0.05

5. 着速的测定

一般应采用两台测速仪进行着速测定,要求两台仪器的测速差小于等于 0.5% 并取平均值作为测点速度值。穿甲试验场上立两个测速靶Ⅰ和Ⅱ,中点为测点。测点应尽量靠近靶面。两测速靶之间的靶距选择,见表 3.8 所列。

设火炮射向上测点到靶面中心的距离 x,实测着速 v_c 的计算公式为

$$v_c = v_x - \Delta v_x \tag{7.27}$$

式中　v_c——着速(m/s);

v_x——现场测点速度(m/s);

Δv_x——着速修正量,是弹丸从测点飞行到靶板中心 x 距离内,由空气阻力引起的速度降(m/s)。

根据弹道学西亚切解法求出 Δv_x 为

$$\Delta v_x = \frac{10C_b x}{\delta D(\bar{v})} = \frac{id^2 x}{m\delta D(\bar{v})} \times 10^4 \tag{7.28}$$

式中　C_b——弹丸的弹道系数(m/s);

x——炮口到两测速靶中点的距离。

$\delta D(\bar{v})$——西亚切 $D(v)$ 函数在 $\Delta v = 10$m/s 时的变化量,随 $\bar{v}$ 的变化关系按照 1943 年阻力定律。

6. 估算极限穿透速度 v_J

对于均质钢板,几乎所有的弹道极限速度 v_{90} 的公式都用 $mv_J{}^2/d^2$ 的函数式来表示。d 和 m 分别为侵彻体的直径和质量。下面列出常用公式。

1)普通穿甲弹

对法向角接近于 0 的情况,有

$$mv_J^2/d^2 = R(b/d)^n$$

式中:b 为均质靶板的厚度;函数 R 基本上取决于靶板材料强度和弹形结构。当有法向角 α 时,常采用 $n=1.5$,极限穿透速度公式修正为

$$v_J = KN\frac{b^{0.7}d^{0.75}}{m^{0.5}\cos\alpha} \tag{7.29}$$

式中 v_J——极限穿透速度(m/s);

b——均质钢甲靶板的厚度(m);

d——穿甲弹丸的最大直径(m);

m——穿甲弹丸的质量(kg);

α——靶板法向角(°);

K——穿甲系数,$K=52140\sim74690$($\mathrm{kg^{0.5}\cdot m^{-0.45}\cdot s^{-1}}$);

N——法向角修正系数,见表 7.12 所列。

当 $N=1$ 时,式(7.29)为德马尔公式。

2)脱壳穿甲弹

旋转稳定脱壳穿甲弹的侵彻体与普通穿甲弹者相同,仍采用式(7.29)计算。尾翼稳定脱壳穿甲弹对靶板的侵彻体为细长体者,可参考下列两个半经验公式,即

$$v_J = K\frac{(d-0.03163)^{0.5}b^z}{m^{0.5}\cos^n\alpha} \tag{7.30}$$

式中 v_J——极限穿透速度(m/s);

b——靶板厚度(dm);

d——侵彻体直径(dm);

m——侵彻体质量(kg);

α——法向角(°);

z——随靶板厚度变化的指数系数,见表 7.13 所列;

n——随 α 变化的指数系数,见表 7.13 所列;

K——穿甲系数($\mathrm{dm^{(0.5-z)}\cdot m\cdot kg^{0.5}\cdot s^{-1}}$),对钢质侵彻体为 2920,对钢套钨合金弹芯侵彻体为 2900,对钨合金侵彻体为 2820,对铀合金侵彻体为 2800。

表 7.12 法向角修正系数

法向角 α	修正系数 N
0°	1.000
5°	1.000
10°	1.005
15°	1.015
20°	1.035
25°	1.064
30°	1.105
35°	1.122
40°	1.155
45°	1.305

（续）

法向角 α	修正系数 N
50°	1.465
55°	1.625
60°	1.844

表7.13　n 随 α 变化的指数系数

<table>
<tr><th>α</th><th>z</th><th>n</th></tr>
<tr><td>0°</td><td rowspan="5">0.55</td><td rowspan="5">0.5</td></tr>
<tr><td>30°</td></tr>
<tr><td>45°</td></tr>
<tr><td>50°</td></tr>
<tr><td>55°</td></tr>
<tr><td>60°</td><td>0.56</td><td>0.47</td></tr>
<tr><td>65°</td><td>0.6</td><td>0.41</td></tr>
<tr><td>70°</td><td>0.75</td><td>0.38</td></tr>
</table>

$$v_J = K\sqrt{\frac{C_e}{C_m \cos\alpha}}\sigma_{st}^{0.2} \tag{7.31}$$

且有

$$\begin{cases} C_e = b/d \\ C_m = m/d^3 \end{cases}$$

式中　v_J——钢质杆式穿甲弹极限穿透速度(m/s)；

C_e——靶板相对厚度；

C_m——侵彻体相对质量(kg/m^3)；

d——侵彻体直径(m)；

m——侵彻体质量(kg)；

σ_{st}——装甲靶板的屈服限(Pa)。

K 为穿甲系数($m^{-0.5} \cdot s^{-1} \cdot kg^{0.5} \cdot Pa^{-0.2}$)，且有

$$K = 1076.6\left(\varepsilon + \frac{C_e \times 10^3}{C_m \cos\alpha}\right)^{-\frac{1}{2}} \tag{7.32}$$

$$\varepsilon = \frac{k_d \cdot \cos^{\frac{1}{3}}\alpha}{C_e^{0.7}(C_m \times 10^3)^{\frac{1}{n}}} \tag{7.33}$$

式中　n——对 $\varepsilon = \left(\frac{C_m}{50000} + 2\right)$ 取整数；

k_d——弹径修正系数，见表7.14所列。

v_J对于钨合金弹材的穿甲弹需乘修正系数 K_1，$K_1<1$。

表 7.14 弹径修正系数

d/m	k_d
0.004	0.855
0.005	0.918
0.0076	1
0.010	1.076
0.015	1.187
≥0.20	1.266

7.3.3 试验方法

试验弹丸（侵彻体）应是同一热处理炉或烧结批。对指定装甲靶板进行极限穿透试验时，要求试验的有效发弹着点，一般要分布在以靶板中心为坐标原点的四个象限内，包括因靶板强度的不均匀性和法向角的变化对于试验结果的影响，试验结果更具一般性。

虽然上面经验公式有一定的局限性，但在其适用范围内不失一般性。因此为节省试验弹药，尤其在鉴选靶板极限穿透速度中，尽量减少靶板上的弹孔数，对于首发试验就按公式估算的极限穿透速度，确定相应的专用减装药药量，然后由各发试验弹穿透靶板的试验结果，酌情调整着速，直到试验结束。

试验着速调整步骤：若首发着速产生穿透，则减少发射药量，降低（1%~3%）着速进行第 2 发试验；当第 2 发出现未穿透，实际着速差又不超过第 1 发着速的 3%时，再取第 1 发或第 2 发的着速试验 1~2 发，作为验证，此时最高穿透着速与最低不穿透着速之差不超过 3%，则其中最低穿透着速，即该弹的极限穿透速度；当第 2 发又出现穿透，则继续降低着速，直到出现未穿透，并以上面的规定，再作 1~2 发验证试验，确定其中最低穿透发的着速为极限穿透速度。

若首发着速产生不穿透，则应提高 1%~3%着速进行第 2 发试验，直到出现穿透发，并以上面的规定再作 1~2 发验证试验，确定其中最低穿透发的着速为极限穿透速度。为节省弹药，对于出现未穿透靶板，且靶板背面未出现带有环状裂纹的凸起（鼓包）情况时，下一发的着速应提高 4%~10%。

7.3.4 试验结果评定

1. 有效射击结果

同时满足下面条件者为有效射击结果。

（1）弹丸（侵彻体）命中靶板的有效区，弹孔边缘到靶板边缘的距离不小于 100mm，或不小于产品图规定的距离。

（2）两弹孔边缘的距离大于弹丸（侵彻体）直径。

（3）在弹丸贯穿方向上的穿孔区内，靶板背面无贴近的障碍物，如靶框等。

（4）弹丸着速与法向角均符合试验规定范围。

（5）着靶章动角符合试验规定，一般小于 3°。

（6）靶板背面弹孔处崩落直径小于 3 倍弹径。

2. 无效射击结果

不满足有效射击结果任一条件者,如重孔、交叉孔等现象均判为“无效射击”,应记录在表格的备注中并说明原因,以免混入计算。

3. 试验结果的评定

对产品设计定型试验中测定的临界速度估值 $\hat{v}_{50}$、$\hat{\sigma}$ 标准差,尚需进一步分析合格情况,或应用假设检验判定产品是否合格,从而确定产品的贯穿能力能否达到规定的有效穿透射程指标。

在产品验收试验中测定的极限穿透速度 v_J 应不超过规定范围。

7.3.5　穿甲模拟试验

由于在多数情况下,穿甲弹作用过程符合相似律,因此可采用模拟试验来研究弹靶作用规律,测定模拟穿甲弹对某一厚度靶板的极限穿透速度。模拟试验是指用缩小的穿甲模拟弹对穿甲现象进行试验和研究。这样既省时又省料,且能比较方便地测得穿甲过程的各种数据。模拟试验方法的理论基础是相似理论和量纲分析。为了使模型试验与原理试验现象相似,在模拟过程中必须遵守相似条件,穿甲试验中的模拟方法通常使用几何模拟方法。实践证明这种模拟方法是非常成功的,表现在试验结果:模拟弹和原型弹的极限穿透速度很接近,见表 7.15 所列。对于穿甲模拟试验的初速估算及试验方法与前面内容基本一致。

表 7.15　穿甲模拟弹和原型弹数据

<table>
<tr><th colspan="2">参量</th><th>原型</th><th>模型</th><th>模拟比</th><th>原型</th><th>模型</th><th>模拟比</th></tr>
<tr><td colspan="2">口径与弹种/mm</td><td>100 (H)
全钢杆式弹</td><td>25 (H) 全钢
杆式模拟弹</td><td></td><td>100 (C)
钨头杆式弹</td><td>25 (H)钨头杆
式模拟弹</td><td></td></tr>
<tr><td colspan="2">弹丸飞行直径/mm</td><td>40</td><td>10</td><td>4</td><td>35</td><td>9</td><td>4</td></tr>
<tr><td colspan="2">弹丸材料</td><td colspan="3">35CrMnSiA</td><td colspan="3">35CrMnSiA 钢芯加钨头</td></tr>
<tr><td colspan="2">靶板厚度/mm</td><td>100</td><td>25</td><td>4</td><td>100</td><td>25</td><td>4</td></tr>
<tr><td colspan="2">靶板材料</td><td colspan="6">603 装甲靶板</td></tr>
<tr><td colspan="2">弹丸飞行质量/kg</td><td>3.4</td><td>0.055</td><td>3.4/0.055≈64</td><td>3.4</td><td>0.053</td><td>3.4/0.053
≈64</td></tr>
<tr><td colspan="2">着靶角</td><td colspan="6">60°</td></tr>
<tr><td rowspan="2">极限穿透
速度/(m/s)</td><td>计算</td><td colspan="6">1308</td></tr>
<tr><td>实例</td><td>1359</td><td>1340</td><td></td><td>1180</td><td>1220</td><td></td></tr>
<tr><td colspan="2">弹丸初速/(m/s)</td><td colspan="2">1500</td><td></td><td colspan="2">1435</td><td></td></tr>
</table>

7.4　穿甲威力试验

穿甲威力试验又称为穿甲效率试验,简称为穿甲试验。本项试验适用于普通穿甲弹、次口径穿甲弹和脱壳穿甲弹。

对于穿甲弹各项射击试验顺序而言,这是最后进行的试验项目。例如,在炸药装药的穿甲弹经过发射安全性和碰击钢甲强度、安全性试验合格之后,利用所测的极限穿透速度进行本项试验。这是一项综合性的考验穿甲威力的试验,也是穿甲弹的终点效应试验,包括检查弹丸的穿透能力、穿甲后引信作用正常以及弹爆炸完全和靶后破坏效应等。

对于次口径穿甲弹和脱壳穿甲弹而言,本试验是在临界速度或极限穿透速度试验后进行的穿甲威力试验。

7.4.1 穿甲试验

1. 试验条件

穿甲试验的试验条件基本与穿甲强度试验的试验条件相同,不同之处是穿甲试验使用实弹、配真引信和曳光管、靶后不用收弹器。但在靶后 10m 内每隔 1m 设置一个标桩,供观察者判定弹丸爆炸点的位置。靶后除设一块厚胶合板或纤维板之外,必要时还设立观察弹丸后效作用的松木板和油箱等。

发射装药的药量满足试验着速范围:v_J +(25 ~ 40)m/s 或按产品图规定,如 73 式 100mm 脱壳穿甲弹的试验着速为 v_J+(35~50) m/s。

抽验数量:普通穿甲弹每批 2~5 发,脱壳穿甲弹每炉(烧结批)2~3 发。

2. 试验结果评定

1)观察与记录

每发观察弹丸爆炸的(靶前、靶中和靶后)位置和爆炸特征情况,记录在试验结果表上。脱壳穿甲弹用穿甲威力试验记录表登记,做穿甲后效试验的情况登记在穿甲威力靶后效应检验记录表。

试验结果除了要计算平均着速、穿透率、引信瞎火率和平均爆炸距离等之外,产品图有规定时,还要记录曳光管的曳光时间和失效数量。

2)穿甲试验结果的评定

普通穿甲弹的评定方法与爆炸完全性试验的评定方法相同。

脱壳穿甲弹评定试验的有效射击结果,基本与普通穿甲弹评定试验的有效射击结果相同。其中,弹孔边缘到靶板边缘的距离与侵彻体直径有关,由产品图规定。试验弹全部穿透靶板并具有图纸规定的穿孔尺寸(如 73 式 100mm 脱壳穿甲弹规定大于等于 ϕ22mm 的穿孔为合格)。若有 1 发未穿透靶板,则按产品图规定进行复试,一般按试验量加倍复试。

次口径穿甲弹的合格评定与脱壳穿甲弹相同。若出现碳化钨弹芯夹于钢靶,或穿孔中留有少量弹芯破片,应分析原因。如果属于试验条件问题,则应予重试或补试;若穿孔中虽留有弹芯破片,但大部分弹芯已穿过靶板,则也为合格。

7.4.2 有效射程上的穿甲试验

有效射程上的穿甲试验以接近实战的条件,综合考核弹丸在战技指标规定的远距离上穿甲威力性能是否与近距离上穿甲威力一致。

试验的靶板系统与穿甲碰击强度试验的靶板系统相同,但射距取值为预计的弹丸有效射程。发射装药以常温(或低温)全装药射击,每发测定着速。其他试验条件与近距离穿甲威力试验相同。

由于靶板的受弹面积不变,而射击距离较远,特别对现代脱壳穿甲弹来说,有效距离超过2000m,在直接瞄准射击时很容易产生脱靶,必然使试验所需弹药较多,因此常在必要时才进行该项试验。试验弹药除10发有效射击外,还必须有10发备份弹。若射击开始发现有2发以上未穿透或未命中目标,则应将靶距缩短200~300m再进行试验。

为检查并严格考核脱壳穿甲弹试制批量产品的质量,产品图有规定时,要对试制的头3批脱壳穿甲弹,采用同于立靶密集度试验的靶距或在有效距离上进行穿甲威力试验。

本项试验也可根据条件,对坦克实体做穿甲试验,一般采用报废坦克作目标,并结合穿甲后效试验进行综合性试验。

试验后应整理试验结果,根据平均初速、平均着速、靶距、穿透率和命中率等确定远距离穿甲威力是否满足战术技术要求,或确定该弹的（实际）有效射程。

7.5　穿甲弹着靶章动角的测定

7.5.1　概述

穿甲弹在碰击靶板时速度方向,即弹丸弹道切线方向（弹丸速度方向）与靶板法线之间所夹锐角形成了一个靶角,称为靶试法向角;穿甲弹弹轴与速度方向之间的夹角,即弹丸章动角（也称为攻角）。这是一个空间立体角度,在沿射向的铅垂平面内,可测得弹丸的上下俯仰角度;在沿射向的水平平面内,可测得弹丸的左右偏航角度,有了这两个角度,就可以测出弹丸着靶时的空间章动角。

穿甲弹的着靶章动角直接影响穿甲深度和穿甲效应。通常穿甲弹的着靶章动角的异常变化除表征其弹体结构存在某些不合理性外,有可能还反映了火炮自身的质量和射击性能的问题,如身管磨损过大等。当着靶章动角超过一定数量时,穿甲过程就会严重失真甚至失去穿甲能力,因此穿甲弹的着靶章动角对研究穿甲弹弹体结构的合理性和检验火炮射击性能都有一定意义。目前测定弹丸章动角,主要通过照相办法记录弹丸着靶前在互相垂直的两个方向上的飞行角度。

7.5.2　试验原理和测试装置

为了测量弹丸的着靶章动角,必须要求火炮射击方向呈水平并严格垂直靶板靶面（简单的方法是设靶板倾角为0°,即靶板法线平行射向）,因此要制作弹丸着靶角测试台,如图7.19、图7.20所示。

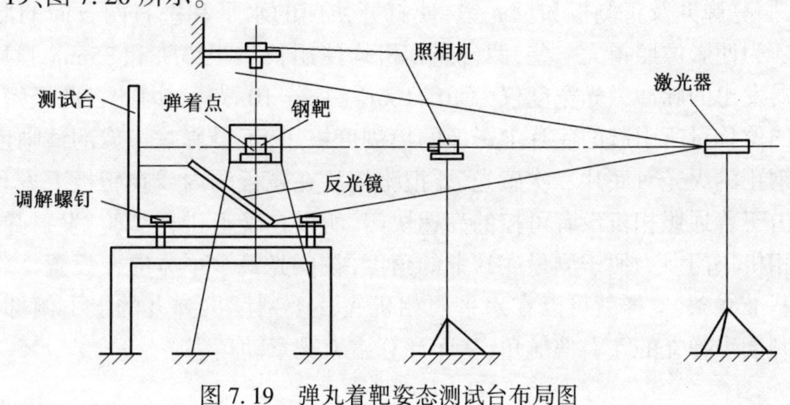

图7.19　弹丸着靶姿态测试台布局图

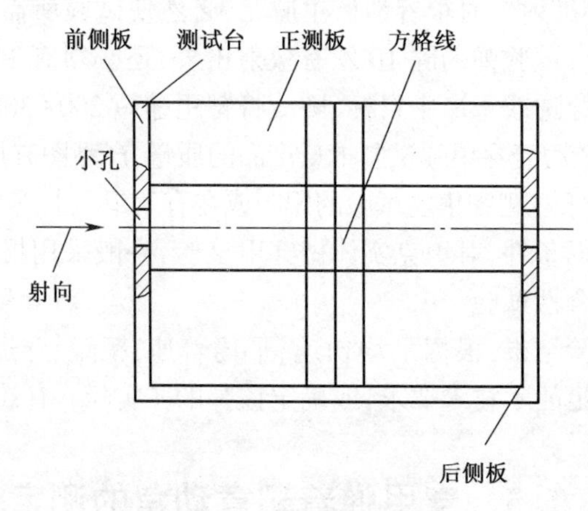

图 7.20　垂直射向视图

测试台底面用三个调节成水平的调节板,底面上垂直安置三块侧板,前后两块（垂直射向）称为前后侧板,左面一块(平行射向)称为正面侧面,底面和侧板的内表面上均画有互相垂直的方格线。前后侧板上开有允许弹丸通过小孔(孔径为弹径的 2~3 倍左右),两小孔的中心连线呈水平（制作时经过严格测量检验）。在火炮光膛内放入带冷塞规的氦氖（He—Ni）激光管,调节光轴使光线正确通过冷塞规的前后两个小孔,激光光轴与炮管轴线一致,调节炮身高低(或调节测试台高低)使激光光轴通过测试台前后侧板小孔的中心并与小孔垂直（由激光线的圆形光斑可判断）,这样火炮射向调节完毕。

根据激光斑安装钢靶,并在钢靶上选择弹着点,使钢靶靶面垂直射向。由于弹速高、射距短,因此可以不考虑弹丸飞行时的微小弹道降。

如图 7.19 所示,在弹道线的另一侧设置与弹道等高的一台红宝石激光器和一台水平放置的照相机,称为水平照相机;红宝石激光器的平行光轴近似通过前后侧面两孔中心连线的中点,在该中点弹道线的正上方安放一台垂直照相机,测试台底面上沿弹道线的下方平行摆放一块长方形反光镜（与底面成 45°）。它的作用是将红宝石激光器发射的激光光线反射到弹道线区上方,作为垂直照拍机的摄影光源,激光光线照到正侧板上就成为水平照拍机的摄影光源。

发射弹丸后,弹丸穿过同步靶时,给出一个同步脉冲信号输入红宝石激光器。经一定延时,红宝石激光器便在弹丸进入前后侧板中心位置时瞬间发出高亮度的脉冲激光呈现圆锥形,照亮弹丸及正侧板和反光镜,使打开快门的水平和垂直两方向的照相机底片感光成像。为使影像照得大一些,两台照相机均使用长焦距镜头和 35mm 胶片。由于红宝石激光器发出的脉冲激光宽度仅为 40~100ns($1\text{ns}=10^{-9}\text{s}$) ,因此在此极短的时间内,飞行弹丸的位移量所引起的底片上影像的模糊度极小,不会影响影像的清晰度。为防止弹丸碰击钢靶的火光对底片二次感光,要把靶板放在靶板洞内或在靶板上方和侧方作一些遮盖。由于普通照相机没有可控的高速快门,所以在晚上进行试验,发射弹丸后,应立即关闭照相机快门。为便于测量底片上的角度,在反光镜水平方向要设置一条不反射光线的水平基准线条,这样就可以在水平照相机底片上判读出弹丸的上下俯仰角,在垂直照相机上判读出弹丸的左右偏航角,从而计算出着靶章动角。

7.6　穿甲弹飞行状态和弹托分离对称性观测

7.6.1　概述

杆式模拟穿甲弹属于超高速穿甲弹,它的飞行状态通常都是在实弹射击中应用分幅高速摄影机和弹道同步摄影机来拍摄的。分幅高速摄影机拍摄的画幅数多,可以观察变化过程;弹道同步摄影机拍摄的影像大,便于观察细节,但只能拍摄一幅,试验者可根据试验目的和设备情况加以选择。杆式模拟穿甲弹的飞行状态包括弹丸飞行姿态、弹托分离情况（何时开始分离,分离是否对称,分离时对弹丸飞行姿态有无影响等）、杆体强度情况（是否弯曲或断裂）等,观察和测量弹丸的飞行状态对研制和改进新型穿甲弹的性能都是必不可少的。

杆式模拟穿甲弹的飞行姿态是指飞行中弹轴在空间的方位,一般只测定弹丸的攻角（章动角）和攻角曲线,可用纸靶法和照相法来测定。照相法测出弹丸在铅垂和水平两个方向上的分量,合成后就可测得弹丸的攻角,由于弹丸的攻角随弹丸出炮口后的飞行行程而有规律衰减,如图 7.21 所示,因此需要多台摄影机一字排开,才能测出攻角曲线,通常受设备限制做不到这些。在试验中大量使用的是纸靶法（测弹道线摆设几十个纸靶）测量弹丸攻角曲线,既方便又经济,测量精度也能满足使用要求。

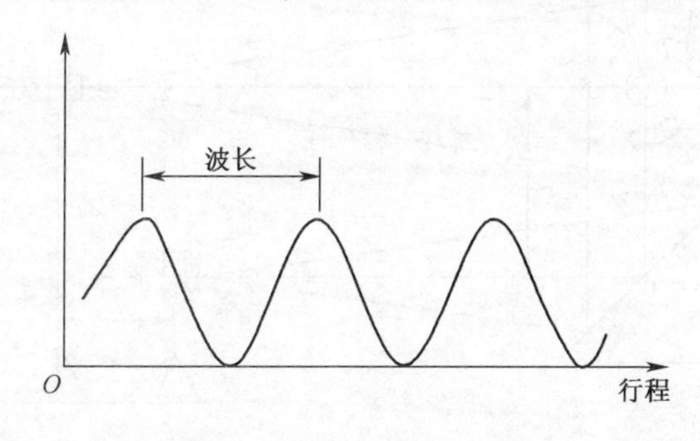

图 7.21　衰减波形

照相法仅能从一些特定点上加以精确测量,在实弹射击现场,照相法一般都是先利用太阳光照亮背景板,得到弹丸攻角的侧面像,再利用天空作背景由 45°反光镜由下而上照得弹丸攻角的水平像。在小型试验中,对杆式模拟穿甲弹可以使用人工光源拍摄互相垂直的两个方向弹丸飞行影像而获得弹丸飞行中的攻角,也可以在专门靶道中利用序列电火花光源站拍摄弹丸攻角曲线。

7.6.2　杆式穿甲弹弹托分离的测量原理和方法

弹托是杆式模拟穿甲弹获得超高速的基本结构,弹丸飞离炮口后,依靠弹托所受的力,使之逐渐脱离弹体而飞散开来。为了保持弹体的飞行稳定,达到立靶密集度指标,要求弹托分离的过程对称均匀,弹托本体不发生大的变形,因此需要加以观察和测量。测量的原理和方法是利用两台分幅摄影机（或弹道同步摄影机）拍摄互相垂直的两个方向上弹托分离的影像,求出每瓣弹托质心到弹轴的距离和方向以及各弹托质心之间的夹角,以帮助判别在拍摄成像瞬间弹托分离是否对称均匀。

如图 7.22 所示,在弹道线下方摆设一长方形反光镜,反光镜中心与弹道线的距离为 l,以弹丸弹托分离不会打坏反光镜为标准调节该距离;一台摄影机的镜头中心线与弹道线等高,另一台摄影机的镜头中心线与反光中心线等高,两台摄影机距弹道线的水平距离之差等于反光镜中心到弹道线的距离 l,这样就保证两台摄影机的成像一样大小(两台摄影机的型号相同,使用的镜头焦距等摄影参量均相同)。发射弹丸后,首先将两台摄影机的底片冲洗出来并晾干;然后将两张底片或放大的照片在方格纸上模拟实际情况;最后作图求出三瓣弹托各自的质心位置(ABC 三点),O 为弹心,这样 OA、OB、OC 的距离可量出,它们之间的夹角也可测量出,如图 7.23 所示。如用计算办法,则将底片放影片判读仪上,分别测出各弹托质心到弹丸轴线的距离,再计算出 OA、OB、OC 的距离和它们之间的夹角。应注意:通过反光镜摄影的那台摄影机,事先要判别出当弹托质心位于弹道线右方(靠近相机的一侧)或左方时,对应影像点是在底片的上方还是下方,这样就很容易找出质心位置。此外,还应确定长度比例系数,即真实尺寸与其影像尺寸的比值。这一点可以在摄影机视场适当位置摆放一已知长度的标记来获得,或者以弹丸真实长度与其影像长度的比值作为计算长度的比例系数。

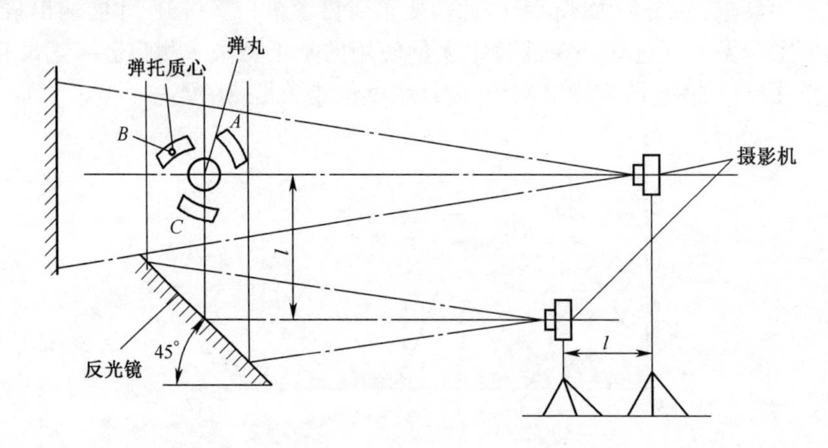

图 7.22　弹托分离测量原理图

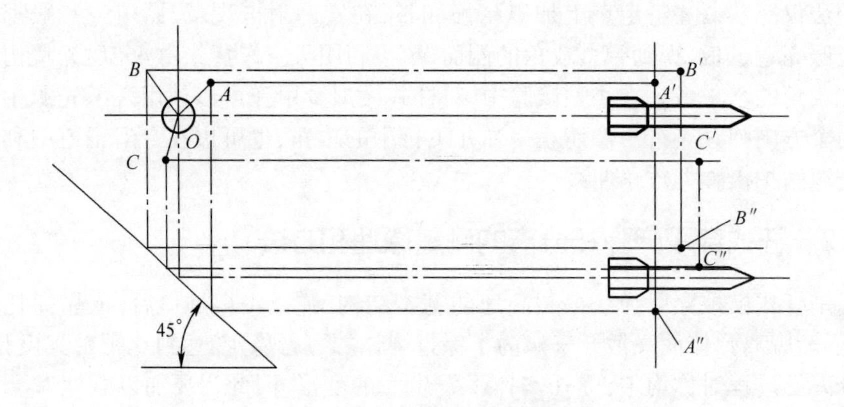

图 7.23　底片处理示意图

如果设备不够,手边只有一台分幅高速摄影机,则可以如图 7.24 所示求出弹托各质心位置。在图 7.23 中将画幅一分为二,画幅下半部分记录弹丸的侧面像,画幅的上半部分记录经反光镜反射的弹丸水平影像;将照好的底片放至影片判读仪上读出各自质心到弹轴的距离,根据每瓣弹托质心在两张底片上的距离就可求得其质心到弹轴的距离和方向。

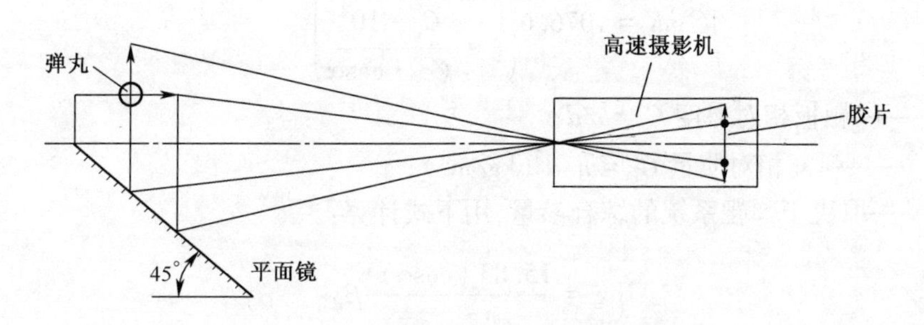

图 7.24　一台分幅高速摄影机测量光路图

还应指出,无论利用哪种测量方法,对各个飞散开来的弹托质心在影像上的具体位置只能根据简单的测量和凭经验观察加以确定,所以事先应对弹托的形状、结构和质心位置及其他特征点有所熟悉。上面的内容就是观测弹托分离是否对称均匀的一种测量原理和方法。

7.7　模拟穿甲弹靶后弹体剩余速度的测定

7.7.1　概述

穿甲弹的威力是靠穿甲效应来衡量的,穿甲效应一般包括弹体穿透钢甲后剩余质量和速度的大小,冲塞质量和速度,飞溅的破片、碎渣的数量、质量和速度,穿甲后引起的压力和温度效应,碰撞引起的巨大振动所造成的破坏能力等,其中弹体剩余速度的大小影响显著。本试验介绍利用序列脉冲激光,即高速转镜摄影机记录弹体在靶后的运动状况,求得靶后弹体剩余速度。由于弹体碰靶和穿孔后有明亮的火光喷射,用一般高速摄影机难以拍照,而红宝石脉冲激光的亮度高于弹靶碰击火光,因此其成为穿甲靶板前后观测的重要光源。

7.7.2　试验原理、计算公式

1. 估算极限穿透速度

为穿透靶板,首先要估算杆式模拟穿甲弹穿靶所需的极限穿透速度:

$$V_{\mathrm{j}} = K \cdot \frac{db^{0.5}}{m^{0.5}\cos^{0.5}\alpha}\sigma_{st} \tag{7.34}$$

式中　V_{j}——模拟穿甲弹极限穿透速度(m/s);

d——模拟穿甲弹直径(m);

b——靶板厚度(m);

σ_{st}——靶板材料的屈服限；

α——碰靶的弹丸着角；

m——模拟穿甲弹质量（kg）；

K——穿甲复合系数，用下式计算：

$$K = 1076.6\left(\frac{1}{\xi + \dfrac{C_e \cdot 10^3}{C_m \cdot \cos\alpha}}\right)^{0.5} \quad (7.35)$$

式中 C_e——靶板相对厚度 $C_e = b/d$；

C_m——弹丸相对质量 $C_m = m/d^3$（kg/m^3）；

ξ——取决于弹靶系统的综合参量，用下式计算：

$$\xi = \frac{15.83\ (\cos\alpha)^{\frac{1}{3}}}{C_\alpha^{0.7} \cdot C_m^{\frac{1}{3}}}\beta_d \quad (7.36)$$

σ_{st}——由试验时所用靶板材料而定，一般国产 603 钢板在 800～1200MPa。用测极限穿透速度的方法，确定极限穿透速度后，再增速 3%～10%作为试验的穿甲速度 V_c。

2. 用理论公式近似估算弹体剩余速度 V_r

$$V_r = \frac{m}{m + m_{\varepsilon_m}}\sqrt{V_c^2 - V_j^2} \quad (7.37)$$

式中 m——弹丸质量（kg）；

m_{ε_m}——冲塞质量（kg），用下式计算：

$$m_{\varepsilon_m} = \pi d^2 \cdot b\rho_t/4$$

ρ_t——靶材密度；

b——靶板厚度；

V_c——模拟穿甲弹道着速（m/s）；

V_j——模拟穿甲弹极限穿透速度（m/s）；

V_r——用来和试验值进行比较。

7.7.3 试验方法

试验布局如图 7.25 所示。当发射弹丸后，杆式模拟穿甲弹弹托被捕获器挡住，弹丸穿过测速靶Ⅰ和Ⅱ时，可测得弹丸飞行速度，以此速度作为弹丸着靶速度。

弹丸继续飞行，穿过同步靶时产生一个同步脉冲信号输入脉冲激光器，经一定延时，当弹丸快要碰靶时，激光器瞬间发出 20～30 个高亮度序列脉冲激光（脉冲激光的最小时间间隔可达 8μs）照亮穿靶后的飞行过程。与此同时，这一飞行过程就被等待式转镜高速摄影机记录在胶片上，冲洗胶片后，在影片判读仪上可读出弹体影像在两幅画面上的位移量，两幅画面的时间间隔 Δt 由下式，可得

$$\Delta t = \frac{S_0}{N \times 200.8} \cdot 10^6 \quad (7.38)$$

式中 S_0——胶片上两幅画面间距离（mm）；

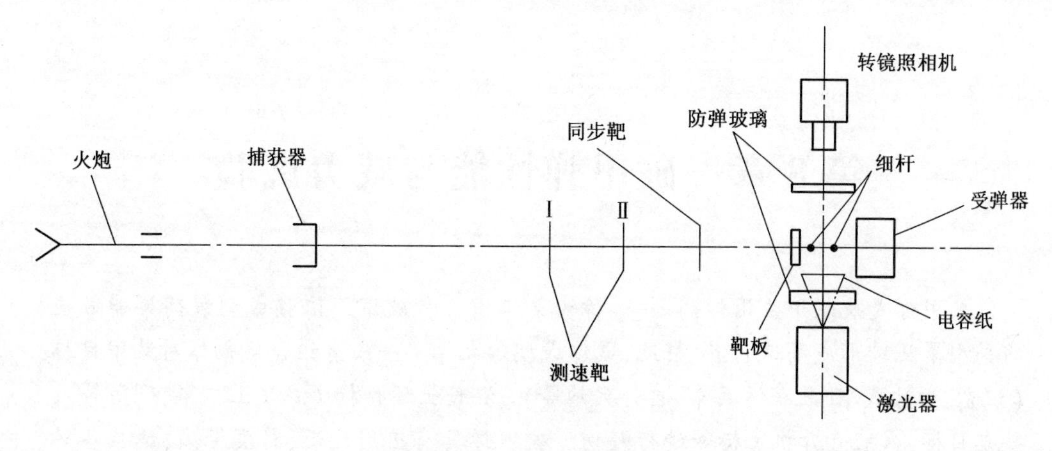

图 7.25　试验布局示意图

N——照相机转镜转速（n/s）。

图 7.25 所示为电容纸被脉冲激光照亮时，作为转镜摄影机的背景光源。在该图中标出的两根钢质细杆用来确定和计算弹丸真实位移量的比例系数 k，即

$$k=\frac{\text{细杆间真实距离}}{\text{细杆间影像距离}}$$

由弹丸影像位移量和 k 值就可求出弹体在 Δt 内的真实位移量，从而求出靶后弹体剩余速度。

思　考　题

1. v_{50} 和 v_{90} 的含义是什么？
2. v_{90} 如何通过试验获得？
3. v_{50} 和 v_{90} 之间有什么关系？
4. 装甲靶板的破坏形式有哪几种？
5. 装甲失效指标有哪几种，各自具有怎样的特点？
6. 为何要进行章动角的测定，有何意义？
7. 脱壳穿甲弹托分离的方式有哪几种？

参 考 文 献

[1] 张先锋，李向东，沈培辉，等．终点效应学[M]．北京：北京理工大学出版社，2017.
[2] 宁建国，王成，马天宝．爆炸与冲击动力学[M]．北京：国防工业出版社，2010.
[3] 张国伟．终点效应及靶场试验[M]．北京：北京理工大学出版社，2009.
[4] 王志军，尹建平．弹药学[M]．北京：北京理工大学出版社，2005.
[5] 赵国志．穿甲工程力学[M]．北京：兵器工业出版社，1992.
[6] 于骐．弹药学[M]．北京：国防工业出版社，1987.
[7] 钱伟长．穿甲力学[M]．北京：国防工业出版社，1984.

第8章　破甲弹性能与威力试验

破甲弹是反装甲主用弹药之一，称为第二甲弹。破甲弹依赖成型装药聚能效应将药型罩压缩形成高速射流、杆流、爆炸成型弹丸等单一或者组合侵彻体对装甲目标（坦克、步兵战车、装甲运兵车、自行火炮等）、混凝土硬目标（混凝土工事、碉堡等）、舰船目标、武装直升机目标等进行毁伤。破甲弹具有应用广泛、种类繁多，适应各种发射平台进行发射等特点。

研究聚能装药射流、杆流、EFP的形成机理及对目标侵彻作用，除须进行理论分析、数值仿真计算之外，还要借助各种试验来分析验证所设计的聚能装药与药型罩结构匹配是否合理优化，能否达到预期目的，满足产品战术技术指标要求。

聚能装药战斗部是依靠装药爆炸的聚能效应将药型罩挤压锻造形成射流、杆流、EFP对装甲目标、混凝土硬目标等侵彻，与战斗部自身着靶速度影响不大。但战斗部着靶姿态、风帽变形将直接影响射流、杆流、EFP对目标侵彻攻击角度和炸高的变化，直接与侵深大小变化有关。另外，战斗部旋转运动达到一定转速时将影响射流和杆流的形成品质，易出现离散现象，降低侵彻效果。此外，较大的着靶角（法向角大于75°时）易出现弹丸跳飞和引信作用可靠性、瞬发性（灵敏度）的不良现象都影响侵彻效果。

破甲弹性能与威力试验一般分为三类，即静破甲试验、动破甲试验、破甲后效试验。

(1) 静破甲试验。采用裸体或带壳聚能装药战斗部，在设定的炸高条件下，将聚能装药战斗部静态放置在靶块上进行静态或者旋转条件下起爆装药，通过靶块穿孔情况分析判断装药结构、射流、杆流性能参数是否合理达标的一系列试验，达到筛选、优化装药结构的目的。

(2) 动破甲试验。采用模拟装甲靶板或混凝土靶块目标，在一定的着靶条件下，以实弹射击的方式测定聚能装药战斗部对目标侵彻情况，判定战斗部是否符合战术技术指标要求的试验。

(3) 破甲后效试验。射流、杆流战斗部都有靶后效指标要求，因此该类产品采用光、电影像等方法，用静态或动态进行靶后射流、杆流飞散角、后效靶侵彻效果试验，考核是否达标。

静破甲试验多用于产品设计研发阶段，主要考查和验证聚能装药战斗部性能是否合理可行，筛选出优化的战斗部结构。动破甲试验、破甲后效试验主要用于产品整体已确定进入设计定型考核期。全面性能改核验证时，要进行全弹飞行动态破甲试验和破甲后效试验，分析引信与战斗部配合、威力是否符合设计预想、战术技术是否达标。这三种试验也用于产品设计定型、生产交验的考核。

8.1　射流速度分布测定

聚能装药小锥角破甲弹引爆后所形成的金属射流,各微元的速度是不相等的,一般都是头部速度高、尾部速度低,有速度梯度存在,并按一定规律分布。图 8.1 所示为典型金属射流形成拉伸过程与射流速度分布规律。计算或测定射流速度分布,即确定某时刻射流各微元的速度沿射流轴线方向分布规律（$v-z$）图,或确定各个时刻射流不同微元在空间分布情况（$t-z$）图。

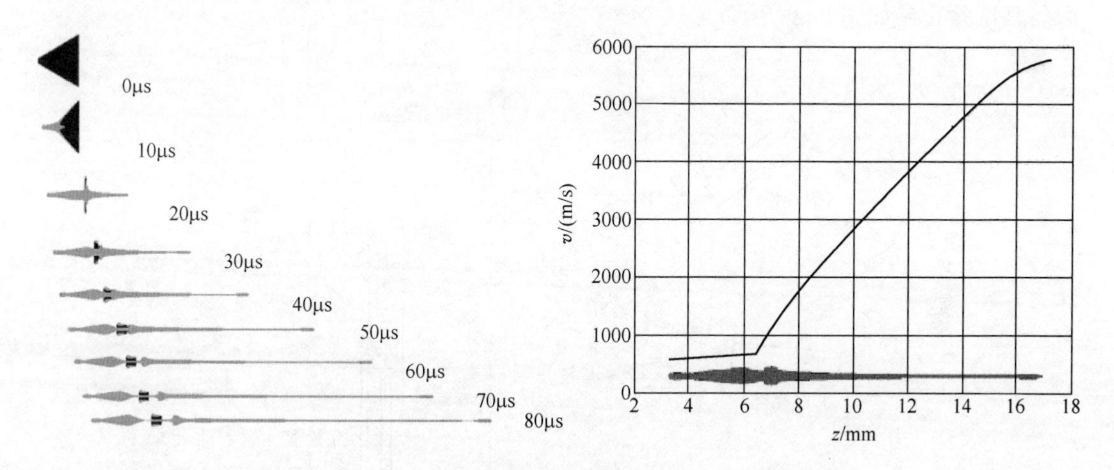

图 8.1　典型金属射流形成拉伸过程与射流速度分布规律

在弹靶条件已确定的情况下,射流的侵彻效果（侵彻深度和各断面孔径）取决于射流的速度分布和质量分布。侵彻深度在一定的弹靶关系条件下主要取决于射流的速度分布,因为速度梯度的存在,射流在运行过程中不断被拉伸变细,甚至发生颈缩或断裂。由于射流的伸长与断裂直接影响射流的侵彻能力,因此从研究射流的侵彻能力来讲,必须了解射流沿长度的速度分布情况。

对射流形成过程进行试验研究或理论计算,目的是为了把装药结构与射流速度分布、质量分布联系起来,优化装药结构。射流速度分布的测定方法主要有拉断法和截割法,采用的仪器主要有脉冲 X 射线摄影机、扫描高速摄影机、电子计时仪等。采用截割法所测数据较准确,但工作量较大,需消耗一定量的弹药和靶材;采用拉断法可减少试验量,节省物资消耗,但必须具备价格昂贵的脉冲 X 射线摄影设备。

8.1.1　拉断法测定射流速度分布

1. 试验原理

拉断法是利用脉冲 X 射线摄影机对射流拉断后的状态进行拍摄（每发弹至少要拍两张不同时刻的 X 射线照片）,找出对应断裂射流颗粒,测定其空间位置 z_1、z_2、z_3…并根据距离差 Δz 和拍摄的时间差 Δt,即可求各颗粒的速度值 v_j,从而得到 v_j-z 坐标系中某时刻和速度分布曲线。

这种方法基于以下三个假设。

(1) 射流的各微元或断裂后的颗粒均为匀速运动,忽略空气阻力对其运动的影响。

(2) 忽略因空气摩擦对射流颗粒产生的烧蚀作用。

(3) 射流发生断裂后不影响其速度分布,即断裂现象对射流微元的速度无影响。

2. 试验方法与数据处理

拉断法测定射流速度分布试验的关键是至少拍得同一射流两个时刻断裂状态照片。为了使断裂射流颗粒的像在底片上都能显示不失真,除装药自身轴线与拍摄轴线同轴外,还要求底片盒与装药轴线平行性好;拍摄前应测好装药罩口至底片上沿实际距离 z_b,以便在后处理时计算底片上端颗粒与罩口的实际距离 z_1、z_2。操作时,往往先拍一个标尺像。其试验布局如图 8.2 所示。

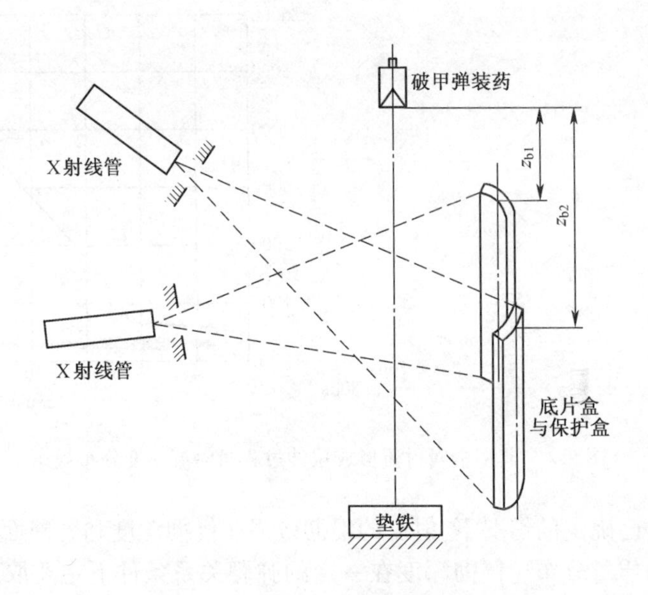

图 8.2 断裂射流脉冲 X 射线摄影法

要求两台 X 射线摄影机光轴与弹轴汇交,且两台 X 射线机和对应的底片盒根据延迟时刻 t_1、t_2和射流速度估计值沿 z 轴高低相错布置,尽可能使底片接收到全部射流颗粒。延迟时间以射流头部颗粒不超出底片视界确定。

拍摄断裂射流时,往往要求较大的延时,对中口径以上的装药射流尾部一般都在起爆后 300μs 以上时才能完全断裂。由于 X 射线摄影机的能量、视角及场地布局等影响,因此有时无法在两张底片上将断裂射流拍全。此时可将试验分两组进行,一组延迟较短拍摄前部断裂射流;另一组延时较长拍摄后部断裂射流。对分拍前后部射流拉断状态时,要求先每组至少拍三发装药的照片,然后进行数据处理。图 8.3 所示为典型的射流拉断颗粒 X 射线照片。

数据处理步骤具体如下:

1) 测定图像放大系数 K

照片上的像是放大像,放大系数 K 由 X 射线管、拍摄对象和底片的相对位置决定。

一种方法是精确测定底片盒至 X 射线管距离 L_1(两个底片盒距 X 射线管距离应调

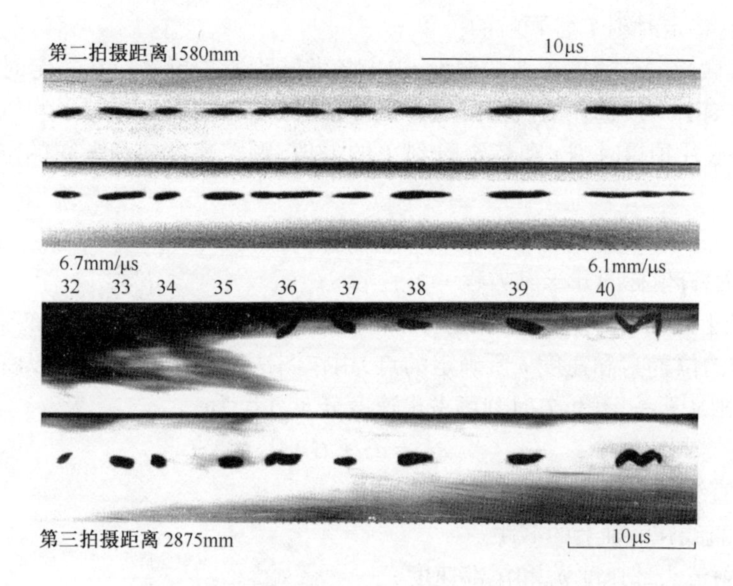

图 8.3　典型的射流拉断颗粒 X 射线照片

整一致）和弹轴至 X 射线管距离 L_2，则

$$K = \frac{L_1}{L_2} \tag{8.1}$$

另一种方法是精确测量事先在底片上拍摄的标尺像的特征尺寸 L，它的实际尺寸 L_0 是已知的，则

$$K = \frac{L}{L_0} \tag{8.2}$$

对同一产品，一般要求先采用相同的试验条件，然后分别测出几张底片的放大系数，求出平均放大系数 K_{CP}。

2）颗粒编号

用测量仪对照同一发装药拍摄的不同时刻两张照片，先找出对应的断裂射流颗粒，然后在两张底片上一一对应编号，一般是从射流头部颗粒往后编号。

3）测定颗粒的空间位置 z

在两张底片上分别测出各颗粒前端到标线的距离 y_1、y_2…按颗粒顺序填入计算表格，并根据放大系数 K 计算从颗粒前端到标线的空间实际距离 y/K。根据下式计算每个颗粒前端到罩口的实际距离，即

$$z = \frac{y}{K} + z_b \tag{8.3}$$

4）计算颗粒速度 v_j

根据上面已测定的各颗粒前端至罩口距离 z_1、z_2…求得距离差 Δz，并根据实际拍摄两张照片的时间 t_1、t_2求得时间差 Δt，则可按下式求出各颗粒的速度：

$$v_j = \frac{z_2 - z_1}{t_2 - t_1} = \frac{\Delta z}{\Delta t} \tag{8.4}$$

5）求某一特定时刻 T 各颗粒的位置 z_T

根据射流微元颗粒速度不变的假设，求出各发试验所拍摄颗粒在特定时刻 T 的位置 z_T。此特定时刻 T 一般选在射流前部底片某一拍摄时刻，或拍摄时刻平均值附近的整数值。z_T 根据各底片拍摄时刻 t 和特定时刻 T 的差值、颗粒速度 v_j 和颗粒的空间坐标 z 求出，即

$$z_T = z - v_j(t - T) \tag{8.5}$$

6）绘出 v_j-z_T 坐标图并求其方程

在方格纸上绘出 v_j-z_T 坐标。此坐标系的原点，即药型罩口部位置。在坐标系中标出 T 时刻各颗粒的位置 z_T 和速度 v_j 所确定的点，用作图法或最小二乘法可以将这些点拟合成一条直线，则从 v_j-z_T 图上 T 时刻可求出速度分布方程为

$$v_j = az + C \tag{8.6}$$

式中　a——直线斜率；

C——直线在 v_j 轴上的截距。

7）求出射流头部速度 v_{j0} 和尾部速度 v_{jL}

按计算表格分别求出三发射流头部速度的平均值 $\bar{v}_{j0}$ 和三发尾部速度的平均值 $\bar{v}_{jL}$，并绘入坐标图，确定速度分布曲线的有效部分。

8）从 v_j-z_T 坐标系向 t-z 坐标系的转换

为了使用方便，常将 v_j-z_T 坐标系中某一特定时刻的速度分布方程转换到 t-z 坐标系中，这样可清楚了解各个时刻的射流速度分布情况。数学法表明，只要 v_j-z_T 坐标系中的速度分布为线性，则 t-z 坐标系中速度分布就是来源点的一族发散曲线，该曲线的源点称为虚拟原点。

由式（8.6）将 v_j-z_T 坐标系转换到 t-Z 坐标系后，虚拟原点 b 的坐标由下列二式决定，即

$$t^* = T - \frac{1}{a} \tag{8.7}$$

在式（8.1）~式（8.7）中：长度（mm）；时间（μs）；速度（mm/μs）。该方法可适用于速度分布为一折线情况（双锥罩）。在此坐标系中，速度分布曲线的数学表达式为

$$z = v_j(t - t^*) + z^* \tag{8.8}$$

式中：发散直线族的边界条件由射流头部速度 v_j 和尾部速度 v_{jL} 确定。

8.1.2　截割法测定射流速度分布

1. 试验原理

采用截割法测定射流速度的分布，是让射流穿过一定厚度的靶板，消耗掉一段射流。剩余射流穿出靶后继续在空气中运动，测定出剩余射流的头部速度，然后找出剩余射流头部在未穿靶时的原射流中的位置。改变靶板厚度，消耗不同长度的射流，便可得到射流速度沿长度方向的分布。

该试验方法基于以下假设。

（1）射流微元在运动中速度不变。

（2）射流破甲后对后续射流无影响。

（3）射流微元之间互不作用，不作能量交换。

（4）射流保持连续，不发生断裂。

上面假设与实际射流侵彻情况相差不大，对 45 号钢靶侵彻的 X 射线摄影中发现剩余射流出靶后的状态无变化。

2. 高速扫描摄影法

高速扫描摄影法试验布局如图 8.4 所示。采用高速扫描摄影机将视界调整到能将布局（含弹）全部摄入的距离。分割的靶块用带有缺口的圆支筒隔开，并将缺口对准高速摄影机镜头，在高速摄影机的光路中加进一个狭缝。装药起爆和高速摄影机启动同步，这样将在感光胶片上得到爆轰波和射流的连续扫描迹线。其典型照片如图 8.5 所示，照片左边为爆炸前的静止状态，右边为发光物的扫描线。

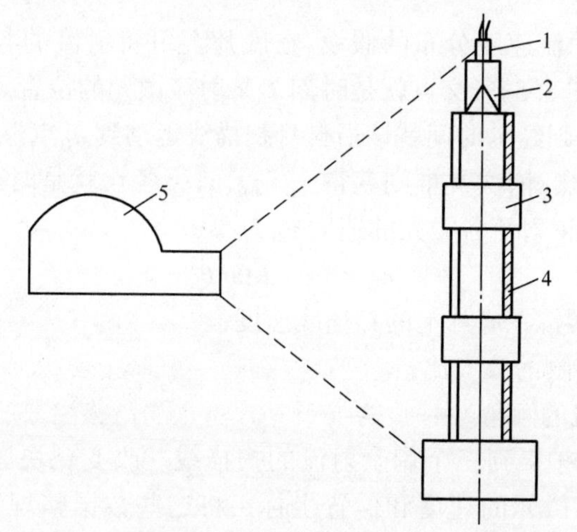

1—雷管；2—装药；3—靶板；4—缺口纸筒；5—高速摄影机。

图 8.4　高速扫描摄影法射流速度分布测定

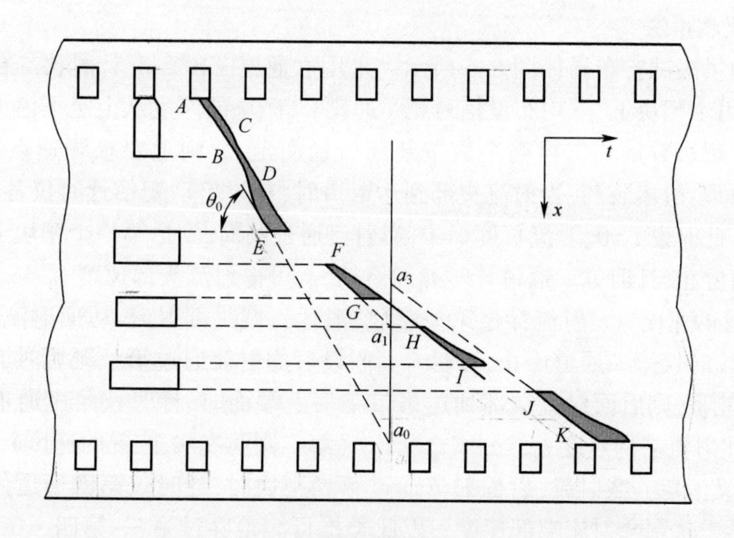

图 8.5　射流速度分布扫描照片

底片水平方向为转镜扫描方向,相当于时间坐标 t;底片垂直方向为发光物的运动方向,相当于射流运动长度 L;扫描线的斜率,就是发光物的运动速度。图 8.5 中 AB 段为爆轰波扫过药柱侧面的扫描线,斜率并不等于爆速,离开起爆点几倍药柱直径的距离之后才接近爆速。爆轰完成后,经过一个很短的时间出现曲线 CD 段,这是罩内高速聚气流的扫描线,也可能是罩压合过程中产生的高速金属蒸气的微粒。其特点是速度很高,可达万米/秒,但衰减很快,迅速被射流头部赶上,DE 为射流头部扫描线。

射流在 E 点碰到靶块,此后一段时间没有扫描线,射流破甲消耗一段射流,剩余射流穿过靶块继续运动,形成扫描线 FG。F 点不紧贴靶块底面,而是有一段距离,开始光很弱,之后逐渐加亮。射流在 G 点碰到第二靶块,再消耗一段射流,剩余射流扫描线为 HI。相同的方法穿过第三靶块,得到 JK 扫描线。测量各扫描线的斜率,可得各射流微元的速度。

根据截割法测定射流速度分布的假设,在底片上可将射流的各扫描线延长,与给定的时刻 T 垂直相交(图 8.5),交点就是时刻 T 某射流微元的位置。例如,射流头部微元若不在 E 点破甲消失,则经 T 时间就该沿自身扫描线运动到 a_0点。同理在 G 点碰击靶块的射流就会运动到 a_1点,依次类推则获得 a_0、a_1、a_2…各点就是时刻 T 各射流微元的位置。由扫描线斜率,可得射流各微元的速度 v_{j0}为

$$v_{j0} = u_p \cdot K\tan\theta \tag{8.9}$$

式中 u_p——照相机转镜在底片上的扫描线速度;

K——底片与实物的放大比;

θ——各扫描线的倾角。

采用此法,一次至少要拍摄到三个剩余射流的扫描线。改变靶块厚度,消耗不同长度的射流,可以测得各射流微元的速度和位置坐标。将这些数据整理到同一坐标系中求得 v_j-z 曲线,然后通过坐标变换到 t-z 坐标系,得到各个时刻的射流速度分布情况。

采用高速扫描摄影法测定射流速度分布,其误差主要取决于照片的清晰度和镜头的分辨率。该试验方法也须昂贵的高速摄影像机设备。

3. 计时仪测量法

计时仪测量法试验布局如图 8.6 所示。采用六通道(10^{-6}s)计时仪二台,靶块之间用圆筒隔开,每个靶块上、下均布设信号靶(通靶),靶块的厚度从上至下由大变小,最后一块为垫铁。靶块数量和支撑筒个数按装药口径而定,原则上要求测速点至少 5 个以上。其测定原理:引爆装药,当射流头部到达罩口时,穿过启动靶使计时仪各通道同时启动开始计时。此时设 $t=0$、射流长度 $z=0$,当射流通过圆筒,到达第一个靶块上端面时,计时仪第一通道停止,计时 t_0。通过计时 t_0和筒长 z_0,可得射流头部速度 $v_0 = z_0/t_0$(第一个圆筒 $z_0/2$ 位置的速度)。射流穿过第一靶块,消耗一截头部射流,后面射流到达第一靶块下端面时,计时仪第二通道停止,计时 t_1。假设后面射流通过第一靶块时,速度不受影响,即不消耗能量,则后面射流端部到达第二靶块上端面时,计时仪第三通道停止,计时 t_2,此时可得此射流端部速度 $v_1 = z_2/(t_2 - t_1)$(第二圆筒 $z_2/2$ 位置的速度)。此射流侵彻第二靶块,又消耗一截射流,后面射流通过第二靶块时,计时仪第四通道停止计时 t_3,同理可测得第二次剩余射流端部速度。以此类推可测得穿过第三、第四……靶块剩余射流端部速度。

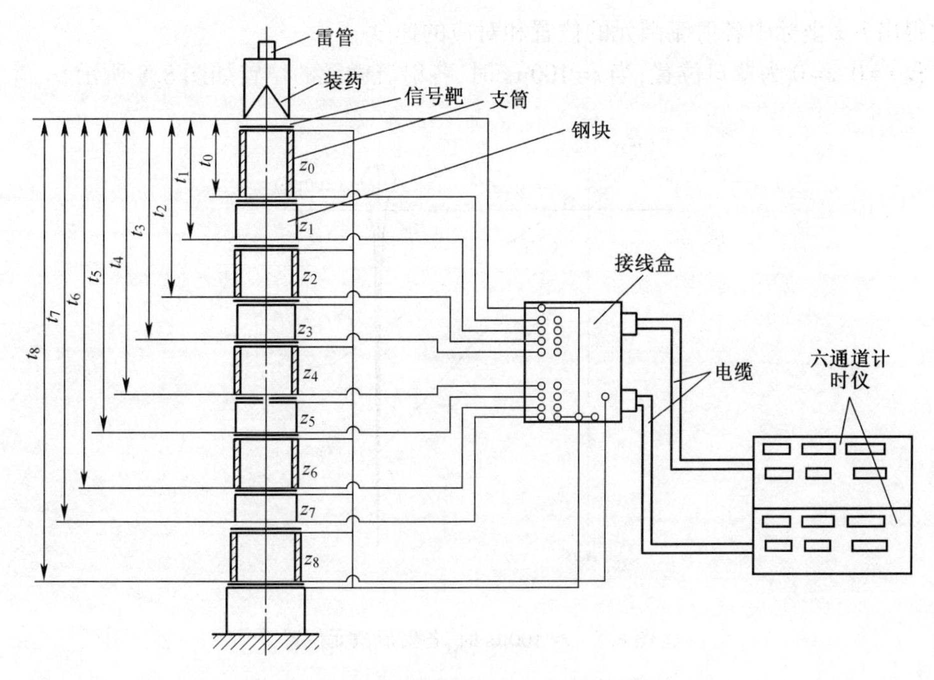

图 8.6　计时仪测量法射流速度分布测量布局

根据截割法的假设条件，可计算出各点的 v_j 和相对位置 z_j 绘出 v_j-z_j 坐标曲线，如图 8.7所示。

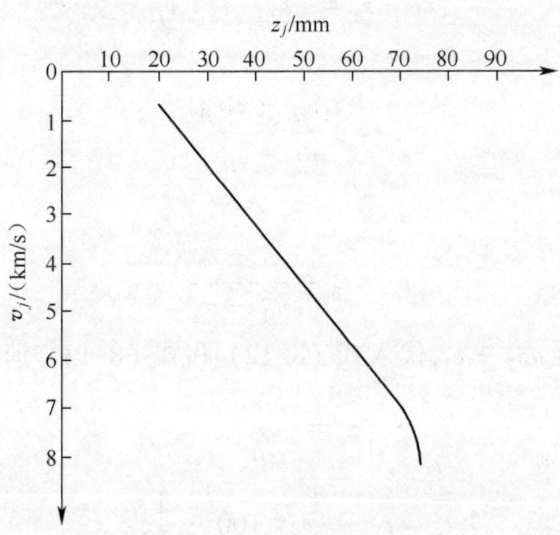

图 8.7　射流速度分布 v_j-z_j 曲线

计时仪测量法与上面二种测试方法一样需要进行坐标变换，获得 t-z 曲线。为计算方便，从罩口计算射流经过某一时刻（假定为 100μs），所测射流端部的速度对应的长度位置 z_j 为

$$
\begin{cases}
z_{j0} = z_0 + (100 - t_0)\ v_{j0} \\
z_{j1} = (z_0 + z_1) + (100 - t_1)\ v_{j1} \\
z_{j2} = (z_0 + z_1 + z_2) + (100 - t_2)\ v_{j2} \\
z_{j3} = (z_0 + z_1 + z_2 + z_3) + (100 - t_3)\ v_{j3} \\
\vdots
\end{cases}
\tag{8.10}
$$

由此得出 $t-z$ 坐标中各射流微元的位置和对应的速度。

设 $t=0$、$z=0$ 为罩口位置，当 $t=100\mu s$ 时，各射流微元的位置如图 8.8 所示。

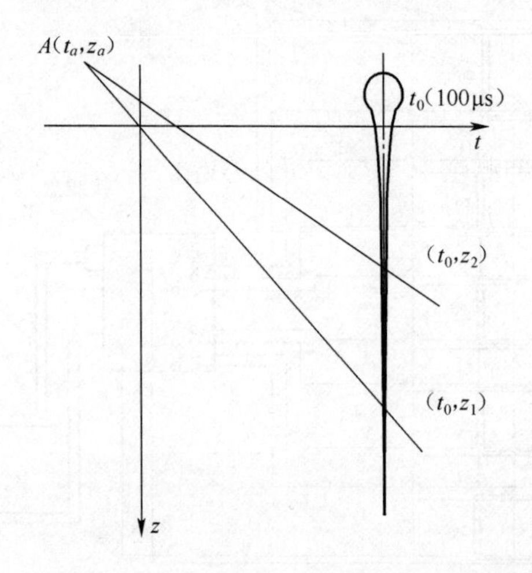

图 8.8　$t=100\mu s$ 时，各射流微元位置

若过 z_1、z_2 以 v_{j1}、v_{j2} 为斜率作两条直线，则其交点，即虚拟原点。其方程为

$$\begin{cases} z_1 - z_a = (t_0 - t_a)\, v_{j1} \\ z_2 - z_a = (t_0 - t_a)\, v_{j2} \end{cases} \tag{8.11}$$

两式相除，得

$$z_a = \frac{z_1 v_{j2} - z_2 v_{j1}}{v_{j2} - v_{j1}} \tag{8.12}$$

两式相减，得

$$t_a = t_0 - \frac{z_1 - z_2}{v_{j1} - v_{j2}} \tag{8.13}$$

因 $v_{j1} = az_1 + c, v_{j2} = az_2 + c$，代入式（8.12）和式（8.13）消去 v_{j1}、v_{j2}，可得

$$z_a = -\frac{c}{a} \tag{8.14}$$

$$t_a = t_1 - \frac{1}{a} = 100 - \frac{1}{a} \tag{8.15}$$

由此可见，虚拟点坐标与 v_j 无关，说明在 v_j-Z 坐标中射流为线性分布时，在 $t-z$ 坐标中，各射流微元均出于一点。这在研究射流分布和对靶板侵彻中虚拟原点的概念非常方便有利。

8.2　射流破甲深度与时间曲线测定

对某一破甲弹的威力研究，除可用数值计算、工程计算求证之外，还要用静破与动破试验进行验证。静破试验是在规定炸高条件下，静起爆装药来观测射流对靶板穿深和穿深稳定性是否满足威力指标；动破试验是在规定射距条件下，弹丸处于实战要求状态来考核射流对靶板的穿深和穿深稳定性是否满足威力指标。本节介绍的 L–t 曲线和 u–L 曲线测定是在静破试验条件下，观测射流各微元侵彻能力和射流参数与靶板材料对侵彻过程的影响，得出破甲弹结构参数设计是否合理与正确，为改进破甲弹结构参数设计提供依据。可见，L–t 曲线和 u–L 曲线测定是破甲弹威力研究中不可缺少的测试项目。

L–t 曲线和 u–t 曲线的测定原理与前面叙述的计时仪截割法测定射流速度分布原理相似，是在叠合的靶块之间夹以信号靶，通过射流使信号靶接通并输出脉冲信号。

记录脉冲信号常用的设备有两套：一套是高频记忆示波器，当射流依次接通各个开关靶时，脉冲信号依次输入示波器，同时以标准信号作时标，记录波形并测量出射流到达各靶块的时间，对照各靶块的厚度即可作出 L–t 曲线；另一套是多通道计时仪，当射流穿过第一信号开关靶时同时启动计时仪各个通道，随着射流顺次穿过二、三、四……各个开关靶，计时仪各通道顺序停止，求得射流顺次达到各靶块的时间 t_1、t_2、t_3…，对应各靶块厚度即可作出 L–t 曲线。通过射流到达每个靶块的时间，可求得射流穿过各个靶块的时间（$\Delta t = t_i - t_{i-1}$）。对照各个靶块的厚度，求得射流通过每个靶块的平均速度 u，求得 u–L 曲线。

所设靶块的总厚度是依据破甲弹静破威力指标而定，靶块设置从上到下逐渐减薄。靶块之间的信号开关靶可用马粪纸与铜箔叠合制成，也可用两面覆铜的酚醛板制成。为了使信号开关动作灵敏，信号靶的绝缘材料不能太厚。

采用计时仪测定 L–t 曲线和 u–L 曲线的布局如图 8.9 所示。各个信号靶的一

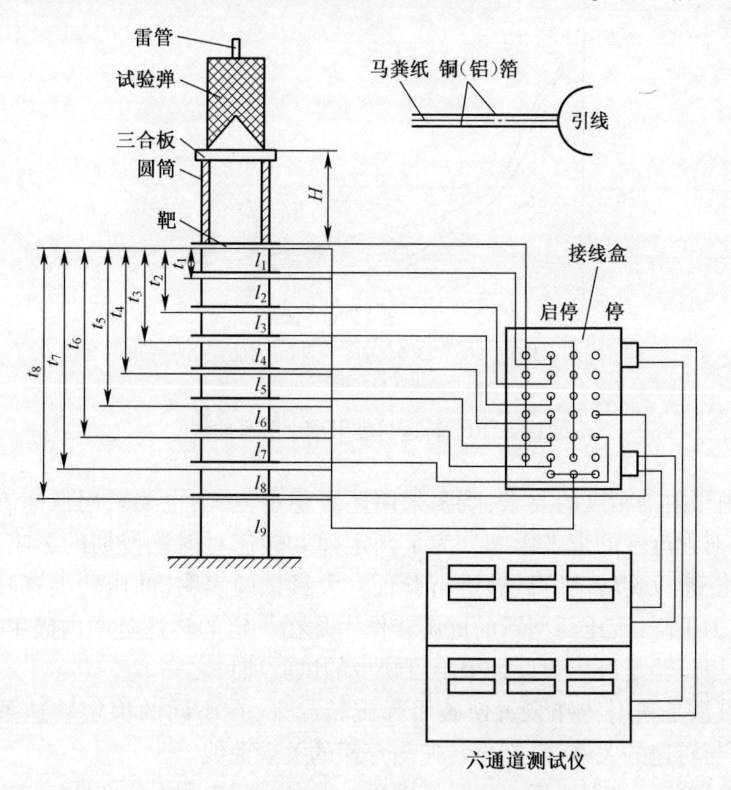

图 8.9　射流侵彻深度与时间试验布局示意图

个极连接在一起并与接盒地线连接;另一极按顺序连接计时仪启动与停止各个通道。启动信号靶设置在炸高筒下面。

8.3 旋转破甲试验

破甲弹战斗部破甲深度一般随转速的增大而下降,这是因为战斗部旋转时,装药、药型罩都会以相同的转速进行旋转。射流形成过程中,由于外力作用线通过罩的对称轴,合力矩等于0,因此在药型罩全部闭合时,按动量矩定律得杵体的角速度为

$$\omega_1 = \omega \left(\frac{d}{d_s}\right)^2 \tag{8.16}$$

式中 ω_1——杵体角速度;

ω——装药(含药型罩)的转速;

d_s——杵体直径;

d——药型罩底径。

由于射流在与杵体断裂之前为一体,故射流具有与杵体相同的角速度。而这个角速度随罩底径的增加而增加,故大口径破甲弹随弹体的转速越增加,对射流的影响越严重。射流在旋转角速度的影响下,质点有离心力作用,使射流中空、径向膨胀,当离心超过射流质点结合力时,射流质点就会径向离散,这就是旋转影响射流侵彻威力的原因。图8.10为两种口径破甲弹在不同转速下的破甲深度降低曲线。

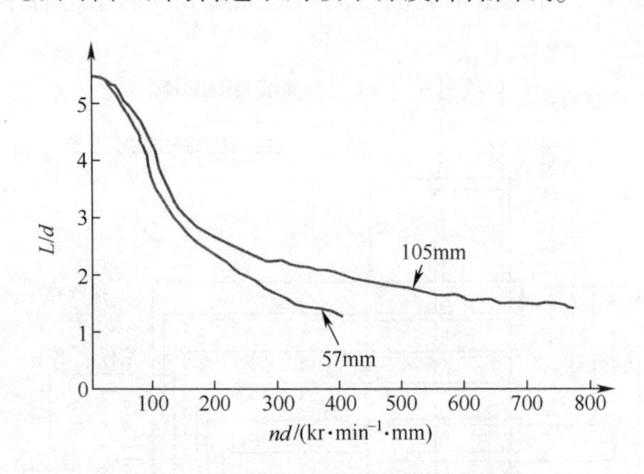

图8.10 转速与破甲深度关系曲线

破甲弹由于射击精度的要求,既要采用尾翼稳定方式,也要采用低速旋转来提高射击精度,从而对射流侵彻带来影响。为了判定弹丸转速对射流侵彻的影响量级,合理地选择弹丸转速,常以旋转破甲试验进行验证。大量试验表明,冲压药型罩随弹丸转速的增加,破甲威力下降;旋压药型罩的抗旋转作用是在一定的转速范围内破甲效果才最佳。因此,旋转破甲试验是破甲弹设计中不可缺少的试验项目之一。

该试验方法是利用特殊装置使破甲弹旋转起来,在不同的稳定转速条件下进行起爆,观测穿深与转速的关系,绘制出转速与穿深的关系曲线。

旋转破甲试验一般都选择立式旋转破甲试验装置。其结构和测试系统如图8.11所

示，是一种立式柔性轴旋转破甲试验台。

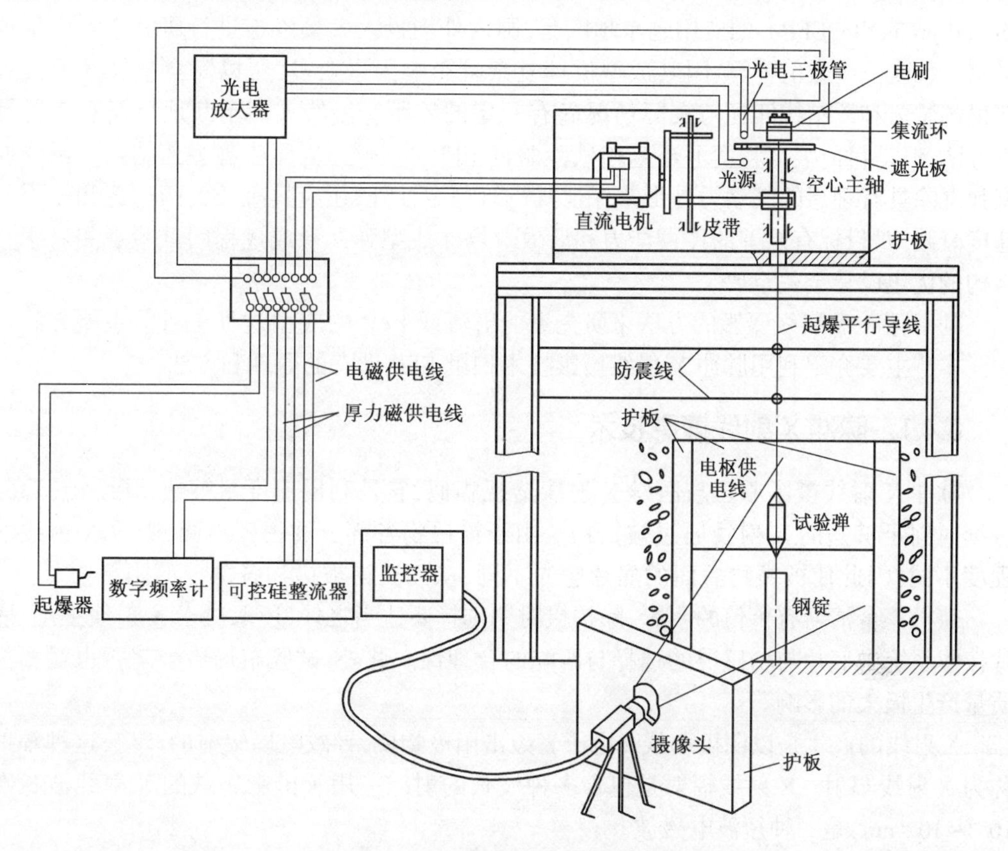

图 8.11　立式柔性轴旋转破甲试验台

立式柔性轴旋转破甲试验台是由直流电机通过摩擦轮及皮带轮驱动主轴旋转，主轴中空，由起爆导线兼作柔性轴悬挂被试破甲弹。柔性轴导线一端固定在主轴上端两个螺钉上与主轴绝缘，但与集流环联通，集流环通过电刷与起爆器联系。主轴上端有转速采集装置（光电式或磁感式），光电式转速采集装置是利用遮光盘上 6 个小孔通过光源与光敏元件使主轴每旋转一周输出 6 个脉冲，经光电放大整形输入数字频率计，用频率计来显示每秒钟脉冲数。当主轴转速为 n 时，则 $n = p/6 \times 60 = 10p(\text{rpm})$，式中：$p$ 为频率计显示的脉冲数，所以只要将频率计显示脉冲扩大 10 倍就是主轴转速。

为了使柔性轴带动弹体在旋转时不产生大的摆动，常采用上、中、下三个细钢丝拉起来的限幅器来控制，为了使弹丸在稳定的转速下起爆，常采用工业电视来监控。为了保证安全，通往旋转台全部电路均经过中间安全开关来控制，在接插雷管人员未撤离现场前，安全开关断开，防漏电与电磁感意外发生。

8.4　聚能射流、爆炸成型弹丸 X 射线摄影试验

聚能射流的成型过程涉及药型罩材料微元的压垮、闭合，射流的形成、拉伸和侵彻等。其作用过程通常是在数百微秒以内，且伴随爆炸产物、火光等飞散过程。传统的观

察手段很难获取聚能射流的作用过程。随着灵巧弹药的发展,爆炸成型弹丸(explosively formed projectile,EFP)的应用越来越广泛,国内外均投入大量资金进行研究。除广泛地采用二维或三维数值计算,因其成型机理复杂且影响因素众多,所以完全依靠数值计算获得的装药和罩结构匹配与实际情况尚有一定的差距。虽然人们不断地更新和完善计算方法,但是目前很大程度上还依赖试验验证 EFP 的形态,从而改善装药结构。爆炸成型弹丸除具有理想的气动力外形来保证其飞行稳定性外,还应具有较大的初速和较小的速度衰减,对目标有足够的侵彻能力和后效。爆炸成型弹丸形成过程的试验观测对于其结构的优化设计至关重要。

利用脉冲 X 射线摄影的方法来研究聚能射流或 EFP 的成型过程是目前主要方法之一。本节主要介绍利用脉冲 X 射线摄影技术拍摄 EFP 形态的原理和方法。

8.4.1 脉冲 X 射线摄影技术

脉冲 X 射线摄影原理与医学 X 射线透视相似,它是利用速度足够快、强度足够高、持续时间足够短的 X 射线通过被摄物。由于被摄物各部分的密度不同,吸收 X 射线的程度不同,因此使被摄物后面的底片感光不同,从而获得被摄物各部分的阴影像。

获得一个清晰有价值的阴影,除拍摄时刻选择要适当之外,还取决于 X 射线强度、底片接收系统中底片与增感屏的选择与匹配的合理性。此外,试验布局恰当与否也对影像质量产生极大的影响。

X 射线的产生是以阴极射线(电子)轰击阳极物质,导致电磁辐射的产生,这种辐射称为 X 射线辐射。X 射线辐射是包含多种波长的射线。用于摄影领域的 X 射线波长在 $10^{-4} \sim 10^{-1}$nm,是一种短波电磁波。

拍摄爆炸现象某一时刻 X 射线时,由于爆轰产物存在极大的破坏性,因此必须对 X 射线光源、底片系统做好适当防护。这就使拍摄时,X 射线预先要通过防护窗口、底片保护盒才能使底片感光,为此拍摄时要充分考虑由于防护带来的底片感光不足问题。实践中大多以试拍法来验证拍摄效果。

脉冲 X 射线摄影机是一种只能拍单幅照片的仪器。就研究对象来说,一般只获得单幅照片是不够的,因为它不能获得现象与时间的变化关系,所以必须获得随时间变化的多幅照片。一般获得多幅照片最简单的方法是把多台脉冲 X 射线摄影机组合起来,按照所需时间间隔顺序动作拍摄。它可以达到比较高的幅频,其幅频上限受仪器同步精度和闪光持续时间限制。其原理如图 8.12 所示。采用多台仪器顺序出光或同时出光来获得不同角度的照片或三维立体照片。

目前国内外研究发展的 X 射线摄影技术主要是连续多幅 X 射线摄影技术。其技术关键是采用特殊时间间隔发生器及充电装置,对脉冲高压发生器间隔触发。这种方案有单管单脉冲发生器和单管多脉冲发生器两种。图 8.13 为单管单脉冲发生器系统,图 8.14 为单管多脉冲发生器系统。单管单脉冲发生器系统多用于脉冲电压较低的仪器,幅频可达 10^5幅/秒;单管多脉冲发生器系统主要用于高压脉冲场合。

为了达到连续拍摄的目的,国外多采用荧光摄影法或变像管摄影法。荧光摄影法是先连续发射 X 射线通过荧光屏转换成可见图像后,再用普通高速摄影机进行拍摄;变像管摄影法是先通过变像管转换成可见影像,再加以记录。

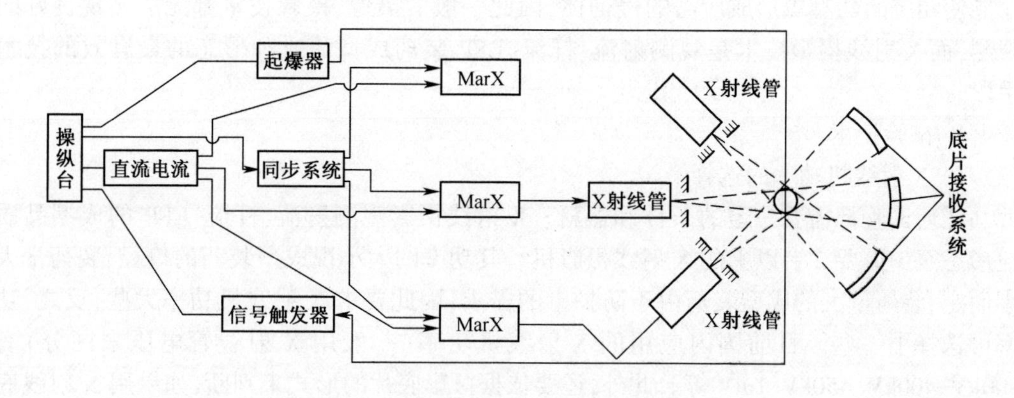

图 8.12　单脉冲多台 X 射线摄影机组合应用

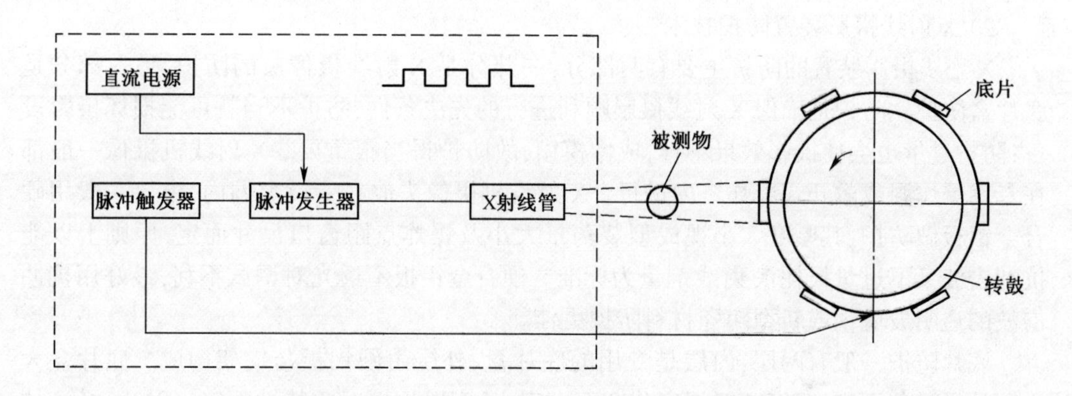

图 8.13　连续多幅单管单脉冲发生器系统

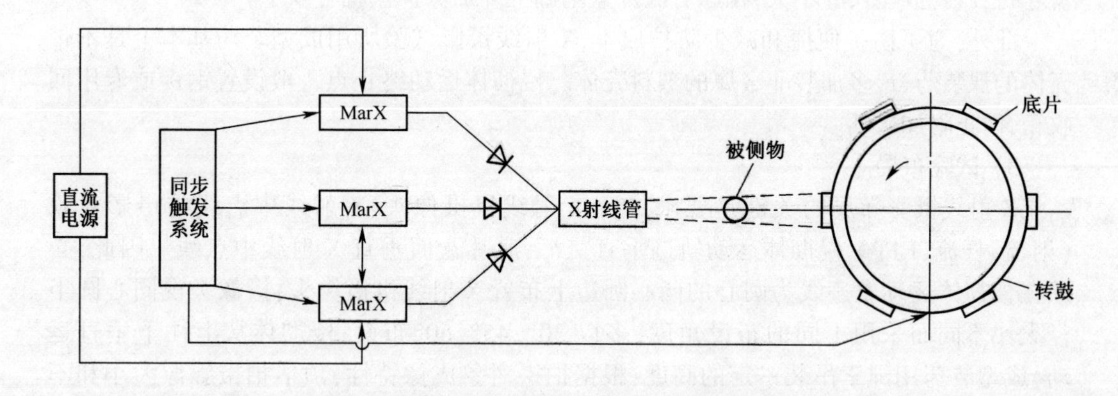

图 8.14　连续多幅单管多脉冲发生器系统

8.4.2　聚能射流及爆炸成型弹丸 X 射线摄影

观测射流、杆流、EFP 的成型品质和形态是分析判断相应的成型装药结构设计的合理性、优化性最直接最有效的手段。由于形成射流、杆流、EFP 都要经过成型装药的爆炸才能使相应的药型罩形成所需的侵彻体,因此一般的摄像、摄影技术都无法实现良好的观测,而X射线摄影技术是观测射流、杆流、EFP装药成型品质和形态的最有效的技术手段。

1. 试验技术

1) X射线机功率的选择

任何试验都需要一定的条件和器材。X射线摄影观测射流、杆流、EFP的成型品质与形态至少需要2台以上的X射线摄影机。其功率的大小视成型装药的口径、装药量大小而定,装药量大的成型装药由于防护上的需求,因此要求X射线机功率大些,反之,功率可选择小一些。目前国内应用的X射线机功率(一般用X射线管电压来区分)有300kV、400kV、450kV、1mV等。此外,还要依据摄影底片的形式来判断,如果用X射线底片成像的,则须在底片上曝光的X射线剂量不低于9mR;如果用光电转化型底片成像的可相应降低X射线剂量,则可降低X射线机功率。

2) X射线摄影装置防护技术

X射线摄影装置的防护主要有两部分:一部分是X射线摄像头的防护,另一部分是底片盒防护。防护是确保X射线摄影顺利进行的先决条件,防护不当就可能损坏摄影设备;防护过量也会使摄影效果不佳,成像模糊,故防护得当很重要。X射线机摄像一般都在专用爆炸洞或敞开式爆炸塔内进行。X射线机摄像头放在专设窗洞内,窗口一般用硬合金铝板做防护,其厚度大小视成型装药量大小及爆炸点距窗口尺寸而定,原则上以能抗冲击波又不过量损耗X射线剂量为标准。硬合金铝板不透光对调试不利,最好用抗冲击波的透明玻璃钢或新型陶瓷材料防护更佳。

底片防护一般有两层:内层是专用的底片盒,外层由硬铝板与支架构成。底片盒大小视拍摄对象而定,宽度一般视底片宽度而定,长度以拍摄对象特性而定。射流、杆流拉伸较长可多张底片衔接进行拍摄,故底片盒、底片保护盒都需设计专用底片盒、底片保护盒才行;EFP成型尺寸不大,在原有底片盒基础上外加保护盒就可以了。

此外,为了防护便捷和减少防护成本,X射线摄影试验所用成型装药基本上是不带壳体的裸装药,最多加装非金属的塑料壳体。侵彻体运动终止点一般设置钢锭或专用回收箱,防止附加破坏。

3) 试验布局

X射线摄影布局的关键是要求二台X射线机摄像头、X射线中点线与摄影对象(射流、杆流、EFP)侵彻体运动轨迹垂直交汇,底片盒面垂直X射线中点线。因此,必须在侵彻体运动轨迹线为圆心的同心圆边上布置X射线机摄像头;摄像头视同心圆半径大小不同而采用不同的布设角度,多以30°、45°、60°布设;侵彻体从上往下垂直运动,成型装药用绳索吊装一定的高度;根据拍摄对象成像特性,预估拍摄影像大小和不同拍摄时间;底片盒距侵彻体运动中心线距离,视防护安全而定,原则上距离越小越好。侵彻体运动中心线距摄像头X射线出光口、距底片盒的距离直接影响图像放大倍数及图像的几何模糊度误差等,需精心设计与布局。图8.15所示为射流成型过程X射线摄影试验布局。

此外,根据拍摄对象成像尺寸(主要是长度)可将X射线机摄像头布设不同高度,便于获得理想的侵彻体全面图像。其高度差异视两台仪器拍摄延迟时间和拍摄对象运动

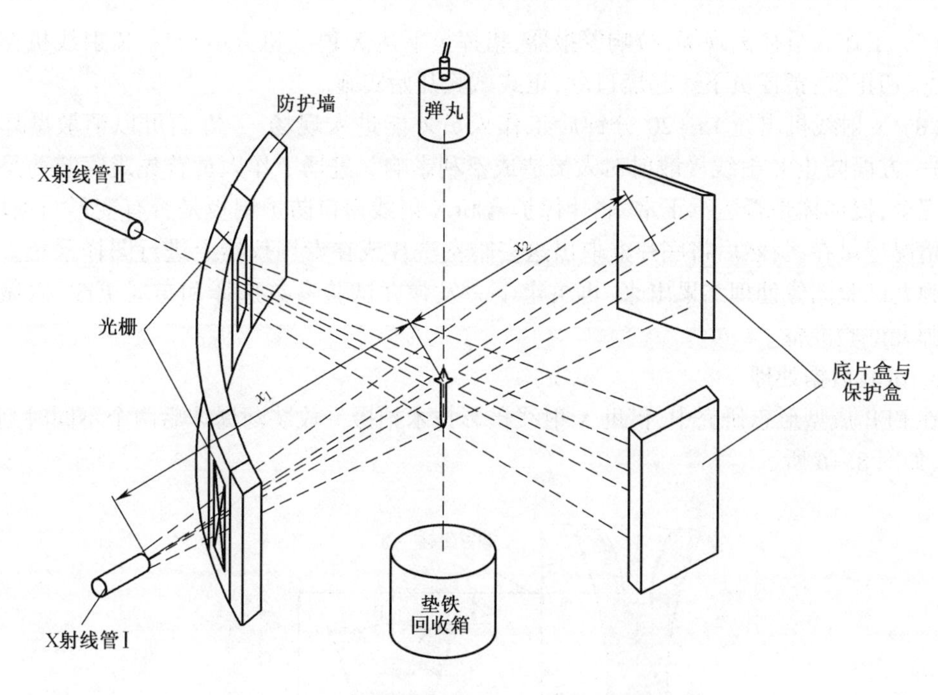

图 8.15　射流成型过程 X 射线摄影试验布局

速度特性而定。

2. 试验测试与观察

聚能射流及 EFP 作用过程的 X 射线摄影试验实施时,应做好以下几方面工作。

(1) 根据拍摄对象特性做好拍摄布局,如成型装药的吊装方法及高度;两个摄像头布局角度、高度等;装药起爆方式与两个摄像头出光延迟时间的取值;底片盒、底片保护盒的布置与设定应符合拍摄要求等。

(2) 选择两台 X 射线机出光时间顺序与装药起爆时间匹配方法,确保拍摄到预想结果。一般拍摄时间都是以装药爆炸为基点,多采用电离靶模式来采集启动信号,经过不同的延时后两台 X 射线机顺序出光,拍摄到侵彻体所需时刻的图像。电离靶采集到的启动信号通过专用电缆传输给 X 射线机操控台,由操控台上的延时仪处理后 X 射线机按延迟时间顺序出光,延迟时间从微秒计到秒计(视需求而定)。

(3) 在底片盒上作好空间位置标记,利于后期底片处理时方便数据采集。一般在底片盒宽度方向布置标记线(细铁丝或细铅笔),在长度方向上布置已知长度的真实尺寸标记,这样可校正图像放大系数的准确性和可靠性。

(4) 精确测量装药药型罩距地面(钢锭或回收箱)高度;装药中心(侵彻体运动轨迹中心)至窗口中心距离;装药中心距等于底片保护盒正面中心距离。将所测得尺寸详细地填写在试验记录表格中备案。

(5) 用肉眼或激光瞄准仪观测 X 射线是否汇交装药中心线和垂直底片盒面,精准确定试验相关布局尺寸,确保准备工作无遗漏,侵彻体能完全回收不飞溅。

(6) 全面检查 X 射线机所有操作仪表是否正常,同步信号延迟时间连接和装订是否正确,装药起爆环节是否准备齐全。

(7) 工作人员撤离现场,拉响警报器;指挥员下达X射线机充电口号,X射线机充电完毕,一切正常;指挥员下达起爆口令,正式试验开始实施。

(8) X射线机出光15~20分钟后工作人员才能进入现场,一方面可以消散爆炸烟雾,另一方面防止X射线漫散射对人员造成不利影响。进场工作人员首先观察装药是否爆炸完全,侵彻体是否运行正常,底片保护盒和X射线窗口防护铝板是否有变形与损坏,并将情况记录在案;然后将底片盒取出送去暗室洗片或在专用仪器上进行图样采集。第一发弹丸试验图像处理结果出来,再决定下一发弹丸试验参数选择和布局更改,以做下一发弹丸试验准备。

3. 试验数据处理

在EFP成型形态研究中,借助X射线摄影技术拍摄一枚装药爆炸后两个不同时刻的形态,如图8.16所示。

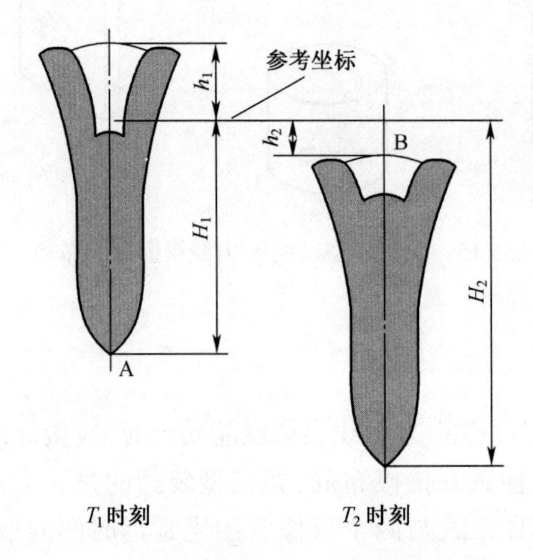

图8.16 EFP成型形态

拍摄时,人为地做好两张接收底片的相关参考标记,使底片能清晰地反映出来。采集数据时,以参考标记为坐标,测量出两个时间差中物体轴向、径向变化距离,除以图像放大系数,再除以时间差,得出轴向或径向参考点的速度,即

$$\begin{cases} V_A = \dfrac{H_2 - H_1}{K \cdot \Delta t} \\ V_B = \dfrac{h_2 + h_1}{K \cdot \Delta t} \end{cases} \tag{8.17}$$

式中 H_2、H_1——EFP头部相对参考坐标线距离;

h_1、h_2——EFP尾部相对参考坐标线距离;

K——放大比,$K = \dfrac{x_2}{x_1} + 1 = \dfrac{x_1 + x_2}{x_1}$;

Δt——两相邻时刻的时间差。

当某一时刻$V_A = V_B$时,说明EFP头尾速度相等,EFP以此速度飞行,不再进一步变形,即速度梯度为0。

图 8. 17 为两种方案小口径成型装药 EFP 形成过程形体结构。从该图可以看出 EFP 的长细比、EFP 的形态是否理想,进而改进装药设计。图 8. 18 为小口径装药聚能射流形成过程不同时刻的 X 射线摄影照片,图 8. 19 为聚能射流拉伸断裂过程 X 射线摄影照片。由此可见,X 射线摄影技术是研究成型装药侵彻体作用过程不可缺少的技术手段与措施。

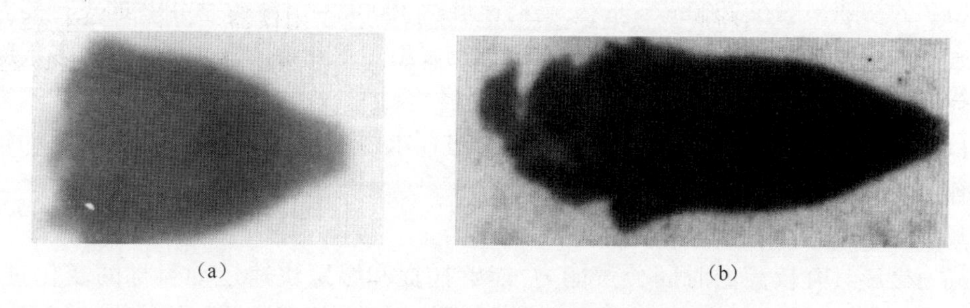

图 8.17　小口径装药 EFP 形成过程 X 射线摄影照片
(a)方案 1;(b)方案 2。

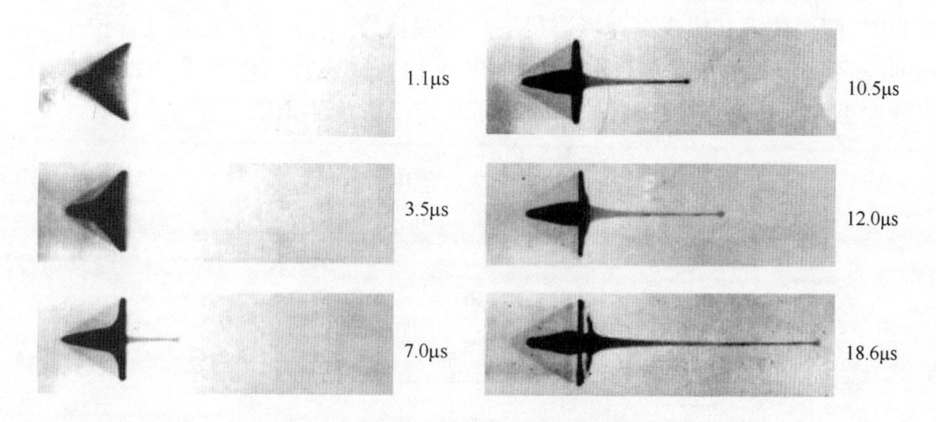

图 8. 18　小口径装药聚能射流形成过程不同时刻的 X 射线摄影照片

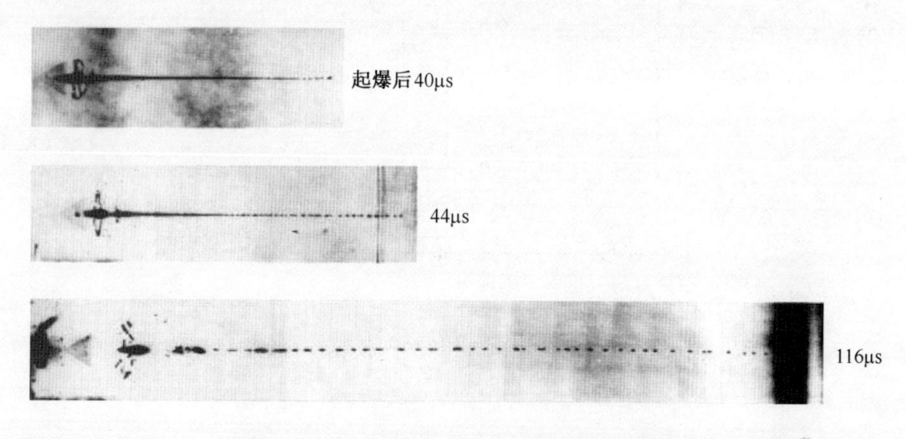

图 8. 19　聚能射流拉伸断裂过程 X 射线摄影照片

8.5 爆炸成型弹丸飞行姿态试验

8.5.1 高速摄影法

EFP 的初速一般在 2000m/s 左右,高初速可达 3000m/s。高初速 EFP 的飞行姿态起始段宜采用脉冲 X 射线摄影技术来研究;而远离发射点 EFP 的飞行姿态,由于多数脉冲 X 射线摄影机摄影的不连续性及机型笨重等缺陷,因此多采用可见光高速摄影技术来获得一段时间内 EFP 连续飞行姿态的多幅照片,进而求得 EFP 的速度、章动角及章动角变化规律等。

1. 试验方法及布局

高速摄影具有较高的时间分辨能力,能够捕捉和跟踪快速运动目标的变化过程。EFP 在碰击目标前的飞行情况与炮射高速弹丸类似,通常使用棱镜补偿式高速摄影机或弹道同步摄影机（也可以使用适当的高速录像机）就可以把飞行状态记录在胶片上,经过图像判读和数据处理就能求出 EFP 的飞行速度、飞行章动角等动态数据。

试验中,使用棱镜补偿式高速摄影机进行分幅摄影。① 在要求的位置（位于 EFP 飞行弹道的一侧）上架设摄影机（图 8.20）,根据 EFP 的飞行速度范围,EFP 在胶片上成像的尺寸大小和胶片感光度、现场光源情况等确定摄影机的拍摄速度为

$$\nabla = \frac{M \cdot V \cdot \cos\theta}{K \cdot D}\ (\text{fps/s}) \tag{8.18}$$

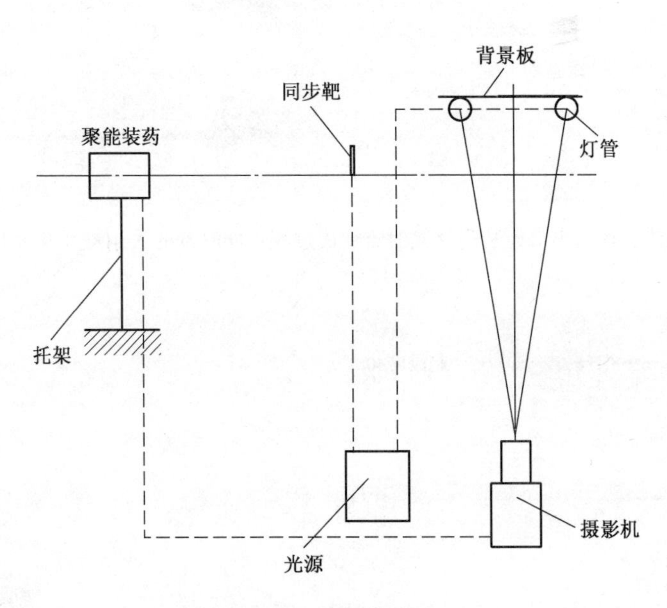

图 8.20 摄影布局图

① 当使用的胶片长度为 30m/盘时,最高拍摄速度在 2×10^4 fps/s 左右;当使用的胶片长度为 120m 时,最高拍摄速度可达 3.2×10^4 fps/s。——作者注

式中　V——EFP 的飞行速度（mm/s）；

M——成像的缩小比例①，$M=\dfrac{\text{EFP 胶片上的影像直径}}{\text{EFP 的飞行直径}}=\dfrac{\text{镜头焦距}}{\text{物距}}$；

K——摄影快门常数，$K=\dfrac{1}{T\nabla}$；

T——胶片上一幅画面的曝光时间（s），K 值大，则通光缝隙小，反之通光缝隙大，K 值的选取应考虑胶片感光度及使用光源的亮度；

D——影像的模糊度（mm），在拍摄速度允许条件下，对影像的空间分辨率要求高时可取 0.02mm，要求不高时可取 0.05~0.1mm。

θ——EFP 飞行方向与胶片平面间的夹角，试验中取 $\theta=0°$。

式（8.18）中，各个拍摄因素都是互相联系且互相制约，必须综合考虑和选择，在实践中逐步体会和掌握。若 M 大则 ∇ 大，∇ 大就要求胶片感光要高或进入镜头的光线要强一些，同时 M 大也表示摄影物距确定可使焦距长一些的镜头，这样影像尺寸大，便于观察和判读被摄物的变化细节，但使用长焦距镜头，相对孔径（物镜入瞳孔径/物镜焦距）小，即物镜透光能力小，要达到计算的拍摄速度就必须对使用的胶片和背景光源提高要求。若被摄物的运动速度 V 较高或变化时间较短时，则势必要提高拍摄速度或选用快门常数（K）大一些的快门，此时也要求选用高感光度的胶片或加大照明光源的发光强度，如果不具备这些条件，为满足拍摄速度要求，则必须降低 M 值，即物体影像变小或加大摄影模糊度 D 值。

总之，在拍摄现场，要根据被摄物的运动速度，使用胶片的感光度和可能提供的光源亮度等条件，在保证影像必要清晰度（取决于 D 值）的前提下，适当选择 M 值和 K 值，确定必要的拍摄速度。此外，也必须计算视场大小和拍摄和幅数能否满足要求等。

试验中，由于 EFP 尺寸较小而飞行速度较高，使用的胶片感光度一般不超过 27DIN，因此为满足必要的拍摄速度和影像的清晰度，可以使用人工光源。在野外作业中，采用两只串联的氙灯（其发光功率约为 5×10^4W，发光过程约为 2ms 左右），这样当 EFP 进入摄影视场时氙灯立即闪光照亮 EFP 和白色背景板，高速摄影机记录下 EFP 的飞行影像，经过影像判读和处理就可求出 EFP 的飞行速度以及飞行章动角在铅垂面内的分量。

为了保证 EFP 装药发射和摄影机启动及光源闪光之间的联动，所以使用的同步方法是摄影机启动后，当胶片跑过规定长度时发出 EFP 装药起爆信号，EFP 在穿过信号靶（天幕靶或铝箔靶均可）时接通光源电路，以保证在 EFP 时入拍摄视场时氙灯立即闪亮，这样拍摄的成功率甚高。

2. 影像判读和数据处理

（1）将拍摄的影片安装在判读仪上读取距离标记的长度值，计算摄影长度比例尺 K'：

$$K'=\frac{\text{距离标记真实长度值（mm）}}{\text{距离标记影像的长度值（mm）}}$$

（2）由拍摄胶片上的时标点，计算出 EFP 进入视场后胶片的拍摄速度值（fps/s），求倒数，得出每个画幅的时间间隔。

（3）在影片判读仪上读出 EFP 影像的运动位移值（mm）。

① 物体在胶片上的影像直径一般应大于 0.1mm，否则不易读取。——作者注

（4）计算 EFP 的运动速度 V：

$$V = K' \frac{\text{EFP 影像位移值}}{\text{对应的时间间隔}}\ (\mathrm{m/s})$$

（5）首先在判读仪上确定 EFP 的弹轴连线并延长至与摄影水平线相交；然后在判读仪上输入该交点坐标值，同时输入弹轴上和水平线上各任一点坐标值，判读仪上就可自动求出这两条相交直线间的夹角；最后根据 EFP 的发射仰角值，可以求出 EFP 的飞行章动角在铅垂面内的分量 δ 值（EFP 弹轴与其弹道切线间的夹角）。

8.5.2 网靶观察法

由于 EFP 飞行距离 800~1000 倍装药口径才能满足攻击目标的战术要求，故其飞行稳定性（俯仰角、左右倾角）、速度降大小对战术威力指标有极大的影响，所以其飞行稳定性测试是不可缺少的重要试验环节。有条件的情况下，可以采用高速录像法来获取飞行姿态，但由于照相机视野角度的问题，一般全程拍摄需 2~3 台，甚至 4~5 台，设备价格高、拍摄的操作不易实现。采用网靶观察法测试 EFP 飞行姿态虽然不需要昂贵的摄像设备，但器材准备较多、颇费劳力，试验数据采集也颇为麻烦。

网靶观察试验法，具体如下：

1. 试验场地与器材准备

（1）试验场地。根据试验 EFP 装药口径、射距选择相应的平坦场地，便于一系列塑料网靶布设；目标终点应设立 EFP 回收器或利用地形将 EFP 收回，防止跳弹乱飞；装药起爆点应设置防冲击波或壳体碎片（带壳装药）飞散确保安全。

（2）试验器材。试验器材主要有三类：第一类是装药起爆器材；第二类是装药托架和网靶支架（二者均为木制）、塑料网；第三类是防护和回收器材（视需求而定）。根据装药口径和装药量大小选择装药托架和网靶支架尺寸。一般水平射击时，装药托架高度不低于 700mm，托架高度过低对 EFP 成型不利（地面反射波使爆轰场不均衡），托架高度过高浪费器材原料。托架上设置与装药直径相对应的“V”形木块安放装药，保证装药水平、射向准确。塑料网靶支架一般宽度在 800~1000mm，高度视 EFP 装药射向中心高度而定，网靶面中心置于 EFP 射向中心，故网靶面积在 0.8m×1.2m 左右（视需求而定）。

（3）试验辅助工具。网靶固定木条、钉子、记号笔、起爆线、起爆器、水平仪等。

2. 试验一般性要求与布局

（1）试验要求。装药起爆后冲击波或破片不能破坏第一块网靶的距离，装药距第一块网靶的距离视装药口径、药量大小而定，一般为 8~10m；附加条件根据 EFP 成型时间、弹速来制约距离，确保成型 EFP 冲击第一块网靶；根据 EFP 射程大小和摆动周期预算靶架数量和布局间隔，多为 1~2m 间隔布设；网靶材质采用塑料网。利用 EFP 特性可在塑料网靶上留下清晰弹形痕迹，尼龙材质使弹痕变形不利于数据采集。所有网靶都要摆成一排，上下左右对齐并标记瞄准十字线。

（2）试验布局。根据需求将装药托架固定在适当位置，首先在射击方向选定的距离上设定第一块网靶支架；然后按间距布置好所有靶架，并排整齐一排，使每个网靶中心十字线与装药中心射线在一条线上，可用专用瞄准镜、电影经纬仪来实现这一点；最后在起爆点、目标终点布置好防护器材和回收箱等。操作人员离场后，由起爆人员安装起爆器材,经警报声后指挥员下达起爆口令,起爆人员在安全距离和掩体内进行起爆。现场布局如图 8.21 所示,图 8.22 所示为某 EFP 成型过程观测网靶法现场。

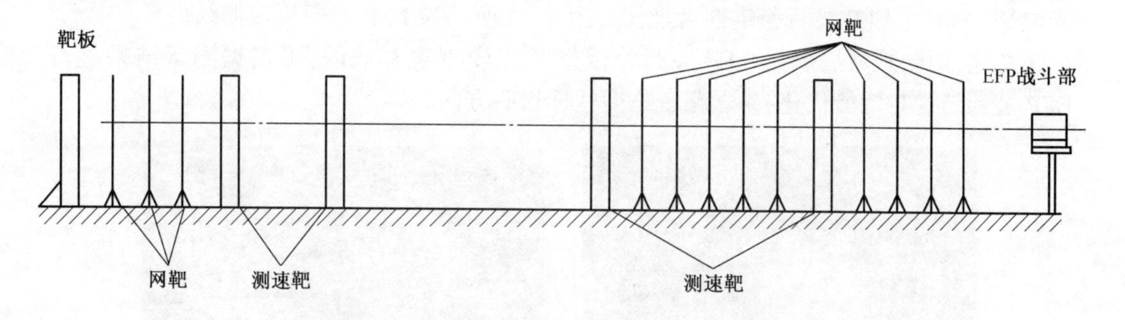

图 8.21　网靶观察法观测 EFP 姿态试验布局图

图 8.22　网靶观察法观测 EFP 姿态试验布局现场

3. 试验后数据采集与分析

网靶试验中可以采集的信息比较多,从破坏的形状上可以判定 EFP 弹丸飞行攻角(俯仰角),摆角左右摆动大小可以确定飞行是否稳定。图 8.23 所示为不同位置 EFP 在网靶上的飞行姿态结果。将每个网靶的弹孔叠加可测量出攻角、摆角具体数值，加上各

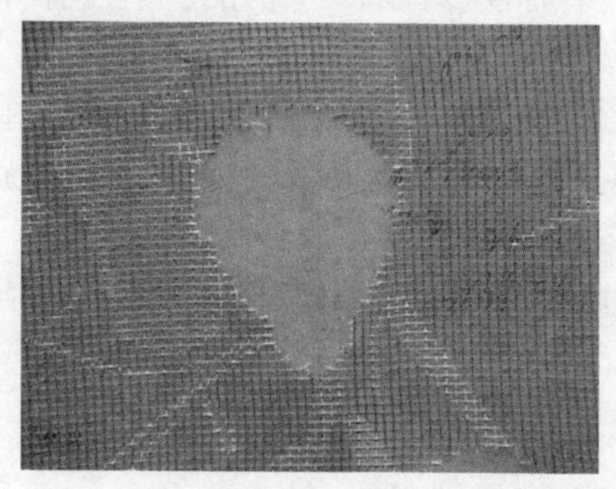

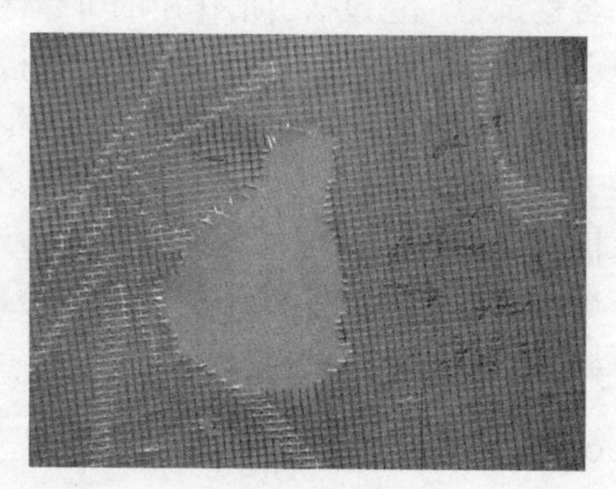

图 8.23　EFP 在网靶上的穿孔照片

个靶在弹道上的位置可测量出其变化周期。如果还有飞行时间、速度测量的数据,则可得全程攻角变化周期及规律。网靶试验采集工作量较大、费时费力。测速方式最好采用光电靶,不干扰 EFP 飞行稳定性为最佳。图 8.24 所示为 EFP 对靶板侵彻结果。

总之,网靶观察法测量 EFP 飞行稳定性是比较直观有效的,可根据测试结果进行 EFP 装药结构与性能优化,为立靶密集度达标指明方向。

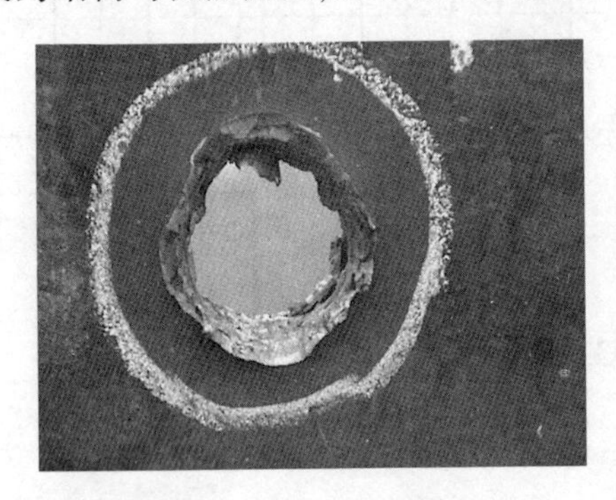

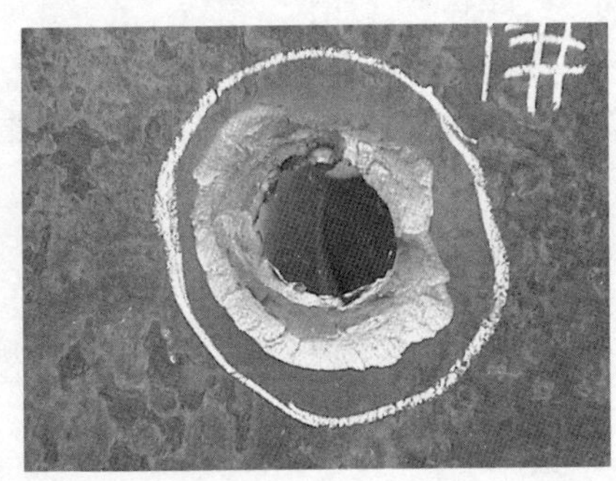

图 8.24 EFP 对靶板侵彻结果

8.6 破甲弹动破甲试验

动破甲试验,即破甲威力试验,是破甲弹性能试验必试项目之一,一般在弹体强度、装药安定性、立靶密集度、静破甲试验之后进行。与穿甲弹情况不同,破甲弹引信是在靶前瞬时引爆装药,不需要在动破甲试验前进行专项弹丸碰击强度试验,但风帽强度及变形情况应能确保引信在最佳炸高条件下起爆炸药,获取最大破甲威力。

8.6.1 试验目的和要求

动破甲试验是考核聚能装药弹丸,单级、双级及多级结构(或反坦克导弹战斗部)在规定条件下射击时侵彻毁伤装甲目标、混凝土目标的破坏能力。

由于聚能装药威力与所配置的引信作用的适时性、可靠性有极大关系,旋转弹丸的聚能装药药型罩抗旋性能及零部件加工精度与装配精度等因素有关,因此动破甲试验是一项综合性试验。它包括引信作用的可靠性、适时性、聚能装药作用正确性、弹丸着靶正确性以及爆炸完全性等弹丸威力性能的考检。

为了对动破威力作出全面评价,在产品设计定型试验中,还要做考核破甲弹着速的适应能力、法向角适应能力,以及诱发聚能装药提前爆炸而降低威力的附加干扰环境的抗干扰能力等试验。

一般动破甲试验不包括后效靶试验,但对破甲弹威力作出综合评定时应包括对后效作用试验,或进行专门的后效试验。

8.6.2 试验方法和试验条件

动破甲威力的试验布局如图 8.25 所示,由钢靶架、靶板、收弹器、观察室、炮位掩体、炮位与火炮、测速靶、安全警报、防护墙、土围墙组成。

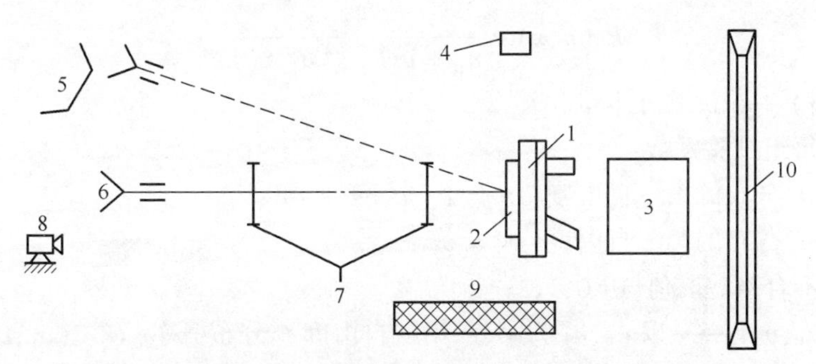

1—钢靶架；2—靶板；3—收弹器；4—观察室；5—炮位掩体；6—炮位与火炮；
7—测速靶；8—安全警报；9—防护墙；10—土围墙。

图8.25　动破甲威力试验场地布置示意图

1. 射距

射距一般为50~100m,可以在降低破甲威力的最大转速所对应距离上考核破甲弹威力是否符合战技指标。对于存在最佳抗旋转速的破甲弹,也可在该转速所对应的射距条件下进行动破试验,以便对威力做出全面的评定。

2. 靶板系统

靶板系统按战技指标规定选取一定厚度的均质靶板（或混凝土靶）和法向角,或与规定装甲目标防护具有等效能力的靶板系统。

试验用靶架结构和目标靶都应按实际目标情况牢固地固定在地基上,其尺寸规格按目标情况而定,允许适当缩比。钢甲靶板为防止弹丸爆炸使靶与靶架脱离,应将靶板牢固地固定在靶架上。由于目前破甲弹均要求大着角侵彻或对三层之间隔靶大着角侵彻,靶板价格昂贵,因此为了提高靶板的多发利用率,便于射击和确保靶前靶后安全,靶板多做成仰视,混凝土靶以改变射向来实现大着角。

无论均质靶还是间隔板或是钢筋混凝土靶,其厚度应符合战技指标要求,面积大小视利用率而定,但应预防边界效应地产生。

射击时,着靶角精度,当法向角大于30°时,安装误差应小于8mil;法向角小于30°时,安装误差小于3mil。

试验弹为实弹、真引信,射击前应进行外观检查和称重,如属压电引信,还应检查其电路是否导通。

3. 发射药及药温

对有规定着速的试验,应按专用减装药选配法确定符合初速要求的试验用发射药量。

生产验收时只做常温全装药的动破试验,产品设计定型应在高温、低温和常温全装药条件下分别进行动破试验威力考核。

4. 试验数量

生产验收试验的试验数量,按产品图规定执行,产品设计定型试验样本数量可参考下式,即

$$P(n,x)=\frac{v_2}{v_1+v_2F_{1-\alpha}(v_1,v_2)} \tag{8.19}$$

式中 $P(n,x)$——试验样本量；

n——每组试验发数；

v_1——F 分布的第一自由度，$v_1=2(n-x+1)$；

v_2——F 分布的第二自由度，$v_2=2x$；

x——不合格数取值，$x=0,1,2$；

$F_{1-\alpha}(v_1,v_2)$——以 v_1,v_2 为第一、第二自由度 F 分布概率，$F_{1-\alpha}(v_1,v_2)$ 可查 GB 4086.4—83《统计分布数值表 F 分布》；

$P=(1-\alpha)$ 百分位点，取置信水平 $1-\alpha=0.8,0.85$。

8.6.3 破甲战斗部模拟动破甲试验方法

反坦克导弹战斗部的动破威力试验，由于发射全弹耗资太大，因此为节省试验经费，一般仅以导弹战斗部进行破甲战斗部模拟动破甲试验。该试验一般通过钢丝绳和火箭滑车试验装置完成试验，模拟弹由模拟发动机、战斗部及附件组成。

1. 钢丝绳试验装置

钢丝绳试验装置利用模拟发动机的推力，将战斗部沿钢丝绳按照要求的速度运送至靶，适用于飞行速度较低、重量较轻的破甲战斗部。该试验装置主要由绞车、钢丝绳、砝码、靶、固定件、模拟发动机等组成，如图 8.26 所示。

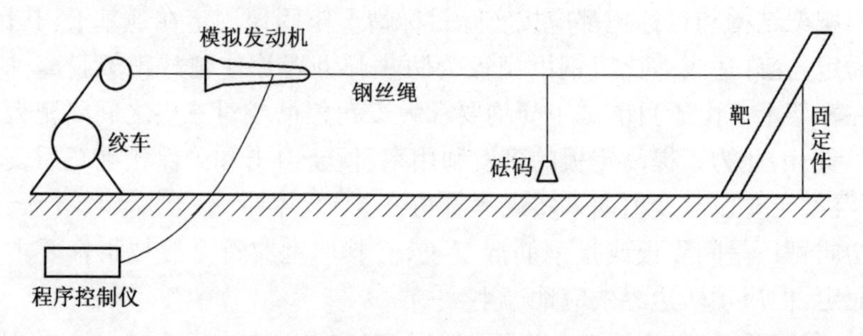

图 8.26 钢丝绳试验装置示意图

试验装置中的绞车分为手动和电动两种，绞车上有调整钢丝绳位置的机构和锁紧机构，且绞车牢固地固定在地基上。钢丝绳应具有足够的抗拉强度，保证有效控制模拟弹运行、着靶姿态及着靶角度。每根钢丝绳挂一个砝码，每个砝码质量为模拟弹质量的二分之一。模拟发动机是用来保证被试战斗部的着靶速度与规定值一致。程序控制仪是对模拟弹进行电性能检测、给模拟弹供电并解脱引信保险。

2. 火箭滑车试验装置

火箭滑车是一种由火箭发动机驱动，在专门轨道上滑动的运行试验平台。试验时，将战斗部或连同模拟弹体一起固定在火箭滑车上，加速到预定速度时，由阻尼装置减速或刹车，瞬间将战斗部或带战斗部的弹体释放，滑离火箭滑车，飞向目标靶。火箭滑车试验装置适用于飞行速度较高、质量较大的破甲战斗部。该试验装置主要由火箭发动机、车体、导轨、防护装置、靶、程序控制仪、火箭发动机点火装置等组成，如图 8.27 所示。采用火箭滑车试验装置的优点是可以保证破甲战斗部准确命中目标,可以节省靶板的用量,尽量避免出现重孔、边穿等无效试验结果。

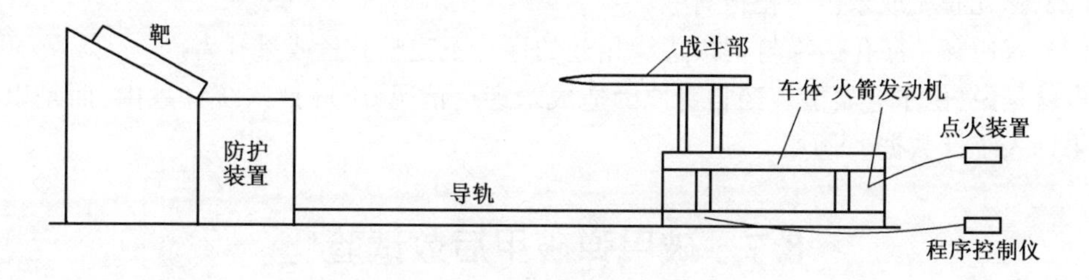

图 8.27　火箭滑车试验装置示意图

火箭发动机应保证被试战斗部着靶速度与规定值一致。车体作为被试战斗部的运动载体,应满足发射和飞行中的强度要求,车体在导轨上运动自如;车体与导轨的贴合连接应保证被试战斗部在高速运动过程中,沿弹径方向产生的振动和位置偏差在要求的范围内。导轨一般分为单轨导轨和双轨导轨两种,可根据需要选择。导轨直线度、水平度及平行度均应满足相应的试验要求;安装应牢固,一般采用无缝线路。防护装置是用来保护导轨、车体和火箭发动机的功能。

8.6.4　试验测试与观察

生产验收试验以全装药在规定射程上射击试验时,一般不需测量弹丸速度。

产品设计定型试验要求设置天幕靶或线圈靶测定弹丸速度,选择的测距应使测速误差小于 1%;测定射流穿过靶后残留速度用喷断靶或用高速摄影法,测速误差应小于 5%。

在试验中,以计时仪测定弹丸着靶（给出开始计时信号）到高速光敏传感器采集到出现爆轰闪光而给出停止计时信号为止的起爆时间。

除必要仪器测试外,靶前还应有专门的观察人员对爆炸情况做观察和记录。

8.6.5　试验结果统计与评定

动破试验不允许有爆炸不完全情况发生,所以每发弹丸都要通过仪器记录和观察判定弹丸是否起爆正常、完全。

弹丸爆炸不完全时炸声小,在靶面上留有残余炸药颗粒、粉末。若有引信瞎火时,则靶面上不应有聚能射流冲刷的痕迹。通过靶面上靶孔特征形状可辅助判定弹丸着靶是否正常、爆炸是否完全。爆炸完全的聚能装药有侵彻穿孔,射击后可测量穿孔的深度。当穿孔内有杵体但靶背面有出口者也为穿透孔,背孔大小往往作为推断后效作用大小。因此,对每发弹要详细记录穿孔的入口纵、横向最大尺寸和出口纵、横向最大尺寸。对未穿透孔,除测量入口尺寸外,还应符合测量规定的细杆量出孔的实际侵彻深度,同时测量靶背部凸起高度（若存在的话）。每发弹孔应写上编号,以便记录和评定是否有射击重孔。当两个穿孔相连通或两个穿孔距离太近不符合技术条件规定者,可视为重孔。

动破甲试验统计破甲率,即命中靶面（有效区）的穿透靶板发数量与试验有效发弹丸数量（符合规定数量的）的百分比。

有下面情况者不计入有效发弹丸,应予以补射。

(1) 因引信瞎火而未穿透者。

(2) 弹丸脱靶或未击中靶板有效区者。

(3) 有边穿(穿孔边缘与靶板边缘相连的穿孔不完整)者或重孔者。

也就是说,由于非聚能装药自身原因造成未穿透情况,不应计入统计量内,而是以补射结果计入统计数据。

8.7 破甲弹破甲后效试验

最终确定聚能装药战斗部对目标的毁伤能力,不仅看目标是否穿透,更重要的是对目标内部设施、人员的毁伤能力,如射流对装甲车辆的毁伤就有后毁伤能力的指标。所以,要进行专门的破甲后效试验,或以适当的有效考核方法与动破甲试验结合一起进行综合性检查。

8.7.1 关于射流对装甲破坏机理的一些观点

对装甲侵彻要求产品装药射流穿过靶后,还要有足够的剩余射流进入装甲目标内部起到毁伤作用。其破坏机理如何呢?

据国外资料报道,靶后破坏程度与射流贯穿过程所产生的破片数成正比,这些破片数有靶板破片、弹丸残块、射流残体等,还与破孔直径有关(出口直径)。破片随破孔直径增大而增加,呈现单变函数关系,但要求穿孔形状规则,是有一定试验条件的。

研究表明,射流对装甲的后效毁伤作用主要是高速和超高速金属质点射流的贯穿作用以及金属破片(如铝破片)的汽化作用。贯穿性孔洞剩余射流与装甲产生的二次破片,在内部杀伤乘员和引燃爆炸物,起杀伤破坏作用。汽化效应是在有限空间内产生冲击波起杀伤作用。

动破甲试验,不仅要评定对主靶(模拟装甲防护能力的靶)的穿透能力,还要通过后效试验来评定对目标的毁伤能力。破甲后效是剩余射流与二次破片等杀伤作用和毁伤作用的总和。杀伤作用是指剩余射流和二次破片对有生力量的杀伤,毁伤作用是指对武器、仪表及其他装置的破坏程度。

总之,破甲后效不仅取决于剩余射流的速度、质量和二次破片的速度、质量,还与穿孔形状、大小、位置以及剩余射流,二次破片飞散方向和范围有关。

8.7.2 破甲后效检验方法

若以真实破甲弹对真实目标检验破甲后效作用,则坦克车辆的试验能得到目标毁伤的真实结果,但是价格极其昂贵,所以不可能在现代坦克上进行该试验。但是该试验效果可以通过一定的模拟(目标)法得到,只是须要用不同的方法对应不同的测定数据,以便综合评定破甲后效作用。此外,该模拟方法也可进行单项后效杀伤作用或毁伤作用试验。

国内外对破甲后效作用基本上采用下面两种检验方法。

1. 模拟坦克目标法

模拟坦克目标方法一般只在专门的破甲后效综合试验或专项试验时采用。

由于实际坦克车辆装甲大多数不是规则的,材质也不均匀,因此贯穿坦克装甲不同于贯穿理想的靶板。坦克车辆的毁伤程度与金属射流贯穿的位置有关,仅对于这点而言,采用模拟坦克目标进行试验,较为真实。

模拟坦克通常采用废旧坦克为模拟新坦克目标,可按新坦克的实际情况附加一些防弹裙板等装甲板。试验时,模拟坦克固定不动,但发动机应尽量保持工作状态。发动机通过外部软管向内供燃料。

在没有废旧坦克时,也可以采用坦克的装甲钢板焊成与坦克内仓大致相同的钢仓。钢仓上的前装甲钢板材料也可与动破甲试验用靶板相同。

模拟坦克的密封必须与坦克相似（单项后效试验时可以是敞开式的）。

仓内各乘员位置上按试验目的装上与乘员等高的模拟物(或试验动物,或由肥皂、明胶等与人体组织相似物质制作的假人,或用干松材料制成宽 0.5mm、厚 125mm 的模拟人形物)。仓内其他部位根据实际目标情况或单项试验目的放置试验品:用木盒或薄金属盒代替电台,用木盒代替内部通信设备和潜望镜,用真实弹药或用装假弹丸的药筒代替弹药,用焊接于炮塔顶部立柱上的模拟装置代替机枪。检验燃料引燃作用时,燃料箱应充满柴油,否则应充满水。

采用实弹、真引信、全装药,在直射距离内选定射距进行射击试验。

每项弹丸穿透一发,就要取出被试品,观察、记录损伤情况包括对试验动物的诊断,记录被杀伤情况。

这种试验有较好的模拟效果,但试验规模大、经费昂贵,而试验量小,一般应有 3~5 发有效弹。

2. 后效靶板法

后效靶板法是国内外常用的能与动破甲试验相结合进行模拟检验的方法,也被穿甲后效试验所采用。

利用主靶后面设置的多层薄靶测定剩余射流和二次破片的侵彻厚度及空间分布情况,以相对比较破甲后效作用。试验后回收到的多层靶毁伤结果显示,剩余射流的侵彻作用,主要是看主剩余射流的作用,离散射流作用效果很小。

该试验方法是在主靶（同于动破甲试验用靶）后面一定距离处开始设置一系列叠合的或等间距排放的软钢（A_3）板,作为检验后效性能的试验用后效靶。射击后,通过各层后效靶上的穿孔和击痕,检测主剩余射流、穿过主靶的杵体和二次破片的穿透层厚度,以及破片数目和射流飞散区,测定破片和射流的空间分布。

一般情况下,0°法向角试验时,后效破片痕通常呈径向对称分布;60°法向角试验时,崩落破片的中心趋于装甲法线方向,并非在射流侵彻主靶的轨迹方向,如图 8.28 所示。

后效靶的靶面大小、厚度、排列形式与数量按破甲弹（或破甲战斗部）的威力或实际装甲目标的内部情况而定。

图 8.29 所示为北约对米兰（MILAN）反坦克导弹战斗的破甲威力试验的靶试条件。主靶为法向角 65°的三层间隔钢甲靶,由前向后各靶厚度为 10mm、25mm、60~80mm,垂直间隔为 330m;后效靶与主靶有相同的法向量,间距为 50mm。每块后效效靶厚度为 10mm,间距为 10mm。

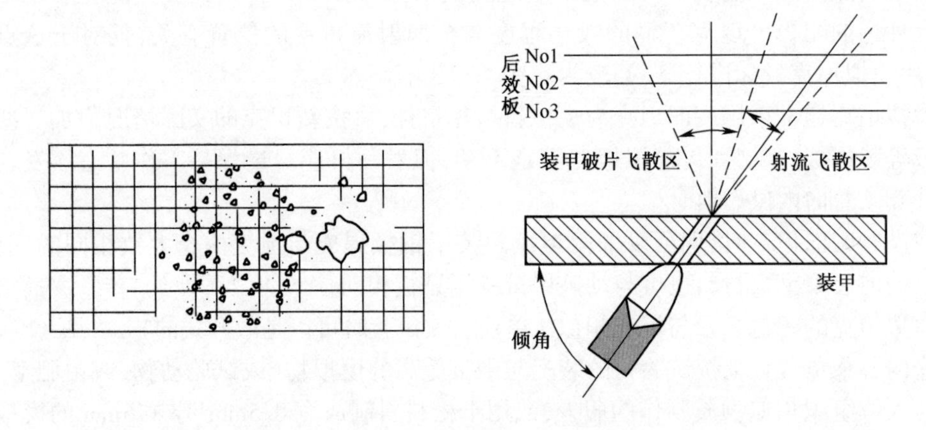

图 8.28　破甲弹 60°水平倾角试验的后效破片分布

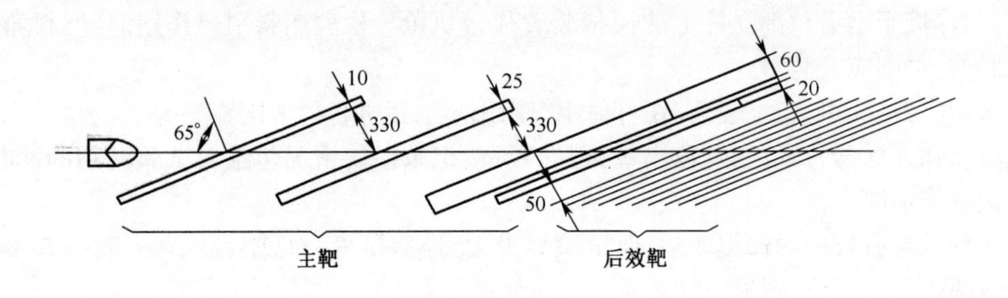

图 8.29　米兰反坦克导弹威力试验三层靶与后效靶

图 8.30 所示破甲穿深大小 800mm 的霍特（HOT）反坦克导弹战斗部破甲威力试验的靶试（850～900MPa）条件。主靶三层板厚度（断裂强度）为 10mm（1090～1190MPa）、25mm（370～440MPa）、80mm，法向角 65°。后效靶厚度为 10mm（392MPa），后效靶的布置如图 8.30 所示，以 20 块叠合板放在第 4 块靶后面 0.5m 处，法向角全为 0°。

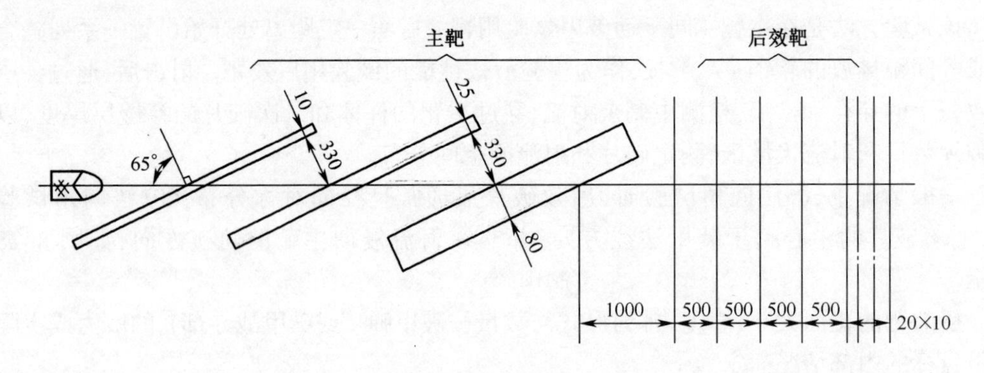

图 8.30　霍特反坦克导弹三层靶与后效靶

破甲威力试验各产品的靶试条件有所不同，后效靶布置主要参考如图 8.30 所示。GJB140.86《破甲弹后效检验方法》规定：后效靶与主靶的间距为 580～620mm 或45～

55mm（根据被试产品的有关资料选用）。

8.7.3　测试数据及其处理

1. 有效弹

能同时满足下面各条件为有效弹。

（1）引信作用正常。

（2）弹丸着速和法向角符合试验要求。

（3）弹丸命中主靶（或模拟坦克靶）有效区，靶板正面的射流穿孔与靶边缘距离不小于 1 倍弹径。

（4）在弹着方向的穿孔形成区内，靶板背面无贴近（靶背面）的障碍物。

当出现弹丸对主靶作用正常而射流未穿透主靶或未穿透后效靶者也应作为有效弹，以便统计动破甲试验的破甲率。

有效弹发数的确定：当后效试验与动破试验相结合时，有效弹发数与动破甲试验数量相同；若后效试验单独进行，则有效弹发数应根据破甲弹的有关资料确定。

2. 后效试验无效弹

满足以下任一条件，即后效试验无效弹。

（1）情况同于动破甲试验不计算发数。

（2）弹丸未命中模拟坦克的指定部位或虽然命中，但出现重孔。

（3）出现射流穿透主靶后主剩余射流脱离后效靶，或只击中后效靶架及其零部件，或在后效靶上出现主剩余射流形成的边穿或重孔等。

3. 对每发射弹测定

每发射弹均须按下面的要求测定。

（1）主靶或装甲板上的实际破甲深度。

（2）主靶或装甲板上的射流入口和出口尺寸和位置。

（3）对每发有效弹测定穿透后效靶的层数。可将未被穿透的后效靶上产生的所有凹坑累积深度大于 30mm 者，按穿透后效靶计算。

（4）计算一组有效弹的穿透后效靶平均层数，即

$$\bar{n} = \frac{1}{m}\sum_{i=1}^{\infty} n_i$$

式中　$\bar{n}$——一组有效弹穿透后效靶的平均层数；

m——一组有效弹的发数；

n_i——第 i 发有效弹穿透后效靶板的层数。

（5）对每发有效弹测定每层后效靶上的穿孔数、凹坑数和深度，记录后效靶上的鼓包、麻点、喷铜情况。

8.7.4　对后效靶板法试验结果的分析图表

1. 综合评估破甲弹后效作用提供有关照片和图表

综合评估破甲弹后效作用的图表一般包括破片质量、数量主空间分布的统计。表 8.1 列出某破甲弹后效试验的破片穿孔数。可将破片按大小分成四组，即 0～3.175mm、

3.175~6.35mm、6.35~19.05mm 和大于 19.05mm。将 60°倾角试验的破片数记入图 8.26 所示的各后效靶（靶面为 1.209m×2.438m）的相应网格内，每个网格内分 4 小格分别对应 4 组破片孔的数量，规定填写顺序为先左后右、先上后下，并按纵、横两个方向表示总计破片数。由图表统计值可进一步绘制破片分布直方图等图形或曲线。记录后效靶试验破片分布的矩形表格如图 8.31 所示，目标装甲条件为距离弹丸 50mm 处位置主靶，主靶和后效靶中间隔空气。靶体倾角为 60°，炸高为 2 倍装药直径。

表 8.1　各层后效靶上的破片穿孔总数

射弹序号	倾角/(°)	主靶厚/mm	穿孔直径/mm	后效靶上穿孔数		
				1	2	3
1	0	101.6	37.85	981	64	37
2	60	50.8	37.85	638	214	45

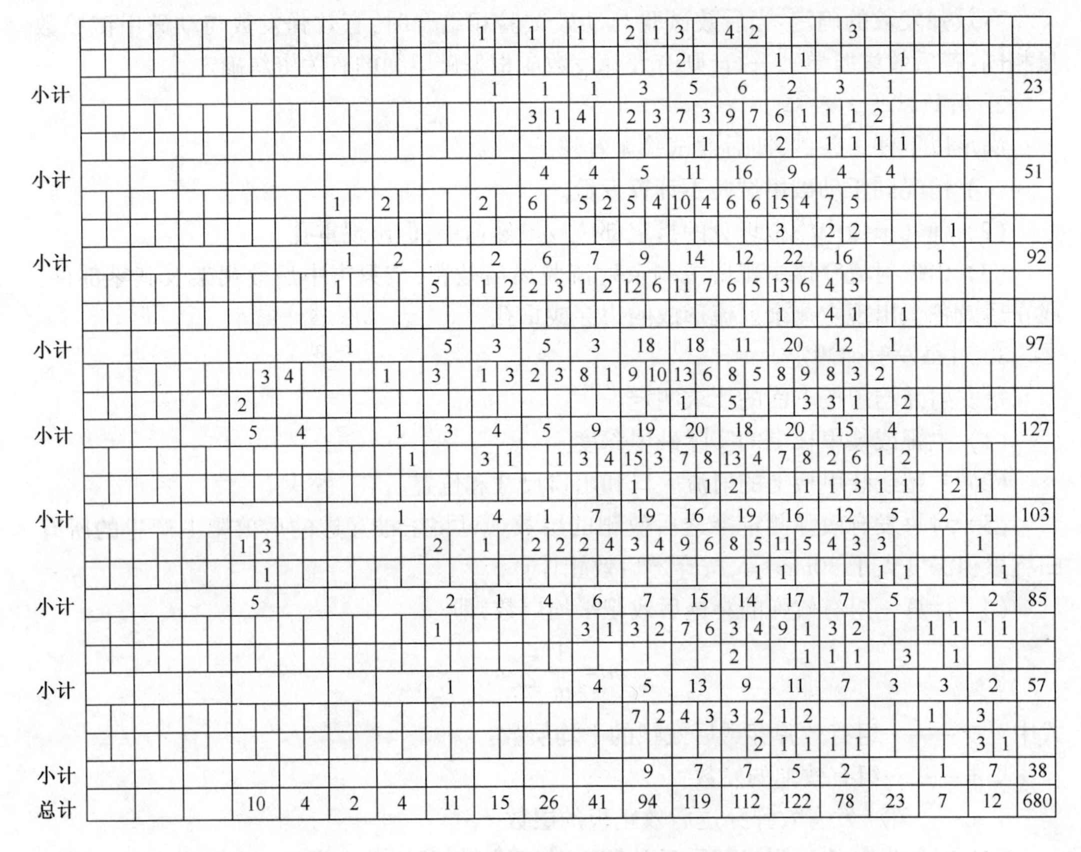

																		1		1		1		2	1	3		4	2				3								
																										2				1	1				1						
小计																	1		1		1		3		5		6		2		3		1						23
																				3	1	4		2	3	7	3	9	7	6	1	1	1	2							
																											1			2		1	1	1	1						
小计																			4		4		5		11		16		9		4		4						51
												1		2				2		6		5	2	5	4	10	4	6	6	15	4	7	5								
																														3		2	2				1			
小计											1		2				2		6		7		9		14		12		22		16				1				92
												1				5		1	2	2	3	1	2	12	6	11	7	6	5	13	6	4	3								
																														1		4	1		1					
小计											1				5		3		5		3		18		18		11		20		12		1						97
									3	4				1		3		1	3	2	3	8	1	9	10	13	6	8	5	8	9	8	3	2							
							2																		1		5			3	3	1		2					
小计							5		4				1		3		4		5		9		19		20		18		20		15		4						127
															1			3	1		1	3	4	15	3	7	8	13	4	7	8	2	6	1	2						
																							1			1	2			1	1	3	1	1		2	1		
小计													1				4		1		7		19		16		19		16		12		5		2		1		103
							1	3							2		1		2	2	2	4	3	4	9	6	8	5	11	5	4	3	3				1		
								1																				1	1				1	1				1	
小计							5								2		1		4		6		7		15		14		17		7		5				2		85
															1						3	1	3	2	7	6	3	4	9	1	3	2			1	1	1	1	
																											2			1	1	1		3		1			
小计															1						4		5		13		9		11		7		3		3		2		57
																							7	2	4	3	3	2	1	2					1		3		
																												2	1	1	1	1					3	1	
小计																							9		7		7		5		2				1		7		38
总计							10		4		2		4		11		15		26		41		94		119		112		122		78		23		7		12		680

图 8.31　记录后效靶试验破片分布的矩形表格图

2. 动破甲试验结果评定

若被试品在动破甲试验中能满足战技指标或产品图规定要求，则评为合格。

合格的破甲弹在动破甲试验中应该引信作用正常、破甲率满足要求（一般不低于 90%）、后效靶穿透层数满足要求，或者破甲射流出口直径满足要求等。

破甲弹后效作用的威力可根据后效靶的毁坏情况进行相对比较、分析，做出威力评定。

8.7.5　模拟坦克目标法的毁伤结果评定

对破甲后效作用作出恰当的评定是一项复杂的、综合性技术工作,应由有关专业技术人员和坦克、弹药使用部门人员共同组成评定小组,按试验数据和试验情况对每发试验做出评定或分级评定。

对乘员的杀伤作用分级:轻伤（还能继续参加战斗有效执行战斗指令）、重伤（不能继续参加战斗指令）以及立即死亡。

对弹药或油料的单项后效作用检验时,应根据被引爆或被引燃情况进行评定。

对弹药、油料、仪器、设备和武器的毁伤作用,应根据破甲弹对模拟坦克的毁伤程度进行综合评定。

1. 坦克的毁伤等级

一般公认的毁伤等级定义如下:

（1）“M”级毁伤:使坦克瘫痪,不能进行可控运动,而且不能由乘员当场修复的破坏。

（2）“F”级毁伤:使坦克主要武器丧失功能的破坏,或是由于乘员无力操作造成,或是由于武器或其配套设备损坏导致不能使用,而且不能由乘员当场修复造成。

（3）“K”级毁伤:坦克被击毁、丧失机动能力,达到无法修复程度的破坏。

2. 按标准破坏程度评价表对所遭受的破坏作出数值评价

为准确评价命中弹丸对坦克的破坏程度,必须建立一套标准数据,以便给出各基本部件损坏且综合的坦克破坏程度。表8.2所列为由于坦克内部部件损坏时的坦克破坏程度评价表;表8.3所列为由于人员伤亡或坦克失能时的坦克破坏程度评价表。表中数据仅考虑单发命中作战坦克的作用效果,并未考虑命中时坦克的战术任务或对乘员的士气和心理作用的影响。因此,这样的评定结果偏于保守。

表8.2　典型的坦克破坏程度评价表（以内部部件损坏为依据）

部　　件	破坏级别		
	M	F	K
主炮用药筒	1.00	1.00	1.00
主炮用弹丸（高能炸药/白磷燃烧弹）①	1.00	1.00	1.00
主炮用弹丸（动能弹）	0.00	0.00	0.00
机枪弹药	0.00	0.10	0.00
武器			
并列机枪	0.00	0.10	0.00
炮塔高射机枪	0.00	0.05	0.00
主炮用武器	0.00	1.00	0.00
并列机枪和炮塔高射机枪	0.00	0.10	0.00
所有其他武器	0.00	1.00	0.00
主炮制退机构	0.00	1.00	0.00

（续）

部件	破坏级别		
	M	F	K
蓄电池	0.00	0.00	0.00
车长和观察装置	0.00	0.00	0.00
驱动控制机构	1.00	0.00	0.00
驾驶员潜望镜	0.05	0.00	0.00
发动机	1.00	0.00	0.00
单侧油箱漏油	0.05	0.00	0.00
高低机			
动力	0.00	0.00	0.00
手动	0.00	0.00	0.00
二者	0.00	1.00	0.00
火力控制系统			
主用系统	0.00	0.10	0.00
备用系统	0.00	0.00	0.00
二者	0.00	0.95	0.00
内部通信设备			0.00
全部设备	0.30	0.05	0.00
车长用设备	0.00	0.05	0.00
射手用设备	0.00	0.05	0.00
车长和射手用设备	0.30	0.05	0.00
装填手用设备	0.00	0.00	0.00
驾驶员用设备	0.30	0.00	0.00
旋转式分电箱	0.35	0.20	0.00
炮塔接线盒	0.35	0.10	0.00
无线电设备			
现代战争、现代作战方式	0.05	0.05	0.00
现代战争、未来作战方式②	0.25	0.25	0.00
方向机			
动力	0.00	0.10	0.00
手动	0.00	0.00	0.00
二者	0.00	0.95	0.00

① 被摧毁时会引起燃烧或爆炸；

② 这种破坏显然是由于指挥控制失灵造成的。

表 8.3　典型的坦克破坏程度评价表[①](以人员伤亡或失能为依据)

人　　员	破坏级别		
	M	F	K
车长	0.30	0.50	0.00
射手	0.10	0.30	0.00
装填手	0.10	0.30	0.00
驾驶员	0.50	0.20	0.00
两名乘员失能			
车长和射手	0.65	0.95	0.00
车长和装填手	0.65	0.70	0.00
车长和驾驶员	0.90	0.60	0.00
射手和装填手	0.55	0.65	0.00
射手和驾驶员	0.80	0.55	0.00
装填手和驾驶员	0.80	0.50	0.00
唯一幸存者			
车长	0.95	0.95	0.00
射手	0.95	0.95	0.00
装填手	0.95	0.95	0.00
驾驶员	0.90	0.95	0.00

① 本表所列数据是在假定有三名炮塔人员和一名驾驶员的基础上给出的。

3. 坦克破坏程度数据评价示例

假设弹丸命中坦克,车长和装填手已伤亡或已失去战斗力,则坦克破坏程度评价数据值为 M=0.65、F=0.70、K=0,即坦克仅具有 35%的机动能力和 30%的有效火力。作出这种评价的理由是尚存射手和驾驶员,坦克仍具有机动能力,按幸存者将竭尽全力使坦克继续作战考虑,那么驾驶员还能充当装填手,并与射手配合作战,此时坦克的机能性大为降低;同时射手已移到车长位置代行指挥,并处置伤员和操作发射武器,这将大大降低坦克火力。对于破甲后效作用还应评定对发动机(推进)系统、武器系统和燃料系统的毁伤等。

思　考　题

1. 金属射流、聚能杆式侵彻体和爆炸成型弹丸形成的条件是什么?比较三者的性能优劣。

2. 影响射流破甲威力的因素有哪些?

3. 简述 X 射线测定射流速度的试验原理。

4. 简述计时仪测定射流速度分布的试验原理。

5. 静破甲试验和动破甲试验的目的分别是什么？怎么评定动破甲试验结果？

参 考 文 献

[1] 魏惠之,朱鹤松,汪东晖,等. 弹丸设计理论[M]. 北京:国防工业出版社,1985.
[2] 李向东,钱建平,曹兵,等. 弹药概论[M]. 北京:国防工业出版社,2004.
[3] 中国兵工学会弹药学会. 破甲文集(3)[G]. 北京:[出版者不详],1982.
[4] 中国兵工学会弹药学会. 破甲文集(4)[G]. 北京:[出版者不详],1984.
[5] 中国兵工学会弹药学会. 破甲文集(5)[G]. 北京:[出版者不详],1987.
[6] 黄正祥,祖旭东. 终点效应[M]. 北京:国防工业出版社,2004.
[7] 曹柏帧,凌玉崑,蒋浩征,等. 飞航导弹战斗部与引信[M]. 北京:中国宇航出版社,1995.

第9章 特种弹特种效应试验

特种弹在弹道终点以特种效应完成各自的特定战斗任务。其特种效应主要包括照明弹对区域的照明效应、发烟弹的烟幕遮蔽效果、燃烧弹对易燃物或构件的纵火效应,以及由信号弹施放特定颜色弹道用于通信等。近年来,随着科学技术的发展和现代战争电子对抗的要求,特种弹的品种和应用日益扩大,因此其特种效应还包括对红外光、激光测量与制导的干扰和施放诱饵等。例如,红外诱饵弹是一种欺骗性的光电对抗器材,适时施放红外干扰源。它具有大多数机载导弹红外导引头的工作频谱,辐射强度相当或高于目标的辐射强度,可配在战斗机、轰炸机和直升机或舰船上诱骗空空、地空和反舰红外制导导弹,使这些导弹偏离目标而失效。对这类弹药须测定红外烟火剂燃烧的光谱和能量强度。本章将在9.2节烟幕效应中介绍对红外光、激光的衰减试验及试验结果,还将介绍箔条干扰弹的干扰特性试验以及图像侦察弹的评价方法,供新弹药研制试验参考。

9.1 照明弹空抛照明效应试验

照明弹空抛照明效应试验简称为照明效应试验,又称为照明弹作用可靠性试验。

照明弹内装照明剂,利用其在夜间点燃后发出的强光来观察目标区域或观察设计效果等,也可对敌人夜视器材实施干扰。照明弹一般为有伞结构、弹体内装照明炬,利用吊伞（一次或二次抛出主伞）系统减少照明炬的下降速度和转速,以保证照明效果。

9.1.1 试验目的和试验原理

照明弹空抛照明效应试验是一项综合性能试验,目的是考察照明弹在最大（或最小）空爆距离及常温、高温和低温条件下,以规定的抛高范围实施空抛后的照明效应是否符合战术要求,与此同时检查各零部件的空抛作用是否可靠。

“抛高”是指空抛式弹丸在弹道上由引信发火后,装填物被抛出弹体（抛射体）瞬间的空间点,即抛点到地面的垂直距离。抛点散布直接影响开伞点的方位和高度,从而影响照明效果。图9.1所示为照明弹的开伞距离 $x_{K\min} \sim x_{K\max}$,即照明弹的使用范围。

照明效应试验有静态试验和射击试验两部分。静态试验是在规定的测光塔中以自动光色测量仪对照明炬测定发光强度。例如,54式122mm榴弹炮照明弹的发（白）光强度要求:大于等于 45×10^4 cd;71式100mm迫击炮照明弹的发（黄）光强度要求:大于等于 55×10^4 cd。射击试验是在靶场进行空抛效应试验,在规定的温度、空爆距离和抛高范围内试验照明炬的抛射作用、开伞过程和点燃情况,并测定照明效应的性能参数。

照明效应的性能参数有照明光源（如照明炬）的发光强度、空中燃烧时间（开始点

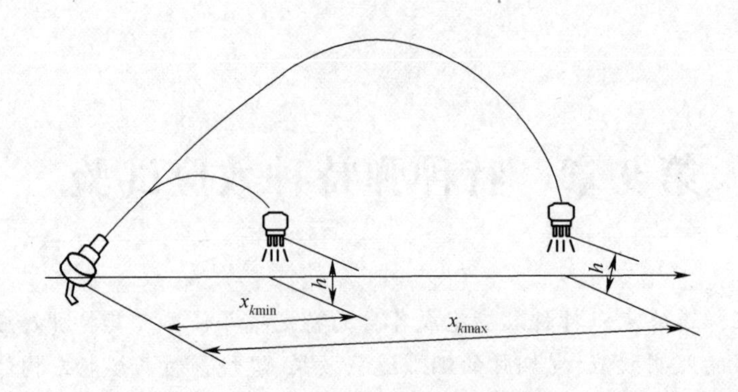

图 9.1 照明弹开伞距离与使用范围

燃至燃烧结束或至燃烧照明炬落地为止的时间,落地后的燃烧时间无效)、伞炬系统下降速度、最佳作用高度、最大照明面积(或半径)及最大空爆距离等。表 9.1 所列为 100mm 迫击炮照明弹和 122mm 榴弹炮照明弹的照明效应性能参数。照明弹的最佳作用高度是产生最大照明面积(或半径)时光源的悬吊高度,而最大照明面积区边缘的照度 E_m(lx) 应满足规定要求。

表 9.1 照明弹的照明效应性能参数

弹丸	发光高度/m	发光强度/10^4cd	发光时间/s	照明直径和高度/m	最大空爆距离/m	下降速度/(m·s^{-1})
71 式 100mm 迫击炮照明弹	500~700	55	40(黄光)	≈1300/高 458	≈3680	≤7
54 式 122mm 榴弹炮照明弹	500~650	50	>25(白光)	≈1000/高 500	≈10800	≤10

弹丸的存速,即抛点的瞬时速度,将直接影响吊伞系统开伞的正确性。图 9.2 为线膛炮照明弹开伞过程示意图。在高、低存速条件下,开伞试验是对照明效果的严格考核条件之一。在高存速条件下,吊伞照明炬系统受到最大开伞动载的作用,容易产生吊伞破损、吊伞与照明炬分离和照明剂脱离照明炬壳、掉药等现象。伞衣轻微破损对开伞照明效果影响不大,但伞衣严重破损时,就会影响吊伞照明炬系统的稳定下降和下降速度。破损过于严重时,充进伞衣的空气漏出而使伞衣闭合,出现不开伞现象。在低存速条件下开伞试验时,则不利于吊伞外围的非金属零件的(离心)分离,并可能影响伞衣的充气、张满过程,出现抛点到开伞点的距离过长。基于上面分析,对照明弹的空抛效应试验要限制抛点的弹丸速度,或者按最大、最小爆距进行试验。最大爆距是在全装药、最大射程角条件下得到的;最小爆距是以战技指标规定的装药号及确定的射程角条件下得到的。对于定装式装药的线膛炮照明弹,最小爆距处的弹丸存速为最大。

照明炬和抛射药对温度较为敏感。在高、低温条件下的试验是在极限温度条件下检查空抛照明效应。高温试验时,弹丸是在高存速、高转速极限条件下试验。在空抛过程中,弹底和其他零件对吊伞照明系统的干扰加剧,照明炬的燃烧加快、照明时间缩短。低温条件下高存速试验时,吊伞和照明炬之间的连接零件可能断裂造成伞炬分离,照明剂易产生裂纹,或炬壳之间产生缝隙而出现照明剂掉药和照明剂脱壳,照明失效。由于此时弹丸为低存速,可能造成伞衣不易充气、张满,因此要对吊伞照明炬系统采用常温、高

图 9.2　线膛炮照明弹开伞过程示意图
(a) 拉直伞绳；(b) 伞衣充气；(c) 张满；(d) 稳定下降。

温和低温三种温度的考核。

9.1.2　试验方法和试验条件

1. 试验弹药和炮

试验炮与射程和密集度试验相同。试验炮的剩余使用寿命不低于全寿命的 3/4 与其他特种效应试验相同。

试验的弹药和其数量如下：

(1) 最大爆距试验时，试验弹药为实弹、真引信、全装药。产品定型试验时，在常温、高温和低温条件下各试验 20 发。

(2) 最小爆距试验时，试验弹药为实弹、真引信、由战技指标规定的装药号。产品定型试验时，在常温条件下试验 20 发、高温和低温条件下各试验 10 发。产品生产验收试验的数量按产品图规定，一般为 5 发。

2. 对吊伞照明炬系统的落点区和天气要求

为便于射后回收吊伞照明炬系统，其落点区应选在地面平坦且无建筑物、树木和河流的地区。

试验应在地面平均风速不超过 10m/s 的夜间进行（若无条件进行夜间测光时可在白天进行，则发光强度数据用静测结果）。雾天或云层很低的阴天看不清弹丸爆点和照明炬下落燃烧情况，不宜试验。

3. 测试方法与数据处理

1）抛高、开伞高和照明炬熄火高的测定与计算

所用光学仪器有方向盘、电影经纬仪、电视经纬仪（夜间用）以及能作实时处理的CCD弹道经纬仪等。

图9.3所示为交汇法测抛高、开伞高和照明炬熄火高。

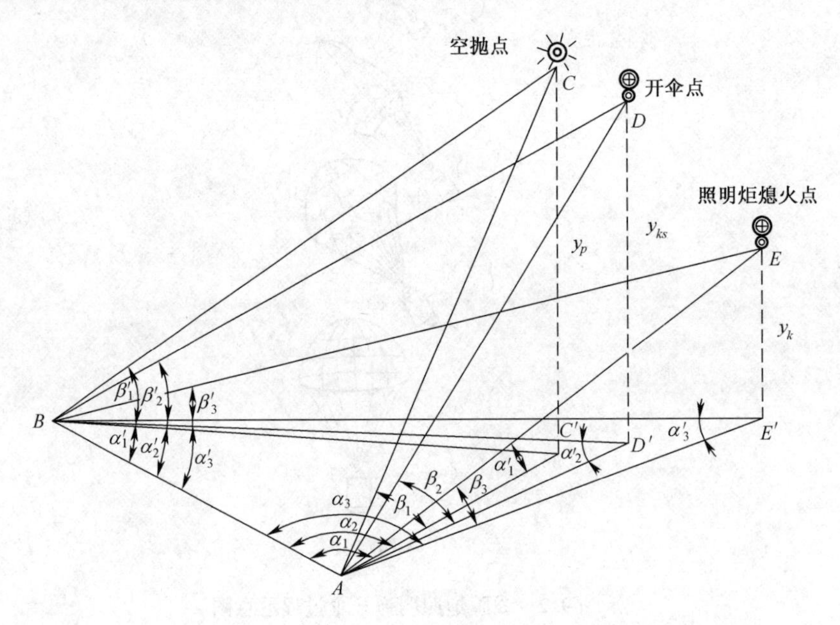

图9.3 交汇法测抛高、开伞高和照明炬熄火高

可在照明弹落点区设置观察所。已知 A、B 两个观察所（各设置两部光学仪器）之间的距离 $AB=800\sim1000\text{m}$。

抛点 C 及其垂足 C' 可观测到方向角 α_1 和 α_1'、高低角 β_1 和 β_1'。

开伞点 D 及其垂足 D' 可观测到方位角 α_2 和 α_2'、高低角 β_2 和 β_2'。

照明炬熄火点 E 及其垂足 E' 可观测到方位角 α_3 和 α_3'、高低角 β_3 和 β_3'。

$\triangle ABC'$ 用正弦定理求出 AC' 和 BC' 后，便可确定抛高 y_p，即

$$y_p = CC' = AC'\tan\beta_1 = BC'\tan\beta'_1 \tag{9.1}$$

$\triangle ABD'$ 用正切定理求出 AD' 和 BD' 后，便可确定开伞高 y_{ks}，即

$$y_{ks} = DD' = AD'\tan\beta_2 = BD'\tan\beta'_2 \tag{9.2}$$

$\triangle ABE'$ 用正切定理求出 AE' 和 BE' 后，便可确定照明炬熄火高 y_x，即

$$y_x = EE' = AE'\tan\beta_2 = BE'\tan\beta'_3 \tag{9.3}$$

2）下滑高度

从抛点到开伞点的一段轨迹称为下滑段，下滑高度 y_{kw} 为

$$y_{kw} = y_p - y_{ks} \tag{9.4}$$

3）照明炬空中燃烧时间 t_k，平均燃烧时间 $\bar{t}_k$

（1）以 I-t 曲线测定 t_k，参见式（9.8）。

（2）用秒表测定照明炬空中燃烧时间 t_k（秒表精度为0.01s）：从照明炬开始点燃至空中燃烧结束，或至燃烧照明炬落地为止不计继续燃烧的时间，并计算一组 n 发（正常作

用弹）的平均燃烧时间，即

$$\bar{t}_k = \frac{1}{n}\sum_{i=1}^{n} t_{ki} \tag{9.5}$$

4）照明炬系统下降速度 v_j，平均下降速度 $\bar{v}_j$

照明炬系统的瞬时下降速度 $v_j(t)$ 可通过摄影经纬仪跟踪系统测量出瞬时空间坐标 $x(t)$、$y(t)$、$z(t)$ 及下降速度分量 $v_{jx}(t)$、$v_{jy}(t)$、$v_{jz}(t)$，得到合成速度量 $v_j(t)$。

若是现场秒表测定单发燃烧时间 t_k，则用下式求单发照明炬系统下降速度为

$$v_j(t) = (y_{ks} - y_x)/t_k \tag{9.6}$$

式中　v_j——照明炬系统的下降速度；

y_{ks}——开伞点高度；

y_x——熄火点高度；

t_k——照明炬燃烧时间。

一组 n 发弹（正常作用弹）的平均下降速度 $\bar{v}_j$ 为

$$\bar{v}_j = \frac{1}{n}\sum_{i=1}^{n} v_{ji} \tag{9.7}$$

所测量的平均值 $\bar{t}_k$ 和 $\bar{v}_j$ 数据可供试验分析作参考。

5）动态发光强度 $I(t)$ 的测定

为测定照明炬的动态照明效果而需测量 $I(t)$ 时，应在预先选定的落点区布置受光器，即光电管传感器（光照度量程至少为 0.538~2.152lx）的方阵区：按 19×19 方阵排列 361 个传感器并编号，传感器的间距为 100m。

确保测试效果，试验弹的抛点应调整到该方阵的中心区上空，在环境光照度低于传感器灵敏度界限值的 5%时才能进行试验。由磁带记录仪记录（或胶片显示）照度—时间特性曲线；应用式（9.9）计算发光强度 I，绘制时间—发光强度曲线（I-t）及高度—发光强度曲线（I-h）。照明弹的照明特性随抛点的不同而变，即不同的抛高条件下照明特性曲线不同。图 9.4 所示为美式 107mm 照明弹（86.6×10^4cd）在 4 种抛高试验中测出的照明特性曲线。

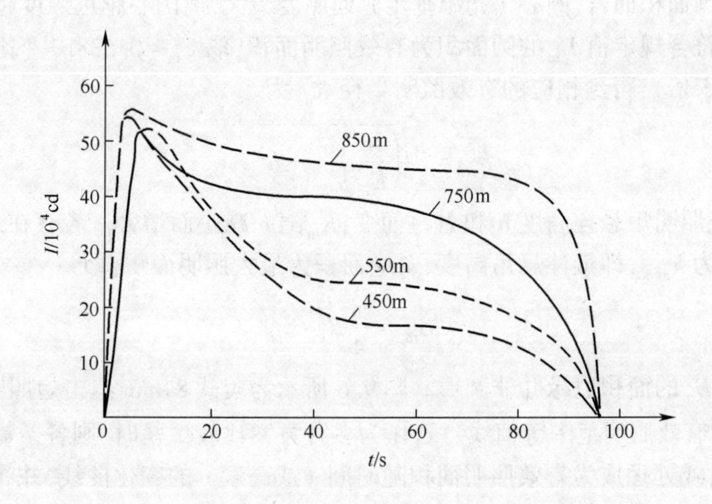

图 9.4　美式 107mm 照明弹在不同抛高下的光强度曲线

利用 $(I-t)$ 曲线可以确定燃烧时间 t_k。该时间起点 t_1 取值为 $I_1=0.25I_{max}$ 对应的时间,时间结束点 t_2 取值为 $0.5R_m$(R_m 为有效照明半径)时刻,则

$$t_k = t_2 - t_1 \tag{9.8}$$

6)计算最佳作用高度,有效照明面积和有效照明范围的等值线

图 9.5 所示为将照明炬作为点光源(A)处理。被照明面上任意一处的照度 E_i 为

$$E_i = \frac{1}{l^2}\cos\alpha = \frac{I}{h^2}\cos^3\alpha \tag{9.9}$$

式中 E_i——被照面上某处的照度(lx);

I——照明炬的发光强度(cd);

l——测光距离(m);

h——照明炬在空中的悬挂高度(m);

α——地面法线与被照面中心 M 到光源连线之间的夹角。

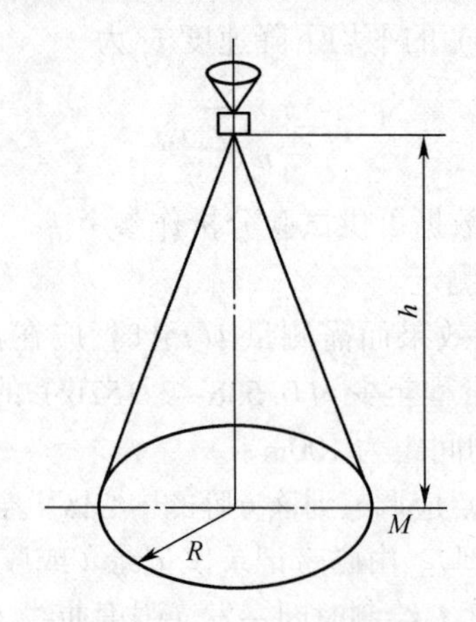

图 9.5　点火源照明

对于照明圆面积而言,圆心(光源垂足)处照度最大,离圆心越远照度越小。设以边缘的照度正好符合规定值 E_m 的圆面积为有效照明面积,取 $E_m=0.538$lx①(比满月时在月光照明下亮 2.5 倍),得到相应的有效照明半径 R_m 为

$$R_m = \sqrt{\left(\frac{Ih}{E_m}\right)^{2/3} - h^2} \tag{9.10}$$

照明半径 R_m 随照明炬悬挂高度 h 和 $I(t)$ 而变,R_m 随 h 减小而增大。若存在最大值 R_{max},则其对应高度为 h_{max},即最佳悬吊高度,对应面积为最大照明面积,即

$$S_m = \frac{\pi}{4}R_m^2 \tag{9.11}$$

实测的等照度 E_m 的面积边缘并非圆形。图 9.6 所示为美式 81mm 迫击炮照明弹($I=51\times10^4$cd)实测的有效照明范围等值线。若作为多种方案比较试验时,则各条等值线应取相同的时间坐标,或处理成为有效照明面积随时间(或高度)的变化曲线,并将各方案与标

① 取自 MTP4-2-132。——作者注

准弹的曲线相比较。

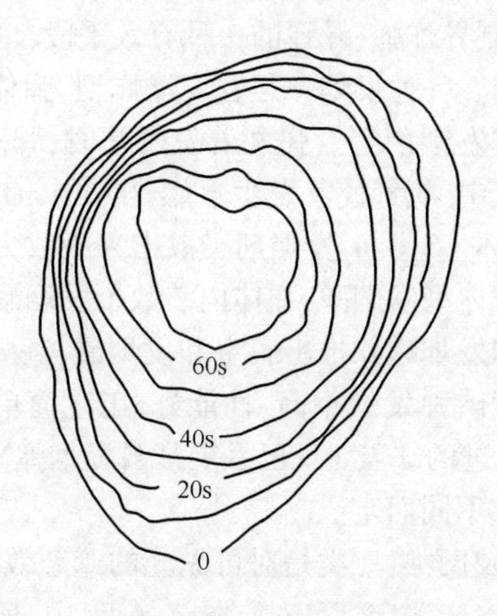

图 9.6　迫击炮照明弹有效照明范围等值线

7）计算伞矩系统的全失效率

当照明炬在空中燃烧时间小于规定的燃烧时间的一半为全失效。

全失效率是全失效数与试验总数的百分比。

8）计算伞炬系统的半失效率

当照明炬在空中燃烧时间小于规定的燃烧时间，但大于规定燃烧时间的一半为半失效。

半失效率是半失效数与试验总数的百分比。

平均燃烧时间 $\bar{t}_k$ 和平均下降速度 $\bar{v}_j$ 是按正常作用发计算的，不含全失效和半失效试验发。

9）非有效计算发的情况。

因引信失效而瞎火者。爆高低于规定值时，虽然照明炬系统开伞作用正常，但照明炬落地燃烧使空中燃烧时间低于规定燃烧时间者等。

9.1.3　试验结果的评定

试验合格的产品：在高、低、常温条件和限定抛点弹丸存速或按规定的最大、最小爆距射击时，照明弹各零部件空抛作用可靠，吊伞系统开伞正确，照明炬点燃性能可靠。所测定的静态发光强度、照明炬燃烧时间，伞炬系统平均降速及规定抛高条件下的伞炬系统的最大照明面积符合战术技术指标。统计数据中的全失效率和半失效率，或在无全失效率情况下的半失效率，均在规定范围内（例如，线膛炮一般允许全失效率不超过 5%，半失效率不超过 10%；若没有全失效的，则半失效率允许 15%）。

9.2　发烟弹烟幕效应试验

发烟弹烟幕效应试验又称为烟雾效应试验。装有发烟剂的航空炸弹、火箭弹、炮弹、手榴弹、枪榴弹以及装甲车辆的抛射弹等主要用于施放烟幕、迷盲敌人、隐蔽自己、遮挡敌方的（可见光和红外光）观察、干扰末制导导弹的红外寻的，还可指示目标。在现代战争中，烟幕已成为对抗激光制导炸弹、导弹的一种有效手段，也是一种无源光电对抗。

发烟弹有两种基本结构。一种发烟弹是着发爆炸型，弹体内装填黄磷发烟剂（故称为黄磷弹）或易挥发的液体发烟剂等。弹丸着发爆炸时，弹头部爆管将弹体炸裂，抛散出发烟剂。黄磷飞散到大气中，氧气使其发生自燃，生成 P_2O_5，并与水分发生化学反应，迅速凝聚成白色烟幕，或液体（S_2O_3）发烟剂飞散出来吸收大气中的水分或升华形成烟幕。另一种发烟弹是空抛载体型发烟弹，弹体内装数个发烟罐（发烟载体），由时间引信在弹道上定时点燃抛射药和发烟罐并推出底塞和发烟罐，罐内装填的六氯乙烷等发烟剂被二次抛出后形成烟幕。黄磷弹发烟率高、性能好、工艺简单，但存在蘑菇烟云、弹坑留存（黄磷块）量大又不易改进的缺点（现已发展红磷发烟弹）。红外烟幕弹、红外诱饵弹等的发烟剂随烟幕性能要求不同而定。

烟幕效应试验，本节涉及两类：一类是对可见光的遮蔽效应试验；另一类是为适应现代战争光电对抗的需要，进一步测定烟幕对红外光（近、中、远红外光）、激光（按军用测距仪激光波长 1.06~10.6μm）和雷达等波段电磁波的屏蔽与干扰效应试验。

9.2.1 试验目的和试验内容

烟幕效应试验的目的是检查发烟弹作用后所施放烟幕的遮蔽能力和遮蔽持续时间等是否符合战术技术指标要求。不同的发烟剂分别检查对可见光、红外光、激光和雷达等波段的屏蔽与干扰效应。

根据发烟弹的作战用途，要求烟云密度大、范围宽广、持续时间长、遮蔽能力强，因此在烟幕效应试验中要测定烟幕的高度、宽度、烟幕形成时间和遮蔽时间等基本性能参数。其中，烟幕形成时间是指弹体爆开或发烟罐抛出的瞬间到形成的烟幕完全遮蔽规定目标的时间。烟幕遮蔽时间是形成烟幕直至失去遮蔽能力（目标露显时间超过 3s 一次，或每次露显目标少于 3s 达 3 次）的持续时间。烟幕高度和宽度是形成烟幕的有效遮蔽高度和有效遮蔽宽度。烟幕高度过高、烟云稀薄，对遮蔽目标不利。表 9.2 列出 100mm 迫击炮发烟弹和 152mm 加榴炮发烟弹的烟幕效应的有关性能参数。黄磷弹的纵火效应不作为本试验内容。

表 9.2 发烟弹的烟幕效应性能参数

<table>
<tr><th>弹丸</th><th>烟幕高度/m</th><th>烟幕宽度/m</th><th>遮蔽时间/s</th></tr>
<tr><td>71 式 100mm 迫击炮发烟弹</td><td rowspan="2">14~19</td><td>27~34</td><td>16~27</td></tr>
<tr><td>66 式 152mm 加榴炮发烟弹</td><td>≈30</td><td>35~50</td></tr>
</table>

烟幕对红外波段（红外夜视仪和激光测距仪）的遮蔽阻挡能力，主要随发烟剂成分不同而不同。一般情况下，磷弹可以有效遮挡近红外波段（波长 0.77~3.0μm），完全遮挡住波长为 0.6328μm 的激光。对军用激光测距仪的 1.06μm 激光，烟幕透过率仅在 10%以下，所以可以利用烟幕对其实施有效干扰。烟幕对新式军用测距仪 10.6μm 激光的透过率为 55%~60%，对中红外波段（波长 3.0~30.0μm）的波有一定遮挡能力。但必须指出，这类试验的环境和气象条件明显影响实测的干扰效果，目前尚未有确切的定量指标。

9.2.2　试验方法和试验条件

烟幕效应受弹丸结构、射击、气象、地形以及目标（背景）条件的影响，因此试验中要对试验方法和试验条件严格要求，必要时对测试数据作适当的修正。

例如，射击黄磷弹时，弹着点近、着速大，或引信瞬发度低，或弹着点的土质松软等，都容易出现弹丸侵入土中爆炸，部分黄磷被抛掷土所覆盖，有黄磷留坑就不能起发烟作用而降低发烟效果；若发烟弹落入水网区的水中便会失效；黄磷弹扩爆药较多，爆炸热量过大，且黄磷被粉碎而在空中迅速燃烧也放出大量的热，将促使烟云上升形成蘑菇烟云，降低了烟幕的遮蔽效果。此外，射击试验时气象条件对烟幕的影响尤为明显：风速过大时，烟幕会迅速消失；风向与阵地正面垂直时，烟云不能充分拉平；气温较高、气流向上流动较强时，烟云会迅速上升；下雨时，雨滴会加大烟云的凝聚作用；雾天会迅速出现烟云并增加烟云的密度，导致作为指示目标的信号烟云能见度明显下降。

因此，烟幕效应试验的试验条件和试验方法应按有关试验技术标准的具体规定进行。

1. 试验弹药

用发烟实弹、真引信、全装药进行试验，弹药须分别保高温、低温和常温。

2. 试验场区的选择与设置

射击试验是以全装药、最大射程角发射弹丸。为使弹丸正常着发炸（或空爆）形成烟幕，弹着区应选择风向稳定、中等硬度土质的平坦开阔地区，不得有水、厚冰雪、树木或丛林。弹着区内每隔5~10m按“一”字形或“十”字形设置测量用标杆，高度2~3m。

目标区应根据预计烟云弥漫范围或有关要求设置模拟目标。目标的走向尽量在风向的平行和垂直两个方向上。炮用发烟弹的目标设置：每隔10m设置人形靶，高×宽为1.5m×0.5m；每隔20m设置坦克模拟靶，高×宽为2.2m×2.8m。国外也有选择自然景区作为目标区，如有稀疏树林或密林的平坦地形，或开阔的丘陵地，或有稀树林、有密林的开阔地等。

图9.7所示为装甲车辆抛射烟幕弹或烟幕装置进行烟幕效应的试验场区布置。场区设立测量标杆是沿风向“一”字排开（间距5~10m），试验时以装甲车辆作目标。

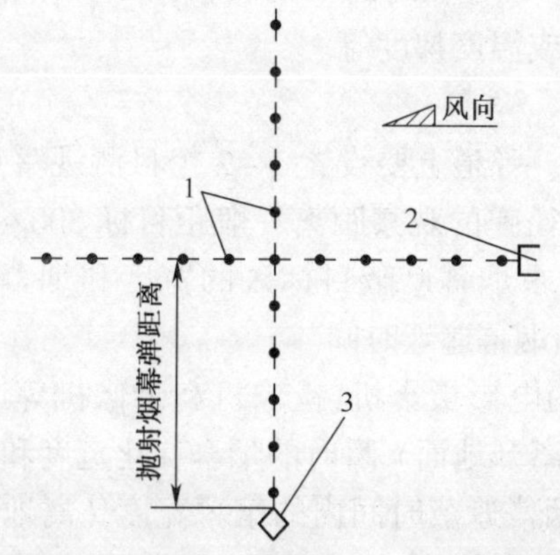

1—标杆；2—摄像和目视位置；3—抛射烟幕弹坦克。

图9.7　装甲车辆烟幕装置效应试验场地布置示意图

图 9.8 所示为综合性实测烟幕干扰、衰减激光、红外波试验场地布置情况。场地内集中众多测量仪器（其测定波段分别从可见光到 3cm 微波的不同波段），与模拟目标之间距离为 500m，与烟幕前沿距离为 420m，可实施多组平行测试。

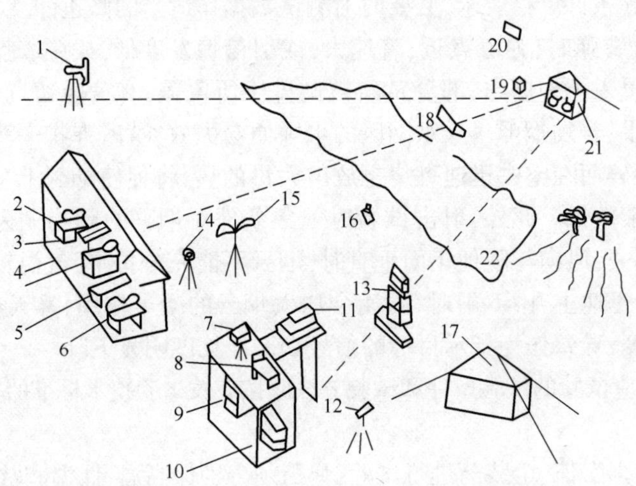

1—8mm雷达；2—CO_2激光通信机；3—CO_2激光器；4—0.6328μm激光器；5—0.96μm CO_2激光器；6—1.06μm CO_2激光器；7—热像仪；8—8mm微波辐射计；9—多波段红外辐射计；10—气象参数处理；11—烟雾粒子测量；12—摄像机；13—3cm雷达；14—微光夜视仪；15—垂直气象参数记录仪；16—气溶胶采样器；17—帐篷掩体；18—8mm辐射反射板；19—红外热源；20—测距机模拟靶；21—激光接收端；22—烟雾施放区。

图 9.8　烟幕干扰弹衰减激光、红外场地测试示意图

3. 气象条件

烟幕效应试验时，场区的风速越小越真实，一般地面风速为 2～5m/s（最大风速不大于 5m/s）的晴朗白天进行试验。有烟幕屏蔽红外夜视仪试验时，则在夜晚进行试验。空气相对湿度在 40%左右或 20%～80%。上升（垂直方向）气流稳定，或逆温、等温。

新产品测定烟幕变化性能时，尽可能以试验期内的高温、低温、最大（允许范围内）风速、最小风速、有上升气流和无空气扰动等情况，做重复性烟幕效应试验。

每发试验弹，都应测定烟幕存在时的气象数据，即地面风速、风向、气温、气压、空气相对湿度以及垂直气流速度或温度梯度等。

4. 观察与测量

弹着点坐标需逐发测量。弹道上要设置 1～2 个目测观察点。为保证试验人员的人身安全和便于观察，中、大口径弹的观察距离一般距目标 800～1500m。观察时背着阳光为佳，通过木桩标杆观察、记录烟幕遮蔽目标区的宽度和烟幕消散情况，用秒表（精度 0.01s）测定烟幕形成时间和烟幕遮蔽时间。

试验时在不同方向上，用电影摄影机、摄像机和录像机等逐发拍摄和确定从烟幕弹爆炸瞬间到烟幕开始消散（离开地面）瞬时的烟幕变化宽度和高度。对于烟幕轮廓不规则并随时间变化者，要确定烟幕遮蔽时间内的烟幕宽度（离地面 1m 高处的烟幕横向扩展的尺寸）平均值和烟幕高度平均值。

有条件情况下，可由空中观察员观察烟幕的能见度及烟幕到炸点的水平和垂直距离。特别是对于彩色烟云，虽然在空中或地面都可用肉眼识别出彩色信号烟的最远距

离,即彩色烟云识别距离,但两者的识别距离相比较,空中观察值大于地面值。

9.2.3　试验结果及其评定

在确认气象条件、弹药试验条件、弹着区条件等满足试验规定的情况下,当所测定(以某一仪器测量值为主)的烟幕高度、宽度、烟幕形成时间和烟幕遮蔽时间均符合战技指标要求,则认为烟幕效应试验合格。

图9.9和图9.10所示测试曲线,是图9.8所示试验场上以每发间隔为7.5m放置4发76mm红磷发烟弹(发烟剂850g)爆炸形成宽25~30m、厚10m左右的同一烟幕(垂直于激光束方向)对1.06μm激光和10.6μm激光的透过率T和时间t的关系曲线。从图9.9曲线可以看出,当激光器稳定工作后的前1min多内,激光透过率仅为1.4%,激光束几乎完全被遮挡。图9.10两条曲线显示两台CO_2激光器的同时测试结果。虽然由于激光束细窄且烟幕本身厚薄不均匀以及烟雾处于运动状态,使激光衰减曲线呈现出较大的跃变,但两条曲线的平均透过率较相近,分别为63.5%与57%。

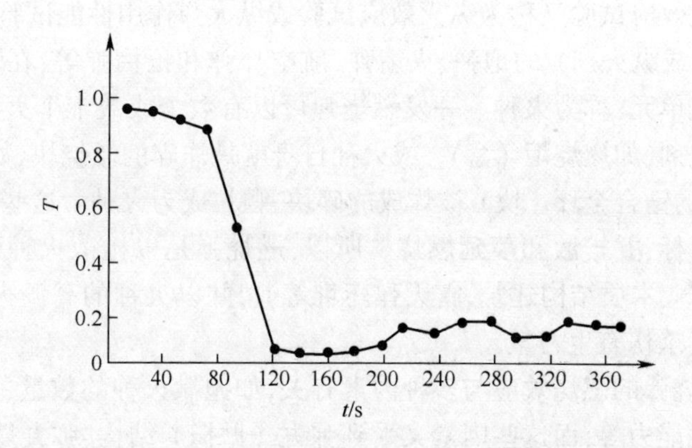

图9.9　1.06μm激光透过率T与时间t的关系曲线

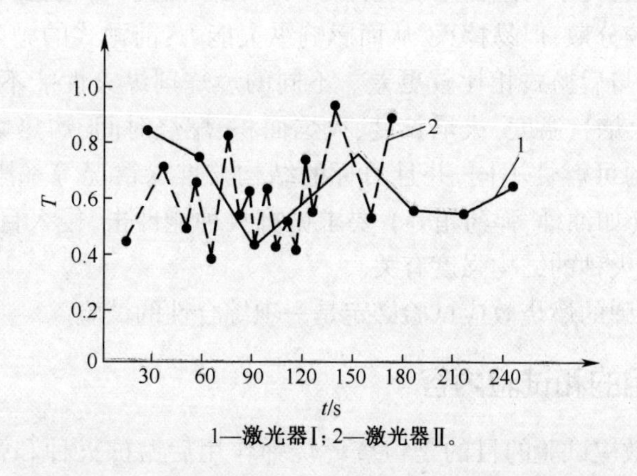

1—激光器Ⅰ;2—激光器Ⅱ。

图9.10　1.06μm激光透过率T与时间t的关系曲线

表9.3所列为图9.8试验场上黄磷烟幕遮蔽下,MT-18手提激光测距机(1.06μm

激光）的实测距离。试验场中，该烟幕似一面墙挡在测距机前方，烟幕中心距测距机420m，目标距测距机500m。试验时风向正好顺激光发射方向。在近4min内，6次测量平均值为413.3m。该值超前烟幕中心6.7m，这正是烟幕的前沿界面，说明该烟幕能有效反射激光测距信号，而不能测到目标的真实距离。

表9.3　MT-18激光测距及测量距离 L

测序	测量时刻 t/s	测量距离 L/m	测序	测量时刻 t/s	测量距离 L/m
1	1	410	4	148	410
2	39	410	5	208	420
3	106	420	6	233	410

9.3　燃烧弹的燃烧效应试验

燃烧弹的燃烧效应试验又称为纵火效应试验或纵火弹作用性能试验。

装有燃烧剂（或纵火剂）的炮弹、火箭弹、航空炸弹和枪榴弹等，在爆炸后产生有一定纵火能力的燃烧单元，称为火种。一发燃烧弹可以有数个或数十个火种被抛出。火种内装有点燃的燃烧剂，如燃烧炬（盒），或火种自身就是炸碎的燃烧块，如黄磷、凝固汽油等，或杀爆燃弹中的锆合金环（块）被炸成的碎块、颗粒成为火种。这些抛撒分散在目标区的火种将引燃目标，并扩散和蔓延燃烧。所以，燃烧弹是以抛散火种引燃或烧毁易燃目标（如原木、柴草、木质结构建筑、露天弹药堆等），并以火种的高温火焰、残渣以及爆炸金属零件的破片杀伤有生力量。

由此可见，燃烧弹的燃烧效应与多种因素有关，如抛撒火种的数量、火种的分散面积和火种的燃烧纵火能力等，而这些因素又受到弹丸（抛撒）结构、弹丸爆点速度、燃烧剂性能和目标性质的影响。例如，着发燃烧弹的着速（也是爆点速度）大，抛出的火种容易落入爆炸坑内，而着速更小的迫击炮燃烧弹等火种抛散面更大；空抛式弹丸结构较复杂，后抛式抛出的火种较分散，但易摔灭，从而影响纵火能力；前抛式的抛射速度又大于后抛式，导致其纵火能力与后抛式相比较更差。不同的燃烧剂纵火性能不同，火种的纵火性能参数包括燃烧（火焰）温度、火焰长度、火焰面积、燃烧时间、灼热熔渣量及纵火能力等。不同目标自身的可燃性不同，并且目标的结构与堆垛情况等都影响火种的纵火能力。对于某些目标（如油桶、弹药箱等）要求抛掷火种能冲击、侵入目标而不熄灭、不破碎，因此纵火能力与火种的结构强度有关。

综上所述，燃烧弹的燃烧效应试验必定是一项综合性的试验。

9.3.1　试验目的和试验内容

燃烧弹的燃烧效应试验的目的是检查燃烧弹作用后抛掷火种和弹丸的纵火性能参数是否符合产品的战术技术指标要求。此外，空抛式燃烧弹还要检查抛射作用可靠性。

燃烧效应试验包括下面的内容。

（1）单个火种静止试验。在专用装置上静态测定火种燃烧持续时间（火种被点燃到自身完全燃完的连续时间）、火焰尺寸（火焰高度、火焰面积）和火焰温度，以及以火种为中心的不同距离上的热辐射温度等。

（2）抛射火种对目标的纵火能力试验。一般是采用模拟射击试验法测定抛射的单个火种对特定目标的侵彻、引燃能力。

（3）弹丸静态试验。弹头部垂直向下，起爆弹丸后测定纵火性能。

（4）实弹射击试验。以射击试验测定弹丸着发作用或在规定爆高下作用时的纵火性能，按目标可分为对模拟目标和对实际目标两种射击试验。

弹丸纵火性能测定的内容：有效火种数量、火种散布面积和点火率、燃烧弹的燃烧时间等。其中，有效火种是具有一定火焰温度、火焰尺寸、燃烧时间、残渣有一定纵火能力、能连续完全燃烧的火种。点火率是有效火种与弹丸内装填燃烧单元总数的百分率（留在爆坑内或弹体残骸内燃烧着的火种只按一个有效火种计算）。燃烧弹的燃烧时间是弹丸爆炸到全部火种燃烧结束的时间。表 9.4 所列为几种燃烧弹的燃烧效应部分性能参数。

表 9.4　燃烧弹的燃烧效应部分性能参数

弹丸	燃烧剂质量/kg	燃烧温度/℃	静止燃烧时间/s	注
53 式 82mm 迫击炮燃烧弹	0.63（燃烧剂）	2100	≥45	—
63 式 107mm 火箭炮燃烧弹	2.106（燃烧剂） 0.75（黄磷）	≥700	40	—
54 式 122mm 榴弹炮燃烧弹	2.955（燃烧剂）	2000	25	—
60 式 122mm 加农炮燃烧弹	2.0（燃烧剂）	>800	75	点燃（炮弹箱）距离为 0.1m

9.3.2　试验方法和试验条件

在试验靶场对燃烧弹进行下面射击试验。

1. 实弹射击试验

1）试验弹药与数量

采用实弹、真引信、全装药，全弹保高温、低温和常温，各准备 15~20 发弹药（或按产品图规定数量）进行试验，测定不同温度条件下的弹丸燃烧性能。

2）火种散布场区

场区应地面平坦、开阔，便于观察到所有的火种燃烧。场区土质为中等硬度，没有能导致火种熄灭的积水和冰雪。必要时预设弹药箱目标区，布置是以若干弹药箱平放于地面并按椭圆形分散。

3）气象条件

火种散布场区的地面平均风速不大于 7m/s，阵风最大不超过 10m/s。为便于观察和摄影，须选择能见度良好的天气进行试验。

4）抛高

对空抛式燃烧弹的抛高应经计算控制（时间引信装定）在产品图规定的范围，一般抛高为 200~400m，最低高度不小于 100m。有弹药箱目标区时，抛点应在目标区的上方，使火种落入目标区。以前用多台方向盘粗测抛高，现已采用炸点摄影仪测定抛高，同时记录弹丸抛射作用是否正常。

5）单个火种的燃烧时间

用秒表测定单个火种的燃烧时间，记录火种数量及分布情况，观察火种侵彻目标的深度及点燃目标情况。

6）纵火燃烧情况

用照相机或录像机拍摄火种对目标的纵火燃烧情况。

7）综合计算

综合计算各试验发平均抛高，火种平均燃烧时间，平均散布面积及平均有效火种数。

8）回收瞎火火种和熄火火种

分析火种瞎火和熄火的具体原因，计算点火率。若由于引信瞎火或抛高过低而影响点火率时，则应如数补试。

2. 抛射火种模拟试验

无论弹丸结构是着发炸式，还是空抛地炸式和空抛式，火种均以一定速度被抛向目标区。因此，抛射火种模拟试验是按战技指标规定的目标要求构筑射击目标，以模拟试验法使火种以抛射速度冲击目标。

在一些技术资料中推荐下面两种模拟试验方法。

1）特制抛射筒（或抛射炮）抛射单个火种侵彻、引燃弹药箱试验

装有砂弹的弹药箱堆放成两排，间距为 0.5~1m，每排弹药箱堆放高度为 2~2.5m，宽度为 2~3m。以这两排弹药箱作为目标区，并以特制的火药抛射筒为抛射器（炮），按计算的实际火种抛射速度作为着速，配制专用的火药装药（火种轻、抛射速度低，常采用黑火药装药），将单个火种直接（瞄准）抛向弹药箱目标区，抛距为 20~30m。

在试验中测定抛射速度，以秒表记录火种燃烧持续时间；观察、记录火种对目标的侵入纵火燃烧、炬壳（盒）变形、断裂以及燃烧剂脱落等情况，并逐发照相；综合计算火种平均燃烧持续时间。

2）实弹模拟射击侵彻、引燃木质结构建筑物试验

在炮口前 75~100m 处设置模拟木质结构建筑物——木靶墙，木靶墙由原木构成，墙高×宽×厚为 6m×6m×0.2m。两层木靶墙的间距为 2m，前面一层木靶墙的中央留有 1.5m×1.5m 的窗口。由火炮发射燃烧弹（实弹、真引信，对时间引信采用零装定），按弹丸对木靶墙的着速与抛点速度相同来配制常温专用发射药装药，直接瞄准木靶墙中央窗口内的起爆板进行射击，弹丸着靶后抛出火种，侵入目标内燃烧。

在试验中观察记录火种的数量及分布面积、火种的燃烧持续时间、火种侵彻目标的深度，以及弹丸对木靶墙的纵火情况，并逐发摄影。综合计算平均着靶速度、平均燃烧持续时间、平均有效火种数、平均散布面积。

3. 杀爆燃弹的扇形靶试验

在扇形靶中心的适当高度上垂直放置被试品——杀爆燃实弹静爆试验品。6 个扇形靶靶面分别距起爆点（半径）10m、20m、30m、40m、50m 和 60m，在每个靶面上吊挂着一些易燃物，如棉纱、芦苇、稻草、棉麻织品以及动物等。弹丸起爆后，除有大量弹丸破片飞散外，还有大量燃烧的海绵锆颗粒以及裹着破片的海绵锆颗粒飞散出来。这些燃烧颗粒

约有3000℃的高温，飞行速度约为300~2100m/s，具有自燃引火的作用。其中，以粒度为2~6mm颗粒的持续燃烧效果为佳。弹丸内装填锆合金的结构、材料和装填量的不同，燃烧效果不同，试验时要记录各靶面上各种易燃物被点燃或引燃的详细情况。也可在距爆点近处放置装有高挥发性燃料，如汽油、发动机用柴油、机油等油类及不同大小类型的油桶，试验时记录燃烧颗粒或破片等将各类油桶击穿和油类被点燃的情况，并确定纵火面积大小。

9.3.3　试验结果与评定

通过试验，如果燃烧弹作用后有效火种数量、散布面积、火种的火焰温度、燃烧的持续时间，火种对指定目标构件的侵彻和引燃纵火能力等均满足战技指标，且空抛式燃烧弹的抛射作用可靠，则可评定为燃烧（纵火）效应试验合格。

9.4　箔条干扰弹干扰效应试验

9.4.1　箔条干扰及其干扰原理

联合作战在现代战争中越来越广泛地采用电子武器装备，电子对抗已越来越具有重要地位。20世纪80年代中期以来，电子对抗装备不断更新换代。从技术领域来分，电子对抗包括射频对抗，如通信、导航、雷达、制导、遥控遥测系统等对抗；光电对抗，如激光、红外和电视等对抗；声学（水声）对抗，即海下的电子对抗。从干扰方式来分，电子对抗包括无源电子对抗，即利用无源器材来改变或削弱目标的反射电磁波，如偶极子干扰物、介质反射体干扰物、悬浮体干扰物、反射器和隐身（涂电磁波吸收和散射材料）等；有源电子干扰是用压制性干扰和欺骗式（脉冲波）干扰。

在无源干扰物中，使用最多最广泛的是偶极子干扰物：箔条。

箔条干扰是通过发射箔条弹（或投放机载箔条干扰设备的箔条包），将大量箔条在空中散开飘浮而形成云状物，称为箔条偶极子云，简称为箔条云，即干扰云，以此对敌方电子设备（如地面炮瞄雷达、地空导弹制导雷达等）实施干扰。在战术使用上，以箔条云干扰搜索侦察雷达，使其荧光屏上产生与噪声类似的杂乱回波，以掩盖被搜索目标的回波；用于被跟踪目标自卫或掩护战斗机群而以投入的箔条云形成假目标，欺骗雷达或导弹的信息处理机构，从而将其对目标的跟踪转换为对假目标的跟踪。

箔条干扰在光电对抗技术中为消极对抗方式之一。

箔条云干扰效果与战术运用、单根箔条的基本性能（尺寸、形状、质量、反射面积）、箔条云的雷达截面积、投放方式以及投放时的风速、风向、飞机对气流的干扰、屏蔽效应、下降速度等有关。要求箔条导电性能好，具有与被干扰雷达产生谐振的最佳偶极子尺寸；质量轻，具有留空时间长的气动外形，快速散开特性好，同时具有良好的强度和韧性等特点，能把大量的、足够多的箔条包装成箔条弹（包）。

可以使用的箔条包括镀铝玻璃丝、镀铝箔条涤纶丝（矩形片状条）和铝箔条（平面形带、V形带）等。其内层玻璃丝没有传播电磁波作用，起支撑作用并减轻箔条质量，有提高强度和刚度的作用；外层金属铝的比重小，起导电作用，也没有传播电磁波作用。在交变电磁场中,箔条被感应产生交流电流。当电流与波长之比 $I/\lambda = 1/4$ 时电流基本按正弦律分布,根据电磁辐射理论,交变电流要向外辐射,即再辐射,称为散射,因为源不在导体上。在交变电磁场中的箔条偶极子可看作臂长为 $\lambda/4$ 的有源对称振子,当被电磁波照射时箔条是接收天线,而当向外辐射时箔条又是发射天线(发射假反射信号),如同具有臂长为 $\lambda/4$ 的对称振子的收发天线。箔条云在雷达照射时作为对飞机应答器的无源反射体,即欺骗雷达的反射体 。采用这种方法可以有效地掩蔽飞机,对抗所有应用的多普勒效应雷达;也可产生大量假反射信号使雷达搜索系统处于饱和状态以及达到迷惑敌人保护自己的目的,或图 9. 11 所示在雷达—目标—雷达轨迹上以箔条云反射体衰减雷达波束的能量,对抗波长较短的雷达十分有效。

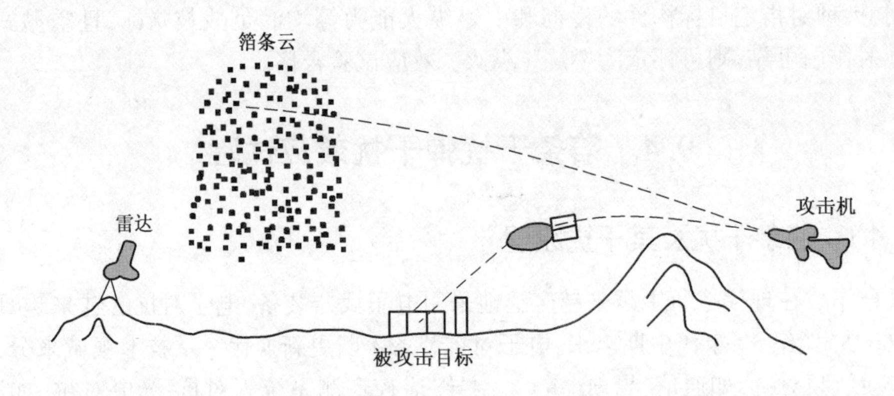

图 9. 11　雷达—目标—雷达轨迹上建立人工干扰云

为获得最好的干扰效果,要使箔条云与被干扰雷达频率发生谐振,取箔条长度为雷达波长的一半。在实际使用中,准确的理想偶极子长度 l 与雷达波长 λ 的关系为

$$l = 0.475\lambda \tag{9.12}$$

被箔条云遮蔽的物体具有特定的雷达截面积。一般以 σ 表示物体的雷达截面积(缩写符号:RCS)或称为雷达反射面积,即在远场条件下用一个各向反射特性相同的反射体的截面积来表征的雷达目标的散射特性参数。不同物体的雷达截面积不同。例如,下列目标的雷达截面积:中型载机 $\sigma_A = 70\text{m}^2$、巡逻舰 $\sigma_A = 80\text{m}^2$、大型载机 $\sigma_A = 105.6\text{m}^2$、驱逐舰 $\sigma_A = 160\text{m}^2$、水面舰艇 $\sigma_A = 150\text{m}^2$、巡洋舰 $\sigma_A = 14000\text{m}^2$、弹道导弹弹头 $\sigma_A = 0.2\text{m}^2$、1. 8m 身高的人 $\sigma_A = 0.8\text{m}^2$。

箔条云雷达截面积,须先确定在空中随机分布的单根箔条雷达截面积,即

$$\sigma = 0.86\lambda^2\cos\theta \tag{9.13}$$

式中　θ——无源偶极子的法线与入射波束之间的夹角。

其最大有效雷达截面积为

$$\sigma_{\max} = 0.86\lambda^2 \tag{9.14}$$

同样,在箔条云中的单个箔条雷达截面积的平均值也可用概率法得到,即

$$\sigma_a = 0.17\lambda^2 \tag{9.15}$$

实际应用中,考虑非理想偶极子有功率损耗,通常只取值:

$$\sigma_P = 0.15\lambda^2 \tag{9.16}$$

由 n 根箔条所形成的箔条云的总的平均雷达截面积为

$$\sigma_{aP} = n \cdot \sigma_a \tag{9.17}$$

利用箔条云遮蔽或掩盖真目标时,必须满足

$$\sigma_{aP} \geqslant \sigma_A \tag{9.18}$$

对式(9.18)取等号时得到箔条云的总箔条数量至少应有

$$N_{\min} = \frac{\sigma_A}{0.15\lambda^2} \tag{9.19}$$

式中　$N_{\min}$——箔条云的最少箔条数;

σ_A——被遮蔽目标的雷达截面积(m^2);

λ——被干扰雷达的波长。

由于发射时存在箔条的折断、破碎、弯曲、相互结固和屏蔽效应等影响,致使形成的箔条云的雷达截面积减少。其中,有效箔条大约只占投放总数的1/3,所以投放的箔条数需相应增多,可得

$$n = (1.2 \sim 1.5)\frac{\sigma_A}{0.15\lambda^2} \tag{9.20}$$

下面简述质心干扰原理。

质心干扰是当雷达跟踪的目标——飞机(舰船)与箔条云处在跟踪雷达同一分辨单元(雷达天线水平宽度 $\Delta\beta$,仰角宽度 $\Delta\varepsilon$)脉冲体积内时,雷达既不跟踪飞机,也不跟踪箔条云,而是跟踪两者之间等效能量中心——质心。随着箔条散开,箔条云反射面积增加,质心向箔条方向移动,形成质心干扰,直到飞机飞离该雷达波束为止。实施质心干扰的箔条弹称为质心箔条弹。

在图9.12中,飞机的航行速度 v_A,从箔条投放起计算的时间 t 内位移 $x = v_A t_A$。当飞机 A 与箔条云 C(距离雷达 R)处于同一脉冲波速时,存在关系式为

$$\frac{\sigma_A}{\sigma_C} = \frac{x - \sigma}{\delta} = \frac{1}{K} \tag{9.21}$$

且有

$$\delta = \frac{K}{K+1} v_A t_A \quad x = \frac{K}{K+1} \tag{9.22}$$

$$K = \frac{\sigma_C}{\sigma_A} \tag{9.23}$$

$$\sigma_C = \frac{\delta \cdot \sigma_A}{v_A t_A - \delta} \tag{9.24}$$

式中　σ_A、σ_C——飞机、箔条云的雷达截面积(m^2);

δ——质心位置 B 与飞机的距离(m);

K——在质心干扰中随箔条云反射面积的增加而增大的系数,定义为假目标RCS与真目标RCS之比。

由式(9.22)可知,飞机距质心的距离 δ 随时间 t_A 和 K 的增加而增加,经若干时间后干扰云可达到其最大反射面积,则压制系数 $K_{\max}$ 为

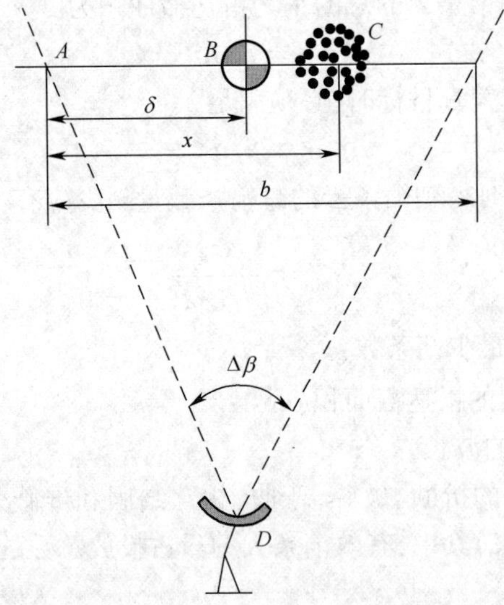

A—飞机；B—质心；C—箔条干扰云；D—雷达。

图 9.12 箔条云干扰的质心图

$$K_{\max} = \frac{\sigma_{C\max}}{\sigma_A} \tag{9.25}$$

若 K 值越大，则 δ/x 越大，质心越偏向箔条云方向。在飞机飞达波束边缘时，质心应在波束水平宽度相应距离 $b=\pi R \cdot \Delta\beta/180$ 的 1/2 处。此时 $\delta>0.5b$，飞机飞出雷达波束，完成了质心干扰。由此可见，只有在（被保护的）目标与干扰云处于同一雷达波束的时间内，干扰云能够形成大于飞机的雷达截面积（该值应考虑因飞行姿态的不同而比飞机雷达截面积平均值高出 3~5 倍）的情况下，质心才能够向干扰云的一边移动，这样干扰云在空中停留一段时间，待飞机飞出雷达波束，箔条云方可降落、消失，否则会干扰不成功。

根据战术需要，拟采用以一定的时间间隔投放或发射多发箔条弹（包），每发箔条弹（包）形成一个箔条云，综合起来建立起干扰走廊。其投放间隔应保证威胁雷达的每个分辨单元中至少有一个箔条弹形成的干扰云存在。随着箔条弹的不断投放，跟踪雷达不断地被拉偏，最终导致雷达完全转移到跟踪箔云。

综上所述，箔条干扰原理对质心箔条弹的战技指标包括在要求的时间内箔条云应达到的雷达截面积、箔条云的形成时间和有效持续时间等。

9.4.2 箔条云雷达截面积的测定试验

1. 试验目的

检查每单元（每发或每组）箔条弹空中爆散形成箔条云的时间及雷达截面积能否在规定时间内达到规定值，以及箔条云的有效持续时间。

2. 试验方法

1）标准球概念

标准球是由良导体制成的具有精密尺寸、各向反射特性相同的球状反射体。当球的

大圆周长大于 10 倍的入射波长时,其雷达截面积只决定于标准球的半径,即

$$\sigma_b = \pi r_b^2 \tag{9.26}$$

式中　σ_b——标准球的雷达截面积(m^2);

r_b——标准球半径(m)。

2) dB 等电压法球箔条云在各个时刻的雷达截面积

(1) 以测量雷达测标准球时,根据雷达方程,有

$$P_b = \frac{P_t \cdot G_t^2 \cdot \lambda^2}{(4\pi)^3} \cdot \frac{\sigma_b}{R_b^4} = K_1 \frac{\sigma_b}{R_b^4} \tag{9.27}$$

式中　P_b——标准球回波信号功率(W);

P_t——雷达发射功率(W);

G_t——雷达天线增益;

λ——雷达发射波波长(m);

R_b——雷达到标准球的距离(m);

σ_b——标准球的雷达截面积(m^2);

K_1——系数。

(2) 雷达测箔条云是同样根据雷达方程,有

$$P_C = \frac{P_t \cdot G_t^2 \cdot \lambda^2}{(4\pi)^3} \cdot \frac{\sigma_C}{R_C^4} = K_2 \frac{\sigma_C}{R_C^4} \tag{9.28}$$

式中　P_c——箔条云回波信号功率(W);

σ_c——箔条云雷达截面积(m^2);

R_c——雷达到箔条云的距离(m);

K_2——系数。

(3) 在较短时间内用同一部雷达测量标准球和箔条云,由于气象条件不变、雷达工作状态不变,因此式 (9.27) 与式 (9.28) 中系数相等,即 $K_1 = K_2$,则

$$\frac{\sigma_C}{\sigma_b} = \left(\frac{R_C}{R_b}\right)^4 \cdot \frac{P_C}{P_b} \tag{9.29}$$

(4) 对于线性系统,功率之比等于电压平方之比,即

$$\frac{P_C}{P_b} = \frac{V_C^2}{V_b^2} \tag{9.30}$$

则

$$\frac{\sigma_C}{\sigma_b} = \left(\frac{R_C}{R_b}\right)^4 \cdot \frac{V_C^2}{V_b^2} \tag{9.31}$$

在测试中以等电压比较法 ($V_C = V_b$) 代入式 (9.31),即可求出箔条云的雷达截面积 σ_C 为

$$\sigma_C = \left(\frac{R_C}{R_b}\right)^4 \cdot \sigma_b \tag{9.32}$$

3. 试验条件

1) 测量设备

测量雷达为箔条弹的干扰雷达或导弹末制导雷达。2cm 和 3cm 的点频雷达及终端

设备,要求测量精度不低于20%;导弹末制导雷达,要求方位跟踪精度不低于±6′。若在海上试验时,则测量雷达设在海岸边。

2)被试验品

被试验品应作必要的技术检测,包括发射控制系统、发射装置和箔条弹丸的技术检测。

3)检测后联调

在各项技术检测合格后对被试品联调,检查整机性能正常后,方可进行后续试验。

4)爆散点的设置

箔条弹爆散点设在雷达跟踪范围内,距雷达约6~12km的空中。

4. 试验方法

1)校标

将标准球升到高空约300m,并在距测量雷达约600m的距离上移动,由雷达测量并实时录取不同距离R_b与标准球回波电压V_b的关系曲线V_b-R_b,作为本次试验的标准电压曲线。

2)测量箔条云

在气象条件及雷达工作状态都与校标测定试验时基本不变的情况下,在指定发射点发射箔条,由雷达对箔条云做自动跟踪测量,并实时录取箔条云的回波电压V_C随时间t变化的关系曲线V_C-t,以及雷达跟踪距离R_C随时间t变化的关系曲线R_C-t。

5. 数据处理

1)求箔条云雷达截面积σ_C与时间t的关系曲线σ_C-t

以各个t_i时刻对应的跟踪距离R_{Ci}上的箔条回波电压值V_{Ci},在标准球所测得的V_b-R_b标准曲线上找出与V_{Ci}相等电压V_{bi}所对应的距离R_{bi},代入式(9.32)求出t_i时刻箔条云的雷达面积为

$$\sigma_{Ci} = \left(\frac{R_{Ci}}{R_{bi}}\right)^4 \sigma_b \tag{9.33}$$

式中 σ_{Ci}——t_i时刻的箔条云雷达截面积(m^2);

σ_b——标准球雷达截面积(m^2);

R_{Ci}——t_i时刻雷达对箔条云的跟踪距离(m);

R_{bi}——标准球回波电压与箔条云在t_i时刻回波电压相等时的标准球距雷达的距离(m)。

以此类推,可得到σ_C-t曲线。

图9.13所示为实测单一(长度全为9.2cm)铝箔条带形成的干扰云雷达截面积σ与发射时间t的函数关系。由该图可知,在高空3000m发射出箔条的几秒钟后,所形成的箔条云就可达到最大雷达反射面积。

2)确定箔条云的下列时间参数

(1)箔条弹在空中爆散后所形成的箔条云雷达截面积达到战技指标规定值所需时间t_c。

(2)箔条云有效持续时间t_{yc},即箔条云雷达截面积大于战技指标规定值的持续时间。

(3)箔条云的形成时间t_x,即从发射箔条弹起到箔条云雷达截面积达到战技指标规定值所需时间。

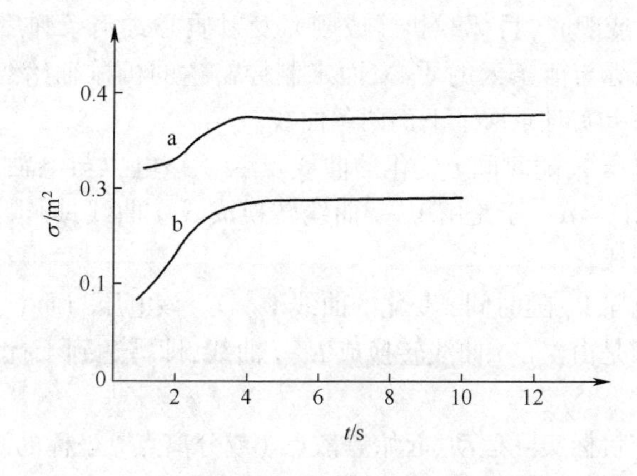

图 9.13　发射后单一铝箔条云雷达截面积

9.4.3　箔条云雷达截面积对雷达频率的响应特性测定试验

1. 试验目的

箔条云雷达截面积对雷达频率的响应特性测定试验的试验目的是检查箔条弹的频率覆盖性能。

2. 试验方法

在改变雷达发射频率 f 的情况下,用上面相同的试验方法测定不同雷达频率条件下的箔条云雷达截面积 σ,得到 σ-f 曲线,从而确定满足战技指标规定的箔条云雷达截面积所对应的雷达发射频率范围。

测试中箔条云雷达截面积的计算公式,即式（9.32）。

9.4.4　箔条弹爆散点（或分离点）坐标测定

用 2~3 台光测设备测定箔条弹空中爆散点（或分离点）的三维空间坐标（x,y,z）为分析干扰效果提供初始依据。

9.4.5　箔条云干扰效果试验

1. 试验目的

试验目的是检查规定数量的箔条弹所形成的箔条云对末制导雷达的实际干扰效果,同时检查干扰弹的发射作用正确性和可靠性,检查整机总体性能是否满足设计要求和实战要求。

这是一项综合性试验。

2. 试验方法

由于箔条云的战术使用不同,其干扰效果试验方法也不同,包括质心式干扰法、转移式干扰法（被跟踪目标机、舰发射转移式箔条弹,同时欺骗式干扰机对末制导雷达实施距离或角度欺骗）以及冲淡式干扰法等。

本小节只介绍普遍采用的质心式干扰效果试验法的基本内容。

将质心式箔条弹的发射点设在末制导雷达的距离跟踪范围内,发射前由雷达的电轴自动跟踪目标载机（或舰），目标载机（或舰）发射质心式箔条弹后以高速机动航行。雷达电轴自动跟踪目标与箔条云的质心，而末制导雷达的机械轴始终瞄准目标。因此，雷达终端的记录设备上实时录取了下面两条曲线。

（1）航向控制电压 V_a 随时间 t 变化的曲线 V_a-t。该电压与电轴—机械轴之间的航向偏角 α 成正比，即 $V_a \propto \alpha$。于是由 V_a-t 曲线转换成 $\alpha-t$ 曲线，即雷达电轴与机械轴的夹角随时间的变化曲线。

（2）质心回波电压 V_{Rz} 随时间 t 变化的曲线 $V_{Rz}-t$。该电压与质心到雷达的距离 R_z 成正比，即 $V_{Rz} \propto R_z$。于是由 $V_{Rz}-t$ 曲线转换成 R_z-t 曲线，即雷达到干扰质心的距离随时间的变化曲线。

上面两条曲线与目标实际运动、起始爆散点（或分离点）坐标的测定值相结合，得到干扰质心的空间位置相对于目标的位移情况，从而反映箔条云的质心干扰效果。

9.5 图像侦察弹

图像侦察弹的研究始于 20 世纪 70 年代，美国先后提出“炮射侦察系统”“炮射电视目标定位系统”。20 世纪 90 年代后随着图像信息处理、芯片集成、无线传输通信等技术的发展，侦察弹技术正向着小型化、全天候、多波段、单兵化快速演变，广泛应用于很多领域，受到了各国的重视和关注。

较为经典的侦察弹是以色列的 Firefly 膛射式微型图像侦察弹及美国研制的单兵榴弹发射成弹。虽然我国图像侦察弹的研究起步较晚，但是我国已研制出火炮炮射侦察弹、迫击炮发射侦察弹和侦察枪榴弹等，其拍摄的图像辨别战术目标能力强、侦察距离远。

目前针对弹载侦察图像的研究主要集中在编码压缩、增强、校正、消旋及拼接，主要为毁伤效果估计、敌火力分布估计等战场侦察提供信息支持；而针对该类图像展开的质量评价研究较少。由于成像条件的影响，弹载侦察图像存在多种类型的降质现象，因此对其进行质量评价的定量分析不但具有现实应用需求，而且对拓展图像质量评价方法理论研究和应用领域具有重要意义。

图像质量评价方法分为主观和客观两类，图像质量评价的主观方法使用人眼来评价图像的质量，作为最终的接受者。该方法是最为可靠和准确的，但是受评价者本身、评价环境条件、图像内容等因素影响，人力物力投入大、耗时长、成本高，实际应用中常作为客观评价的辅助和参考。

依据需要参考图像信息的多少，图像质量评价客观方法可分为全参考评价（full-reference，FR）方法、弱参考评价（reduced-reference，RR）方法和无参考评价（no-reference，NR）方法。其中，FR 方法和 RR 方法借助参考图像的全部或部分信息，结果较精确，已获得成熟应用；若难以获取参考图像，则只能采用 NR 方法。

早期的 NR 模型认为待评价图像是受到一种或多种特定降质因素的影响，如振铃效应、模糊、块效应及压缩等，因此研究的评价方法为限定失真评价方法，应用范围受到限制，后来人们逐渐转向通用的 NR 方法的研究。

通用 NR 方法解决在有关降质（失真）类型的先验知识缺乏条件下的盲评价问题。

其中,一类方法可归纳为“主观已知”类型,需要在已知失真类型和人工标注得分的图像数据库基础上进行“训练”,评价过程相似,可分为训练阶段和测试阶段。在训练阶段从已知失真图像中提取特征向量,建立关于失真图像特征向量和主观得分关系的回归模型。在测试阶段,对待评价图像首先提取相应的特征向量,利用训练阶段所建立的回归模型预测其质量得分,如盲图像质量测度、基于失真度识别的图像验证与完整性评价、基于离散余弦变换的图像完整性测度、盲图像质量空域测度、基于码书的无参考图像质量评估。该方法存在的不足:需要大量已知失真类型且有人工标注得分的图像样本在训练阶段建立回归模型。实际工程应用中,图像的失真类型众多且同一幅图像可能包含多种类型的失真,由于该方法强依赖于相关失真类型及训练图像数据库,故应用场合受限。

鉴于“主观已知”类型方法的不足,所以人们将研究的焦点集中在“主观未知”类型评价方法上。该方法不需要失真图像的训练样本和人工标注得分等先验信息,如 Mittal 等提出的自然图像质量测度方法。该方法在盲图像质量空域测度工作的基础上,采用多元高斯模型对图像的统计特征分布进行了拟合,以原始自然图像块提取的的特征集分布作为计算基准,待评价图像的质量得分通过计算其特征集分布的多元高斯模型拟合和基准的多元高斯模型拟合之间的距离获得。因为“主观未知”,所以该方法可看做是“全盲”评价方法的代表。由于自然图像质量测度方法对图像的统计特征分布进行拟合时使用了一个多元高斯模型,忽略了局部信息在质量得分预测中的作用,因此有学者提出了改进的分块进行多元高斯模型拟合的方法,即整体与局部的自然图像质量测度方法。

上面“主观未知”和“主观已知”的两类方法,各有优缺点,适用场合也不相同。

思考题

1. 特种弹有哪几种,主要性能参数有哪些?
2. 照明弹为何要进行高、低存速下开伞试验?
3. 某一发烟弹能够对波长 10μm 激光起干扰作用,那么它能够对波长 1μm 的起干扰作用吗?
4. 同一型号燃烧弹的火种是否越多越好?
5. 箔条干扰弹的主要原理是什么?

参考文献

[1] 萧海林,王祎. 军事靶场学[M]. 北京:国防工业出版社,2012.
[2] 翁佩英,任国民,丁马其. 弹药靶场试验[M]. 北京:兵器工业出版社,1995.
[3] 何友金,吴凌华,任建存,等. 靶场测控概论[M]. 济南:山东大学出版社,2009.
[4] [原著作者不详]. 火炮靶场试验法(第一部分)[Z]. 中国人民解放军军械科学研究试验场,译. 中国人民解放军总后勤部军械部,北京:[出版者不详],1962.
[5] 李从利,薛松,陆文骏,等. 弹载侦察图像质量评价方法研究[J]. 兵工学报,2017,38(01):64-72.

第10章　药筒和基本药管性能试验

药筒是炮弹的重要组成部分之一。药筒的主要用途包括盛装发射药和辅助品；保护发射药及其他火工品不受潮、不变质、不受机械损伤；发射时密闭火药气体，保护火炮药室免受烧蚀，防止火焰由炮闩喷出；在定装式炮弹中，连接弹丸和其他零件，便于装填和勤务处理；装填入膛时以药筒的肩部或底缘起定位作用。由于药筒具有上面的作用，因此除少数大口径火炮和迫击炮发射的弹药采用药包分装式而不用药筒外，绝大多数火炮的弹药都采用药筒。

从战术技术性能要求来考虑，药筒应易于装填和退壳，同时基本性能应该得到保证，药筒性能直接影响火炮的发射速度；良好的闭气性能可以提高火炮的寿命，保证安全。本章介绍炮弹药筒性能试验，即金属药筒和可燃（半可燃）药筒两大部分试验；结合迫击炮弹配用基本药管介绍管壳的性能试验。

10.1　金属药筒性能试验概况

金属药筒是后膛炮定装式或药筒分装式炮弹的重要组成件，内有发射药及辅助件，下连底火。定装式炮弹的药筒口部与弹丸尾部（以辊口加固）连接，全弹一次装填入膛。药筒分装式炮弹是以弹丸、药筒装药先后两次装填入膛。发射弹丸后，金属药筒留膛并立即退膛，才能使下一发炮弹进行装填和发射。

金属药筒的强度高、刚性好，有良好的密闭火药气体的功能，可以提高炮弹的发射速度，减少火药对炮膛药室和炮尾的烧蚀，提高火炮寿命，保证射击安全。在弹药保管、运输和勤务处理中，金属药筒能较好地保护发射药及辅助件等以免受潮、变质和损伤。

10.1.1　射击过程中对金属药筒的性能要求

为了保证射击过程的正常进行，金属药筒须满足下面性能要求。

（1）药筒与炮膛之间有一定的初始间隙，能自由、快速装填入膛并顺利到位、关闩，不影响击发机构的正常工作。

（2）药筒具有满足射击要求的强度和刚度，发射时不仅药筒不破裂，在火药气体压力（膛压）加载下膨胀变形还密封火药气体。此外，在卸载后（或卸载过程中）药筒能回弹变形，从而被顺利地抽出炮膛——退壳。

（3）定装式炮弹的药筒与弹丸的连接牢固程度应满足规定的拔弹力要求，确保内弹道性能的一致性。

（4）金属药筒应具有多次使用性能（一次性使用的金属药筒除外），在射击后经复修,即清洗、干燥、收口整形、检验可以重复使用。

10.1.2　金属药筒靶场试验项目

1. 射击前的静止试验

在射击试验前,无论金属药筒的材料、结构和制造工艺有何不同,都应进行必要的静止试验与检验。其主要包括发射装药的密封性试验(浸水 24h,每隔 8h 进行一次密封性检查和称量,确定吸水量)、拔弹力抽验试验(符合规定的拔弹力允许范围)、100%的合膛检验(全弹能通过合膛模、全形规,表示该发炮弹将能顺利装填入膛进行射击试验)以及外观等检验。

2. 射击试验项目

1)定型试验主要项目

新设计、试制的药筒,或材料、加工方法和表面防腐处理方法有重大改变的药筒在定型时,应根据需要进行下面各项试验。

(1)药筒的强度和退壳性能试验。

(2)对火药气体的密闭性试验。

(3)内弹道性能对比试验。

(4)快速/连发试验。

(5)反复装填(击发)试验。

(6)多次使用试验。

(7)钢药筒低温强度试验和低温闭气性试验。

(8)钢药筒的时效低温试验。

2)生产验收试验项目

生产验收试验项目主要是单发射击条件下的药筒强度、密闭火药气体和退壳性能试验,以及产品图、技术条件规定的其他项目试验,如多次(补充)射击试验,钢药筒的低温强度和闭气性试验等;连发武器的药筒,要专门进行一定数量的连发射击试验等。

10.1.3　药筒靶场试验中的弹药保温

药筒是炮弹的主要部件。在靶场试验中,弹药的保温温度范围应符合全弹战技指标规定的使用温度极限,分为极限高温、极限低温和常温。若在药筒设计中没有明确规定温度极限者,则可按下面情况进行保温。

(1)保温温度:高温 48℃~52℃,低温-42℃~-38℃,常温 13℃~17℃。

(2)保温时间(在恒温箱中):口径在 57mm 以下者不少于 24h,口径在 57~105mm 者不少于 36h,口径大于 105mm 者不少于 48h。

(3)分装式炮弹的弹丸可不保温。

10.1.4　用水弹进行药筒射击试验

药筒的生产验收采用水弹进行试验,下面介绍该试验的主要方法和试验原理。

1. 试验装置

水弹是指以定量水液柱和木塞作为药筒试验用弹,试验装置如图 10.1 所示。

分装式炮弹是将一个特制的火炮药室木塞楔入炮膛膛线起始部位（木塞底面到闩体镜面尺寸应大于药筒装药的高度），先将药室封闭起来，再从炮管口部灌入一定量的水液，进行药筒试验，如图 10.1（a）所示。定装式炮弹还需在药筒口部紧塞一个木塞，以模拟药筒口部与弹丸尾部的牢固连接，试验装置如图 10.1（b）所示。木塞子不仅可以堵住炮管内的水流入药室，还在发射时可起到弹丸嵌入膛线、闭塞火药气体的作用。定量水是以其自身的重力和惯性力对火药气体的推力产生反作用力，促使火药气体正常燃烧而得到与真实炮弹相似的内弹道参数。

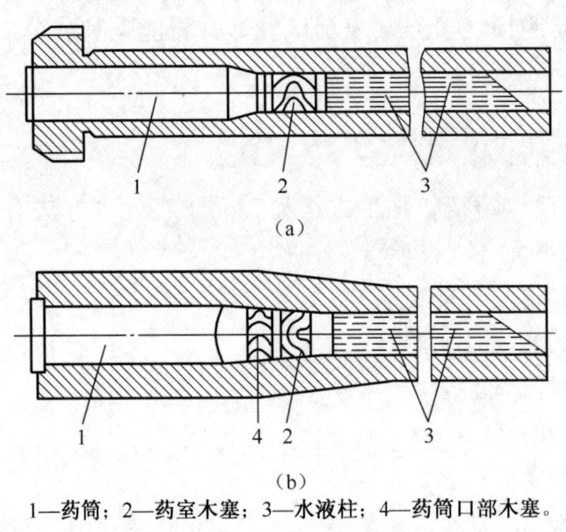

1—药筒；2—药室木塞；3—水液柱；4—药筒口部木塞。

图 10.1　水弹-药筒试验装置示意图

这种模拟试验方法简单、可行，易于推广，有较好的实用性，一般用于制式武器的药筒试验。

2. 用水弹进行药筒试验的试验条件分析

采用水弹代替金属（填砂弹）弹丸进行药筒试验应满足下面两个主要试验条件。

1）内弹道参数的一致性

由于水弹结构不同于金属（填砂弹）弹丸，因此在相同的装药结构下，它们的内弹道与金属（填砂弹）参数有所不同。为满足下面内弹道参数一致性要求，可对水弹采用相应的结构、尺寸调节措施。

（1）最大膛压相同。木塞结构和尺寸、水液量和射角是影响最大膛压的主要因素。

典型的木塞结构如图 10.2 所示。增大木塞大端对膛线的过盈量，可使弹丸起动压力和提高火药燃速，从而使最大膛压增加。但过盈量越大，木塞越难楔入炮膛。一般取过盈量不超过 2mm，并采用强度较高的木材（如桦木等），使木纤维方向垂直于炮管轴线方向，可提高起动压力和最大膛压。

灌入身管的水液量增加将导致火药气体压力提高。根据实践可知，在装药相同的情况下，水液量比弹丸的质量增加约 30%，便可调整好最大膛压值。

火炮射角影响水液对火药气体作用力轴向方向的分力变化。为在相同装药情况下获得与金属弹丸试验相同的最大膛压，应针对不同射角确定相应的水液量。例如，小射

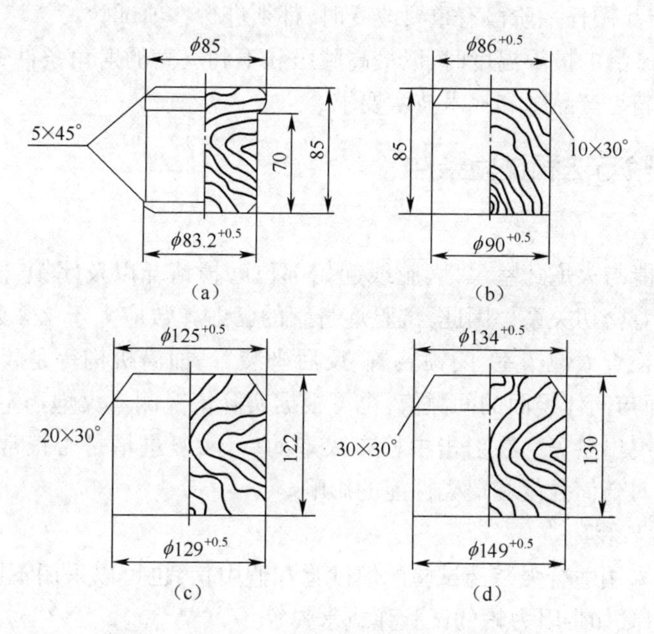

图 10.2　典型木塞结构

(a) 56 式 85mm 加农炮药筒口部木塞; (b) 56 式 85mm 加农炮药室木塞;
(c) 60 式 122mm 加农炮药室木塞; (d) 59 式 130mm 加农炮药室木塞。

角时应当适当增加水液量,而在以水弹进行药筒试验时不采用 0°射角试验。若原试验有规定零度射角试验者,则改用 2°~3°小射角试验。

(2) 最大膛压的稳定性。由于木塞的材料强度比金属(弹带)的强度低得多,因此木塞材质性能上的变化对嵌入(膛线)力的影响要比金属(弹带)的材质变化影响小得多。实践证明,一旦确定水弹-药筒试验装置的尺寸后,则最大膛压的稳定性良好。

(3) 膛压—时间曲线的一致性。用水弹进行药筒试验时,虽然可从结构、尺寸上进行调整,使相同火药品号的装药条件能得到与金属弹丸相同的最大膛压,但是膛压—时间曲线却并不一致。若出现最大膛压点(时间)延后的情况,则可在原装药内加入少量速燃火药,调整最大膛压点(时间)前移而使试验曲线趋于一致。

2) 在相同的内弹道参数条件下,对药筒的作用相同

采用上面措施并严格调整达到与金属弹丸进行药筒试验时的内弹道参数一致。一般情况下,试验时药筒的强度、闭气性、退壳及筒口温度等主要射击性能基本与用金属弹丸进行的药筒试验相同。

综上所述,在药筒射击试验中,采用水弹试验时,须事先经过试验测定,并报请上级批准后采用。

10.2　金属药筒的强度及退壳性能试验

金属药筒的强度及退壳性能试验是药筒射击性能的基本试验项目。在药筒研制、定

型、生产验收或产品图任一阶段有重要改变时,都须进行本项试验。

本试验是在产品的极限温度时,以最高膛压和不利退壳的射角条件下考核药筒强度及退壳性能是否满足产品图和战术技术要求。

10.2.1 试验方法和试验条件

1. 试验炮

药筒射击性能与火炮药室尺寸、膛线起始部位磨损情况以及闭锁、击发机构位置和动作是否正常等有密切关系。因此,试验炮身管的已射弹数应大于 1/2 寿命发数。在射前及每发射击中检查火炮药室、闭锁装置、反后坐装置、抽筒机构等是否作用正常,并测量、记录身管端面与闩体镜面的间隙值,也可根据实际情况测量火炮药室长度、身管及药室的内径和击针突出量等。在射击中检查火炮的后坐、复进量是否正常,以排除火炮机构的不正常情况对药筒强度和退壳性能的影响。

2. 试验弹丸与装药

试验弹可以采用适合强装药试验的填砂弹和假引信,也可以采用不影响内弹道性能的模拟(试验)弹,如带阻力帽的试验弹或水弹等。

试验药筒在检测后配以符合规定的强装药膛压的发射药和底火。

全弹装配应正确并保证一致性。全弹静止试验符合要求。

3. 在温炮和稳炮射击后进行射击试验

火炮正式试验前,首先进行 2 发(4/5 装药 1 发,全装药 1 发)温(稳)炮试验,然后以火炮允许的最小射角和最大射角分别进行单发射击试验,试验数量各占一半,约 20 发,并在一天内连续进行。在试验中应按照规定要求抽测膛压。

在生产验收药筒试验时,仅对复进退壳的药筒进行平角(0°~3°)和高角(接近于火炮允许的最大射角)射击试验,两组药筒交替射击;对于非复进退壳的药筒,则以靶场方便(在靶场中可供使用的场地射击)的任意射角进行射击试验。试验量为同批一组,如 85mm 和 152mm 口径药筒每批选 10 个。对有连发射击要求的药筒,可按产品图规定选取一定数量进行单发射击,如在 37mm 口径的铜质或钢质药筒试验量 20 发中,选 5 发进行单发射击试验,其余进行连发射击试验。

10.2.2 药筒的射击强度和闭气性能测定

1. 测定药筒的变形量

射击前、射击后都应在药筒的同一部位相互垂直方向上测量外径。测量部位应符合产品图或技术标准规定,主要是药筒的底缘直径和筒体上距底缘一定高度(一般取 5mm、15mm、25mm、50mm、75mm、100mm 等)处的外径。76mm 以下口径药筒,从 100mm 处向上每隔 50mm 测量一处;大于 76mm 口径药筒,从 100mm 处向上每隔 100mm 测量一处;定装式炮弹的瓶形药筒,还需测定各过渡部位的外径,如筒体到斜肩、斜肩到筒口的过渡部位上离开 3~5mm 处的外径以及筒口的外径等,并计算径向永久变形量。

在生产验收时,应从第一次射击后药筒强度可疑者以及膨胀量最大的药筒中抽取 2 个(如 152mm 口径)到 5 个(如 37mm 口径)药筒各作 4~5 次反复射击,每次射击后重新收口、修整,并用靶场全形规检查合格（如测平闩不能通过时,则允许再作一次收口）。一次性使用的药筒,如 73 式 100mm 滑膛炮穿甲弹用黄铜药筒是一种长颈式黄铜药筒,无反复射击要求。

2. 检查药筒损伤

射击后药筒上任何部位不应有裂缝、横向断裂和严重烧蚀;在药筒与底火或与点火管的配合处出现的轻微漏烟情况,应不超出产品图技术要求。一般允许底火室的底部有漏烟而留有一定的烟迹,但从底火室底缘槽起径向长度不应大于 10mm。检查螺纹的烧蚀和击针穿孔情况符合技术要求。配用点火管的药筒,射后点火管不得突出药筒底平面或脱落。

一次性使用的药筒允许射击后,药筒上存在不影响射击性能的部分损伤,如 73 式 100mm 滑膛炮穿甲弹药筒允许筒口部和斜肩处有因弹丸尾翼划伤或划透的裂纹。

3. 检查药筒的闭气性

射后（温水）清洗、擦干药筒外表面,从口部开始测量火药气体熏黑痕迹长度。分装式药筒的熏黑长度往往大于定装式药筒。因为筒口与相应炮膛壁之间必定有（初始）间隙,在火药气体产生的开始阶段,就会有漏气,直到膛压增高筒口变形增大而使筒壁紧贴膛壁而闭气。定装式药筒与分装式药筒不同,定装式药筒要与弹尾辊口结合,且有一定的拔弹力要求,筒口部强度低、延伸率大,因此火药气体是在其筒口部有一定变形量时才从已缩小的（初始）间隙漏出,必然减少筒口外的火药气体熏黑长度。该长度在一定程度上显示了筒口的闭气性能的优劣。各种不同火炮、口径、膛压和药筒结构,须根据射击性能的允许程度确定各自的最大火药气体熏黑长度。一般统计规律:定装式炮弹药筒的熏黑长度不超过筒体全长的 1/3;分装式炮弹药筒的熏黑长度不超过筒体全长的 90%。例如,定装式药筒:全长为 252mm 的 37mm 口径铜质或钢质药筒的熏黑长度不超过 75mm,全长为 625mm 的 85mm 口径药筒的熏黑长度不超过 200mm;分装式药筒:全长为 395mm 的 83 式 122mm 口径药筒的熏黑长度不超过 355mm。

由于整个药筒的闭气性能最差的环境是在最低膛压时,因此还要考核药筒的低温闭气性能。

10.2.3　药筒的退壳性能测定

药筒能否正常退壳是药筒射击性能的重要考核内容。对于不可燃的留膛药筒,在火炮抽筒机构作用下都应具有可靠的退壳性能,才能确保武器的连续作战能力。

一般情况下,设计药筒时要使射后药筒与炮膛壁之间有一定的（最终）间隙以保证退壳性能良好。从发射变形过程来看,药筒壁薄而材料强度低、延展性大,在最大膛压作用下会产生弹塑性变形;而炮身是合金钢,弹性模量大、强度高,膛壁只发生弹性变形,在膛压下降后,膛壁产生弹性恢复,而药筒还有残余变形。在抽筒时刻,筒体外径与膛壁内径之间若存在间隙,就有利于完成退壳;若出现过盈,则不利于退壳。能否退壳视抽壳力与过盈量的大小。连发武器是在膛压未完全下降为大气压的情况下抽壳的,须要用较大的抽壳力来克服过盈产生的阻力。此外,筒体在轴向变形弹性恢复后,若其下部尺寸仍比炮闩横断面大,则将使药筒楔紧在炮身药室内而不利于退壳。在这种情况下,若加大抽壳力,则容易产生药筒的破裂、拉断。退壳容易与否,主要取决于筒体下部能否形成最终间隙。为了确保药筒的退壳强度,筒体下部应提高机械强度(如局部强化的喷砂处理),以满足射击性能要求。

为测定和确保药筒的退壳性能,试验要求如下:

(1)每发试验应测定药筒的抛出距离。半自动炮闩结构的药筒应在第一次开闩时自动退壳并全部被抛在地上或车辆的甲板上;手动开闩时,药筒应能顺利退壳,有时出现少量的第二次开闩退壳或辅以手拉退壳等现象,应不影响射击速度。

(2)根据需要,由药筒的射前、射后尺寸和相应部位的火炮药室尺寸计算药筒的初始间隙和最终间隙,以便查找影响退壳性能的原因。

10.3 钢质药筒的时效和低温强度试验

钢质药筒射击验收试验方法与10.2节方法相同。由于钢质药筒选用材料是延性好、强度低的低碳钢(制作整体药筒、焊接药筒的筒体)S15A、S20A以及强度稍高一些的中碳钢(制作焊接药筒的筒底)30号或35号钢热处理,其弹性模量和屈服极限均高于铜质药筒材料,而延性比铜质药筒低一些。射击试验中,与铜质药筒相比,相同膛压条件下钢质筒壁的残余变形量较大,最终间隙减小,对于药筒退壳性能来说是不利的。此外,钢药筒的热处理和表面处理工艺比较复杂,焊缝等质量问题较多,这些设计与制造上的问题都会影响射击性能。钢药筒的质量问题常通过强度试验和闭气性试验暴露出来,故无论设计定型还是生产验收都必须做该项试验。

为了进一步考核钢质药筒的射击性能,本节介绍两种钢质药筒特有试验项目。

10.3.1 钢质药筒的时效强度试验

基于钢材的特性,钢药筒经过人工时效处理(在240℃~260℃条件下保温1h,然后在空气中自然冷却到常温)后材料强度和硬度会进一步提高,即产生时效硬化。这对于筒口部来说,屈服极限提高、延展性降低,使闭气性变差。对筒体下部来说,可能由于强装药条件下材料受载强度和加载速率的提高而进一步硬化脆裂,使药筒的强度变差。在低温条件下射击时,虽然膛压较低,药筒的残余变形量减少,但对于钢材来说,材料缺陷和焊缝的低温敏感性较大,射击后易产生裂缝。由于上面的影响,因此必要时可对钢质药筒进行时效强度试验。

钢药筒的时效强度试验方法是对经过人工时效处理的钢质药筒分别进行强装药射击试验和专用全装药(按产品图规定的全装药组平均最大膛压±4.9MPa选定装药量)的全弹保低温后射击试验。试验数量各20发,并在不利于退壳的射角下进行单发射击试验,以进一步考核钢质药筒的强度。该项射击性能要求和测定与10.1节方法相同。

10.3.2 钢质药筒的低温强度试验

钢质药筒在冷变形后,会在存放或者使用过程中出现强度、硬度升高和塑性韧性降低,即产生应变时效。在低温条件下发现有的钢质药筒底部发生破裂,通常是因为热加工过程中造成底部内侧有轻微褶皱或不连续性所致。一般情况下,这种不连续性并不发生故障,但在低温条件下,钢的缺口脆性增加就会影响药筒的射击强度,甚至可能造成事故。研究表明,在低温条件下钢材的缺口脆性增加是未经热处理钢材的一种特性,经热处理的钢材的缺口脆性相较于未经热处理的钢材的缺口脆性来说,经热处理的钢材的缺口脆性并不受温度影响。因此,改进工艺采用热处理钢,可以避免低温条件下药筒底部破裂。对于钢药筒的焊缝来说,难免有某些缺陷存在,也需不断改进焊接工艺,避免低温下焊缝开裂。

为确认钢药筒的低温条件下射击性能良好,还须在低温条件下进行射击试验,考核其强度和退壳性能。钢药筒的低温强度试验方法是对试验的钢药筒选配专用全装药(定装式用全弹)进行保低温,并以任意射角进行单发射击试验,设计定型试验的试验量为 20 发。该试验的重点是检查药筒的强度,要求射击后药筒上的任何部位无断裂裂缝、裂纹和烧蚀,无炮闩漏气及火炮闭锁部分被熏黑等情况,且药筒退壳(或自动退壳)顺利,即使有防腐层脱落也必须不影响药筒的退壳动作。对于个别高膛压火炮用钢药筒,允许有少量试验品(如试验量的 15%)的底缘有金属破裂,但不允许影响火炮自动机构动作;或允许个别试验品口部出现纵向裂纹,其长度不超过(产品图)规定值。由于钢药筒的低温闭气性变差,射后药筒口部的漏烟(熏黑)长度比强装药强度试验时增长,因此其允许值对于定装式高膛压用钢药筒一般约为筒长的 70%。

10.4　金属药筒对火药气体的密闭性试验

本项试验是在药筒强度试验合格的基础上,进一步以炮弹产品实际使用中可能遇到的最低膛压情况来考核药筒对火药气体的密闭性,包括筒口、筒体下部与底部的闭气性。

该考核条件是考虑最低膛压下的筒体各部位的变形量与变形速度最低、药筒的闭气性能最差,以及低膛压情况下若出现火药未燃完,则闭气性更差的情况。

筒口闭气性不好或不稳定,将导致弹丸的初速下降和跳动量的增加,使内弹道不稳定。与此同时,漏气的高压气体使药筒产生局部破坏,出现斜肩部压皱、药筒开裂和烧蚀。若筒体闭气性不好或筒底不能紧贴炮闩闩面,则会产生炮尾漏焰而烧伤炮手,甚至破坏炮尾,发生严重事故。

对于炮弹来说,经过最低膛压(小号装药量)试验药筒的闭气性良好,就可说明该弹的闭气性能能满足射击性能要求。

10.4.1　试验弹药与试验用火炮

1. 试验弹丸

试验弹丸为填砂弹、假引信。

2. 试验用装药量

为了确定炮弹发射时可能遇到的最低膛压对应的试验用装药量,可从火炮、装药和弹药温度等方面考虑综合影响结果。对于火炮来说,最低膛压情况必定出现在膛线磨损、药室增长达到身管"寿命终止"的极限情况。身管寿命的特征值常用射弹(与全装药相当的)数量或初速减退来表示。对于发射装药来说,最少装药量的装药号(简称为最小号装药)情况下初速和膛压最低;而弹药使用温度在极限低温时膛压最低。因此,对药筒进行低膛压闭气性试验时有下面两种情况。

(1) 试验是在寿命接近终止的身管上进行,对定装式炮弹或只有一个装药号的炮弹选用全装药,对有变装药或减装药的炮弹选用最低膛压的最小号装药。其装药量选定试验都应在已射发数低于1/2寿命的身管上进行,这样选定的装药量低而且符合产品实际装配情况。

(2) 试验是在并无寿命试验发数的身管上进行,对定装式炮弹或只有一个装药号的炮弹选用专用全装药,对有变装药或减装药的炮弹选用专用减装药。

专用全装药或用减装药的装药量的初速满足下列公式,即

$$v_{oj} = v_{or}(1 - \Delta\bar{v}) \tag{10.1}$$

式中 v_{oj}——专用装药的组平均初速(m/s);

v_{or}——对专用全装药采用产品设计图规定或战技要求规定的全装药组平均初速,对专用减装药采用最少装药量的装药号的组平均初速(m/s);

$\Delta\bar{v}$——火炮身管寿命终止时的初速减退相对量,通常采用5%。

3. 试验数量

试验数量为20发。

4. 保温条件

全弹保低温。

5. 测量

试验前测量火炮药室长度。

10.4.2 试验测定

本项试验是在火炮射击的任意射角下进行单发射击。在试验中进行下面内容的测定。

(1) 在试验过程中抽测膛压。一般抽测3~5发,在寿命接近终止的身管上试验时应适当增加至5~7发。

(2) 逐发检查记录火炮身管的后坐长度。发现火炮药室有火药残渣和其他残留物时,应经清除后继续下一发射击试验,检查火药气体有无从炮闩漏出,以及火炮闭锁机构有否被熏黑。本项试验不允许炮闩镜面有熏黑痕迹。

(3) 逐发检查和测量清洗后药筒表面的熏黑长度和底火室外缘径向上的熏黑长度。

(4) 记录药筒上有无裂纹、严重烧蚀、压坑和其他缺陷。

若上面各项检查符合产品图与战技指标要求,则该药筒闭气性试验合格。

10.5 金属药筒的快速/连发性能试验

金属药筒的快速/连发性能试验是指对设计定型药筒进行快速/连发射击试验,考核药筒在火炮允许的最大发射速度/连发射击情况下的射击性能与连发作用可靠性。

发射速度是武器火力强弱的重要指标之一。对于火炮来说,关键在于输(供)弹系统以及身管结构的性能优劣,但对于弹药来说,确保火炮能达到最大发射速度的基本部

件首先是药筒。因此,只有药筒自身能够承受快速/连发性能的考验,才能保证充分发挥武器的火力优势。在这个基础上进一步利用性能合格的药筒进行考核新设计弹丸的快速/连发射击性能。特别是在连发武器弹药定型时,还要对全弹进行连发性能试验,考核全弹的连发可靠性及射击安全性。

基本试验方法与测定具体如下:

(1) 射击前严格检查火炮的输供弹系统,包括弹夹(链)、开锁装置、抽筒装置、反后坐装置和击发机构等是否动作正常。

(2) 试验弹药采用实弹、真引信的制式弹丸。专用全装药与试验药筒装配后,经分组保常温、高温和低温后进行试验。

每种温度的试验弹药数量:口径 57mm 以下者 50~100 发弹药,口径大于 57mm 者 20~40 发弹药。

(3) 射击方式和射击速度根据不同情况实施。每种温度的弹药按射速进行试验:手工装填或半自动装填弹药的火炮应以火炮允许的最大射速进行考核,如 83 式 122mm 牵引榴弹炮和 59 式 130mm 牵引加农炮的最大射速为 7~8 发/min。

自动装填弹药的连发火炮应以实际使用中所采用的短点射(如每次射击 3~5 发)、长点射(如每次射击 7~10 发)和连射进行考核。

火炮的连发速度往往随新炮新弹的设计改进而不断提高,如 55 式 37mm 高射炮连发速度为 160~180 发/min,而 35mm 双管高射炮的连发速度就提高到 2 管×550 发/min。射击过程中要用秒表记录各种射击方式的射击时间和发射数量,计算其射击速度。

(4) 射角大小因武器不同而不同。连发武器采用最大射角和最小射角各射击一半试验数量;非连发武器采用任意的、靶场认为方便的射角进行试验。

(5) 在射击过程中观察快速/连发作用是否可靠,射击是否顺利。若有异常情况出现,如由于火炮机构的工作故障影响正常射击而出现中断,或其他非药筒自身原因而出现的反常情况,则应不作为影响试验结论处理。

(6) 检查射后药筒,不应有裂纹、裂缝和严重烧蚀;测定药筒外表面的熏黑长度和底火漏烟情况应符合规定要求(参见 10.1 节)。

10.6　可燃药筒特性试验

可燃药筒是一种用可燃材料制成、发射时完全燃烧并能为弹丸运动提高部分能量的特殊药筒。在炮用弹药中,可燃药筒代替金属药筒已取得成功,并不断发展。可燃药筒首先应用于坦克炮、自行火炮和舰炮系统弹药中,以解决废药筒堆积和有害气体等问题。155mm 以上大口径加榴炮系统或迫击炮系统弹药是利用可燃药筒具有质量轻(约为黄铜药筒的 15%~20%)、能量高、可减少发射装药的特点而代替金属药筒,或改药包装药为可燃容器装药以解决药包刚度差、尺寸大小不固定、底火与点火系列不在一条直线上,不便于自动装填等问题。

10.6.1　一般概况与战术技术要求

1. 可燃药筒的结构分类与材料组成

1) 按结构分类

一类是全可燃药筒,药筒的全部构件由可燃材质制成(个别产品筒盖含不可燃物质,射后破碎被吹出炮膛),结构如图 10.3（a）所示。各构件均用硝化棉的丙酮溶液黏结而成。全可燃药筒装药必须配以可燃底火或感应点火装置及可燃传火管等可燃零部件,并以炮闩或专用金属闭气环闭气。另一类是带金属筒底的可燃药筒,又称为半可燃药筒,结构如图 10.3（b）所示。这种药筒有闭气结构。

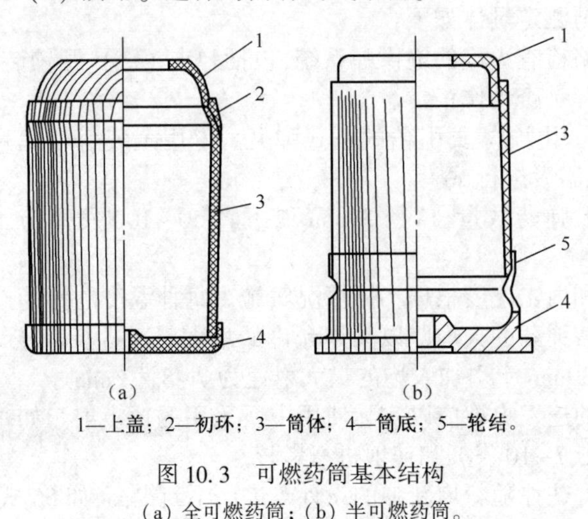

1—上盖；2—初环；3—筒体；4—筒底；5—轮结。

图 10.3　可燃药筒基本结构

（a）全可燃药筒；（b）半可燃药筒。

2）按筒体制造工艺分类

按筒体制造工艺分类,可分为卷制可燃药筒、丝缠可燃药筒以及毡状可燃药筒。其中,毡状可燃药筒是目前各国装备中最多的一种,其可燃材料中的纤维随机排列构成多孔性,类似毛毡组织结构。该药筒先采用真空吸附悬浮状浆液制坯或离心驱水制坯,再经压制成型。这种多孔毡状结构使药筒在发射时迅速破碎、燃烧,但其韧性低于卷制药筒。

3）材料组成

基本材料有三类:第一类材料的主要成分是释放能量的材料——硝化纤维（也有混入泰安、黑索金高能材料）;第二类材料的主要成分是增强药筒骨架的惰性纤维素材料——硫酸盐或亚硫酸盐的木质纤维,或加入聚丙烯;第三类材料的主要成分是起黏结固化作用的黏结剂——聚合类树脂、水扩散性黏合乳胶等。

附加材料包括添加剂（为改善和提高某种性能而加入的物质,如加入催化剂提高可燃药筒的燃烧完全性）、安定剂和增塑剂（加在丝缠可燃药筒的外层缠丝中）等。有的产品将添加剂直接涂覆或混合于涂料中涂覆在药筒的表面。

2. 对可燃药筒的战术技术要求

（1）可燃物质必须完全燃烧,不允许有大的残渣。

（2）在使用操作和勤务处理中具有足够的强度,不允许在各种使用条件下（包括高温、低温环境、经长途运输颠簸和机械装填）损坏、影响合膛的变形或掉底,或弹丸脱落等。

（3）有良好的内弹道性能,并保证射击精度。

（4）单发、连发/速射、多发试验等射击中不允许自燃。

（5）接触火源不能太敏感（有的国家规定在战车内耐 24V 直流电源产生的火花而不被点燃）。

（6）金属筒底有良好的闭气性、强度和退壳性。

（7）有良好的长期贮存性能。

（8）对外来冲击（如被枪弹、破片击穿）的安全性好。

（9）与发射装药相容性好等其他要求。

与全可燃药筒相比较，半可燃药筒的战技性能要求高些，还应满足与金属药筒一样的强度、闭气、退壳要求，以及保证筒底的可靠连接。

3. 可燃药筒尚存在的问题

无论从战术使用性能上，还是从生产工艺、材料来源和经济性上考虑，可燃药筒代替金属药筒都具有重大意义。但目前尚未全部代替，这是因为可燃药筒自身存在一些尚未解决彻底的问题。例如，可燃药筒的机械强度低于金属药筒；口部比较厚；定装式炮弹的药筒与弹丸的结合强度不如金属药筒，特别是、大口径坦克炮穿甲弹，易在"粗暴"装卸中受损；燃烧不完全；耐热性差，不能排除高温下膛内偶然发火事故；防火防潮性能不如金属药筒等。

综上所述，采用可燃药筒需提升燃烧完全性、耐热性，同时还要确保强度。

4. 可燃药筒一般鉴定试验项目

关于可燃药筒的鉴定试验，我国尚未制订系列国军标，可参考美国军标。在美国军标 MTP4-2-705 中列出了下面试验项目。

（1）常温、低温和高温的弹道温度试验。

（2）湿度试验。

（3）不利条件试验，如弹药的砂尘试验、盐雾试验和淋雨试验等。

（4）坠落试验。

（5）抗霉菌试验。

（6）安全性试验。例如，坦克炮弹药 3m 跌落试验、结构强度试验、连续粗暴操作试验、火炮磨损操作试验、火炮磨损情况试验、连续振动试验、高温-干燥条件下的贮存与操作试验、射频危害和自燃性试验、高温和高湿试验等。

10.6.2　可燃药筒射击可靠性与安全性试验

1. 可燃药筒射击强度试验

可燃药筒射击强度试验宜用符合全弹与火炮弹道性能的可燃药筒装药，在高温或强装药、常温和低温条件下进行射击试验。通过该项试验检查半可燃药筒的闭气性能和退壳性能。

半可燃药筒金属筒底很短，温度变化不大，为确保射击后筒底不出现破裂，要求能迅速密闭火药气体，所以设计金属筒底的初始间隙不能太大。这样退壳问题成为设计中的重要问题。因为一旦出现金属筒底不能退出膛，则膛内"卡死"的情况将比金属药筒更加严重。所以其选材常用黄铜，而筒底的初始间隙是在不产生破裂的条件下尽量取更大的值。若选用钢质筒底来提高根部强度，则采用碳钢淬火或低合金钢，筒体壁厚应尽量取薄。各结构、尺寸设计合理，可使钢筒底的闭气可靠，退壳性能好。

2. 可燃药筒的自燃温度和耐温性能试验

1）自燃温度试验

自燃温度试验是检测可燃药筒中发射药被点燃的自燃能力以及可燃药筒材料的自

燃能力的试验。

以电热元件对模拟炮炮尾外部（线圈通电）加热,用装在炮尾上的热电偶测温度。加热后抽回电热元件,推弹入膛后若不发生发射药自燃,则逐步调温,使发射药达到自燃。记录大气温度、炮尾温度和自燃所需时间及温度。

将可燃药筒装入能调温和恒温的电加热模拟炮膛内,或以可燃药筒试片置于密闭专用仪的（油浴加热）热铁板上,记录可燃药筒或试片被点燃所需温度与时间,绘制温度—时间曲线。

2）射击数量与火炮温度测定

射击数量与火炮温度测定一般在小口径炮上做模拟试验。在炮膛内与可燃药筒口部相应的地方安置自动测温装置,每试验 1 发自动记录火炮递增温度,得到一条膛内温度—时间曲线,如图 10.4 所示。若其最高温度低于可燃药筒自燃温度,则认为使用安全。

日本提出快速射击一个弹药基数（最多 40 发）后测温。若膛内温度低于可燃药筒自燃温度,则认为使用安全。试验证明,以每分钟 10 发射速射完一个弹药基数后,温度为 96℃~100℃,远低于可燃药筒自燃温度 180℃。

不同材质的可燃药筒的耐温性能有所不同,如图 10.5 所示。图中列出了三种材料的曲线,显然曲线 1 的耐温性能更好。

1—炮管；2—自动测温装置；3—可燃筒体。

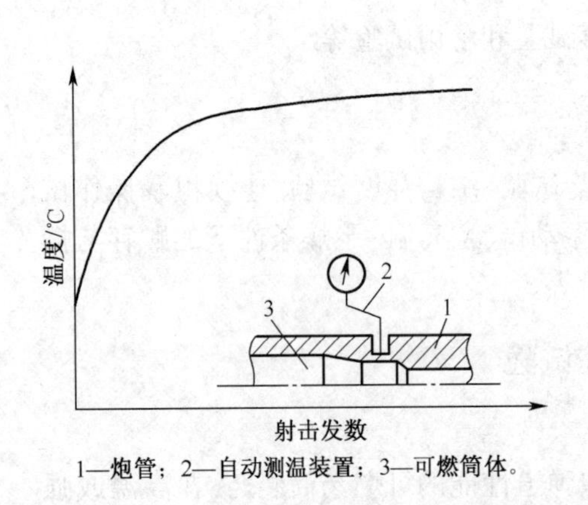

图 10.4　射击数量与膛内温度关系曲线

1—加有TNT、太安等材料的可燃药筒；
2—含硝化纤维素及醛类黏合剂的可燃药筒；
3—含硝化纤维素及酯类黏合剂的可燃药筒。

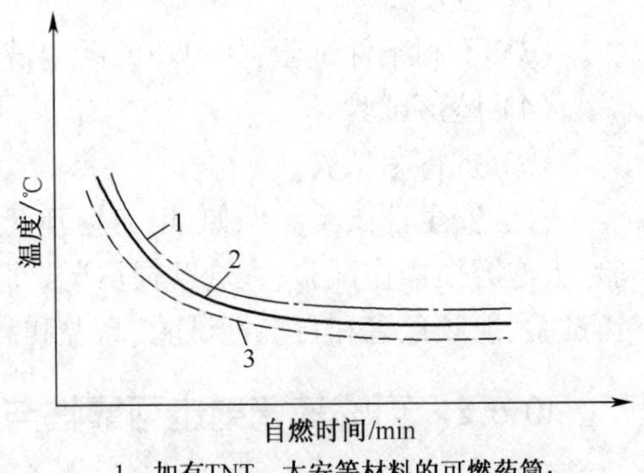

图 10.5　可燃药筒自燃温度与时间关系曲线

3. 内弹道装药性能安全试验

内弹道装药性能安全试验用可燃药筒发射装药应能保证符合全弹与火炮的弹道性能要求,发射装药已经鉴定合格,火炮符合规定级别。

试验方法:按高温、低温和常温的发射装药各射击 10 发（应含最高膛压装药弹）测出膛压—时间曲线以及膛内两个规定位置（膛底和弹底）上的最大膛压,按规定计算出压差（若压差超过允许范围时应暂停试验,分析原因）,测定初速—温度曲线和膛压—温度曲线。高温时的平均最大膛压必须低于最高单发膛压;常温下的初速与制式弹初速相同。

图 10.6 所示为 105mm 口径坦克炮使用的金属药筒和可燃药筒两种炮弹的膛压曲

线。这两种弹均采用 M30 发射药发射。在身管 2.5m 左右的地方，可燃药筒装的弹丸初速高于金属药筒装药，而最大膛压低于金属药筒装药，最大膛压位置右移。由内弹道曲线变化可看出，如果希望 v_0不变，则可用少量的发射药或较低的最大膛压来获得所需的能量，从而延长身管的寿命。

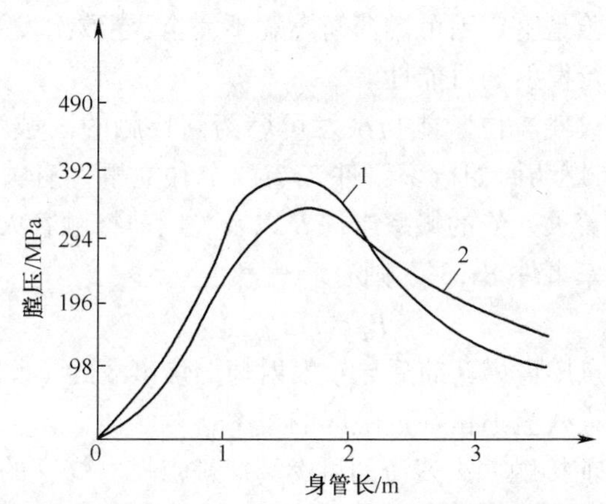

1—金属药筒装药的膛压曲线(v_0=980m/s)；2—可燃药筒装药的膛压曲线(v_0=1000m/s)

图 10.6　105mm 口径坦克炮用不同药筒装药的膛压曲线

10.6.3　可燃药筒燃烧完全性试验

1. 可燃药筒的残渣及影响燃烧完全性因素

可燃药筒（包括可燃底火、可燃传火管和可燃药盒等可燃部件）射击时燃烧不完全，将会在火炮药室内留有残余物，即残渣。根据残渣的燃烧情况可以分为两类。一类是已燃终止的无火残渣、残块（表面有许多坑凹，或从制品上撕下的无燃烧痕迹块）。体积小的残块，不影响第二发炮弹的装填，称为无害残渣。一种残渣是在最小号装药射后开闩发现，美国军用标准允许其米粒大小；另一种残渣是条状、像树皮且会使次发炮弹装填不到位的残渣，该种残渣在战术上是不允许的。另一类是在膛内继续燃烧着的火种，呈火星、明火、冒烟状。严重的残余物可以点燃次发可燃药筒，造成自行发射；甚至来不及关闩，强烈的高温火焰从炮尾喷出，烧伤炮手，造成事故，称为危险性残渣或着火残渣。

可燃药筒在膛内燃尽的程度是可燃药筒的重要战技指标之一。

产生残渣程度有内在因素（如组分和材质的结构、可燃面积等）和外在因素（如弹丸的膛内运动时间越长对可燃药筒燃烧完全越有利）。高初速弹丸应设法提高燃速或降低药筒壁厚、缩短燃烧时间；毡状可燃药筒应降低密度使多孔性更加明显，提高燃烧完全性。然而，这些措施有的与提高可燃药筒强度的措施相抵触，两者相互矛盾。在解决这对矛盾中，应首先看到，无论对什么品种的可燃药筒，战术技术指标中对燃烧完全性的指标是相同的。因此，根据产品实际使用条件（如弹膛结构、膛压、装填条件等），在确定合理的强度指标下，采取恰当的措施提高燃烧性，如改进组分和配比，增加制品的密度，减少水分等。

2. 可燃药筒燃烧完全性试验

1）燃烧残留物试验

以摄像机拍摄炮闩开启—关闭的整个过程，便于对遗留残渣作直观检查和分析。在可燃药筒炮弹发射开闩后,查看膛内有无残渣和残渣的位置、形状、大小、数量、是否继续燃烧、有无明火、冒烟等,要拍摄残留物分布情况以及熏烧残渣的(现场)危害情况,并以红外扫描装置测定熏烧残片的温度。

2)点燃可能性研究试验

点燃可能性研究试验是鉴定因可燃药筒燃烧不完全,导致次发可燃药筒炮弹在开闩前被着火残渣点燃而自行发射的可能性。

设药室内残留的着火残渣位于能与次发可燃药筒接触的区域为危险区。从概率的角度看,可能发生点燃可燃药筒的概率事件 T 与两个独立事件有关,即与前一发可燃药筒射击后在危险区遗留着火残渣的概率事件 R 以及关闩前接触着火残渣的(次发)可燃药筒被点燃并烧穿的概率事件 B 有关,则有

$$P_t = P_r P_b \tag{10.2}$$

式中 P_t——着火残渣点燃可燃药筒后导致发射药燃烧事故的(危险)概率;

P_r——射击后着火残渣遗留在危险区的概率;

P_b——装填关闩前接触着火残渣的可燃药筒被点燃并烧穿的概率。

例如,某可燃药筒在危险区遗留着火残渣的概率 $P_r=1/600$,在装填关闩前这段时间内可燃药筒被接触的着火残渣点燃并烧穿的概率 $P_b=0.5$,则关闩前可燃药筒被点燃并烧穿导致发射装药的事故概率 $P_t=P_rP_b=1/600\times0.5=1/1200$,得可燃药筒在弹药设计中是不安全的。

法国布谢研究中心对 GCT155mm 可燃药筒 P_r 的允许概率为 $1/(2\times10^5)$,这对弹药来讲,安全性较高。

由式(10.2)可见,若可燃药筒在危险区遗留着火残渣的概率为100%,而该药筒产品在关闩前的时间内被烧穿的概率很小,因 $P_t=P_r$,使 P_t 很小。为此要对每种可燃药筒确定实际的 P_b 值。其试验方法:以熨烤试片燃烧试验或红外扫描照相试验来确定其最短烧穿时间。如果已测出关闩时间,则可得 P_b 值。全弹试验比较接近实际情况:0.225kg黑火药装入炮弹装药内,以可燃药筒试片模拟被点燃的药室残渣置于药室的前1/3、1/2和2/3长度处的六个位置上。在身管壁上钻两个小孔,一个装入测压器,另一个装摄像机(观察点燃发火情况)。在摄影机摄像范围内装有红、绿两色指示灯以便计量关闩时间。试验时,把试片按规定温度点燃,待火焰暗下去后装填试验炮弹并立即关闩。在此过程中用两台移动式电影摄影机同时拍照。如此重复100次,记录试验数据:①关闩前可燃药筒不点燃的发数;②炮闩滑动的行程—时间曲线;③压力传感器测得的黑火药的压力曲线;④弹丸初速。若试验总数 n 发中有 m 发出现点燃并发火,则 $P_b=m/n$。

在可燃药筒研制中,应设法尽量降低 P_r 值,如能控制到1/2000,且 $P_b\leqslant1\%$,那么发生危险的概率是 $1/(2\times10^5)$。这样的概率在现代生产技术中是可以达到的。

10.6.4 其他试验

可燃药筒在研制中还要进行受枪弹、破片击穿的危险性试验,如图10.7所示。以可燃药筒与同口径金属药筒装药被枪弹、破片击中发生着火燃烧情况进行对比试验。其他试验还有耐温、耐蚀性试验。

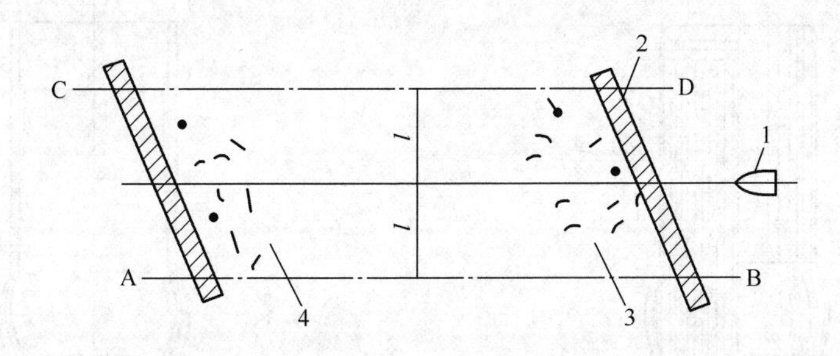

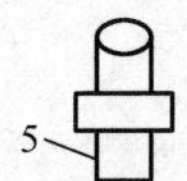

1—穿甲枪弹；2—靶板；3—靶后破片Ⅰ；4—靶前破片Ⅱ；5—摄影机。

图 10.7　破片冲击可燃药筒试验示意图

10.7　基本药管管壳靶场试验

基本药管是迫击炮炮弹的一个重要部件，由基本发射药、黑火药、火药隔片、底火和管壳等组成，一般是压入式。图 10.8 所示为螺接式基本药管装入迫弹的尾管内，作为迫弹发射装药中的基本装药。发射时火炮击针刺发底火，点燃黑火药和基本发射药，形成尾管压力，由火药气体冲破管壳（经尾管上）传火孔点燃附加药包形成各号装药。由于尾管的装药密度大于迫击炮药室装药密度，因此形成较高的尾管压力以稳定地点燃附加药包，确保弹道稳定性。表 10.1 所列为几种迫击炮榴弹的尾管压力、（组）平均膛压，及其允许的单发跳动最大值和最小值。

表 10.1　迫击炮榴弹的尾管压力与膛压

型号与口径	尾管压力/MPa （平均）	单发膛压/MPa （最大/最小）	基本装药 （平均）	全装药 （平均）	单发 （最小/最大）
63 式 60mm	73.55~112.78	122.58/63.74	8.3~112.3	≤25.50	6.86/27.46
53 式 82mm	68.65~112.78	117.68/58.84	≥7.8	≤42.17	6.37/48.05
71 式 100mm	58.84~98.07	117.68/49.03		≤55.21	4.90/58.84
55 式 120mm	68.65~78.45	<117.68	5.88~6.86	≤67.66	4.90/78.45
56 式 160mm	34.32~47.56	56.39/24.50	≥12.3	≤64.72 ≤67.17（远程）	9.81/68.65 9.81/69.63（远程）

基本药管管壳是基本药管的主要部件，典型结构如图 10.9 所示。考核管壳的射击性能是强度试验，有强装药和减装药的静态（模拟）强度试验和射击试验。

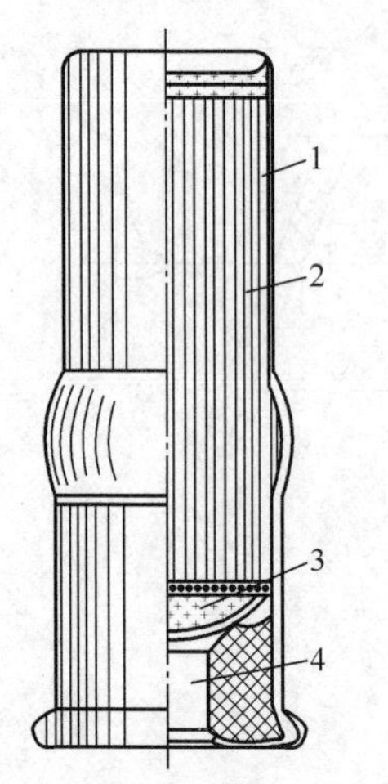

1—基本药管管壳；2—条状发射药；3—点火药；4—底火。

图 10.8 基本药管

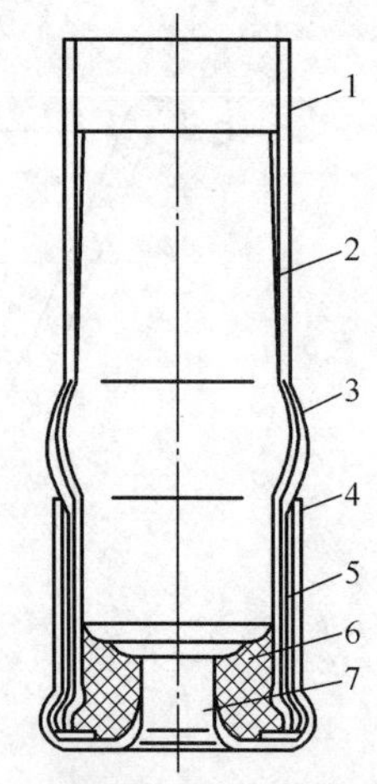

1—外纸管；2—内纸管；3—凸起部；4—外铜座；5—内铜座；6—塞垫；7—底火室。

图 10.9 基本药管管壳

10.7.1 基本药管管壳强度试验用药量的选定

1. 加（减）药法

加（减）药法是在强装药试验之前,首先按规定的尾管压力平均值（表 10.1）选定基本药管内装发射药量,作为定量药;然后在此基础上,采用增加 10%药量作为强装药药量,而采用减少 10%（或 12%）药量作为减装药药量。

选定药量试验要在特制的弹簧冲击机上以静态模拟(射击)方法测定尾管药室内的最大火药气体压力,即尾管压力。试验时,将底火、点火药和条状发射药按正常生产装配要求装入已试验合格的标准管壳(表面可不涂防潮漆)内,调试弹簧冲击机(图 10.10)于待发(火)状态,将被试的基本药管装入试验机上部测压装置的本体内。测压装置本体的侧壁旋入铜柱测压器,操作者释放机上压缩弹簧,击针刺发底火而点燃发射药,由测压器内铜柱的变形量确定尾管压力值。根据测压值调整发射药量,直至满足规定压力范围。对所选定的药量,还须同时做相应基本装药的弹道试验,进行膛压测定。若经过三日射击试验和静态试验(每日各一组),其膛压和尾管压力的(组)平均值、单发跳动均符合规定,则该药量为基本药量,作为管壳强度试验的定药量,以进一步确定强(减)装药药量。

63 式 60mm 迫击炮杀伤弹对管壳的强度试验用强（减）装药发射药量就是采用上面加（减）药法确定的。

2. 测压法

测压法是在强装药试验时按规定强装药的尾管压力（静态试验）和膛压值确定试验用药量。一般也是在定药量的基础上增（减）药量,但由强装药测压值选定药量。

例如,20mm 口径基本药管用于 82mm 口径迫击炮杀伤弹,对管壳作强度试验时,要求定药量的组平均尾管压力不低于 68.65MPa,最高不超过 117.68MPa,而强装药尾管压力应为 117.68~127.49MPa。按此强装药压力要求可以确定相应的强装药药量。又如 26mm 口径基本药管用于 120mm 口径迫击炮杀伤弹,对管壳的强度试验时,除规定尾管

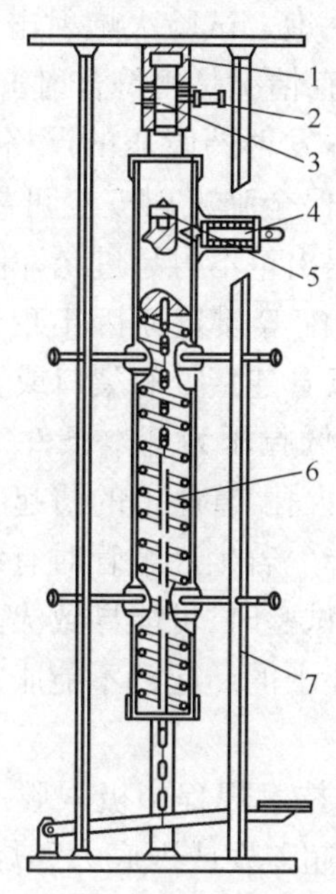

1—尾管测压装置本体；2—旋入式测压器；3—基本药管；4—释放机构；5—击针；6—压缩弹簧；7—三脚架。

图 10.10　基本药管尾管压力试验机

压力外，还规定基本药管射击试验的膛压：基本装药的膛压范围为 5.88～6.84MPa，允许个别发装药膛压最低值不低于 4.90MPa，而强装药强度试验的膛压范围为 8.36～9.32MPa。因此试验用的强装药量是在强装药试验时临场确定的。

10.7.2　基本药管管壳的强度试验方法

1. 管壳的静态强度试验

管壳的静态强度试验是在尾管压力试验机上进行。图 10.10 是立式尾管压力试验机结构示意图。将被试管壳按正常装配方法装配底火、点火药和试验用发射药量组成试验用基本药管，安装到尾管压力试验机上进行管壳强度试验。

试验数量按基本药管图纸规定，一般为每批管壳中抽 20 发，其中 10 发做定量药量强度试验，10 发做强装药量强度试验。

试验结果若管壳上的铜座无脱落或裂口、铜座与纸管的连接无破裂、每个被试纸管上的（对应尾管传火孔的）传火孔应被火药气体喷开（或不喷开的孔数不多于 1 个）、对各发试验结果经分析没有因管壳的缺陷造成瞎火，则该项管壳强度试验合格。

2. 管壳射击强度试验

管壳射击强度试验是在迫击炮上进行的。将被试管壳按正常装配方法装配底火、点火药和试验用发射药组成试验用基本药管，装入填砂弹（与外弹道试验用填砂弹结构形状相同）的弹尾内，按基本药管图纸规定进行基本装药和强装药基本药管装药的射击试验，或按规定进行强装药强度和减装药强度试验。

不同装药量的强度试验，除药量不同外，其他试验方法相同。试验时每发都要测定膛压（对于加（减）药量法确定发射药量者试验时所测膛压仅作参考），所以试验用迫击炮都是带有测压装置的弹道试验用炮。试验火炮射击仰角为45°,射击后回收迫击炮弹丸,检查留在尾管内的管壳残体留存情况是否符合射击要求。

强装药强度试验是以高于基本发射药膛压的严格条件考核管壳承受高压外载的发射强度性能是否符合射击要求,确保全弹发射安全可靠。该试验要求射后管座（铜座）不退出尾管,即使出现退出现象,退出量不得超过允许值,而管座不得被炸破。

该试验还可能因制造材料、装配等质量原因出现管壳强度不足,导致管壳横断、竖裂、管座破裂、底火掉出和管座与纸管连接处有裂口或管座留膛等不合格现象。

减装药强度试验是以小药量、低膛压为基本条件,考核管壳在可能出现的低压外载时,火药气体能否正常喷开各个传火孔,管座上的凸起部（胀包）能否可靠胀入尾管内的阻退槽内而不从尾管中滑脱或留膛。若生产纸管时有纸层增加不适当,或胶黏等原因使管壳强度增大,那么在减装药强度试验时,可能导致火药气体压力不足以冲开传火孔,或因铜材延伸率低而在低压下使管座上的凸起部不能胀入阻退槽而使管座脱落,出现不合格现象。

上面的试验,在产品设计图或技术规程中极限膛压值都有明确规定。因此,试验品是否合格的判定,不应计入因膛压超差发或因底火燃烧等与纸管质量无关的因素而出现不合格现象的试验发。

思考题

1. 简述金属药筒性能。
2. 金属药筒基本试验项目有哪些?
3. 简述钢质药筒的时效和低温强度试验目的。
4. 简述金属药筒的快速/连发性能试验方法与测定。
5. 简述可燃药筒的含义、结构分类与材料组成。

参考文献

[1] 翁佩英,任国民,于马其. 弹药靶场试验[M]. 北京:兵器工业出版社,1995.
[2] 何友金,吴凌华,任建存,等. 靶场测控概论[M]. 济南:山东大学出版社,2009.
[3] 萧海林,王祎. 军事靶场学[M]. 北京:国防工业出版社,2012.

第 11 章　弹药试验测试技术概述

随着科学技术的发展,新的仪器不断出现,给测试技术特别是弹药试验测试创造了很有利的条件。但每一种仪器或测试技术都有一定的应用条件,所以要根据试验条件灵活选用。为此,必须注意各类仪器的基本原理及技术指标和应用范围。对同样的一项试验,可根据试验数据的要求及试验室条件,选用不同的仪器达到同样的目的,如测量速度可以用测时仪,也可以用测速雷达,还可以用激光测速仪、高速摄影机等。同时必须明确,测试技术一般是对整个测试系统来说的,而仪器仅是其中的某一环节。有时有了先进的仪器,而没有相适应的测试原理与完整的系统相结合,先进的仪器设备也发挥不了作用。

在箭、弹、引信的试验测试技术中所用到的仪器很多,本章介绍弹药试验测试技术特性与组成、传感器、常用的电测仪器及记录仪器、光测仪器,如高速摄影机与脉冲X 射线机、侵彻弹侵彻过程过载测试技术、基于 VXI 总线的弹药测试系统。

11.1　弹药试验测试技术特性

11.1.1　弹药试验测试信号特性

广义的信号是指随着时间变化的某种物理量,这些变化的物理量包含了很多有用的信息,如光信号包含了光的强弱（振幅）和相位两个信息,电流或电压信号包含了幅值和时间的信息等。知道了这些信息就可以知道这些客观事物的内在规律,因此信号是指包含信息的总体或者信号是指信息的运载工具,而信息是指事前没有明确知道而亟待知道的客体。测试的任务是指要获得可靠的信号,从而分析研究对象的变化规律。

1. 信号的分类

在弹药试验过程中常会有各种各样的信号。例如,火箭发射时的振动信号、推力及燃烧室的压力信号;弹丸碰击目标时的冲击力及爆炸时的冲击波信号;引信坠落时及膛内发射时的加速度信号等,如图 11.1 所示。信号的波形虽有千差万别,但归纳起来可分为两类:一类是确定性信号,另一类是非确定性信号,也称为随机信号。

确定性信号一般可以用一个时间函数来表示,若给定一个时间值,则可以确定一个相应的函数值。例如,悬挂在固定基板上的线性弹簧刚体系统,这是单自由度振动系统,如图 11.2 所示,设 m 为刚体质量,k 为弹簧刚度系数,$x(t)$ 为 t 时刻的位移。假定用手拉刚体使它偏离原来平衡位置的距离为 X_0,那么松手后刚体的位移可由下式来描述,即

$$x(t) = X_0 \cos\sqrt{\frac{k}{m}}t \tag{11.1}$$

式（11.1）确定了刚体任意时刻的精确位置,所以位移信号 $x(t)$ 是确定性信号。引信中

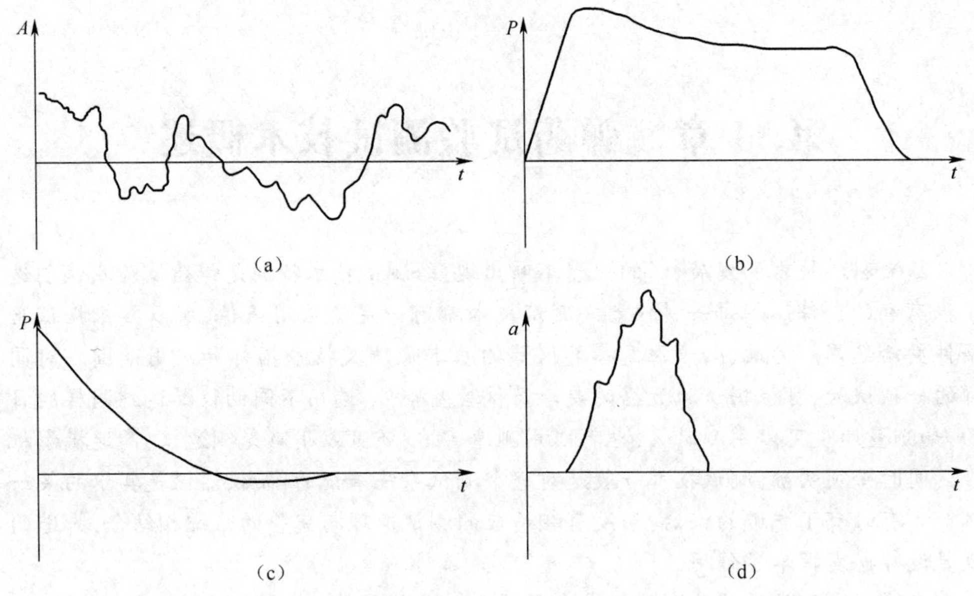

图 11.1 常见弹药作用过程信号波形

(a) 火箭发射时振动信号；(b) 燃烧室压力信号；(c) 空气中的冲击波信号；(d) 引信坠落时加速度信号。

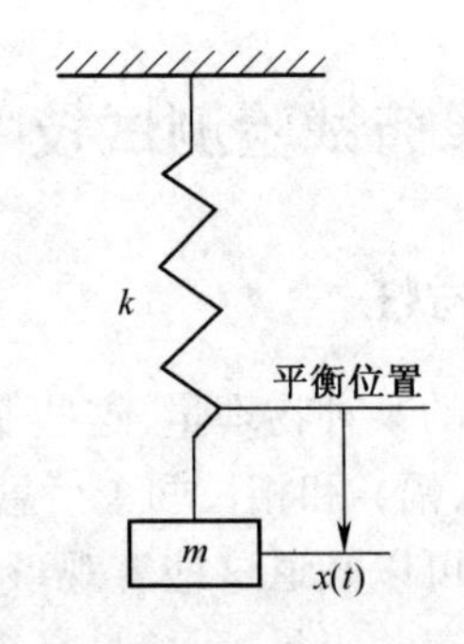

图 11.2 常见信号波形

的惯性保险机构也与此类似，图 11.1 (b)、(c)、(d) 均属确定性信号。

非确定性信号不能用确定的时间函数来表示，若给定某一个时间值，则不能预测某一时刻的函数值，只能用概率统计来描述。图 11.1 (a) 中火箭发射时的振动，还有如引信在运输过程中机构各零件所受到的振动、环境的噪声、地面的振动等都是非确定性信号。区分信号是确定性的还是非确定性的，通常以相同条件试验能否多次重复产生相同的结果为依据（在一定的试验误差范围内）。

如果确定性信号在某一时间间隔内，除了若干不连续点之外，还对于一切时间值，该函数都给出确定的函数值，该信号就称为连续信号或模拟信号。连续信号可以有不连续点，如常用的阶跃信号、矩形脉冲信号，它们各在 $t=0$；$|t|=a$ 点不连续，如图 11.3 所示。

如果确定性信号只在某些不连续的瞬时给出函数值，则该信号称为离散信号，如图 11.4 所示。$f(t_k)$ 只在 $t=\cdots-3$、-2、-1、0、1、2、$3\cdots$ 离散的瞬时给出函数值，即 $f(t_k)$ 是一数列。离散信号也称为数字信号，这类信号在日常生活中很常见，如气象站每隔一

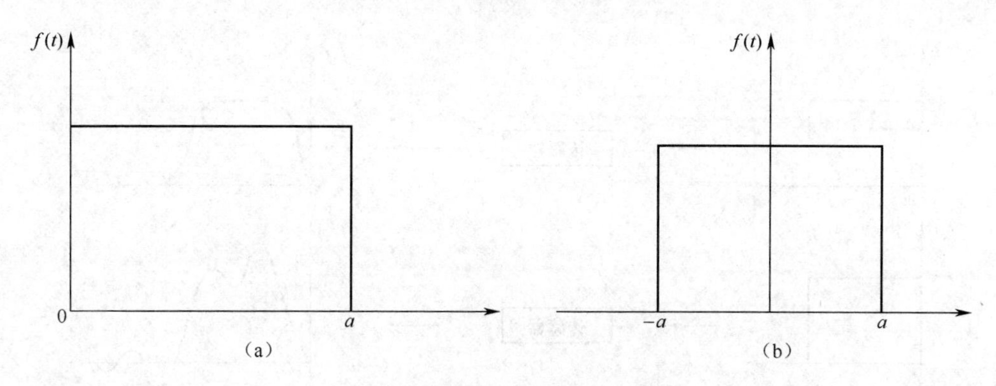

图 11.3　阶跃信号与矩形脉冲信号

(a) 阶跃信号；(b) 矩形脉冲信。

定时间记录一次气温、气压、风速,根据这些离散信号来判断天气趋势;地面卫星站每隔一定时间要对卫星的位置、速度等进行一次测量并进行处理;数字计算机的输入与输出信号都是离散信号。离散信号的分析与处理是当前计算机技术、数字化仪器、以及其他先进技术中不可缺少的专门技术。

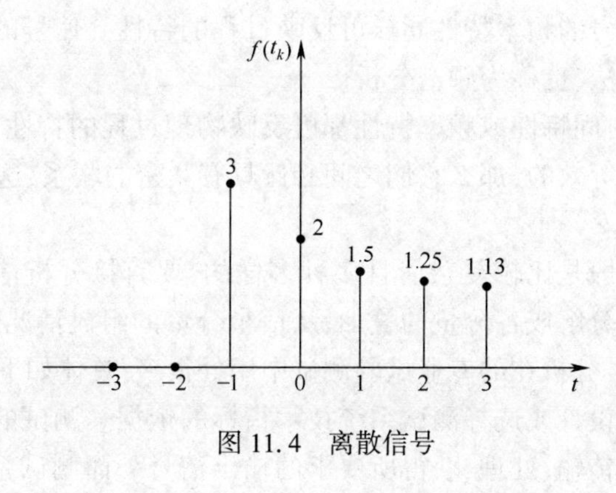

图 11.4　离散信号

确定性信号也可以分为周期信号和非周期信号（瞬变信号）。周期信号严格地说是无始无终地重复着某一变化规律的信号,但是这样的信号实际上是不存在的,所以周期信号只是指在一定的时间内按照某一规律重复变化的信号。非周期信号是在有限的持续时间内变化的信号,如单发射击的膛压曲线、引信坠落时的加速度信号、弹丸碰撞时的冲击信号等。

2. 弹药试验作用过程信号的基本特性

确定性信号可表示为时间的函数,所以信号的特性首先表现为时间特性。信号的时间特性主要是指信号随时间变化快慢的特性。信号随时间变化的快慢有两方面的含义:一是同一形状波形重复出现周期的长短;二是信号波形变化的速率,即脉冲持续时间和前后沿的陡直程度以及脉冲幅值的大小。如果两个信号的时间特性不同,那么它们反映了不同的物理过程。例如,同样的矩形波作用于两个不同的传感器,得到两个不同的输出信号,如图 11.5 所示,说明这两个传感器有不同的物理特性。从获得的波形就可分析两个传感器的不同特性。信号的时间特性常在时间域内分析,称为时域分析。

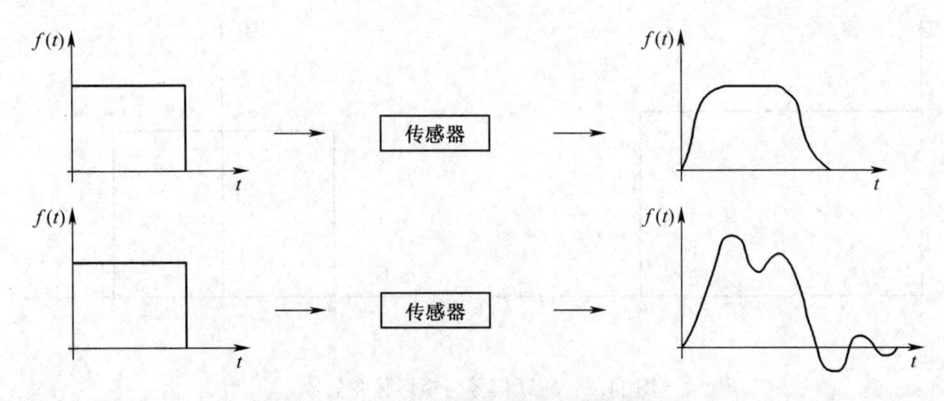

图 11.5　相同信号通过不同传感器后的信号

确定性信号除了时间特性外,还具有频率特性。频率特性是指一个非正弦波形的复杂信号,都是由许多不同频率的正弦分量所组成,每一正弦分量以它的振幅和相位来表征,不同的信号对应的各正弦分量的振幅和相位一般是不同的。例如,同班同学,不见其人,只要一听讲话,就知道是谁。这就是每个人的语音信号中包含了各不相同的不同频率的正弦分量,所以信号的频率特性同样可反映过程的特性。信号的频率特性在频率域内分析,称为频域分析法,也称为频谱分析。

上面说明信号的时间特性或频率特性都可反映物理过程的特性,即都包含了信号的相同信息,所以它们是等效的,那么它们之间必然具有紧密的联系,这将在后面介绍。

3. 信号分析的意义

弹药测试信号,一般是比较复杂而且多种多样的,要直接分析信号的特性是比较困难的,为此须要把信号分解成各分量的叠加,从信号分量的组成情况来考察信号的特性,这称为信号分析。信号分析在的专业试验测试中用处很多,具体如下:

第一,信号分析是设计或选择测试系统技术指标的依据。测试的目的是要把被测信号输入测试系统,经过传输、处理,获得所要求的输出信号。而测试系统(包括机械系统与电路系统)都有自己的特性,只有当信号的特性与测试系统的特性相适应时,才能满意地达到测试的目的,也就是不使被测信号失真,要达到这一目的就必须预先对被测信号做分析,才能根据测试的要求确定测试系统的频响、量程、精度等指标。

第二,通过信号分析,可以求得信号中各频率成分的幅值分布和能量分布,从而得到主要幅度和能量分布的频率范围,这对箭、弹、引信的结构设计、材料性能提升有很大意义。例如,引信在运输或发射过程中受到冲击力的作用,若预先知道此冲击力的主要幅度和能量分布的频率范围,就可适当地设计机构,保证零件正确的运动,满足所要求的响应。若设计不当,有时较小能量的频率成分也会破坏零件的正确运动。

第三,通过输出信号的分析,若已知测量系统的响应特性,就可修正输入信号,从而可知输入的真实波形。

信号分析的用处远不止上面几点,它广泛地应用于各先进的科技领域,随着计算机科学技术的发展,已逐渐形成一门新兴的学科。例如,从月球探测发来的电视信号可能被淹没在噪声中,经过信号分析与处理可把模糊不清的图像变成清晰的图像;对地震波的分析处理可探测油矿和地下气源的蕴藏量;声纳对水下探测信号的分析处理,可以判别是鱼群还是一般的船只等。总之,信号分析是现代科学技术中一门很实用的先进技术。

11.1.2　弹药试验测试系统的组成

现代测试技术的一个明显特点是采用电测法,即电测非电量。采用电测法,首先要将输入物理量转换成电量,然后进行必要的调节、转换、运算,最后以适当的形式输出。这一转换过程决定了测试系统的组成。只有对测试系统有一个完整的了解,才能按照实际需要设计或搭配出一个合理的测试系统,以解决实际测试课题。现代测试技术的另一个特点是采用计算机作为测试系统的核心器件,具有数据处理和信号分析以及显示的功能。按照信号传递方式来分,常用的测试系统可分为模拟式测试系统和数字式测试系统。现代测试系统还包括智能式测试系统。

一个完整的测试系统包括传感器、信号变换与调理电路、显示与记录仪器、数据处理器与打印机等,如图11.6所示。该系统中传感器标定设备、电源和校准设备等都是附属部分,不属于测试系统主体范围内,数据处理器与打印机也按具体情况的需要增设。

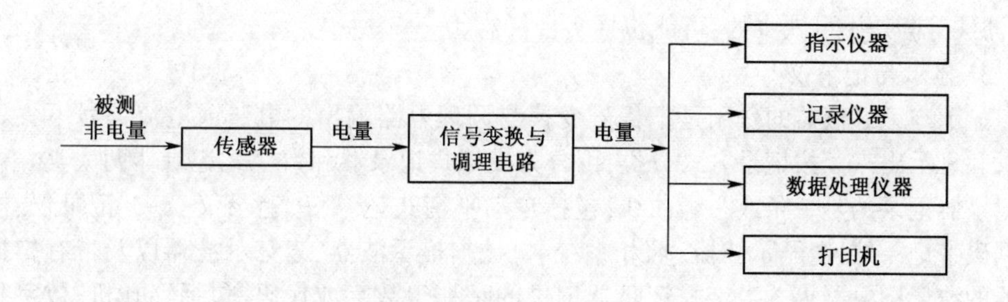

图11.6　测试系统的组成

1. 传感器

传感器是测试系统实现测试与自动控制（包括遥感、遥测和遥控）的首要关键环节,所以,有时传感器为测试系统的一次仪表。它的作用是将被测非电量转换成便于放大、记录的电量。在工业生产的自控过程中,几乎全靠各种传感器对瞬息变化的众多参量进行准确、可靠、及时的采集（捕获）,以达到对生产过程按预定工艺要求进行监控,使设备和生产系统处于最佳的正常运转状态,从而保证生产的高效率和高质量。因此,国内外都充分认识到传感器的重要作用,投入大量的人力与物力研究与开发性能优良、测试原理新颖的传感器。

作为一次仪表的传感器往往由两个基本环节组成,如图11.7所示。

图11.7　传感器的组成

1）敏感元件（预变换器或弹性敏感元件）

在进行由非电量到电量的变换时，有时需利用弹性敏感元件，首先将被测非电量预先变换为一种易于转换成电量的非电量（如应变或位移），然后利用传感元件，将这种非电量转换成电量。弹性敏感元件是传感器的核心部分，在电测技术中占有极为重要的地位。它常由金属或非金属材料组成，当承受外力作用时，会产生弹性变形；当去除外力后，弹性变形消失并能完全恢复原来的尺寸和形状。

2）传感元件

将感受到的非电量（如力、压力、温度等）直接转换为电量的器件称为传感元件（变换元件），如应变计、压电晶体、压磁式器件、光电元件及热电偶等。传感元件是利用各种物理效应或化学效应等制成的。但是，并不是所有的传感器都包括敏感元件和传感元件两部分。有时在非电量—电量转换过程中，不需要进行预变换这一步，如热敏电阻、光电器件等。还有一些传感器的敏感元件与传感元件是合二为一的，如固态压阻式压力传感器等。

2. 信号变换与调理电路

信号变换与调理电路因测试任务的不同而有很大的伸缩性。在有些测试中传感器的输出信号可直接进行显示或记录。在有些测试中信号的变换与调理（放大、调制解调、滤波等）是不可缺少的，可能包括多台仪器。

3. 显示与记录仪器

显示与记录仪器的作用是把信号变换与调理电路输出的电压或电流信号不失真地记录和显示出来。按记录方式分类，可分为模拟式记录器和数字式记录器两大类。模拟式记录器记录的是一条或一组曲线，包括自动平衡式记录仪、笔录仪、*X*-*Y* 记录仪、模拟数据磁带记录器、电子示波器-照相系统、机械扫描示波器、记忆示波器以及带有扫描变换器的波形记录器等。数字式记录器记录的是一组数字或代码，包括穿孔机、数字打印机、瞬态波形记录器等。

此外，数据处理器、打印机、绘图仪是上面测试系统的延伸部分，能对测试系统输出的信号做进一步处理，使所需的信号更为明确化。

在实际的测试工作中，测试系统的构成是多种多样的，可能包括一两种测试仪器，也可能包括多种测试仪器，而且测试仪器自身也可能相当复杂。可以将微型计算机直接用于测试系统中，也可以在测试现场先将测试信号记录下来，再用计算机进行分析处理。

在模拟测试系统中，被测量（如动态压力、位移及加速度等）都是随时间连续变化的量，经测试系统变换后输出的一般仍是连续变化的电压或电流，能直观地反映出被测量的大小和极性，如图 11.8 所示。这种随时间而连续变化的量统称为模拟量。模拟测试系统的优点是价格低、直观性强、灵活而简易；缺点是精度较低。

图 11.9 所示的数字式测试系统，输出的信号在时间上是不连续的，是发生在一系列离散的瞬间；信号数值的大小和增减变化都是采用数字的形式。这种系统的优点是能够排除人为读数误差，所以读数精确，并可与数字电子计算机直接联机，实现数据处理自动化。模拟测试系统测得的模拟信号经模/数（A/D）转换器变换为相应的数字信号后，既可直接输出显示，也可与数字记录器或数字电子计算机联机，对输出信号做进一步处理。若要以最佳方案完成测试任务，就应该对传感器、信号变换与调理电路以及显示与记录

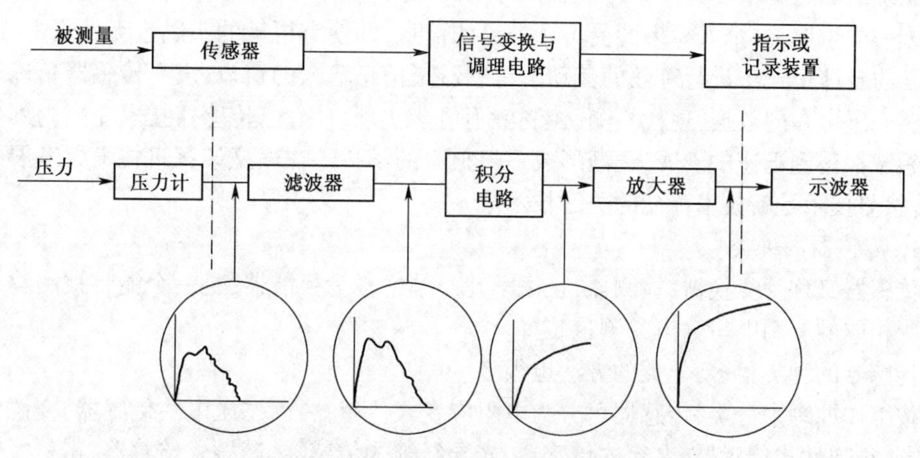

图 11.8　模拟测试系统的组成

器（有时还包括数据处理器、打印机等外围设备）的整套测试系统作全面、综合考虑。例如，若要测试一个快速变化的瞬态压力，而压力变化时间只有几毫秒或几十微秒时，则测试系统必须有足够的动态响应，才能保持足够的测试精度。当使用传感器时，要尽量提高传感器的固有频率，则会降低传感器的灵敏度，因此需要考虑配用高增益、性能稳定、具有足够频宽的放大器。在这种情况下，首先保证测试系统具有足够的工作频带，其次追求传感器的高灵敏度。

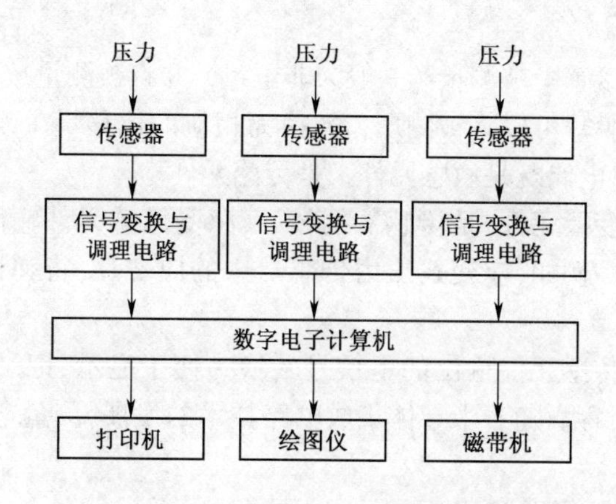

图 11.9　数字测试系统的组成

11.2　弹药试验中测试传感器

11.2.1　传感器概述

传感器通常体积不大，一般来说结构并不复杂，对于不了解这一技术的人来讲往往不易引起重视。但是，只要分析现代技术的各个组成环节，就会知道传感器是现代测试、控制系统中的一个重要部件。传感器对于一个技术系统而言就像眼、耳、鼻、舌、身对于一个人一样重要，一个人如果感受不到外界的信息，即使有机敏的头脑也无从思考，即使有健壮的身体也无法进行有效的劳动。传感器是信息输入的窗口，没有传感器精确且及时地感应出可靠的数据，现代检测、控制就不可能实现。因此，传感器技术在国内外各个技术领域都得到迅速的发展，逐渐形成一门独立的学科。在微型计算机技术大发展的今天，传感器技术是新技术革命的关键技术之一。

1. 传感器的种类

传感器又称为交换器、检测器，在医学和声学中称为换能器，是一个能将被测物理量转换为相应的有用电量输出的测量装置。

传感器的种类很多，分类的方法也很多。

按工作原理来分类，传感器可分为电阻应变式传感器、固态压电式传感器、变磁阻式传感器、磁弹性式传感器、电容式传感器、光导纤维式传感器、谐振式传感器、霍尔式传感器等。

按测量对象的不同，传感器可分为力（载荷）传感器、压力传感器、位移传感器、速度传感器、加速度传感器、转速传感器、流速传感器、温度传感器、黏度传感器、比重传感器及噪声传感器等。

传感器的种类很多而且不断发展，后面将介绍几种弹药试验常用的传感器。

2. 传感器的组成

传感器一般由敏感元件、传感元件（也称为变换元件）、测量电路及外壳、接头等辅助部分组成。传感器的结构可以很简单，也可以比较复杂。不同种类的传感器，具体结构有较大的差别。

敏感元件是指直接感受被测量（一般为非电量）并将被测量按确定关系转换为其他量的元件，如弹簧管、膜片可以将被测压力转换为相应的位移量（或应变），热电偶可以将温度转换为电量，热电偶既是敏感元件又是传感元件。

传感元件也称为变换元件，是传感器的核心，感受敏感元件输出的物理量或直接感受被测量而输出电量。例如，应变式压力传感器中的应变片，将弹性元件的应变量转换为相应的电量。

测量电路是指把传感元件输出的电信号转换为便于显示、记录和处理的电信号，如电桥电路、阻抗变换器等。随着半导体集成电路技术的发展，测量电路还将包括放大器、调整电路等。

3. 传感器的主要性能指标

由于传感器的种类很多，原理各不相同，因此表征它性能的指标也不尽相同，但通常必须考虑下面几个基本指标。

（1）测量范围是指该传感器在允许误差限内的测量上限和下限的区间。上限和下限的代数差称为量程。

（2）过载能力是表示传感器在不致造成所规定性能指标永久性改变的条件下，使用时允许超过测量范围的能力，一般用允许的被测量值与量程的百分比表示。但这只表示出现此种情况传感器不致损坏，并不保证能够实现规定的有关性能。

（3）分辨力也称为灵敏阈或灵敏限，是传感器可能检测出的被测量的最小变化量。

(4) 灵敏度是指传感器在稳态下输出的变化值与相应的被测量的变化值之比。

(5) 误差是指静态误差，通常用非线性误差、滞后性误差和重复性误差三项指标来表示。这三项误差一般以引用相对误差(也称为满度相对误差)来表示，即用该项绝对误差 Δx 与传感器满量程输出值 X_m 的百分比值来表示，记 $\delta = (\Delta x / X_m) \times 100\%$。

(6) 动态性能是指传感器对于随时间变化的输入量的响应能力。通常用频率响应特性或阶跃响应来表示，有时则给出传感器的固有频率，在选用传感器时，应根据测量的具体情况来适当地提出指标要求。对于一般用于静态或准静态条件下的传感器，则不给出动态性能指标。

除上面主要指标外，传感器还应考虑不易受环境（如温度、湿度等）影响和外界干扰影响、使用寿命长、对被测状态影响小以及便于使用、维修、校准等。

11.2.2　电阻应变式传感器

电阻应变式传感器通常由三部分组成，即弹性敏感元件、应变片及测量电路。弹性元件在被测量（如力、压力、加速度等）的作用下产生一个与它成正比例的应变，而被贴在弹性元件上的应变片作为传感元件将应变转换为电阻变化，配以适当的电路和电源就会得到相应的电压或电流形式输出。

应变片及应变传感器具有良好的性能，所以国内外都得普遍重视和不断发展。与其他类型的传感器相比较，从应用范围和使用数量上，应变传感器目前都居于首位。

它主要有下面一些优点。

(1) 应变片的尺寸小、重量轻，黏贴在试件表面后对试件的工作状态和应力分布影响极微。

(2) 分辨力高、测量范围广。分辨力高，能测极微小的应变（如 1 微应变）。测量范围广，从弹性变形一直可测到塑性变形（1%），特殊应变片最大可测 20%的变形。

(3) 误差较小。应变式传感器的误差主要取决于弹性元件和应变片的黏贴质量。

(4) 频率响应好、惯性极小。应变式传感器的频响范围取决于弹性元件和传感器的结构。

(5) 应用面广。使用各种特定应变片能在各种恶劣的环境条件下工作。

(6) 稳定性及可靠性较高。

随着现代工艺和材料的发展，应变片和应变式传感器的性能指标有了很大的提高，技术趋于成熟，广泛应用于工程测量和科学试验。现在已经可以生产出精度很高的应变式测力传感器，以国产 LDC 型拉式应变测力传感器为例，其非线性误差、迟滞误差、重复性误差均小于 0.01%。其精度之高可以达到国家一等标准测力计的精度。

电阻应变式传感器是目前应用最多的一种传感器，特别是测力、测压传感器应用广泛，有小到几百帕的微压传感器，大到几千千牛的测力仪。该传感器不但在科研、军工、生产上应用，而且在人们日常生活上也广泛的应用，如各种电子秤，其关键部位大多为电阻应变式传感器。有关专业技术测量，常用的传感器还有测力传感器、测压传感器、应变式加速度传感器等。

11.2.3 固态压阻传感器

固态压阻传感器的敏感元件是用单晶硅膜片制成的,在该膜片上采用集成电路工艺制作成若干个电阻,并组成电桥电路。这和前面介绍过的膜片式应变传感器相似,所不同的是膜片式应变传感器的敏感元件为金属膜片,在其上黏贴应变片;而固态压阻传感器的敏感元件是单晶硅膜片,其上不是黏贴应变片,而是利用半导体集成工艺直接在硅片上扩散成一组电阻。

基于半导体材料的压阻效应,当膜片受力后,电阻值将生变化,从而造成电桥电路的输出,这就是固态压阻传感器的工作原理。

由于固态压阻传感器没有传动零件,也不用黏贴应变片,因此其核心部分（弹性敏感元件和传感变换元件）是应用半导体集成工艺做在一起的,从而具有下面特点。

（1）结构简单,易于微型化。目前已有直径0.2mm、长1mm的微型传感器。

（2）频率响应高。由于传感器体积小、刚度大,因而固有频率可以很高,如美国CQL—030系列传感器固有频率可高达1500kHz。

（3）灵敏度高。输出电压一般能达上百毫伏,有的甚至高达5V。

（4）精度高。一般非线性误差为0.05%~0.1%,而重复性误差和滞后性误差小于0.05%。

此外,固态压阻传感器还有工作可靠、抗冲击、抗干扰的优点,在膜片上还可同时制成放大等电路。

固态压阻传感器主要存在下面问题。

（1）由于该传感器是用半导体材料制成的,所以受温度影响大,使用温度受到一定限制。

（2）该传感器量程较小,目前工作压力多在10MPa以内。

（3）工艺复杂、要求严格、成品率低、价格昂贵。

固态压阻传感器是压阻传感器中比较成熟的传感器,国内已有多种型号规格的定型产品。

11.2.4 压电式传感器

压电式传感器的工作原理是以某些电介质的压电效应为基础。当晶体受力发生变形时,晶体的相对两面上发生异号电荷,这种现象称为压电效应。具有压电效应的物体称为压电材料。一般晶体都有压电效应,只是有强弱之分。压电晶体可以分为单晶体和多晶体两类,其中石英晶体等属于单晶体,压电陶瓷等属于多晶体。与上面现象相反,若晶体处于电场中时晶体就伸长或缩短,这种现象称为逆压电效应或电致伸缩效应。

1. CY-YD-205压电式传感器

CY-YD-205压电式传感器如图11.10所示,适用于壁面空气冲击波等测量。表11.1所列为该传感器参数。

图 11.10　压电式传感器

表 11.1　CY-YD-205 压电式传感器参数

静态指标						动态指标
参考灵敏度	测压范围	过载能力	非线性	绝缘电阻	电容	工作温度
10.41pC/MPa	0~30MPa	120%	≤1%FS	>10^{13}Ω	6.4pF	-40℃~+150℃

2. CY-YD-202 压电式传感器

CY-YD-202 压电传感器如图 11.11 所示,适用于自由场空气冲击波测量。其上升时间短、过冲比小,压力感受面为胶封层。表 11.2 所列为该传感器参数。

图 11.11　压电式传感器

表 11.2　CY-YD-202 压电式传感器参数

静态指标					
压力灵敏度(20±5℃)	测压范围	过载能力	非线性	绝缘电阻	电容(1000Hz)
350pC/MPa	0~10MPa	120%	<1.5%FS	>1012Ω	35pF
动态指标					
自振频率	工作温度	物理参数	壳体材料	重量	压电材料
>100 kHz	-10℃~+80℃		H62	45g	电气石晶体
输出方式	附件	传感器合格证	保护帽	密封垫圈	双头 L5 STYV-1 电缆
L5		标定参数	一只	一只	一根(2m)

3. PVDF 压电式传感器

PVDF 压电式传感器能够记录瞬态压力信号,示波器可以显示 PVDF 压电式传感器记录下的波形,并可将波形信息输出。PVDF 压电式传感器由 PVDF(聚偏氟乙烯)压电膜制成。聚偏氟乙烯是一种新型高分子压电换能材料,具有独特的介电效应、压电效应、热电效应。与传统的压电材料(如陶瓷)相比较,聚偏氟乙烯具有频响宽、动态范围大、力电转换灵敏度高、机械性能强度高、声阻抗易匹配等特点，并具有重量轻、柔软不脆、耐冲击、不易受水和化学药品的污染、易制成任意形状的面积不等的片或管状等优势。正是由于以上优势，PVDF 压电式传感器被广泛地用于力学、声学、光学、电子等领域。PVDF 压电式传感器如图 11.12 所示，性能指标见表 11.3 所列。

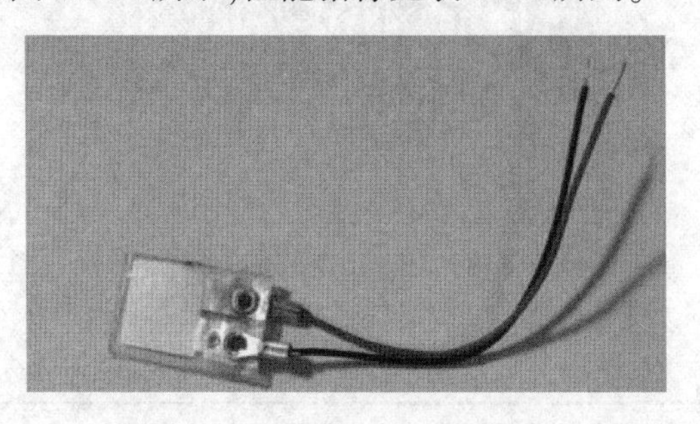

图 11.12 PVDF 压电式传感器照片

表 11.3 PVDF 压电式传感器性能指标

名称	尺寸/mm	厚度/μm	压电应变常数/(PC/N)	压电电压常数	相对介电常数	声速/(m/s)	声阻抗
PVDF 压电式传感器	10×10	30	d_{31}:17±1 d_{32}:5~6 d_{33}:21	无	9.5±1	2000	2.5~3
机电耦合系数/K_{33}	体积电阻率/(Ω·cm)	热释电系数/(c/cm^2·K)	探测灵敏度(4Hz)	表面电阻/Ω	杨氏模量/(MPa/psi)	屈服强度/(N/m^2)	弹性模量/MPa
10~14%	10^{13}	5	10^{11}	≤3	2500	45~55×10^6	2400~2600

为保证动态冲击试验过程中 PVDF 压电式传感器能够准确、稳定地测量到冲击波数据，须要设计结构合理的测试组件。理想的测试组件，一方面应对处于瞬态高速冲击下的 PVDF 压电式传感器进行保护，避免直接冲击引起传感器破坏失效；另一方面应保证传感器和材料试件之间的紧密接触，保证测量到试件上下表面位置数据。此外，还应该保证传感器两引脚相互绝缘，使其处于工作状态。

11.2.5 其他典型传感器

1. 磁电式传感器

把被测的机械量参数转换为感应电势的传感器称为磁电式传感器。例如，CD-1 型振动传感器是一种动圈型的磁电式传感器，也称为测振计。

2. 电涡流式传感器

从物理学可知，通过金属导体中的磁通发生变化时，就会在导体中产生感生电流，这种电流的流线在导体内自行闭合，称为电涡流。电涡流的产生必然要消耗一部分磁场能量，从而使产生磁场的线圈阻抗发生变化，电涡流式传感器就是基于这种涡流效应而构成的。

3. 光电式传感器

光电式传感器也称为光电探测器件，是利用物质的光电效应把光信号转换为电信号从而实现非电量测量的器件。和其他类型传感器相比较,光电式传感器具有精度高、非接触、抗干扰和动态性能好等特点,因而在精密测量、自动控制和计算机技术中得到广泛的应用。20 世纪 70 年代以来,光纤传感器、光纤传输及电荷耦合成像技术的发展更为光电探测器件的发展开拓了广阔的前景。

光电式传感器的理论基础是光电效应,根据其原理,光电效应可分为外光电效应、内光电效应和阻挡层光电效应。

4. 振动传感器

振动测量内容一般可分为两类:一类是振动基本参数的测量,即测量振动物体上某点的位移、速度、加速度、频率和相位;另一类是结构或部件的动态特性测量,以某种激振力作用在被测件上,产生受迫振动,测量输入(激振力)和输出(被测件的振动响应),从而确定被测件的固有频率、阻尼、刚度和振型等动态参数。这一类试验又可称为频率响应试验或机械阻抗试验。

测振传感器按测试参考坐标不同,可分为相对式测振传感器、绝对式(惯性式)测振传感器。相对式测振传感器分为接触式和非接触式两种。常用接触式测振传感器包括电感式位移传感器和磁电式速度传感器等;非接触式测振传感器包括电涡流式测振传感器、电容式测振传感器等。绝对式测振传感器是由质量块、弹簧、阻尼器组成的二阶惯性系统。该传感器壳体固定在被测物体上,当被测物体振动时,引起传感器惯性系统产生受迫振动,通过测量惯性质量块的运动参数,便可求出被测振动量的大小。

11.3　弹药测试试验常用仪器设备

11.3.1　电子测时仪与区截装置

电子测时仪是用来测量时间间隔的仪器,配用区截装置或一些简单的附加装置,在兵器试验测试技术中广泛应用,是一种必不可少的仪器。电子测时仪使用简便,获得数据迅速,但只能测量某一距离间隔的时间或平均速度,且该距离间隔不能过短,否则会带来较大的误差。该测时仪可用来测量各种弹丸飞行速度、弹丸破片飞散速度、炸药爆炸冲击波波头速度、炸药爆轰速度、空心装药金属流速度、迫击炮弹下滑速度、引信延期体的延期时间等。总之,有关兵器试验测试的速度及时间间隔的量,几乎都可以用电子测时仪设计方法测量。

标识长度区间两端点的装置称为区截装置,简称为靶,长度区间的起点称为Ⅰ靶,终点称为Ⅱ靶。靶的形式很多,有铜丝网靶、线圈靶、铝箔靶、光幕靶、天幕靶、激光靶等。

NLG202G-2 型 6 路电子测时仪是一种测量时间间隔的电子仪器,如图 11.13 所示。它与一般的通用性测时(或测频)仪器不同之处是可以在使用很长的测试线的情况下,仪器能准确、可靠地工作。该测时仪可以使用线靶圈,信号输入端可以直接使用“断靶”“通靶”“天幕靶”,或者正、负跳变的脉冲,根据特殊要求,还可配用光电靶等其他区截装置。该测时仪主要用以测量各种枪炮弹丸的飞行速度、弹丸破片的飞行速度、弹丸破甲射流速度,也可测量火工品的起爆时间、延期时间及火药、炸药、导火索、导爆索、塑料导爆管的燃速、爆速等,凡运动物体经过一定区间的时间都可测定。若使用“通、断靶”,则可将“通—断”开关装置成“断—断”“断—通”“通—通” “通一断”四种工作方式。

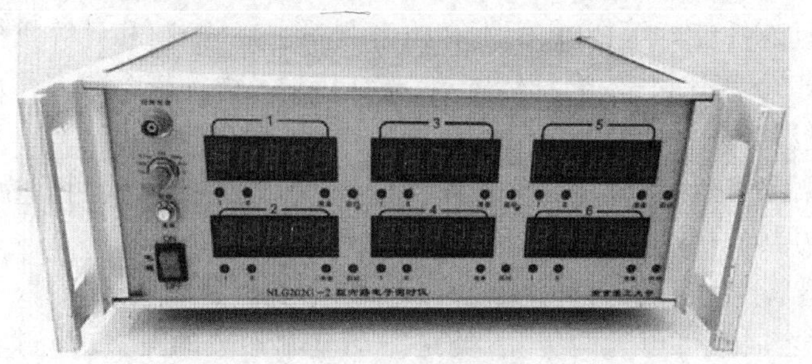

图 11.13 NLG202G-2 型 6 路测速仪

11.3.2 电阻应变仪

前面已经介绍了应变传感器,它可以把非电量转变为电量。但由于这些电量的变化是很小的,不能直接推动记录仪器,应变仪就是配合应变片把变化的电信号进行放大,以便推动记录仪器工作,获得所需的变化曲线,用来分析研究。此外,它还起到了与记录器阻抗相匹配的作用。目前应变仪广泛应用于科研、生产、军工、医学、体育等领域,如测量研究结构的应力应变、试验应力分析、材料研究等。若配以适当的传感器,还可以测量力、压力、扭矩、位移、振幅、速度、加速度、温度等物理量。在兵器相关领域中可以用来测量弹体在发射时的应变、膛内受力情况、高速碰撞的应力波、爆炸时空气中的冲击波、膛压、破片速度、引信元器件强度、火箭发动机推力等。

11.3.3 放大器

在现代科学试验和生产实践中,采用压电式加速度计、压电式力传感器、压电式压力传感器作为测量系统中的一次仪表是最常用的形式,这是因为它必须外加电源而在受激发时能自生电荷完成机电转换,且具有体积小、重量轻、动态范围大、频带宽、寿命长、安装方便等优点。为了使这类传感器所产生的微弱信号推动显示、记录等三次仪表,必须接入放大器。过去采用电压放大器,但它和压电式传感器连接使用时,会出现连接电缆长度受到限制,换接不同长度的电缆需要重新进行系统标定的缺点,因此研制了电荷放大器。

电荷放大器是由电荷变换级、适调级、低通滤波器、高通滤波器、末级功放、电源组成。其参数见表 11.4 所列,YE5853 电荷放大器参数如图 11.14 所示。

表 11.4 YE5853 电荷放大器参数

型号	电荷输入/pC	传感器 灵敏度调节	增益/(mV/pC)	高通滤波器/Hz	低通滤波器 分挡/kHz	精度
YE5853	≤±105	三位调节	0.1~1000	0.3 (固定可选)	0.3、1、3、 10、30、100	±1%
噪声/RTI	输出	过载指示	工作温度/℃	供电电源	重量/kg	外形尺寸 W×H×D/ (mm×mm×mm)
≤5μV	±10Vp/5mA	有	0~+40	DC:±18V; AC:220V50Hz	5.5	236×132.5×300

图 11.14　YE5853 电荷放大器实物图

11.3.4　数据采集系统

分体式 PXI/CPCI 动态测试分析仪采用分体式 PXI/CPCI 主机平台,如图 11.15 所示,将对应的各型号 PXI/CPCI 数据采集模块整合集成在专用机箱内,具有良好的防振、防潮、防电磁干扰能力,充分保障了工艺和可靠性。该仪器含有计算机子系统,具备标准计算机的全部功能。通过配套的 TopView2000 虚拟仪器应用软件,能提供测量、处理、输出一体化的功能。

高性能 TDEC PXI/CPCI 数据采集模块与分体式 PXI 机箱有机集成,构成多通道通用或专用动态测试分析仪,最多可配置 60 个模拟输入通道。通过 MIX-3 模块及线缆可非常方便地实现仪器之间及通道的并行扩展,测试性能指标与相应的采集模块相对应,内存 256MB 或以上、大容量硬盘,均可扩展。

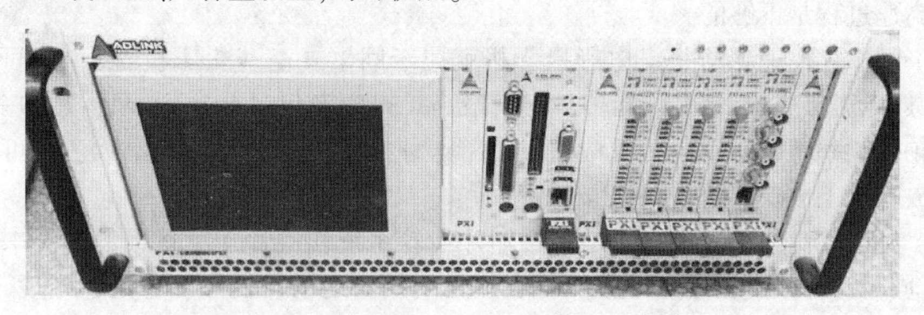

图 11.15　PXI100612 数据采集系统实物图

11.3.5　高速摄影机

高速摄影是把高速运动或高速瞬变过程的空间信息和时间信息联系在一起,用摄影的方法记录下来。空间信息是以图像来表示,而时间信息常以摄影频率来表示。高速摄影机的主要技术指标是曝光时间、摄影频率(每秒画幅数)或扫描速度(每秒拍摄长度)、底片尺寸、画幅尺寸、分辨能力、拍摄总长度等。它的拍摄质量主要由曝光时间、摄影频率来体现,也是区别普通摄影机的主要指标。普通摄影机的曝光时间一般不小于千分之一秒(10^{-3}s),而高速摄影机的曝光时间已达万亿分之一秒(10^{-12}s)。普通的电影摄影机的摄影频率为 24 幅/s,影片中的慢镜头影像一般为 48 幅/s,最高频率约为普通的电影摄影机的摄影频率的3倍,而高速摄影是普通的电影摄影机的摄影频率的10倍以上。因此,高速摄影机能对高速过程或现象进行记录并得到清晰的图像,可进行逐幅研究或放映,多次重复这些过程供人们观察和分析。高速摄影的应用最早是从研究弹丸的弹道和爆炸开始的,在第二次世界大战期间就在武器的研究中应用。在第二次世界大战后其在各资本主义国家得到较快发展,并广泛应用于军事技术、尖端科学技术研究和国民经济各部门。到目前为止,高速摄影已发展到一个新的阶段,未来还将不断发展。

高速摄影在兵器相关领域,可用来详细记录弹丸、火箭弹的飞行姿态和稳定情况;弹丸破片飞散速度、加速度;穿甲或碰撞时弹丸或引信的变化过程和受力情况;射流的速度分布;炸药爆炸时的爆轰波形和波速;研究火箭发动机喷口火焰及发动机内火药的燃烧规律等。

高速摄影机,一般是指曝光时间由1ms到10ms以下,每秒拍摄300~10^7幅以上的高速摄像机。这些高速摄影机的工作原理和结构不同,各有不同的适应范围。根据摄影结果及工作特点,可按摄影频率、结构原理等方法来分类。

1. 按摄影频率分类

(1) 单张。

(2) 低速:频率几十~几百幅/s。

(3) 中速:频率几百~几万幅/s。

(4) 高速和超高速。

2. 按结构原理分类

(1) 高速静片摄影(高速照相)。它是获得曝光极短(小于1/1000s)的单张底片的照相技术,可以将某一高速过程中的某一瞬间的影像记录下来,但往往靠一张照片研究一个高速过程是不够的。

(2) 间歇式高速摄影机。电影摄影机就属于间歇式高速摄影机,底片是间歇跳动的,但一般电影摄影机,每秒只能拍24幅,最高拍摄频率也只能达到500~1000幅/s,若再提高拍摄频率就受间歇运动机构的限制。这种摄影机所获得的画幅大多数可以在普通电影放映机上放映。

(3) 补偿式高速摄影机。它是采用输片齿轮系统使底片连续运动的办法来提高摄影频率,同时为了减少在曝光时影像与底片之间相对运动以提高图像的清晰度,采用折射式或反射式光学补偿装置来获得清晰的图像。这种摄影机摄取的画面可以是标准画幅,直接由电影放映机放映,也可以是缩小的画幅,不能直接放映。这种摄影机的频率可以比间歇式高速摄影机提高一个数量级以上,若再提高拍摄频率,就受底片强度和机械机构的限制。

(4) 鼓轮式高速摄影机。它是用鼓轮带动底片连续运动的,但只有一段底片在鼓轮边缘上。其运动速度高于齿轮输片的补偿式高速摄影机,但长度有限,限制了总的画幅数。它可以获得部分画幅的轨迹记录,可以与频闪光源配合使用或用光学补偿获得分幅照片,也可以装上狭缝得到条纹式画幅。

(5) 转镜式高速摄影机。它的特点是底片固定不动,用高速旋转的反射镜使成像光束以极高速度沿底片扫描成像,即用光学方法引入时间坐标。转镜式高速摄影机可分为扫描型高速摄影机和分幅型高速摄影机或扫描分幅两用型摄影机。扫描型高速摄影机可获得条纹式画幅,分幅型高速摄影机可获得一定数量的画幅,但不能直接放映。转镜式高速分幅摄影机摄影频率较高,在兵器相关领域试验中用得较多。其摄影频率取决于转镜的速度,转镜可用高速马达或空气涡轮带动。

(6) 狭缝式高速摄影机。该摄影机的底片是连续运动的,但不是利用光学补偿系统而是利用机械系统来获得极短的曝光时间,如高速针孔摄影装置,带狭缝的圆盘快门等。该摄影机可以获得分幅照片或条纹式画幅。

(7) 脉冲照明高速摄影机。它实际上是连续输入摄影机,特点是应用脉冲照明光源拍摄不发强光的物体。其画幅的曝光时间与频率取决于脉冲光源的脉宽与脉冲频率(每秒闪光次数),可获得分幅照片,也可直接在放映机上放映。

(8) 变像管高速摄影机。该摄影机采用变像管作为快门,是利用电子光学的原理,先将光学图像变为电子图像,再将电子图像还原为光学图像。由于变像管有图像增强的作用,可将微光像变为强光像,因此该摄影机的频率可以达到很高。

11.3.6　脉冲 X 射线摄影仪

很多高速现象,可以用一般的光学高速摄影技术记录全过程,但对于有些高速现象往往伴随着一般光线难透射的气体生成物或微粒,有的被测物自身产生强烈的炽光,也有的高速现象在不透明物体的内部,因此普通光学高速摄影机就难于胜任。对于这样的高速现象,可用 X 射线高速摄影来解决。因为 X 射线具有穿透不透明物质的性能,同时不受被测物自身强光的影响,所以 X 射线高速摄影技术在箭弹、引信测试技术中具有重要的地位,可用来进行下面的研究工作。

(1) 拍摄弹丸爆炸过程,观察其物理现象。

(2) 测量弹丸破片初速。

(3) 测量炸药爆速。

(4) 拍摄空心装药破甲弹药形罩闭合过程及金属射流的诸参数。

(5) 拍摄弹丸膛内运动的状况以及弹丸、引信在后效期内运动情况及零件的运动情况。

(6) 拍摄火箭发动机内火药燃烧规律。

(7) 拍摄穿甲弹穿甲过程、穿甲速度与加速度等。

1. X 射线的产生、吸收及性质

1) X 射线的产生

X 射线又称为 X 辐射,于 1895 年由伦琴(Roentgen)发现。X 射线产生的原理如图11.16 所示。

在真空管中,当一群高速运动的电子受到金属板阻挡时有可能产生 X 射线,为了避免电子在运动中与空气分子相撞而须将管子抽成高真空。能产生 X 射线的管子称为 X 射线管,通常由阴极与阳极构成。电子从阴极发射出来,其数量取决于灯丝电压。X 射线管产生 X 射线量的大小主要取决于从阴极飞往阳极的电子流(或称为管电流)。X 射线束的高低或穿透力的强弱主要取决于 X 射线管的管电压。

改变 X 射线管的管电流或管电压时对 X 射线量与质的影响,如图 11.17(a)、(b)所示。从该图可看出,当只改变管电流时,X 射线辐射强度只是原来各波长相应增加的强

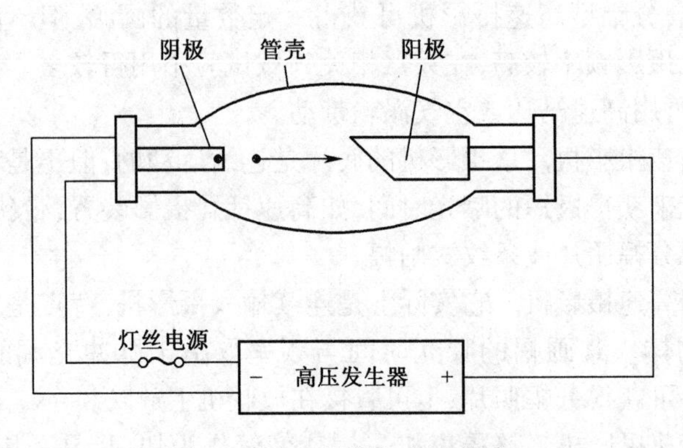

图 11.16　X 射线产生示意图

度,但当只改变管电压时,X 射线辐射强度除各波长均有相应增加强度之外,还出现了新的更短波长。

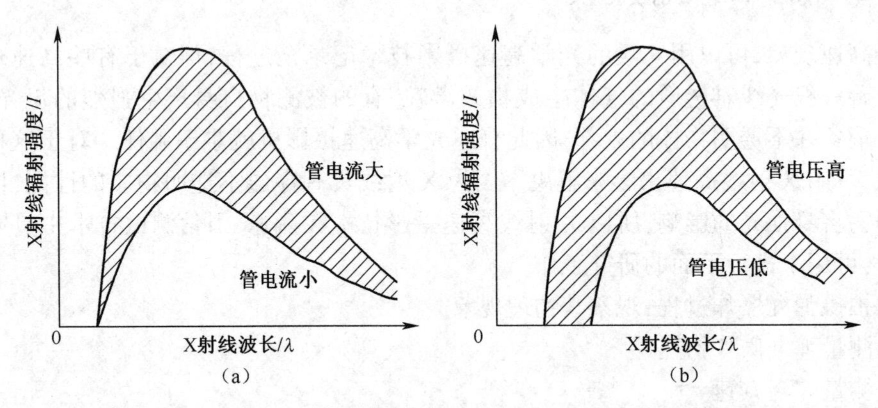

图 11.17　X 射线管电压与管电流对 X 射线量与质的影响

在 X 射线管中,管电压 U 与能量最高的电子相应的 X 射线的最短波长 $\lambda_{\min}$ 的关系为

$$eU = \frac{hc}{\lambda_{\min}} \tag{11.2}$$

式中　e——电子电量;

h——普朗克常量;

c——电磁波传播速度。

如果管电压 U 以 V 为单位,$\lambda_{\min}$ 以 nm 为单位,则

$$\lambda_{\min} = \frac{1234}{U} \tag{11.3}$$

$\lambda_{\min}$ 与最高强度波长 $\lambda_{\max}$ 的关系为

$$\lambda_{\max} = 2\lambda_{\min} \tag{11.4}$$

连续 X 射线的总辐射强度 I_0,从对每个波长强度 I_λ 的积分,可得

$$I_0 = \int_{\lambda_{\min}}^{\infty} I_\lambda \mathrm{d}\lambda \tag{11.5}$$

I_0 与阳极材料的原子序数 z 有关,管电压与管电流 i 有关,有

$$I_0 = kizU^2 \tag{11.6}$$

式中　k——比例系数。

因此,X 射线管的效率为

$$\eta = \frac{kizU^2}{iU} = kzU \approx 10^{-9}zU \tag{11.7}$$

式中　U——管电压(V)。

由式 (11.6) 所定义的光谱强度 I_0,在电子碰撞的阳极点周围方向上并不相等。对于点状阳极辐射的角分布如图 11.18 所示。如果所加电压在 100kV 以下,则电子束方向上没有 X 射线。然而,随着电子束能量的增加,X 射线束越来越集中在这个方向上。在很高电压时,利用这一性质把阳极做成薄板形,垂直放在电子的路径上,就可以得到穿过靶的 X 辐射,这种阳极称为透射阳极。

由上面可知,当靶材原子序数越大,管电压越高时,产生连续 X 射线的效率越高,而且光谱向短波长方向移动。以钨靶为例,当管电压为 200kV 时,所生的 X 射线效率约为 2%,其余 98%左右的能量最终都转变为热能。因此,在选择 X 射线管阳极材料时应选用原子序数大和熔点高的材料,如钨、钼等。钼靶和铜靶的 X 射线谱如图 11.19 所示。

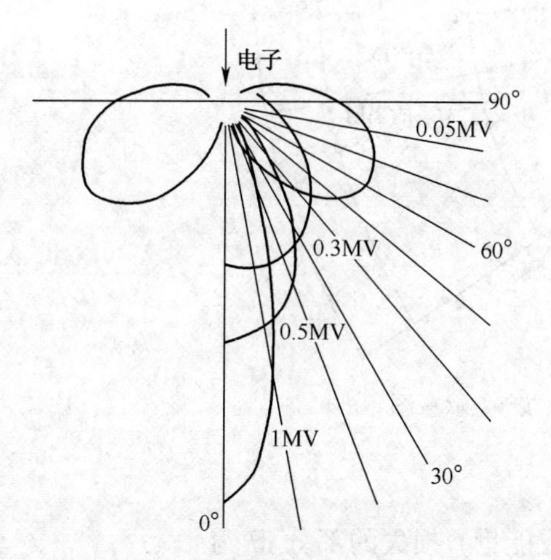

图 11.18　不同阳极电压下 X 射线强度的分布

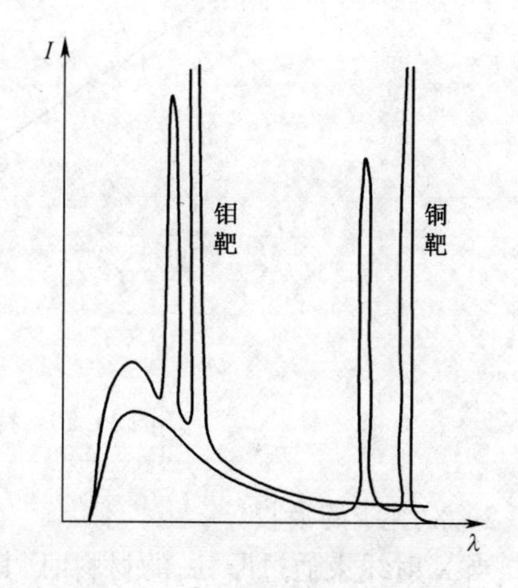

图 11.19　钼和铜靶的 X 射线谱
(在 40kV 条件下测量)

进一步的研究发现,X 辐射的光谱分布除在最小波长 $\lambda_{\min}$ 以上存在一个连续谱外,通常还有一线状谱 (特征辐射) 重叠在连续谱上面,如图 11.20 所示。

特征波谱产生的原因,具体如下:

当打靶电子能量随着管电压的升高而增加到足以使原子中的核外电子激发或脱离原子时,原来在低能级处于稳定态的核外电子向高能级升迁或被击出,从而在低能级处造成一个空穴,使原子处于不稳态,邻近高能级层中的核外电子就会跃至低能级,更远的高能级层中的核外电子也可能跃至较低能级空穴。这样,当一个内层电子被激发,就可能引起一系列外层电子的跃迁。这种外层高能级上的电子向内层低能级跃迁就释放出多余能量,并且以 X 射线光量子形式呈现。由于一种元素原子的各层电子的能量是确定的,两个电子壳层之间的能量差也是确定的,因此辐射的光量子能量或波长也是确定的,这样形成的波谱称为特征波谱。因为特征光谱体现了该元素的特征,而只能出现在若干个固定波长位置。

特征 X 射线光量子的能量为

$$h\nu = E_1 - E_2 \tag{11.8}$$

式中 ν——频率;

E_1——某壳层轨道电子的能量;

E_2——跃迁到某内层轨道电子的能量。

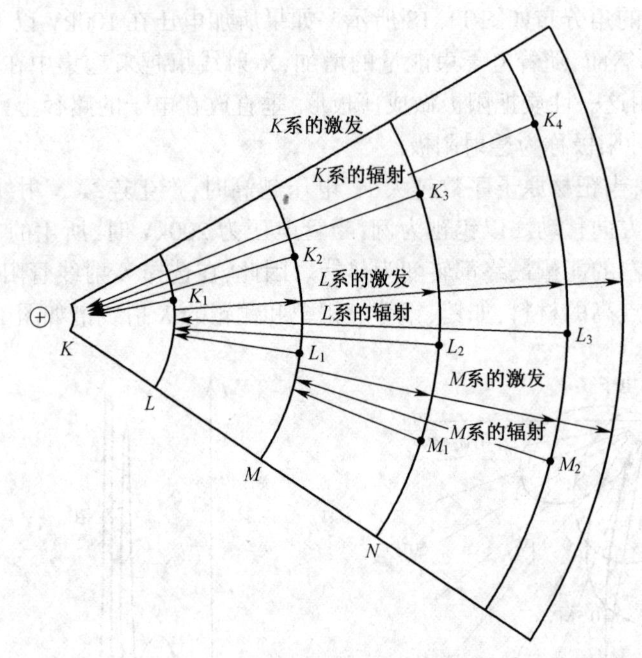

图 11.20　特征 X 射线的产生示意图

2) X 射线的吸收

当 X 射线束通过厚 dx 的材料时,其强度(或能量)损失的部分 dI 为

$$\mathrm{d}I = -aI\mathrm{d}x \tag{11.9}$$

式中 a——材料的吸收系数。

就均匀材料而言,在单一波长辐射情况下,系数 a 与吸收体的厚度 x 无关。由此可以得到吸收作用的指数定律:

$$I_2 = I_1 \mathrm{e}^{-ax} \tag{11.10}$$

式中 I_1——入射前的 X 射线强度;

I_2——入射后的 X 射线强度。

半值层(half-value layer, HVL)表示把入射强度减小至一半所需的材料厚度 $x_{1/2}$。由于 $2I_2 = I_1$,因此从式(11.10),可得

$$x_{1/2} = \frac{0.693}{a} \tag{11.11}$$

当以均匀材料吸收 X 射线谱时,X 辐射的衰减可用式(11.11)来描述,但系数 a 应是吸收材料厚度的函数,即 $a = a(x)$。因此

$$\frac{dI}{I} = -a(x)dx \tag{11.12}$$

表达吸收的关系式（11.10）变为

$$I_2 = I_1 \exp\left[-\int_0^x a(x)\,dx\right] \tag{11.13}$$

试验表明，a 随 x 增加而变化是由于辐射光谱分布的变化所致，而光谱分布的改变是由于较长的波长消失得更快一些造成的，这种现象称为过滤效应。

进一步研究发现，引起 X 射线衰减的主要原因有三方面，即光电效应、康普顿-吴有训散射和电子偶的生成。当加载 X 射线管上的电压在 50～500kV 时，对于高原子序数的材料，光电效应是 X 射线衰减的主要原因；对于低原子序数的材料，散射是 X 射线衰减的主要原因。当入射光量子能量大于 1MeV 时，应当注意 X 射线被吸收的另外一个原因是电子偶的生成（电子偶形成时，光子被物质吸收）。

3）X 射线的主要性质

X 射线与无线电波、红外线、可见光及宇宙射线一样，都是电磁波。X 射线是由高速行进的电子在真空管中撞击金属靶后产生，其能量与强度均可调。在真空中，X 射线以光速直线传播，而且不受电场或磁场的影响。X 射线的波长很短，近似从 10^{-6}～10^{-12}cm，因此肉眼观察不到，但可使照相胶片感光，使荧光板发光和气体电离，并能透过可见光不能透过的物体，其透视深度取决于物体的种类与射线能量的高低。此外，X 射线在通过物体时不会发生反射、折射现象，通过普通光栅不引起衍射，但这种射线对生物的生理作用是有害的。

2. 脉冲 X 射线摄影系统

用于内弹道研究的脉冲 X 射线摄影系统，主要是由闪光 X 射线管、脉冲高压发生器、同步触发装置及图像的记录装置等组成。

1）闪光 X 射线管

内弹道试验需要观察的是一个瞬态过程，运动速度通常在 10^2～10^4m/s。因此，必须使用持续时间 10^{-8}～10^{-7}s 数量级内的脉冲 X 射线源，才能忽略在相片上的运动模糊。

一般用于医学或工业上的 X 射线摄影设备，电流为数 mA 量级，在平均曝光时间 0.1s 的情况下（$i \times t \approx 10^3$A·s），就可得到正常底片的黑度。由此可推导出闪光 X 射线管的电流为 $i \approx 10^4$A。如果用热阴极普通 X 射线管，则不可能得到这样大的电流。为产生大电流须要一个能发射大量电子的电子源，还须要以正离子补偿电子空间电荷。这种情况可用真空放电和场致发射（或冷发射）实现。

冷发射是指从冷的金属表面，仅加一极强的电场就能拉出电子。这个过程称为场致发射或简称为场发射，有时称为冷发射。

利用真空放电和场发射原理设计的几种典型的闪光 X 射线管如图 11.23 所示。这些管子都有某些共同的特点：冷阴极有锐利的边角或尖端，以便促进场发射电流的建立；阳极的设计使 X 射线强度最大，而发射面积尽可能小（小焦点）。

由图 11.21 可以看出，除透射式 X 射线管外，其余各管均采用的是锥形阳极，这种阳极特别适用于几百 kV 的电压。该阳极具有良好的聚焦性能，并且和普通 X 射线管一样都能获得小焦点 X 射线源。在普通 X 射线管中，阳极平面对于管轴倾斜近似 70°

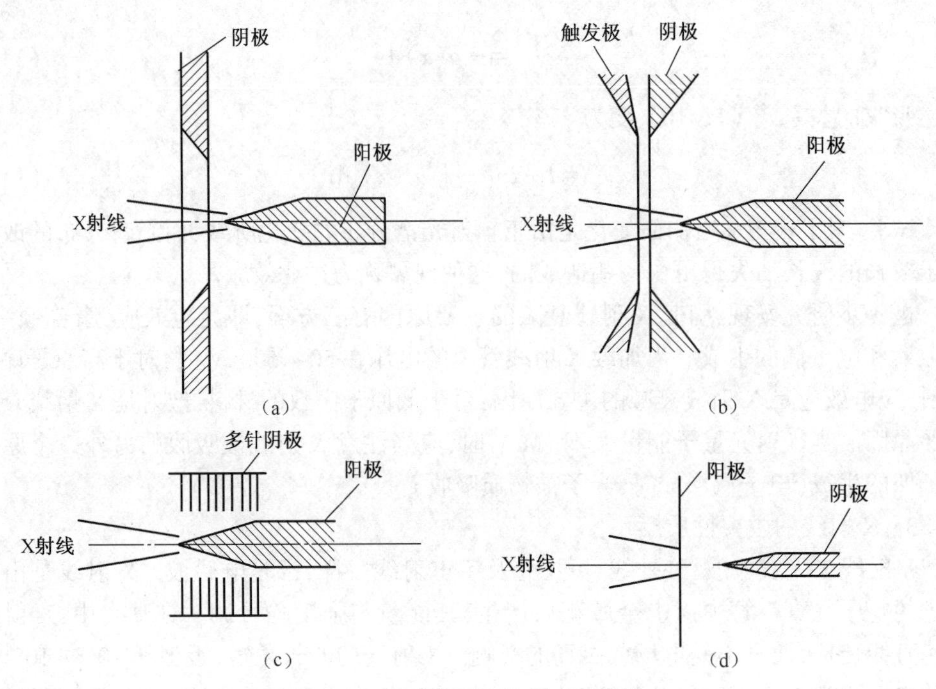

图 11.21　几种典型的闪光 X 射线管

(图 11.22)。因此,X 射线的强度在与入射电子垂直的方向上最大,而表现的发射面很小。在闪光 X 射线管中,电子轰击在阳极的锥形面上(图 11.23),其锥角为 30°~40°。然而,在发出辐射的方向上,焦点的直径最大时才等于锥基。为了增加锥面积对被投射靶面积的比率,即在一给定的有效焦点直径条件下增加钨靶热容量,可采用较小的锥角,这样电子就可轰击到较大的阳极面积上。

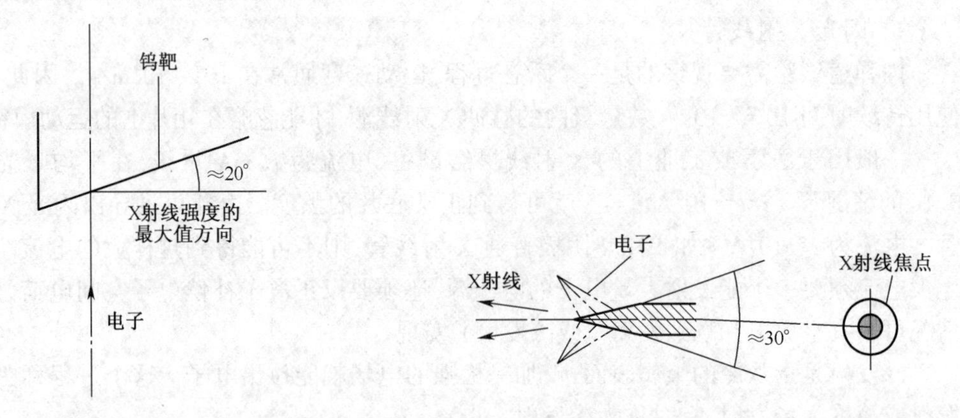

图 11.22　普通 X 射线管中获得线焦点的方法　　图 11.23　锥形阳板闪光 X 射线管中 X 射线源尺寸

在所有情况下,闪光 X 射线管阳极面都要承受很强的电子流密度,从而导致阳极的局部加热。这里可粗略地把阳极当作半无限大的立体,它的自由表面($x=0$)在 $t=0$ 瞬时,突然承受恒定的电子流 q,则在 t 瞬时平面上,温度 $T(x,t)$ 为

$$a\frac{\partial^2 T(x,t)}{\partial x^2}=\frac{\partial T(x,t)}{\partial t} \tag{11.14}$$

阳极材料的热扩散率 a,由下式确定:

$$a = \frac{k}{\rho c} \tag{11.15}$$

式中　k——阳极的热导率;

ρ——阳极的密度;

c——阳极的比热容。

由边界条件,求解式 (11.14) ,可得温度的表达式为

$$T\ (x,t) = \frac{q}{k}\sqrt{\frac{a}{\pi}}\int_0^t \frac{\exp\left(-\frac{x^2}{4at}\right)}{\sqrt{t}}\mathrm{d}t \tag{11.16}$$

由式(11.16)推导出表面温度为

$$T\ (o,t) = \frac{2q}{k}\sqrt{\frac{at}{\pi}} \tag{11.17}$$

以一个闪光 X 射线管为例。假设某 X 射线管在 50ns 内平均电流 $i_{cp}=10^3$A、平均工作电压 $U_{cp}=400$kV,那么在阳极上耗散的平均功率为

$$P_{cp} = i_{cp} \times U_{cp} = 4 \times 10^8(\mathrm{W})$$

设阳极面积 $S=10^{-5}\mathrm{m}^2$,则电子流脉冲功率密度的大小为

$$q_{cp} = P_{cp}/S = 4 \times 10^{13}(\mathrm{W/m^2})$$

钨阳极的特征参量为

$$\rho = 19300\mathrm{kg/m^3},k = 170\mathrm{W/(m \cdot C)},c = 1353\mathrm{J/(kg \cdot ℃)}$$

于是,a 值及表面温度分别为

$$a = k/\ (\rho c)\ \approx 6.7 \times 10^{-5}(\mathrm{m/s})$$

$$T\ (o,t)\ \approx 4.8 \times 10^5(℃)$$

在时间 $t=50$ns 时,$T\ (x,t)$ 关于 X 射线的曲线,如图 11.24 所示。闪光 X 射线管径一次脉冲闪光后,其阳极表面约有 6μm 的一层被汽化掉。因此,脉冲次数将直接影响到闪光 X 射线管的寿命。

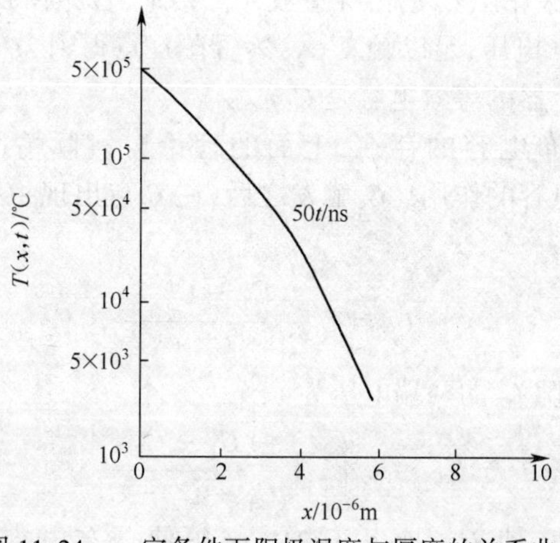

图 11.24　一定条件下阳极温度与厚度的关系曲线

2）脉冲高压发生器

按照内弹道试验所需 X 射线的强度不同，一般加载在闪光 X 射线管上的电压在几千伏至几兆伏之间。这样高的脉冲电压通常用倍压系统产生。例如，变压器 MarX 冲击发生器，有时用传输线来产生极短脉冲的高压，但大多数情况均采用 MarX 冲击脉冲高压放生器。

MarX 冲击脉冲发生器线路如图 11.25 所示。在该图中画出了两种线路，一种线路是图 11.25（a）所示充电电压 U 和输出脉冲具有相同的极性，而另一种线路是图 11.25（b）所示极性刚好相反。

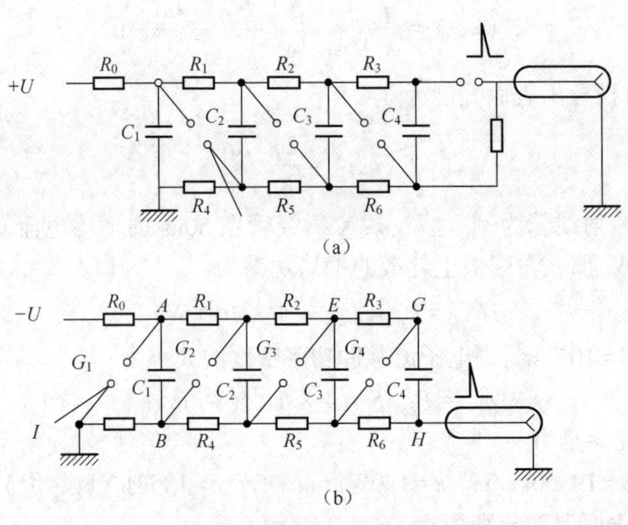

图 11.25　多级脉冲发生器的举例

实际上充电电容 C_1、C_2…是彼此相等的，即 $C_1=C_2\cdots=C$。负载电阻 R_1、R_2…也相等。由此可知，如果电容器的数目或级数为 n，则 MarX 多级电路空载输出脉冲的幅度在理论上为

$$U_t = nU \tag{11.18}$$

图 11.25(b) 所示，火花隙 G_1的击穿造成 A 点接地，首先在 B 点出现一个正脉冲$+U$，这使在 G_2的两端产生 $2U$ 电压，足以触发 G_2；然后在 D 点得到 $2U$ 电压……当所有电容串接起来时，Marx 冲击发生器的等效电容是 C/n。

应该指出，由于分布电容的存在，上面的理论与实际情况之间是有差异的，如图 11.26所示可知分布电容的作用。G_1触发之后，在 B 点出现$+U$ 脉冲，立即引起 E 点电位从$-U$ 变到 U_E，即

$$-U_E = U\frac{C_1' + C_3'}{C_1' + C_2' + C_3'} \tag{11.19}$$

如果 $C_3' \ll C$，则在火花隙 G_2的两端电压为

$$-U_{G_2} = U\left(1 + \frac{C_1' + C_3'}{C_1' + C_2' + C_3'}\right) \tag{11.20}$$

为了得到电压的最大值，使 U_{G2} 趋近于 $2U$，必须使分布电容 C_2' 足够小，并使 $C' + C_3' \gg C_2'$。

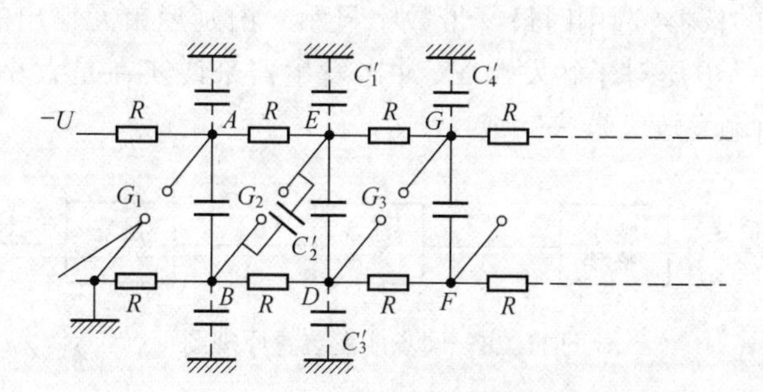

图 11.26　带有分布电容的 MarX 冲击发生器

关系式（11.18）和式（11.19）成立的条件是电阻 R 的值应足够大，大的电阻可防止火花隙工作时电荷损失。实际上 R 值大约为 10~100kΩ。

进一步分析还可发现，MarX 冲击发生器线路的前 4~5 对火花隙，因缺少一个有效的过电压而常会出现火花隙的放电延迟和起伏。为了提高火花隙击穿的速度，可以考虑采用的方法：一是在前面几对火花隙中装上触发电极，用一个外部产生的脉冲同时触发光花隙放电；二是在火花隙之间提供“光学连接”，使一个球隙产生的电离辐射对下一级球隙的击穿产生影响。

当 MarX 冲击脉冲发生器加上真空放电管作负载时，X 射线管可以看作是一个电阻，它的阻值可以从无穷大降到 10Ω 或更低些。在电压上升期间，如图 11.27 所示，电流增大并辐射出 X 射线，为了在电弧形成之前电压达到最大值，电压脉冲前沿必须非常短。在这阶段之后，管子阻抗降低，X 射线的辐射可忽略不计。

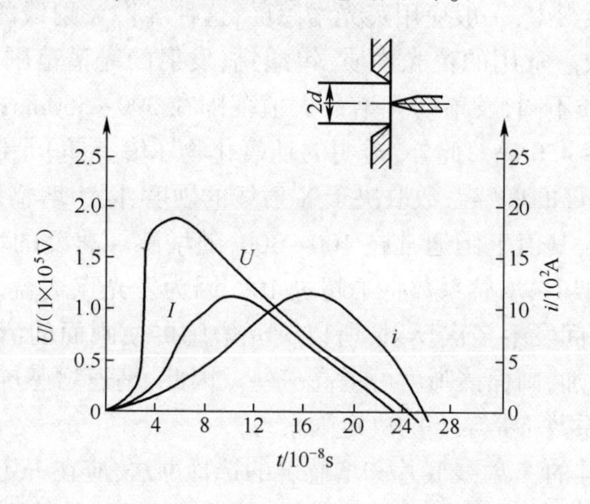

图 11.27　200kV MarX 发生器电流 i、电压 U 及 X 射线强度 I 随时间变化的关系曲线

3）同步触发装置

利用脉冲 X 射线摄影记录瞬时现象的某一特定状态必需依靠同步触发装置，其一般原理如图 11.28 所示。首先，由被研究的现象输出一个信号，它的性质根据进行的试验不同而异，如可以是光信号或电信号等，该信号通常称为同步信号。然后，这个同步信号用一个电路来转换和整形，其任务是提供一个电压脉冲输入到延迟单元。信号转换与整形电路取决于同步信号的性质，需要适当选取或根据试验情况进行专门研制。而延迟单

元是一种商业生产的仪器,选用时最好带数字显示。由延迟单元输出的脉冲幅值范围通常为 10~100V。这一电压对于触发 MarX 冲击发生器来说实在是太小了,因此必须把它放大 10^2~10^3倍,由触发放大器来完成。

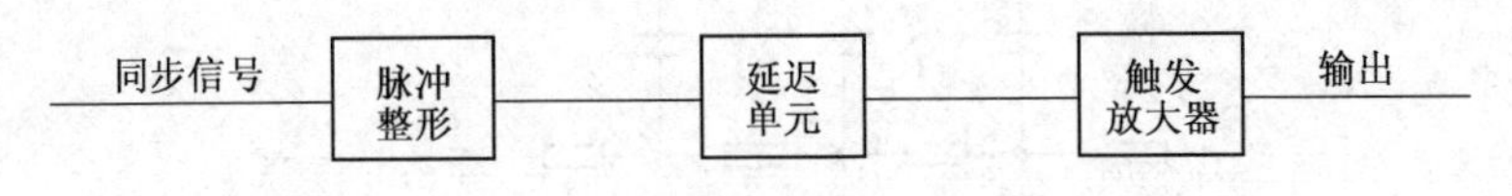

图 11.28　同步触发装置原理图

根据使用的闪光 X 射线装置不同,触发所需要的脉冲电压幅度也不同。在大多数情况下,电压取 15~20kV 就可以了。这个脉冲适合触发充电电压约为 30~50kV 的 MarX 冲击发生器的第一对火花隙,也适合直接触发一个发射软 X 射线的三极管型闪光 X 射线管。

4)图像的记录

通常图像记录在 X 射线底片上,底片可以放在两个增感屏之间。增感屏的作用是将 X 射线转换成电子或可见光,可见光对乳胶的作用是比较有效的。在常规的 X 射线照相中,使用增感屏能缩短曝光时间。在闪光 X 射线照相中,由于 X 射线强度能较好地转换成可见光的密度,所以可补偿 X 射线强度的不足。

3. X 射线底片和增感屏的选择

X 射线底片的选择主要取决于 X 射线的强度和硬度,以及所需的图像质量(包括对比度和清晰度)。

在闪光 X 射线摄影中,一般应用荧光增感屏,这种屏将 X 射线的光子转换成可见光,能被乳胶很好地吸收。常用的荧光物质:钨酸钙,发射的光谱范围在 350~550nm;硫化锌,根据所用激活物质不同,发射的光谱最大值范围在 390~550nm;铅或钡的硫酸盐,发射的光谱范围在 300~450nm。此外,透明的钆氧化物(渗有铕)是制造透明荧光屏的好材料。各种盐类增感屏的增感系数取决于 X 射线的硬度,因为增感系数是 X 射线转换成光的转换效率的函数,其值范围通常在 100~300,随增感屏速度的增加而增加。在电压相当于 1000kV 数量级时,增感系数将不超过 10。因为发光点覆盖了整个荧光屏的厚度和前后两个增感屏之间发生多次反射,所以荧光增感屏使画面的清晰度有所降低,随着荧光屏感光速度的增加,画面清晰度可提高一些。因此,高速增感屏、常速增感屏或微粒增感屏的选择,增感系数不是唯一的决定因素。

实际上,效果最佳的 X 射线底片和增感屏的选择办法,应在一定的试验条件下,首先对一个与所观察物体的性质及厚度均相似的阶梯形状的试验物体进行 X 射线摄影,然后进行选择。

1)清晰度

脉冲 X 射线摄影底片的清晰度取决于增感屏和底片的种类,发射的 X 射线质量,物体相对于 X 射线源和底片的位置以及物体的运动速度等因素。

(1)由于底片和增感屏造成的图像模糊度。X 射线底片乳胶胶体包含很多形状和大小都不相同的银颗粒,这些颗粒属非均匀分布。如果底片的放大区域出现密度的变化,即存在颗粒度时,则底片产生一些模糊阴影,且随着乳胶速度的增加和 X 射线硬度的增加而增加,并随显影条件而变化。

使用增感屏可引起一些附加的图像模糊。引起模糊的主要原因是由于增感屏的颗粒度和发光的不规则性,导制对每一个荧光发射点在底片上都有相应的斑点出现。这些原因造成的图像模糊度随着增感屏速度的增加和 X 射线硬底的增加而增加。试验表明,当使用各种盐类化合物(汞盐等)的增感屏引起的图像模糊度约为十分之几毫米。

底片和增感屏造成的图像模糊度主要是由底片的增感屏的感光材料颗粒度分布不均和发光不均造成的,并随着感光速度的增加和 X 射线硬度的增加而增加。使用底片和增感屏时尽量做到底片和增感屏的光谱、感光速度一致,即合理的匹配时,才能取得良好图像质量。底片和增感屏的合理匹配,不仅可以得到优质的图像质量,还可弥补光量不足的缺陷。

(2) 几何模糊度。闪光 X 射线管的焦点不是一个点,因此物体图像的轮廓如图 11.29所示有半个阴影面积,其宽度为

$$B_g = f\frac{b}{a} \tag{11.21}$$

式中　B_g——几何模糊度;

f——X 射线源焦点尺寸;

a——X 射线源至被摄物体的距离;

b——物体到 X 射线底片的距离。

因为焦点值 f 在 1~5mm,如果 $b/a<0.2$,则 B_g 与底片和增感屏造成的阴影 B_f 相差不大。实际上,若选择 $b/a=0.1$,这是一个折中数据,既可以使物体与底片之间有一个较大的距离,使底片尽可能不受研究对象的干扰,也可以使几何模糊度保持在很小的水平上。

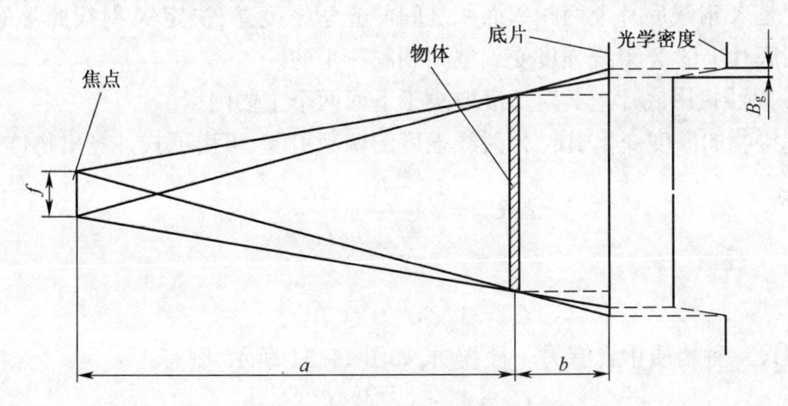

图 11.29　几何模糊度 B_g 对清晰度的影响

(3) 运动模糊度。物体运动速度为 v,在 X 射线脉冲持续时间 τ 内,物体运动距离为 $v\tau$。假设 X 射线源是点光源,则造成的模糊度如图 11.30 所示,可用下式表示,即

$$B_m = \frac{a + b}{a}v\tau \tag{11.22}$$

式中　B_m——运动模糊度。

利用闪光 X 射线摄影研究的现象,其运动的最高速度可达 10^4m/s。如果曝光时间是 20ns,则 $v\tau=0.2$mm。因此,运动造成的模糊度与焦点几何形状造成的模糊度一样重要。

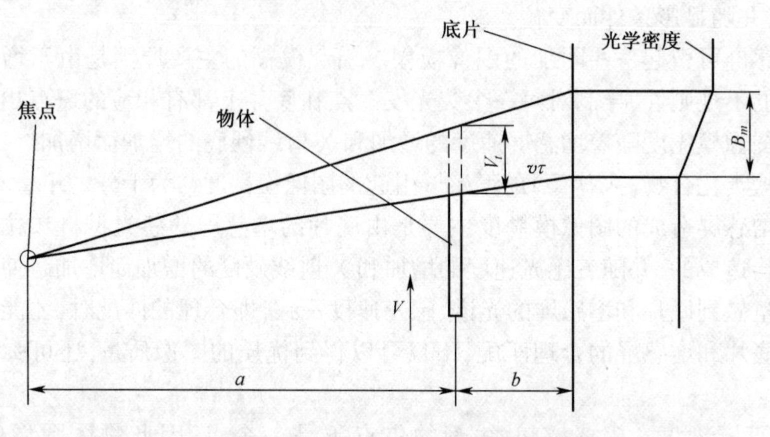

图 11.30 运动模糊度 B_m 对清晰度的影响

(4) 图像总的模糊度。在 X 射线照片中各种模糊度的理论研究认为,每种模糊度引起的物体轮廓线上相对光学密度的变化符合高斯分布函数。在这种假设下,总的模糊度可以用均方根值表示,即

$$B_r = \sqrt{B_f^2 + B_g^2 + B_m^2} \tag{11.23}$$

式中 B_r——总模糊度;

B_f——增感屏引起的模糊度。

当利用荧光增感屏时,闪光 X 射线摄影的总模糊度范围在 0.3~0.5mm。

2) 对比度

对比度是 X 射线底片上两相邻面积之间的光学密度差,决定 X 射线照片的质量;是由于入射到底片上的 X 射线强度受到空间调制产生的。

脉冲 X 射线摄影底片上的对比度取决于下面两个主要因素。

一是拍摄物的厚度变化引起 X 射线强度的调制引起,可由下式计算出物体对比度:

$$C_0 = \frac{I_1 - I_2}{I_1} = \frac{\Delta I}{I_1} \tag{11.24}$$

也可以写为

$$C_0 = 1 - e^{[-\mu(x_2 - x_1)]} \tag{11.25}$$

如果假设一种物质中含有另一种物质,如图 11.31 所示,则有

$$C_0 = 1 - e^{[-x(\mu_2 - \mu_1)]} \tag{11.26}$$

二是由于底片和增感屏的种类匹配形成①,显影条件(显影药的活性和温度)和操作环境的光强度引起光学密度的变化造成的对比度变化,因此底片对比度可由下式计算,即

$$D = f(lg\ B) \tag{11.27}$$

式中:B 表示曝光量,是 X 射线强度 I 与曝光时间的乘积,即 X 射线剂量。

实际应用中常采用阶梯块(钢)试拍(在确定的拍摄条件下),或用 X 射线剂量笔

① 底片和增感屏由于光谱和感光速度不同,因此须要把不同种类的底片和增感屏相匹配。——作者注

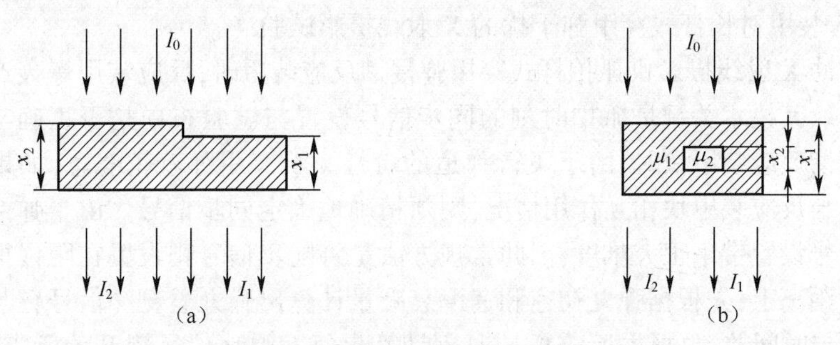

图 11.31　EFP 成像 X 射线摄影布局

在底片位置试拍接收剂量来控制底片对比度。

4. 脉冲X射线摄影的应用

1）反应装甲对射流干扰 X 射线摄影试验

在研究反应装甲对射流与杆式动能穿甲弹的干扰现象时,目前多采用 X 射线摄影技术来研究。这是因为射流的产生、杆式功能弹的冲击、反应装甲的爆炸都伴随着强烈的闪光、烟雾、碎片,用普通高速摄影较难拍摄到理想照片。而采用 X 射线摄影只要合理设置同步信号、合理布设二至三台脉冲 X 射线摄机、合理选择延迟时刻、合理地进行场地防护就能抓拍到所需的干扰现象的 X 射线照片。

利用脉冲 X 射线机拍摄射流在侵彻反应装甲时受到反应装甲爆轰产物、飞片等冲击时的姿态,关键是拍摄时刻的同步信号的设置与试验布局是否正确与恰当。首先同步信号的设置须要经过事先估算确定射流侵彻反应装甲拍摄时刻,即得出每个 X 射线管出光时间,在同步机中设定所需时刻,然后选取同步启动信号。其试验布局如图 11.32所示。一般同步启动信号可采用电针法或者锡箔通靶测速法使第一通道定时启动拍摄,第二通道做相应延时再拍摄得到二个时刻的反应装甲对射流干扰照片,如图 11.33 所示。

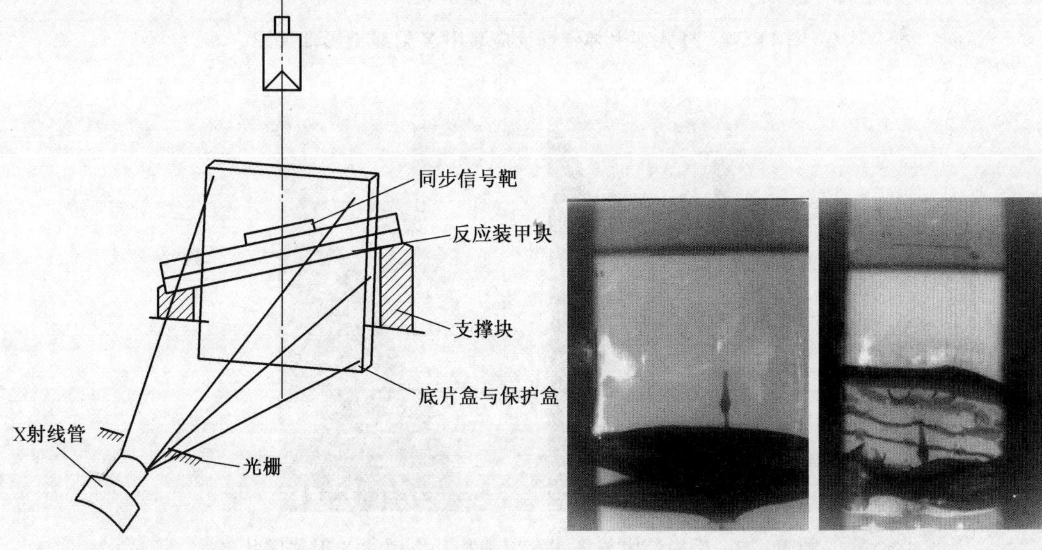

图 11.32　射流侵彻反应装甲 X 射线摄影布局图

图 11.33　反应装甲与射流相互作用的 X 射线照片

2）反应装甲对长杆式穿甲弹干扰的 X 射线摄影试验

利用脉冲 X 射线摄影机抓拍杆式穿甲弹侵彻反应装甲时，反应装甲爆轰产物对穿甲弹干扰情况。其技术关键是抓拍时刻的同步信号设置与试验布局是否正确与恰当。杆式穿甲弹侵彻反应装甲块时，由于飞行弹道的特性影响穿甲弹着靶姿态，如果抓拍不同时刻穿甲弹与反应装甲块相互作用情况，则须精确地确定同步信号。由于弹丸初速的跳动给同步信号设置带来很大难度，因此常规方法是将同步信号靶设置在距侵彻反应装甲块前面较近距离上，先根据弹丸初速和速度衰减量计算出弹丸着靶（信号靶与反应装甲靶）的时间与时间差，再根据所需抓拍时刻计算出每发弹从信号靶开始所需延时时刻。只要弹丸弹道性能稳定、试验布局合理、瞄准准确可以获取不同时刻系列 X 射线照片。因为该系列 X 射线照片是由多发弹多次射击得到的，所以特别要求穿甲弹结构弹道性能一致。

与反应装甲对射流干扰 X 射线摄影试验的原因一样，利用脉冲 X 射线摄影机抓拍杆式穿甲弹侵彻反应装甲时，受干扰的姿态一般只能采用单机进行拍摄。其试验布局如图 11.34所示。典型受干扰 X 射线照片如图 11.35 所示。

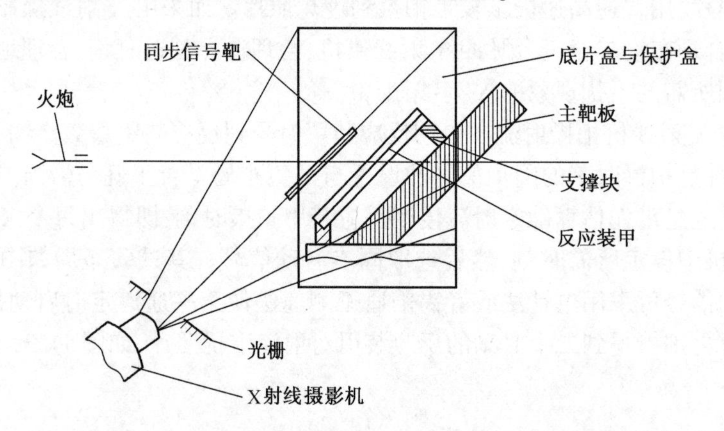

图 11.34　杆式穿甲弹侵彻反应装甲 X 射线摄影部局图

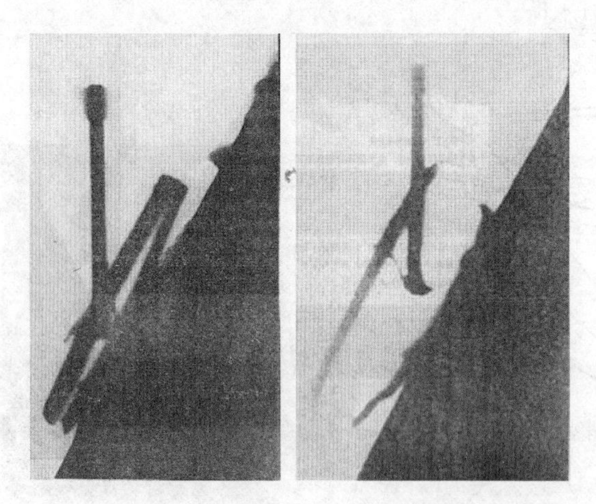

图 11.35　反应装甲与杆式穿甲弹相互作用的 X 射线照片

由于穿甲弹侵彻反应装甲时，反应装甲爆轰产物及杆式穿甲弹冲击靶板时的碎片均有极大的杀伤和破坏作用,因此拍摄现场要进行适当的防护,既要防止飞片损坏仪器设备,又要确保获得清晰的 X 射线照片。

11.4　侵彻弹侵彻过程过载测试技术

侵彻弹体垂直侵彻半无限厚靶体是目前国内外研究的重点,侵彻过程的减加速度是进行弹丸和引信设计、性能考核、指标确定的理论依据。在减加速度的测试中,目前已有多种测试侵彻过程动态参量的技术,其中反弹道技术应用较广泛,但反弹道技术要求靶板的尺寸较小,使得反弹道技术不能大范围地应用。本节介绍一种安装结构非常简单的弹载侵彻记录仪,用较容易的测试方法来测量弹体侵彻钢筋混凝土过程中的减加速度曲线。该方法也可同时获得侵彻过程中方法弹体的位移及速度等参数。

11.4.1　侵彻过载记录仪工作原理

弹载侵彻记录仪采用压电式加速度传感器测量某侵彻弹侵彻混凝土过程中的减加速度,主要是由电荷放大器、A/D 转换及数据存储器、接口及电源控制器组成。压电式加速度传感器将侵彻加速度信号转换成电信号,经过电荷放大器将电荷信号转变为适应 A/D 转换器要求的电压信号,送入 A/D 转换及数据存储器,待测试过程完成后,用计算机读取数据,进行数据处理、打印,提供侵彻弹侵彻过载测试的有关参数。过载加速度测试记录仪原理如图 11.36 所示。本测试系统采用存储测试技术,具有微体积、微功耗、无引线、抗高冲击等特点,且不受外界环境的影响,操作简便。加速度传感器安装在测试仪底部,测试仪通过支撑筒靠弹尾螺纹紧压在侵彻弹腔内,保证传感器安装座与侵彻弹内腔底部紧密配合。图 11.37 所示为美国 IES 公司生产的微小型侵彻过载记录仪。该记录仪能抗 105g 以上的过载,是精度和可靠性较高的记录仪,能有效地完成侵彻过载的测试任务。图 11.38 所示为弹载记录仪与弹头装配照片。

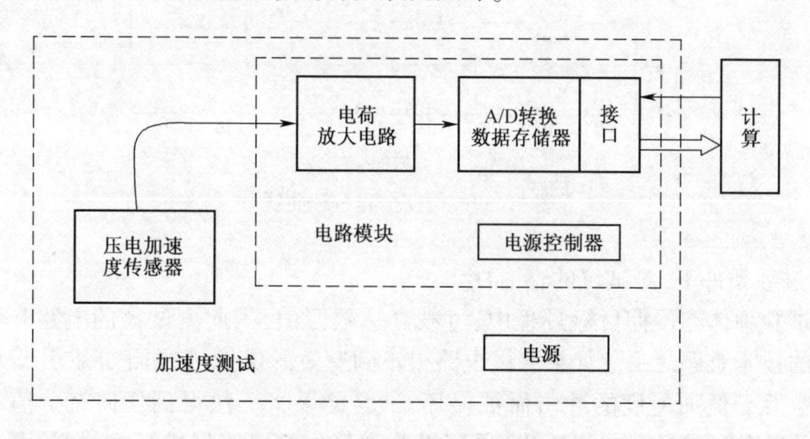

图 11.36　加速度测试记录仪原理图

测量系统的性能指标,具体如下:

(1)传感器部分。量程:0~100000g,使用频率:25kHz。

(2)记录仪部分。采样频率:250kHz,存储容量:128k,分辨率:12bit,触发方式:内触发,待触发时间:小于等于 8h,数据保存时间:大于等于 24h,测试误差:小于等于 10%FS。

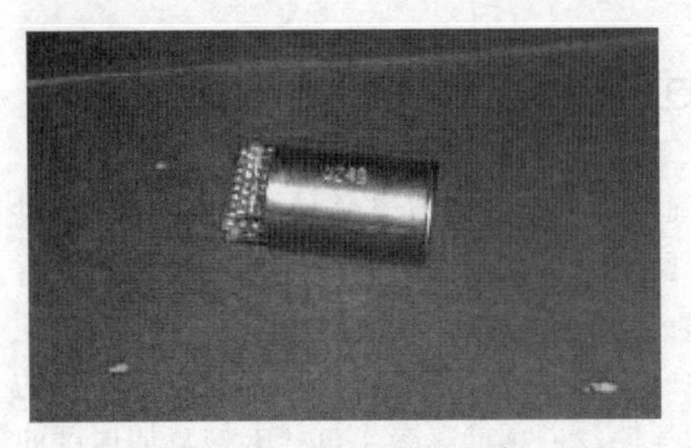

图 11.37 侵彻过载记录仪

图 11.38 弹载记录仪与弹头装配照片

11.4.2 侵彻过程过载试验测试结果及数据分析

图 11.39 所示为全过程加速度随时间的变化曲线;图 11.40 所示为动能弹侵彻钢筋混凝土过程中减加速度随时间的变化曲线。

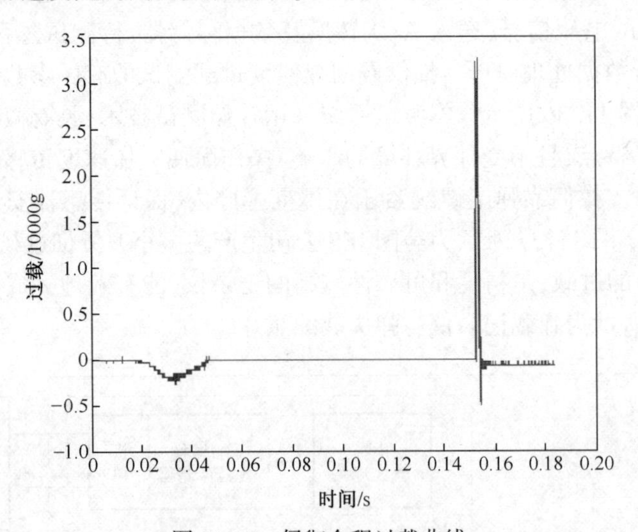

图 11.39 侵彻全程过载曲线

1. 高过载条件下,测试仪的存活性

由于试验弹体在侵彻目标过程中,过载高达数万值,因此测试仪的电路和引线的保护是最大的技术难题之一。如果测试电路得不到有效的保护,数据记录芯片等电子电路就会受到数万 g 值加速度的冲击而被损坏,试验结果将无法得到任何有价值的试验数据。在以往其他试验的过载测试中,采用橡胶弹簧作为电路保护缓冲材料,测试数据捕获成功率仅接近 50%,且获得的试验数据基本上是在侵彻着靶速度低于 500m/s 的情况下。在接近 600m/s 的着靶速度侵彻时,会出现电路自燃烧毁、电线振断和波形不完整等失败现象。这些试验现象经分析可知,在高过载条件下,经橡胶弹簧缓冲后,电路大多数可完整保存下来,但橡胶弹簧在缓冲过程中产生弹性压缩,引线孔会受到挤压,使传感器

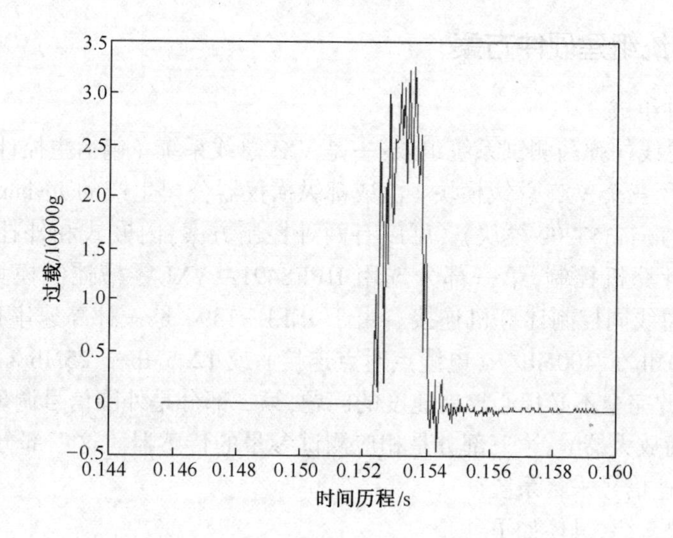

图 11.40　侵彻减加速度随时间变化曲线

与电路之间的引线挤断而造成过载信号丢失或数据不完整。

2. 高过载条件下,克服结构的共振问题

在试验前和试验后对过载测试仪检测,一切状态都很正常,但测试到的过载波形仅是一个满量程的方波信号,并且在炮膛内经几个周期的振荡信号后就出现了满量程输出。导致满量程输出的原因是测试仪和弹体在膛内加速过程中出现了一定频率的共振,使传感器输出信号成指数级增长,电路达到饱和所致。

3. 测试信号滤波频率选择问题

由于测试到的过载波形包含非常丰富的各种振动信号,因此要想得到侵彻弹本身的侵彻过载波形,就必须对测试信号进行滤波。

4. 误差分析

该试验的主要误差来自加速度传感器的非线性误差、电荷放大器的输出增益误差以及 A/D 转换量化误差。这些误差的具体分析过程与冲击波测试系统误差分析类似。侵彻过程过载试验测试系统和冲击波测试系统都是使用的压电式传感器、电荷放大器、A/D 转换器,只是具体参数不一样。

11.5　基于 VXI 总线的弹药测试系统

VXI 总线是在 VME 总线系统的基础上,为了适应仪器系统对总线的要求发展而成。因此,VXI 总线继承了 VME 总线的优点,具有数据吞吐量大、速度快、定时和同步精确、模块可重复利用、众多仪器厂商支持等优点,是一种真正开放的仪器总线。基于 VXI 总线的 VXI 系统包括 VXI 主机箱、器件,以及各种功能模块。由于各模块之间具有屏蔽板,因此该系统具有良好的抗干扰性。

基于 VXI 组建的弹药测试系统,从理论上不但能较好满足弹药工程测试的要求,而且明显具有良好的功能集成性,便于携带。

11.5.1 系统组建硬件方案

1. 系统硬件组成

基于 VXI 总线的弹药测试系统组成：一是 VXI 总线系统（包括主控计算机）；二是测试系统，主要使用三个 VXI 总线模块（由成都纵横仪器公司生产的 Jovian53116 模块、Jovian53302 模块、Jovian53202 模块），可以有两种控制方案：内嵌式和外挂式。本试验系统采用外挂式计算机控制，第一部分选用 HPE8491A VXI 零槽控制模块，采用 IEEE-1394 高速串行总线同控制计算机连接。由于 IEEE-1394 是一种高速串口，传输速度可达 100Mb/s、200Mb/s、400Mb/s（电缆点对点连接）或 12.5Mb/s、25Mb/s、50Mb/s（背板方式连接），因此完全不必担心控制速度的问题；第二部分是外围信号调理电路（主要是 Endevco133 电荷放大器）；第三部分是相应测试参量的传感器。这三部分构成了一个完整的多通道、高速信号采集系统。

其功能模块介绍，具体如下：

（1）Jovian53116：VXI 总线 12bits 4 通道高速高精度并行数据采集模块，寄存器基模块。

（2）Jovian53302：VXI 总线 100K 4 通道宽带差分高精度程控放大器模块，寄存器基模块。

（3）Jovian53202：VXI 总线任意波形发生器，寄存器基模块。

（4）Endevco133 电荷放大器：将输出为电荷量的传感器（如自由场冲击压力传感器（压电式））采集的电荷信号放大，输出放大电压。

（5）传感器：用于采集相应需要测试的参量信号，如爆炸冲击波、介质压力、介质加速度、瞬态温度和介质应变。

2. 系统工作原理

系统的工作原理是由各种传感器采集相应测试信号，经过放大器放大，传送至 A/D 转换模块，经过 A/D 转换完的数据，经 VXI 总线、IEEE-1394 总线传送至主控计算机，由主控计算机通过测试软件对信号进行分析、处理、存储，达到测试的目的。在信号调理部分，由于采用的传感器种类不同，所以信号调理通道不尽相同。例如，若传感器选用的是压电式传感器，输出是电荷信号，就不能送入 JV53302 电压放大模块，而必须通过信号调理模块的 Endevco133 电荷放大器通道，将电荷放大后，以电压的方式输出，方能进入 A/D 转换模块。若输出为电压信号的传感器，则可不经任何处理，由信号调理模块的另一通道输出至 VXI 电压放大模块。VXI Plug&Play（简称为 VPP）协会规定所有 VXI 总线仪器必须具有自检功能，所以本系统利用 JV53202 模块产生的任意幅值和相位的波形，送至 JV53116 A/D 模块，对整个系统进行自检。该系统组建硬件原理如图 11.41 所示。

3. 系统技术指标

通道数是由使用的 JV53116 模块数量而定，一个模块有 4 个通道，现可以使用的模块有 3 个共 12 路，每通道均可相互独立工作。

速度：系统速度主要受约束于 A/D 转换环节，因此 A/D 转换的最高速度，即系统的最高采样率：最高 40MHz，并可以按 1、2、5 分挡，共 16 挡。

带宽：-3dB。

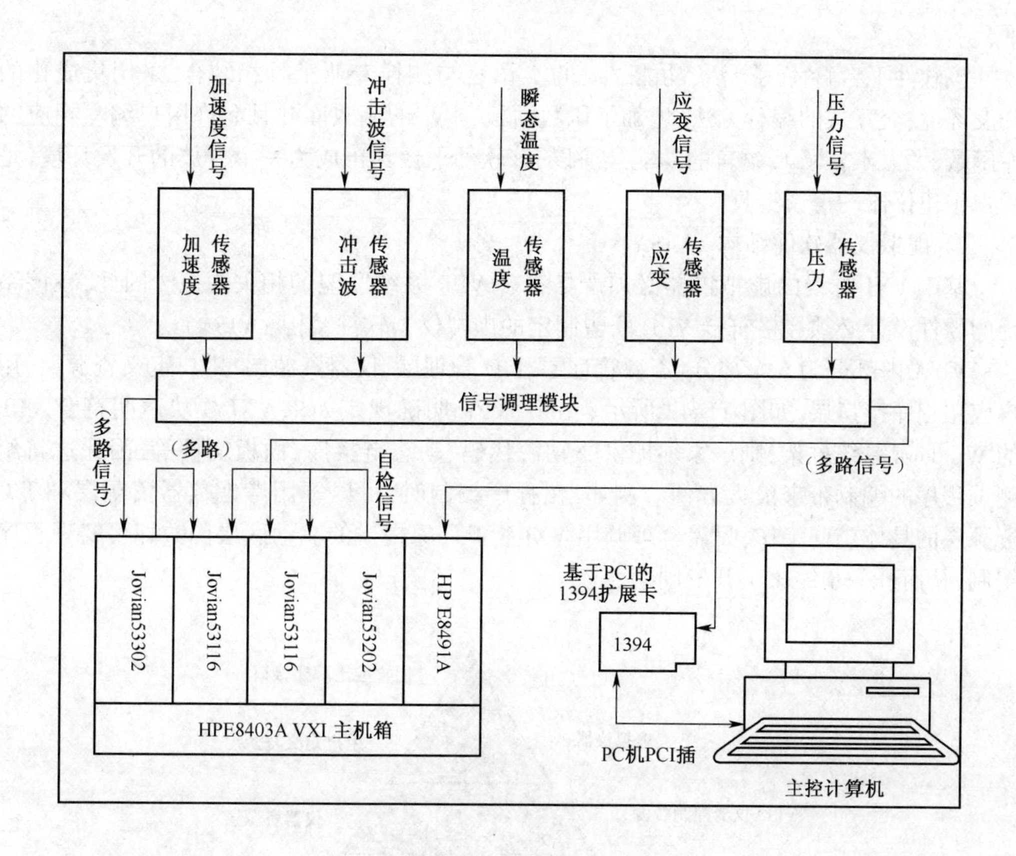

图 11.41　系统硬件结构原理图

直流耦合：0～12MHz。

交流耦合：0.1～12MHz。

存储深度：256KSa，可动态级联使用。

量程：最高 16 V、最低 0.125V，共 8 挡。

幅值精度：直流精度优于 0.2%，交流精度优于 0.3%。

通道隔离度：优于-96dB。

时基精度：优于 0.015ns。

11.5.2　系统软件集成实现方法

VXI 总线测试系统可以为构建虚拟仪器提供了良好的硬件环境。采用基于 VXI 的虚拟仪器测试平台，可以很大程度上改善测量的精度、缩短系统集成周期、可扩展性强。在系统硬件组建完毕后，只需开发专门的测试程序，由于软件的灵活性和功能的强大，可以大大丰富测试系统的功能，因此基于 VXI 总线的虚拟仪器拥有传统的测试仪器无法比拟的优势。

1. 软件集成平台

1）Lab Windows/CVI 软件平台

本系统的软件平台采用 NI（National Instruments）公司的 Lab Windows/CVI 软件

平台。

该软件平台将使用灵活,功能强大的 C 语言与测控专业工具相结合,采用集成化的开发环境、交互式的编程方法、增加了函数面板、丰富的函数库并且允许用户编写相应的库函数,大大丰富了 C 语言的功能。所以,该软件平台真正成为一个开放的开发环境,是用户组建仪器的得力工具。

2）虚拟仪器软件结构（VISA）

基于 VXI 总线的虚拟仪器必须严格符合 VPP 系统联盟的相关规范。因此,在该系统的软件设计必须严格符合 VPP 联盟制定的虚拟仪器软件结构（VISA）。

VISA 内部分为 5 个部分:资源管理层、I/O 管理层、仪器资源层、用户定义资源层、用户应用程序接口层,如图 11.42 所示。由于 VPP 明确规定如果 VXI 模块声明符合 VPP 的 Windows 系统框架,则厂家须提供驱动源代码、动态链接库、面板文件等,因此这将给测试程序的编制带来极大方便。例如,在程序编制时,可以不用考虑仪器资源层和 I/O 资源层的具体访问工作,只需合理调用 VXI 生产厂家提供的驱动底层函数即可实现程序编制,从而进一步缩短了开发周期。

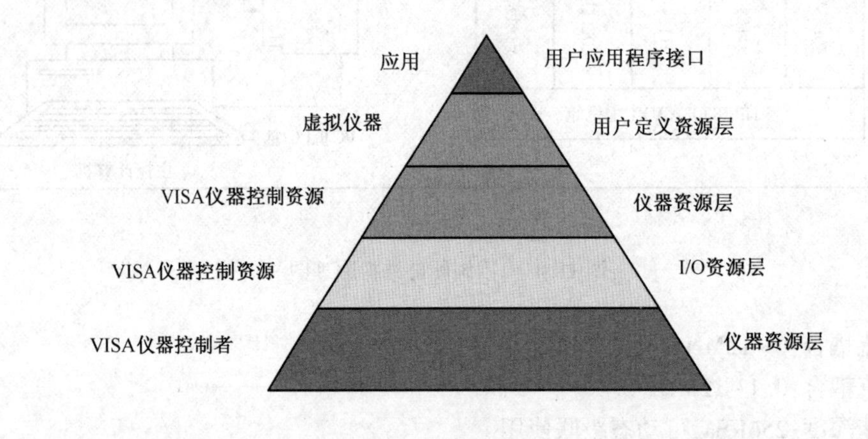

图 11.42　VISA 结构模型

2. 测试功能的软件实现

1）操作界面的实现

Lab Windows/CVI 不但兼容标准 C 语言,而且它拥有 VB 语言在图形界面制作方面的优势。更有价值的是,NI 公司为 CVI 专门提供了仪器面板制作控件,可以使主要基于软件实现的虚拟仪器具有更加良好的人机界面。例如,经常要用到波形显示,只需要在面板文件放置一个 GRAPH 控件,在程序中的相应回调函数中使用一个函数:

```
PlotWaveform（panelHandle, PANEL_GRAPH, signal, sizeof（signal）,
VAL_DOUBLE, 1.0, 0.0, 0.0, 1.0, VAL_THIN_LINE,
VAL_EMPTY_SQUARE, VAL_SOLID, 1, VAL_RED）;
```

用户只需提供显示图像的面板句柄,指向信号存放内存块的指针,信号序列的长度以及绘制图像的方式就可以很容易在指定面板的波形显示控件上显示想要的波形。回调函数概念如图 11.43 所示。

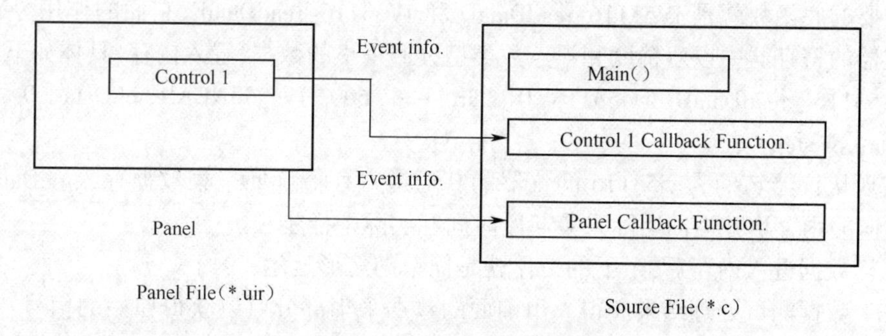

图 11.43　回调函数概念

2）仪器测试软件的集成

由于作为信号放大的 JV53302 模块和仪器自检的任意波形发生器模块 JV53202 具有相对的工作独立性,因此在编程时,将厂家提供的源代码中的 main 函数修改成为自己集成程序所能调用的子函数,可以直接作为测试程序的一个模块加以嵌入,这样做既不影响仪器的功能,又大大缩短了开发周期。但需要注意,由于厂家提供的源代码是两个独立仪器的驱动程序,因此在集成时,要协调好两个源代码之间的变量和函数名,以保证不相互冲突。

完成了上面两个模块的集成后,留给程序开发者的最主要的任务是开发自己的数据采集模块。虽然厂家提供了相应的 A/D 模块驱动,但这远远不能满足测试的要求。程序开发者可以借鉴驱动代码的编程思想,自行添加数据存储、信号分析处理、数据、图形的显示、打印等功能模块,尽可能地完善测试仪器的功能,满足使用者的要求。

下面按流程顺序简单介绍测试程序的功能结构。

(1) 测试准备程序。测试准备程序包括 A/D 模块（JV53116）的初始化、校准、自检、模块的参数设置。这些功能的实现,首先调用 VISA 函数打开指定的仪器,然后调用相应的驱动程序底函数。例如,实现仪器的初始化,只需调用 JV53116_init 函数即可实现,具体如下：

```
JV53116_init ("VXI0::1::INSTR", INIT_DO_QUERY, INIT_DO_RESET, vi ) ;
```

实现对逻辑地址为 1,仪器打开句柄为 vi 的 VXI 仪器进行不需要系统验证、初始复位的初始化。

这部分程序执行后,JV53116 模块将进入采样就绪状态,当采样程序执行时,JV53116 模块就会按照用户的设置将设定好采样长度的数据流存入每个通道的寄存器。设置好的模块参数用专门的驱动底函数送至 JV53116 相应的功能寄存器,具体如下：

```
JV53116_setTrgDrive (vi53116,JV_INST_INT_TRG,trgdrv,0) ;
```

实现设置 JV53116 模块的 0 通道为内部触发模式,触发边沿由 trgdrv 指定。

(2) 测试数据获得程序。测试数据获得程序是弹药测试系统的核心功能的部分,主要可以分为三大部分:数据多通道采集、数据存储、数据波形显示打印,其中数据多通道采集是该程序的关键。由于软件采样的频率瓶颈,因此具体的采样工作主要由 JV53116 模块硬件实现。所以这部分软件的编写并不复杂,这也正是 VXI 总线仪器的优势之一。程序员只需利用驱动底函数将每个通道寄存器内的数据取出,置入内存即可。这里用到的最主要的底函数就是 JV53116_readDataD 和 JV53116_readDataF，它们的作用分别是从指定仪器的寄存器中以双精度和浮点数类型读回采集的数据，置入内存，具体如下：

JV53116_readDataD（vi53116，0，start，end，600，JV_LINEAR，chData[0].data，&factstart，&xstep）；

实现从仪器句柄为 vi53116 的仪器的 0 通道寄存器读回采集数据存入 chData[0].data 指向的内存块并返回实际采集起始时间和实际采样步长。

采样数据进入内存后，余下的工作就是简单的波形显示。

（3）数据测试处理结果获得。由前面的数据采集部分可以获得原始的信号数据，为了能够更加容易地认识信号、分析信号从而做出准确的判断，就必须提供信号的分析的相应工具，本模块就是实现这个目的。

Lab Windows/CVI 所带有的高级分析库为程序员提供了极大的方便，如信号分析中经常使用的 Fourier 变换、相关性分析、卷积与解卷积运算、加窗处理、数字滤波器等，在库中均有相应的函数可供调用。

测试结果的存储与打印均可以依靠 Lab Windows/CVI 的强大的功能函数实现。

11.5.3 系统试验

利用本弹药测试系统进行混凝土靶中炸试验：选用三个压力传感器（序号分别为1#、2#、3#）和一个加速度传感器（序号为 5#），靶板采用 C-35 混凝土制作，药柱为压装 TNT，放置在靶的轴向距离靶的底部 300mm 的位置，1#、2#、3#传感器分别布置在靶的径向距离药柱为 200mm、300mm、400mm 的位置，质点加速度传感器布置在靶的底部距离靶心 150mm 的位置。

选取 1#、5#传感器的波形图，如图 11.44、图 11.45 所示。1#、2#、3#、5#传感器参数及特征峰值点数据，见表 11.5 所列。

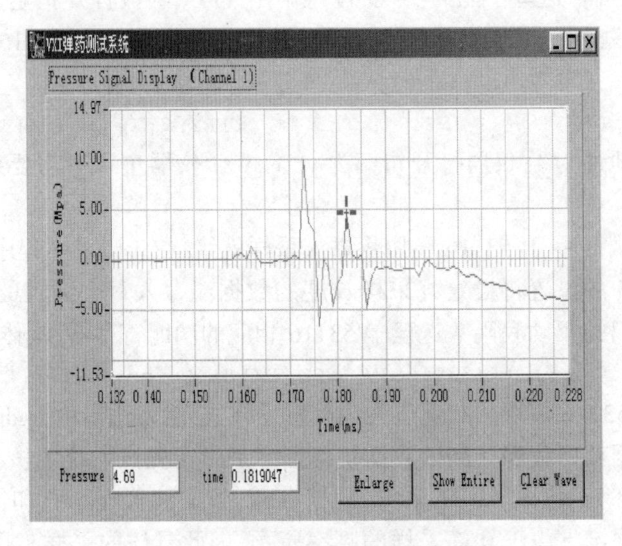

图 11.44　1#传感器为压力传感器

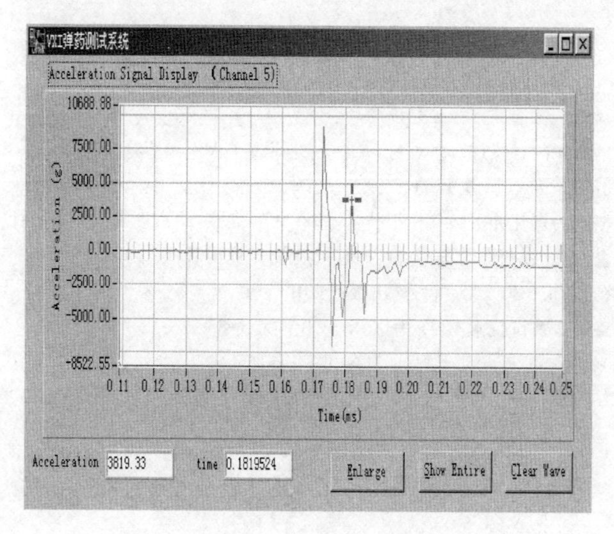

图 11.45　5#传感器为加速度传感器

表 11.5　传感器参数及特征峰值点数据

传感器序号	灵敏度 pC	放大倍数	结果		
			a	b	c
1#	55.80/MPa	10	9.97MPa	-6.53MPa	4.69MPa
2#	58.61/MPa	10	8.64MPa	-0.83MPa	-10.94MPa
3#	55.60/MPa	100	-9.09MPa	10.87MPa	
5#	0.441/gn	1	9188.8g	-7022.6g	3819.3g

说明：表中反映的三个数据点：正相最大峰值（a 点）、负向峰值最大点（b 点）、蓝色光标所在峰值点（c 点）。

经过试验的检验，基于 VXI 总线的弹药测试系统可以很好的满足弹药测试的要求，而且组建系统周期短、通用性好（可以测量多种瞬态信号）。其不但完全实现了设计的性能指标，而且性能大大优于传统仪器。

思　考　题

1. 简述传感器的组成及在现代技术中的作用。
2. 简述应变式力传感器的组成，其中弹性元件通常采用哪几种结构形式？
3. 传感器的主要性能指标有哪些？
4. 简述两种测量弹丸转速的方法及原理。
5. 弹药测试试验常用仪器有哪些？
6. 简述 PVDF 压电传感器优点。
7. 简述 VXI 总线的弹药测试系统优点。

参 考 文 献

[1] 张先锋,李向东,沈培辉,等. 终点效应学[M]. 北京:北京理工大学出版社,2017.
[2] Zvi Rosenberg,Erez Dekel. 终点弹道学[M]. 钟方平,译. 北京: 国防工业出版社. 2014.
[3] 门建兵,蒋建伟,王树有. 爆炸冲击数值模拟技术基础[M]. 北京:北京理工大学出版社,2015.
[4] 黄正祥,肖强强,贾鑫,等. 弹药设计概论[M]. 北京:国防工业出版社, 2016.
[5] 黄正祥,祖旭东. 终点效应[M]. 北京:科学出版社,2014.
[6] 柴慈钧,罗学勋,徐锡昌. 测试技术[G]. 南京:华东工学院,1985.
[7] 祖静,马铁华,裴东兴,等. 新概念动态测试[M]. 北京:国防工业出版社,2016.
[8] 乔良. 多功能含能结构材料冲击反应与细观特性关联机制研究[D]. 南京:南京理工大学,2013.

第 12 章　弹药试验结果误差分析与数据处理

弹药试验过程中各种参数变化规律（如冲击波、飞行速度、温度等）的研究，常需要借助各式各样的试验与测量来完成。由于试验方法、仪器设备以及环境条件等都会对观测结果产生影响，使得所测数据与信号可能存在一定的误差，因此必须对测量误差的种类、性质、产生的原因以及所表现的规律性都有所认识，以便辨别和估计，进而采取一定的技术措施，保证所测得的数据、信号具有一定的可信度。试验数据处理是弹药作用过程试验测试的重要工作之一，对测量仪器装置的输出信号做进一步处理，以便提供所需更为明确的数据资料。试验数据处理方法是近代测试技术重点发展方向之一，通过数据处理获取弹药作用过程物理量的相互作用规律，建立理论模型，为改进弹药的设计提供验证方法。

本章主要介绍弹药试验测试测量误差及分类、随机误差的分布规律、弹药试验可疑数据的剔除及数据的表示方法等，常用误差表示方法及间接测量误差的传递也做了一些介绍。

12.1　弹药试验测试测量误差及分类

12.1.1　误差的概念与产生误差的原因

某量值的误差定义为该量的给出值（包括测量值、试验值、标称值、予置值、示值、计算近似值等研究和给出的非真值）与客观真值之差，即

误差=给出值-客观真值

产生误差的原因是多方面的，误差的来源主要有下面的内容。

（1）选作比较的标准本身准确度的限制。

（2）测量系统设计和制造的局限性。例如，试验装置的精度、仪器的分辨率和线性的限制等。

（3）测量方法理论上的缺陷。例如，测量弹丸速度时，是用弹丸通过两靶纸之间的平均速度来表示两靶间中点的速度，然而弹丸的运动不是严格的匀变速运动，因此这两个速度不完全相等。

（4）测量系统中元件、部件的老化变质。

（5）测量系统中的噪声。

（6）周围环境和试验条件的变化。

（7）测量系统对测量对象状态的影响。例如，测量弹丸初速时，靶网对弹丸的作用力使弹丸速度产生变化。

（8）在动态测量时，由于测量系统动态响应而产生的动态误差。

(9) 读数误差。

(10) 处理试验结果时的计算处理误差。

在每一次具体测量中,不可能把所有误差因素排除掉,因此测量误差的存在是不可避免的,物理量的真值是无法推测出的。作为科学试验来说,只用一个数和与之相联系的物理单位来表示被测量的大致大小并不准确,还必须指出测量结果的可靠程度,即必须给出误差的可能范围。

12.1.2 研究误差的意义

误差理论是一门专门的科学,一直受到极大重视,并不断发展。其原因,具体如下:

(1) 试验与测量的目的在于研究自然界所发生的量变现象,以认识事物所发生的客观过程,从而改造客观世界,而误差常会歪曲这些现象。要认识不以人意志为转移的客观过程的规律,有效地为科研生产服务,就必须分析试验测量时产生误差的原因和性质,正确处理数据,以减小、抵偿和消除误差。

(2) 在计量科学和试验工作中,必须保证量值的统一和正确传递。提供物理量单位的计算基准、仪器、仪表的性能和质量以及科学试验的数据等的质量是否过硬?怎样正确使用?必须用误差理论进行分析。

(3) 误差理论有助正确地组织试验和测量,合理地设计仪器、选用仪器及选定测量方法,以最经济的方式获得最有效的结果。

12.1.3 误差的分类

根据误差的性质和产生的原因,可分为三类,即系统误差、随机误差和过失误差。

1. 系统误差

系统误差是一种固定或按一定规律变化的误差,这种误差产生于测量仪器不准、测量方法自身错误以及外界固定因素等。系统误差在反复测量的情况下具有保持一定数值和符号不变的特点。例如,在应变测量中,若应变片的灵敏度系数比标定值大,则由此引起的误差属于相对恒定的系统误差。除了上面数值、符号不变的恒定系统误差外,还有变动的系统误差,如测量仪器的零点漂移、灵敏度变化、示波器振子振幅随信号频率变化而变化等。系统误差可以用测量系统进行现场标定或测量结果引入修正系数的方法加以控制补偿和消除。

2. 随机误差

试验者无法控制的许多复杂因素综合影响所造成的误差,从表面上看其数值与符号都是不定的,不存在任何确定性的规律,但是可以用概率统计方法进行描述和分析,这类误差称为随机误差。由于随机误差是随机过程的一种表现,是随机变量的一种,因此随机变量的统计特性都适用于对随机误差的描述。测量过程中的外界条件,如温度、湿度、空气振动和电压波动等瞬间变化,都给测量结果带来误差,这类由于外界干扰所引起的误差均属随机误差。随机误差的大小反映数据的分散程度,决定测量数据的精密程度。可用多次重复观测的方法减小随机误差。变动的系统误差与随机误差是可以相互转化的。随着对误差来源及变化规律的认识加深,往往有可能把由于过去认识不足而归为随机误差的某项予以澄清而明确为系统误差,并进行技术上的适当处理。反之,当认识不足时,也常把这种系统误差认为随机误差,并作统计分析处理。

3. 过失误差

过失误差具有偶然性和数值偏大的特点,明显与事实不符的误差,是差错引起的。其主要由于观测人员操作不当等主观因素或测试条件突然变化引起的,如观测、记录和计算错误等都是引起过失误差的原因,因此对含有过失误差的观测数据应予舍弃。

12.2　弹药试验随机误差的分布规律

任何物理量的真值是无法准确测得的,测出的只是近似值。显然从理论上讲,在排除任何系统误差之后,由于随机误差出现绝对值相等的正、负误差的可能性相等,因此可以认为无限多次测量结果的算术平均值趋近于真值。但是,无限多次测量是不可能实现的,只能从一组测量结果确定一个最佳值,并且选用适当的示数说明测量结果的误差状况,即不精确的程度。

在一系列的等精度测量中,若排除系统误差,则随机误差遵循正态分布规律。

设 μ 为某被测量的真值,而 $X_1, X_2, \cdots, X_n$ 分别为这个量的 n 次等精度测量的结果,则测量的真误差（真误差=测量值-客观真值）为

$$\xi_1 = X_1 - \mu$$
$$\xi_2 = X_2 - \mu$$
$$\vdots$$
$$\xi_n = X_n - \mu$$

若以递增的顺序将这些误差分为若干组,则各组个数为

0 ~ +1 的误差有 m_1 个;
+1 ~ +2 的误差有 m_2 个;
+2 ~ +3 的误差有 m_3 个;
+3 ~ +4 的误差有 m_4 个;
⋮
0 ~ −1 的误差有 m_1 个;
−1 ~ −2 的误差有 m_2 个;
−2 ~ −3 的误差有 m_3 个;
−3 ~ −4 的误差有 m_4 个;
⋮

以误差的数值 ξ 为横坐标,m_i/n 值（称为频率或频数）为纵坐标作图,如图 12.1 所示。该图为统计直方图,矩形面积表示误差出现的概率。若测量次数无限增加,则得到如图 12.2 所示的平滑曲线,称为正态分布曲线或高斯误差曲线。误差值在 ξ_1 和 ξ_2 之间的,其出现的概率为图 12.2 中的阴影部分面积,用解析式表示为

$$P(\xi_1 \leqslant \xi \leqslant \xi_2) = \int_{\xi_1}^{\xi_2} y \mathrm{d}\xi \tag{12.1}$$

就是偶然误差的正态分布规律（高斯定律）。

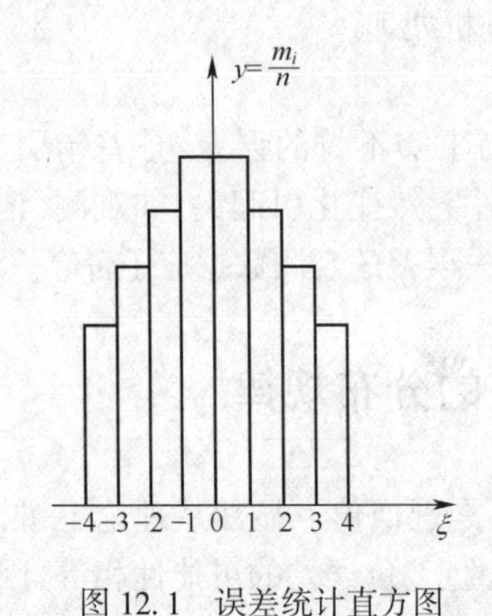

图 12.1　误差统计直方图

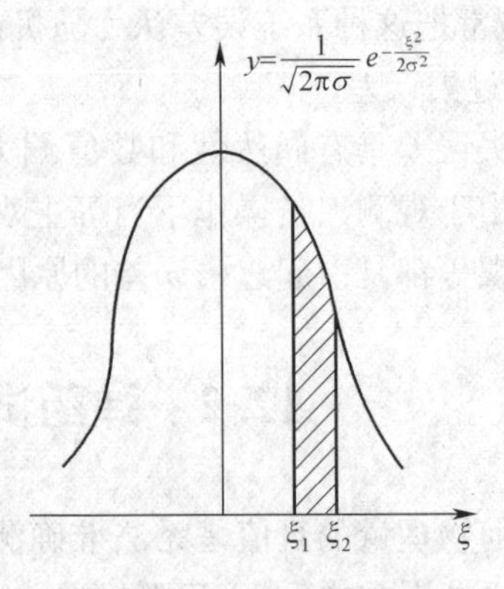

图 12.2　正态分布曲线

函数 y 曲线的形状取决于参数 σ,σ 为均方根误差或标准误差,即

$$\sigma = \sqrt{\frac{\sum_{i=1}^{n}(X_i - \mu)^2}{n}} \tag{12.2}$$

不同 σ 的误差分布曲线如图 12.3 所示,以不同的参数 σ 画出了两条 $y(\xi)$ 曲线,其中:$\sigma_1<\sigma_2$。由该图可见,当 σ 越小时,则曲线越尖锐,反之 σ 越大,则曲线越平缓,这时大误差出现的概率增大。由此可见,σ 可以作为测量精度的一个估计,σ 越小则测量精度越高。

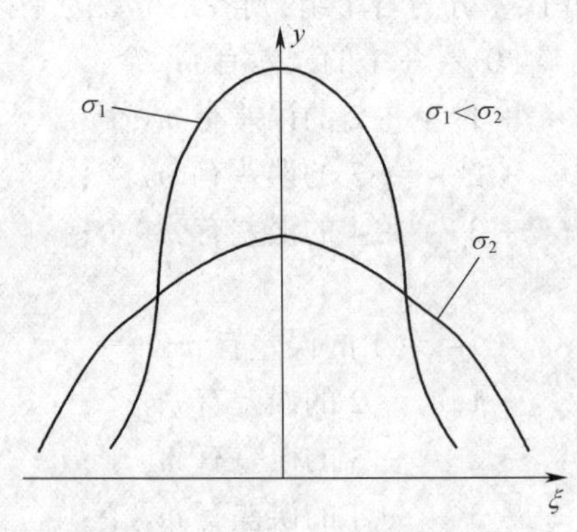

图 12.3　不同 σ 的误差分布曲线

从误差分布曲线来看,可以得到下面随机误差的特性。

(1) 小误差的出现机会多,故误差出现的概率与误差的大小有关。

(2) 大小相等,符号相反的正负误差的数目近似相等。

(3) 极大的正负误差的概率均非常小,故大误差一般很少出现。

(4) 随着对同一量进行的等精度测量次数的增加,随机误差的代数和趋近于 0,即

$$\lim_{n\to\infty}\sum_{i=1}^{n}(X_i - \mu) = 0 \tag{12.3}$$

设测量过程的标准误差是 σ,计算出的任意测量值的误差位于 $\pm K\sigma$ 之间的概率见

表12.1 所列。

表 12.1　误差出现概率

K	P
0	0
0.6745	0.5000
1.0000	0.6800
2.0000	0.9500
3.0000	0.9970

12.3　弹药试验常用误差表示方法

误差的表示方法很多,下面介绍常见的几种表示方法。

12.3.1　范围误差

范围误差是指一组测量中最高值与最低值之差,作为误差变化范围。

$$范围误差 = X_{\max} - X_{\min} \tag{12.4}$$

用范围误差来表示测量精确程度的最大缺点是误差只取决于两个极端值,而和测量次数无关,不能反映随机误差和测量次数之间的关系。

12.3.2　算数平均值

算术平均值的定义:在某一试验中进行 n 次测量,所有得到的各次测量值 $X_1, X_2, \cdots, X_n$,则算术平均值 $\overline{X}$ 为

$$\overline{X} = \frac{X_1 + X_2 + \cdots X_n}{n} = \frac{\sum_{i=1}^{n} X_i}{n} \tag{12.5}$$

可以证明,如果测量值的分布符合正态分布定律,在一组等精度的测量中,算术平均值就是最佳值。所以,用算术平均值作为真值的近似值,也就是用算术平均值来表示测量结果。

各次测量值和算术平均值之差称为该次测量的偏差,用符号 d 表示为

$$d = X_i - \overline{X} \tag{12.6}$$

一组 n 次测量中,各次测量的偏差绝对值的平均值称为算数平均误差,用符号 δ 表示为

$$\delta = \frac{\sum_{i=1}^{n} |d_i|}{n} \quad (i = 1, 2, \cdots, n) \tag{12.7}$$

算术平均误差的缺点是无法表示各次测量间彼此符合情况,因为在一组测量中偏差值彼此接近的情况下与另一组测量中偏差值有大、中、小三种情况下,所得平均值可能相同。

12.3.3 标准误差(均方根误差)

标准误差的定义为

$$\sigma = \sqrt{\frac{\sum_{i=1}^{n}(X_i - \mu)^2}{n}} \tag{12.8}$$

在实际测量中,n 总是有限的,真值 μ 是不知道的,因此一般用 n 次有限测量的算术平均值 $\overline{X}$ 代替真值 μ,此时用 $\hat{\sigma}$ 代替 σ,$\hat{\sigma}$ 称为标准误差估值,但是在使用中往往两者不加区别,符号也不加区别,可得

$$\hat{\sigma} = \sqrt{\frac{\sum_{i=1}^{n}(X_i - \overline{X})^2}{n-1}} \tag{12.9}$$

为了区别,有时用符号 S 表示测量次数有限时的标准误差,即

$$S = \sqrt{\frac{\sum_{i=1}^{n} d_i^2}{n-1}} \quad (i = 1,2,\cdots,n) \tag{12.10}$$

标准误差不仅是一组测量中各个示值的函数,而且对一组测量中的较大误差或较小误差反应比较灵敏,即对散布比较灵敏,故标准误差是表示精确度较好的方法,在现代科学试验中被广泛采用。

必须指出的是标准误差 σ 并不是一个具体的绝对误差。σ 的数值大小说明,在一定条件下进行的一系列等精度测量时误差出现的概率密度分布情况,即用 σ 值大小表示。图 12.4 所示为该试验误差在 $\pm\sigma$ 的数值内有 68% 的概率,当误差出现的概率同样是 68%,σ 越大,误差散布越大;σ 越小,误差散布越小。

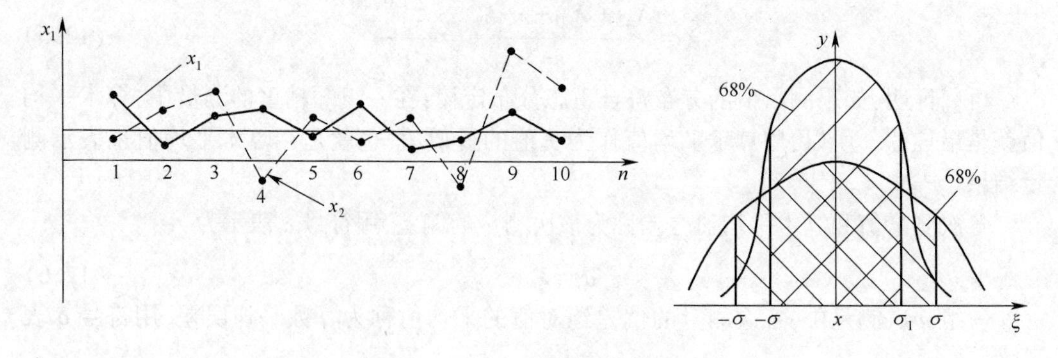

图 12.4 σ 与误差概率关系图

12.3.4 或然误差

或然误差常用符号 γ 表示。它的意义为在一组测量中若不计正负号,误差大于 γ 的观测值与误差小于 γ 的观测值将各占观测次数的 50%。具体地讲,在一组测量中,具有正误差的观测值,其误差落在 0 与 $+\gamma$ 之间的数目将占所有正误差的观测数目的一半,即

占总观测量次数的 25%。同样，$-\gamma$ 在一组观测中，误差落在 $-\gamma$ 与 $+\gamma$ 之间的观测次数占总次数的一半。

从或然率积分，可得

$$\gamma = 0.6745\sigma \tag{12.11}$$

过去常采用或然误差表示误差的范围，因为它的物理意义较明确，易于理解和记忆。近年来已逐渐用标准误差代替。

在实际应用中，所用的是哪一种误差表示法，应予以说明。因为同一组试验，误差表示方法不同，可得出不同的值，如不加说明，则很难判断精确度的大小，至少要通过符号表示出来，一般都应把计算过程用表列出来。

测量精确度，可用绝对误差表示，也可用相对误差表示。

用同一测试系统重复测量 N 次，若采用算数平均值 $\overline{X}$ 估计真值，则测量结果为

$$\text{测量结果} = \overline{X} \pm \sigma \tag{12.12}$$

范围误差、算术平均误差、标准误差、或然误差都可以用来表示测量误差的大小，但是，有时仅指出误差的大小是不够的，还必须和所测得的物测量的大小相联系，表示误差的严重程度。为比较误差的严重程度，常使用相对误差的概念。相对误差，即误差和算术平均值的比值，常用符号 E_r 表示，即

$$\text{相对误差 } E_r = \text{误差} / \text{算数平均值} \tag{12.13}$$

对于有限次数测量的子样，取算术平均值为最佳值。相关经验结果表明，在相同的条件下对同一测量对象进行两组 n 次测量，由这两组测量结果求出的算术平均值并不相同。这说明最佳值并不就是真值，算术平均值和真值之间有误差。

$$\text{算数平均值 } \overline{X} = \frac{X_1 + X_2 + \cdots + X_n}{n} \tag{12.14}$$

式中：X_i 为各次测量值，是有误差的，可以用标准误差表示。$\overline{X}$ 的误差是由各次测量值的误差造成的，所以这是一个和式的误差传递问题，因而

$$\begin{aligned}\sigma_{\bar{x}}^2 &= \left(\frac{\partial \overline{X}}{\partial X_1}\right)^2 \sigma_1^2 + \left(\frac{\partial \overline{X}}{\partial X_2}\right)^2 \sigma_2^2 + \cdots + \left(\frac{\partial \overline{X}}{\partial X_n}\right)^2 \sigma_n^2 \\ &= \frac{1}{n^2}\sigma_1^2 + \frac{1}{n^2}\sigma_2^2 + \cdots + \frac{1}{n^2}\sigma_n^2\end{aligned} \tag{12.15}$$

式中：$\sigma_{\bar{x}}$ 表示算术平均值的标准误差，而 $\sigma_1, \sigma_2, \cdots, \sigma_n$ 为各次测量的标准误差。由于是等精度测量，因此

$$\sigma_1 = \sigma_2 = \cdots = \sigma_n = \sigma \tag{12.16}$$

则有

$$\sigma_{\bar{x}}^2 = \frac{\sigma^2}{n} \tag{12.17}$$

即

$$\sigma_{\bar{x}} = \frac{\sigma}{\sqrt{n}} \tag{12.18}$$

如果用或然误差，则有

$$\gamma_{\bar{x}}=\frac{\gamma}{\sqrt{n}} \tag{12.19}$$

由式(12.18)和式(12.19)可以看出,当测量次数 n 增加时,$\sigma_{\bar{x}}$ 与 $\gamma_{\bar{x}}$ 减小,说明增加测量次数可以使算术平均值更接近于真值。因此,增加测量次数可以提高测量的准确度,这就是在组织试验时常采用多次重复测量的原因。

$\sigma_{\bar{x}}$ 随 n 变化关系如图 12.5 所示,从该图可以看出,当 $n>10$ 后 $\sigma_{\bar{x}}$ 减小极为缓慢,所以,一般在重复测量时,取 $n=10$ 就足够了。

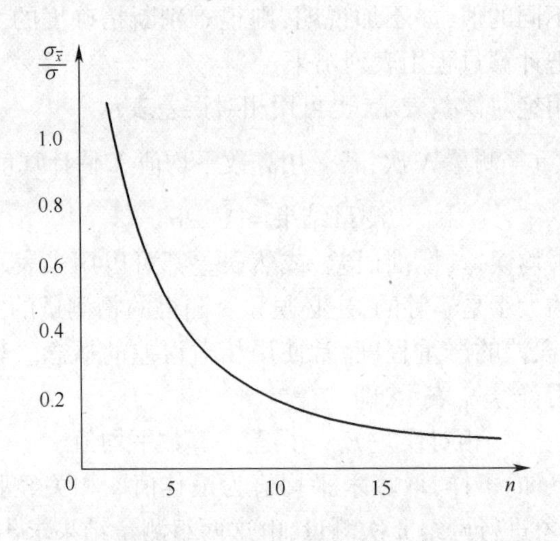

图 12.5　$\sigma_{\bar{x}}$ 随 n 变化关系图

12.4　弹药试验间接测量误差的传递

在测量过程中有些物理量是能够直接测量的,如长度、时间等;有些物理量则不能直接测量,如速度、温度、加速度等。对于这些不能直接测量的物理量,必须通过一些直接测量的数据,根据公式进行求解,这样得到的结果不可避免地带有一定的误差,这是由于直接测得的数据存在误差传递的结果。间接测量误差可分为一次间接测量与多次间接测量的误差。

12.4.1　一次间接测量的误差

设一次间接测量量为 N,与直接测量量 x 之间存在下面函数关系:

$$N=f(x) \tag{12.20}$$

若 x 的绝对误差为 $\mathrm{d}x$,则相应产生的误差为 $\mathrm{d}N$。

所以

$$N+\mathrm{d}N=f(x+\mathrm{d}x) \tag{12.21}$$

用泰勒级数展开,得

$$f(x+\mathrm{d}x)=f(x)+\frac{\mathrm{d}f(x)}{\mathrm{d}x}\mathrm{d}x+\frac{1}{2}\frac{\mathrm{d}^2f(x)}{\mathrm{d}x^2}\mathrm{d}x^2+\cdots \tag{12.22}$$

因 dx 很小且 $(\mathrm{d}x)^2 \ll \mathrm{d}x$,所以 $(\mathrm{d}x)^2$ 近似为 0,则

$$N + \mathrm{d}N = f(x) + \frac{\mathrm{d}f(x)}{\mathrm{d}x}\mathrm{d}x \tag{12.23}$$

$$\mathrm{d}N = \frac{\mathrm{d}f(x)}{\mathrm{d}x}\mathrm{d}x \text{ 或 } \Delta N = \frac{\mathrm{d}f(x)}{\mathrm{d}x}\Delta x \tag{12.24}$$

其相对误差为

$$\Delta E = \frac{\dfrac{\mathrm{d}f(x)}{\mathrm{d}x}\mathrm{d}x}{f(x)} = \mathrm{d}\ln f(x) \tag{12.25}$$

其相对误差等于函数的自然对数的微分。

若函数 N 是许多变量的函数:

$$N = f(x_1 x_2 x_3 \cdots x_n) \tag{12.26}$$

则每个变量 x_i 对应的误差为

$$N + \mathrm{d}N = f(x_1 \pm \mathrm{d}x_1, x_2 \pm \mathrm{d}x_2, \cdots, x_n \pm \mathrm{d}x_n) \tag{12.27}$$

根据对数函数的微分法则,并考虑到最坏的情况,即求最后结果中绝对误差可能的最大值,因此必须把个别误差按绝对值相加,则有

$$\pm \mathrm{d}N = \pm \left[\left|\frac{\partial N}{\partial x_1}\right| |\mathrm{d}x_1| + \left|\frac{\partial N}{\partial x_2}\right| |\mathrm{d}x_2| + \cdots \left|\frac{\partial N}{\partial x_n}\right| |\mathrm{d}x_n| \right]$$

或

$$\pm \mathrm{d}N = \pm \left[\left|\frac{\partial N}{\partial x_1}\right| |\Delta x_1| + \left|\frac{\partial N}{\partial x_2}\right| |\Delta x_2| + \cdots \left|\frac{\partial N}{\partial x_n}\right| |\Delta x_n| \right] \tag{12.28}$$

其相对误差为

$$E_r = \pm \frac{\Delta N}{N} = \pm \frac{1}{N}\left[\left|\frac{\partial N}{\partial x_1}\right| |\Delta x_1| + \cdots + \left|\frac{\partial N}{\partial x_n}\right| |\Delta x_n| \right] \tag{12.29}$$

例:设 $N = \dfrac{a^m b^n c^P}{d^q l^\gamma}$,则

$$E_r = \frac{\pm \mathrm{d}^q l^\gamma}{a^m b^n c^p}\left[m\frac{a^{m-1} b^n c^p}{d^q l^\gamma}\Delta a + n\frac{a^m b^{n-1} c^p}{d^q l^\gamma}\Delta b + p\frac{a^m b^n c^{p-1}}{d^q l^\gamma}\Delta c + q\frac{a^m b^n c^p}{d^{q-1} l^\gamma}\Delta \mathrm{d} + \gamma\frac{a^m b^n c^p}{d^q l^{\gamma-1}}\Delta l \right]$$

$$= \pm\left[m\left|\frac{\Delta a}{a}\right| + n\left|\frac{\Delta b}{b}\right| + p\left|\frac{\Delta c}{c}\right| + q\left|\frac{\Delta d}{d}\right| + \gamma\left|\frac{\Delta l}{l}\right| \right]$$

例:已知

$$N = \frac{x^2 y z^2}{4\pi\gamma}, \Delta x = \pm 0.001, \Delta y = \pm 0.001, \Delta z = \pm 0.5, \Delta\gamma = \pm 0.5$$

以及

$$x = 2.300, y = 10, z = 51, \gamma = 2840$$

所以

$$\frac{\Delta N}{N} = \pm\left[2\left|\frac{\Delta x}{x}\right| + \left|\frac{\Delta y}{y}\right| + 2\left|\frac{\Delta z}{z}\right| + \left|\frac{\Delta\gamma}{\gamma}\right| \right]$$

$$\frac{\Delta N}{N} = \pm\left[2 \times \frac{0.001}{2.300} + \frac{0.001}{10} + 2 \times \frac{0.5}{51} + \frac{0.5}{284} \right]$$

$$= \pm (0.08\% + 0.01\% + 2.0\% + 0.0018\%)$$
$$= \pm 2.108\%$$

由此可见,影响精确度主要因素是 z 的大小,因此测量时应予以特别注意。

12.4.2 多次间接测量

和直接测量一样,一次间接测量不可靠时,需要进行多次的间接测量,如测量 n 次得到的结果为 $N_1, N_2, N_3, \cdots, N_n$,此时和直接测量一样,其算术平均值为

$$\overline{N} = \frac{N_1 + N_2 + N_3 + \cdots + N_n}{n} \tag{12.30}$$

作为总的结果测量值,它的算术平均误差为

$$\delta N = \frac{\sum_{i=1}^{n} |N_i - N|}{n} \tag{12.31}$$

结果处理的方法,具体如下:

(1) 当 $\delta N > \Delta N$(一次间接测量偶然误差)时,说明各次间接测量偶然因素影响较大,应以 N 为测量结果,以 δN 为误差,其精度为 $N \pm \delta N$。

(2) 当 $\delta N < \Delta N$ 时,说明各次间接测量的偶然因素影响较小,应以 N 为测量结果,以 ΔN 为误差,其精度为 $N \pm \Delta N$。

上面误差传递一般用于范围误差,算术平均误差表示偶然误差的传递,也适用于系统误差的传递。

若直接测量值用标准误差表示,则误差传递公式为

$$\sigma_N = \sqrt{\left(\frac{\partial N}{\partial x_1}\right)^2 \sigma_{x_1}^2 + \left(\frac{\partial N}{\partial x_2}\right)^2 \sigma_{x_2}^2 + \cdots + \left(\frac{\partial N}{\partial x_n}\right)^2 \sigma_{x_n^2}} \tag{12.32}$$

式中:$N = f(x_1, x_2, x_3, \cdots, x_n)$;$\sigma_N$ 为 N 的标准误差;$\sigma_{x_1}, \sigma_{x_2}, \cdots, \sigma_{x_n}$ 为各直接测量值的标准误差。

误差传递的分析和计算有下面三个用途。

(1) 由直接测量的各量的误差计算间接测量的误差。

(2) 根据对间接测量的误差要求和误差传递的关系,分配各直接测量的物理量的测量误差,以正确而合理地选择测量仪器。

(3) 根据误差传递的研究,帮助试验人员正确选择测量方法,指出减小测量误差的方向。

12.5 弹药试验可疑数据的剔除

在试验过程中,常会在一组测量数据中出现个别的测量值显得与众不同,即数值或者特别的大,或者特别的小。对于这一类异常的测量值的处理,必须持严谨的科学态度,既不应当保留含有过失误差的测量值,也不应直接剔除。所以,应该利用一些方法进行判断,然后舍弃对于误差分布规律来说是合理的那些含有大误差的测量值。在试验过程中,如果只是因为某个测量值的误差不合乎主观的臆想,就把它剔除掉,这是没有科学依

据的,是不恰当的。

在一列重复测量所得数据中,经系统误差修正后,如有个别数据与其他有明显差异,则这些数值很可能含有粗大误差,称为可疑数据。根据随机误差理论,出现粗大误差的概率虽小,但不为 0,因此必须找出这些异常值,给以剔除。然而,在判别某个测得值是否含有粗大误差时,要特别慎重,须要做充分的分析研究和进行补测,并根据选择的判别准则进行确定。在异常原因查明后才能将反常数据剔除,并且要作出鉴定意见。剔除可疑数据的基本思想:规定一个显著性水平 a（或置信水平 $1-a$）,确定一个置信限,凡超过这个限度的误差,则认为超出随机误差的范围而予以剔除。舍弃一个可疑的测量数据,可以利用下面几种方法判断。

12.5.1　现场判断

如果试验者在录取测量结果时,及时发现了测量系统的工作状态不正常,或者意识到操作中发生了差错,那么所取得的测量结果应当舍弃。更完整的办法是在试验数据记录本上记下这个异常数据,并注明现场判断产生这个异常数据的原因,在正式的试验数据处理时,把它舍弃掉。

但是,一方面,试验者经常只是集中精力记录数据,会忽视对试验现场条件的观察,所以不能及时作出判断。另一方面,往往只有在试验者取得较多的数据,并加以比较之后,才能判定含异常误差的数据。如果试验者对试验所要得出结果的大致数值毫无所知的话,那么单个数据是无所谓异常不异常的。但是,一旦发现有异常数据,往往已无法追查当时的细节,并加以证实,作出现场判断,这些是现场判断的局限性。

12.5.2　理论判断

如果测量结果违背了所研究的物理定律,那么有关的试验数据应当舍弃。

12.5.3　统计判断

统计判断是根据误差的统计分布规律来决定数据的取舍。根据误差的统计理论,可以科学地规定一个界限,即大于这个界限的误差,出现的概率很小,在试验测量中实际上是不可能出现的。如果出现了超过规定误差,则必然不是随机误差的影响造成的,而是过失误差的体现,因此该测量数据应当舍弃。

剔除可疑数据的方法包括拉依达准则（3σ 准则）、肖维纳标准、格拉布斯准则和狄克松法则。

1. 拉依达准则(3σ 准则)

根据有限次测量的数据计算测量值的随机误差为

$$\sigma = \sqrt{\frac{\sum_{i=1}^{n} (v_i - \bar{v}_n)^2}{n-1}} \tag{12.33}$$

式中:$\bar{v}_n = \frac{\sum_{i=1}^{n} v_i}{n}$。如果 $|v_i - \bar{v}| > 3\sigma$,则 v_i认为是可疑数据,予以剔除。

一般工程试验测量结果,都是符合正态误差分布定律的,若测量过程标准误差为 σ,则任一测量值的误差介于 $\pm k\sigma$ 之间的概率 P,见表 12.2 所列。

表 12.2 σ 标准概率表

k	P
1.00	0.68
2.00	0.95
3.00	0.997

从该表可以看出,测量误差界于 $\pm 3\sigma$ 之间的概率为 99.7%,可以认为绝对值大于 3σ 的误差已不属于随机误差,而是过失造成的。因此,把 3σ 定为一个界限,凡误差大于 3σ 的测量值一概舍弃,这就是 3σ 标准。

应该指出,拉依达准则是以测量次数充分大为前提的,当 $n \leqslant 10$ 时用拉依达准则剔除粗大误差是不够可靠的。因此,在测量次数较少的情况下,最好不要选用拉依达准则,而用其他准则。

2. 肖维纳标准

肖维纳标准规定,凡是含出现的概率小于 $1/2n$ (n 为测量次数) 的误差的测量值应予以舍弃。显然,肖维纳标准规定的舍弃界限和测量次数 n 有关,表 12.3 列出了根据肖维纳标准计算出的相应不同试验次数的最大允许误差。其中:d_m 为最大允许误差,σ 为标准误差。

表 12.3 肖维纳标准

测量次数 n	$K=d_m/n$
3	1.38
4	1.54
5	1.65
6	1.73
8	1.86
10	1.96
15	2.13
20	2.24

使用肖维纳标准的步骤,具体如下:

(1) 根据一组 n 个测量值计算算术平均值 $\bar{x}$ 与标准误差 σ,计算时可疑测量值应包括在内。

(2) 计算可疑值的误差和标准误差之比 d_i/σ。

(3) 由肖维纳标准查出最大允许误差和标准误差之比 d_m/σ。

(4) 舍弃 $|d_i|/\sigma > d_m/\sigma$ 的值。

(5) 用舍去不合理测量值之后的数据计算出新的算术平均值和标准误差,用它来表示最后测量结果。

3. 格拉布斯准则-极值偏差法

剔除可疑的最大值 v_n(或最小值 v_1) 后,计算该组数据的中间偏差 E_n。将 v_i 按大小

顺序排列成顺序统计量 $v_{(i)}$，可以推导出统计量为

$$Q_n = \frac{v_{(n)} - \bar{v}_n}{E_n} \text{ 及 } Q_1 = \frac{\bar{v}_n - v_{(1)}}{E_1} \tag{12.34}$$

其中

$$E_n = 0.6745\sqrt{\frac{\sum_{i=1}^{n-1}(v_i - \bar{v}_n)^2}{n-2}}, E_1 = 0.6745\sqrt{\frac{\sum_{i=2}^{n}(v_i - \bar{v}_1)^2}{n-2}}, \bar{v}_n = \frac{v_1 + \cdots + v_{n-1}}{n-1}$$

$$\bar{v}_1 = \frac{v_2 + \cdots\cdots + v_n}{n-1} \tag{12.35}$$

取显著度 α，得到临界值 $Q(n, \alpha)$。

若认为 $v_{(1)}$ 可疑，则 $Q_1 = \frac{\bar{v}_n - v_{(1)}}{E_1}$；若认为 $v_{(n)}$ 可疑，则 $Q_n = \frac{v_{(n)} - \bar{v}_n}{E_n}$。

当 $Q_{(i)} \geqslant Q(n,\alpha)$ 时，可判断该数据反常，可以剔除；否则，不能剔除。格拉布斯准则-极值偏差法的数据表如表 12.4 所列。

表 12.4　格拉布斯准则-极值偏差法

n	α		n	α	
	1%	5%		1%	5%
3	181.57	34.90	15	6.24	4.94
4	24.09	10.62	16	6.17	4.92
5	13.36	7.54	17	6.10	4.90
6	10.16	6.43	18	6.05	4.89
7	8.70	5.89	19	6.00	4.87
8	7.89	5.58	20	5.97	4.86
9	7.38	5.38	21	5.93	4.85
10	7.03	5.24	22	5.90	4.85
11	6.79	5.15	23	5.88	4.84
12	6.60	5.08	24	5.86	4.84
13	6.54	5.02	25	5.84	4.84
14	6.34	4.98			

格拉布斯准则的使用步骤，具体如下：

（1）选定危险率 α。α 是一个较小的百分数，通常可取值为 5.0%、2.5%、1.0%等，它的意义是用格拉布斯准则判定某测量值为异常数据发生错判的概率。

（2）计算可疑误差的绝对值和标准误差之比为

$$T = \frac{|x_i - \bar{x}|}{\sigma} = \frac{|d_i|}{\sigma} \tag{12.36}$$

（3）根据测量次数 n 和选定的危险率 α 查出格拉布斯准则相应的 $T(n,\alpha)$ 值。

（4）若 $T \geqslant T(n,\alpha)$，则该可疑数据应当舍弃；若 $T < T(n,\alpha)$，则在危险率为 α 的条

件下不应舍弃。

例:测量后得出读数:

5.30、5.73、6.77、8.12、5.22、4.33、3.45、6.09、5.64、5.75。

剔除其中不合理试验数据。采用格拉布斯准则计算得到的结果,见表12.5所列:

表12.5 计算表

序号	x_i	$d_i = x_i - \bar{x}$	$d_i^{\,2}$	e_i/σ	备注
1	5.30	−0.34	0.116	−0.283	
2	5.73	0.09	0.008	0.075	
3	6.77	1.13	1.277	0.940	
4	8.12	2.48	6.150	2.063	最大正误差
5	5.22	−0.42	0.176	−0.349	
6	4.33	−1.31	1.716	−1.090	
7	3.45	−2.19	4.796	−1.822	最大负误差
8	6.09	0.45	0.203	0.374	
9	5.64	0	0.000	0	
10	5.75	0.11	0.012	0.091	
Σ	56.40		14.454		
$\bar{x}$	5.64		1.445		

标准误差

$$\sigma = \sqrt{\frac{1}{n}\sum d_i^2} = \sqrt{1.445} = 1.202$$

由表12.5可知,x_4与x_7的误差最大;用3σ标准,$|d_4/\sigma|$与$|d_7/\sigma|$均小于3,所以无可疑数据需要剔除。其测量结果为

$$X = 5.64 \pm 1.20$$

若根据肖维纳标准,测量次数$n=10$,则查肖维纳标准可得$d_m/\sigma=1.96$,显然$|d_4/\sigma|>|d_m/\sigma|$,所以$x_4=8.12$应予舍弃。

将舍去可疑测量值后的数据重新计算算术平均值和标准误差,得

$$\bar{x} = 5.36, \sigma = 0.92$$

测量结果为

$$\bar{x} = 5.36 \pm 0.92$$

在消除了一个不合理的试验数据后,标准误差由原来的1.202减小到0.92,减小了33%。

4. 狄克松法则-极差比法

狄克松法则-极差比法是用两个差数之比作为统计量来检验反常结果。将v_i按大小顺序排列成顺序统计量$v_{(i)}$:$v_{(1)}, v_{(2)}, \cdots, v_{(n)}$。当$v_i$服从正态分布时,对于最大值$v_{(n)}$得到统计量为

$$\begin{cases} R_{10} = \dfrac{v_{(n)} - v_{(n-1)}}{v_{(n)} - v_{(1)}}, R_{11} = \dfrac{v_{(n)} - v_{(n-1)}}{v_{(n)} - v_{(2)}} \\ R_{21} = \dfrac{v_{(n)} - v_{(n-2)}}{v_{(n)} - v_{(2)}}, R_{22} = \dfrac{v_{(n)} - v_{(n-2)}}{v_{(n)} - v_{(3)}} \end{cases} \tag{12.37}$$

当v_i服从正态分布时,对于最大值$v_{(1)}$得到统计量:

$$\begin{cases} R_{10} = \dfrac{v_{(1)} - v_{(2)}}{v_{(1)} - v_{(n)}}, R_{21} = \dfrac{v_{(1)} - v_{(3)}}{v_{(1)} - v_{(n-1)}} \\ R_{11} = \dfrac{v_{(1)} - v_{(2)}}{v_{(1)} - v_{(n-1)}}, R_{22} = \dfrac{v_{(1)} - v_{(3)}}{v_{(1)} - v_{(n-2)}} \end{cases} \tag{12.38}$$

选定显著度α,得到统计量的临界值$R_0(n, \alpha)$,当计算的统计值R_{ij}大于临界值时,认为$v_{(n)}$含有粗大误差。采用狄克松法则计算得到的数据结果,见表12.6所列。

表12.6　狄克松法则–极差比法

n	α		
	0.10	0.05	0.01
3	0.866	0.941	0.988
4	0.679	0.765	0.889
5	0.557	0.642	0.780
6	0.482	0.560	0.698
7	0.434	0.507	0.637
8	0.479	0.554	0.683
9	0.441	0.512	0.635
10	0.409	0.447	0.597

注:上面剔出的方法仅用于一组中只有一发没有确切原因的反常数据,如果出现了多个没有明确原因的反常结果,则应对试验条件、测试仪器以及弹药等进行认真的检查,寻找原因,加以解决,再进行补测。

12.6　弹药试验数据的表示方法

大量的试验数据,既可以通过图形、表格和数字表达式定量地确定试验中有关变量之间的相互关系,又便于应用和分析。

12.6.1　试验数据的图示法

试验数据的图示法也称为曲线表示法,此方法在数据整理上极为重要。其优点是形式简明直观,便于比较,易显示数据中最高点或最低点以及转折点、周期性和其他奇异性等。另外,该方法可以直接对变数求微分或积分。

根据数据点绘制曲线应注意下面的内容。

(1) 曲线所经过的地方应尽量与所有数据点相近。

(2) 由于曲线除反映各测量点的情况之外,还代表测试结果全貌,因此曲线不一定通过每一个数据点,尤其是两端的数据点。

(3) 曲线应当顺滑匀整,不应当有不连续点。

(4) 将点顺序分成n组,每组内位于曲线两侧的点数应当尽可能接近相等。应当指出的是,绘制曲线必须有足够的数据点,如果数据点过少,则只能将它们用直线连接起来,观察数据走势进行分析。

根据最小二乘法原理,最佳试验曲线应当是使数据点到试验曲线的方差为最小的那条曲线,为达到这个目的所采用的方法称为试验曲线的平滑法。在试验曲线平滑过程中,必须对测量数据进行一次校正,称为测量数据的修匀。试验曲线的平滑和测量数据的修匀的方法很多,在对数据的精确度要求高时才使用。

12.6.2 由测试仪器直接得出的试验曲线的处理

在有些试验中,测量系统有关记录仪器如示波器、绘图仪等,能直接给出被测物理量之间的函数图形。但是大多数试验得到的是以时间为自变量的函数图形,在对这些曲线进行分析研究之前,须做一些处理。

(1) 这些曲线只是被测物理量的变化趋势,不能直接反映被测物理量的绝对大小。对于这些须要定量的问题,必须知道曲线图水平方向或垂直方向的单位长度究竟代表多大的被测物理量的值,即须要确定坐标进行分度的比例尺。

(2) 如果使用的测量系统的某个功能单元存在非线性关系,或者在测量过程中存在着某种现有测量条件无法消除的系统误差,这时得到的曲线就是非线性坐标的,或者是包含系统误差的。首先须要对测量系统输出的曲线数值进行变换或修正,然后在线性坐标纸上重新绘制试验曲线。

(3) 有时函数关系不是以时间为自变量,如研究零件的加速度和位移之间的关系。这时,时间只是一个中间变量,需要消除中间变量。找出加速度与位移之间的对应关系,即确定各个时刻的加速度和位移值,再绘制加速度和位移的关系曲线。

由于噪声或仪器焦点调节不当使记录曲线往往有一定宽度,因此为了防止记录曲线宽度对幅度测量的影响,一般选曲线的上缘或下缘进行测量。如果选定对曲线上缘进行判断,那么所有的测量都应是对上缘进行。

12.6.3 回归方程——经验公式

试验数据由于不可避免地存在着误差,所以它们所反映的变量之间的关系就有某种不确定性,只能用统计方法来寻找其中的统计规律性。确定试验数据之间数量关系的数学表达式称为回归方程或经验公式。

1. 线性相关和相关系数

若能用线性方程来表达一组试验数据,那么变量之间的相互关系将很容易表达,并方便研究人员应用和分析。但是只有当试验数据 (x_i, y_i) $(i=1,2,\cdots,N)$ 中的变量 x 和 y 确实存在某种线性相关时,这样做才会有意义。相关系数 γ 可以用来表征 x 和 y 两变量之间线性关系的密切程度,从而可以判断用线性回归方程来表示该组试验数据是否有意义。其样本相关系数 γ 为

$$\gamma = \frac{\sum_{i=1}^{N}(x_i - \bar{x})(y_i - \bar{y})}{\sqrt{\sum_{i=1}^{N}(x_i - \bar{x})^2 \sum_{i=1}^{N}(y_i - \bar{y})^2}} \tag{12.39}$$

式中:$\bar{x} = \frac{1}{N}\sum_{i=1}^{N} x_i$;$\bar{y} = \frac{1}{N}\sum_{i=1}^{N} y_i$。

若有一组试验数据 (x_i, y_i) $(i=1,2,\cdots,N)$,其中:x 和 y 存在严格的线性相关,则

$\gamma=\pm1$，这时试验点都落在某条直线上，如图 12.6 所示。试验数据的相关系数有两种情况，要么 x 和 y 之间完全没有关系，要么有非线性关系如图 12.7 所示。

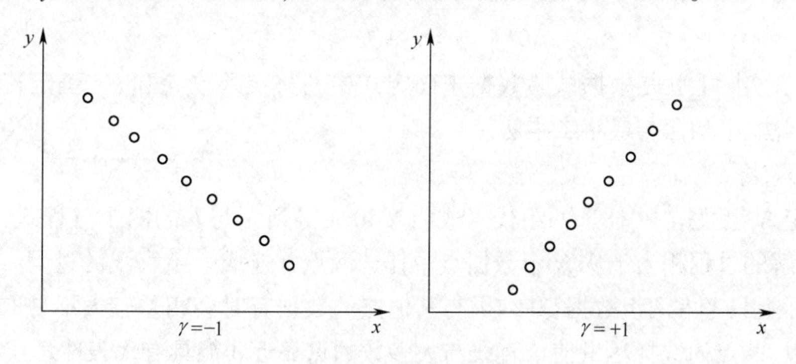

图 12.6　线性相关曲线

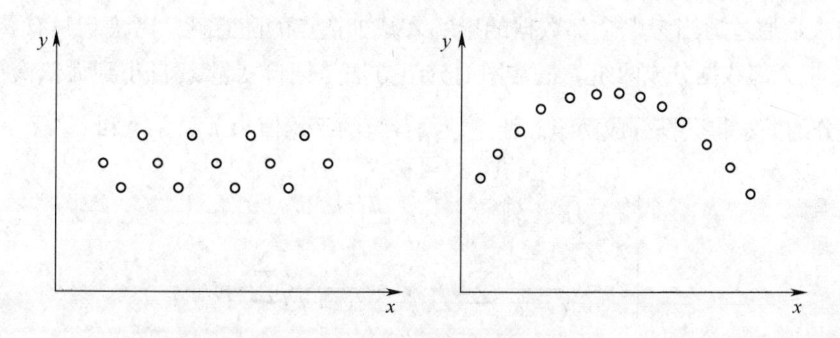

图 12.7　非线性关系

总之，一组试验数据 x 和 y 的线性相关越密切，γ 的数值越接近于 ±1；x 和 y 的线性相关越不明确，γ 越接近于 0。线性相关不明显的试验数据，不宜用线性回归方程来表示其中变量的关系。只有当一组试验的数据的相关系数 γ 的绝对值超过某一值 $\gamma_{\min}$，才能采用线性回归方程描述其变量之间的关系。

$\gamma_{\min}$ 值见表 12.7 所列，该表根据试验点数 N 和显著水平 α，查得相应的 $\gamma_{\min}$。一般为 $\alpha=1\%$ 或 $\alpha=5\%$。

表 12.7　最小相关系数 $\gamma_{\min}$ 表

$N-2$	$\alpha=5\%$	$\alpha=1\%$	$N-2$	$\alpha=5\%$	$\alpha=1\%$	$N-2$	$\alpha=5\%$	$\alpha=1\%$
1	0.997	1.000	11	0.553	0.684	21	0.413	0.526
2	0.950	0.990	12	0.532	0.661	22	0.404	0.515
3	0.878	0.950	13	0.514	0.641	23	0.396	0.505
4	0.811	0.917	14	0.497	0.623	24	0.388	0.496
5	0.754	0.874	15	0.482	0.606	25	0.381	0.487
6	0.707	0.834	16	0.468	0.590	26	0.374	0.478
7	0.666	0.798	17	0.456	0.575	27	0.367	0.470
8	0.632	0.765	18	0.444	0.561	28	0.361	0.463
9	0.602	0.735	19	0.433	0.549	29	0.355	0.456
10	0.576	0.708	20	0.423	0.537	30	0.349	0.449

2. 线性回归方程的确定

设 N 组试验数据 (x_i, y_i) 用线性回归方程来表示,即

$$\hat{y} = a + bx \tag{12.40}$$

则确定该式,实际上就是根据试验数据来确定式中的待定系数 a 和 b。确定待定系数的方法有选点法、平均法与最小二乘法。

1) 选点法

在给定 N 组数据中,任选两组代入式(12.40),得到 a 与 b 的两个方程式,可得 a 与 b。这样求解的过程相当于从 N 个数据点中任选两点并连成一条直线的过程。这样的回归方程实际上只考虑两组数据,其结果与其他点的数据有时会相差较大不易取得良好的效果。所以,两点的选择尽量使该直线与大多数的点靠近才能具有代表性。

2) 平均法

平均法是通过适当考虑全部数据的影响来减少选点的随意性。考虑到只有 a、b 两个待定系数,将全部数据分成两组。最常用的分组方法是把自变量 x,自小到大依次排列,并按大致等分的办法将数据分成两组。两组数据各自的平均值为 $(\bar{x}', \bar{y}')$ 和 $(\bar{x}'', \bar{y}'')$,其中

$$\begin{cases} \bar{x}' = \dfrac{1}{K}\sum\limits_{i=1}^{K} x_i, \bar{y}' = \dfrac{1}{K}\sum\limits_{i=1}^{K} y_i \\ \bar{x}'' = \dfrac{1}{N-K}\sum\limits_{i=K+1}^{N} x_i, \bar{y}'' = \dfrac{1}{N-K}\sum\limits_{i=K+1}^{N} y_i \end{cases} \tag{12.41}$$

代入 $\hat{y} = a + bx$ 可得 a 与 b,即

$$\begin{cases} \bar{y}' = a + b\bar{x}' \\ \bar{y}'' = a + b\bar{x}'' \end{cases} \tag{12.42}$$

平均法可推广到 n 个待定系数的回归方程,则应将试验数据分成 n 组。

选点法和平均法计算结果较简单,但对试验数据的统计规律考虑不够深入,仅能粗糙估计待定系数。重要试验数据的回归方程,应当用最小二乘法来确定待定系数。

3) 最小二乘法

用最小二乘法来确定 a 和 b 的过程大致如下:

设用某种方法确定 a 和 b,得出线性回归方程式 $\hat{y}=a+bx$。由于回归方程可以算出自变量 $x_i(i = 1,2,\cdots,N)$ 对应的回归值 $\hat{y}_i(i = 1,2,\cdots,N)$,数据的误差和公式的不精确等原因,因此回归值 $\hat{y}_i$ 和对应的测量值 y_i 一般是不会相同的。两者之差 d_i 称为残差,即

$$d_i = y_i - \hat{y}_i \tag{12.43}$$

残差的大小表示回归值与测量值的偏离程度,残差的绝对值越小,两者越趋于一致。考虑到残差的平方均为正值,如果残差平方和最小,即意味着回归值和测量值的偏差程度平均来看将是最小的,所以得到的回归曲线将最接近试验数据曲线。因此,全部试验数据与回归值的残差的平方和 Q,是描述全部测量值和回归值的偏差程度的量,是 a、b 两量的函数,即

$$Q = \sum_{i=1}^{N} d_i^2 \tag{12.44}$$

按最小二乘法求 a 和 b,能求出使 $Q(a,b)$ 取最小值的 a 和 b 值,即

$$Q(a,b) = \sum_{i=1}^{N} (d_i)^2 = \sum_{i=1}^{N} (y_i - \hat{y}_i)^2 = \sum_{i=1}^{N} (y_i - a - b_i)^2 \tag{12.45}$$

根据求极值的原理,a 和 b 值由下列方程确定,即

$$\begin{cases} \dfrac{\partial Q}{\partial a} = -2\sum_{i=1}^{N} (y_i - a - bx_i) = 0 \\ \dfrac{\partial Q}{\partial b} = -2\sum_{i=1}^{N} (y_i - a - bx_i)x_i = 0 \end{cases} \tag{12.46}$$

$$\begin{cases} \sum_{i=1}^{N} (y_i - \hat{y}_i) = 0 \\ \sum_{i=1}^{N} (y_i - \hat{y}_i)x_i = 0 \end{cases} \tag{12.47}$$

由此可得

$$a = \bar{y} - b\bar{x}$$

$$b = \frac{\sum_{i=1}^{N} x_i y_i - \frac{1}{N}\left(\sum_{i=1}^{N} x_i\right)\left(\sum_{i=1}^{N} y_i\right)}{\sum_{i=1}^{N} x_i^2 - \frac{1}{N}\left(\sum_{i=1}^{N} x_i\right)^2} \tag{12.48}$$

其中

$$\begin{cases} \bar{x} = \dfrac{1}{N}\sum_{i=1}^{N} x_i \\ \bar{y} = \dfrac{1}{N}\sum_{i=1}^{N} y_i \end{cases} \tag{12.49}$$

值得注意的是,将 $a = \bar{y} - b\bar{x}$ 代入回归方程得 $\hat{y} - \bar{y} = b(x - \bar{x})$,则表明回归方程通过点($\bar{x}$,$\bar{y}$)。了解这一点对于做回归直线是很有帮助的。

3. 回归方程的精度

试验数据 y_i 与回归值 $\hat{y}_i$ 的差别,可用回归方程得标准残差 S_r 来表示,即

$$S_r = \sqrt{\frac{Q}{N-q}} = \sqrt{\frac{\sum_{i=1}^{N} (y_i - \hat{y}_i)^2}{N-q}} \tag{12.50}$$

式中:Q 为残差平方和;q 为回归方程中待定系数的总个数,在线性回归方程中 $q=2$;N 为试验总次数。S_r 越小表示回归方程对数据的拟合程度越高。实际上 S_r 意味着在回归直线上下两侧 $\pm 3S_r$ 处做两条平行线,试验数据点落在两平行线之间的范围内概率接近 1,如图 12.8 所示。

例:有一组试验数据见表 12.8 所列,求其回归方程。

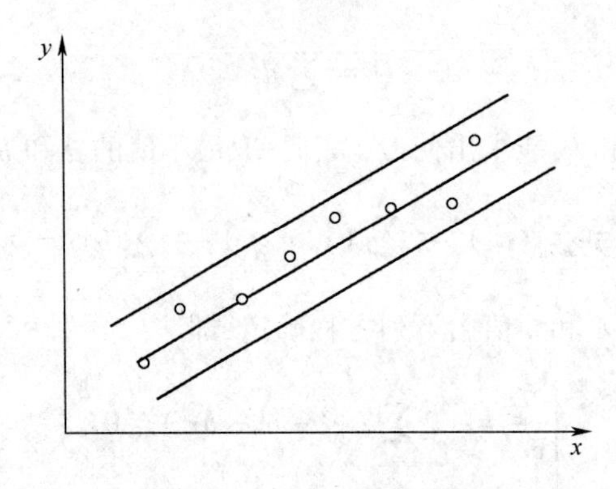

图 12.8　S_r误差概率曲线

表 12.8　试验数据

i	x_i	y_i
1	49.0	16.6
2	49.0	16.7
3	49.2	16.7
4	49.3	16.8
5	49.5	16.8
6	49.8	16.9
7	49.9	17.0
8	50.0	17.0
9	50.2	17.0
10	50.2	17.1

解：(1) 求相关系数 γ，得

$$\begin{cases}\bar{x} = \dfrac{1}{N}\sum x_i = 49.61 \\ \bar{y} = \dfrac{1}{N}\sum y_i = 16.86 \\ \sum (x_i - \bar{x})^2 = 1.99 \\ \sum (y_i - \bar{y})^2 = 0.244 \\ \sum (x_i - \bar{x})(y_i - \bar{y}) = 0.674 \\ \gamma = \dfrac{\sum (x_i - \bar{x})(y_i - \bar{y})}{\sqrt{\sum (x_i - \bar{x})^2 \sum (y_i - \bar{y})^2}} = 0.97\end{cases}$$

查表 $\gamma_{\min} \cdot 5\% = 0.632$ 和 $\gamma > \gamma_{\min} \cdot 5\%$，所以 x 和 y 是线性相关。

(2) 分别用平均法和最小二乘法求线性回归方程 $\hat{y} = a + bx$，取 $K = 5$，得

平均法：

$$\begin{cases} \overline{x'} = \dfrac{1}{5}\sum_{i=1}^{5} x_i = 49.2 \\ \overline{y'} = \dfrac{1}{5}\sum_{i=1}^{5} y_i = 16.7 \\ \overline{x''} = \dfrac{1}{5}\sum_{i=6}^{10} x_i = 50.0 \\ \overline{y''} = \dfrac{1}{5}\sum_{i=6}^{10} y_i = 17.0 \end{cases}$$

代入回归方程,得

$$a = -1.75, b = 0.375$$

因而

$$\hat{y} = -1.75 + 0.375x$$

最小二乘法:

$$\sum x_i = 496.1, \sum y_i = 168.6$$

$$\sum x_i^2 = 24613.51, \frac{1}{N}\left(\sum x_i\right)^2 = 24611.52$$

$$\sum x_i y_i = 8364.92$$

$$\frac{1}{N}\left(\sum x_i\right)\left(\sum y_i\right) = 8364.25$$

代入

$$\begin{cases} b = \dfrac{\sum x_i y_i - \dfrac{1}{N}\left(\sum x_i\right)\left(\sum y_i\right)}{\sum x_i^2 - \dfrac{1}{N}\left(\sum x_i\right)^2} = 0.339 \\ a = \bar{y} - b\bar{x} = 0.04 \end{cases}$$

因而

$$\hat{y} = 0.04 + 0.339x$$

(3) 计算回归方程的标准残差 S_r,得

平均法:

$$Q = \sum (y_i - \hat{y}_i)^2 = 0.02$$

$$S_r = \sqrt{\frac{\sum (y_i - \hat{y}_i)^2}{N - q}} = 0.05 \quad (N = 10, q = 2)$$

最小二乘法:

$$Q = \sum (y_i - \hat{y}_i)^2 = 0.015$$

$$S_r = 0.044$$

若试验规律呈曲线,则在一个小的范围内可以近似地看作是直线。若破片速度的衰减是指数规律的,则可以用小范围内很多直线来组成指数曲线。

另外,对于曲线关系,还可以采用变量置换的方法,把它变成新的变量间的直线关系,仍然用前面的方法确定系数,将变量还原后,就得到所要求的曲线关系,如指数曲线:

$$y = y_0 e^{-ax} \tag{12.51}$$

式(12.51)取对数:

$$\ln y = \ln y_0 - ax$$

设 $\ln y = z, \ln y_0 = b$,这样就变成线性方程:

$$Z = -ax + b \tag{12.52}$$

转换前后的曲线如图 12.9 和图 12.10 所示:

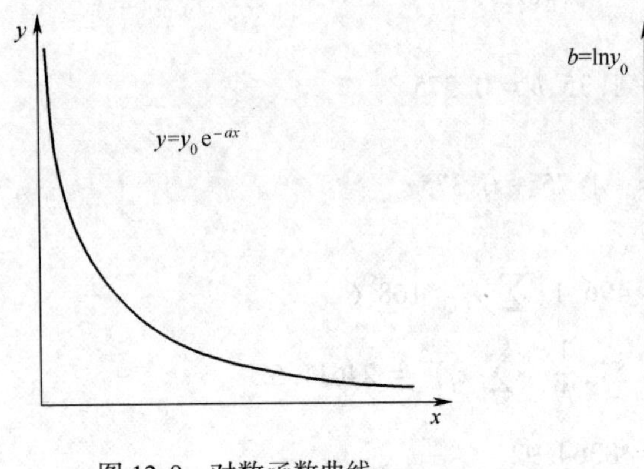

图 12.9　对数函数曲线

Z=lny
b=lny0
Z=−ax+b
x

图 12.10　转换后线性关系曲线

为了便于根据试验曲线的形状判断经验公式的函数形式,表 12.9 列出一些常用作经验公式的函数的曲线的形状,并说明把它们改绘成直线形式所需的坐标变换,以供参考。

表 12.9　常用经验公式的曲线形状

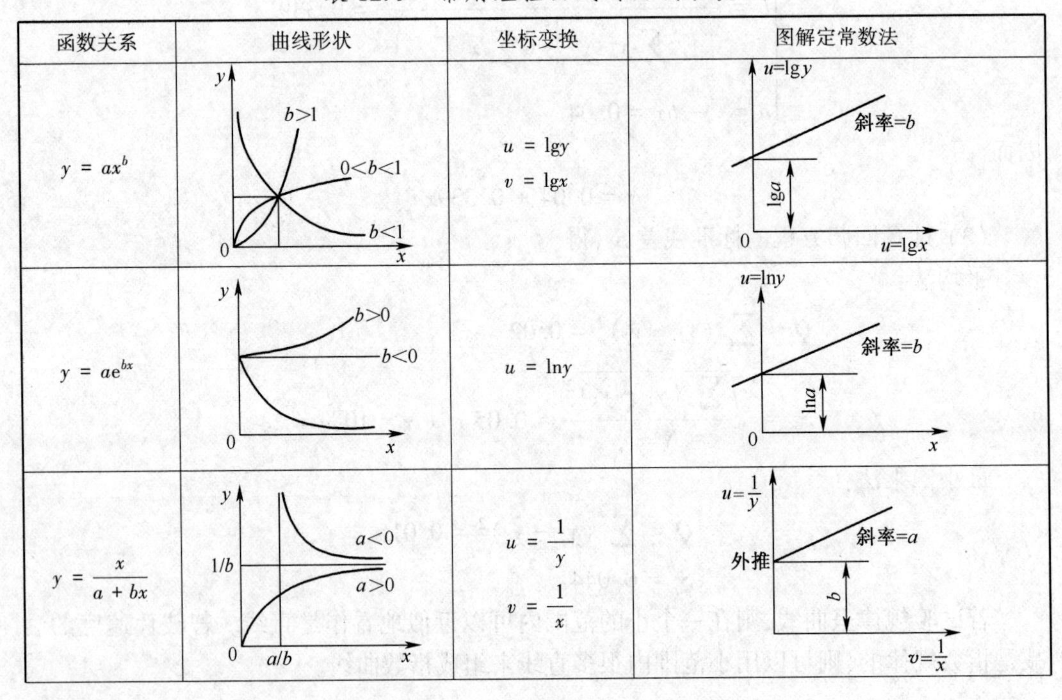

函数关系	曲线形状	坐标变换	图解定常数法
$y = ax^b$		$u = \lg y$ $v = \lg x$	
$y = ae^{bx}$		$u = \ln y$	
$y = \dfrac{x}{a + bx}$		$u = \dfrac{1}{y}$ $v = \dfrac{1}{x}$	

（续）

函数关系	曲线形状	坐标变换	图解定常数法
$y = a + bx + cx^2$		$u = \frac{y - y_i}{x - x_i}$ (x_i, y_i) 为曲线上任一点的坐标	
$y = ax^b \cdot e^{cx}$		$u = \Delta(\ln y)$ $v = \Delta(\ln x)$	
$y = ae^{bx} + ce^{dx}$		（设 $d<b<0$） $u=\ln y$ （令 $y_i = ae^{bx}$） $v=\ln(y-y_i)$	

思　考　题

1. 试阐述误差的分类及其特征。
2. 请解释试验中重复测试的原因。
3. 弹药试验中可疑数据的剔除方法有哪几种？
4. 试表述肖维纳标准的含义。
5. 通过查阅相关文献了解格拉布斯标准，描述该标准的内容以及特点。

参 考 文 献

[1] 张先锋，李向东，沈培辉，等．终点效应学[M]．北京：北京理工大学出版社，2017.

[2] Zvi Rosenberg, Erez Dekel. 终点弹道学[M]. 钟方平,译. 北京:国防工业出版社,2014.
[3] 门建兵,蒋建伟,王树有. 爆炸冲击数值模拟技术基础[M]. 北京:北京理工大学出版社,2015.
[4] 黄正祥,肖强强,贾鑫,等. 弹药设计概论[M]. 北京:国防工业出版社,2016.
[5] 黄正祥,祖旭东. 终点效应[M]. 北京:科学出版社,2014.
[6] 柴慈钧,罗学勋,徐锡昌. 测试技术[G]. 南京:华东工学院,1985.

附录1 声速 c 随高度 y 变化的数值表

y/m	0	100	200	300	400	500	600	700	800	900
0	341.3	340.7	340.4	340.0	339.6	339.2	338.9	338.5	338.1	337.7
1000	337.3	337.0	336.6	336.2	335.8	335.5	335.1	334.7	334.3	333.9
2000	333.5	333.2	332.8	332.4	332.0	331.6	331.2	330.9	330.5	330.1
3000	329.7	329.3	328.9	328.5	328.2	327.8	327.4	327.0	326.6	326.2
4000	325.3	325.4	325.0	324.6	324.3	323.9	323.5	323.1	322.7	322.3
5000	321.9	321.5	321.1	320.7	320.3	319.9	319.5	319.1	318.7	318.3
6000	317.9	317.5	317.1	316.7	316.3	315.9	315.5	315.1	314.7	314.3
7000	313.9	313.5	313.1	312.6	312.2	311.8	311.4	311.0	310.6	310.2
8000	309.8	309.4	309.0	308.5	308.1	307.7	307.3	306.9	306.5	306.1
9000	305.6	305.2	304.8	304.4	303.9	303.5	303.2	302.8	302.4	302.1
10000	301.8	301.5	301.2	300.9	300.7	300.4	300.2	300.0	299.8	299.6
1100	299.4	299.3	299.2	299.0	298.9	298.8	398.8	298.7	298.7	298.7
12000~31000										

注:声速 c 的单位为 m/s。

附录 2　1943 年阻力定律的 C_{xon} -Ma 表

Ma	0	1	2	3	4	5	6	7	8	9
0.7	0.157	0.157	0.157	0.157	0.157	0.157	0.158	0.158	0.159	0.159
0.8	0.159	0.160	0.161	0.162	0.164	0.166	0.168	0.170	0.174	0.178
0.9	0.184	0.192	0.204	0.219	0.234	0.252	0.270	0.287	0.302	0.314
1.0	0.325	0.334	0.343	0.351	0.357	0.362	0.366	0.370	0.373	0.376
1.1	0.378	0.379	0.381	0.382	0.382	0.383	0.384	0.384	0.385	0.385
1.2	0.384	0.384	0.384	0.383	0.383	0.382	0.382	0.381	0.381	0.380
1.3	0.379	0.379	0.380	0.377	0.376	0.375	0.374	0.373	0.372	0.371
1.4	0.370	0.370	0.39	0.368	0.367	0.366	0.365	0.365	0.364	0.363
1.5	0.362	0.361	0.359	0.358	0.357	0.356	0.355	0.354	0.33	0.353
1.6	0.352	0.350	0.349	0.348	0.347	0.346	0.345	0.344	0.353	0.353
1.7	0.342	0.341	0.340	0.339	0.338	0.337	0.336	0.335	0.334	0.333
1.8	0.333	0.332	0.331	0.330	0.329	0.328	0327	0.326	0.325	0.324
1.9	0.323	0.322	0.322	0.321	0.320	0.320	0.319	0.318	0.318	0.317
2.0	0.317	0.316	0.315	0.314	0.314	0.313	0.313	0.312	0.311	0.310
3.0	0.270	0.269	0.268	0.266	0.264	0.263	0.262	0.261	0.261	0.260
4.0	0.260	0.260	0.260	0.260	0.260	0.260	0.260	0.260	0.260	0.260

注：当 $Ma<0.7$ 时，$C_{xon}=0.157$，$C=C_{on}=341.2\text{m/s}$。

附录 3　西亚切阻力定律的数值表 $C_{xon}-Ma$

Ma	0	1	2	3	4	5	6	7	8	9
0. 7	0. 259	0. 261	0. 262	0. 263	0. 265	0. 267	0. 268	0. 271	0. 275	0. 280
0. 8	0. 284	0. 289	0. 294	0. 301	0. 310	0. 320	0. 333	0. 350	0. 362	0. 378
0. 9	0. 393	0. 410	0. 425	0. 441	0. 456	0. 472	0. 488	0. 504	0. 519	0. 534
1. 0	0. 546	0. 557	0. 567	0. 577	0. 587	0. 597	0. 608	0. 616	0. 624	0. 631
1. 1	0. 639	0. 646	0. 653	0. 659	0. 664	0. 668	0. 673	0. 677	0. 682	0. 686
1. 2	0. 690	0. 694	0. 698	0. 701	0. 704	0. 707	0. 709	0. 712	0. 714	0. 717
1. 3	0. 719	0. 720	0. 722	0. 723	0. 725	0. 726	0. 727	0. 728	0. 729	0. 730
1. 4	0. 731	0. 732	0. 733	0. 733	0. 734	0. 735	0. 736	0. 736	0. 737	0. 737
1. 5	0. 737	0. 737	0. 737	0. 737	0. 736	0. 736	0. 736	0. 736	0. 735	0. 735
1. 6	0. 735	0. 734	0. 733	0. 733	0. 732	0. 732	0. 731	0. 730	0. 729	0. 729
1. 7	0. 728	0. 727	0. 726	0. 725	0. 725	0. 724	0. 723	0. 722	0. 721	0. 720
1. 8	0. 719	0. 718	0. 717	0. 716	0. 715	0. 714	0. 713	0. 712	0. 711	0. 710
1. 9	0. 709	0. 707	0. 706	0. 705	0. 703	0. 702	0. 701	0. 700	0. 699	0. 698
2. 0	0. 697	0. 695	0. 6604	0. 692	0. 691	0. 689	0. 688	0. 687	0. 685	0. 684
2. 0	0. 697	0. 683	0. 668	0. 655	0. 640	0. 627	0. 613	0. 597	0. 588	0. 574
3. 0	0. 561	0. 548	0. 538	0. 525	0. 514	0. 503	0. 493	0. 483	0. 474	0. 465
4. 0	0. 457	0. 448	0. 440	0. 433	0. 426	0. 420				

注：当 $Ma<0.7$ 时，$C_{xon}=0.259$，$C=C_{on}=341.2\text{m/s}$。

附录4 饱和蒸汽压力 a_s 表

t/℃	as/Pa	t/℃	as/Pa	t/℃	as/Pa
-20	121.3	0	613.3	20	2318.5
-19	133.3	1	658.6	21	2466.5
-18	144.0	2	706.6	22	2621.1
-17	157.3	3	758.6	23	2787.8
-16	170.7	4	813.3	24	2957.1
-15	185.3	5	870.6	25	3139.7
-14	200.0	6	933.3	26	3331.7
-13	217.3	7	998.6	27	3534.4
-12	234.6	8	1069.2	28	3746.3
-11	256.0	9	1142.6	29	3970.3
-10	277.3	10	1222.6	30	4206.3
-9	301.3	11	1305.2	31	4454.3
-8	328.0	12	1394.5	32	4714.3
-7	356.0	13	1487.9	33	4987.6
-6	385.3	14	1587.9	34	5275.6
-5	417.3	15	1693.2	35	5576.9
-4	452.0	16	1805.2	36	5892.8
-3	488.0	17	1922.5	37	6224.8
-2	528.0	18	2047.8	38	6572.8
-1	569	19	2179.8	39	6983.1
0	613.3	20	2318.5	40	7319.4

附录 5　K_x 表

$$K_x = \sqrt{\frac{2}{f_1 \cdot f_2}}$$

$C_b\sqrt{y}$	v_0/(m·s^{-1})							
	600	700	800	900	1000	1100	1200	1300
0	0.903	0.903	0.903	0.903	0.903	0.903	0.903	0.903
0.2	901	901	900	899	898	888	897	896
0.4	900	899	897	894	893	892	890	889
0.6	898	897	894	890	888	886	884	883
0.8	896	895	891	886	883	880	878	876
1.0	895	894	888	882	878	875	872	869
1.2	893	892	885	877	873	869	866	863
1.4	892	890	882	873	867	864	860	857
1.6	890	888	879	868	862	858	854	850
1.8	880	886	877	865	858	853	848	843
2.0	887	884	75	862	854	849	843	838
2.2	885	882	873	859	850	844	838	832
2.4	884	880	860	856	846	839	832	826
2.6	882	878	868	853	842	834	826	820
2.8	881	876	866	849	838	829	820	814
3.0	880	875	864	846	834	824	816	808
3.2	878	873	862	843	829	820	811	802
3.4	877	871	859	840	826	816	807	797
3.6	876	869	857	837	823	813	802	792
3.8	874	867	855	835	819	809	797	787
4.0	873	865	853	833	816	805	791	782
4.2	872	863	852	830	813	801	786	777
4.4	870	862	850	828	809	797	782	773
4.6	869	860	848	825	806	793	778	769
4.8	868	858	846	823	803	790	774	764
5.0	867	857	844	820	800	787	770	759
5.2	866	855	845	818	797	784	766	754
5.4	864	854	841	815	795	780	762	749
5.6	863	852	839	813	792	776	758	744
5.8	862	851	837	811	790	773	754	740

（续）

$C_b\sqrt{y}$	$v_0/(\mathrm{m\cdot s^{-1}})$							
	600	700	800	900	1000	1100	1200	1300
6.0	861	849	835	809	787	770	749	735
6.5	858	846	830	805	781	763	741	724
7.0	855	842	826	800	775	756	732	714
7.5	851	838	822	795	769	750	724	705
8.0	848	834	818	790	764	744	716	696
8.5	844	830	814	786	729	738	709	687
9.0	841	827	810	782	754	732	702	679
9.5	837	823	806	778	749	727	695	671
10.0	834	819	802	774	745	722	689	661

$C_b\sqrt{y}$	$v_0/(\mathrm{m\cdot s^{-1}})$							
	600	700	800	900	1000	1100	1200	1300
0	0.903	0.903	0.903	0.903	0.903	0.903	0.903	0.903
0.2	895	895	894	894	893	892	891	890
0.4	888	887	885	884	883	881	880	878
0.6	881	879	877	875	873	871	869	867
0.8	873	870	868	866	864	861	858	855
1.0	865	862	860	857	855	851	847	844
1.2	859	855	852	849	845	841	837	833
1.4	852	848	844	840	836	831	827	822
1.6	845	840	836	831	827	821	817	812
1.8	838	832	828	823	818	816	808	802
2.0	831	825	820	815	810	804	799	792
2.2	825	819	812	807	802	795	789	783
2.4	819	812	805	799	793	787	781	774
2.6	812	805	798	792	785	779	772	765
2.8	806	799	791	784	778	771	763	756
3.0	800	792	785	777	770	763	755	747
3.2	794	786	778	770	763	755	747	739
3.4	788	779	772	764	756	748	739	731
3.6	782	773	765	757	749	740	731	723
3.8	776	767	759	750	742	733	724	715
4.0	771	761	752	743	735	726	716	707
4.2	765	755	746	737	728	719	709	700
4.4	759	749	740	731	722	712	702	693
4.6	755	743	734	724	715	706	696	687
4.8	750	737	727	718	709	700	689	680
5.0	745	732	721	712	702	693	683	673
5.2	740	727	715	705	696	687	676	666
5.4	735	722	710	700	690	680	670	659

（续）

$C_b\sqrt{y}$	$v_0/(m \cdot s^{-1})$							
	600	700	800	900	1000	1100	1200	1300
5. 6	730	717	705	694	684	674	664	653
5. 8	726	712	699	689	679	669	658	647
6. 0	721	707	694	683	673	663	652	641
6. 5	708	694	681	670	659	649	638	627
7. 0	696	682	668	657	646	635	624	613
7. 5	684	669	655	644	633	622	610	599
8. 0	674	658	644	632	620	609	597	586
8. 5	664	647	633	621	603	597	585	574
9. 0	654	636	622	610	597	586	574	563
9. 5	645	627	612	600	587	575	563	551
10. 0	636	618	603	590	577	564	552	540
$C_b\sqrt{y}$	$v_0/(m \cdot s^{-1})$							
	1400	1500	1605	1700	1800	1900	2000	
0	0. 903	0. 903	0. 903	0. 903	0. 903	0. 903	0. 903	
0. 2	890	889	888	887	886	885	884	
0. 4	877	876	874	872	870	868	865	
0. 6	864	861	858	856	853	850	847	
0. 8	851	847	843	840	838	834	830	
1. 0	839	835	830	826	823	819	814	
1. 2	828	823	818	813	808	804	800	
1. 4	817	812	806	801	796	790	785	
1. 6	807	801	794	788	782	777	772	
1. 8	797	790	782	776	770	764	758	
2. 0	787	779	771	764	758	752	746	
2. 2	776	768	760	753	746	740	734	
2. 4	766	758	750	742	735	729	722	
2. 6	757	749	741	733	725	718	711	
2. 8	748	740	730	722	715	707	700	
3. 0	739	731	722	714	705	697	690	
3. 2	730	722	712	704	696	688	680	
3. 4	722	715	705	696	687	679	670	
3. 6	714	704	696	687	678	670	661	
3. 8	706	696	688	679	670	661	652	
4. 0	698	688	680	671	662	653	644	
4. 2	691	681	672	663	654	644	635	
4. 4	684	674	664	655	646	637	628	
4. 6	677	667	656	646	637	627	618	
4. 8	670	660	649	639	629	620	611	
5. 0	663	653	642	632	622	613	604	

（续）

$C_b\sqrt{y}$	$v_0/(m \cdot s^{-1})$							
	1400	1500	1605	1700	1800	1900	2000	
5.2	656	646	635	625	614	605	596	
5.4	649	639	628	618	607	599	590	
5.6	643	632	621	611	600	592	583	
5.8	637	626	615	604	593	585	577	
6.0	631	620	609	599	588	579	570	
6.5	616	604	594	584	573	563	554	
7.0	601	590	580	570	559	549	539	
7.5	588	576	566	556	545	535	525	
8.0	575	563	553	543	532	522	512	
8.5	565	551	541	531	520	510	500	
9.0	551	540	528	518	508	498	488	
9.5	539	529	516	506	597	487	477	
10.0	528	518	506	596	586	476	467	

附录 6　标准正态分布的分布函数数值表

$$F(x;0,1)=\int_{-\infty}^{x}\frac{1}{\sqrt{2\pi}}\exp\left(-\frac{1}{2}x^{2}\right)\mathrm{d}x$$

x	0	0.01	0.02	0.03	0.04	0.05	0.06	0.07	0.08	0.09
0.0	0.5000	0.5040	0.5080	0.5120	0.5160	0.5199	0.5239	0.5279	0.5319	0.5359
0.1	0.5398	0.5438	0.5478	0.5517	0.5557	0.5596	0.5636	0.5675	0.5714	0.5753
0.2	0.5793	0.5832	0.5871	0.5910	0.5948	0.5987	0.6026	0.6064	0.6103	0.6141
0.3	0.6179	0.6217	0.6255	0.6293	0.6331	0.6368	0.6404	0.6443	0.6480	0.6517
0.4	0.6554	0.6591	0.6628	0.6664	0.6700	0.6736	0.6772	0.6808	0.6844	0.6879
0.5	0.6915	0.6950	0.6985	0.7019	0.7054	0.7088	0.7123	0.7157	0.7190	0.7224
0.6	0.7257	0.7291	0.7324	0.7357	0.7389	0.7422	0.7454	0.7486	0.7517	0.7549
0.7	0.7580	0.7611	0.7642	0.7673	0.7703	0.7734	0.7764	0.7794	0.7823	0.7852
0.8	0.7881	0.7910	0.7939	0.7967	0.7995	0.8023	0.8051	0.8078	0.8106	0.8133
0.9	0.8159	0.8186	0.8212	0.8238	0.8264	0.8289	0.8355	0.8340	0.8365	0.8389
1.0	0.8413	0.8438	0.8461	0.8485	0.8508	0.8531	0.8554	0.8577	0.8599	0.8621
1.1	0.8643	0.8665	0.8686	0.8708	0.8729	0.8749	0.8770	0.8790	0.8810	0.8830
1.2	0.8849	0.8869	0.8888	0.8907	0.8925	0.8944	0.8962	0.8980	0.8997	0.9015
1.3	0.9032	0.9049	0.9066	0.9082	0.9099	0.9115	0.9131	0.9147	0.9162	0.9177
1.4	0.9192	0.9207	0.9222	0.9236	0.9251	0.9265	0.9279	0.9292	0.9306	0.9319
1.5	0.9332	0.9345	0.9357	0.9370	0.9382	0.9394	0.9406	0.9418	0.9430	0.9441
1.6	0.9452	0.9463	0.9474	0.9484	0.9495	0.9505	0.9515	0.9525	0.9535	0.9535
1.7	0.9554	0.9564	0.9573	0.9582	0.9591	0.9599	0.9608	0.9616	0.9625	0.9633
1.8	0.9641	0.9648	0.9656	0.9664	0.9672	0.9678	0.9686	0.9693	0.9700	0.9706
1.9	0.9713	0.9719	0.9726	0.9732	0.9738	0.9744	0.9750	0.9756	0.9762	0.9767
2.0	0.9772	0.9778	0.9783	0.9788	0.9793	0.9798	0.9803	0.9808	0.9812	0.9817
2.1	0.9821	0.9826	0.9830	0.9834	0.9838	0.9842	0.9846	0.9850	0.9854	0.9857
2.2	0.9861	0.9864	0.9868	0.9871	0.9874	0.9878	0.9881	0.9884	0.9887	0.9890
2.3	0.9893	0.9896	0.9898	0.9901	0.9904	0.9906	0.9909	0.9911	0.9913	0.9916
2.4	0.9918	0.9920	0.9922	0.9925	0.9927	0.9929	0.9931	0.9932	0.9934	0.9936

（续）

x	0	0.01	0.02	0.03	0.04	0.05	0.06	0.07	0.08	0.09
2.5	0.9938	0.9940	0.9941	0.9943	0.9945	0.9946	0.9948	0.9949	0.9951	0.9952
2.6	0.9953	0.9955	0.9956	0.9957	0.9959	0.9960	0.9961	0.9962	0.9963	0.9964
2.7	0.9965	0.9966	0.9967	0.9968	0.9969	0.9970	0.9971	0.9972	0.9973	0.9974
2.8	0.9974	0.9975	0.9976	0.9977	0.9977	0.9978	0.9979	0.9979	0.9980	0.9981
2.9	0.9981	0.9982	0.9982	0.9983	0.9984	0.9984	0.9985	0.9985	0.9986	0.9986
3.0	0.9987	0.9987	0.9987	0.9988	0.9988	0.9989	0.9989	0.9989	0.9990	0.9990
3.1	0.9990	0.9991	0.9991	0.9991	0.9992	0.9992	0.9992	0.9992	0.9993	0.9993
3.2	0.9993	0.9993	0.9994	0.9994	0.9994	0.9994	0.9994	0.9995	0.9995	0.9995
3.3	0.9995	0.9995	0.9995	0.9996	0.9996	0.9996	0.9996	0.9996	0.9996	0.9997
3.4	0.9997	0.9997	0.9997	0.9997	0.9997	0.9997	0.9997	0.9997	0.9997	0.9998

x	4	5	6	7	8	9	10
$1-N(x;0,1)$	3.2×10^{-5}	2.9×10^{-7}	9.9×10^{-10}	1.3×10^{-12}	6.2×10^{-16}	1.1×10^{-19}	7.6×10^{-24}

附录 7 A—1α、β、γ 系数表

N	α	β	γ	$M_0 \leqslant M \leqslant M_1$
14	0.3782	0.1444	1.20	0.36　1.54
15	0.3338	0.2129	1.45	0.36　1.64
16	0.2986	0.2726	1.70	0.38　1.73
17	0.2700	0.3254	1.95	0.38　1.83
18	0.2463	0.3727	2.20	0.38　1.93
19	0.2046	0.4806	2.90	0.39　1.96
20	0.1777	0.5569	3.50	0.37　1.91
21	0.1620	0.6021	3.90	0.37　1.95
22	0.1466	0.6524	4.40	0.37　1.99
23	0.1338	0.6977	4.90	0.37　2.00
24	0.1230	0.7387	5.40	0.36　2.00
25	0.1130	0.7798	5.95	0.35　2.00
26	0.1051	0.8142	6.45	0.35　2.00
27,28	0.09815	0.8461	6.95	0.35　2.00
29,30	0.08666	0.9037	7.95	0.34　2.00
31,32	0.07717	0.9570	9.00	0.35　2.00
33~36	0.06740	1.0172	10.35	0.34　2.00
37~42	0.05431	1.1139	12.95	0.34　2.00
43~50	0.04235	1.2239	16.70	0.34　2.00
51~60	0.03383	1.3221	20.95	0.34　2.00
61~75	0.02507	1.4532	28.35	0.34　2.00
76~100	0.01884	1.5757	37.60	0.34　2.00

附录 8　t 分布的界限值表

$$P_r(\left|t\right| < \lambda) = \int_{-t}^{t_c} \frac{\Gamma\left(\frac{v+1}{2}\right)}{\sqrt{v\pi}\left(\frac{\pi}{2}\right)\left|1+\frac{t^2}{v}\right|^{\frac{v+1}{2}}}$$

v	ε												
	0.1	0.2	0.3	0.4	0.5	0.6	0.7	0.8	0.9	0.95	0.98	0.99	0.999
1	0.158	0.325	0.510	0.727	1.000	1.376	1.963	3.078	6.314	12.706	31.821	63.657	636.619
2	0.142	0.280	0.445	0.317	0.816	1.061	1.386	1.886	2.920	4.303	6.965	9.925	31.599
3	0.137	0.277	0.424	0.584	0.765	0.978	1.250	1.638	2.353	3.182	4.541	5.841	12.924
4	0.134	0.271	0.414	0.569	0.741	0.941	1.190	1.533	2.132	2.776	3.747	4.604	8.610
5	0.132	0.267	0.408	0.559	0.718	0.920	1.156	1.476	2.015	2.571	3.365	4.032	6.869
6	0.131	0.265	0.404	0.553	0.718	0.906	1.134	1.440	1.943	2.447	3.143	3.707	5.959
7	0.130	0.263	0.402	0.549	0.711	0.896	1.119	1.415	1.895	2.365	2.998	3.499	5.408
8	0.130	0.262	0.399	0.546	0.706	0.889	1.108	1.398	1.860	2.306	2.896	3.355	5.041
9	0.129	0.261	0.398	0.543	0.703	0.883	1.100	1.383	1.833	2.262	2.821	3.250	4.781
10	0.129	0.260	0.397	0.542	0.700	0.879	1.093	1.372	1.812	2.228	2.764	3.169	4.587
11	0.129	0.260	0.396	0.540	0.697	0.876	1.088	1.363	1.796	2.201	2.718	3.106	4.437
12	0.128	0.259	0.395	0.539	0.695	0.873	1.083	1.356	1.782	2.179	2.681	3.055	4.318
13	0.128	0.259	0.394	0.538	0.694	0.870	1.079	1.350	1.771	2.160	2.65	3.012	4.221
14	0.128	0.258	0.393	0.537	0.692	0.868	1.076	1.345	1.761	2.145	2.624	2.977	4.14
15	0.128	0.258	0.393	0.536	0.691	0.866	1.074	1.341	1.753	2.131	2.602	2.947	4.073
16	0.128	0.258	0.392	0.535	0.690	0.865	1.071	1.337	1.746	2.120	2.583	2.921	4.015
17	0.128	0.257	0.392	0.534	0.689	0.863	1.069	1.333	1.740	2.110	2.567	2.898	3.965
18	0.127	0.257	0.392	0.534	0.688	0.862	1.067	1.330	1.734	2.101	2.552	2.878	3.922
19	0.127	0.257	0.391	0.533	0.688	0.861	1.066	1.328	1.729	2.093	2.539	2.861	3.883
20	0.127	0.257	0.391	0.533	0.687	0.860	1.064	1.325	1.725	2.086	2.528	2.845	3.850
21	0.127	0.257	0.391	0.532	0.686	0.859	1.063	1.323	1.721	2.080	2.518	2.831	3.819
22	0.127	0.256	0.390	0.532	0.686	0.858	1.061	1.321	1.717	2.074	2.508	2.819	3.792
23	0.127	0.256	0.390	0.532	0.685	0.858	1.060	1.319	1.714	2.069	2.5	2.807	3.768
24	0.127	0.256	0.390	0.531	0.685	0.857	1.059	1.318	1.711	2.064	2.492	2.797	3.745
25	0.127	0.256	0.390	0.531	0.684	0.856	1.058	1.316	1.708	2.060	2.485	2.787	3.725
26	0.127	0.256	0.390	0.531	0.684	0.856	1.058	1.315	1.706	2.056	2.479	2.779	3.707
27	0.127	0.256	0.389	0.531	0.684	0.855	1.057	1.314	1.703	2.052	2.473	2.771	3.690
28	0.127	0.256	0.389	0.530	0.683	0.855	1.056	1.313	1.703	2.045	2.467	2.763	3.674
29	0.127	0.256	0.389	0.530	0.683	0.854	1.055	1.311	1.699	2.045	2.462	2.756	3.659
30	0.127	0.256	0.389	0.530	0.683	0.854	1.055	1.310	1.697	2.042	2.457	2.75	3.646
40	0.126	0.255	0.388	0.529	0.681	0.851	1.050	1.303	1.684	2.021	2.423	2.704	3.551
60	0.126	0.254	0.387	0.527	0.679	0.848	1.046	1.296	1.671	2.000	2.390	2.660	3.460
120	0.126	0.254	0.386	0.526	0.677	0.845	1.041	1.289	1.658	1.980	2.358	2.617	3.373
∞	0.126	0.253	0.385	0.524	0.674	0.842	1.036	1.282	1.645	1.960	2.326	2.576	3.291